普通高等教育“十二五”规划教材

大学物理同步辅导与复习自测

（适合于同各种大学物理教材配套使用）

第 2 版

主　编　顾铮先
副主编　陈　俊
参　编　严非男　王丽军
皇甫泉生　刘　源
许春燕　耿　滔

机 械 工 业 出 版 社

本书是根据教育部高等学校物理基础课程教学指导分委员会最新《理工科类大学物理课程教学基本要求》而编写的同步辅导与复习自测用书。书中每章分为精讲和精练两大模块。

精讲模块由知识框架、知识要点、概念辨析、方法点拨、例题精解五个部分构成，旨在帮助读者掌握课程重点、难点，学会分析方法，提高解题能力。精练模块包括基础训练、自测提高。同时，书后还配有模拟试卷，旨在让学生检查学习效果，了解自己对本章知识掌握的情况。

本书题型丰富多样，内容全面新颖，题量搭配合理，是与大学物理教学同步配套的学习指导书，全书解题思路清晰，方法简炼，力求启发、引导、一题多解，并对学生多发性错误进行分析，以加深对物理概念和物理规律的理解，培养和提高学生的逻辑思维与综合分析能力。

本书是一本适用性较强的大学物理教学辅导参考书，对学习大学物理十分有益。本书可供正在学习大学物理课程的学生参考。此外，对于从事物理教学的教师和要参加研究生入学考试的学生以及大专、成教学习物理课的学生，本书都有很好的参考价值。

本书适合于同各种大学物理教材配套使用。

图书在版编目（CIP）数据

大学物理同步辅导与复习自测/顾铮𬱖主编．—2版．—北京：机械工业出版社，2015.1（2023.8重印）
普通高等教育“十二五”规划教材
ISBN 978-7-111-48827-9

Ⅰ．①大…　Ⅱ．①顾…　Ⅲ．①物理学-高等学校-教学参考资料
Ⅳ．①O4

中国版本图书馆CIP数据核字（2014）第290192号

机械工业出版社（北京市百万庄大街22号　邮政编码100037）
策划编辑：李永联　责任编辑：李永联
版式设计：霍永明　责任校对：刘秀丽　程俊巧
责任印制：常天培
北京机工印刷厂有限公司印刷
2023年8月第2版·第10次印刷
184mm×260mm·24.75印张·604千字
标准书号：ISBN 978-7-111-48827-9
定价：49.80元

电话服务　　　　　　　　　　网络服务
客服电话：010-88361066　机　工　官　网：www.cmpbook.com
　　　　　010-88379833　机　工　官　博：weibo.com/cmp1952
　　　　　010-68326294　金　　书　　网：www.golden-book.com
封底无防伪标均为盗版　　机工教育服务网：www.cmpedu.com

前　言

大学物理课程是高等学校理工科各专业学生的一门重要的通识性必修基础课。该课程所教授的基本概念、基本理论和基本方法是构成学生科学素养的重要组成部分，是一个科学工作者和工程技术人员所必备的，其在培养学生树立科学的世界观、增强学生分析问题和解决问题的能力、培养学生的探索精神和创新意识等方面，具有其他课程不能替代的重要作用。

工科大学生在学习大学物理课程时普遍感到这门课程一是理论性强、比较抽象；二是概念多、规律多、公式多、理不清头绪、抓不住重点；三是题目难。总之，感觉物理很难学。为了帮助学生深入理解课程内容，理清思路，使学生领会学习物理学的关键所在，我们根据教育部高等学校物理基础课程教学指导分委员会最新《理工科类大学物理课程教学基本要求》，结合自己长期的教学研究和实践，吸收国内优秀大学物理教学辅导书的精华，编写了这本切实可用的学习指导书。

本书按照力学、热学、电磁学、振动与波动、光学、近代物理基础六篇内容编写，每章分为精讲和精练两大模块。精讲模块由知识框架、知识要点、概念辨析、方法点拨、例题精解五个部分构成。“知识框架”通过结构框图，将各章知识体系、知识主干以及它们之间的相互关系联系在一起，使学生对本章的知识体系一目了然，便于学生复习使用；“知识要点”简要总结本章的基本概念和规律，指出运用条件和需要注意的问题，便于学生分清主次，抓住要点；“概念辨析”针对学生不易理解的概念或经常容易混淆的问题加以分析讨论，澄清学习中常见的错误概念；“方法点拨”归纳本章中各类问题的求解方法，指明相关方法要略，传授技巧，使学生更好地掌握物理解题方法；“例题精解”针对教学内容的重点和难点有层次地精选若干经典例题，注重分析思路及学生解题中常见的错误，帮助学生学会和掌握分析方法，提高解题能力。精练模块包括基础训练、自测提高。同时，书后还配合有模拟试卷，旨在让学生检查各单元以及期中、期末阶段的学习效果，了解自己对各章知识掌握的情况，进一步加深学生对所学知识的理解。

本书题型丰富多样，内容全面新颖，题量搭配合理，是与大学物理教学同步配套的学习指导书，全书解题思路清晰、方法简炼，力求启发、引导、一题多解，并对学生多发性错误进行分析，加深对物理概念和物理规律的理解，培养和提高学生的逻辑思维与综合分析能力。

本书第2版在保持第1版编写特色和创新点的基础上，主要对书中的两大板块“基础训练”和“自测提高”进行了较大幅度的调整和修订，删除了第1版中知识考核点相似度大、缺乏思考价值的习题，两大板块的习题选择上体现了一定的难度梯度，适量增加了与生活实际紧密联系的习题。另外，对书中部分章节的例题做了调整，选择了与该章知识要点和解题方法相关的典型例题。最后，还对第1版中读者反映的印刷错误及不合规范的表述、图示等进行了修订。

本书由顾铮旡老师担任主编。书中第1~5章由刘源老师执笔，第6章及第13、14章由皇甫泉生老师执笔，第7、8章由陈俊老师执笔，第9、10章由严非男老师执笔，第11、12

章由王丽军老师执笔，第15～18章由许春燕老师执笔，第19、20章由耿滔老师执笔。书中各套模拟试卷由顾铮先老师编写。顾铮先老师对全书进行了修改、润色、统稿和校订。

本书是一本适用性较强的大学物理教学辅导参考书，对学习大学物理十分有益。本书可供正在学习大学物理课程（不管选用何种教材）的学生参考。此外，本书对于从事物理教学的教师和报考研究生欲全面复习的学生以及大专、成教学习物理课的学生，都有很好的参考价值。

编　者

目　　录

第三篇　电场与磁场

第四篇　振动与波动

第五篇　光　　学

第六篇　近代物理基础

第一篇　力　　学

第一章　质点运动学

本章从质点运动的描述出发，介绍了描述质点运动的几个基本物理量，并重点讨论了一些重要的基本概念，主要有：(1) 位移和路程的区别；(2) 平均速度和瞬时速度、平均加速度和瞬时加速度；(3) 曲线运动中的切向加速度与法向加速度；(4) 速度合成与速度变换的区别。

一、知识框架

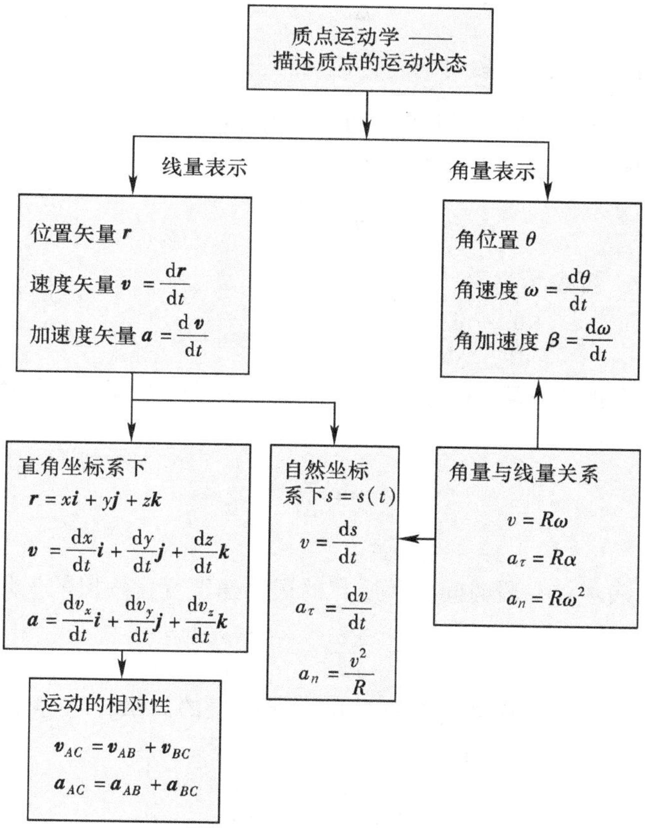

二、知识要点

1. 质点运动的描述

1）质点：具有质量而形状和大小可忽略的物体，它是一个理想模型。

2）坐标系：固定在参考系上的数学坐标。常用的坐标系有直角坐标系和自然坐标系。

3）位置矢量 $\boldsymbol{r}$：由坐标原点指向质点所在点的有向线段。在直角坐标系中

$$\boldsymbol{r} = x\boldsymbol{i} + y\boldsymbol{j} + z\boldsymbol{k}$$

4）运动方程：运动质点的位置矢量随时间变化的函数关系式 $\boldsymbol{r}(t)$。

5）轨迹方程：质点运动时在空间所经历的路径的数学表达式。从运动方程中消去时间 t，即可求得轨迹方程。

6）位移：某段时间内质点位置矢量改变的物理量，即

$$\Delta\boldsymbol{r} = \boldsymbol{r}(t+\Delta t) - \boldsymbol{r}(t)$$

7）路程：质点运动时其轨迹的长度。它是一个标量，只有大小，没有方向。

8）速度

平均速度 $\bar{\boldsymbol{v}}$：描述质点在一段时间内，位置状态变化快慢的矢量，即

$$\bar{\boldsymbol{v}} = \frac{\Delta\boldsymbol{r}}{\Delta t} = \frac{\boldsymbol{r}_2 - \boldsymbol{r}_1}{t_2 - t_1}$$

平均速率 $\bar{v}_s$：描述质点在一段时间内，运动路程变化快慢的标量，即：$\bar{v}_s = \dfrac{\Delta s}{\Delta t}$

瞬时速度 $\boldsymbol{v}$：描述质点在某一时刻位置变更快慢和方向变更的物理量，它等于位置矢量随时间的变化率，或位置矢量对时间的微商，即

$$\boldsymbol{v} = \frac{\mathrm{d}\boldsymbol{r}}{\mathrm{d}t}$$

在直角坐标系中，可表示为

$$\boldsymbol{v} = \frac{\mathrm{d}\boldsymbol{r}}{\mathrm{d}t} = \frac{\mathrm{d}x}{\mathrm{d}t}\boldsymbol{i} + \frac{\mathrm{d}y}{\mathrm{d}t}\boldsymbol{j} + \frac{\mathrm{d}z}{\mathrm{d}t}\boldsymbol{k} = v_x\boldsymbol{i} + v_y\boldsymbol{j} + v_z\boldsymbol{k}$$

瞬时速率 v：描述质点在某一时刻运动路程变化快慢的物理量，数值上等于瞬时速度的大小。

$$v = \lim_{\Delta t\to 0}\frac{\Delta s}{\Delta t} = \frac{\mathrm{d}s}{\mathrm{d}t}$$

9）加速度

平均加速度 $\boldsymbol{a}$：表示在一段时间内，质点的运动速度变化快慢的矢量，即

$$\bar{\boldsymbol{a}} = \frac{\Delta\boldsymbol{v}}{\Delta t} = \frac{\boldsymbol{v}_2 - \boldsymbol{v}_1}{t_2 - t_1}$$

瞬时加速度 $\boldsymbol{a}$：表示质点在某一时刻速度变化快慢的矢量，它等于速度对时间的微商，或位置矢量对时间的二阶微商，即

$$\boldsymbol{a} = \frac{\mathrm{d}\boldsymbol{v}}{\mathrm{d}t} = \frac{\mathrm{d}^2\boldsymbol{r}}{\mathrm{d}t^2}$$

在直角坐标系中，可表示为

$$a = \frac{dv_x}{dt}i + \frac{dv_y}{dt}j + \frac{dv_z}{dt}k = \frac{d^2x}{dt^2}i + \frac{d^2y}{dt^2}j + \frac{d^2z}{dt}k = a_x i + a_y j + a_z k$$

2. 曲线运动的描述

1）自然坐标系：沿着质点的运动轨道所建立的坐标系。自然坐标系位置和方位随质点位置变化而变化。

取轨道上质点所在处为坐标原点，同时规定两个随质点位置的变化而改变方向的单位矢量，一个是指向质点运动方向的切向单位矢量，用 e_τ 表示，另一个是垂直于切向并指向轨道凹侧的法向单位矢量，用 e_n 表示。

2）切向加速度和法向加速度

在自然坐标系中，加速度 a 可表示为

$$a = a_\tau e_\tau + a_n e_n = \frac{dv}{dt}e_\tau + \frac{v^2}{\rho}e_n$$

a_τ：加速度沿轨迹切向方向的分量，反映速率的变化。$a_\tau > 0$，质点作速率增加运动。

a_n：加速度沿轨迹法向方向的分量，反映速度方向的变化，永远指向轨迹曲线的凹侧，ρ 为曲率半径。

3）圆周运动的角量描述

角位置 θ：质点位置矢量与参考方向之间的夹角。

角位移 $\Delta\theta$：表示某段时间内角位置的改变。通常规定逆时针方向为正，顺时针方向为负。

角速度 ω：描述质点角位置随时间变化的物理量，即

$$\omega = \frac{d\theta}{dt}$$

角加速度 α：描述质点角速度随时间变化的物理量，即

$$\alpha = \frac{d\omega}{dt}$$

4）圆周运动中角量与线量的关系

$$v = R\omega$$

$$a_\tau = R\alpha$$

$$a_n = R\omega^2$$

3. 匀变速直线运动与匀变速圆周运动的比较

1）匀变速直线运动

$$v = v_0 + at$$

$$x = x_0 + v_0 t + \frac{1}{2}at^2$$

$$v^2 = v_0^2 + 2a(x - x_0)$$

2）匀变速圆周运动

$$\omega = \omega_0 + \alpha t$$

$$\theta = \theta_0 + \omega_0 t + \frac{1}{2}\alpha t^2$$

$$\omega^2 = \omega_0^2 + 2\alpha(\theta - \theta_0)$$

4. 相对运动

1）位置矢量关系

$$\boldsymbol{r} = \boldsymbol{r}_0 + \boldsymbol{r}'$$

式中，$\boldsymbol{r}$ 是质点相对静止参考系 K（Oxy）的位置矢量；$\boldsymbol{r}_0$ 是运动参考系 K′（$x'Oy'$）的坐标原点 O'相对静止参考系 K 的坐标原点 O 的位置矢量；$\boldsymbol{r}'$是质点相对运动参考系 K′的位置矢量，如图 1-1 所示。

2）速度关系

$$\boldsymbol{v} = \boldsymbol{v}_0 + \boldsymbol{v}'$$

式中，$\boldsymbol{v}$ 是绝对速度，即质点相对于参考系 K 的速度；$\boldsymbol{v}_0$ 是牵连速度，即参考系 K′相对于参考系 K 的速度；$\boldsymbol{v}'$是相对速度，即质点相对于参考系 K′的速度。

3）加速度关系

$$\boldsymbol{a} = \boldsymbol{a}_0 + \boldsymbol{a}'$$

式中，$\boldsymbol{a}$ 是绝对加速度，即质点相对于参考系 K 的加速度；$\boldsymbol{a}_0$ 是牵连加速度，即参考系 K′相对于参考系 K 的加速度；$\boldsymbol{a}'$是相对加速度，即质点相对于参考系 K′的加速度。

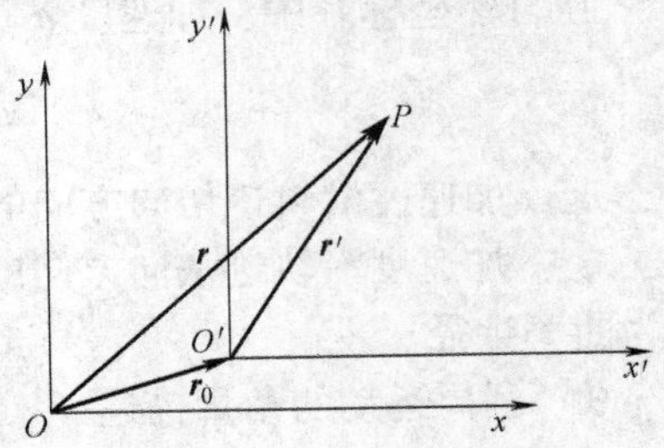

图 1-1

三、概 念 辨 析

1. 正确区分位移和路程

位移 $\Delta\boldsymbol{r}$ 表示质点位置改变，是一个矢量，它既表示质点位置变更的大小，又表示这种变更的方向。质点在 Δt 时间内所经过的路程，是质点实际经过轨迹的长度，写作 Δs，是标量。在一般情况下，位移矢量的模 $|\Delta\boldsymbol{r}|$ 是不等于路程 Δs 的，即

$$\Delta s \neq |\Delta\boldsymbol{r}|$$

只有在质点作单方向直线运动时，位移的大小才等于路程。如果发生位移和路程的时间 Δt 无限地缩短，$|\Delta\boldsymbol{r}|$ 和 Δs 将逐渐接近，在极限情况下，下式成立

$$\lim_{\Delta t\to 0}|\Delta\boldsymbol{r}| = \lim_{\Delta t\to 0}\Delta s$$

2. 正确区分 $|\Delta\boldsymbol{r}|$、$\Delta|\boldsymbol{r}|$ 和 Δr

如果质点在 t 时刻处于点 A，位置矢量为 $\boldsymbol{r}_A$，经过 Δt 时间到达点 B，位置矢量变为 $\boldsymbol{r}_B$，则质点的位移应表示为

$$\Delta\boldsymbol{r} = \boldsymbol{r}_B - \boldsymbol{r}_A = \boldsymbol{r}(t+\Delta t) - \boldsymbol{r}(t)$$

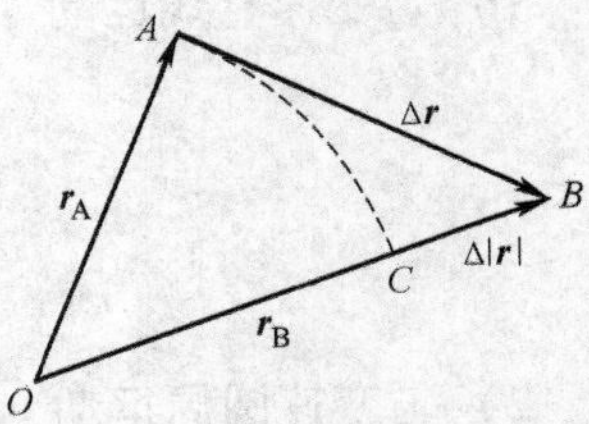

图 1-2

在上式中，注意不要将两个相减量的顺序颠倒。因为 r 和 $|\boldsymbol{r}|$ 意义相同，都表示位置矢量的模或长度，所以 Δr 和$\Delta|\boldsymbol{r}|$ 意义相同。由图 1-2 可见，Δr 和$\Delta|\boldsymbol{r}|$ 都代表末位置矢量 $\boldsymbol{r}_B$ 与始位置矢量 $\boldsymbol{r}_A$ 的长度之差，即 CB 的长度，而 $|\Delta\boldsymbol{r}|$ 则表示位移矢量的模，或位移矢量的大小即 AB 的长度。

3. 正确区分运动方程和轨迹方程

质点在运动，位置在变化，则表示质点位置的位置矢量 $\boldsymbol{r}$ 必定随时间在改变。也就是说，位置矢量 $\boldsymbol{r}$ 是时间 t 的函数，即

$$\boldsymbol{r}=\boldsymbol{r}(t)$$

上式称为质点运动的轨道参量方程，即质点的运动学方程，它不仅给出了质点运动的轨迹，也给出了质点在任意时刻所处的位置。质点运动时在空间所经历的路径的数学表达式称为质点的轨迹方程。从运动方程中消去时间 t，即可求得轨迹方程。

4. 正确区分速度与速率

速度是矢量，其方向永远沿着轨道的切线方向；速率是标量，表示速度的大小。瞬时速率与瞬时速度的大小相等，但一般情况下，平均速率与平均速度的大小并不相等。

5. 若矢量 $\boldsymbol{R}$ 是时间 t 的函数，则 $\dfrac{\mathrm{d}|\boldsymbol{R}|}{\mathrm{d}t}$ 与 $\left|\dfrac{\mathrm{d}\boldsymbol{R}}{\mathrm{d}t}\right|$ 在一般情况下是否相等？为什么？

【答】 $\dfrac{\mathrm{d}|\boldsymbol{R}|}{\mathrm{d}t}$ 与 $\left|\dfrac{\mathrm{d}\boldsymbol{R}}{\mathrm{d}t}\right|$ 在一般情况下是不相等的。因为前者是对矢量 $\boldsymbol{R}$ 的绝对值（大小或长度）求导，表示矢量 $\boldsymbol{R}$ 的大小随时间的变化率；而后者是对矢量 $\boldsymbol{R}$ 的大小和方向两者同时求导，再取绝对值，表示矢量 $\boldsymbol{R}$ 大小随时间的变化和矢量 $\boldsymbol{R}$ 方向随时间的变化两部分的绝对值。如果矢量 $\boldsymbol{R}$ 方向不变只是大小变化，那么这两个表示式是相等的。

6. 设质点的位置与时间的关系为 $x=x(t)$，$y=y(t)$，在计算质点的速度和加速度时，如果先求出 $r=\sqrt{x^2+y^2}$，则根据 $v=\dfrac{\mathrm{d}r}{\mathrm{d}t}$ 和 $a=\dfrac{\mathrm{d}^2r}{\mathrm{d}t^2}$ 可求得结果；还可以用另一种方法计算：先算出速度和加速度分量，再合成，得到的结果为 $v=\sqrt{\left(\dfrac{\mathrm{d}x}{\mathrm{d}t}\right)^2+\left(\dfrac{\mathrm{d}y}{\mathrm{d}t}\right)^2}$ 和 $a=\sqrt{\left(\dfrac{\mathrm{d}^2x}{\mathrm{d}t^2}\right)^2+\left(\dfrac{\mathrm{d}^2y}{\mathrm{d}t^2}\right)^2}$。你认为哪一组结果正确？为什么？

【答】 第二组结果是正确的。第一组结果在一般情况下不正确，因为通常

$$v=\left|\frac{\mathrm{d}\boldsymbol{r}}{\mathrm{d}t}\right|\neq\frac{\mathrm{d}r}{\mathrm{d}t},\quad a=\left|\frac{\mathrm{d}^2\boldsymbol{r}}{\mathrm{d}t^2}\right|\neq\frac{\mathrm{d}^2r}{\mathrm{d}t^2}$$

速度和加速度定义式中的 $\boldsymbol{r}$ 是质点的位置矢量，不仅有大小而且有方向。微分时，既要对大小微分，也要对方向微分。第一组结果的错误就在于，只对位置矢量的大小微分，而没有对位置矢量的方向微分。

四、方法点拨

1. 运动学主要解决的两类问题

1）已知运动方程，运用求导的方法求速度、加速度等。

2）已知加速度和初始条件，运用积分的方法，求速度、运动方程。

2. 积分法中需掌握的数学技巧

例如：某些题目需根据已知的加速度 $a(v)$ 求出 $v=v(x)$，这时可先通过下述变换

$$a=\frac{\mathrm{d}v}{\mathrm{d}t}=\frac{\mathrm{d}v}{\mathrm{d}x}\cdot\frac{\mathrm{d}x}{\mathrm{d}t}=\frac{\mathrm{d}v}{\mathrm{d}x}\cdot v$$

直接将 a 与 v 的关系转化为 v 与 x 的关系，再通过分离变量积分求解，详见例题1-6解法二。该方法在牛顿运动定律及刚体定轴转动中也有类似应用。

3. 相对运动常用解法

（1）下标串接法

如图1-3所示，甲、乙、丙是三个客体，彼此间有相对运动，图中所示为某一瞬时三者间的相对位置，关系为

$$\boldsymbol{r}_{丙对甲}=\boldsymbol{r}_{丙对乙}+\boldsymbol{r}_{乙对甲}$$

该式表明，要研究丙对甲的相对关系，可以从丙对乙及乙对甲的相对关系中求出，乙起着一种“桥梁”的作用，在等式右边的下标中“串接”着丙和甲。相应的速度和加速度关系为

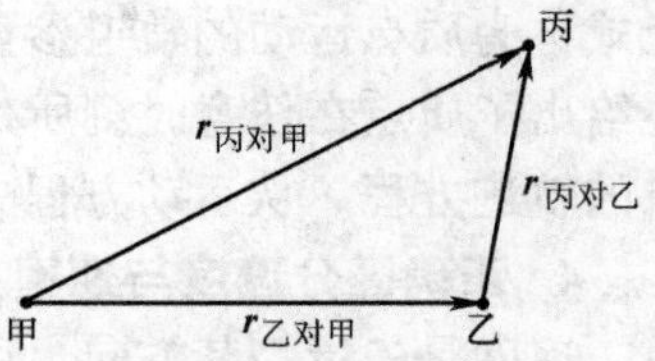

图 1-3

$$\boldsymbol{v}_{丙对甲}=\boldsymbol{v}_{丙对乙}+\boldsymbol{v}_{乙对甲}$$

及

$$\boldsymbol{a}_{丙对甲}=\boldsymbol{a}_{丙对乙}+\boldsymbol{a}_{乙对甲}$$

（2）相减法

先举一个简单的实例。设一列火车以10m/s的速度相对于地面向东行驶，若某人以6m/s的速度相对于地面向东跑去，则车相对于人（在人看来），车速为 $(10-6)\text{m/s}=4\text{m/s}$，若人以6m/s的速度相对于地面向西跑去，则车相对于人的速度为 $(10+6)\text{m/s}=16\text{m/s}$。若上述问题归纳成一个矢量式，则有

$$\boldsymbol{v}_{车对人}=\boldsymbol{v}_{车对地}-\boldsymbol{v}_{人对地}$$

写成更普遍的矢量式

$$\boldsymbol{v}_{丙对甲}=\boldsymbol{v}_{丙对乙}-\boldsymbol{v}_{甲对乙}$$

及

$$\boldsymbol{a}_{丙对甲}=\boldsymbol{a}_{丙对乙}-\boldsymbol{a}_{甲对乙}$$

式中等号右侧二量的下标“相减”，消去相同的客体（即乙），即为等号左边量的下标。

（3）相加法

设在三个客体中，一个是地面，比如甲视为地面，把另一客体乙相对于地面的速度称为牵连速度，即 $\boldsymbol{v}_{乙对地}=\boldsymbol{v}_{乙对甲}=\boldsymbol{v}_{牵}$，而第三客体丙相对于地面的速度称为绝对速度，即 $\boldsymbol{v}_{丙对地}=\boldsymbol{v}_{丙对甲}=\boldsymbol{v}_{绝}$，而丙相对于乙的速度称为相对速度，即 $\boldsymbol{v}_{相}=\boldsymbol{v}_{丙对乙}$，即有

$$\boldsymbol{v}_{绝}=\boldsymbol{v}_{牵}+\boldsymbol{v}_{相}$$

以上三种方法，只是人为地划分，物理本质上是一样的。

例如，风相对地面以速率 v 从北偏东30°方向吹来，人以相同的速率 v 向西跑去，问风对人的速度是多大？人感觉风从何方吹来？

解：地、风和人是三个客体，若选用上述的第一种方法，很容易得出

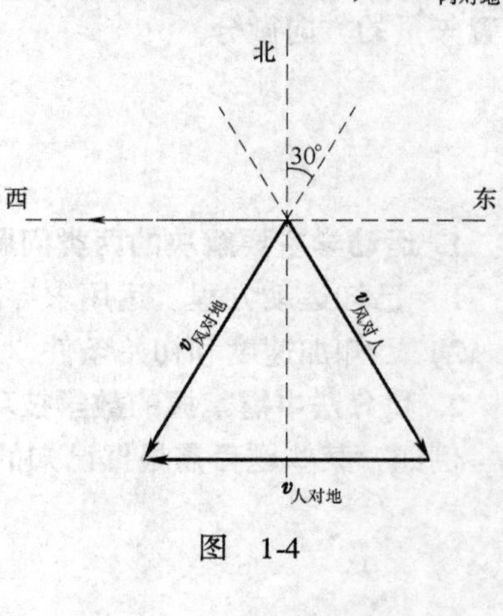

图 1-4

$$\boldsymbol{v}_{风对地} = \boldsymbol{v}_{风对人} + \boldsymbol{v}_{人对地}$$

则

$$\boldsymbol{v}_{风对人} = \boldsymbol{v}_{风对地} - \boldsymbol{v}_{人对地}$$

该式即第二种方法，矢量关系图如图 1-4 所示。不难看出 $|\boldsymbol{v}_{风对人}| = v$，可知人感觉风从北偏西 30°方向吹来。

五、例题精解

例题 1-1　质点运动的位置与时间的关系为 $x = 5 + t^2$，$y = 3 + 5t - t^2$，$z = 1 + 2t^2$，求第 2s 末质点的速度和加速度，长度和时间的单位分别是 m 和 s。

【分析】　已知运动（参数）方程，通过微分的方法求速度和加速度，为运动学的第一类问题。

【解】　已知质点运动轨道的参量方程为

$$\begin{cases} x = 5 + t^2 \\ y = 3 + 5t - t^2 \\ z = 1 + 2t^2 \end{cases}$$

分别对参量方程中各分量对时间 t 求一阶及二阶导数，得质点任意时刻的速度和加速度分量分别为

$$\begin{cases} v_x = 2t \\ v_y = 5 - 2t \\ v_z = 4t \end{cases} \quad 和 \quad \begin{cases} a_x = 2 \\ a_y = -2 \\ a_z = 4 \end{cases}$$

将 $t = 2\text{s}$ 代入上式，即得到质点在第 2s 末的速度和加速度，分别为

$$\begin{cases} v_x = 4.0\text{m/s} \\ v_y = 1.0\text{m/s} \\ v_z = 8.0\text{m/s} \end{cases} \quad 和 \quad \begin{cases} a_x = 2.0\text{m/s}^2 \\ a_y = -2.0\text{m/s}^2 \\ a_z = 4.0\text{m/s}^2 \end{cases}$$

例题 1-2　质点按照 $s = bt - \frac{1}{2}ct^2$ 的规律沿半径为 R 的圆周运动，其中 s 是质点运动的路程，b、c 是常量，并且 $b^2 > cR$。问当切向加速度与法向加速度大小相等时，质点运动了多少时间？

【分析】　这是在自然坐标系中求解运动学的第一类问题。

【解】　先求质点运动的速率为

$$v = \frac{\mathrm{d}s}{\mathrm{d}t} = b - ct$$

再求加速度切向分量为

$$a_\tau = \frac{\mathrm{d}v}{\mathrm{d}t} = -c$$

切向加速度的大小可以写为 $|a_\tau| = c$。

法向加速度大小为

$$a_{\mathrm{n}}=\frac{v^2}{R}=\frac{(b-ct)^2}{R}$$

切向加速度与法向加速度大小相等，即

$$\frac{(b-ct)^2}{R}=c$$

由此解得

$$t=\frac{b\pm\sqrt{cR}}{c}$$

【讨论】　因为 $v=b-ct$，所以，当 $t=0$ 时 $v=b$；当 $t=b/c$ 时 $v=0$。这表示在 0 到 b/c 时间内，质点作减速运动。而在 $t=b/c$ 之后，质点沿反方向作圆周运动，切向加速度为 c，速率不断增大。可见质点有两个机会满足“切向加速度与法向加速度大小相等”。一个机会是在 0 到 b/c 之间，即

$$t_1=\frac{b-\sqrt{cR}}{c}$$

为什么 $t=t_1$ 是处于 0 到 b/c 之间呢？根据已知条件 $b^2>cR$，也就是 $b>\sqrt{cR}$，所以必定有 $b/c>t_1>0$。另一个机会是在 $t=b/c$ 之后，即

$$t_2=\frac{b+\sqrt{cR}}{c}$$

例题 1-3　通过岸崖上的绞车拉动纤绳将湖中的小船拉向岸边，如图 1-5a 所示。如果绞车以恒定的速率 u 拉动纤绳，绞车定滑轮离水面的高度为 h，求小船向岸边移动的速度 v 和加速度 a。

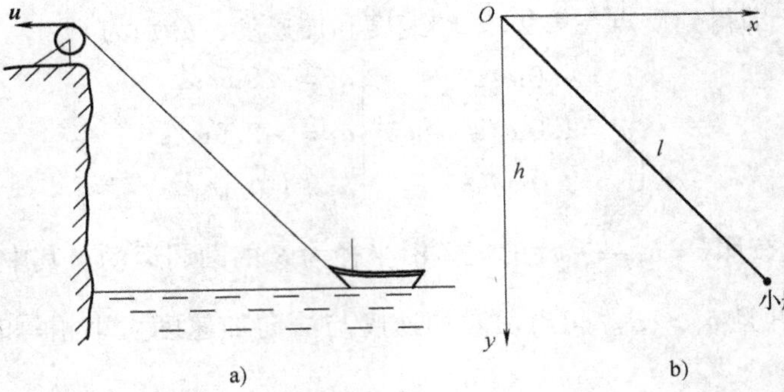

图　1-5

【分析】　根据速度的定义，船速应为船与岸间距离对时间的变化率。拉绳的速率应等于定滑轮与船之间绳长对时间的变化率的绝对值。

【解】　以绞车定滑轮处为坐标原点，x 轴水平向右，y 轴竖直向下，如图 1-5b 所示。设小船到坐标原点的距离为 l，显然，任意时刻小船到岸边的距离 x 总满足

$$x^2=l^2-h^2$$

上式两边同时对时间 t 求导数，得

$$2x\frac{\mathrm{d}x}{\mathrm{d}t}=2l\frac{\mathrm{d}l}{\mathrm{d}t}$$

式中，$\frac{dl}{dt}=-u$是绳长对时间的变化率，因为纤绳随时间在缩短，故$\frac{dl}{dt}<0$；$\frac{dx}{dt}=v$则是小船向岸边移动的速度，正是需要求的量。由上式可得

$$v=-\frac{l}{x}u=-\frac{\sqrt{x^2+h^2}}{x}u$$

式中负号表示小船的速度沿x轴的反方向。

小船向岸边移动的加速度为

$$a=\frac{d^2x}{dt^2}=\frac{dv}{dt}=-\frac{u^2h^2}{x^3}$$

负号的意义与速度的相同。

由上面的结果可以看到，小船的移动速率$|v|$总是比绞车拉动纤绳的速率u大，并且绞车的位置离水面越高，$|v|$比u就越大。由加速度a的表达式可见，小船的加速度随着到岸边距离的减小而急剧增大。

【常见错误】　没有正确理解速度的定义，认为船速$\boldsymbol{v}$是绳速$\boldsymbol{u}$的水平分量，即$v=u\cos\alpha$。实际上，收绳的速度应是船的速度在沿绳方向的速度分量。

例题1-4　质点以初速$\boldsymbol{v}_0$沿半径为R的圆周运动，已知其加速度方向与速度方向的夹角α为恒量，求质点速率与时间的关系。

【分析】　这是在自然坐标系中求解运动学的第二类问题，即已知加速度通过积分法求速度。

【解】　质点的加速度切向和法向分量分别为

$$a_\tau=\frac{dv}{dt},\quad a_n=\frac{v^2}{R}$$

故有

$$\tan\alpha=\frac{a_n}{a_\tau}=\frac{v^2}{R}\frac{dt}{dv}$$

分离变量

$$\frac{dv}{v^2}=\frac{dt}{R\tan\alpha}$$

并积分

$$\int_{v_0}^{v}\frac{dv}{v^2}=\int_0^t\frac{dt}{R\tan\alpha}$$

于是得

$$\frac{1}{v}=\frac{1}{v_0}-\frac{t}{R\tan\alpha}$$

这就是所要求的速率与时间的关系。

例题1-5　质点从倾角为$\alpha=30°$的斜面上的O点被抛出，初速度的方向与水平线的夹角为$\theta=30°$，如图1-6所示，初速度的大小为$v_0=9.8\text{m/s}$。若忽略空气的阻力，试求：

（1）质点落在斜面上的B点离开O点的距离；

（2）在$t=1.5\text{s}$时，质点的速度、切向加速度和法向加速度。

【分析】　抛体运动是加速度$\boldsymbol{a}=\boldsymbol{g}$恒定的曲线运动。

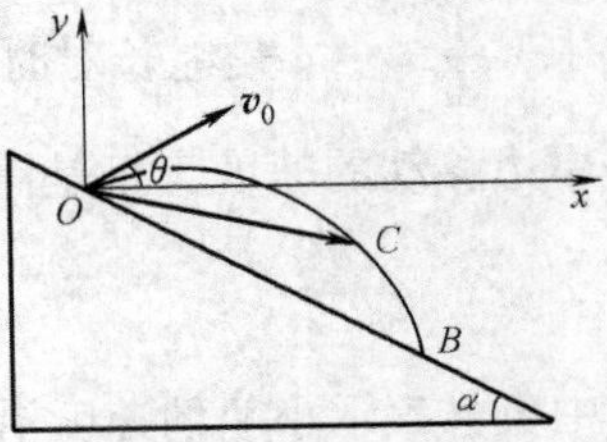

图 1-6

【解】　建立如图 1-6 所示的坐标系：以抛射点 O 为坐标原点，x 轴沿水平向右，y 轴竖直向上。这时质点的抛体运动可以看作为 x 方向的匀速直线运动和 y 方向的匀变速直线运动的合成，并且有

$$\begin{cases}a_x=0\\ v_x=v_0\cos\theta\\ x=(v_0\cos\theta)t\end{cases},\quad \begin{cases}a_y=-g\\ v_y=v_0\sin\theta-gt\\ y=(v_0\sin\theta)t-\dfrac{1}{2}gt^2\end{cases}$$

（1）设 B 点到 O 点的距离为 l，则 B 点的坐标可以表示为

$$x=l\cos\alpha,\ y=-l\sin\alpha$$

如果质点到达 B 点的时间为 τ，则有

$$x=l\cos\alpha=(v_0\cos\theta)\tau \tag{①}$$

$$y=-l\sin\alpha=(v_0\sin\theta)\tau-\frac{1}{2}g\tau^2 \tag{②}$$

以上两式联立，可解得

$$\tau=\frac{2v_0\sin(\theta+\alpha)}{g\cos\alpha} \tag{③}$$

将式③代入式①，得

$$l=\frac{2v_0\sin(\theta+\alpha)\cos\theta}{g\cos^2\alpha}=19.6\text{m}$$

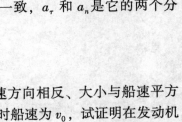

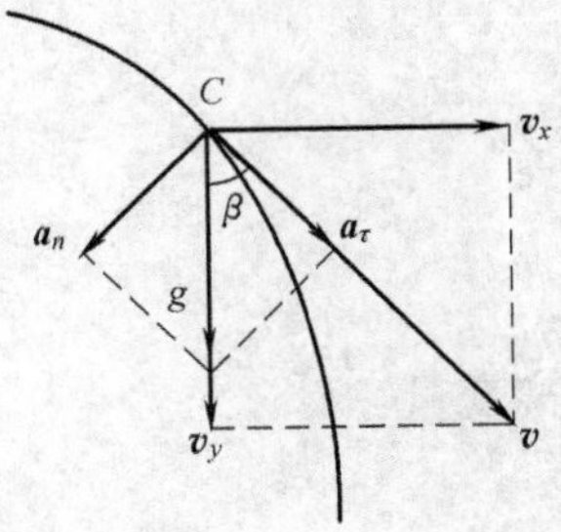

图 1-7

（2）设在 $t=1.5$s 时质点到达 C 点，此时

$$v_x=v_0\cos\theta=8.5\text{m/s}$$

$$v_y=v_0\sin\theta-gt=-9.8\text{m/s}$$

所以速度的大小为

$$v=\sqrt{v_x^2+v_y^2}=13.0\text{m/s}$$

速度与 y 轴负方向的夹角为（见图 1-7）

$$\beta=\arctan\frac{v_x}{v_y}=\arctan 0.867=40°56'$$

图 1-7 中，质点的总加速度就是重力加速度 $\boldsymbol{g}$，方向与 $\boldsymbol{v}_y$ 一致，a_τ 和 a_n 是它的两个分量，可以得到

$$a_\tau=g\cos\beta=7.4\text{m/s}^2$$

$$a_n=g\sin\beta=6.4\text{m/s}^2$$

例题 1-6　一正在行驶的汽船发动机关闭后得到一个与船速方向相反、大小与船速平方成正比的加速度 $a=-kv^2$，其中 k 为正的常数，设发动机关闭时船速为 v_0，试证明在发动机关闭后时间 t 内船行驶的距离为 $x=\dfrac{1}{k}\ln(v_0kt+1)$。

【解法一】　已知 $\boldsymbol{a}=-kv^2\boldsymbol{i}$

又
$$\boldsymbol{a}=\frac{\mathrm{d}\boldsymbol{v}}{\mathrm{d}t}$$

所以
$$\frac{dv}{dt}=-kv^2$$
分离变量,得
$$\frac{dv}{v^2}=-k\,dt$$
两边同时积分
$$\int_{v_0}^{v}\frac{dv}{v^2}=-\int_0^t k\,dt$$
即
$$-\frac{1}{v}\bigg|_{v_0}^{v}=-kt\big|_0^t$$
得
$$v=\frac{v_0}{1+kv_0t}$$
又
$$v=\frac{dx}{dt}$$
所以
$$\frac{dx}{dt}=\frac{v_0}{1+kv_0t}$$
两边同时积分
$$\int_0^x dx=\int_0^t\frac{v_0}{1+kv_0t}dt$$
得
$$x=\frac{1}{k}\ln(1+v_0kt)$$

【解法二】
$$a=\frac{dv}{dt}=\frac{dv}{dx}\cdot\frac{dx}{dt}=\frac{dv}{dx}\cdot v=-kv^2$$
分离变量,得
$$\frac{dv}{v}=-k\,dx$$
两边同时积分
$$\int_{v_0}^{v}\frac{dv}{v}=-k\int_0^x dx$$
有
$$\ln\frac{v}{v_0}=-kx$$
即
$$v=v_0e^{-kx}$$
又
$$v=\frac{dx}{dt}=v_0e^{-kx}$$
两边同时积分
$$\int_0^x e^{kx}dx=v_0\int_0^t dt$$
得
$$\frac{1}{k}(e^{kx}-e^0)=v_0t$$
即
$$e^{kx}=kv_0t+1$$
所以
$$x=\frac{1}{k}\ln(1+v_0kt)$$

例题 1-7　当一列火车以 36km/h 的速率水平向东行驶时，相对于地面匀速竖直下落的雨滴，在列车的窗子上形成的雨迹与竖直方向成 30°角。

（1）雨滴相对于地面的水平分速有多大？相对于列车的水平分速有多大？

（2）雨滴相对于地面的速率如何？相对于列车的速率如何？

【分析】　相对运动问题，可用下标串接法求解。

【解】（1）题给雨滴相对于地面竖直下落，故相对于地面的水平分速度为零，雨滴相对于列车的水平分速度与列车速度等值反向，为 10m/s，正西方向。

（2）设下标 W 指雨滴，T 指列车，E 指地面，则有

$$\boldsymbol{v}_{\mathrm{WE}}=\boldsymbol{v}_{\mathrm{WT}}+\boldsymbol{v}_{\mathrm{TE}}$$

由题已知 $v_{\mathrm{TE}}=10\mathrm{m/s}$，$\boldsymbol{v}_{\mathrm{WE}}$ 竖直向下，$\boldsymbol{v}_{\mathrm{WT}}$ 偏离竖直方向 30°，由图 1-8 可求得雨滴相对于地面的速率

$$v_{\mathrm{WE}}=v_{\mathrm{TE}}\cot 30°=17.3\mathrm{m/s}$$

雨滴相对于列车的速率

$$v_{\mathrm{WT}}=\frac{v_{\mathrm{TE}}}{\sin 30°}=20\mathrm{m/s}$$

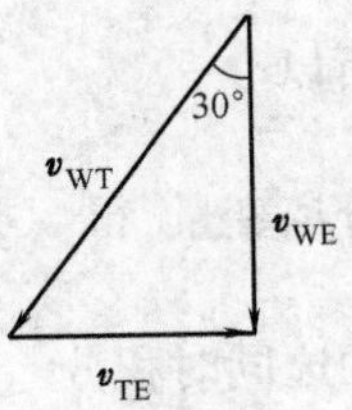

图　1-8

六、基础训练

（一）选择题

1. 图 1-9 中 p 是一圆的竖直直径 pc 的上端点，当一质点从 p 开始分别沿不同的弦无摩擦下滑时，到达各弦的下端所用的时间相比较是（　　）。

（A）到 a 点用的时间最短　　（B）到 b 点用的时间最短

（C）到 c 点用的时间最短　　（D）所用时间都一样

2. 一质点沿 x 轴作直线运动，其 $v-t$ 曲线如图 1-10 所示，如 $t=0$ 时，质点位于坐标原点，则 $t=4.5\mathrm{s}$ 时，质点在 x 轴上的位置为（　　）。

（A）5m　（B）2m　（C）0　（D）-2m　（E）-5m

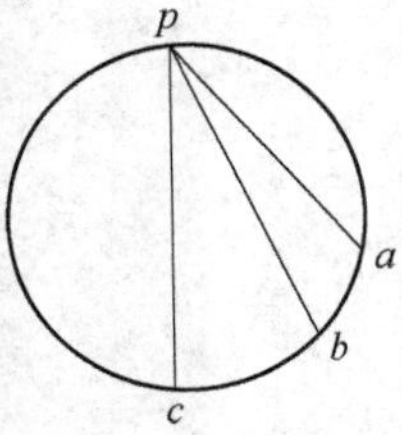

图　1-9

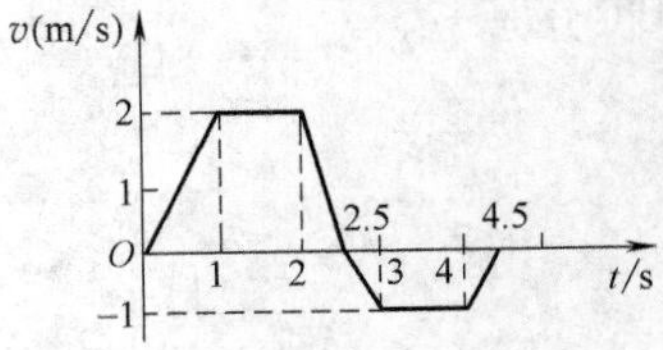

图　1-10

3. 一运动质点在某瞬时位于矢径 $\boldsymbol{r}(x,y)$ 的端点处，其速度大小为（　　）。

（A）$\frac{\mathrm{d}r}{\mathrm{d}t}$　（B）$\frac{\mathrm{d}\boldsymbol{r}}{\mathrm{d}t}$　（C）$\frac{\mathrm{d}|\boldsymbol{r}|}{\mathrm{d}t}$　（D）$\sqrt{\left(\frac{\mathrm{d}x}{\mathrm{d}t}\right)^2+\left(\frac{\mathrm{d}y}{\mathrm{d}t}\right)^2}$

4. 质点作曲线运动，$\boldsymbol{r}$ 表示位置矢量，$\boldsymbol{v}$ 表示速度，$\boldsymbol{a}$ 表示加速度，s 表示路程，a_τ 表示切向加速度分量，下列表达式中正确的是（　　）。

（1）$\mathrm{d}v/\mathrm{d}t=a$；　（2）$\mathrm{d}r/\mathrm{d}t=v$；　（3）$\mathrm{d}s/\mathrm{d}t=v$；　（4）$|\mathrm{d}\boldsymbol{v}/\mathrm{d}t|=a_\tau$。

（A）只有（1）、（4）是对的　　（B）只有（2）、（4）是对的

（C）只有（2）是对的　　（D）只有（3）是对的

5. 一条河在某一段直线岸边同侧有 A、B 两个码头，相距 1km。甲、乙两人需要从码头 A 到码头 B，再立即由 B 返回。甲划船前去，船相对于河水的速度为 4km/h；而乙沿岸步行，步行速度也为 4km/h。如河水流速为 2km/h，方向从 A 到 B，则（　　）。

（A）甲比乙晚 10min 回到 A　　（B）甲和乙同时回到 A

（C）甲比乙早 10min 回到 A　　（D）甲比乙早 2min 回到 A

6. 一飞机相对于空气的速度大小为 200km/h，风速为 56km/h，方向从西向东。地面雷达站测得飞机速度的大小为 192km/h，则飞机飞行方向是（　　）。

（A）南偏西 16.3°　（B）北偏东 16.3°　（C）向正南或向正北

（D）西偏北 16.3°　（E）东偏南 16.3°

（二）填空题

7. 已知质点的运动学方程为

$$\boldsymbol{r}=\left(5+2t-\frac{1}{2}t^2\right)\boldsymbol{i}+\left(4t+\frac{1}{3}t^3\right)\boldsymbol{j}\ (\text{SI})$$

当 $t=2\text{s}$ 时，加速度的大小 $a=$__________；加速度 $\boldsymbol{a}$ 与 x 轴正方向间夹角 $\alpha=$__________。

8. 质点沿半径为 R 的圆周运动，运动学方程为 $\theta=3+2t^2$（SI），则 t 时刻质点的法向加速度分量 $a_n=$__________；角加速度 $\beta=$__________。

9. 灯距地面高度为 h_1，一个人身高为 h_2，在灯下以匀速率 v 沿水平直线行走，如图 1-11 所示。他的头顶在地上的影子 M 点沿地面移动的速度大小为 $v_M=$__________。

10. 一物体做如图 1-12 所示的斜抛运动，测得在轨道 A 点处速度 $\boldsymbol{v}$ 的大小为 v，其方向与水平方向夹角成 30°，则物体在 A 点的加速度切向分量 $a_\tau=$__________，轨道的曲率半径__________。（重力加速度为 $\boldsymbol{g}$）

11. 一质点沿 x 方向运动，其加速度随时间变化关系为 $a=3+2t$（SI），如果初始时质点的速度 v_0 为 5m/s，则当 t 为 3s 时，质点的速度 $v=$__________。

12. 一质点沿直线运动，其运动学方程为 $x=6t-t^2$（SI），则在 0 到 4s 的时间间隔内，质点的位移大小为__________，在 0 到 4s 的时间间隔内质点走过的路程为__________。

13. 在 xy 平面内有一运动质点，其运动学方程为 $\boldsymbol{r}=10\cos5t\boldsymbol{i}+10\sin5t\boldsymbol{j}$（SI），则 t 时刻其速度 $\boldsymbol{v}$ =__________；其切向加速度的大小 a_t __________；该质点运动的轨迹是__________。

14. 一质点作直线运动，其 $v-t$ 曲线如图 1-13 所示，则在 BC 段和 CD 段时间内的加速度分别为__________，__________。

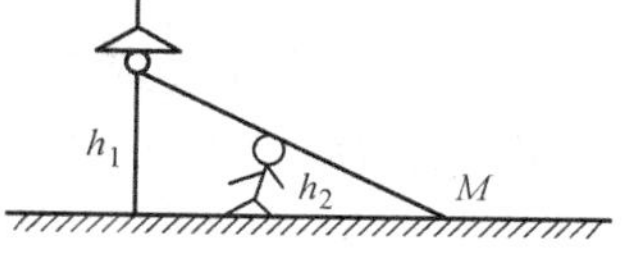

图 1-11

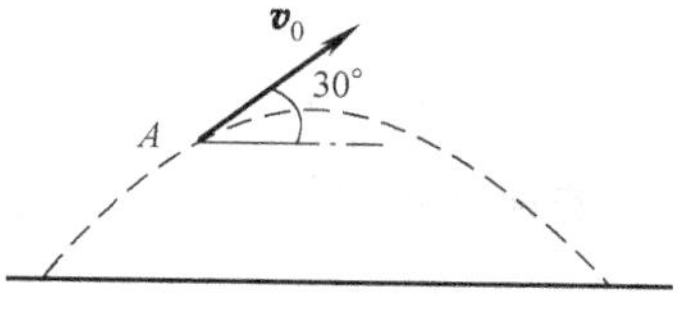

图 1-12

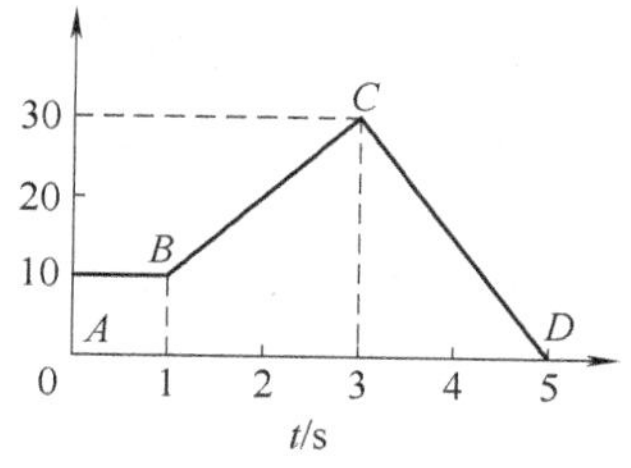

图 1-13

15. 两条直路交叉成 α 角，两辆汽车分别以速率 v_1 和 v_2 沿两条路行驶，一车相对另一车的速度大小为__________。

（三）计算题

16. 有一质点沿 x 轴作直线运动，t 时刻的坐标为 $x=4.5t^2-2t^3$（SI）。试求：（1）第 2s

内的平均速度；（2）第 2s 末的瞬时速度；（3）第 2s 内的路程。

17. 一物体悬挂在弹簧上作竖直振动，其加速度为 $a=-ky$，式中 k 为常量，y 是以平衡位置为原点所测得的坐标。假定振动的物体在坐标 y_0 处的速度为 v_0，试求速度 v 与坐标 y 的函数关系式。

18. 一物体以初速度 v_0、仰角 α 由地面抛出，并落回到与抛出处同一水平面上，求地面上方该抛体运动轨道的最大曲率半径与最小曲率半径。

19. 质点沿半径为 R 的圆周运动，加速度与速度的夹角 φ 保持不变，求该质点的速率随时间而变化的规律，已知初速为 v_0。

20. 当火车静止时，乘客发现雨滴下落方向偏向车头，偏角为 30°；当火车以 35m/s 的速率沿水平直路行驶时，发现雨滴下落方向偏向车尾，偏角为 45°。假设雨滴相对于地的速度保持不变，试计算雨滴相对于地的速度大小。

七、自测提高

（一）选择题

1. 如图 1-14 所示，湖中有一小船，有人用绳绕过岸上一定高度处的定滑轮拉湖中的船向岸边运动。设该人以匀速率 v_0 收绳，绳不伸长、湖水静止，则小船的运动是（　　）。

（A）匀加速运动　　（B）匀减速运动

（C）变加速运动　　（D）变减速运动

（E）匀速直线运动

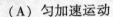

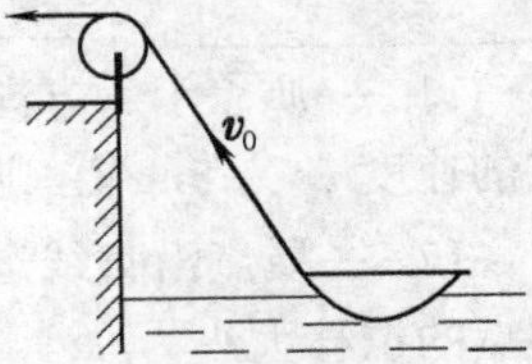

图 1-14

2. 一质点在平面上运动，已知质点位置矢量的表示式为 $\boldsymbol{r}=at^2\boldsymbol{i}+bt^2\boldsymbol{j}$（其中 a、b 为常量），则该质点作（　　）。

（A）匀速直线运动　　（B）变速直线运动

（C）抛物线运动　　（D）一般曲线运动

3. 质点沿半径为 R 的圆周作匀速率运动，每 T 秒转一圈。在 $2T$ 时间间隔中，其平均速度大小与平均速率大小分别为（　　）。

（A）$2\pi R/T$，$2\pi R/T$　　（B）0，$2\pi R/T$　　（C）0，0　　（D）$2\pi R/T$，0

4. 一质点作直线运动，某时刻的瞬时速度 $v=2\text{m/s}$，瞬时加速度 $a=-2\text{m/s}^2$，则 1s 后质点的速度为（　　）。

（A）等于零　　（B）等于 −2m/s　　（C）等于 2m/s　　（D）不能确定

5. 一物体从某一确定高度以 $\boldsymbol{v}_0$ 的速度水平抛出，已知它落地时的速度为 $\boldsymbol{v}_t$，那么它运动的时间是（　　）。

（A）$\dfrac{v_t-v_0}{g}$　　（B）$\dfrac{v_t-v_0}{2g}$　　（C）$\dfrac{(v_t^2-v_0^2)^{1/2}}{g}$　　（D）$\dfrac{(v_t^2-v_0^2)^{1/2}}{2g}$

6. 某物体的运动规律为 $\mathrm{d}v/\mathrm{d}t=-kv^2t$，式中的 k 为大于零的常量。当 $t=0$ 时，初速为 v_0，则速度 v 与时间 t 的函数关系是（　　）。

（A）$v=\dfrac{1}{2}kt^2+v_0$　　（B）$v=-\dfrac{1}{2}kt^2+v_0$　　（C）$\dfrac{1}{v}=\dfrac{kt^2}{2}+\dfrac{1}{v_0}$　　（D）$\dfrac{1}{v}=-\dfrac{kt^2}{2}+\dfrac{1}{v_0}$

7. 在相对于地面静止的坐标系内，A、B 二船都以 2m/s 速率匀速行驶，A 船沿 x 轴正向，B 船沿 y 轴正向。今在 A 船上设置与静止坐标系方向相同的坐标系（x，y 方向单位矢用 $\boldsymbol{i}$、$\boldsymbol{j}$ 表示），那么在 A 船上的坐标系中，B 船的速度（以 m/s 为单位）为（　　）。

（A）$2\boldsymbol{i}+2\boldsymbol{j}$　　（B）$-2\boldsymbol{i}+2\boldsymbol{j}$　　（C）$-2\boldsymbol{i}-2\boldsymbol{j}$　　（D）$2\boldsymbol{i}-2\boldsymbol{j}$

（二）填空题

8. 距河岸（看成直线）500m 处有一艘静止的船，船上的探照灯以转速为 $n=1\text{r/min}$ 转动。当光束与岸边成 60°角时，光束沿岸边移动的速度 $v=$________。

9. 一质点从静止出发，沿半径 $R=3\text{m}$ 的圆周运动。切向加速度 $a_t=3\text{m/s}^2$ 保持不变，当总加速度与半径成 45°角时，所经过的时间 $t=$________，在上述时间内质点经过的路程 $s=$________。

10. 在半径为 R 的圆周上运动的质点，其速率与时间关系为 $v=ct^2$（式中 c 为常量），则从 $t=0$ 到 t 时刻质点走过的路程 $s(t)=$________；t 时刻质点的加速度切向分量 $a_\tau=$________；t 时刻质点的法向加速度大小 $=$________。

11. 一质点从 O 点出发以匀速率 1cm/s 作顺时针转向的圆周运动，圆的半径为 1m，如图 1-15 所示。当它走过 2/3 圆周时，走过的路程是________，这段时间内的平均速度大小为________，方向是________。

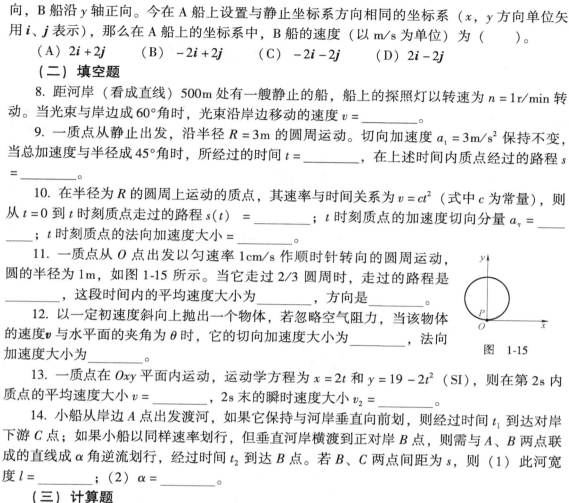

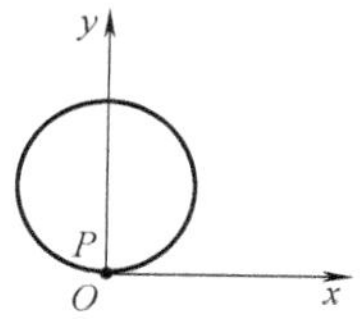

图 1-15

12. 以一定初速度斜向上抛出一个物体，若忽略空气阻力，当该物体的速度 $\boldsymbol{v}$ 与水平面的夹角为 θ 时，它的切向加速度大小为________，法向加速度大小为________。

13. 一质点在 Oxy 平面内运动，运动学方程为 $x=2t$ 和 $y=19-2t^2$（SI），则在第 2s 内质点的平均速度大小 $v=$________，2s 末的瞬时速度大小 $v_2=$________。

14. 小船从岸边 A 点出发渡河，如果它保持与河岸垂直向前划，则经过时间 t_1 到达对岸下游 C 点；如果小船以同样速率划行，但垂直河岸横渡到正对岸 B 点，则需与 A、B 两点联成的直线成 α 角逆流划行，经过时间 t_2 到达 B 点。若 B、C 两点间距为 s，则（1）此河宽度 $l=$________；（2）$\alpha=$________。

（三）计算题

15. 质点 P 在水平面内沿一半径为 $R=2\text{m}$ 的圆轨道转动，转动的角速度 ω 与时间 t 的函数关系为 $\omega=kt^2$（k 为常量）。已知 $t=2\text{s}$ 时，质点 P 的速度值为 32m/s。试求 $t=1\text{s}$ 时，质点 P 的速度与加速度的大小。

16. 一飞机相对于空气以恒定速率 v 沿正方形轨道飞行，在无风天气其运动周期为 T。若有恒定小风沿平行于正方形的一对边吹来，风速为 $V=kv$（$k\ll 1$）。求飞机仍沿原正方形（对地）轨道飞行时周期要增加多少？

17. 一敞顶电梯以恒定速率 $v=10\text{m/s}$ 上升。当电梯离地面 $h=10\text{m}$ 时，一小孩竖直向上抛出一球，球相对于电梯的初速率 $v_0=20\text{m/s}$，试问：（1）从地面算起，球能达到的最大高度为多大？（2）球抛出后经过多长时间再回到电梯上？

18. 一质点从静止开始作直线运动，开始时加速度为 a_0，此后加速度随时间均匀增加，经过时间 τ 后，加速度为 $2a_0$，经过时间 2τ 后，加速度为 $3a_0$，求经过时间 $n\tau$ 后该质点的速度和走过的距离。

第二章　牛顿运动定律

本章讨论质点动力学的运动规律和应用，着重掌握：(1) 牛顿第二定律的适用条件；(2) 牛顿第二定律的瞬时关系；(3) 静摩擦力的大小；(4) 非惯性系和惯性力的应用；(5) 运动微分方程的求解方法和技巧。

一、知识框架

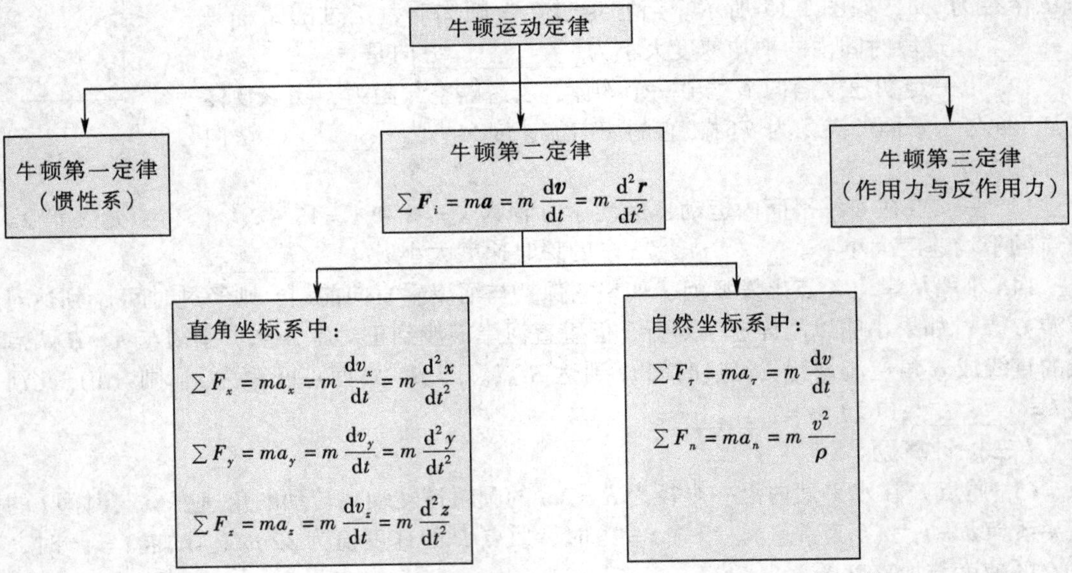

二、知识要点

1. 力学中常见的力

力是物体间的相互作用，分为接触作用与场作用。在经典力学中，场作用主要为万有引力（重力），接触作用主要为弹性力与摩擦力。

1）弹性力 $F=-kx$（x 为形变量）

2）摩擦力

摩擦力的方向永远与相对运动方向（或趋势）相反。

最大静摩擦力　　$F_s=\mu_s F_N$

滑动摩擦力　　$F_k=\mu_k F_N$

3）万有引力

$$F = G\frac{m_1 m_2}{r^2}$$

特例：在地球引力场中，在地球表面附近

$$F = \frac{Gm_e m}{R^2} = mg$$

式中，R 为地球半径；m_e 为地球质量；m 为物体质量。

2. 惯性参考系中的力学规律　牛顿三定律

（1）牛顿第一定律（惯性定律）

任何物体都要保持其静止状态或匀速直线运动状态，直到其他物体所作用的力迫使它改变为止。牛顿第一定律阐明了惯性与力的概念，定义了惯性系，即

$$\boldsymbol{F} = 0 \text{ 时}，\boldsymbol{v} = \text{恒矢量}$$

（2）牛顿第二定律

质点运动（$m\boldsymbol{v}$）的变化与所受合力 $\boldsymbol{F}$ 成正比，并发生在合力 $\boldsymbol{F}$ 方向上。

普遍形式为
$$\boldsymbol{F} = \frac{\mathrm{d}(m\boldsymbol{v})}{\mathrm{d}t}$$

经典形式为
$$\boldsymbol{F} = m\frac{\mathrm{d}\boldsymbol{v}}{\mathrm{d}t} = m\boldsymbol{a}\ （m \text{ 为恒量}）$$

（3）牛顿第三定律（作用力与反作用力定律）

物体间的相互作用力是成对出现的，作用力与反作用力同时出现，同时消失，它们性质相同、大小相等、方向相反、作用在两个不同的物体上。可表示为

$$\boldsymbol{F}_{12} = -\boldsymbol{F}_{21}$$

牛顿运动定律是物体低速运动（$v \ll c$）时所遵循的动力学基本规律，是经典力学的基础。

3. 非惯性参考系中的力学规律

（1）惯性力

惯性力是为在非惯性系中采用牛顿运动定律分析问题而引进的一种虚拟力。惯性力不是来自物体之间的相互作用，因此没有施力物体，也就不存在反作用力。但惯性力同样能改变物体相对于参考系的运动状态，这体现了惯性力就是参考系的加速度效应。

平移加速系　$\boldsymbol{F}_{惯} = -m\boldsymbol{a}_0$（$\boldsymbol{a}_0$ 是非惯性系的加速度）

匀速转动系　$\boldsymbol{F}_{惯} = m\omega^2\boldsymbol{r}$（$\omega$ 是匀速转动的角速度）

（2）引入惯性力后，非惯性系中力学规律为

$$\boldsymbol{F} + \boldsymbol{F}_{惯} = m\boldsymbol{a}'$$

其中，$\boldsymbol{F}$ 为真实力；$\boldsymbol{a}'$为非惯性系中观测到的加速度。

三、概 念 辨 析

1. 关于圆周运动中向心力的问题

1）对于作匀速圆周运动的物体，加速度总是指向圆心的，因而它所受到的作用力也必

定指向圆心，这个作用力便提供了向心力。向心力是产生向心加速度的原因，物体由于受到向心力的作用，才被迫不断地改变其原来的运动方向而作圆周运动。向心力只能改变速度的方向，却不能改变速度的大小。

2）当物体作匀速圆周运动时，它所受到的合外力一定是向心力；当物体作变速圆周运动时，它所受到的合外力的法向（垂直于速度并指向圆心）分力一定是向心力。

3）有人认为，在力学常见的力中除万有引力、弹性力和摩擦力之外，还存在第四种力，即向心力。这种看法是不对的。因为向心力这个概念是表示力的指向和作用效果，并不表示力的来源。在力学中，向心力可能来源于万有引力、弹性力和摩擦力，也可能来源于这些力的合力，还可能来源于其中部分力的分力，千万不要在分析力时加上一个向心力。

4）分析向心力的反作用力一般没有实际意义。从上面的讨论我们已经知道，在一般情况下，向心力是作用于物体上的各个力沿法向的合力。合力作用于物体（质点）上，是有明确意义的；但合力的反作用力是分别作用于各个施力物体上的，不能相加。所以，在不止一个力的情况下，分析向心力的反作用力是没有实际意义的。

2. 判断惯性参考系和非惯性参考系的理论依据

可以认为牛顿运动定律（包括牛顿第一、第二和第三定律）是关于参考系的一种表述，或者说，是作为判断一个参考系是惯性系还是非惯性系的理论依据。这是因为牛顿运动定律并非适用于一切参考系，牛顿运动定律能成立的参考系称为惯性系，不能成立的参考系称为非惯性系。在非惯性系中牛顿运动定律不成立，不能直接用牛顿运动定律处理问题。若仍然希望能用牛顿运动定律处理这些问题，则必须引入惯性力。

四、方法点拨

1. 牛顿运动定律的运用

牛顿运动定律的问题一般可分为两类：

1）已知力求质点的运动规律，即已知或通过受力分析给出力的函数表达式，根据牛顿第二定律，利用数学变形，建立运动微分方程积分求解。

$$F_x(t)=m\frac{\mathrm{d}v_x}{\mathrm{d}t}\rightarrow\int F_x\mathrm{d}t=\int m\mathrm{d}v_x$$

$$F_x(v_x)=m\frac{\mathrm{d}v_x}{\mathrm{d}t}\rightarrow\int\mathrm{d}t=\int\frac{m}{F_x}\mathrm{d}v_x$$

$$F_x(v_x)=m\frac{\mathrm{d}v_x}{\mathrm{d}t}\frac{\mathrm{d}x}{\mathrm{d}x}=mv_x\frac{\mathrm{d}v_x}{\mathrm{d}x}\rightarrow\int\mathrm{d}x=\int\frac{mv_x}{F_x}\mathrm{d}v_x$$

$$F_x(x)=m\frac{\mathrm{d}v_x}{\mathrm{d}t}\frac{\mathrm{d}x}{\mathrm{d}x}=mv_x\frac{\mathrm{d}v_x}{\mathrm{d}x}\rightarrow\int F_x\mathrm{d}x=\int mv_x\mathrm{d}v_x$$

2）已知运动规律求力。在运用牛顿第二定律求解具体问题时，将牛顿第二定律的矢量式写成分量式可方便解题。

在直角坐标系中

$$F_x=ma_x,\ F_y=ma_y,\ F_z=ma_z$$

在自然坐标系中

$$F_{\tau}=m\frac{\mathrm{d}v}{\mathrm{d}t},\quad F_{\mathrm{n}}=m\frac{v^2}{\rho}$$

式中，ρ 为质点处的曲率半径；F_{τ}、F_{n} 分别为质点所受力的切向分量和法向分量。

2. 求解动力学问题的主要步骤

在运用牛顿运动定律解题时，一般采用隔离体法对物体进行受力分析，其基本步骤如下：

1）明确已知条件和所求物理量，确定研究对象。

2）把研究对象从周围物体中隔离出来，进行受力分析，并画出示力图。

3）选定坐标系，将研究对象所受的力及其加速度按坐标轴的方向分解，列出牛顿第二定律的分量式。

这里要注意的是力和加速度的方向的确定，若与坐标轴正方向一致时为正，反之为负。若方向一时无法判定，可先假定一个方向，然后根据计算结果来确定。若结果是正的，则与所假设的方向一致，反之亦然。

4）对运动方程求解，求解时先用字母符号得到表达式，而后再代入已知数据进行运算，并可采用量纲、极限情况讨论等手段，对结论进行检验。

五、例题精解

例题 2-1　如图 2-1 所示，滑轮、绳子质量及运动中的摩擦阻力都忽略不计，物体 A 的质量 m_1 大于物体 B 的质量 m_2。在 A、B 运动过程中弹簧秤 S 的读数 F_S 是多少？

【分析】　运用牛顿第二定律做定量计算。可按照求解动力学问题的主要步骤，将物体 A、B 和滑轮 C 隔离开来，作受力分析图。建立坐标系，列方程，求解。

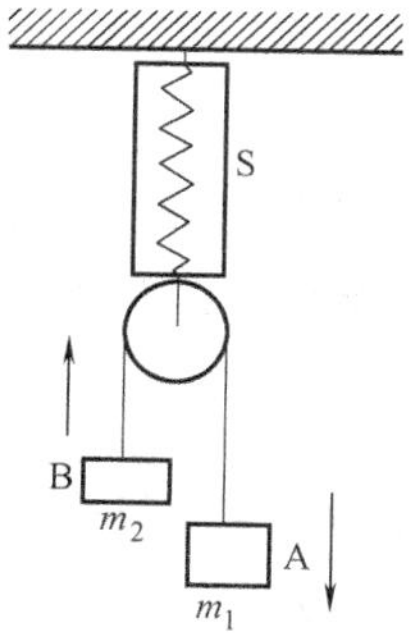

图　2-1

【解】　设加速度正方向分别沿各物体运动方向。

物体 A 受绳施予的张力 $\boldsymbol{F}_{\mathrm{T}}$ 和重力 $m_1\boldsymbol{g}$ 作用，列方程为

$$m_1g-F_{\mathrm{T}}=m_1a \qquad ①$$

物体 B 受张力 $\boldsymbol{F}'_{\mathrm{T}}$（如不计绳的质量，$\boldsymbol{F}'_{\mathrm{T}}=-\boldsymbol{F}_{\mathrm{T}}$，一根绳中各处张力皆大小相等）和重力 $m_2\boldsymbol{g}$ 作用，列方程为

$$F_{\mathrm{T}}-m_2g=m_2a \qquad ②$$

定滑轮处于平衡状态，故所受合外力为零，有

$$F_S=2F_{\mathrm{T}}$$

联立式①、式②得

$$a=\frac{(m_1-m_2)}{(m_1+m_2)}g,\quad F_{\mathrm{T}}=\frac{2m_1m_2}{m_1+m_2}g$$

所以弹簧秤的读数 F_S 为

$$F_S=2F_{\mathrm{T}}=\frac{4m_1m_2}{m_1+m_2}g$$

例题 2-2　一质量为 m 的猴，抓住一个用细绳悬挂在天花板上的直杆，设杆的质量为 m_0，如图 2-2 所示。若悬线突然断开，猴为保持相对地面的高度不变，必须沿杆竖直上爬，

此时杆的加速度是多少?

【常见错误】 绳子断开后，杆做自由落体运动，加速度是 $\boldsymbol{g}$。

【分析】 绳子断开后，猴保持与地面高度不变，对地的加速度为零，此时杆对猴必有一向上的作用力 $\boldsymbol{F}$，而猴对杆有一向下的作用力 $\boldsymbol{F}'$，$\boldsymbol{F}'=-\boldsymbol{F}$，故绳子断开后，杆受 $m_0\boldsymbol{g}$ 和 $\boldsymbol{F}'$两个力，加速度大小不可能是 g。

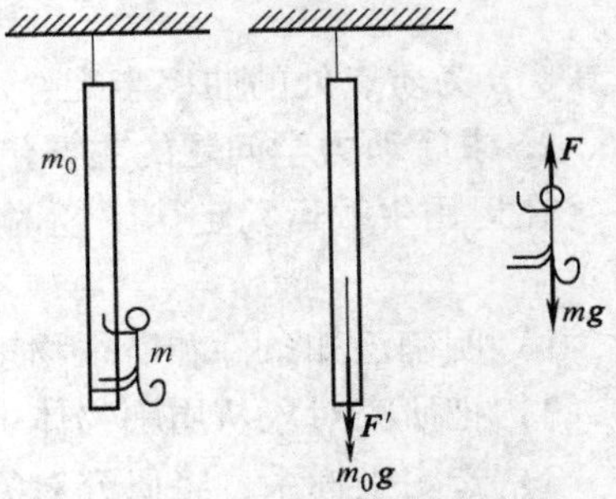

图　2-2

【解法一】 设竖直向下为正方向，由牛顿第二定律得

对猴

$$mg-F=0 \quad ①$$

对杆

$$m_0g+F=ma \quad ②$$

两式联立解得

$$a=\frac{m_0+m}{m_0}g$$

【解法二】 把猴和杆看做一质点系，$\boldsymbol{F}$ 和 $\boldsymbol{F}'$为系统的内力，系统的外力为 $m_0\boldsymbol{g}+m\boldsymbol{g}$。注意到猴的加速度为零，则有

$$m_0g+mg=m_0a$$

解得

$$a=\frac{m_0+m}{m_0}g$$

例题 2-3 一质量为 2kg 的质点在 xy 平面上运动，受到外力 $\boldsymbol{F}=4\boldsymbol{i}-24t^2\boldsymbol{j}$（SI）的作用，当 $t=0$ 时，它的初速度为$\boldsymbol{v}_0=3\boldsymbol{i}+4\boldsymbol{j}$（SI），求 $t=1$s 时质点的速度及受到的法向力 $\boldsymbol{F}_n$。

【分析】 本题是求解变力作用下质点的运动问题，外力为时间的函数。

【解】 根据牛顿第二定律　$\boldsymbol{a}=\dfrac{\boldsymbol{F}}{m}=2\boldsymbol{i}-12t^2\boldsymbol{j}$

又

$$\boldsymbol{a}=\mathrm{d}\boldsymbol{v}/\mathrm{d}t$$

得

$$\mathrm{d}\boldsymbol{v}=(2\boldsymbol{i}-12t^2\boldsymbol{j})\mathrm{d}t$$

两边积分

$$\int_{\boldsymbol{v}_0}^{\boldsymbol{v}}\mathrm{d}\boldsymbol{v}=\int_0^t(2\boldsymbol{i}-12t^2\boldsymbol{j})\mathrm{d}t$$

有

$$\boldsymbol{v}-\boldsymbol{v}_0=2t\boldsymbol{i}-4t^3\boldsymbol{j}$$

$$\boldsymbol{v}=\boldsymbol{v}_0+2t\boldsymbol{i}-4t^3\boldsymbol{j}=(3+2t)\boldsymbol{i}+(4-4t^3)\boldsymbol{j}$$

当 $t=1$s 时，代入得

$$\boldsymbol{v}_1=5\boldsymbol{i}$$

速度方向沿 x 轴。

由于此时法向方向为 y 轴，据 $\boldsymbol{a}$ 的表达式，有

$$a_y=-12$$

根据牛顿第二定律，法向力为

$$\boldsymbol{F}_n = ma_y \boldsymbol{j} = -24\boldsymbol{j}(\mathrm{SI})$$

例题 2-4　质量为 m 的子弹以速度 $\boldsymbol{v}_0$ 水平射入沙土中，设子弹所受阻力与速度反向，大小与速度成正比，比例系数为 K，忽略子弹的重力，求：(1) 子弹射入沙土后，速度随时间变化的函数式；(2) 子弹进入沙土的最大深度。

【分析】　本题是求解变力作用下质点的运动问题，外力为位置的函数。注意题中第(2) 问的解法二，掌握好求解这类问题常用的数学技巧。

【解】　(1) 子弹进入沙土后受力大小为 $-Kv$，由牛顿第二定律

$$-Kv = m\frac{\mathrm{d}v}{\mathrm{d}t}$$

得

$$-\frac{K}{m}\mathrm{d}t = \frac{\mathrm{d}v}{v}$$

两边积分

$$-\int_0^t \frac{K}{m}\mathrm{d}t = \int_{v_0}^{v} \frac{\mathrm{d}v}{v}$$

有

$$v = v_0 \mathrm{e}^{-Kt/m}$$

(2) 求最大深度

解法一：根据

$$v = \frac{\mathrm{d}x}{\mathrm{d}t}$$

结合 (1) 的结果，有

$$\mathrm{d}x = v_0 \mathrm{e}^{-Kt/m}\mathrm{d}t$$

两边积分

$$\int_0^x \mathrm{d}x = \int_0^t v_0 \mathrm{e}^{-Kt/m}\mathrm{d}t$$

得

$$x = \left(\frac{m}{K}\right)v_0\ (1 - \mathrm{e}^{-Kt/m})$$

令 $t \to \infty$，得最大深度

$$x_{\max} = \frac{mv_0}{K}$$

解法二：由 $-Kv = m\dfrac{\mathrm{d}v}{\mathrm{d}t} = m\left(\dfrac{\mathrm{d}v}{\mathrm{d}x}\right)\left(\dfrac{\mathrm{d}x}{\mathrm{d}t}\right) = mv\dfrac{\mathrm{d}v}{\mathrm{d}x}$

得

$$\mathrm{d}x = -\frac{m}{K}\mathrm{d}v$$

两边积分

$$\int_0^{x_{\max}} \mathrm{d}x = -\int_{v_0}^{0} \frac{m}{K}\mathrm{d}v$$

得

$$x_{\max} = \frac{mv_0}{K}$$

【注】　解法二利用数学技巧只需一次积分运算即可，相较于解法一简单得多。

例题 2-5　水平面上有一质量 $m = 51\mathrm{kg}$ 的小车 D，其上有一定滑轮 C，通过绳在滑轮两侧分别连有质量为 $m_1 = 5\mathrm{kg}$ 和 $m_2 = 4\mathrm{kg}$ 的物体 A 和 B，其中物体 A 在小车的水平台面上，物体 B 被绳悬挂，各接触面和滑轮轴均光滑。系统处于静止时，各物体关系如图 2-3 所示。现在让系统运动，求以多大的水平力 $\boldsymbol{F}$ 作用于小车上，才能使物体 A 与小车 D 之间无相对滑动。(滑轮和绳的质量均不计，绳与滑轮间无相对滑动)

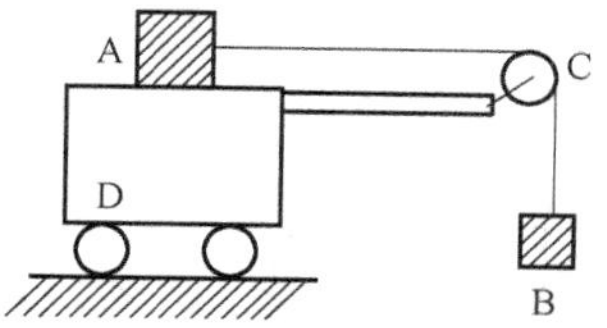

图　2-3

【解】 建立 x、y 坐标。系统的运动过程中，物体 A、B 及小车 D 的受力情况如图 2-4 所示，设小车 D 受力 $\boldsymbol{F}$ 时，连接物体 B 的绳子与竖直方向成 α 角。当 A、D 间无相对滑动时，应有如下方程

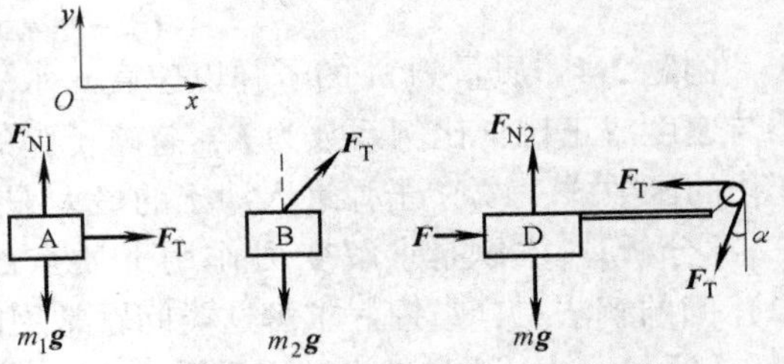

图　2-4

$$F_T = m_1 a_x \quad ①$$

$$F_T\sin\alpha = m_2 a_x \quad ②$$

$$F_T\cos\alpha - m_2 g = 0 \quad ③$$

$$F - F_T - F_T\sin\alpha = m a_x \quad ④$$

联立式①、式②、式③解得

$$a_x = \frac{m_2 g}{\sqrt{m_1^2 - m_2^2}} \quad ⑤$$

联立式①、式②、式④解得

$$F = (m_1 + m_2 + m)\ a_x \quad ⑥$$

将式⑤代入式⑥得

$$F = \frac{(m_1 + m_2 + m)\ m_2 g}{\sqrt{m_1^2 - m_2^2}}$$

代入数据解得

$$F = 784\text{N}$$

注：式⑥也可由 A、B、D 作为一个整体系统而直接得到。

例题 2-6　质量 $m = 10\text{kg}$、长 $l = 40\text{cm}$ 的链条，放在光滑的水平桌面上，其一端系一细绳，通过滑轮悬挂着质量为 $m_1 = 10\text{kg}$ 的物体，如图 2-5 所示。$t = 0$ 时，系统从静止开始运动，这时 $l_1 = l_2 = 20\text{cm} < l_3$。设绳不伸长，轮、绳的质量和轮轴及桌沿的摩擦不计，求当链条刚刚全部滑到桌面上时，物体 m_1 的速度和加速度的大小。

【分析】 题中物体 m_1 和链条 m 均是变力作用下的运动，采用隔离法。

【解】 分别取物体 m_1 和链条 m 为研究对象，坐标如图 2-6 所示。

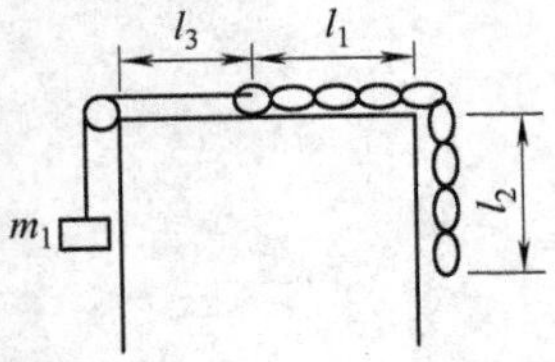

图　2-5

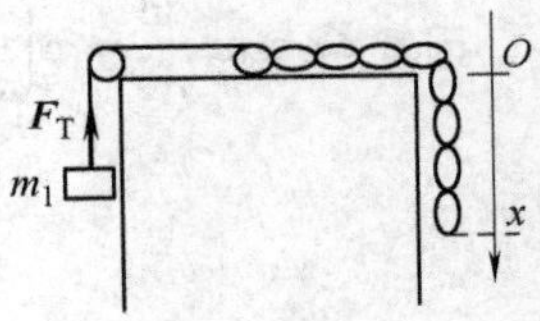

图　2-6

设链条在桌边悬挂部分为 x，分别对物体 m_1 和链条 m 应用牛顿第二定律，有

$$m_1 g - F_T = m_1 a$$

$$F_T - \frac{xgm}{l} = ma$$

求解得

$$a = \frac{1}{2}g\left(1 - \frac{x}{l}\right)$$

当链条刚刚全部滑到桌面时，$x = 0$，有 $a = \frac{1}{2}g = 4.9\text{m/s}^2$

根据
$$a=\frac{\mathrm{d}v}{\mathrm{d}t}=\frac{\mathrm{d}v}{\mathrm{d}x}\cdot\frac{\mathrm{d}x}{\mathrm{d}t}=-v\frac{\mathrm{d}v}{\mathrm{d}x}$$

有
$$v\mathrm{d}v=-a\mathrm{d}x=-\frac{1}{2}g\left(1-\frac{x}{l}\right)\mathrm{d}x$$

两边积分
$$\int_0^v 2v\mathrm{d}v=-\int_{l_2}^0 g\left(1-\frac{x}{l}\right)\mathrm{d}x$$

得
$$v^2=gl_2-\frac{1}{2}\frac{gl_2^2}{l}=\frac{3}{4}gl_2$$

则
$$v=\frac{1}{2}\sqrt{3gl_2}=1.21\mathrm{m/s}$$

【注】 本题也可用机械能守恒求解 v。

例题 2-7 用绳子系一物体，使它在竖直平面内作圆周运动。问物体在什么位置上绳子的张力最大？在什么位置上张力最小？

【解】 设物体在任意位置上细绳与竖直方向的夹角为 θ，如图 2-7 所示。这时物体受到两个力的作用，即绳子的张力 F_T 和重力 mg，根据自然坐标系中牛顿第二定律的法向分量式，有

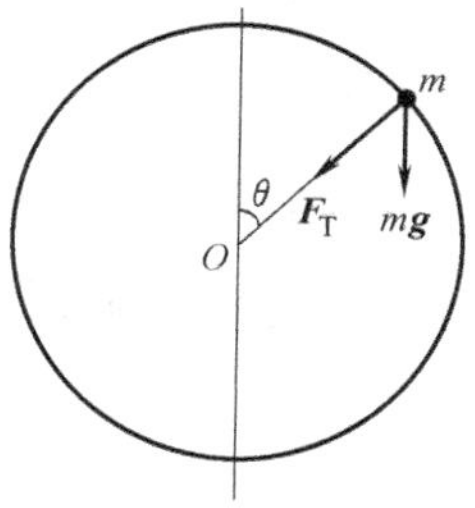

图 2-7

$$F_T+mg\cos\theta=\frac{mv^2}{R}$$

所以可把绳子张力的大小表示为

$$F_T=\frac{mv^2}{R}-mg\cos\theta$$

由上式可以得知：当物体处于最低点时，v 最大，$\theta=\pi$，张力为最大；当物体处于最高点时，v 最小，$\theta=0$，张力为最小。

例题 2-8 如图 2-8 所示，一个小物体 A 靠在一辆小车的竖直前壁上，A 和车壁间静摩擦因数是 μ_s，若要使物体 A 不致掉下来，小车的加速度的最小值为多少？

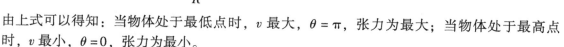

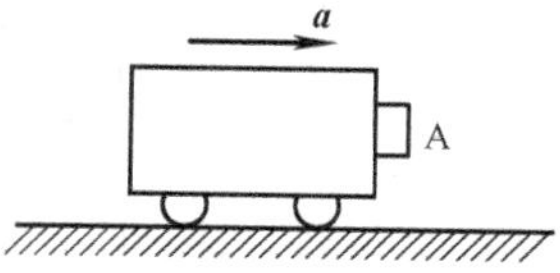

图 2-8

【分析】 本题是非惯性系中牛顿运动定律的应用及静摩擦力的取值范围的问题。小车是非惯性系，分析车上物体的运动规律时应在物体 A 上添加惯性力。附着在小车上的物体 A 要维持平衡，对小车的加速度有一个要求，a 取最小值时，物体 A 所受向上的静摩擦力达到最大值 $F_{fmax}=\mu_s F_N=\mu_s ma_{min}$，当 $a\geqslant a_{min}$时，物体 A 才不会掉下来。

【解】 以小车为参考系，分析物体 A 的受力情况，物体 A 平衡时有

$$F_f=mg,\ F_N=ma$$

若小车的加速度增大，正压力亦会加大，使得静摩擦力达到最大值 $F_{fmax}=\mu_s F_N=\mu_s ma_{min}$，且 $F_{fmax}=mg$，此时小车的加速度是维持物体 A 平衡的最小值。因为小车加速度 $a>a_{min}$，静摩擦力不会再增大了，摩擦力 F_f 仍然等于 mg，此时静摩擦力未达到新的最大值，原因是不会出现 $F_f>mg$ 使物体 A 沿车壁向上运动的情况。故

$$\mu_s ma_{min}=mg,\ a_{min}=g/\mu_s$$

六、基础训练

（一）选择题

1. 一根细绳跨过一光滑的定滑轮，绳的一端挂一质量为 m' 的物体，另一端被人用双手拉着，人的质量 $m=\frac{1}{2}m'$。若人相对于绳以加速度 a_0 向上爬，则人相对于地面的加速度（以竖直向上为正）是（　　）。

(A) $(2a_0+g)/3$　　(B) $-(3g-a_0)$　　(C) $-(2a_0+g)/3$　　(D) a_0

2. 如图 2-9 所示，一轻绳跨过一个定滑轮，两端各系一质量分别为 m_1 和 m_2 的重物，且 $m_1>m_2$。滑轮质量及轴上摩擦均不计，此时重物的加速度的大小为 a。今用一竖直向下的恒力 $F=m_1g$ 代替质量为 m_1 的物体，可得质量为 m_2 的重物的加速度的大小为 a'，则（　　）。

(A) $a'=a$　　(B) $a'>a$　　(C) $a'<a$　　(D) 不能确定

3. 图 2-10 所示系统置于以 $a=\frac{1}{2}g$ 的加速度上升的升降机内，A、B 两物体质量均为 m，A 所在的桌面是水平的，绳子和定滑轮质量均不计，若忽略滑轮轴上和桌面上的摩擦并不计空气阻力，则绳中张力为（　　）。

(A) mg　　(B) $\frac{1}{2}mg$　　(C) $2mg$　　(D) $3mg/4$

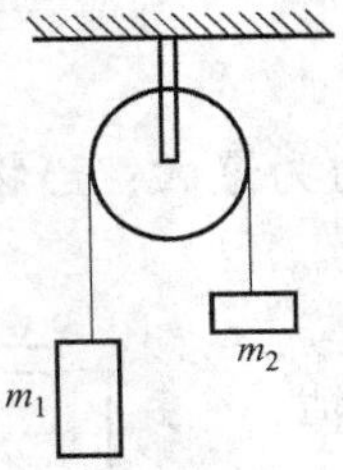

图　2-9

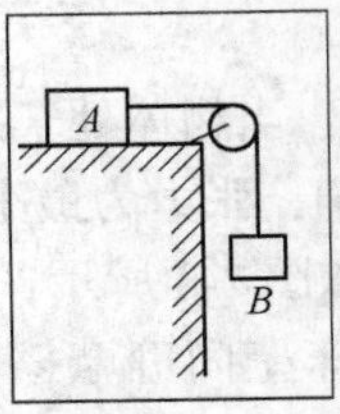

图　2-10

4. 如图 2-11 所示，物体 A、B 质量相同，B 在光滑水平桌面上，滑轮与绳的质量以及空气阻力均不计，滑轮与其轴之间的摩擦也不计，系统无初速地释放，则物体 A 下落的加速度是（　　）。

(A) g　　(B) $4g/5$

(C) $g/2$　　(D) $g/3$

图　2-11

5. 光滑的水平桌面上放有两块相互接触的滑块，质量分别为 m_1 和 m_2，且 $m_1<m_2$。今对两滑块施加相同的水平作用力，如图 2-12 所示。设在运动过程中两滑块不离开，则两滑块之间的相互作用力 F_N 应有（　　）。

(A) $F_N=0$　　(B) $0<F_N<F$　　(C) $F<F_N<2F$　　(D) $F_N>2F$

（二）填空题

6. 假如地球半径缩短 1%，而它的质量保持不变，则地球表面的重力加速度 g 增大的百分比是__________。

7. 倾角为30°的一个斜面体放置在水平桌面上，一个质量为2kg的物体沿斜面下滑，下滑的加速度为3.0m/s^2，如图2-13所示。若此时斜面体静止在桌面上不动，则斜面体与桌面间的静摩擦力 F_f = ________。

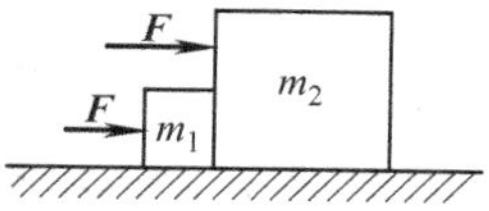

图　2-12

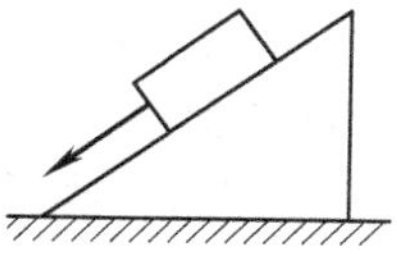

图　2-13

8. 质量相等的两物体A和B，分别固定在弹簧的两端，竖直放在光滑水平面 C 上，如图2-14所示。弹簧的质量与物体A、B的质量相比，可以忽略不计。若把支持面 C 迅速移走，则在移开的一瞬间，A的加速度大小 a_A = ________，B的加速度的大小 a_B = __________。

9. 质量为 m 的小球，用轻绳 AB、BC 连接，如图2-15所示，其中 AB 水平。剪断绳 AB 前后的瞬间，绳 BC 中的张力比 F_T: F'_T = __________。

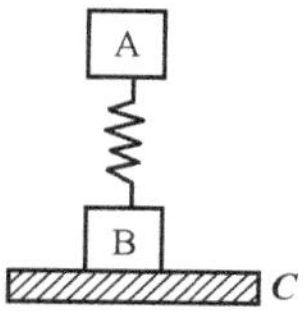

图　2-14

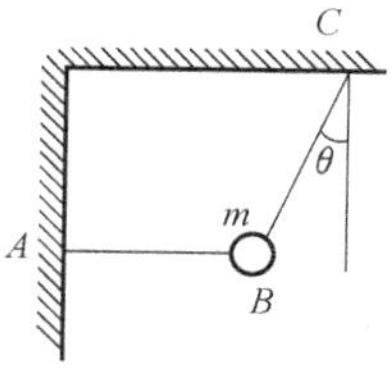

图　2-15

（三）计算题

10. 质量为 m 的物体系于长度为 R 的绳子的一个端点上，在竖直平面内绕绳子另一端点（固定）作圆周运动。设 t 时刻物体瞬时速度的大小为 v，绳子与竖直向上的方向成 θ 角，如图2-16所示。

（1）求 t 时刻绳中的张力 F_T 和物体的切向加速度 a_t；

（2）说明在物体运动过程中 a_t 的大小和方向如何变化？

11. 质量 m = 2.0kg 的均质绳，长 L = 1.0m，两端分别连接重物A和B，m_A = 8.0kg，m_B = 5.0kg，如图2-17所示。今在 B 端施以大小为 F = 180N 的竖直拉力，使绳和物体向上运动，求距离绳的下端为 x 处绳中的张力 F_T（x）。

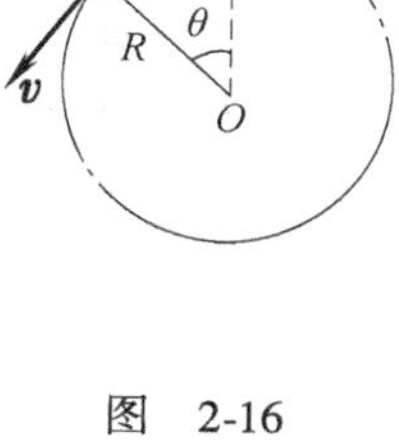

图　2-16

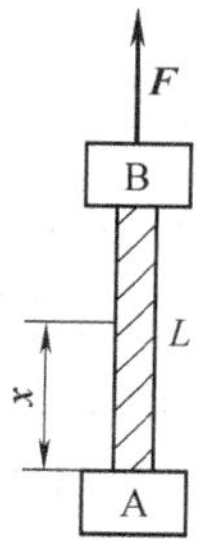

图　2-17

12. 水平转台上放置一质量 $m'=2\text{kg}$ 的小物块，物块与转台间的静摩擦因数 $\mu_s=0.2$，一条光滑的绳子一端系在物块上，另一端则由转台中心处的小孔穿下并悬一质量 $m=0.8\text{kg}$ 的物块，转台以角速度 $\omega=4\pi\text{rad/s}$ 绕竖直中心轴转动，求：转台上面的物块与转台相对静止时，物块转动半径的最大值 r_{max} 和最小值 r_{min}。

13. 一水平放置的飞轮可绕通过中心的竖直轴转动，飞轮的辐条上装有一个小滑块，它可在辐条上无摩擦地滑动。一轻弹簧一端固定在飞轮转轴上，另一端与滑块连接。当飞轮以角速度 ω 旋转时，弹簧的长度为原长的 f 倍，已知 $\omega=\omega_0$ 时，$f=f_0$，求 ω 与 f 的函数关系。

14. 质量为 m 的小球，在水中受的浮力为常力 F，当它从静止开始沉降时，受到水的黏滞阻力大小为 $f=kv$（k 为常数）。证明小球在水中竖直沉降的速度 v 与时间 t 的关系为 $v=\dfrac{mg-F}{k}(1-e^{-kt/m})$，式中 t 为从沉降开始计算的时间。

15. 光滑的水平桌上放置一固定的半径为 R 的圆环带，一物体贴着环内侧运动，物体与环带间的滑动摩擦因数为 μ，设物体在某一时刻经过 A 点的速率为 v_0，求此后 t 时刻物体的速率以及从 A 点开始所经的路程 s。

七、自测提高

（一）选择题

1. 在升降机天花板上拴有轻绳，其下端系一重物，如图 2-18 所示。当升降机以加速度 a_1 上升时，绳中的张力正好等于绳子所能承受的最大张力的一半，问升降机以多大加速度上升时，绳子刚好被拉断？（　　）

（A）$2a_1$　（B）$2(a_1+g)$　（C）$2a_1+g$　（D）a_1+g

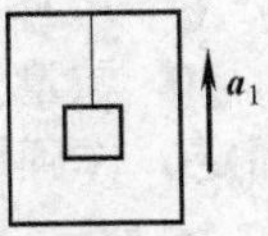

图 2-18

2. 质量为 m 的小球，放在光滑的木板和光滑的墙壁之间，并保持平衡，如图 2-19 所示。设木板和墙壁之间的夹角为 α，当 α 逐渐增大时，小球对木板的压力将（　　）。

（A）增加　（B）减少　（C）不变

（D）先是增加，后又减小；压力增减的分界角为 $\alpha=45°$

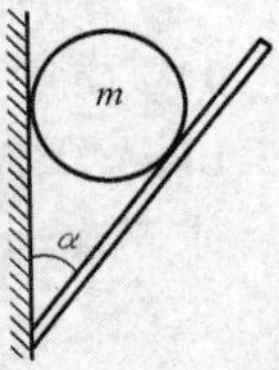

图 2-19

3. 质量为 m 的物体自空中落下，它除受重力外，还受到一个与速度平方成正比的阻力的作用，比例系数为 k，k 为正值常量。该下落物体的收尾速度（即最后物体作匀速运动时的速度）将是（　　）。

（A）$\sqrt{\dfrac{mg}{k}}$　（B）$\dfrac{g}{2k}$　（C）gk　（D）$\sqrt{gk}$

4. 一单摆挂在木板的小钉上（摆球的质量 << 木板的质量），木板可沿两根竖直且无摩擦的轨道下滑，如图 2-20。开始时木板被支撑物托住，且使单摆摆动。当摆球尚未摆到最高点时，移开支撑物，木板自由下落，则在下落过程中，摆球相对于木板（　　）。

（A）作匀速率圆周运动　（B）静止

（C）仍作周期性摆动　（D）作上述情况之外的运动

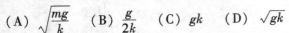

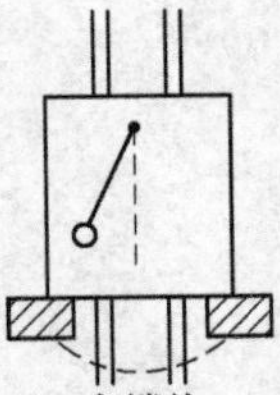

图 2-20

（二）填空题

5. 如图 2-21 所示，一物体质量为 m'，置于光滑水平地板上。今用一水平力 $\boldsymbol{F}$ 通过一质量为 m 的绳拉动物体前进，则物体的加速度 a = ________，绳作用于物体上的力 F_T = ________。

6. 如图 2-22 所示，一块水平木板上放一砝码，砝码的质量 $m=0.2\text{kg}$，手扶木板保持水平，托着砝码使之在竖直平面内作半径 $R=0.5\text{m}$ 的匀速圆周运动，速率 $v=1\text{m/s}$。当砝码与木板一起运动到图示位置时，砝码受到木板的摩擦力为________，砝码受到木板的支持力为________。

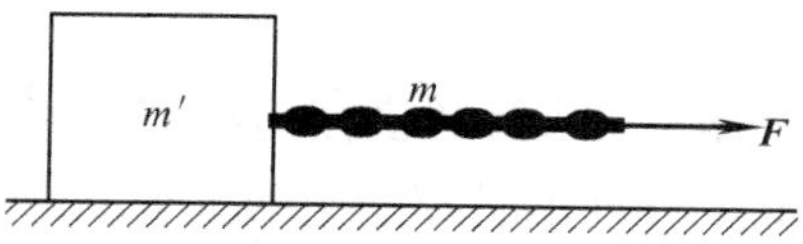

图　2-21

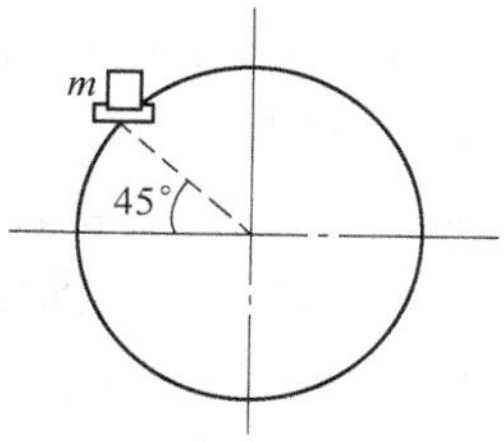

图　2-22

7. 质量分别为 m_1、m_2、m_3 的三个物体 A、B、C，用一根细绳和两根轻弹簧连接并悬于固定点 O，如图 2-23 所示。取向下为 x 轴正向，开始时系统处于平衡状态，后将细绳剪断，则在刚剪断瞬时，物体 B 的加速度 $\boldsymbol{a}_B$ = ________；物体 A 的加速度 $\boldsymbol{a}_A$ = ________。

8. 一小珠可以在半径为 R 的竖直圆环上作无摩擦滑动，如图 2-24 所示。今使圆环以角速度 ω 绕圆环竖直直径转动。要使小珠离开环的底部停在环上某一点，则角速度 ω 最小应大于________。

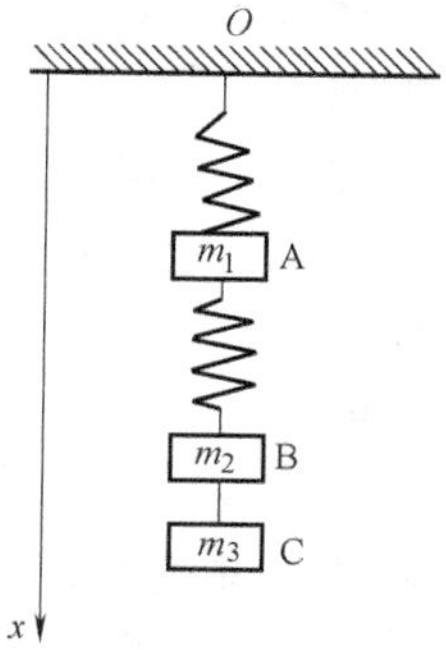

图　2-23

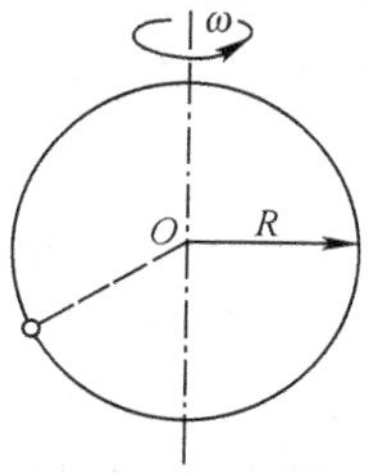

图　2-24

（三）计算题

9. 如图 2-25 所示，圆柱形容器内装有一定量的液体，若它们一起绕圆柱轴以角速度 ω 匀速转动，试问稳定旋转时液面的形状如何？给出图示截面中液面的轨迹方程。

10. 一条轻绳跨过一轻滑轮（滑轮与轴间摩擦可忽略），在绳的一端挂一质量为 m_1 的物体，在另一侧有一质量为 m_2 的环，如图 2-26 所示。当以恒定的加速度 $\boldsymbol{a}_2$ 沿绳向下滑动时，物体和环相对地面的加速度各是多少？环与绳间的摩擦力多大？

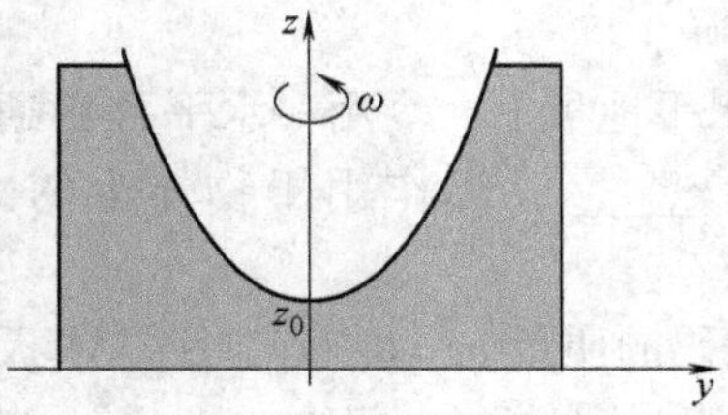

图　2-25

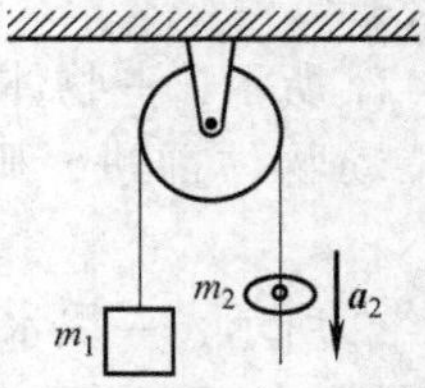

图　2-26

11. 一人在平地上拉一个质量为 m 的木箱匀速前进，如图 2-27 所示。木箱与地面间的摩擦因数 $\mu=0.6$。设此人前进时，肩上绳的支撑点距地面高度为 $h=1.5\text{m}$，不计箱高，问绳长 l 为多长时最省力？

12. 竖直而立的细 U 形管里装有密度均匀的某种液体。U 形管的横截面粗细均匀，两根竖直细管相距为 l，底下的连通管水平，如图 2-28 所示。当 U 形管在图示的水平方向上以加速度 $\boldsymbol{a}$ 运动时，两竖直管内的液面将产生高度差 h。若假定竖直管内各自的液面仍然可以认为是水平的，试求两液面的高度差 h。

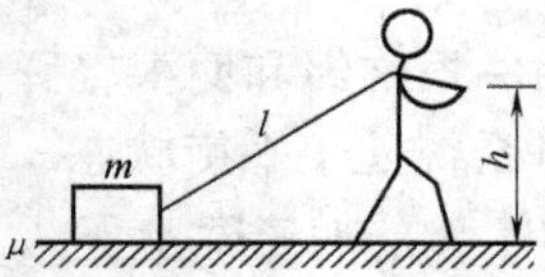

图　2-27

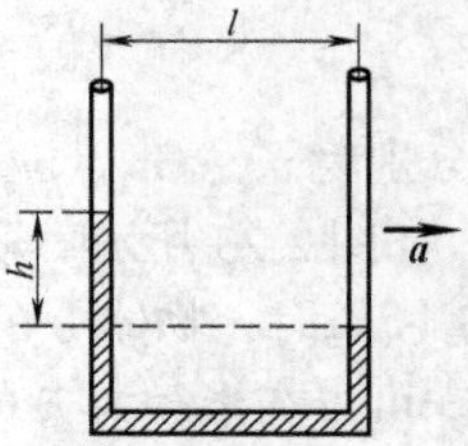

图　2-28

13. 一条质量分布均匀的绳子，质量为 m，长度为 L，一端拴在竖直转轴 OO'上，并以恒定角速度 ω 在水平面上旋转，如图 2-29 所示。设转动过程中绳子始终伸直不打弯，且忽略重力，求距转轴为 r 处绳中的张力 $F(r)$。

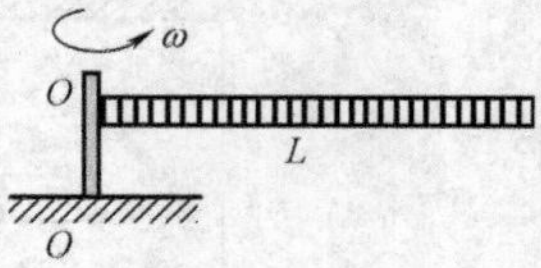

图　2-29

14. 一升降机内有一倾角为 α 的固定光滑斜面，如图 2-30 所示。当升降机以匀加速度 $\boldsymbol{a}_0$ 上升时，质量为 m 的物体 A 沿斜面滑下，试以升降机为参考系，求 A 对地面的加速度 $\boldsymbol{a}$。

15. 一光滑直杆 OA 与竖直轴 Oz 成 α 角（α 为常数）。直杆以匀角速度绕 Oz 轴转动，杆上有一质量为 m 的小滑环，在距 O 点为 l 处与直杆相对静止，如图 2-31 所示。试以 OA 杆为参考系求出此时杆的角速度 ω，并讨论小滑环是否处于稳定平衡。

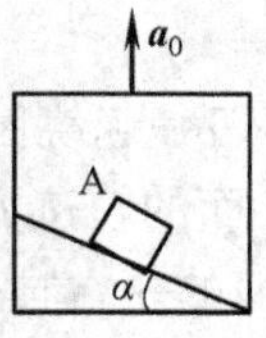

图　2-30

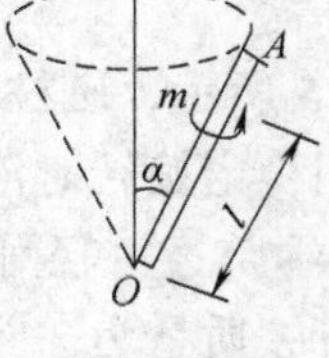

图　2-31

第三章　动量和角动量

动量与角动量是力学中最重要的概念之一，它反映了力的时间累积效应。其守恒定律，尤其是角动量守恒也是微观领域普遍遵循的规律。本章的主要内容有：(1) 动量定理、动量守恒定律；(2) 质心运动定理、质心的计算；(3) 角动量及角动量守恒定律。

一、知识框架

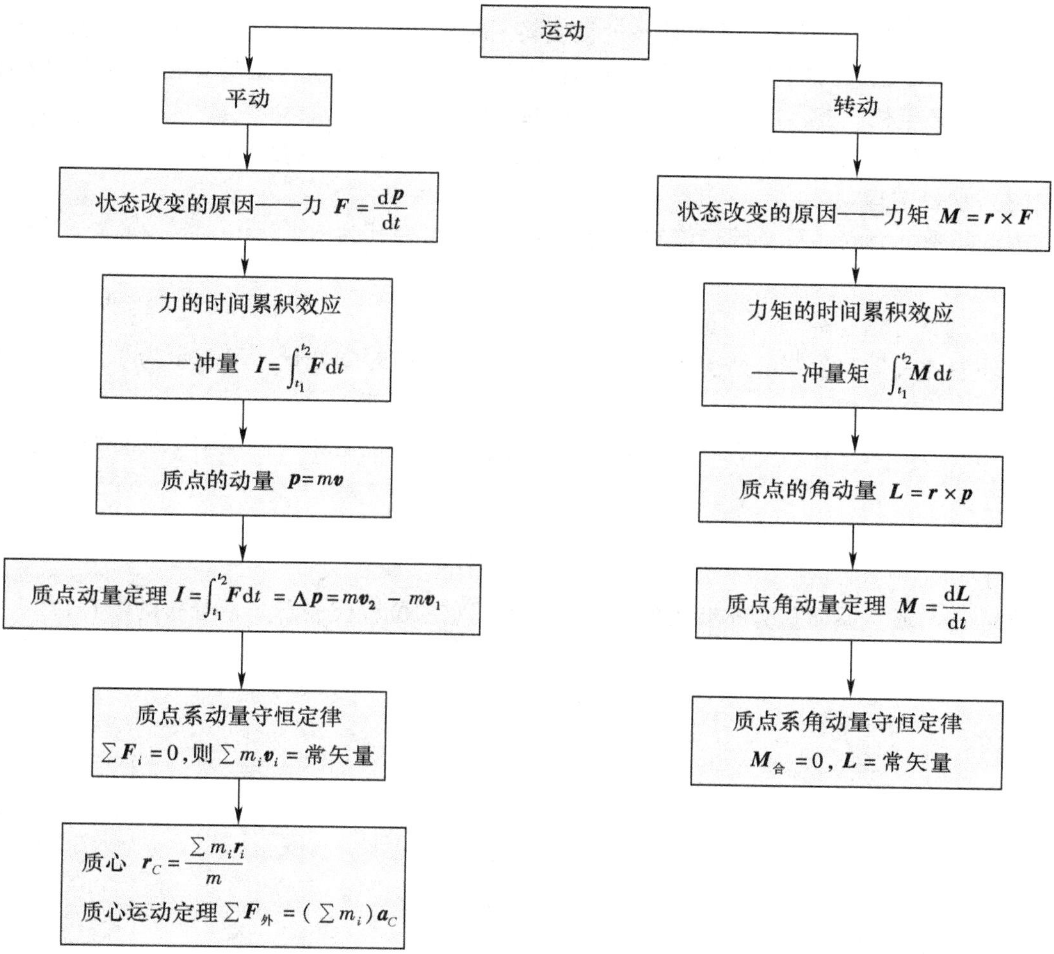

二、知识要点

1. 动量定理和动量守恒定律

(1) 动量

质点的动量定义为其质量与其速度的乘积，可表示为

$$\boldsymbol{p}=m\boldsymbol{v}$$

1) 动量是状态量，描述在力的时间积累效应中质点的运动状态。

2) 动量具有矢量性、瞬时性。

(2) 冲量

冲量定义为力对时间的累积效应，可表示为

$$\boldsymbol{I}=\int_0^t \boldsymbol{F}\mathrm{d}t\begin{cases}\text{恒力} & \boldsymbol{I}=\boldsymbol{F}t\\ \text{冲击力} & \boldsymbol{I}=\overline{\boldsymbol{F}}t\quad(\overline{\boldsymbol{F}}\text{为平均力})\end{cases}$$

1) 冲量是描述力的时间积累效应的物理量，其作用效果是改变质点的运动状态。

2) 力的冲量是过程量，是与某一过程或某一时间间隔相对应的。冲量是由作用力和力的作用时间两个因素共同决定的，如果要使质点的运动状态发生一定的变化，若作用力小，则作用时间必定长，若作用力大，则作用时间必定短。

3) 冲量是矢量，其方向取决于动量变化的方向，即由动量定理表达。

(3) 动量定理

质点所受合力的冲量，等于该质点动量的增量。可表示为

$$\boldsymbol{I}=m\boldsymbol{v}_2-m\boldsymbol{v}_1$$

(4) 动量守恒定律

在外力的矢量和为零的情况下，质点系的总动量不随时间变化。可表示为

$$\sum\boldsymbol{F}=0\text{ 时，}\sum m_i\boldsymbol{v}_i=\text{常矢量。}$$

所受外力的矢量和为零，是动量守恒的条件。动量守恒定律是物理学中具有普遍意义的定律之一。

2. 质心、质心运动定理

(1) 质心

质心是与质点系质量分布有关的一个代表点，它的位置代表着质量分布的中心。

质心位置

$$\boldsymbol{r}_{\mathrm{C}}=\frac{\sum\limits_i m_i\boldsymbol{r}_i}{m}$$

或

$$\boldsymbol{r}_{\mathrm{C}}=\frac{\int\boldsymbol{r}\mathrm{d}m}{m}$$

(2) 质心运动定理

作用于质点系外力的矢量和等于质点系总质量与质心加速度之乘积，即

$$\sum_i \boldsymbol{F}_i = m\frac{\mathrm{d}\boldsymbol{v}_C}{\mathrm{d}t} = m\boldsymbol{a}_C \qquad (*)$$

若　$\sum_i \boldsymbol{F}_i = 0$,则

$$\boldsymbol{v}_c = \text{恒矢量}$$

这是动量守恒定律的另一种形式。

3. 碰撞问题

满足动量守恒定律：　$m_1\boldsymbol{v}_1 + m_2\boldsymbol{v}_2 = m_1\boldsymbol{v}_{10} + m_2\boldsymbol{v}_{20}$

定义恢复系数：　$e = \dfrac{v_2 - v_1}{v_{10} - v_{20}}$

则：

$e = 0$，完全非弹性碰撞；

$e = 1$，弹性碰撞；

$0 < e < 1$，非弹性碰撞。

4. 力矩

一般意义下的力矩，就是力对某参考点 O 的力矩，定义为质点 P 的位置矢量 $\boldsymbol{r}$ 与作用于该质点的力 $\boldsymbol{F}$ 的矢积，即

$$\boldsymbol{M} = \boldsymbol{r} \times \boldsymbol{F}$$

关于这个概念，应注意以下几点：

1）力矩是矢量。$\boldsymbol{M}$ 的指向应根据右手定则确定。

2）力矩 $\boldsymbol{M}$ 与质点 P 的位置矢量 $\boldsymbol{r}$ 有关，相对于不同的参考点，质点 P 的位置矢量不同，即使对于同一个力，其力矩也不同。

5. 角动量

以速度$\boldsymbol{v}$ 运动的质点相对于参考点 O 的角动量 $\boldsymbol{L}$，定义为质点的位置矢量 $\boldsymbol{r}$ 与其动量 $m\boldsymbol{v}$ 的矢积，即

$$\boldsymbol{L} = \boldsymbol{r} \times m\boldsymbol{v}$$

其中 $\boldsymbol{r}$ 是质点相对于同一参考点 O 的位置矢量。

1）角动量是矢量，它的方向与 $\boldsymbol{r}$ 和 $m\boldsymbol{v}$ 构成右手系。

2）$\boldsymbol{L}$ 与参考点 O 的选取有关，这与力矩的情形相似。

6. 角动量定理

作用于质点的合力对某参考点的力矩，等于质点对同一参考点的角动量随时间的变化率，即

$$\boldsymbol{M} = \frac{\mathrm{d}\boldsymbol{L}}{\mathrm{d}t}$$

1）这个定理是从牛顿第二定律导出的，只适用于惯性系。

2）定理中涉及的力矩 $\boldsymbol{M}$ 和角动量 $\boldsymbol{L}$，必须是对于同一个参考点的。

3）定理的积分形式为

$$\boldsymbol{L} - \boldsymbol{L}_0 = \int_{t_0}^{t} \boldsymbol{M}\mathrm{d}t$$

7. 角动量守恒定律

若作用于质点的合力对参考点的力矩始终为零，则质点对同一参考点的角动量将保持恒

定。这就是质点角动量守恒定律，可表示为

$$\boldsymbol{M}=0 \text{ 时} \quad \boldsymbol{L}=\text{恒矢量}$$

1）有心力对力心的力矩恒等于零，所以一切仅在有心力作用下运动的质点，对力心的角动量总是守恒的。角动量 $\boldsymbol{L}$ 为恒矢量，意味着角动量的方向恒定不变，角动量的大小恒定不变。

2）角动量的方向恒定不变，根据公式

$$\boldsymbol{L}=\boldsymbol{r}\times m\boldsymbol{v}$$

就是 $\boldsymbol{r}$ 和 $\boldsymbol{v}$ 所构成的平面的取向恒定不变，或者说，质点的位置矢量和速度都处于一个与 $\boldsymbol{L}$ 垂直的恒定不变的平面内。

3）角动量的大小恒定不变，就是掠面速度恒定不变，或者说，质点相对于力心的位置矢量在单位时间内扫过的面积恒定不变。这正是开普勒第二定律。

三、概念辨析

1. 重心和质心

物体的质心是物体运动中由其质量分布所决定的一个特殊的点。重心则是地球对物体各部分引力的合力（即重力）的作用点，两者位置一般不重合。

2. 应用动量定理时的注意点

1）这个定理既反映了作用于质点的力的冲量与质点动量增量的数值关系，也表达了它们之间的方向关系，即力的冲量的方向与动量增量的方向一致，这正是确定变力冲量方向的基本方法。

2）这个定理虽然是直接由牛顿第二定律推得的，但所反映的物理内容却不同。牛顿第二定律反映了在力的瞬时作用下质点动量随时间变化的规律，而动量定理却说明了在力的持续作用下质点动量增量所遵从的规律。

3）动量定理把一个状态量（动量）的变化与一个过程量（冲量）联系在一起。

质点：
$$\int_0^t \boldsymbol{F}\mathrm{d}t = m\boldsymbol{v} - m\boldsymbol{v}_0 = \boldsymbol{p} - \boldsymbol{p}_0\text{。}$$

质点系：
$$\int_0^t \sum_i \boldsymbol{F}_i\mathrm{d}t = \sum_i m_i\boldsymbol{v}_i - \sum_i m_i\boldsymbol{v}_{i0} = \boldsymbol{p} - \boldsymbol{p}_0$$

3. 动量及动量定理、角动量及角动量定理与所选的参考系有关

动量、角动量的大小与参考系的选择有关，因为在不同的参考系中，运动质点的位置矢量、速度均不同，因而动量、角动量也就不同。

动量定理、角动量定理及其守恒条件都是由牛顿定律推导出来的结论。所以它们只能在惯性系中成立。在非惯性系中运用它们时，必须考虑惯性力的影响，否则在非惯性系中这些定理均失效。

4. 质心运动定理与质点系动量定理

质点系动量定理，实际上表示了质心的运动规律，是质心运动定理的积分形式。式（*）则是质心运动定理的微分形式。质点系动量定理与质心运动定理是同一个规律的两种表现。凡是能够用动量定理或者动量守恒定律解决的问题，原则上也能用质心运动定律解决。

5. 应用角动量守恒定律时的注意点

从力矩的定义式可以看出，力矩等于零可能有三种情况：

1）$\boldsymbol{r}=0$；2）$\boldsymbol{F}=0$；3）$\boldsymbol{r}$ 和 $\boldsymbol{F}$ 都不为零，而 $\boldsymbol{r}\times\boldsymbol{F}=0$，即 $\boldsymbol{r}$ 与 $\boldsymbol{F}$ 平行或反平行。

第一种情况 $\boldsymbol{r}=0$，表示质点处于参考点上静止不动。

第二种情况 $\boldsymbol{F}=0$，表示所讨论的质点是孤立质点，而孤立质点的动量是守恒的，由此又得到其角动量也是守恒的。

第三种情况 $\boldsymbol{F}$ 与 $\boldsymbol{r}$ 总是平行或反平行，有心力是符合这个条件的力。所谓有心力，就是其方向始终指向（或背离）固定中心的力，此固定中心称为力心。有心力存在的空间称为有心力场，万有引力场和静电场都属于有心力场。行星绕太阳的运动，就是在有心力作用下质点相对力心角动量守恒的典型例子。同时，由于有心力是保守力，行星运动的机械能也是守恒的。

四、方法点拨

1. 利用某一方向上的动量守恒分量式可简捷地解决力学问题

在处理具体问题时通常使用矢量式 $\sum\limits_i \boldsymbol{F}_i=0,\boldsymbol{p}=\boldsymbol{p}_0$。它们在直角坐标系中的分量式为

$$\begin{cases}\sum\limits_i F_{ix}=0, & p_x=p_{x0}\\ \sum\limits_i F_{iy}=0, & p_y=p_{y0}\\ \sum\limits_i F_{iz}=0, & p_z=p_{z0}\end{cases}$$

由上式可以看出，有时虽然质点系所受外力的矢量和不等于零，但可以适当选择坐标轴的取向，使 $\sum\limits_i F_{ix}$、$\sum\limits_i F_{iy}$ 和 $\sum\limits_i F_{iz}$ 中有一个或两个等于零，那么在这一个或两个方向上，质点系总动量的分量保持恒定，即动量守恒定律成立，从而使问题简化。

2. 动量守恒定律和角动量守恒定律成立的条件及适用范围的问题

当质点系受的外力的矢量和恒为零时，质点系在任一时刻的总动量保持不变，质点系的内力不能改变质点系的总动量；当质点系受的外力矩的矢量和恒为零时，质点系在任一时刻的总角动量保持不变，质点系的内力矩不会改变系统的总角动量。

在碰撞问题中，通常运用动量守恒定律或者运用角动量守恒定律，但两个守恒定律应用的范畴不同。前者运用到平动问题中，后者运用到转动问题中。现举例说明。

例 1　质量为 m 的小球，以 v_0 碰撞静止长杆的一端，碰撞后小球不动了。假设杆是均匀的，质量为 m'，求碰撞后杆中心的运动速度。

【解】　将均质杆作质点系看待，其质心在杆的中心 C。将杆与小球看成一个系统，碰撞前后质点系的动量守恒，即

$$m\boldsymbol{v}_0=m'\boldsymbol{v}_C$$

则碰后杆中心的速度为

$$\boldsymbol{v}_C=\frac{m}{m'}\boldsymbol{v}_0$$

这是一个平动问题，所以运用动量守恒定律。

例 2 如图 3-1 所示，在光滑的水平桌面上，放一质量为 m 的滑块，滑块与轻质弹簧相连，弹簧的另一端固定于 O 点，弹簧的劲度系数为 k，静止的弹簧原长为 l_0，今用力猛击滑块，使之获得与弹簧轴线垂直的水平速度 $\boldsymbol{v}_0$，当滑块 m 运动到 B 点时，弹簧的长度为 l，求滑块在 B 点的速度大小和与弹簧轴线间的夹角 θ。

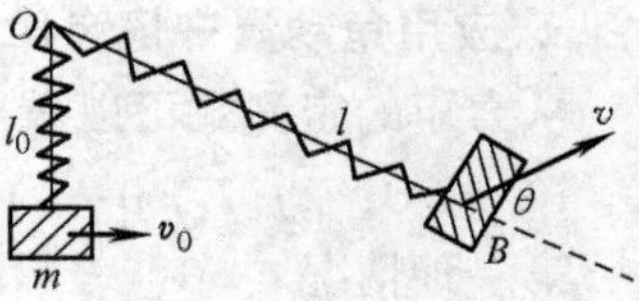

图 3-1

【解】 弹簧和滑块组成的系统在运动过程中，只有弹力做功，机械能守恒，即

$$\frac{1}{2}mv_0^2=\frac{1}{2}mv^2+\frac{1}{2}k(l-l_0)^2$$

从上式解得，滑块在 B 点的速率

$$v=\sqrt{v_0^2-\frac{k}{m}(l-l_0)^2}$$

又系统在运动过程中，受到支撑点 O 的拉力是外力，它对 O 点的力矩恒为零，所以角动量守恒，则有

$$mv_0l_0=mvl\sin\theta$$

解得

$$\theta=\arcsin\frac{v_0l_0}{vl}$$

题中，弹性系统绕 O 点转动，通过角动量守恒定律求得滑块在 B 处速度的方向。

五、例题精解

例题 3-1 如图 3-2 所示，一个质量为 m 的刚性小球在光滑的水平桌面上以速度 $\boldsymbol{v}_1$ 运动，$\boldsymbol{v}_1$ 与 x 轴的负方向成 α 角。当小球运动到 O 点时，受到一个沿 y 方向的冲力作用，使小球运动速度的大小和方向都发生了变化。已知变化后速度的方向与 x 轴成 β 角。如果冲力与小球作用的时间为 Δt，求小球所受的平均冲力和运动速率。

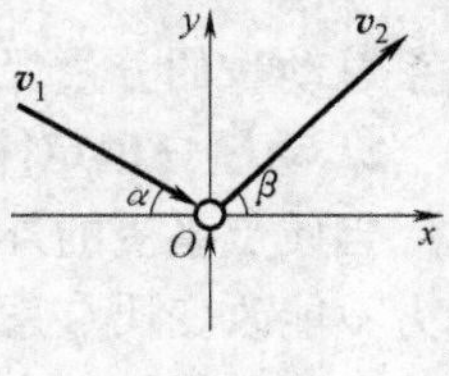

图 3-2

【解】 设小球受到的平均冲力为 $\boldsymbol{F}$，根据题意，它是沿 y 方向的，小球受到撞击后，运动速率为 v_2。根据动量定理，在 y 方向上可以列出下面的方程式

$$F\Delta t=mv_2\sin\beta-(-mv_1\sin\alpha)=mv_2\sin\beta+mv_1\sin\alpha$$

由此得到

$$F=\frac{m(v_2\sin\beta+v_1\sin\alpha)}{\Delta t} \quad ①$$

小球在 x 轴方向上不受力的作用，动量是守恒的，故有

$$mv_1\cos\alpha=mv_2\cos\beta$$

由此求得小球受到撞击后的运动速率为

$$v_2=\frac{v_1\cos\alpha}{\cos\beta} \quad ②$$

将式②代入式①，即可求得小球所受的平均冲力

$$F=\frac{m\left(\dfrac{v_1\cos\alpha\sin\beta}{\cos\beta}+v_1\sin\alpha\right)}{\Delta t}=\frac{mv_1\sin(\alpha+\beta)}{\Delta t\cos\beta}$$

例题 3-2　矿砂从传送带 A 落到另一传送带 B，如图 3-3 所示，其速度的大小 $v_1=4\text{m/s}$，速度方向与竖直方向成 30°角，而传送带 B 与水平成 15°角，其速度的大小 $v_2=2\text{m/s}$. 如果传送带的运送量恒定，设为 $q_m=2000\text{kg/h}$，求矿砂作用在传送带 B 上的力的大小和方向。

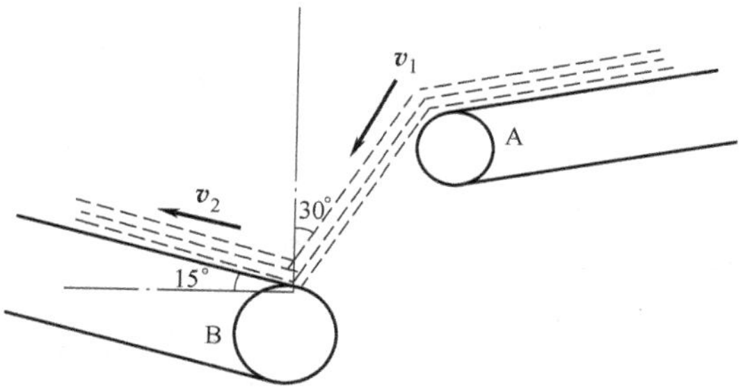

图　3-3

【分析】　此题目为动量定理的矢量运算。可根据动量定理画矢量合成图，依据几何关系可求解。

【解】　设在某极短的时间 Δt 内落在传送带 B 上矿砂的质量为 m，即 $m=q_m\Delta t$，这时矿砂动量的增量为（参看图 3-4）

$$\Delta(m\boldsymbol{v})=m\boldsymbol{v}_2-m\boldsymbol{v}_1$$

$$|\Delta(m\boldsymbol{v})|=m\sqrt{v_1^2+v_2^2-2v_1v_2\cos75°}=3.98q_m\Delta t$$

设传送带作用在矿砂上的力为 $\boldsymbol{F}$，根据动量定理

$$\boldsymbol{F}\Delta t=\Delta(m\boldsymbol{v})$$

于是

$$|\boldsymbol{F}|=|\Delta(m\boldsymbol{v})|/\Delta t=3.98q_m=2.21\text{N}$$

由三角关系有

$$\frac{|\Delta(m\boldsymbol{v})|}{\sin75°}=\frac{|m\boldsymbol{v}_2|}{\sin\theta}$$

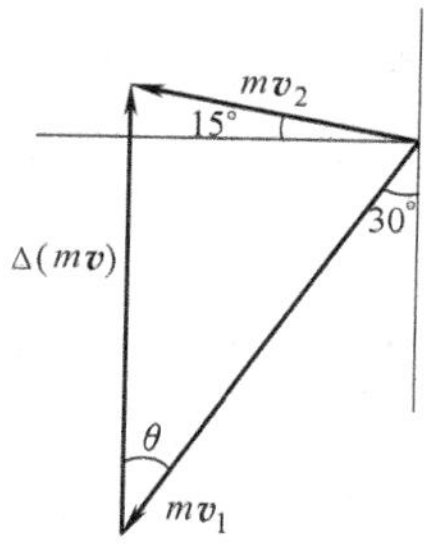

图　3-4

解得

$$\theta=29°$$

由牛顿第三定律知，矿砂作用在传送带 B 上的（撞击）力与 $\boldsymbol{F}$ 大小相等方向相反，即等于 2.21N，偏离竖直方向 1°，指向前下方。

例题 3-3　如图 3-5 所示，质量为 $m_{块}$ 的滑块正沿着光滑水平地面向右滑动。一质量为 m 的小球水平向右飞行，以速度 $\boldsymbol{v}_1$（相对地）与滑块斜面相碰，碰后竖直向上弹起，速度为 $\boldsymbol{v}_2$（相对地）。若碰撞时间为 Δt，试计算此过程中滑块对地的平均作用力和滑块速度增量的大小。

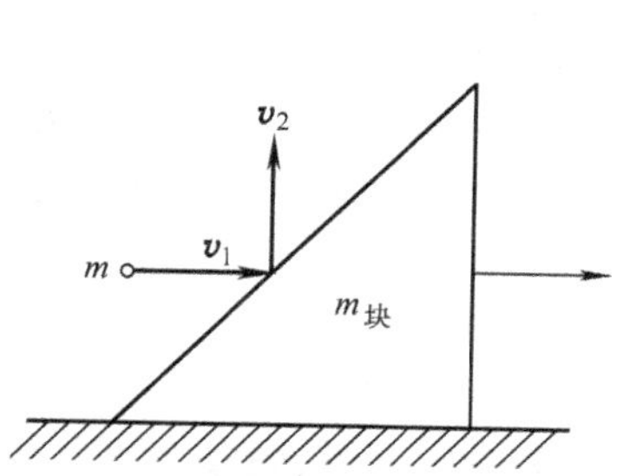

图　3-5

【分析】　小球在与滑块碰撞过程中给滑块的竖直方向冲力在数值上应等于滑块对小球的竖直冲力，而此冲力 $\boldsymbol{F}_f$ 应等于小球在竖直方向的动量变化率，即 $\overline{\boldsymbol{F}}_f=\dfrac{m\boldsymbol{v}_2}{\Delta t}$。由牛顿第三定律，小球以此力作用于滑块，其方向向下。

【解】 对滑块，由牛顿第二定律，在竖直方向上

$$\overline{F}_N - m_{块} g - \overline{F}_f = 0,\text{所以 } \overline{F}_N = m_{块} g + \overline{F}_f$$

又由牛顿第三定律，滑块给地面的平均作用力为

$$\overline{F}_N = m_{块} g + \overline{F}_f = m_{块} g + \frac{mv_2}{\Delta t},\text{方向竖直向下。}$$

同理，滑块受到小球水平方向冲力的大小应等于小球在水平方向的动量变化率大小，即

$$\overline{F}_{f'} = \frac{mv_1}{\Delta t},$$

方向与小球的原运动方向一致。

对滑块运用动量定理

$$\overline{F}_{f'}\Delta t = m_{块}\Delta v$$

利用上式的 $\overline{F}_{f'}$，即可得滑块速度增量的大小 $\Delta v = \dfrac{mv_1}{m_{块}}$

求解滑块速度增量的大小时，也可选小球和滑块为系统，系统在水平方向不受外力，故水平方向动量守恒，设滑块碰前速度为 v_0，碰后速度变为 v，故

$$mv_1 + m_{块} v_0 = m_{块} v$$

滑块的速度增量 $\Delta v = v - v_0 = \dfrac{mv_1}{m_{块}}$

例题 3-4 质量为 m_0 的木块在光滑的固定斜面上，由 A 点从静止开始下滑，当经过路程 l 运动到 B 点时，木块被一颗水平飞来的子弹射中，子弹立即陷入木块内，如图 3-6 所示。设子弹的质量为 m、速度为 $\boldsymbol{v}$，求子弹射中木块后，子弹与木块的共同速度 $v_{共}$。

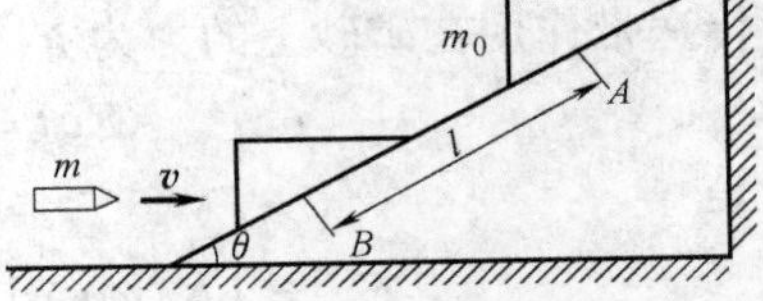

图 3-6

【分析】 整个运动过程分为两个阶段。第一阶段物体 m_0 沿斜面下滑作匀加速运动，第二阶段与子弹作完全非弹性碰撞，在斜面方向动量近似守恒。

【解】 第一阶段为木块 m_0 沿光滑的固定斜面下滑，到达 B 点时速度的大小为

$$v_1 = \sqrt{2gl\sin\theta}$$

方向沿斜面向下。

在第二阶段，子弹与木块作完全非弹性碰撞。在斜面方向上，内力的分量远远大于外力，动量近似守恒，以斜面向上为正，则有

$$mv\cos\theta - m_0 v_1 = (m + m_0)v_{共}$$

解得

$$v_{共} = \frac{mv\cos\theta - m_0\sqrt{2gl\sin\theta}}{m + m_0}$$

例题 3-5 质量为 $m_0 = 1.5\text{kg}$ 的物体，用一根长为 $l = 1.25\text{m}$ 的细绳悬挂在天花板上，如图 3-7 所示。今有一质量为 $m = 10\text{g}$ 的子弹以 $v_0 = 500\text{m/s}$ 的水平速度射穿物体，刚穿出物体时子弹的速度大小 $v = 30\text{m/s}$，设穿透时间极短。求：

（1）子弹刚穿出时绳中张力的大小；

（2）子弹在穿透过程中所受的冲量。

【分析】 本题为牛顿定律、动量守恒定律及动量定理的综合运用。根据动量守恒定律可计算出物体 m_0 碰后的速度；根据牛顿第二定律法向分量式可计算绳中张力 $\boldsymbol{F}_T$；利用动量定理可算出子弹在穿透物体过程中受到的冲量 $\boldsymbol{I}$。

【解】 (1) 因穿透时间极短，故可认为物体未离开平衡位置。因此，作用于子弹、物体系统上的外力均在竖直方向，故系统在水平方向动量守恒。令子弹穿出时物体的水平速度为 v'，有

$$mv_0 = mv + m_0v'$$

解得

$$v' = m(v_0 - v)/m_0 = 3.13\text{m/s}$$

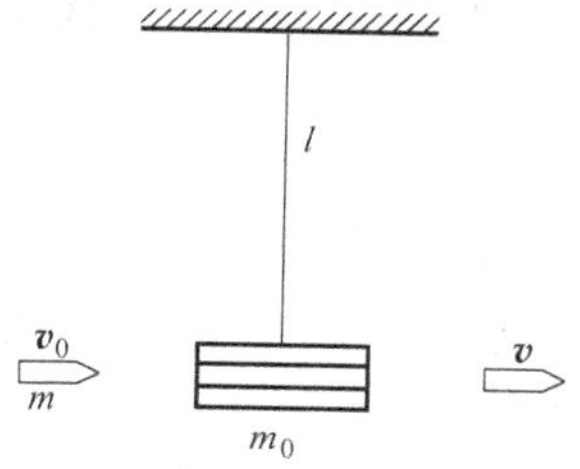

图 3-7

根据牛顿第二定律，绳中张力 $F = m_0g + m_0v'^2/l = 26.5\text{N}$

(2) 根据动量定理，子弹所受冲量 $I = mv - mv_0 = -4.7\text{N}\cdot\text{s}$ (设$\boldsymbol{v}_0$ 的方向为正方向) 负号表示冲量方向与$\boldsymbol{v}_0$ 的方向相反。

例题 3-6 不可伸长的轻绳跨过一个质量可以忽略的定滑轮，两端分别吊有重物和小猴，并且由于两者质量相等，所以开始时重物和小猴都静止地吊在绳端。试求当小猴以相对于绳子的速度 v 沿绳子向上爬行时，重物相对于地面的速度。

【分析】 本题为角动量守恒定律的应用。

【解】 按题意作图 3-8。取过滑轮中心 O 点的水平轴为 Oz，正方向垂直纸面指向读者，并把重物、小猴、绳子和滑轮作为一个系统，即质点系。该系统所受外力相对于滑轮中心 O 的力矩有两个，一个是重物所受重力 mg 对 O 点的力矩，另一个是小猴所受重力 mg 对 O 点的力矩，这两个力矩相平衡，即

$$M = -mgR + mgR = 0$$

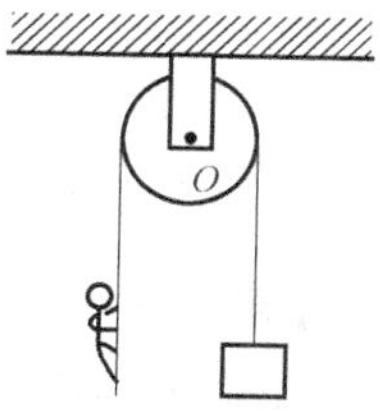

图 3-8

式中，R 是滑轮的半径。所以该质点系的角动量是守恒的。

显然，当小猴不动时，系统相对于 O 点的角动量为零，即

$$L_1 = 0$$

设当小猴相对于绳子向上运动的速度为 v 时，重物相对于地面向上的运动速度为 u，则小猴相对于地面向上的速度为 $v - u$，系统相对于 O 点的角动量为

$$L_2 = Rmu - Rm(v - u)$$

质点系的角动量守恒，即 $L_1 = L_2$。于是可求得

$$u = \frac{1}{2}v_0$$

例题 3-7 如图 3-9a 所示，绳子一端固定，另一端系一质量为 m 的小球，小球以匀角速度 ω 绕竖直轴作半径为 r 的圆周运动，绳子与竖直轴的夹角为 θ。已知 A、B 为圆周直径上的两端点，求小球由 A 点运动到 B 点：(1) 作用在小球上重力 $\boldsymbol{W}$ 的冲量 $\boldsymbol{I}_1$；(2) 绳子的拉力 $\boldsymbol{F}$ 的冲量 $\boldsymbol{I}_2$。

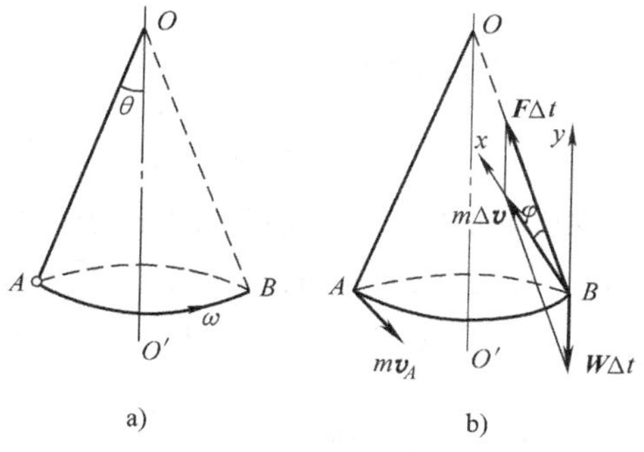

图 3-9

【解】 (1) 小球从 A 点运动到 B 点的时间为 Δt，

$$\Delta t = \frac{\pi r}{v} = \frac{\pi r}{\omega r} = \frac{\pi}{\omega}$$

重力 $\boldsymbol{W}$ 是恒力。则小球绕行半周过程中重力冲量 $\boldsymbol{I}_1$ 的大小为

$$I_1 = mg\Delta t = mg\frac{\pi}{\omega}$$

$\boldsymbol{I}_1$ 的方向竖直向下。

（2）绳子的拉力 $\boldsymbol{F}$ 的大小不变，但其方向随质点运动而不断变化，所以冲量 $\boldsymbol{I}_2$ 的大小 $I_2 \neq F\Delta t$。小球在水平面内作匀速圆周运动所需的向心力力 $\boldsymbol{F}_n$ 的冲量 $\boldsymbol{I}$ 是绳子的重力 $\boldsymbol{W}$ 和拉力 $\boldsymbol{F}$ 的冲量 $\boldsymbol{I}_1$ 和 $\boldsymbol{I}_2$ 的合矢量。按图 3-9b 中所选坐标系，由动量定理，小球从 A 点运动到 B 点的过程中，有

$$I = mv_B - (-mv_A) = 2mv_B$$

由图 3-9b 可知

$$I_{2x} = I = 2mv_B = 2mr\omega$$

$$I_{2y} = -I_1 = -mg\frac{\pi}{\omega}$$

所以

$$I = \sqrt{I_{2x}^2 + I_{2y}^2} = m\sqrt{(2r\omega)^2 + \left(g\frac{\pi}{\omega}\right)^2}$$

方向由角度 $\varphi = \arctan\left(\frac{I_1}{I}\right) = \arctan\left(\frac{g\pi}{2\omega^2 r}\right)$ 决定。

【常见错误】 求解绳子的拉力 $\boldsymbol{F}$ 的冲量时直接以力的大小乘以绕行半周的时间，而忽视了冲量是描述力的时间累积效应的矢量，只有力 $\boldsymbol{F}$ 的大小和方向均不变时，才能从冲量的定义式 $\boldsymbol{I} = \int_0^t \boldsymbol{F}\mathrm{d}t$ 中将力 $\boldsymbol{F}$ 由积分号内提出，$\boldsymbol{I}$ 的大小才等于 Ft。

例题 3-8 一轻绳绕过一质量可以不计且轴光滑的滑轮，质量皆为 m 的甲、乙二人分别抓住绳的两端从同一高度由静止开始加速上爬，如图 3-10 所示。当甲相对绳的运动速度 u 是乙相对绳的速度的 2 倍时，甲、乙两人的速度各是多少？

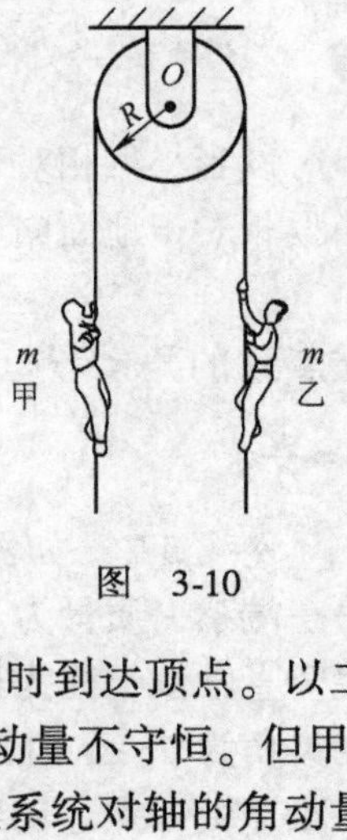

图 3-10

【分析】 甲、乙二人受力情况相同，皆受绳的张力 $\boldsymbol{F}$，重力 $m\boldsymbol{g}$，二人的运动相同，因为

$$F - mg = ma$$

所以二人的加速度相同，二人的速度为

$$v = v_0 + \int_0^t a\mathrm{d}t = \int_0^t \frac{F - mg}{m}\mathrm{d}t$$

因初速度 $v_0 = 0$，二人在任一时刻的速度相同，上升的高度相同，所以同时到达顶点。以二人为系统，因二人是加速上升，所受合外力 $2(F - mg) > 0$，故系统的动量不守恒。但甲、乙二人相对滑轮轴的合外力矩 $M = (FR - FR + mgR - mgR)$ 等于零，故系统对轴的角动量守恒。

【解】 设甲的速度为 $\boldsymbol{v}_甲$，乙的速度为 $\boldsymbol{v}_乙$，由以上分析可知任一时刻二人的速度相等，即 $\boldsymbol{v}_甲 = \boldsymbol{v}_乙$，这个结果也可由角动量守恒定律得到，因 $Rmv_甲 - Rmv_乙 = 0$，故 $v_甲 = v_乙$。

设绳子的牵连速度为$\boldsymbol{v}'_0$，滑轮左侧绳子的$\boldsymbol{v}'_0$向下，那么滑轮右侧绳子的$\boldsymbol{v}'_0$一定向上。根据速度合成定理，$v_甲 = u - v_0'$，同理，$v_乙 = \frac{u}{2} + v_0'$。所以$u - v_0' = \frac{u}{2} + v_0'$，解得$v_0' = \frac{u}{4}$，则$v_甲 = v_乙 = \frac{3u}{4}$。

【常见错误】 ①误以为由于甲相对绳的运动速度u是乙相对绳的速度的2倍，甲会比乙先到达顶点。事实上，由于人用力上爬时，人对绳子的拉力可能改变，所以，绳对人的拉力也可能改变，但甲、乙二人受力情况总是相同，因此同一时刻甲、乙二人的加速度和速度皆相同，二人总是同时到达顶点，与人相对绳的速度无关。②错用动量守恒定律求解，错将绳的拉力当成内力。

六、基础训练

（一）选择题

1. 质量分别为m_A和m_B（$m_A > m_B$）、速度分别为$\boldsymbol{v}_A$和$\boldsymbol{v}_B$（$v_A > v_B$）的两质点A和B，受到相同的冲量作用，则（　　）。

（A）A的动量增量的绝对值比B的小　（B）A的动量增量的绝对值比B的大

（C）A、B的动量增量相等　（D）A、B的速度增量相等

2. 一质量为m_0的斜面原来静止于水平光滑平面上，将一质量为m的木块轻轻放于斜面上，如图3-11所示。如果此后木块能静止于斜面上，则斜面将（　　）。

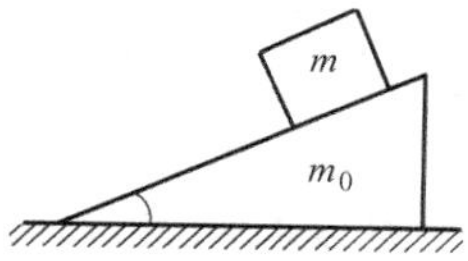

图　3-11

（A）保持静止　（B）向右加速运动

（C）向右匀速运动　（D）向左加速运动

3. 如图3-12所示，圆锥摆的摆球质量为m、速率为v、圆半径为R，当摆球在轨道上运动半周时，摆球所受重力冲量的大小为（　　）。

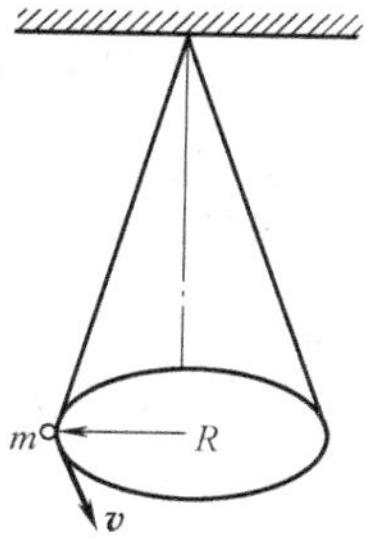

图　3-12

（A）$2mv$　（B）$\sqrt{(2mv)^2 + (mg\pi R/v)^2}$

（C）$\pi Rmg/v$　（D）0

4. 机枪每分钟可射出质量为20g的子弹900颗，子弹射出的速率为800 m/s，则射击时的平均反冲力的大小为（　　）。

（A）0.267N　（B）16N

（C）240N　（D）14400N

5. 一个金属球从高度$h_1 = 1$m处落到一块钢板上，向上弹跳到高度$h_2 = 81$cm处，这个小球与钢板碰撞的恢复系数e是（　　）。

（A）0.90　（B）0.81

（C）0.72　（D）0.63

（二）填空题

6. 质量为m的物体，初速极小，在外力作用下从原点起沿x轴正向运动，所受外力方向沿x轴正向，大小为$F = kx$。物体从原点运动到坐标为x_0的点的过程中所受外力冲量的大小为________。

7. 设作用在质量为 1kg 的物体上的力 $F=6t+3$(SI)。如果物体在这一力的作用下，由静止开始沿直线运动，在 0 到 2.0s 的时间间隔内，这个力作用在物体上的冲量大小 $I=$ ________。

8. 静水中停泊着两只质量皆为 m_0 的小船。第一只船在左边，其上站一质量为 m 的人，该人以水平向右的速度 $\boldsymbol{v}$ 从第一只船上跳到其右边的第二只船上，然后又以同样的速率 $\boldsymbol{v}$ 水平向左地跳回到第一只船上。此后，(1) 第一只船运动的速度 $\boldsymbol{v}_1=$ ________；(2) 第二只船运动的速度 $\boldsymbol{v}_2=$ ________。(水的阻力不计，所有速度都相对于地面而言)

9. 湖面上有一小船静止不动，船上有一渔民质量为 60kg。如果他在船上向船头走了 4.0m，但相对于湖底只移动了 3.0m（水对船的阻力略去不计），则小船的质量为________。

10. 地球的质量为 m_e，太阳的质量为 m_s，地心与日心的距离为 R，引力常量为 G，则地球绕太阳作圆周运动的轨道角动量 $L=$ ________。

11. 质量为 m 的质点以速度 $\boldsymbol{v}$ 沿一直线运动，则它对直线外垂直距离为 d 的一点的角动量大小是________。

12. 两个滑冰运动员的质量各为 70kg，均以 6.5m/s 的速率沿相反的方向滑行，滑行路线间的垂直距离为 10m，当彼此交错时，各抓住一 10m 长的绳索的一端，然后相对旋转，则抓住绳索之后各自对绳中心的角动量 $L=$ ________；它们各自收拢绳索，到绳长为 5m 时，各自的速率 $v=$ ________。

(三) 计算题

13. 一质点的运动轨迹如图 3-13 所示。已知质点的质量为 20g，在 A、B 两位置处的速率都为 20m/s，$\boldsymbol{v}_A$ 与 x 轴成 45°角，$\boldsymbol{v}_B$ 垂直于 y 轴，求质点由 A 点到 B 点这段时间内，作用在质点上外力的总冲量。

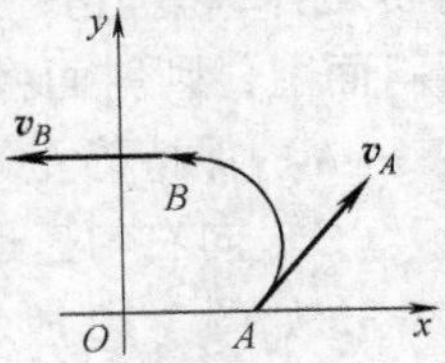

图 3-13

14. 一炮弹发射后在其运行轨道上的最高点 $h=19.6$m 处炸裂成质量相等的两块，其中一块在爆炸后 1s 落到爆炸点正下方的地面上，设此处与发射点的距离 $s_1=1000$m，问另一块落地点与发射地点间的距离是多少？(空气阻力不计，$g=9.8\text{m/s}^2$)

15. 如图 3-14 所示，在中间有一小孔 O 的水平光滑桌面上放置一个用绳子连接的、质量 $m=4$kg 的小块物体。绳的另一端穿过小孔下垂且用手拉住。开始时物体以半径 $R_0=0.5$m 在桌面上转动，其线速度是 4m/s。现将绳缓慢地匀速下拉，以缩短物体的转动半径，而绳最多只能承受 600N 的拉力。求绳刚被拉断时，物体的转动半径 R。

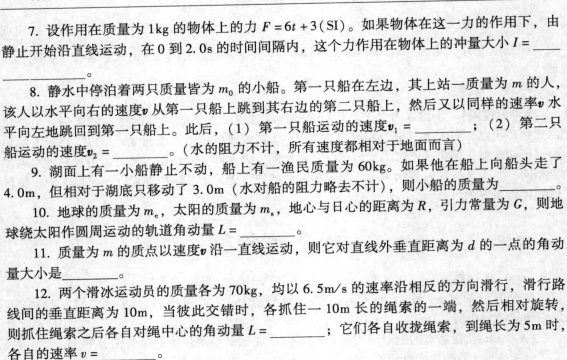

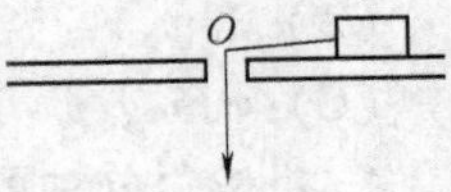

图 3-14

七、自测提高

(一) 选择题

1. 质量为 m 的质点，以不变速率 v 沿图 3-15 中正三角形 ABC 的水平光滑轨道运动。质点越过角 A 时，轨道作用于质点的冲量的大小为（　　）。

(A) mv　　(B) $\sqrt{2}mv$　　(C) $\sqrt{3}mv$　　(D) $2mv$

2. 质量为 20g 的子弹，以 400m/s 的速率沿图 3-16 所示的方向射入一原来静止的质量为

980g 的摆球中，摆线长度不可伸缩。子弹射入后开始与摆球一起运动的速率为（　　）。

（A）2m/s　　（B）4m/s　　（C）7m/s　　（D）8m/s

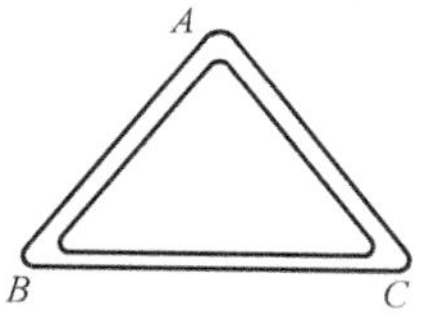

图 3-15

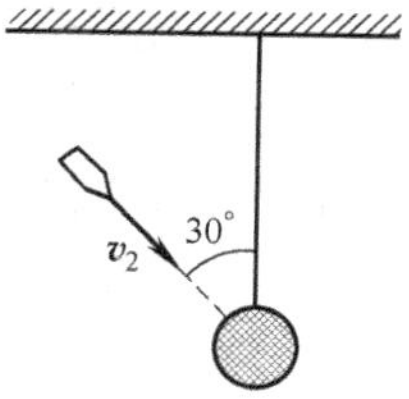

图 3-16

3. 体重、身高相同的甲乙两人，分别用双手握住跨过无摩擦轻滑轮的绳子各一端。他们从同一高度由初速为零向上爬，经过一定时间，甲相对绳子的速率是乙相对绳子速率的 2 倍，则到达顶点的情况是（　　）。

（A）甲先到达　　（B）乙先到达

（C）同时到达　　（D）谁先到达不能确定

4. 用一根细线吊一重物，重物质量为 5kg，重物下面再系一根同样的细线，细线只能经受 70N 的拉力。现在突然向下拉下面的线，设力的最大值为 50N，则（　　）。

（A）下面的线先断　　（B）上面的线先断

（C）两根线一起断　　（D）两根线都不断

5. 一竖直向上发射之火箭，静止时的初质量为 m_0，经时间 t 燃料耗尽时的末质量为 m，喷气相对火箭的速率恒定为 u，不计空气阻力，重力加速度 g 恒定，则燃料耗尽时火箭速率为（　　）。

（A）$v = u\ln\dfrac{m_0}{m} - gt/2$　　（B）$v = u\ln\dfrac{m}{m_0} - gt$

（C）$v = u\ln\dfrac{m_0}{m} + gt$　　（D）$v = u\ln\dfrac{m_0}{m} - gt$

（二）填空题

6. 质量为 m 的小球自高为 y_0 处沿水平方向以速率 v_0 抛出，与地面碰撞后跳起的最大高度为$\dfrac{1}{2}y_0$，水平速率为$\dfrac{1}{2}v_0$，如图 3-17 所示。（1）地面对小球的竖直冲量的大小为________；（2）地面对小球的水平冲量的大小为________。

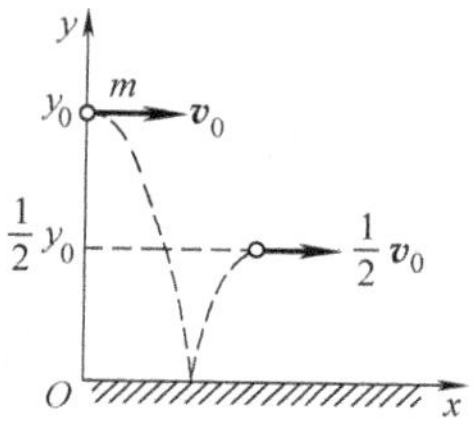

图 3-17

7. 一质量为 1kg 的物体，置于水平地面上，物体与地面之间的静摩擦因数 $\mu_0 = 0.20$，动摩擦因数 $\mu = 0.16$，现对物体施一水平拉力 $F = t + 0.96$(SI)，则 2s 末物体的速度大小 $v =$________。

8. 两球质量分别为 $m_1 = 2.0$g、$m_2 = 5.0$g，在光滑的水平桌面上运动。用直角坐标 Oxy 描述其运动，两者速度分别为$\boldsymbol{v}_1 = 10\boldsymbol{i}$cm/s、$\boldsymbol{v}_2 = (3.0\boldsymbol{i} + 5.0\boldsymbol{j})$cm/s。若碰撞后两球合为一体，则碰撞后两球速度$\boldsymbol{v}$ 的大小 $v =$________，$\boldsymbol{v}$ 与 x 轴的夹角 $\alpha =$________。

9. 如图 3-18 所示，质量为 m 的小球自距离斜面高度为 h 处自由下落到倾角为 30°的光滑固定斜面上。设碰撞是完全弹性的，则小球对斜面的冲量的大小为__________，方向为

________。

10. 一块木料质量为45kg，以 8km/h 的恒速向下游漂动。一只10kg 的天鹅以 8km/h 的速率向上游飞行，它企图降落在这块木料上面，但在立足尚未稳时，它就又以相对于木料为 2km/h 的速率离开木料，再次向上游飞去。忽略水的摩擦，木料的末速度为________。

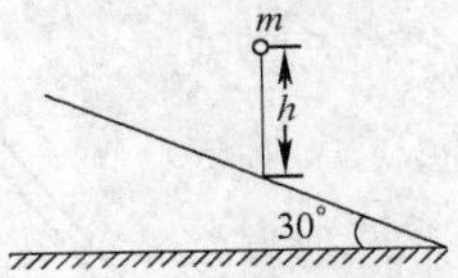

图 3-18

11. 一质量为 m 的质点沿着一条曲线运动，其位置矢量在空间直角坐标系中的表达式为 $\boldsymbol{r}=a\cos\omega t\boldsymbol{i}+b\sin\omega t\boldsymbol{j}$，其中 a、b、ω 皆为常量，则此质点对原点的角动量 $\boldsymbol{L}=$________，此质点所受对原点的力矩 $\boldsymbol{M}=$________。

（三）计算题

12. 如图 3-19 所示，有两个长方形的物体 A 和 B 紧靠着静止放在光滑的水平桌面上，已知 $m_A=2\text{kg}$、$m_B=3\text{kg}$。现有一质量 $m=100\text{g}$ 的子弹以速率 $v_0=800\text{m/s}$ 水平射入长方体 A，经 $t=0.01\text{s}$，又射入长方体 B，最后停留在长方体 B 内未射出。设子弹射入 A 时所受的摩擦力为 $F=3\times10^3\text{N}$。求：(1) 子弹在射入 A 的过程中，B 受到 A 的作用力的大小。(2) 当子弹留在 B 中时，A 和 B 的速度大小。

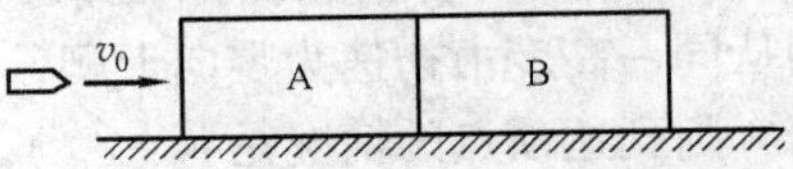

图 3-19

13. 如图 3-20 所示，用传送带 A 输送煤粉，料斗口在 A 上方高 $h=0.5\text{m}$ 处，煤粉自料斗口自由落在 A 上。设料斗口连续卸煤的流量为 $q_m=40\text{kg/s}$，A 以 $v=2.0\text{m/s}$ 的水平速度匀速向右移动。求装煤的过程中，煤粉对 A 的作用力的大小和方向（不计相对传送带静止的煤粉质重）。

14. 一质量为 m 的匀质链条，长为 L，手持其上端，使下端离桌面的高度为 h。现使链条自静止释放落于桌面，试计算链条落到桌面上的长度为 l 时，桌面对链条的作用力。

15. 如图 3-21 所示，水平地面上一辆静止的炮车发射炮弹，炮车质量为 m'，炮身仰角为 α，炮弹质量为 m，炮弹刚出口时，相对于炮身的速度为 $\boldsymbol{u}$，不计地面摩擦。(1) 求炮弹刚出口时，炮车反冲速度的大小；(2) 若炮筒长为 l，求发炮过程中炮车移动的距离。

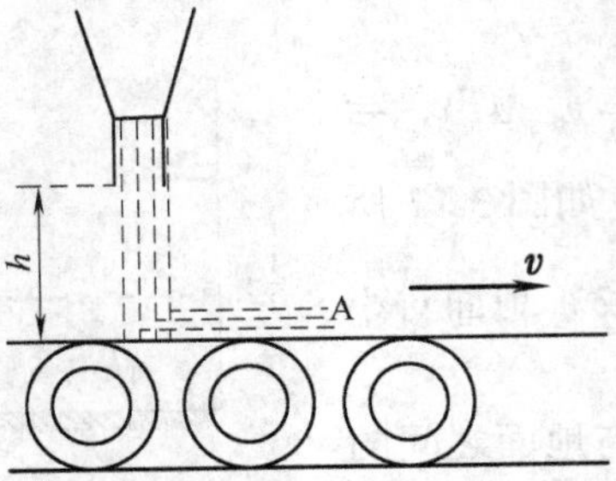

图 3-20

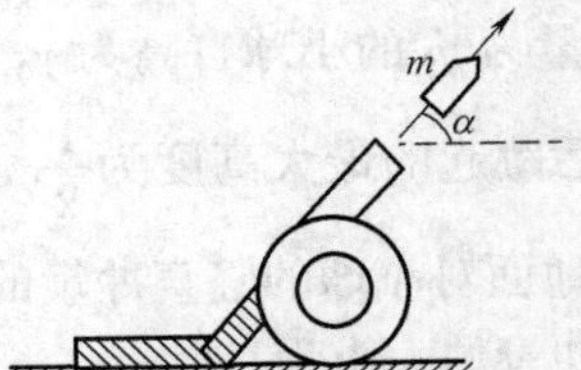

图 3-21

16. 一个具有单位质量的质点在随时间 t 变化的力 $\boldsymbol{F}=(3t^2-4t)\boldsymbol{i}+(12t-6)\boldsymbol{j}$(SI) 作用下运动。设该质点在 $t=0$ 时位于原点，且速度为零。求 $t=2\text{s}$ 时，该质点受到对原点的力矩和该质点对原点的角动量。

第四章　功　和　能

功和能也是物理学中最重要的概念，它反映了力的空间累积效应。本章重点讨论有关功和能的如下一些问题：(1) 保守力做功的特点、势能的计算；(2) 质点系动能定理的理解和应用；(3) 动能定理、功能原理、机械能守恒定律之间的联系。

一、知识框架

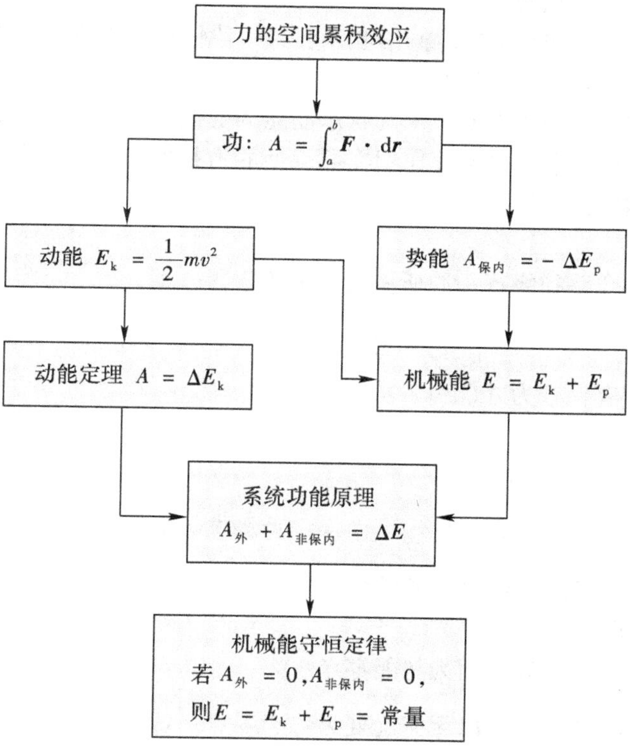

二、知识要点

1. 功

作用于质点的力与该质点沿力的方向所做位移的乘积定义为功。

质点从点 P 到达点 Q 的过程中，力 $\boldsymbol{F}$ 对质点所做的总功可表示为

$$A = \int_P^Q \mathrm{d}A = \int_P^Q \boldsymbol{F} \cdot \mathrm{d}\boldsymbol{r} = \int_P^Q F\cos\theta \mathrm{d}s$$

式中 θ 是 $\boldsymbol{F}$ 与 $\mathrm{d}\boldsymbol{r}$ 之间的夹角。

功是描述力作用于物体的空间积累效应的物理量，是过程量。

2. 动能和动能定理

1）动能表示物体由自身运动速率所决定的能量

$$E_\mathrm{k} = \frac{1}{2}mv^2$$

① 动能是描述物体运动状态的一个物理量，是标量，并且只有正值。

② 由于物体的运动速度与参考系的选取有关，所以同一运动物体相对于不同的参考系（惯性系），可能有不同的动能。

2）动能定理：作用于质点的合力所做的功，等于质点动能的增量。数学上可以表示为

$$A = E_{\mathrm{k}Q} - E_{\mathrm{k}P}$$

式中，P 和 Q 分别代表质点的初态和末态。动能定理同样可推广应用于质点系。

① 动能定理表示了功与动能之间的联系，将一段做功的过程与受力质点动能的变化联系起来了。功是物体动能变化的量度。

② 合力所做的功只与质点初、末两状态动能的变化相联系，而不管质点的运动状态在这一过程中的变化如何复杂，也不管作用在质点上的力是恒力还是变力。所以，这个定理为解决变力做功的问题提供了便利。

3. 保守力的功

如果力沿任意闭合路径绕行一周所做的功恒等于零，即

$$\oint \boldsymbol{F} \cdot \mathrm{d}\boldsymbol{l} \equiv 0$$

则该力是保守力。只有保守力才能引入势能。

4. 势能

1）势能与保守力的关系：

积分关系：$E_{\mathrm{p}a} - E_{\mathrm{p}b} = \int_a^b \boldsymbol{F} \cdot \mathrm{d}\boldsymbol{r}$，可由保守力场求势能。

微分关系：$\boldsymbol{F} = -\nabla E_\mathrm{p}$，可由势能函数求保守力。

2）常见的势能形式：

重力势能：$E_\mathrm{p} = mgh$，以地面为势能零点。

引力势能：$E_\mathrm{p} = -G\dfrac{m'm}{r}$，以无穷远处为势能零点。

弹性势能：$E_\mathrm{p} = \dfrac{1}{2}kx^2$，以自然长度为势能零点。

3）由势能曲线可表达质点的受力情况，质点的运动范围以及动、势能转换等。

5. 功能原理

系统从一个状态变化到另一个状态，其机械能的增量等于外力及系统的非保守内力所做功的代数和，即

$$A_{外} + A_{非保内} = E(Q) - E(P)$$

式中，$E(P)$ 和 $E(Q)$ 分别表示系统在初状态 P 和末状态 Q 的机械能。

6. 机械能守恒定律

当一个系统在一个确定的过程中，只有保守内力做功，而外力和非保守内力都不存在，或都不做功，或所做功的代数和为零，系统内质点的动能和势能可以互相转换，但它们的总和（即系统的机械能）保持恒定。

三、概 念 辨 析

1. 对质点系运用动能定理时，为什么要计算质点系内力做的功？

【答】 质点系中，内力成双成对，每一对内力是作用力与反作用力的关系，但一对内力作用在不同的质点上，两个质点的位移可能不同，因而这一对内力做功的总和可能不为零，所以必须计算内力的功。

2. 质点系的动能定理、功能原理、机械能守恒定律这三者之间有何联系？

【答】 质点系的动能定理数学表达式为

$$A_{外力} + A_{内力} = \Delta E_k \quad ①$$

$A_{外力}$代表系统所受合外力对系统做的功。$A_{内力}$表示系统的一对内力对系统做的功。ΔE_k代表系统动能的增量，即末动能减去初动能，如果质点系是保守的，其内力做的功可用势能的减量来表示，$A_{内力} = -\Delta E_p$，所以式①改写为

$$A_{外力} = \Delta E_k + \Delta E_p = \Delta(E_k + E_p) = \Delta E \quad ②$$

式②称为质点系的功能原理，外力做的功等于系统机械能的增量。系统的机械能 $E = E_k + E_p$。

对于孤立的保守质点系，和外界无相互作用，$A_{外力} = 0$，式②变为

$$\Delta E = 0, 即\ E_{k1} + E_{p1} = E_{k2} + E_{p2} \quad ③$$

式③称为机械能守恒定律。孤立保守质点系在运动和变化过程中，任一状态的机械能保持不变。

从以上讨论中可以看出，质点系的动能定理对任何系统皆成立，它是最普遍的功能关系。

在分析题意的基础上，根据研究对象是单个质点还是系统，然后对单个质点使用动能定理，对系统使用功能原理。当系统符合机械能守恒条件时，则使用机械能守恒定律。

3. 有人说“功可以转化为能，能也可以转化为功”，这种说法对吗？

【答】 这种说法是不对的。从物理过程看，功和能是不容混同的。系统或物体所具有的能量是由该系统或物体的运动状态决定的，而功则是由系统或物体运动状态的变化决定的。一个系统或一个物体处于一定的状态，就具有一定的能量，但是根本谈不上功或是否做功的问题。关于这一点，我们在讨论功和动能的概念时，已经分析过。在力学范围内，一个系统（单个质点也可以认为是一个系统）能量的改变，唯一的途径就是做功。而我们正是通过做功这个途径去改变一个系统的能量，从而去量度该系统能量的变化的。

4. 注意区分功与动能在概念上的不同。

既然动能是反映物体本身运动状态的物理量，那么物体的动能唯一地由其运动状态所确定。而功是与力的空间作用过程相联系的，离开了过程，功便失去了意义。我们可以说物体

在某状态具有多少动能，但不能说此物体在该状态具有多少功；我们可以说在某过程中外力对物体做了多少功，但不能说此物体在该过程中具有多少动能。

5. 关于功的正、负。

力和位移都是矢量，而功却是标量，但它有正、负之分。应清楚正功和负功的物理意义。功的正、负不再具有方向的涵义，而是表示究竟是某力对质点做功，还是质点克服此力而做功。当功为正值时，表示某力对被研究的质点做功；当功为负值时，表示某力不仅没有对被研究的质点做功，反而是被研究的质点克服此力而做功。

四、方法点拨

1. 计算功的几种方法

（1）定义法

利用功的定义 $A=\int_P^Q \boldsymbol{F}\cdot \mathrm{d}\boldsymbol{r}$ 计算。

计算恒力所做的功可用 $A=\boldsymbol{F}\cdot\Delta\boldsymbol{r}$ 直接计算。计算变力所做的功时，首先选取位移元计算元功 $\mathrm{d}A=\boldsymbol{F}\cdot\mathrm{d}\boldsymbol{r}$，再利用 $A=\int_P^Q \boldsymbol{F}\cdot \mathrm{d}\boldsymbol{r}$ 求得。

（2）动能定理法

对单个质点，初末状态的速度已知（或易得），使用动能定理将较为方便。

（3）功能原理法

有非保守力做功、机械能不守恒的系统，可考虑使用功能原理。

2. 对于碰撞问题，可考虑综合运用机械能守恒定律和动量守恒定律

若是弹性碰撞，系统碰撞前后机械能守恒，若是非弹性碰撞，则碰撞前后机械能不守恒。

3. 功能原理和动能定理的应用

（1）虽然功能原理是用动能定理推得的，但是作为一个原理，它比动能定理具有更加普遍的意义和适应性，同时还应注意两者的差异。

1）动能定理是以单个质点为研究对象的，而功能原理则是以质点系为研究对象的。

2）在动能定理中未引入势能的概念，它所说的合力的功，是指作用于质点的一切力所做功的代数和，其中也包括万有引力、重力和弹性力所做的功；而在功能原理中由于引入了势能的概念，系统内保守力所做的功便不再出现，代之以系统势能的变化，并包含在系统的机械能的变化之中。

3）在动能定理中，质点动能的增量是由合（外）力的功决定的，而在功能原理中系统机械能的增量，是由外力的功和非保守内力的功共同决定的。

（2）功能原理与动能定理一样，在处理具体问题时比直接利用牛顿运动定律要简便得多，因而有广泛的应用。在应用这个原理时必须注意，由于在其中引入了势能，所以在计算功的时候，就不要再考虑万有引力、重力和弹性力所做的功了。

（3）功能原理和动能定理从不同的角度反映了功和能之间的相互联系，即做功可以使系统（或物体）的能量发生变化，而能量变化的大小是用做功的多少加以量度的。所以，我们把这种联系简单地说成“功是能量变化的量度”。

五、例题精解

例题 4-1　质量 $m=2\text{kg}$ 的质点在力 $\boldsymbol{F}=12t\boldsymbol{i}$（SI）的作用下，从静止出发沿 x 轴正向作直线运动，求前 3s 内该力所做的功。

【分析】　本题是变力做功问题。利用计算功的第一种方法——定义法。

【解】　根据变力功的定义，将 $\boldsymbol{F}=12t\boldsymbol{i}$ 代入功的定义式，并利用关系式 $\mathrm{d}x=v\mathrm{d}t$，得

$$A=\int \boldsymbol{F}\cdot \mathrm{d}\boldsymbol{r}=\int 12t\boldsymbol{i}\cdot \mathrm{d}x\boldsymbol{i}=\int 12t\mathrm{d}x=\int 12tv\mathrm{d}t$$

而质点的速度与时间的关系为（注意此为变加速运动）

$$v=v_0+\int_0^t a\mathrm{d}t=0+\int_0^t \frac{F}{m}\mathrm{d}t=\int_0^t \frac{12}{2}t\mathrm{d}t=3t^2$$

所以力 $\boldsymbol{F}$ 所做的功为

$$A=\int_0^3 12t(3t^2)\mathrm{d}t=\int_0^3 36t^3\mathrm{d}t=729\text{J}$$

例题 4-2　质量 $m=2\text{kg}$ 的物体沿 x 轴作直线运动，所受合外力 $F=10+6x^2$（SI）。如果在 $x=0$ 处时速度 $v_0=0$；试求该物体运动到 $x=4\text{m}$ 处时速度的大小。

【分析】　本题考虑动能定理与功的定义的结合使用。

【解】　根据动能定理，对物体

$$\frac{1}{2}mv^2-0=\int_0^4 F\mathrm{d}x=\int_0^4 (10+6x^2)\mathrm{d}x=10x+2x^3=168\text{J}$$

解得

$$v=13\text{m/s}$$

例题 4-3　如图 4-1 所示，将一块质量为 m_0 的光滑水平板 PQ 固结在劲度系数为 k 的轻弹簧上；质量为 m 的小球放在水平光滑桌面上，桌面与平板 PQ 的高度差为 h。现给小球一个水平初速 $\boldsymbol{v}_0$，使小球落到平板上与平板发生弹性碰撞。问弹簧的最大压缩量是多少？

【分析】　本题考虑动量守恒与机械能守恒的综合运用。要注意题目中同时出现了重力势能和弹簧弹性势能，因此事先对势能零点的取定至关重要，因相对不同的势能零点列出的方程会有不同。势能零点选取得适当会简化方程及计算。

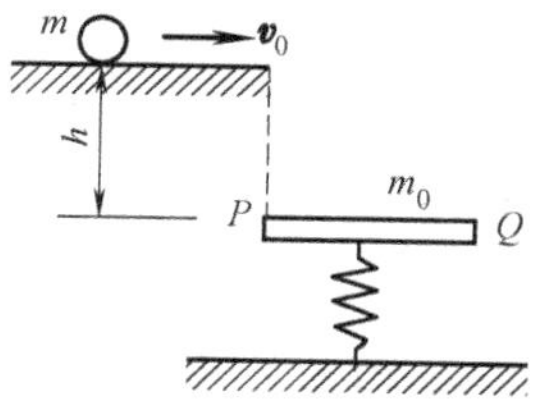

图　4-1

【解】　小球刚要与 PQ 碰撞时的速度为

竖直方向　$v_y=\sqrt{2gh}$

水平方向　$v_x=v_0$

以小球和平板为一系统，对这一碰撞，可应用动量守恒与动能守恒定律，即

$$mv_y=m_0v+mv' \qquad ①$$

$$\frac{1}{2}mv_x^2+\frac{1}{2}mv_y^2=\frac{1}{2}m_0v^2+\frac{1}{2}mv'^2+\frac{1}{2}mv_x^2 \qquad ②$$

上两式中，v 和 v' 分别为平板和小球刚碰撞后的竖直方向速度分量。由于 PQ 光滑，碰撞后小球的水平方向速度分量仍为 v_x。解①、②两式可得

$$v=2m\sqrt{2gh}/(m_0+m)$$

碰撞结束后，弹簧继续压缩，以木板、弹簧、地球为一系统，机械能守恒。设木板初始位置为重力势能零点，弹簧处于自由状态时为弹性势能零点，则从弹簧开始继续压缩到压缩量增加 Δy 而停止时，有

$$\frac{1}{2}m_0v^2+\frac{1}{2}k(\Delta y_0)^2=\frac{1}{2}k(\Delta y_0+\Delta y)^2-m_0g\Delta y$$

且 $\Delta y_0=m_0g/k$，由此可解得弹簧最大压缩量为

$$\Delta y_{\max}=\Delta y_0+\Delta y=\frac{m_0g}{k}+\frac{2m}{m_0+m}\sqrt{\frac{2ghm_0}{k}}$$

例题 4-4　一链条总长为 l、质量为 m，放在桌面上，并使其部分下垂 a，如图 4-2 所示。动摩擦因数为 μ。令链条由静止开始运动，则

（1）到链条刚离开桌面的过程中，摩擦力对链条做了多少功？

（2）链条刚离开桌面时的速率是多少？

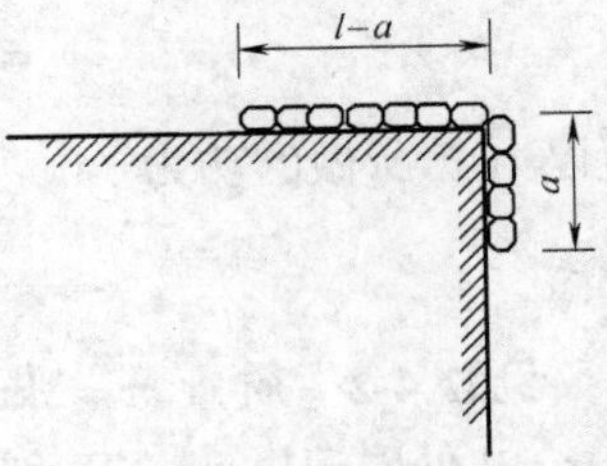

图　4-2

【分析】　链条下滑过程中，桌面上剩余部分链条所受重力在变化，摩擦力也在变化，属于变力功的计算。链条离开桌面时的速率可应用动能定理计算。

【解】　设下垂一段的长度为 x。

（1）桌面上剩余部分链条所受摩擦力

$$F_f=-\mu\frac{m}{l}(l-x)g$$

根据变力功的定义式，有

$$W_f=-\int_a^l\mu\frac{m}{l}(l-x)g\mathrm{d}x=-\mu\frac{m}{2l}(l-a)^2g$$

（2）根据动能定理，有

$$\int_a^l\frac{m}{l}xg\mathrm{d}x-\int_a^l\mu\frac{m}{l}(l-x)g\mathrm{d}x=\frac{1}{2}mv^2$$

即

$$\frac{mg}{2l}(l^2-a^2)-\mu\frac{mg}{2l}(l-a)^2=\frac{1}{2}mv^2$$

解得

$$v=\sqrt{\frac{g}{l}[l^2-a^2-\mu(l-a)^2]}$$

例题 4-5　一半圆形的光滑槽，质量为 m_0、半径为 R，放在光滑的桌面上。一小物体，质量为 m，可在槽内滑动，起始位置如图 4-3 所示，半圆槽静止，小物体静止于与圆心同高的 A 处。求：

（1）小物体滑到任意位置 C 处时，小物体对半圆槽及半圆槽对地的速度各为多少？

（2）当小物体滑到半圆槽最低点 B 时，半圆槽移动了多少距离？

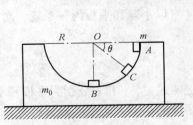

图　4-3

【常见错误】　以小物体及半圆槽为系统，水平方向动量守恒。设小物体和半圆槽对地的速度分别为 v 和 v_0，

有

$$mv\sin\theta - m_0v_0 = 0 \qquad ①$$

以小物体、半圆槽、地球为系统，机械能守恒

$$\frac{1}{2}mv^2 + \frac{1}{2}m_0v_0^2 = mgR\sin\theta$$

二式联立可求得 v 和 v_0。

【分析】 上述的①式错把 $v\sin\theta$ 理解成小物体对地速度 v 的水平分量。注意由于槽也在运动，小物体相对于地的运动轨迹不是圆周，因此其速度方向（沿轨迹切线方向）与竖直方向的夹角并不是 θ。事实上由于小物体相对于槽的运动轨迹为圆周，因此 θ 是小物体相对于槽的速度与竖直方向的夹角。

【解】 （1）以小物体及半圆槽为系统，水平方向动量守恒。设小物体对半圆槽速度的为 v，槽对地向右的速度为 v_0，有

$$m(v\sin\theta - v_0) - m_0v_0 = 0$$

以小物体、半圆槽、地球为系统，机械能守恒，则

$$\frac{1}{2}m(v\sin\theta - v_0)^2 + \frac{1}{2}m(v\cos\theta)^2 + \frac{1}{2}m_0v_0^2 = mgR\sin\theta$$

联立求解得

$$v_0 = \frac{m\sin\theta}{m_0 + m}\sqrt{\frac{(m_0 + m)2gR\sin\theta}{(m_0 + m) - m\sin^2\theta}}$$

$$v = \sqrt{\frac{(m_0 + m)2gR\sin\theta}{(m_0 + m) - m\sin^2\theta}}$$

（2）设小物对地在水平方向的速度分量为 v_x 取 x 轴水平向右，则

$$mv_x - m_0v_0 = 0$$

即

$$v_0 = mv_x/m_0$$

两边积分

$$\int_0^t v_0\mathrm{d}t = (m/m_0)\int_0^t v_x\mathrm{d}t$$

槽向右移动距离

$$s_1 = \int_0^t v_0\mathrm{d}t$$

小物体对地向左移动距离

$$s_2 = \int_0^t v_x\mathrm{d}t$$

当小物体滑到 B 点时相对于地移动的距离

$$s_2 = R - s_1$$

由此

$$s_1 = \frac{m}{m_0}(R - s_1)$$

解得

$$s_1 = \frac{m}{m + m_0}R$$

例题 4-6　设两个粒子之间的相互作用力是排斥力，其大小与粒子间距离 r 的函数关系为 $F = k/r^3$，k 为正值常量，试求这两个粒子相距为 r 时的势能。(设相互作用力为零的地方势能为零)

【分析】　相互作用势能的计算，从定义着手。

【解】　两个粒子的相互作用力　$F = k/r^3$

已知 $f = 0$ 即 $r = \infty$ 处为势能零点，则势能

$$E_p = W_{p\infty} = \int_r^{\infty} \boldsymbol{F} \cdot \mathrm{d}\boldsymbol{r} = \int_r^{\infty} \frac{k}{r^3}\mathrm{d}r = k/(2r^2)$$

例题 4-7　如图 4-4 所示，用长度为 l 的细线将一个质量为 m 的小球悬挂于 O 点。手拿小球将细线拉到水平位置，然后释放。当小球摆动到细线竖直的位置时，正好与一个静止放置在水平桌面上的质量为 m_0 的物体作完全弹性碰撞。求碰撞后小球达到的最高位置所对应的细线张角 α。

【分析】　此问题可分三步处理。第一步是小球下落过程，由于绳的拉力处处与小球位移垂直不做功，小球遵从机械能守恒；第二步是小球与物体作完全弹性碰撞，遵从动量守恒；第三步是碰撞后小球上升过程，遵从机械能守恒。

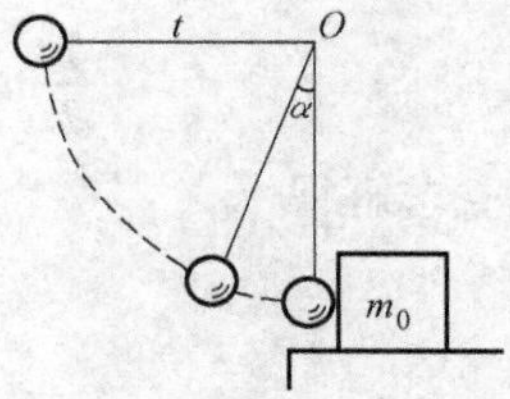

图　4-4

【解】　小球与物体相碰撞的速度 v_1 可由下式求得

$$mgl = \frac{1}{2}mv_1^2 \qquad ①$$

小球与物体相碰撞，在水平方向上满足动量守恒，碰撞后小球的速度变为 v_2，物体的速度为 v_0，在水平方向上应有

$$mv_1 = -mv_2 + m_0v_0 \qquad ②$$

完全弹性碰撞，动能不变，即

$$\frac{1}{2}mv_1^2 = \frac{1}{2}mv_2^2 + \frac{1}{2}m_0v_0^2 \qquad ③$$

碰撞后，小球在到达张角 α 的位置的过程中满足机械能守恒，应有

$$\frac{1}{2}mv_2^2 = mgl(1 - \cos\alpha) \qquad ④$$

由以上四式可解得

$$v_2 = \frac{m_0 - m}{m_0 + m}v_1$$

将上式代入式④，得

$$\cos\alpha = 1 - \frac{\frac{1}{2}mv_2^2}{mgl} = 1 - \frac{\frac{1}{2}mv_2^2}{\frac{1}{2}mv_1^2} = 1 - \frac{v_2^2}{v_1^2} = 1 - \left(\frac{m_0 - m}{m_0 + m}\right)^2 = \frac{4m_0m}{(m_0 + m)^2}$$

即

$$\alpha = \arccos\frac{4m_0m}{(m_0 + m)^2}$$

六、基础训练

（一）选择题

1. 一质点在如图 4-5 所示的坐标平面内作圆周运动，有一力 $\boldsymbol{F} = F_0(x\boldsymbol{i} + y\boldsymbol{j})$ 作用在质点上。在该质点从坐标原点运动到（0，2R）位置的过程中，力 $\boldsymbol{F}$ 对它所做的功为（　　）。

（A）F_0R^2　　（B）$2F_0R^2$　　（C）$3F_0R^2$　　（D）$4F_0R^2$

2. 如图 4-6 所示，质量为 m 的木块沿固定的光滑斜面下滑，当下降 h 高度时，重力做功的瞬时功率是（　　）。

（A）$mg\ (2gh)^{1/2}$　　（B）$mg\cos\theta\ (2gh)^{1/2}$

（C）$mg\sin\theta\left(\frac{1}{2}gh\right)^{1/2}$　　（D）$mg\sin\theta\ (2gh)^{1/2}$

3. 如图 4-7 所示，一质量为 m 的物体，位于质量可以忽略的直立弹簧正上方高度为 h 处，该物体从静止开始落向弹簧，若弹簧的劲度系数为 k，不考虑空气阻力，则物体下降过程中可能获得的最大动能是（　　）。

（A）mgh　　（B）$mgh-\frac{m^2g^2}{2k}$　　（C）$mgh+\frac{m^2g^2}{2k}$　　（D）$mgh+\frac{m^2g^2}{k}$

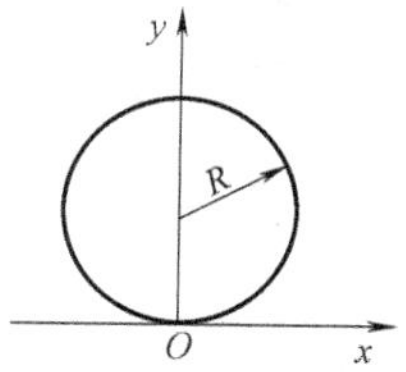

图 4-5

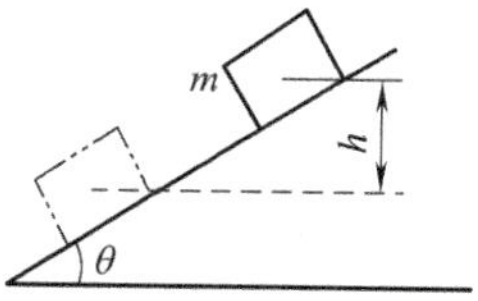

图 4-6

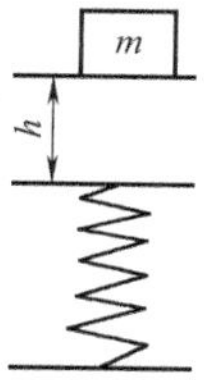

图 4-7

4. 速度为 v 的子弹，打穿一块不动的木板后速度变为零。设木板对子弹的阻力是恒定的，那么，当子弹射入木板的深度等于其厚度的一半时，子弹的速度是（　　）。

（A）$\frac{1}{4}v$　　（B）$\frac{1}{3}v$　　（C）$\frac{1}{2}v$　　（D）$\frac{1}{\sqrt{2}}v$

5. 一竖直悬挂的轻弹簧下系一小球，平衡时弹簧伸长量为 d。现用手将小球托住，使弹簧不伸长，然后将其释放，不计一切摩擦，则弹簧的最大伸长量（　　）。

（A）为 d　　（B）为$\sqrt{2}d$

（C）为 $2d$　　（D）条件不足无法判定

6. 一质点由原点从静止出发沿 x 轴运动，它在运动过程中受到指向原点的力作用，此力的大小正比于它与原点的距离，比例系数为 k。那么当质点离开原点为 x 时，它相对于原点的势能值是（　　）。

（A）$-\frac{1}{2}kx^2$　　（B）$\frac{1}{2}kx^2$　　（C）$-kx^2$　　（D）kx^2

（二）填空题

7. 已知地球质量为 m_e、半径为 R。一质量为 m 的火箭从地面上升到距地面高度为 $2R$ 处，在此过程中，地球引力对火箭做的功为________。

8. 如图 4-8 所示，沿着半径为 R 圆周运动的质点，所受的几个力中有一个是恒力 $\boldsymbol{F}_0$，方向始终沿 x 轴正向，即 $\boldsymbol{F}_0 = F_0\boldsymbol{i}$。当质点从 A 点沿逆时针方向转过 3/4 圆周到达 B 点时，力 $\boldsymbol{F}_0$ 所做的功 $W=$________。

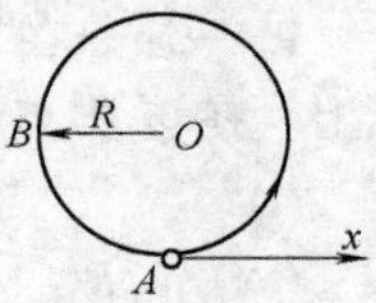

图 4-8

9. 某质点在力 $\boldsymbol{F} = (4+5x)\ \boldsymbol{i}$ (SI) 的作用下沿 x 轴作直线运动，在从 $x=0$ 移动到 $x=10\text{m}$ 的过程中，力 $\boldsymbol{F}$ 所做的功为________。

10. 质点在几个力作用下沿曲线 $x=t$(SI)，$y=t^2$(SI) 运动，其中一力为 $\boldsymbol{F}=5t\boldsymbol{i}$(SI)，则该力在 $t=1\text{s}$ 到 $t=2\text{s}$ 时间内做的功为________。

11. 如图 4-9 所示，一人站在静止的船上，连人带船的质量为 $m_1=300\text{kg}$，他用 $F=100\text{N}$ 的恒力拉一水平轻绳，绳的另一端系在岸边的一棵树上。则船开始运动后第 3s 末的速率为________；在这段时间内拉力对船所做的功为________。(水的阻力不计)

12. 劲度系数为 k 的弹簧，上端固定，下端悬挂重物，如图 4-10 所示。当弹簧伸长 x_0，重物在 O 处达到平衡，现取重物在 O 处时各种势能均为零，则当弹簧长度为原长时，系统的重力势能为________；系统的弹性势能为________；系统的总势能为________。(答案用 k 和 x_0 表示)

图 4-9

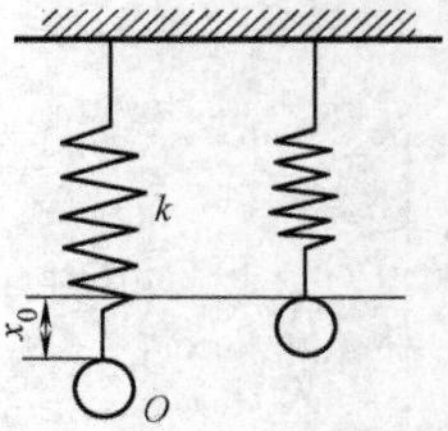

图 4-10

（三）计算题

13. 一人从 10m 深的井中提水。起始时桶中装有 10kg 的水，桶的质量为 1kg，由于水桶漏水，每升高 1m 要漏去 0.2kg 的水。求水桶匀速地从井中提到井口，人所做的功。

14. 如图 4-11 所示，陨石在距地面高 h 处时速度为 v_0，忽略空气阻力，求陨石落地的速度。令地球质量为 $m_{地}$，半径为 R，引力常量为 G。

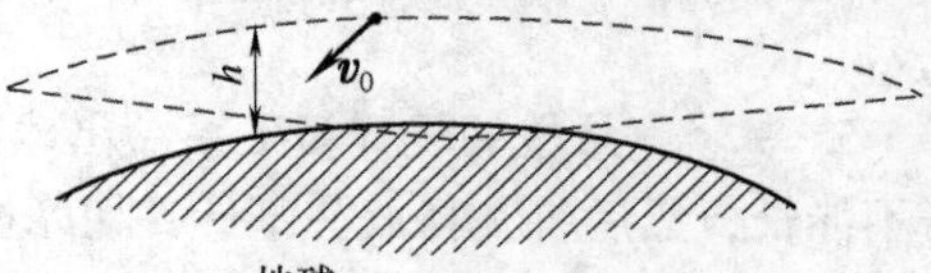

图 4-11

15. 质量 $m=2\text{kg}$ 的物体沿 x 轴作直线运动，所受合外力 $F=10+6x^2$ (SI)。如果在 $x=0$ 处时速度 $v_0=0$，试求该物体运动到 $x=4\text{m}$ 处时速度的大小。

16. 光滑圆盘面上有一质量为 m 的物体 A，拴在一根穿过圆盘中心 O 处光滑小孔的细绳上，如图 4-12 所示。开始时，该物体距圆盘中心 O 的距离为 r_0，并以角速度 ω_0 绕盘心 O 作圆周运动。现向下拉绳，当物体 A 的径向距离由 r_0 减少到 $\frac{1}{2}r_0$ 时，向下拉的速度为 v，求下拉过程中拉力所做的功。

17. 半径为 R，质量为 m'，表面光滑的半球放在光滑水平面上，在其正上方放一质量为 m 的小滑块。当小滑块从顶端无初速地下滑后，在图 4-13 所示的 θ 角位置处开始脱离半球。已知 $\cos\theta=0.7$，求 m'/m 的值。

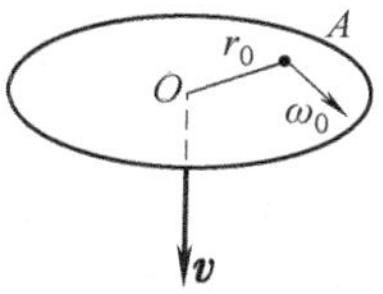

图 4-12

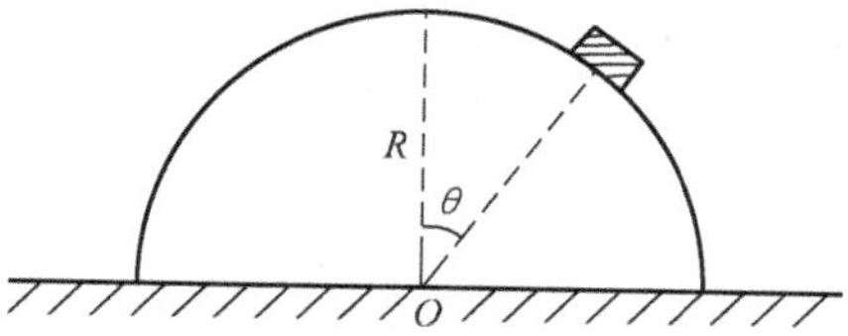

图 4-13

18. 如图 4-14 所示，一原长为 l_0 的轻弹簧上端固定，下端与物体 A 相连，物体 A 受一水平恒力 $\boldsymbol{F}$ 作用，沿光滑水平面由静止向右运动。若弹簧的劲度系数为 k，物体 A 的质量为 m，则张角为 θ 时（弹簧仍处于弹性限度内）物体的速率 v 等于多少？

19. 如图 4-15 所示，光滑平面上有一半径为 R 的 1/4 圆弧形物块，其质量为 m'，圆弧表面光滑，若另一质量为 m 的滑块从圆弧顶端 A 沿圆弧自由滑到圆弧底端 B，求这一过程中物块的支撑力 $\boldsymbol{F}_N$ 对滑块所做的功。

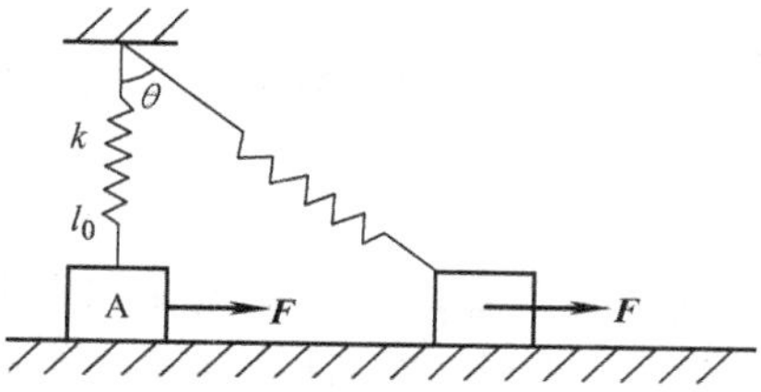

图 4-14

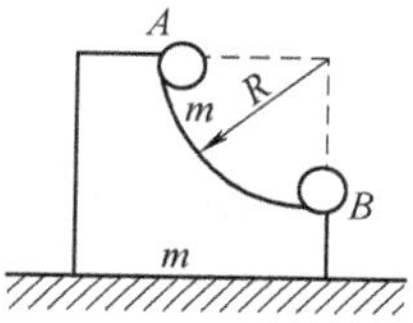

图 4-15

七、自 测 提 高

（一）选择题

1. 一个质点同时在几个力作用下的位移为

$$\Delta \boldsymbol{r} = 4\boldsymbol{i} - 5\boldsymbol{j} + 6\boldsymbol{k}(\text{SI})$$

其中一个力为恒力 $\boldsymbol{F} = -3\boldsymbol{i} - 5\boldsymbol{j} + 9\boldsymbol{k}$（SI），则此力在该位移过程中所做的功为（　　）。

（A）-67J　　（B）17J　　（C）67J　　（D）91J

2. 质量为 $m=0.5$kg 的质点，在 Oxy 坐标平面内运动，其运动方程为 $x=5t$，$y=0.5t^2$（SI），从 $t=2$s 到 $t=4$s 这段时间内，外力对质点做的功为（　　）。

（A）1.5J　　（B）3J　　（C）4.5J　　（D）-1.5J

3. 一特殊的轻弹簧，弹性力 $F=kx^3$，k 为一常量系数，x 为伸长（或压缩）量。现将弹簧水平放置于光滑的水平面上，一端固定，另一端与质量为 m 的滑块相连而处于自然长度状态。今沿弹簧长度方向给滑块一个冲量，使其获得一速度 $\boldsymbol{v}$，压缩弹簧，则弹簧被压缩的最大长度为（　　）。

（A）$\sqrt{\frac{m}{k}}v$　（B）$\sqrt{\frac{k}{m}}v$　（C）$\left(\frac{4mv}{k}\right)^{1/4}$　（D）$\left(\frac{2mv^2}{k}\right)^{1/4}$

4. 在如图4-16所示的系统中（滑轮质量不计，轴光滑），外力 $\boldsymbol{F}$ 通过不可伸长的绳子和一劲度系数 $k=200\text{N/m}$ 的轻弹簧缓慢地拉地面上的物体。物体的质量 $m=2\text{kg}$，初始时弹簧为自然长度，在把绳子拉下20cm的过程中，所做的功为（　　）。（重力加速度 g 取 10m/s^2）

（A）1J　（B）2J　（C）3J　（D）4J　（E）20J

5. 如图4-17所示，有一劲度系数为 k 的轻弹簧，竖直放置，下端悬一质量为 m 的小球，开始时使弹簧为原长而小球恰好与地接触，今将弹簧上端缓慢地提起，直到小球刚能脱离地面为止，在此过程中外力做功为（　　）。

（A）$\frac{m^2g^2}{4k}$　（B）$\frac{m^2g^2}{3k}$　（C）$\frac{m^2g^2}{2k}$　（D）$\frac{2m^2g^2}{k}$　（E）$\frac{4m^2g^2}{k}$

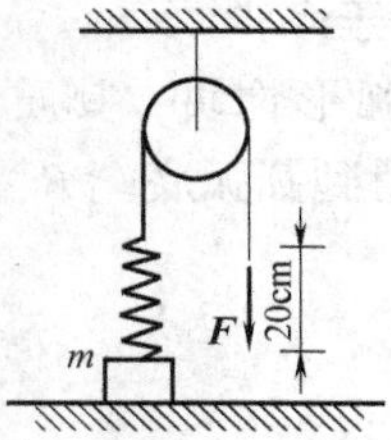

图　4-16

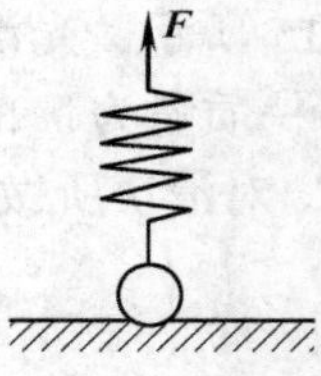

图　4-17

6. 如图4-18所示的两个小球用不能伸长的细软线连接，垂直地跨过固定在地面上、表面光滑的半径为R的圆柱，小球B着地，小球A的质量为B的两倍，且恰与圆柱的轴心一样高，由静止状态轻轻释放A，当A球到达地面后，B球继续上升的最大高度是（　　）。

（A）R　（B）$\frac{2}{3}R$　（C）$\frac{1}{2}R$　（D）$\frac{1}{3}R$

7. 一水平放置的轻弹簧，劲度系数为 k，其一端固定，另一端系一质量为 m 的滑块A，A旁又有一质量相同的滑块B，如图4-19所示。设两滑块与桌面间无摩擦，若用外力将A、B一起推压使弹簧压缩量为 d 而静止，然后撤消外力，则B离开时的速度为（　　）。

（A）0　（B）$d\sqrt{\frac{k}{2m}}$　（C）$d\sqrt{\frac{k}{m}}$　（D）$d\sqrt{\frac{2k}{m}}$

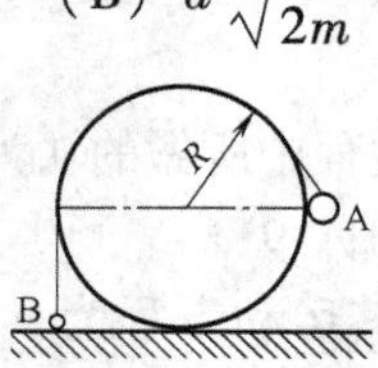

图　4-18

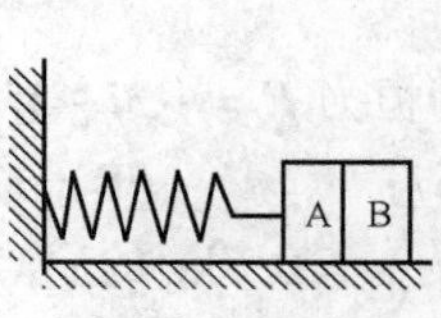

图　4-19

（二）填空题

8. 质量 $m=1\text{kg}$ 的物体，在坐标原点处从静止出发在水平面内沿 x 轴运动，其所受合力方向与运动方向相同，合力大小为 $F=3+2x$（SI），那么，物体在开始运动的3m内，合力所做的功为________；且 $x=3\text{m}$ 时，其速率为________。

9. 一个力 $\boldsymbol{F}$ 作用在质量为1.0kg的质点上，使之沿 x 轴运动。已知在此力作用下质点的运动学方程为 $x=3t-4t^2+t^3$(SI)。在0到4s的时间间隔内，(1) 力 $\boldsymbol{F}$ 的冲量大小 $I=$________；(2) 力 $\boldsymbol{F}$ 对质点所做的功 $W=$________。

10. 一质量为 m 的质点在指向圆心的平方反比力 $F=-k/r^2$ 的作用下，作半径为 r 的圆周运动，此质点的速度 $v=$________；若取距圆心无穷远处为势能零点，它的机械能 $E=$________。

11. 一长为 l、质量均匀的链条，放在光滑的水平桌面上，若使其长度的 $\frac{1}{2}$ 悬于桌边下，然后由静止释放，任其滑动，则当它全部离开桌面时的速率为________。

12. 如图4-20所示，轻弹簧的一端固定在倾角为 α 的光滑斜面的底端 E，另一端与质量为 m 的物体C相连，O 点为弹簧原长处，A 点为物体C的平衡位置，x_0 为弹簧被压缩的长度。如果在一外力作用下，物体由 A 点沿斜面向上缓慢移动了 $2x_0$ 距离而到达 B 点，则该外力所做功为________。

13. 如图4-21所示，质量为 m 的小球系在劲度系数为 k 的轻弹簧一端，弹簧的另一端固定在 O 点。开始时弹簧在水平位置 A，处于自然状态，原长为 l_0。小球由位置 A 释放，下落到 O 点正下方位置 B 时，弹簧的长度为 l，则小球到达 B 点时的速度大小为 $v_B=$________。

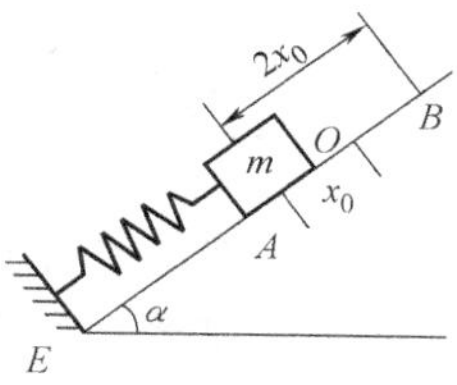

图　4-20

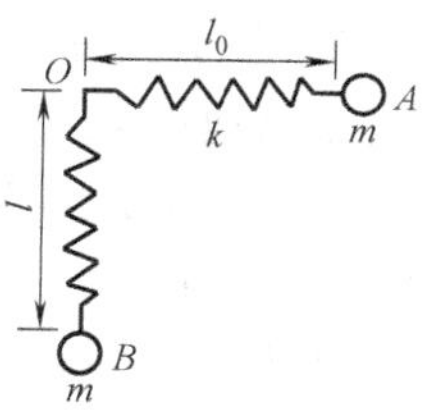

图　4-21

14. 质点在某保守力场中的势能为 $E_p=(k/r)+c$，其中 r 为质点与坐标原点间的距离，k、c 均为大于零的常量，那么，作用在质点上的力的大小 $F=$________，其方向________。

15. 一人站在船上，人与船的总质量 $m_1=300\text{kg}$，他用 $F=100\text{N}$ 的水平力拉一轻绳，绳的另一端系在质量 $m_2=200\text{kg}$ 的船上。开始时两船都静止，若不计水的阻力则在开始拉后的前3s内，人做的功为________。

16. 光滑水平面上有一轻弹簧，劲度系数为 k，弹簧一端固定在 O 点，另一端拴一个质量为 m 的物体，弹簧初始时处于自由伸长状态，若此时给物体 m 一个垂直于弹簧的初速度 $\boldsymbol{v}_0$，如图4-22所示，则当物体速率为 $\frac{1}{2}v_0$ 时，弹簧对物体的拉力 $F=$________。

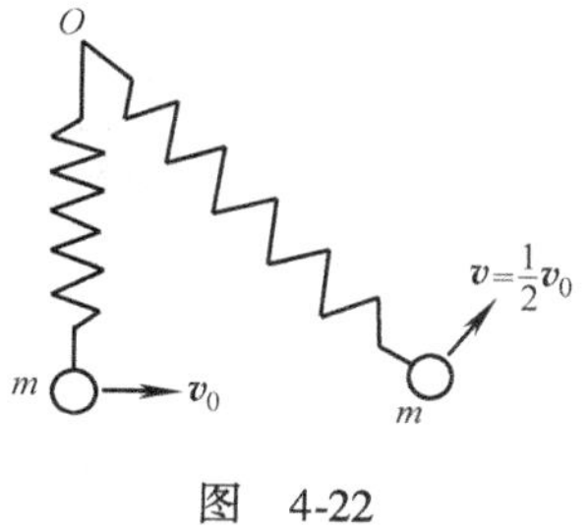

图　4-22

(三) 计算题

17. 一物体按规律 $x=ct^3$ 在流体媒质中作直线运动，式中 c 为常量，t 为时间。设媒质对物体的阻力正比于速度的平方，阻力系数为 k，试求物体由 $x=0$ 运动到 $x=l$ 时，阻力所做的功。

18. 在一光滑水平面上有一轻弹簧，一端固定，另一端连接一质量 $m=1\text{kg}$ 的滑块，如图 4-23 所示。弹簧自然长度 $l_0=0.2\text{m}$，劲度系数 $k=100\text{N/m}$。设 $t=0$ 时，弹簧长度为 l_0，滑块速度的大小 $v_0=5\text{m/s}$，其方向与弹簧垂直。以后某一时刻，弹簧长度 $l=0.5\text{m}$，求该时刻滑块速度 $\boldsymbol{v}$ 的大小和夹角 θ。

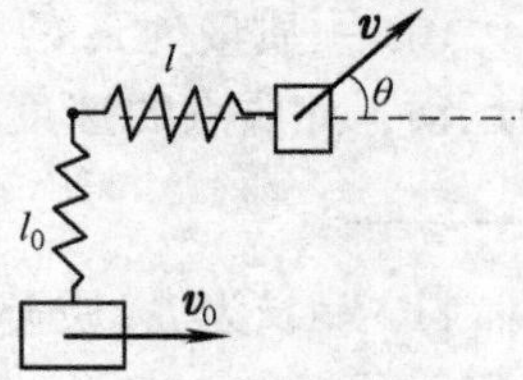

图　4-23

19. 一质量为 m 的质点，当在 Oxy 平面上运动时，其位置矢量随时间的变化可表示为

$$\boldsymbol{r}=a\cos\omega t\boldsymbol{i}+b\sin\omega t\boldsymbol{j}$$

式中，a、b、ω 均为大于零的常量。

（1）求质点所受作用力 $\boldsymbol{F}$ 的表示式；

（2）问此力 $\boldsymbol{F}$ 是否为保守力？

20. 一半圆形的光滑槽，质量为 m'、半径为 R，放在光滑的桌面上。一小物体质量为 m，可在槽内滑动，起始位置如图 4-24 所示，半圆槽静止，小物体静止于与圆心同高的 A 处。求：

（1）小物体滑到最低点 B 处时，小物体对半圆槽及半圆槽对地的速率各为多少？（2）当小物体滑到半圆槽最低点 B 时，半圆槽移动了多少距离？（3）小物体在最低点 B 处时，圆弧形槽对小物体的作用力。

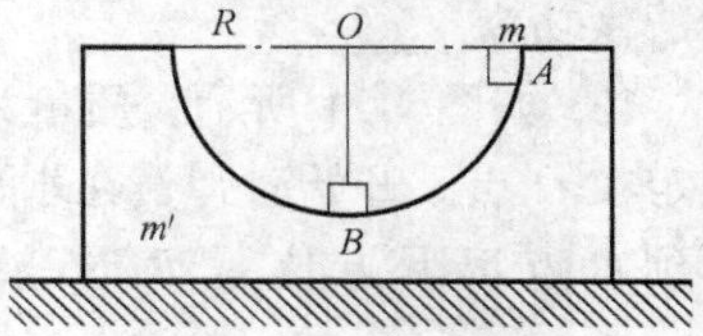

图　4-24

21. 我国的第一颗人造地球卫星于 1970 年 4 月 24 日发射升空，其近地点离地面 439km，远地点离地面 2384km。如果将地球视为半径为 6378km 的均匀球体，试求卫星在近地点和远地点的运动速率。

22. 不可伸长的轻绳跨过一个质量可以忽略的定滑轮，轻绳的一端吊着托盘，如图 4-25 所示，托盘上竖直放着一个用细线缠缚而压缩的小弹簧，轻绳的另一端系一重物与托盘和小弹簧相平衡，因而整个系统是静止的。设托盘和小弹簧的质量分别为 m' 和 m，被细线缠缚的小弹簧在细线断开时在桌面上竖直上升的最大高度为 h。现处于托盘上的小弹簧由于缠缚的细线突然被烧断，问它能够上升的最大高度是多大？

23. 在密度为 ρ_1 的液面上方悬挂一根长为 l，密度为 ρ_2 的均匀棒 AB，棒的 B 端刚和液面接触，如图 4-26 所示，今剪断细绳，设细棒只在浮力和重力作用下运动，在 $\frac{\rho_1}{2}<\rho_2<\rho_1$ 的条件下，求细棒下落过程中的最大速度 v_m，以及细棒能潜入液体的最大深度 H。

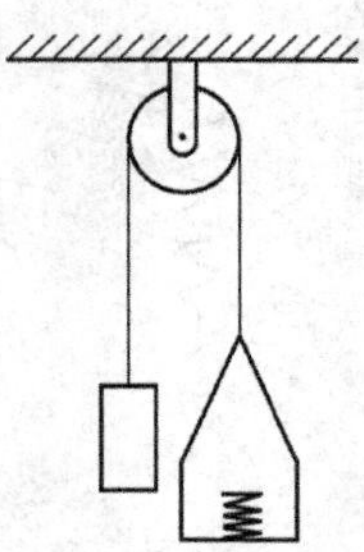
图　4-25

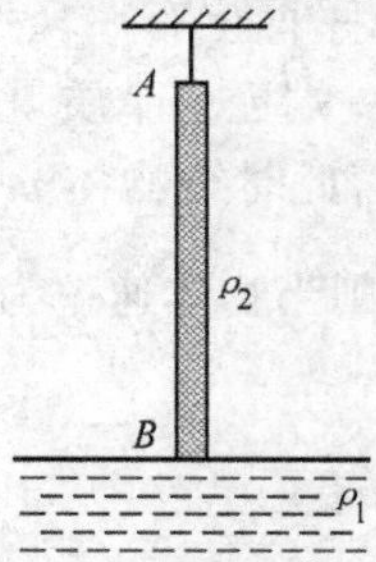

图　4-26

24. 一条长为 l，质量均匀分布的细链条 AB，挂在半径可忽略的光滑钉子 C 上，如图 4-27 所示。开始时处于静止状态，BC 段长为 L（$2l/3 > L > l/2$），释放后链条将作加速运动。试求：当 $BC = 2l/3$ 时，链条的加速度和运动速度的大小。

25. 当一质子通过质量较大带电荷为 Ze 的原子核附近时，原子核可近似视为静止。质子受到原子核的排斥力作用，它运动的轨道为双曲线，如图 4-28 所示。设质子与原子相距很远时速度为$\boldsymbol{v}_0$，沿$\boldsymbol{v}_0$ 方向的直线与原子核的垂直距离为 b。试求质子与原子核最接近的距离 r_s。

26. 如图 4-29 所示，光滑斜面与水平面的夹角为 $\alpha = 30°$，轻质弹簧上端固定。今在弹簧的另一端轻轻地挂上质量为 $m' = 1.0\text{kg}$ 的木块，则木块沿斜面向下滑动。当木块向下滑 $x = 30\text{cm}$ 时，恰好有一质量 $m = 0.01\text{kg}$ 的子弹，沿水平方向以速度 $v = 200\text{m/s}$ 射中木块并陷在其中。设弹簧的劲度系数为 $k = 25\text{N/m}$。求子弹打入木块后它们的共同速度。

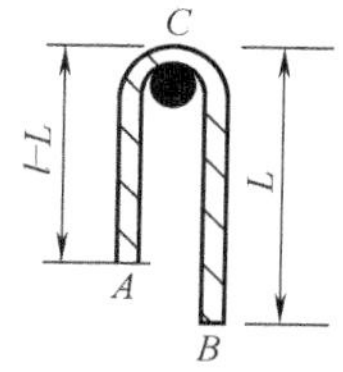

图 4-27

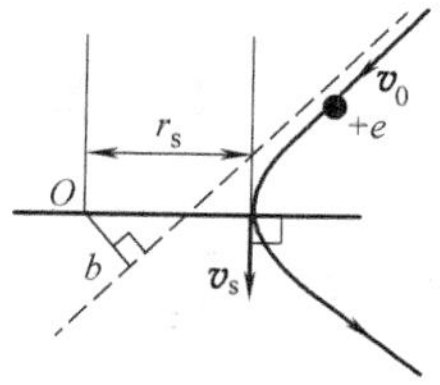

图 4-28

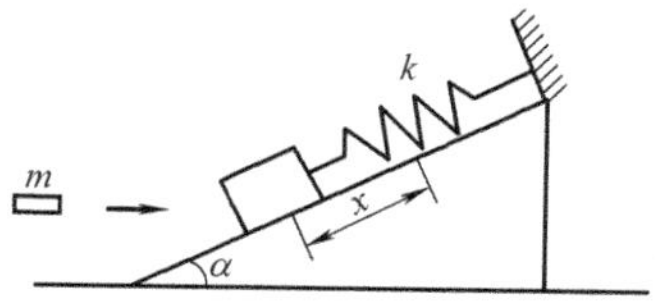

图 4-29

27. 如图 4-30 所示，一辆静止在光滑水平面上的小车上装有光滑的弧形轨道，轨道下端切线沿水平方向，车与轨道总质量为 m'。今有一质量为 m（$< m'$）、速度为$\boldsymbol{v}_0$ 的铁球，从轨道下端水平射入，求球沿弧形轨道上升的最大高度 h 及此后下降离开小车时的速度 $\boldsymbol{v}$。

28. 如图 4-31 所示，劲度系数为 k 的轻弹簧，一端固定，另一端与桌面上的质量为 m 的小球 B 相连接。用外力推动小球，将弹簧压缩一段距离 L 后放开。假定小球所受的滑动摩擦力的大小为 F，且恒定不变，动摩擦因数与静摩擦因数可视为相等。试求 L 必须满足什么条件时，才能使小球在放开后就开始运动，而且一旦停止下来就一直保持静止状态。

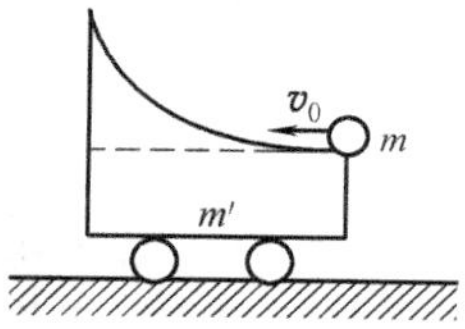

图 4-30

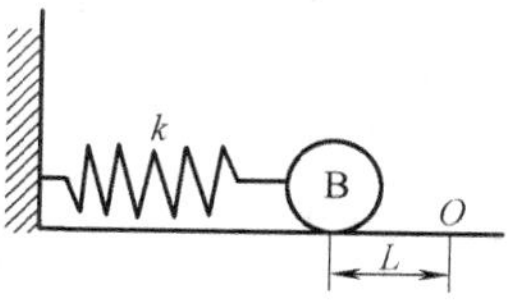

图 4-31

第五章　刚体的定轴转动

刚体是一个特殊的质点系。质点系的运动规律均可用于刚体。转动定律是解决定轴转动问题的基础。本章主要内容有：(1) 刚体运动的描述；(2) 刚体的定轴转动定律；(3) 刚体的角动量定理及守恒定律；(4) 刚体的动能定理及机械能守恒定律。

一、知 识 框 架

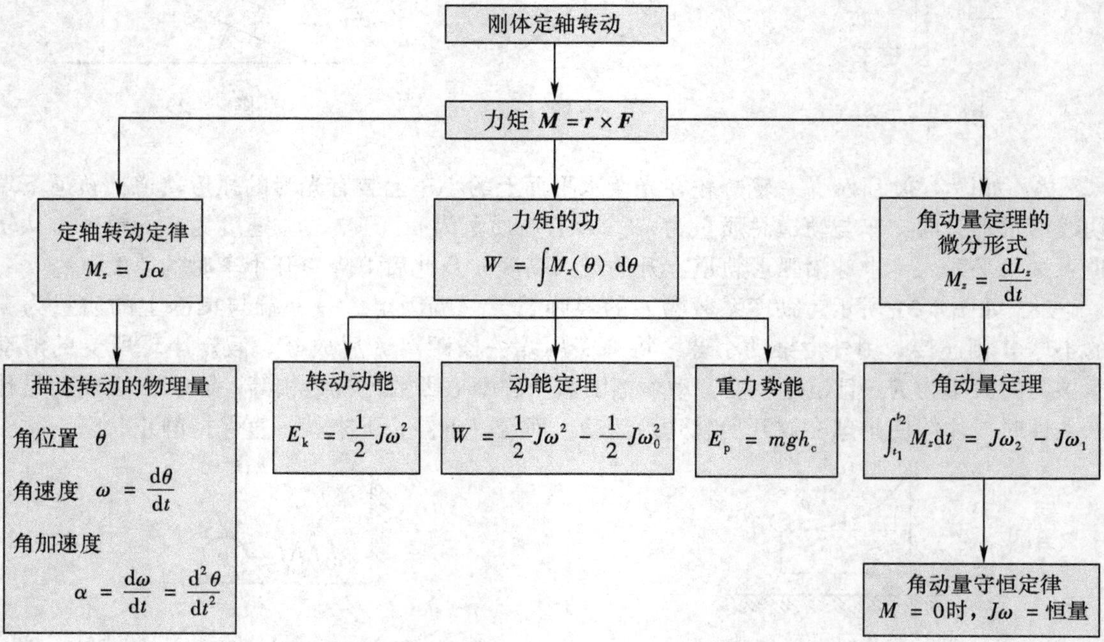

二、知 识 要 点

1. 刚体定轴转动的运动学描述

1）角位移 $\Delta\theta$

2）角速度 $\omega = \frac{\mathrm{d}\theta}{\mathrm{d}t}$

角速度的方向，按右螺旋关系确定，沿转轴方向。

3）角加速度 $\alpha = \frac{d\omega}{dt} = \frac{d^2\theta}{dt^2}$

4）角速度 $\boldsymbol{\omega}$ 与刚体中 $\boldsymbol{r}$ 处质元的线速度$\boldsymbol{v}$ 的矢量关系

$$\boldsymbol{v} = \boldsymbol{\omega} \times \boldsymbol{r}$$

2. 转动定律

1）力矩　$\boldsymbol{M} = \boldsymbol{r} \times \boldsymbol{F}$

在定轴转动中，力矩方向沿转轴方向，与 ω 方向相同或相反。

2）转动惯量 J　表示物体转动惯性的物理量，与物体的质量大小、质量的分布及转轴位置有关。

①　定义式

质量不连续分布的质点系　$J = \sum m_i r_i^2$

质量连续分布的物体　$J = \int r^2 dm$

②　平行轴定理

任意物体绕某固定轴 O 的转动惯量为 J，绕通过质心 C 而平行于固定轴 O 的转动惯量为 J_c，O 轴与 C 轴间距为 d，转动物体的总质量为 m，那么 $J = J_c + md^2$

3）转动定律

①　一般形式

$$\boldsymbol{M} = \frac{d\boldsymbol{L}}{dt}$$

②　在刚体定轴转动中

$$M_z = J\frac{d\omega}{dt} = J\alpha$$

3. 角动量定理

（1）刚体对转轴的角动量

对于定轴转动的刚体，其中每一个质元都绕转轴作圆周运动，整个刚体相对于转轴的角动量，等于刚体相对于同一转轴的转动惯量与角速度的乘积，即

$$L_z = J\omega$$

式中各物理量都是相对于转轴的。

（2）刚体对转轴的角动量定理

作定轴转动的刚体所受的冲量矩，等于相对于转轴的角动量的增量，即

$$M_z dt = d(J\omega)$$

或写成积分形式

$$\int_{t_1}^{t_2} M_z dt = J\omega_2 - J\omega_1$$

这就是刚体对转轴的角动量定理。这个定理表示了力矩对定轴转动刚体的时间积累效应。

4. 刚体对转轴的角动量守恒定律

如果作定轴转动的刚体所受外力对转轴的合力矩为零，即 $M_z = 0$，那么刚体对同一转轴的角动量不随时间变化，即

$$L_z = J\omega = \text{恒量}$$

5. 转动中的功能关系

(1) 力矩的功

$$A = \int M_z \mathrm{d}\theta$$

(2) 刚体的转动动能

$$E_k = \frac{1}{2}J\omega^2$$

(3) 刚体的重力势能

$$E_p = mgh_c$$

h_c 为刚体质心的高度。

(4) 动能定理

合外力矩对刚体所做的功等于刚体转动动能的增量，即

$$\int M_z \mathrm{d}\theta = A = \Delta E_k = \frac{1}{2}J\omega^2 - \frac{1}{2}J\omega_0^2$$

(5) 机械能守恒定律

当除重力矩以外的其他合外力矩不做功或做功为零时，则刚体机械能守恒。

三、概 念 辨 析

1. 转动定律与牛顿第二定律

刚体定轴转动中的转动定律与质点运动中的牛顿第二定律相比较，地位相当，形式相似。在这两个规律的表达式中，合外力矩与合力相对应，转动惯量与质量相对应，角加速度与加速度相对应。

既然转动定律在刚体定轴转动中的地位与牛顿第二定律在质点运动中的地位相当，那么转动定律可以成为解决刚体转动问题的基础和出发点。在使用这个定理时必须注意，表达式中各物理量都是相对于转轴的，并且转轴是与 z 坐标轴重合的。式中，M_z 为相对于转轴的合外力矩，α 为相对于转轴的角加速度，J 为相对于转轴的转动惯量。

用转动定律的解题步骤也与牛顿第二定律类同。仍为分析研究对象，画出隔离体受力图，选取合适坐标，列出相应方程和求解讨论。应注意到 M_z、J、α 相对同一轴而言，$M_z = J\alpha$ 是个代数式。

2. 转动惯量概念的理解

1）影响转动惯量的因素：

① 转动惯量与刚体的形状有关；

② 在形状一定的情况下，与转轴的位置有关；

③ 在形状和转轴位置一定的情况下，与刚体的质量成正比。

2）可以把转动惯量与质点的质量相类比，加深对转动惯量物理意义的理解。转动惯量是刚体转动惯性的量度，刚体相对于某轴的转动惯量越大，相对于该轴的转动惯性就越大，转动状态（由角速度来表征）就越不容易改变。

3. 刚体定轴转动与质点运动类比

1）刚体对转轴的角动量可以与质点的动量相类比。

质点的动量 $\boldsymbol{p} = m\boldsymbol{v}$

刚体对转轴的角动量 $L_z = J\omega$

质量 m 与转动惯量 J 相对应，速度 v 与角速度 ω 相对应。

2）刚体对转轴的角动量定理可以与描述质点运动的动量定理相对应，即

$$\int_{t_1}^{t_2} M_z \mathrm{d}t = J\omega_2 - J\omega_1$$

$$\int_{t_1}^{t_2} \boldsymbol{F} \mathrm{d}t = m\boldsymbol{v}_2 - m\boldsymbol{v}_1$$

3）刚体的转动动能可以与质点的动能相对应，即

$$E_\mathrm{k} = \frac{1}{2}J\omega^2$$

$$E_\mathrm{k} = \frac{1}{2}mv^2$$

4. 关于角动量守恒定律

1）因为刚体相对于定轴的转动惯量是不变的，所以，刚体在不受外力矩作用时是在作匀角速度定轴转动。可与质点不受外力作用时作匀速直线运动相类比。

2）这个定律对于绕同一轴转动的刚体组也是适用的。对于这样的刚体组，各部分的角速度都相同，而整体对于转轴的转动惯量则是可变的。当合外力矩等于零时，如果整体相对于转轴的转动惯量发生了变化，则角速度也必定改变，并且转动惯量与角速度的乘积保持恒定。

3）在应用这个定律时应注意以下几点：

① 刚体对转轴的角动量守恒定律的应用条件，是刚体或刚体组所受外力的合力矩为零。

② 角动量、转动惯量和角速度必须相对于同一个转轴。

③ 若将这个定律应用于刚体组，刚体组中的各个刚体之间可以发生相对运动，但是它们必须是相对同一转轴在转动，并且任意瞬间它们都具有相同的角速度。

四、方法点拨

1. 质量连续分布刚体的转动惯量的计算

解题方法：微元法。利用叠加原理的思想，将刚体视为许许多多的质量元，在质量连续分布的刚体上，任取质量元 $\mathrm{d}m$，确定质量元 $\mathrm{d}m$ 的转动半径 r，代入转动惯量的定义式 $\mathrm{d}J = r^2\mathrm{d}m$，建立坐标系后积分求解。

2. 有关转动定律的两类问题及其基本解题方法

1）求 α 或某一未知力。对研究刚体进行受力分析，用隔离法对产生力矩的力分别列出 $M_z = J\alpha$ 的具体表述，若系统中还有质点则对质点应用牛顿第二定律。参见例题5-3。

2）已知合力矩 M_z 是时间 t 的函数 $M(t)$ 或转速 ω 的函数 $M(\omega)$ 时，求 ω 与转角的关系表达式 $\omega(\theta)$。根据转动定律 $M_z = J\alpha$，有 $M_z(t) = J\frac{\mathrm{d}\omega}{\mathrm{d}t}$或 $M_z(\omega) = J\frac{\mathrm{d}\omega}{\mathrm{d}t} \cdot \frac{\mathrm{d}\theta}{\mathrm{d}\theta} = J\omega\frac{\mathrm{d}\omega}{\mathrm{d}\theta}$，分离变量后积分求解。

五、例题精解

例题 5-1　原来静止的电动机带轮在接通电源后作匀变速转动，30s 后转速达到 152rad/s。求：

（1）在这 30s 内电动机带轮转过的转数；

（2）接通电源后 20s 时带轮的角速度；

（3）接通电源后 20s 时带轮边缘上一点的线速度、切向加速度和法向加速度，已知带轮的半径为 5.0cm。

【分析】　此题目考察匀变速转动规律。

【解】　（1）根据题意，带轮是在作匀角加速转动，角加速度为

$$\alpha = \frac{\omega}{t} = 5.1\text{rad/s}^2$$

在 30s 内转过的角位移

$$\phi = \frac{1}{2}\alpha t^2 = \frac{1}{2}\omega t = 2.3 \times 10^3\text{rad}$$

在 30s 内转过的转数

$$n = \frac{\phi}{2\pi} = 3.6 \times 10^2\text{r}$$

（2）在 $t = 20\text{s}$ 时其角速度

$$\omega = \alpha t = 1.0 \times 10^2\text{rad/s}$$

（3）在 $t = 20\text{s}$ 时，在带轮边缘上 $r = 5.0\text{cm}$ 处的线速度

$$v = \omega r = 5.1\text{m/s}$$

切向加速度为

$$a_t = \alpha r = 0.25\text{m/s}^2$$

法向加速度

$$a_n = \omega^2 r = 5.1 \times 10^2\text{m/s}^2$$

例题 5-2　一轻绳绕过一定滑轮，滑轮轴光滑，滑轮的半径为 R，质量为 $m/4$，均匀分布在其边缘上。绳子的 A 端有一质量为 m 的人抓住了绳端，而在绳的另一端 B 系了一质量为 $\frac{1}{2}m$ 的重物，如图 5-1 所示。设人从静止开始相对于绳匀速向上爬时，绳与滑轮间无相对滑动，求 B 端重物上升的加速度？（已知滑轮对通过滑轮中心且垂直于轮面的轴的转动惯量 $J = mR^2/4$）

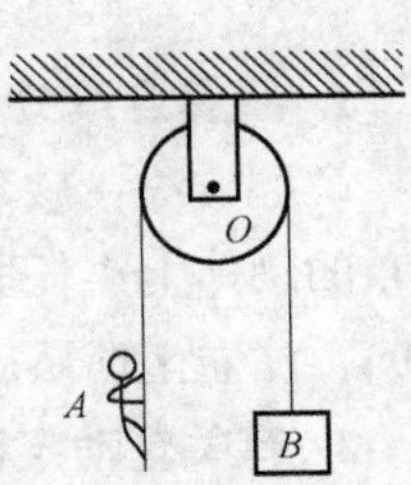

图　5-1

【分析】　本题是刚体转动定律应用的第一类问题，也是本章的重要题型。需对滑轮和人、物体分别分析受力，并分别对滑轮和人及物体运用转动定律和牛顿第二定律求解。

【解】　受力分析如图 5-2 所示。

设重物的对地加速度为 a，向上，则绳的 A 端对地有加速度 a 向下，人相对于绳虽为匀

速向上，但相对于地其加速度仍为 a 向下。

根据牛顿第二定律可得

对人

$$mg - F_{T2} = ma \quad ①$$

对重物

$$F_{T1} - \frac{1}{2}mg = \frac{1}{2}ma \quad ②$$

根据转动定律，对滑轮有

$$(F_{T2} - F_{T1})R = J\alpha = mR^2\alpha/4 \quad ③$$

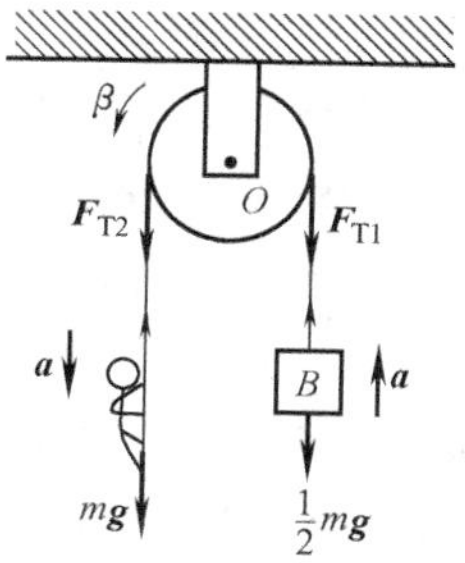

图　5-2

因绳与滑轮无相对滑动，则

$$a = R\alpha \quad ④$$

将①、②、③、④四式联立解得　　$a = 2g/7$

例题 5-3　一轻绳跨过两个质量均为 m、半径均为 r 的均匀圆盘状定滑轮，绳的两端分别挂着质量为 m 和 $2m$ 的重物，如图 5-3 所示。绳与滑轮间无相对滑动，滑轮轴光滑，两个定滑轮的转动惯量均为$\frac{1}{2}mr^2$。将由两个定滑轮以及质量为 m 和 $2m$ 的重物组成的系统从静止释放，求两滑轮之间绳内的张力。

【分析】　这是刚体转动定律应用的第一类问题，也是本章重要题型，分析受力，分别对滑轮和物体使用转动定律和牛顿第二定律求解。

【解】　受力分析如图 5-4 所示。

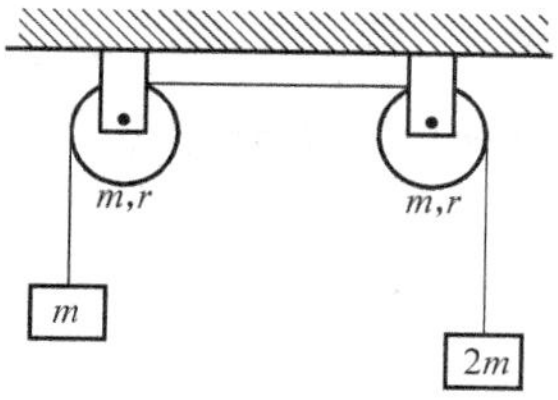

图　5-3

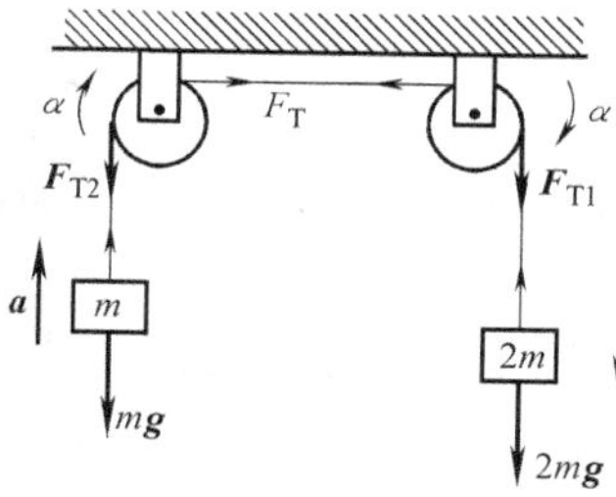

图　5-4

根据牛顿第二定律，对右侧物体有

$$2mg - F_{T1} = 2ma$$

同理，对左侧物体有

$$F_{T2} - mg = ma$$

根据定轴转动定律，对右侧滑轮有

$$F_{T1}r - F_Tr = \frac{1}{2}mr^2\alpha$$

同理，对左侧滑轮有

$$F_Tr - F_{T2}r = \frac{1}{2}mr^2\alpha$$

再根据转动过程中角加速度与加速度的关系，还可以列出一个方程式

$$a = r\alpha$$

解上述五个联立方程得

$$F_{\mathrm{T}} = 11mg/8$$

例题 5-4　质量为 m_1 的物体 A 置于完全光滑的水平桌面上，用一根不可伸长的细绳拉着，细绳跨过固定于桌子边缘的定滑轮 C 后，在下端悬挂一个质量为 m_2 的物体 B，如图 5-5 所示。已知滑轮 C 是一个质量为 m、半径为 r 的圆盘，轴间的摩擦力忽略不计。求滑轮与 m_1 之间的绳子的张力 F_{T1}、滑轮与 m_2 之间的绳子的张力 F_{T2} 以及物体运动的加速度 a。

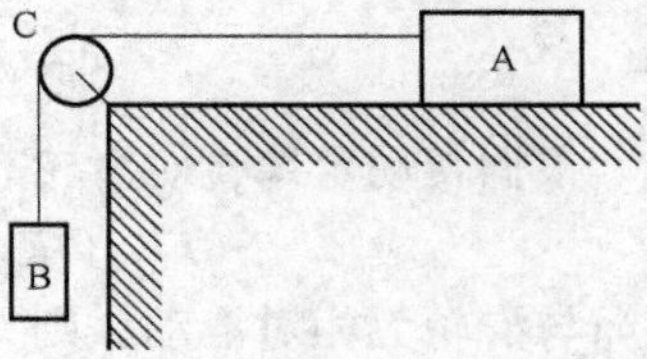

图　5-5

【分析】　这是刚体转动定律应用的第一类问题，也是本章的重要题型，分析受力，分别对滑轮和物体使用转动定律和牛顿第二定律求解。

【解法一】　物体 m_1、m_2 和滑轮的受力情况：

对于物体 m_1，在竖直方向上，重力 m_1g 与桌面对它的支撑力 F_{N} 相平衡，不产生加速度。在水平方向上，它受到绳子对它的向左拉力 F_{T1}，因而产生加速度 a，所以

$$F_{\mathrm{T1}} = m_1a$$

对于 m_2，它受到重力 m_2g 和绳子对它的拉力 F_{T2}，这两个力不平衡，因而产生向下的加速度 a，所以有

$$m_2g - F_{\mathrm{T2}} = m_2a$$

对于滑轮，受到两个方向相反的力矩 $F_{\mathrm{T1}}r$ 和 $F_{\mathrm{T2}}r$ 的作用，这两个力矩不平衡，使滑轮以角加速度 α 转动，故有

$$F_{\mathrm{T2}}r - F_{\mathrm{T1}}r = J\alpha = \frac{1}{2}mr^2\alpha$$

根据转动过程中角加速度 α 与加速度 a 的关系，还可以列出一个方程式

$$r\alpha = a$$

解以上四个联立方程式，可得

$$a = \frac{m_2g}{m_1 + m_2 + \frac{1}{2}m}$$

$$F_{\mathrm{T1}} = \frac{m_1m_2g}{m_1 + m_2 + \frac{1}{2}m}$$

$$F_{\mathrm{T2}} = \frac{\left(m_1 + \frac{1}{2}m\right)m_2g}{m_1 + m_2 + \frac{1}{2}m}$$

【解法二】　此题还可以用能量的方法求解。在物体 m_2 下落了高度 h 时，可以列出下面的能量关系

$$m_2gh = \frac{1}{2}(m_1 + m_2)v^2 + \frac{1}{2}J\omega^2$$

式中，v 是当 m_2 下落了高度 h 时两个物体的运动速率，ω 是此时滑轮的角速度。因为 $J = \frac{1}{2}$

mr^2，$\omega = \dfrac{v}{r}$，所以得

$$m_2gh = \frac{1}{2}\left(m_1 + m_2 + \frac{1}{2}m\right)v^2$$

由此解得

$$v^2 = \frac{2m_2g}{m_1 + m_2 + \frac{1}{2}m}h$$

将 $v^2 = 2ah$ 代入上式，可以求得两个物体的加速度

$$a = \frac{m_2g}{m_1 + m_2 + \frac{1}{2}m}$$

根据 $F_{T1}h = \dfrac{1}{2}m_1v^2$，立即可以求得张力

$$F_{T1} = \frac{1}{2}m_1v^2\frac{1}{h} = \frac{m_1m_2g}{m_1 + m_2 + \frac{1}{2}m}$$

根据（$m_2g - F_{T2}$）$h = \dfrac{1}{2}m_2v^2$ 或 $F_{T2}r - F_{T1}r = J\alpha$ 可以立即算出张力

$$F_{T2} = \frac{\left(m_1 + \frac{1}{2}m\right)m_2g}{m_1 + m_2 + \frac{1}{2}m}$$

以上两种方法，都是求解这类问题的基本方法，都应该理解和掌握。

例题 5-5　如图 5-6 所示，一细杆可绕其一个端点在铅直平面内自由转动，当杆与水平线夹角为 θ 时，其角加速度 $\alpha = \dfrac{3g}{2l}\cos\theta$，其中 l 为杆长，g 为重力加速度。求：(1) 杆自静止由 $\theta_0 = \dfrac{\pi}{6}$开始转至 $\theta = \dfrac{\pi}{3}$时杆的角速度；(2) 此时杆的端点 A 和中点 B 的线速度的大小。

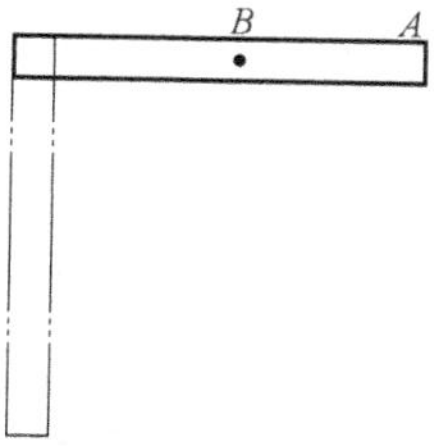

图　5-6

【分析】　第一小题是已知角加速度，求角速度，这是转动定律应用的第二类问题，用积分的方法，加上初始条件求解。另外，细杆下摆过程中，只有重力矩做功，机械能守恒，所以本题也可以用重力矩做功，转化为细杆的转动动能来求解。第二小题，刚体在绕固定轴转动时，其上各点的角速度都是相等的，而线速度的大小随各点到转轴的距离不同而不同。

【解法一】　(1) 用运动学方法求解。根据角加速度的定义有

$$\alpha = \frac{\mathrm{d}\omega}{\mathrm{d}t} = \frac{\mathrm{d}\omega}{\mathrm{d}\theta}\frac{\mathrm{d}\theta}{\mathrm{d}t} = \omega\frac{\mathrm{d}\omega}{\mathrm{d}\theta} = \frac{3g}{2l}\cos\theta$$

分离变量得

$$\omega\mathrm{d}\omega = \frac{3g}{2l}\cos\theta\mathrm{d}\theta$$

等式两边分别积分，有

$$\int_0^{\omega}\omega\cdot d\omega = \int_{\frac{\pi}{6}}^{\frac{\pi}{3}}\frac{3g}{2l}\cos\theta\cdot d\theta$$

即

$$\frac{1}{2}\omega^2 = \frac{3g}{2l}\sin\theta\Big|_{\frac{\pi}{6}}^{\frac{\pi}{3}} = \frac{3g}{2l}\left(\sin\frac{\pi}{3}-\sin\frac{\pi}{6}\right)$$

解得

$$\omega = \sqrt{\frac{3g}{l}\left(\frac{\sqrt{3}}{2}-\frac{1}{2}\right)}$$

（2）各点线速度的大小与各点到转轴的距离有关，运用角量与线量的关系得

$$v_A = l\omega = \sqrt{\frac{3gl}{2}(\sqrt{3}-1)}$$

$$v_B = \frac{1}{2}l\omega = \sqrt{\frac{3gl}{8}(\sqrt{3}-1)}$$

【解法二】 运用动能定理求解。

转动过程中只受重力矩的作用，所以重力矩所做的功就等于刚体转动动能的增量，即

$$\begin{aligned}W &= \int_{\theta_0}^{\theta}M\cdot d\theta = \int_{\frac{\pi}{6}}^{\frac{\pi}{3}}mg\,\frac{l}{2}\cos\theta\cdot d\theta \\ &= mg\,\frac{l}{2}\left(\sin\frac{\pi}{3}-\sin\frac{\pi}{6}\right) \\ &= \frac{1}{2}J\omega^2-\frac{1}{2}J\omega_0^2 \\ &= \frac{1}{2}\cdot\frac{1}{3}ml^2\cdot\omega^2\end{aligned}$$

由此求得刚体的角速度

$$\omega = \sqrt{\frac{3g}{l}\left(\frac{\sqrt{3}}{2}-\frac{1}{2}\right)}$$

与解法一的结果相同。

例题 5-6 一水平放置的圆盘绕竖直轴旋转，角速度为 ω_1，它相对于此轴的转动惯量为 J_1。现在它的正上方有一个以角速度为 ω_2 转动的圆盘，这个圆盘相对于其对称轴的转动惯量为 J_2。两圆盘相平行，圆心在同一条竖直线上。上盘的底面有销钉，如果上盘落下，销钉将嵌入下盘，使两盘合成一体。（1）求两盘合成一体后的角速度；（2）求上盘落下后两盘总动能的改变量；（3）解释动能改变的原因。

【分析】 此题考察刚体角动量守恒定律的应用。

【解】 （1）将两个圆盘看为一个系统，这个系统不受外力矩的作用，总角动量守恒，即

$$J_1\omega_1 + J_2\omega_2 = (J_1+J_2)\omega$$

所以合成一体后的角速度为

$$\omega = \frac{J_1\omega_1+J_2\omega_2}{J_1+J_2}$$

（2）上盘落下后两盘总动能的改变量为

$$\Delta E_k = \frac{1}{2}(J_1 + J_2)\omega^2 - \left(\frac{1}{2}J_1\omega_1^2 + \frac{1}{2}J_2\omega_2^2\right)$$

$$= \frac{1}{2}(J_1 + J_2)\left(\frac{J_1\omega_1 + J_2\omega_2}{J_1 + J_2}\right)^2 - \left(\frac{1}{2}J_1\omega_1^2 + \frac{1}{2}J_2\omega_2^2\right) = -\frac{J_1J_2(\omega_1 - \omega_2)^2}{2(J_1 + J_2)}$$

（3）动能减少是由于两盘合成一体时剧烈摩擦，致使一部分动能转变为热能。

例题 5-7　一均匀木棒质量为 $m_1 = 1.0\text{kg}$、长为 $l = 40\text{cm}$，可绕通过其中心并与棒垂直的轴转动。一质量为 $m_2 = 10\text{g}$ 的子弹以 $v = 200\text{m/s}$ 的速率射向棒端，并嵌入棒内。设子弹的运动方向与棒和转轴相垂直，求棒受子弹撞击后的角速度。

【分析】　这是角动量守恒定律的应用题。

【解】　将木棒和子弹看为一个系统，该系统不受外力矩的作用，所以系统的角动量守恒，即

$$\left(\frac{1}{2}l\right)m_2 v = (J_1 + J_2)\omega \qquad ①$$

其中，J_1 是木棒相对于通过其中心并与棒垂直的轴的转动惯量，J_2 是子弹相对于同一轴的转动惯量，它们分别为

$$J_1 = \frac{1}{12}m_1 l^2, \quad J_2 = \frac{1}{4}m_2 l^2 \qquad ②$$

将式②代入式①，得

$$\omega = \frac{\frac{1}{2}m_2 vl}{\frac{1}{12}m_1 l^2 + \frac{1}{4}m_2 l^2} = \frac{6m_2 v}{l(m_1 + 3m_2)} = 29\text{rad/s}$$

六、基础训练

（一）选择题

1. 一刚体以 60r/min 绕 z 轴作匀速转动（$\boldsymbol{\omega}$ 沿 z 轴正方向）。设某时刻刚体上一点 P 的位置矢量为 $\boldsymbol{r} = 3\boldsymbol{i} + 4\boldsymbol{j} + 5\boldsymbol{k}$，其单位为“$10^{-2}$m”，若以“$10^{-2}$m/s”为速度单位，则该时刻 P 点的速度为（　　）。

（A）$\boldsymbol{v} = 94.2\boldsymbol{i} + 125.6\boldsymbol{j} + 157.0\boldsymbol{k}$　　（B）$\boldsymbol{v} = -25.1\boldsymbol{i} + 18.8\boldsymbol{j}$

（C）$\boldsymbol{v} = -25.1\boldsymbol{i} - 18.8\boldsymbol{j}$　　（D）$\boldsymbol{v} = 31.4\boldsymbol{k}$

2. 一轻绳跨过一具有水平光滑轴、质量为 M 的定滑轮，绳的两端分别悬有质量为 m_1 和 m_2 的物体（$m_1 < m_2$），如图 5-7 所示。绳与轮之间无相对滑动，若某时刻滑轮沿逆时针方向转动，则绳中的张力（　　）。

（A）处处相等　　（B）左边大于右边

（C）右边大于左边　　（D）哪边大无法判断

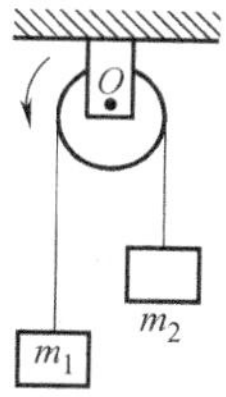

图　5-7

3. 如图 5-8 所示，一质量为 m 的匀质细杆 AB，A 端靠在粗糙的竖直墙壁上，B 端置于粗糙水平地面上而静止，杆身与竖直方向成 θ 角，则 A 端对墙壁的压力大小（　　）。

（A）为$\frac{1}{4}mg\cos\theta$　（B）为$\frac{1}{2}mg\tan\theta$　（C）为 $mg\sin\theta$　（D）不能唯一确定

4. 一均质砂轮半径为 R，质量为 m，绕固定轴转动的角速度为 ω。若此时砂轮的动能等于一质量为 m 的自由落体从高度为 h 的位置落至地面时所具有的动能，那么 h 应等于(　　)。

（A）$\frac{1}{2}mR^2\omega^2$　（B）$\frac{R^2\omega^2}{4m}$　（C）$\frac{R\omega^2}{mg}$　（D）$\frac{R^2\omega^2}{4g}$

5. 如图 5-9 所示，一静止的均匀细棒，长为 L、质量为 m_0，可绕通过棒的端点且垂直于棒长的光滑固定轴 O 在水平面内转动，转动惯量为$\frac{1}{3}m_0L^2$。一质量为 m、速率为 v 的子弹在水平面内沿与棒垂直的方向射入并穿出棒的自由端，设穿过棒后子弹的速率为$\frac{1}{2}v$，则此时棒的角速度应为（　　）。

（A）$\frac{mv}{m_0L}$　（B）$\frac{3mv}{2m_0L}$　（C）$\frac{5mv}{3m_0L}$　（D）$\frac{7mv}{4m_0L}$

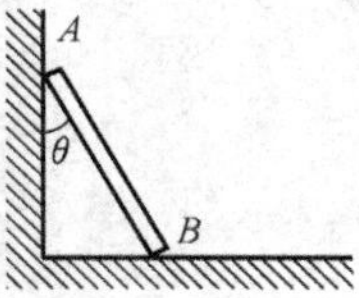

图　5-8

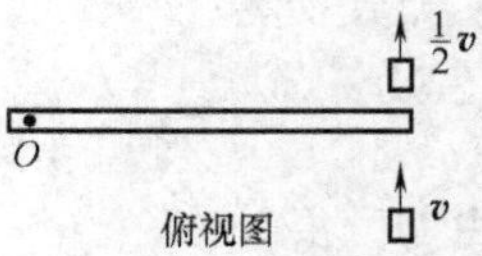

图　5-9

6. 如图 5-10 所示，一匀质细杆可绕通过上端与杆垂直的水平光滑固定轴 O 旋转，初始状态为静止悬挂。现有一个小球自左方水平打击细杆，设小球与细杆之间为非弹性碰撞，则在碰撞过程中对细杆与小球这一系统（　　）。

（A）只有机械能守恒　（B）只有动量守恒

（C）只有对转轴 O 的角动量守恒　（D）机械能、动量和角动量均守恒

7. 一圆盘正绕垂直于盘面的水平光滑固定轴 O 转动，如图 5-11 所示射来两个质量相同、速度大小相同、方向相反并在一条直线上的子弹，子弹同时射入圆盘并且留在盘内，则子弹射入后的瞬间，圆盘的角速度 ω（　　）。

（A）增大　（B）不变　（C）减小　（D）不能确定

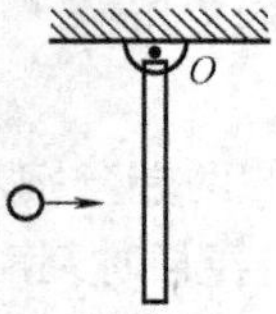

图　5-10

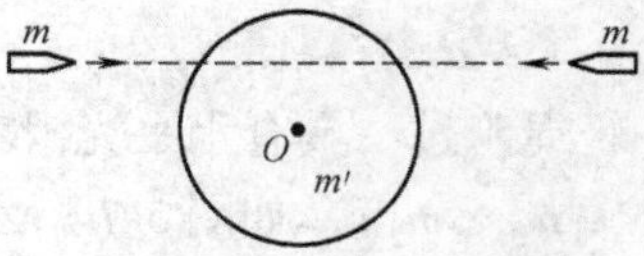

图　5-11

（二）填空题

8. 绕定轴转动的飞轮均匀地减速，$t=0$ 时角速度为 $\omega_0=5\text{rad/s}$，$t=20\text{s}$ 时角速度为 $\omega=0.8\omega_0$，则飞轮的角加速度 $\alpha=$ ________，$t=0$ 到 $t=100\text{s}$ 时间内飞轮所转过的角度 $=$ ________。

9. 一长为 l、质量可以忽略的直杆，可绕通过其一端的水平光滑轴在竖直平面内作定轴转动，在杆的另一端固定着一质量为 m 的小球，如图 5-12 所示。现将杆由水平位置无初转速地释放，则杆刚被释放时的角加速度 $\alpha_0 =$ ________，杆与水平方向夹角为 60°时的角加速度 $\beta =$ ________。

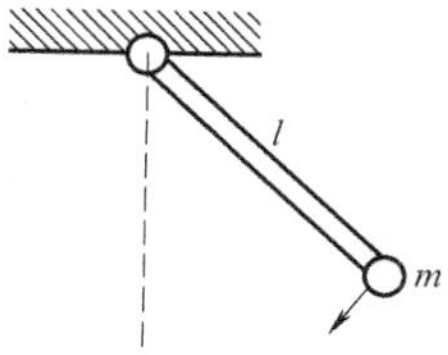

图　5-12

10. 一长为 l、重 W 的均匀梯子，靠墙放置，如图 5-13 所示。梯子下端连一劲度系数为 k 的弹簧，当梯子靠墙竖直放置时，弹簧处于自然长度，墙和地面都是光滑的。当梯子依墙而与地面成 θ 角且处于平衡状态时，

（1）地面对梯子的作用力的大小为________________。

（2）墙对梯子的作用力的大小为________________。

（3）W、k、l、θ 应满足的关系式为________________。

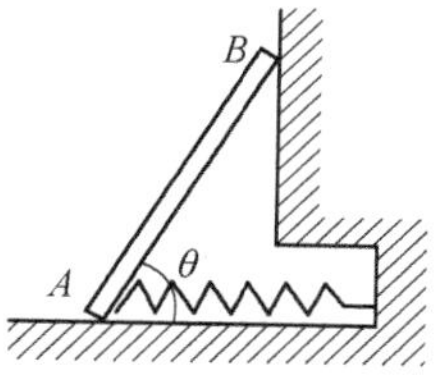

图　5-13

11. 如图 5-14 所示，滑块 A、重物 B 和滑轮 C 的质量分别为 m_A、m_B 和 m_C，滑轮的半径为 R，滑轮对轴的转动惯量 $J = \frac{1}{2}m_C R^2$，滑块 A 与桌面间、滑轮与轴承之间均无摩擦，绳的质量可不计，绳与滑轮之间无相对滑动，则滑块 A 的加速度 $a =$ ________。

12. 质量为 m、长为 l 的棒，可绕通过棒中心且与棒垂直的竖直光滑固定轴 O 在水平面内自由转动（转动惯量 $J = ml^2/12$），如图 5-15 所示。开始时棒静止，现有一子弹，质量也是 m，在水平面内以速度 v_0 垂直射入棒端并嵌在其中，则子弹嵌入后棒的角速度 $\omega =$ ________。

（三）计算题

13. 如图 5-16 所示，长为 L 的梯子斜靠在光滑的墙上高为 h 的地方，梯子和地面间的静摩擦因数为 μ，若梯子的重量忽略，试问人爬到离地面多高的地方，梯子就会滑倒下来？

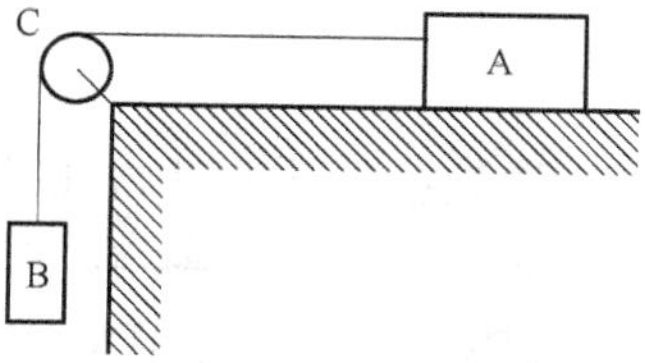

图　5-14

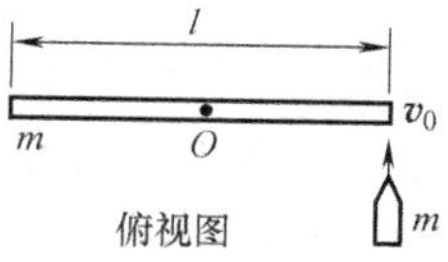

图　5-15

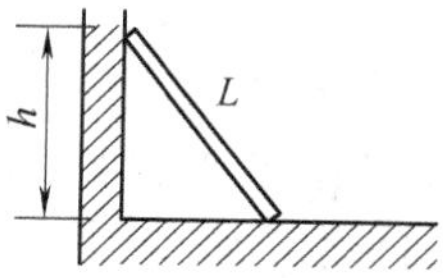

图　5-16

14. 如图 5-17 所示，一半径为 R 的均质小木球固结在一长度为 l 的均质细棒的下端，且可绕水平光滑固定轴 O 转动。今有一质量为 m，速度为 $\boldsymbol{v}_0$ 的子弹，沿着与水平面成 α 角的方向射向球心，且嵌于球心。已知小木球、细棒对通过 O 的水平轴的转动惯量的总和为 J，求子弹嵌入球心后系统的共同角速度。

15. 一转动惯量为 J 的圆盘绕一固定轴转动，起初角速度为 ω_0，设它所受阻力矩与转动角速度成正比，即 $M = -k\omega$（k 为正的常数），求圆盘的角速度从 ω_0 变为 $\frac{1}{2}\omega_0$ 时所需的时间。

16. 在半径为 R 的具有光滑竖直固定中心轴的水平圆盘上，有一人静止站立在距转轴为 $\frac{1}{2}R$ 处，人的质量是圆盘质量的 1/10。开始时盘载人对地以角速度 ω_0 匀速转动，现在此人

垂直圆盘半径相对于盘以速率 v 沿与盘转动相反方向作圆周运动，如图 5-18 所示。已知圆盘对中心轴的转动惯量为 $\frac{1}{2}mR^2$，求：(1) 圆盘对地的角速度。(2) 欲使圆盘对地静止，人应沿着 $\frac{1}{2}R$ 圆周对圆盘运动的速度大小及方向？

17. 质量分别为 m 和 $2m$、半径分别为 r 和 $2r$ 的两个均匀圆盘，同轴地粘在一起，可以绕通过盘心且垂直盘面的水平光滑固定轴转动，对转轴的转动惯量为 $9mr^2/2$，大小圆盘边缘都绕有绳子，绳子下端都挂一质量为 m 的重物，如图 5-19 所示，求盘的角加速度的大小。

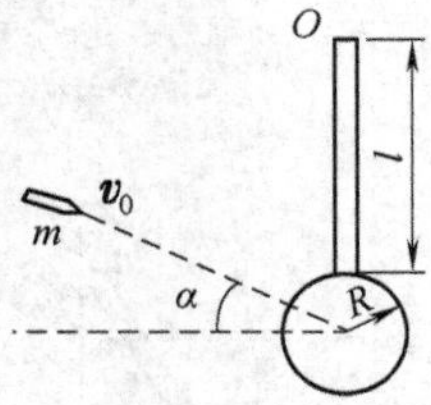

图 5-17

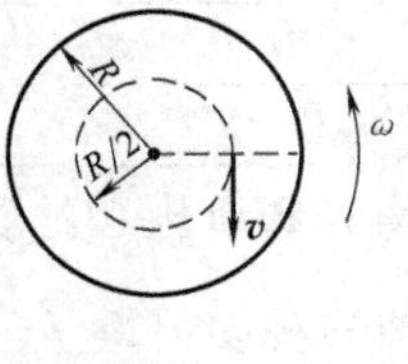

图 5-18

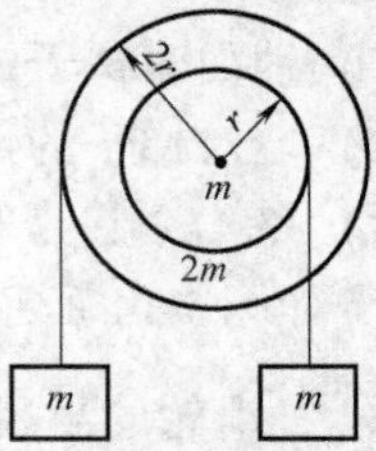

图 5-19

18. 有一质量为 m'、长度为 l 的均匀细棒，其一端固结一个质量也为 m' 的小球，可绕通过另一端且垂直于细棒的水平光滑固定轴自由转动，最初棒自然下垂。现有一质量为 m 的子弹，在垂直于轴的平面内以水平速度 $\boldsymbol{v}$ 射穿小球，子弹穿过小球时速率减为 $\frac{1}{2}v$，要使棒能绕轴作完整的一周转动，子弹入射时的速率至少必须为多大？

七、自测提高

（一）选择题

1. 如图 5-20 所示，A、B 为两个相同的绕着轻绳的定滑轮。A 滑轮挂一质量为 m 的物体，B 滑轮受拉力 $\boldsymbol{F}$，而且 $F=mg$。设 A、B 两滑轮的角加速度分别为 α_A 和 α_B，不计滑轮轴的摩擦，则有（　　）。

(A) $\alpha_A=\alpha_B$　　(B) $\alpha_A>\alpha_B$

(C) $\alpha_A<\alpha_B$　　(D) 开始时 $\alpha_A=\alpha_B$，以后 $\alpha_A<\alpha_B$

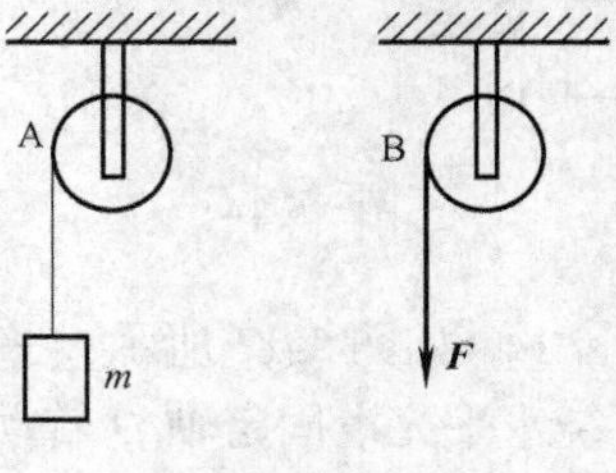

图 5-20

2. 图 5-21a 所示为一绳长为 l、质量为 m 的单摆，图 5-21b 为一长度为 l、质量为 m、能绕水平固定轴 O 自由转动的均质细棒。现将单摆和细棒同时从与竖直线成 θ 角度的位置由静止释放，若运动到竖直位置时，单摆、细棒的角速度分别以 ω_1、ω_2 表示，则（　　）。

(A) $\omega_1=\frac{1}{2}\omega_2$　　(B) $\omega_1=\omega_2$　　(C) $\omega_1=\frac{2}{3}\omega_2$　　(D) $\omega_1=\sqrt{2/3}\omega_2$

3. 如图 5-22 所示，一均匀细杆可绕垂直它而离其一端 $l/4$ (l 为杆长) 的水平固定轴 O 在竖直平面内转动。杆的质量为 m，当杆自由悬挂时，给它一个起始角速度 ω_0，若杆恰能持续转动而不作往复摆动（一切摩擦不计），则需要（　　）。

（A）$\omega_0 \geqslant 4\sqrt{3g/7l}$　（B）$\omega_0 \geqslant 4\sqrt{g/l}$　（C）$\omega_0 \geqslant (4/3)\sqrt{g/l}$　（D）$\omega_0 \geqslant \sqrt{12g/l}$

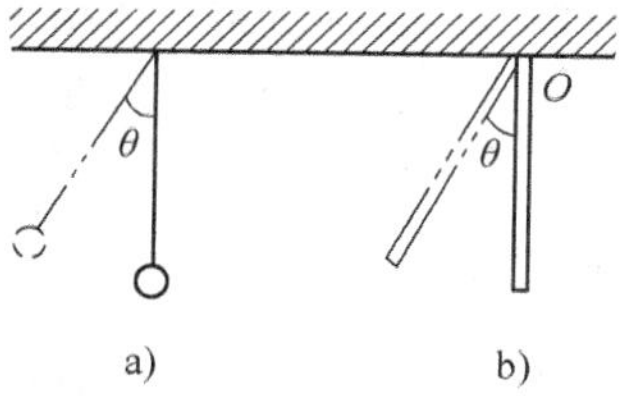

图　5-21

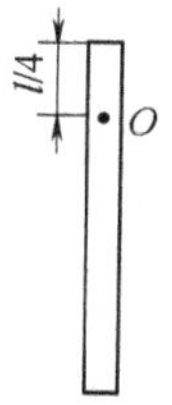

图　5-22

4. 光滑的水平桌面上，有一长为 $2L$、质量为 m 的匀质细杆，可绕过其中点且垂直于杆的竖直光滑固定轴 O 自由转动，其转动惯量为 $\frac{1}{3}mL^2$，起初杆静止。桌面上有两个质量均为 m 的小球，各自在垂直于杆的方向上，正对着杆的一端，以相同速率 v 相向运动，如图 5-23 所示。当两小球同时与杆的两个端点发生完全非弹性碰撞后，就与杆粘在一起转动，则这一系统碰撞后的转动角速度应为（　　）。

（A）$\frac{2v}{3L}$　（B）$\frac{4v}{5L}$　（C）$\frac{6v}{7L}$　（D）$\frac{8v}{9L}$　（E）$\frac{12v}{7L}$

5. 如图 5-24 所示，一水平刚性轻杆，质量不计，杆长 $l=20\text{cm}$，其上穿有两个小球。初始时，两小球相对杆中心 O 对称放置，与 O 的距离 $d=5\text{cm}$，二者之间用细线拉紧。现在让细杆绕通过中心 O 的竖直固定轴作匀角速转动，转速为 ω_0，再烧断细线让两球向杆的两端滑动。不考虑转轴和空气的摩擦，当两球都滑至杆端时，杆的角速度为(　　)

（A）$2\omega_0$　（B）ω_0　（C）$\frac{1}{2}\omega_0$　（D）$\frac{1}{4}\omega_0$

6. 如图 5-25 所示，将一根质量为 m、长为 l 的均匀细杆悬挂于通过其一端的固定光滑水平轴 O 上，今在悬点下方距离 x 处施以水平冲力 $\boldsymbol{F}$，使杆开始摆动，要使在悬点处杆与轴之间不产生水平方向的作用力，则施力 $\boldsymbol{F}$ 的位置 x 应等于（　　）。

（A）$3l/8$　（B）$l/2$　（C）$2l/3$　（D）l

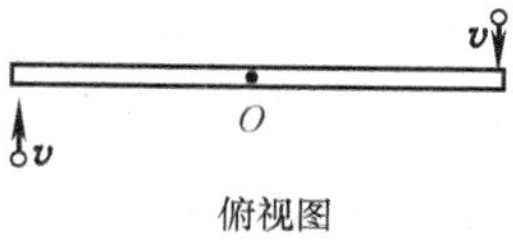

图　5-23

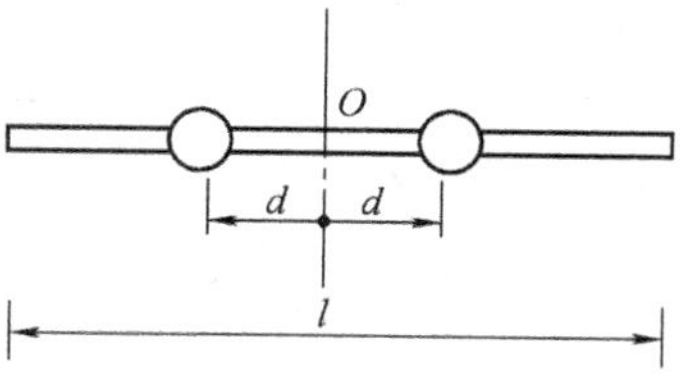

图　5-24

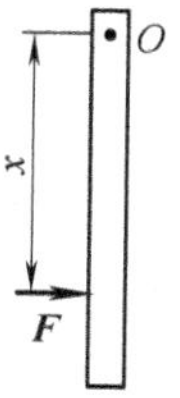

图　5-25

7. 质量为 m 的小孩站在半径为 R 的水平平台边缘上，平台可以绕通过其中心的竖直光滑固定轴自由转动，转动惯量为 J，平台和小孩开始时均静止。当小孩突然以相对于地面为 v 的速率在台边缘沿逆时针转向走动时，则此平台相对地面旋转的角速度和旋转方向分别为（　　）。

（A）$\omega=\frac{mR^2}{J}\left(\frac{v}{R}\right)$，顺时针　（B）$\omega=\frac{mR^2}{J}\left(\frac{v}{R}\right)$，逆时针

（C）$\omega=\frac{mR^2}{J+mR^2}\left(\frac{v}{R}\right)$，顺时针　（D）$\omega=\frac{mR^2}{J+mR^2}\left(\frac{v}{R}\right)$，逆时针

（二）填空题

8. 水平桌面上有一圆盘，质量为 m，半径为 R，装在通过其中心、固定在桌面上的竖直转轴上。在外力作用下，圆盘绕此转轴以角速度 ω_0 转动，在撤去外力后，到圆盘停止转动的过程中，摩擦力对圆盘做的功为＿＿＿＿＿＿。

9. 长为 l、质量为 m' 的均质杆可绕通过杆一端 O 的水平光滑固定轴转动，转动惯量为 $\frac{1}{3}m'l^2$，开始时杆竖直下垂，如图 5-26 所示。有一质量为 m 的子弹以水平速度 $\boldsymbol{v}_0$ 从杆上 A 点射入，并嵌在杆中，$OA=2l/3$，则子弹射入后瞬间杆的角速度 $\omega=$＿＿＿＿＿＿。

10. 转动着的飞轮的转动惯量为 J，在 $t=0$ 时角速度为 ω_0。此后飞轮经历制动过程，阻力矩 M 的大小与角速度 ω 的平方成正比，比例系数为 k（k 为大于 0 的常量）。当 $\omega=\frac{1}{3}\omega_0$ 时，飞轮的角加速度 $\alpha=$＿＿＿＿＿＿。从开始制动到 $\omega=\frac{1}{3}\omega_0$ 所经过的时间 $t=$＿＿＿＿＿＿。

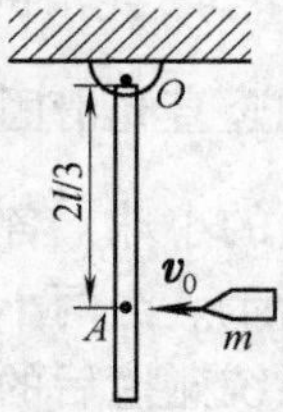

图　5-26

11. 如图 5-27 所示，定滑轮半径为 r，绕垂直纸面轴的转动惯量为 J，弹簧的劲度系数为 k，开始时处于自然长度。斜面上物体的质量为 m'，开始时静止，斜面的倾角为 θ（斜面及滑轮轴处的摩擦可忽略，而绳在滑轮上不打滑）。物体被释放后在沿斜面下滑的过程中，物体、滑轮、绳子、弹簧和地球组成的系统的机械能＿＿＿＿＿＿；物体下滑距离为 x 时的速度值为 $v=$＿＿＿＿＿＿。

12. 一根质量为 m、长为 l 的均匀细杆，可在水平桌面上绕通过其一端的竖直固定轴转动。已知细杆与桌面的滑动摩擦因数为 μ，则杆转动时受的摩擦力矩的大小为＿＿＿＿。

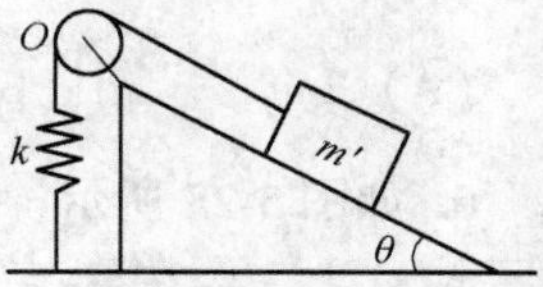

图　5-27

（三）计算题

13. 一定滑轮半径为 0.1m，相对于中心轴的转动惯量为 $1\times10^{-3}\mathrm{kg\cdot m^2}$。一变力 $F=0.5t$（SI）沿切线方向作用在滑轮的边缘上，如果滑轮最初处于静止状态，忽略轴承的摩擦，试求它在 1s 末的角速度。

14. 一轴承光滑的定滑轮，质量为 $m_0=2.00\mathrm{kg}$、半径为 $R=0.100\mathrm{m}$，一根不能伸长的轻绳，一端固定在定滑轮上，另一端系有一质量为 $m=5.00\mathrm{kg}$ 的物体，如图 5-28 所示。已知定滑轮的转动惯量为 $J=\frac{1}{2}m_0R^2$，其初角速度 $\omega_0=10.0\mathrm{rad/s}$，方向垂直纸面向里，求：（1）定滑轮的角加速度的大小和方向；（2）定滑轮的角速度变化到 $\omega=0$ 时，物体上升的高度；（3）当物体回到原来位置时，定滑轮的角速度的大小和方向。

15. 一均质细棒长为 $2L$，质量为 m，当以与棒长方向相垂直的速度 $\boldsymbol{v}_0$ 在光滑水平面内平动时，与前方一固定的光滑支点 O 发生完全非弹性碰撞。碰撞点位于棒中心的一侧 $\frac{1}{2}L$ 处，如图 5-29 所示。求棒在碰撞后的瞬时绕 O 点转动的角速度 ω。

16. 质量为 m'、长为 l 的均匀直棒，可绕垂直于棒的一端的水平固定

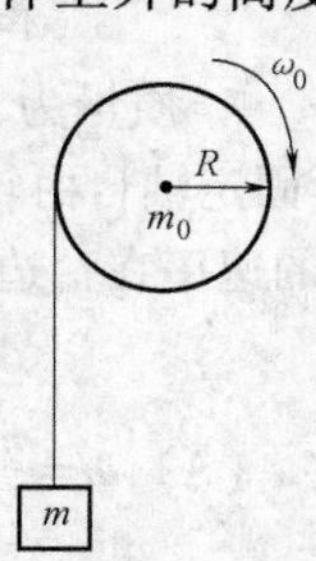

图　5-28

轴 O 无摩擦地转动，转动惯量 $J=\frac{1}{3}m'l^2$。它原来静止在平衡位置上，如图 5-30 所示，图面垂直于 O 轴。现有一质量为 m 的弹性小球在图面内飞来，正好在棒的下端与棒垂直相撞，相撞后使棒从平衡位置摆动到最大角度 $\theta=60°$处。(1) 设碰撞为弹性碰撞，试计算小球刚碰撞前速度的大小 v_0；(2) 相撞时，小球受到多大的冲量？

17. 一质量均匀分布的圆盘，质量为 m_0、半径为 R，放在一粗糙水平面上（圆盘与水平面之间的摩擦因数为 μ），圆盘可绕通过其中心 O 的竖直固定光滑轴转动。开始时，圆盘静止，一质量为 m 的子弹以水平速度 v_0 垂直于圆盘半径打入圆盘边缘并嵌在盘边上，如图 5-31 所示。求：(1) 子弹击中圆盘后，盘所获得的角速度。(2) 经过多少时间后，圆盘停止转动。(忽略子弹重力造成的摩擦阻力矩)

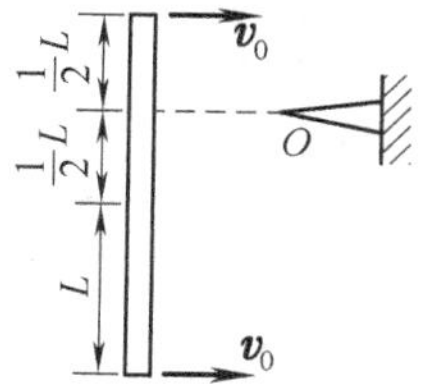

图　5-29

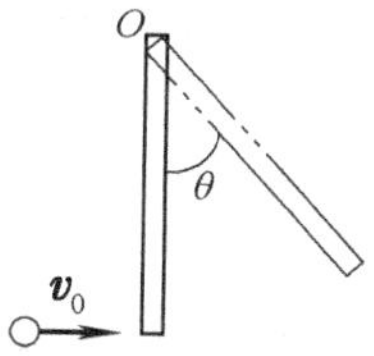

图　5-30

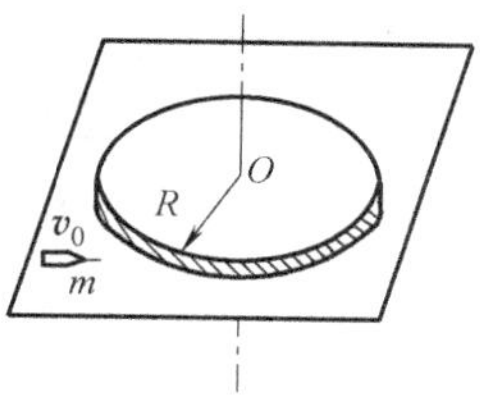

图　5-31

18. 如图 5-32 所示，空心圆环可绕光滑的竖直固定轴 AC 自由转动，转动惯量为 J_0，环的半径为 R，初始时环的角速度为 ω_0。质量为 m 的小球静止在环内最高处 A 点，由于某种微小干扰，小球沿环向下滑动，问小球滑到与环心 O 在同一高度的 B 点和环的最低处的 C 点时，环的角速度及小球相对于环的速度各为多大？(设环的内壁和小球都是光滑的，小球可视为质点，环截面半径 $r \ll R$)

19. 一轻绳绕过一定滑轮，滑轮轴光滑，滑轮的半径为 R，质量为 $m/4$，均匀分布在其边缘上。绳子的 A 端有一质量为 m 的人抓住了绳端，而在绳的另一端 B 系了一质量为 $m/2$ 的重物，如图 5-33 所示。设人从静止开始相对于绳匀速向上爬，绳与滑轮间无相对滑动，求 B 端重物上升的加速度？

20. 一根放在水平光滑桌面上的匀质棒，可绕通过其一端的竖直固定光滑轴 O 转动。棒的质量为 $m=1.5\text{kg}$，长度为 $l=1.0\text{m}$，对轴的转动惯量为 $J=ml^2/3$。初始时棒静止。今有一水平运动的子弹垂直地射入棒的另一端，并留在棒中，如图 5-34 所示。子弹的质量为 $m'=0.020\text{kg}$，速率为 $v=400\text{m}\cdot\text{s}^{-1}$。试问：(1) 棒开始和子弹一起转动时角速度 ω 有多大？(2) 若棒转动时受到大小为 $M_r=4.0\text{N}\cdot\text{m}$ 的恒定阻力矩作用，棒能转过多大的角度 θ？

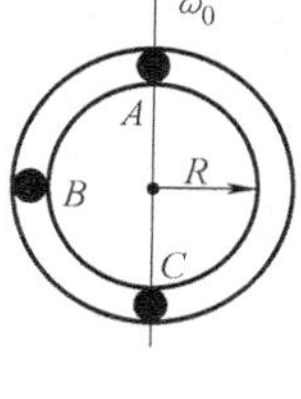

图　5-32

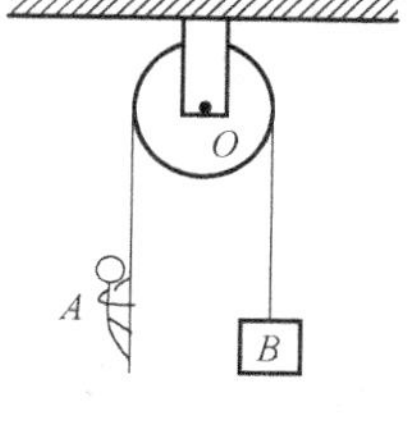

图　5-33

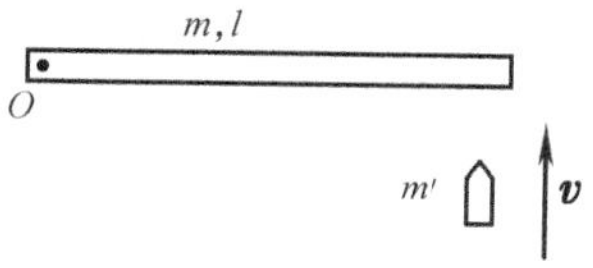

图　5-34

第六章　狭义相对论基础

相对论是近代物理的重要支柱之一。爱因斯坦的狭义相对论提出了新的时空观，建立了高速运动物体所遵循的规律，揭示了时间和空间、质量和能量的内在联系。相对论目前不仅为大量的实验所证实，而且在天体物理、原子核物理和基本粒子等领域中得到了广泛的应用，它已成为现代科学技术不可缺少的理论基础。本章主要介绍狭义相对论的历史背景、实验基础、基本原理、洛仑兹变换以及相对论的时空观、质量和能量的关系，最后介绍狭义相对论的动力学基础。

一、知识框架

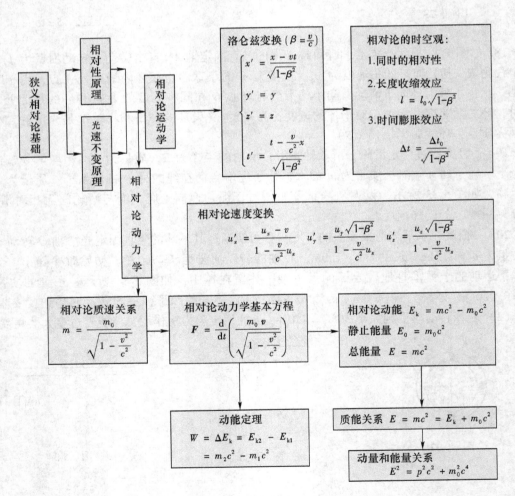

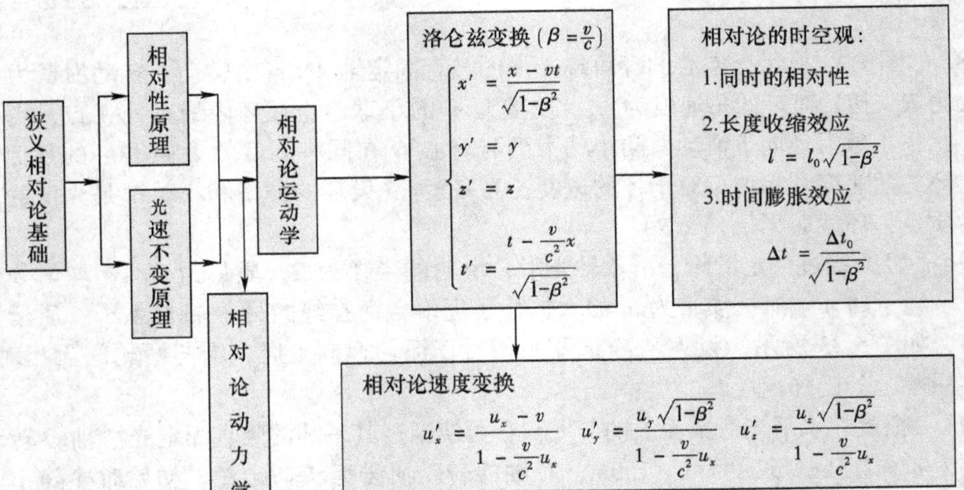

二、知识要点

1. 经典力学时空观

1）时间间隔的测量是绝对的，即两事件的时间间隔在不同的惯性系中是相同的。

2）空间间隔的测量是绝对的，即两点的空间间隔在不同的惯性系中是相同的。

3）伽利略相对性原理：力学规律对一切惯性系都是等价的。

2. 狭义相对论的两条基本原理

（1）相对性原理

物理学定律在所有惯性系中都是相同的。

（2）光速不变原理

在所有的惯性参照系中，真空中的光速具有相同的量值 c。

3. 相对论洛仑兹变换和速度变换

设 K′系相对于 K 系以速度 v 沿 x 轴正方向作匀速直线运动，两参考系的 y 与 y'、z 与 z' 轴平行，x 与 x'轴重合，$t=t'=0$ 时，两参考系的原点 O、O'重合。

（1）洛仑兹变换

正变换⟷逆变换

$$\begin{cases} x' = \dfrac{x - vt}{\sqrt{1-\beta^2}} \\ y' = y \\ z' = z \\ t' = \dfrac{t - \dfrac{v}{c^2}x}{\sqrt{1-\beta^2}} \end{cases} \quad \xleftrightarrow[\text{“}x\text{”}\leftrightarrow\text{“}x'\text{”}\ \text{“}y\text{”}\leftrightarrow\text{“}y'\text{”}\ \text{“}z\text{”}\leftrightarrow\text{“}z'\text{”}\ \text{“}t\text{”}\leftrightarrow\text{“}t'\text{”}]{\text{“}v\text{”}\leftrightarrow\text{“}-v\text{”}} \quad \begin{cases} x = \dfrac{x' + vt'}{\sqrt{1-\beta^2}} \\ y = y' \\ z = z' \\ t = \dfrac{t' + \dfrac{v}{c^2}x'}{\sqrt{1-\beta^2}} \end{cases}$$

式中，$\beta=\dfrac{v}{c}$，且 $v<c$，说明光速是一切物质运动的极限速率。

（2）速度变换

正变换⟷逆变换

$$\begin{cases} u'_x = \dfrac{u_x - v}{1-\dfrac{v}{c^2}u_x} \\ u'_y = \dfrac{u_y\sqrt{1-\beta^2}}{1-\dfrac{v}{c^2}u_x} \\ u'_z = \dfrac{u_z\sqrt{1-\beta^2}}{1-\dfrac{v}{c^2}u_x} \end{cases} \quad \xleftrightarrow[\text{“}u_x\text{”}\leftrightarrow\text{“}u'_x\text{”}\ \text{“}u_y\text{”}\leftrightarrow\text{“}u'_y\text{”}\ \text{“}u_z\text{”}\leftrightarrow\text{“}u'_z\text{”}]{\text{“}v\text{”}\leftrightarrow\text{“}-v\text{”}} \quad \begin{cases} u_x = \dfrac{u'_x + v}{1+\dfrac{v}{c^2}u'_x} \\ u_y = \dfrac{u'_y\sqrt{1-\beta^2}}{1+\dfrac{v}{c^2}u'_x} \\ u_z = \dfrac{u'_z\sqrt{1-\beta^2}}{1+\dfrac{v}{c^2}u'_x} \end{cases}$$

4. 狭义相对论的时空观

（1）同时的相对性

对于两相对运动的惯性系，如在其中一惯性系中测量到两事件在不同地点同时发生，则在另一惯性系中测量该两事件并不一定同时发生，且是处于前一惯性系运动方向后方的事件先发生。

（2）长度收缩效应

$$l = l_0 \sqrt{1 - \beta^2}$$

相对于物体静止的参考系中测得的物体长度最长，称为固有长度，用 l_0 表示，$\beta = v/c$。运动物体的长度会发生收缩，且收缩只在运动方向上发生。

（3）时间膨胀效应

$$\Delta t = \frac{\Delta t_0}{\sqrt{1 - \beta^2}}$$

相对于事件静止的参考系中测得的事件持续的时间最短，称为固有时间，用 Δt_0 表示。运动事件持续的时间会膨胀。

5. 狭义相对论的动力学基础

（1）相对论中的质量

$$m = \frac{m_0}{\sqrt{1 - \frac{v^2}{c^2}}}$$

物体的质量将随运动速度而改变，m_0 为静止质量。

（2）相对论的动量

$$\boldsymbol{p} = \frac{m_0 \boldsymbol{v}}{\sqrt{1 - \frac{v^2}{c^2}}}$$

（3）相对论动力学方程

$$\boldsymbol{F} = \frac{\mathrm{d}}{\mathrm{d}t}\left(\frac{m_0 \boldsymbol{v}}{\sqrt{1 - \frac{v^2}{c^2}}}\right)$$

（4）相对论中的动能、质能关系

1）动能

$$E_\mathrm{k} = mc^2 - m_0 c^2$$

式中，$m_0 c^2$——物体的静止能量 E_0，mc^2——运动物体的总能量 E。

当 $v \ll c$ 时　　$E_\mathrm{k} = \frac{1}{2} m_0 v^2$

2）质能关系式　　$\Delta E = \Delta m c^2$

3）能量和动量的关系　　$E^2 = p^2 c^2 + E_0^2$

4）动能定理　　$A = \Delta E_\mathrm{k} = m_2 c^2 - m_1 c^2$

三、概念辨析

1. 伽利略相对性原理与狭义相对论的相对性原理有何相同之处？有何不同之处？

【答】 二者相同之处在于都认为，对于力学规律，一切惯性系都是等价的，即无法用力学实验证明一个惯性系是静止的还是作匀速直线运动。所不同之处在于伽利略相对性原理仅限于力学规律，而狭义相对论的相对性原理则指出，对于所有的物理规律（不仅仅是力学），一切惯性系都是等价的。

2. 如何理解长度收缩效应？

【答】 爱因斯坦根据狭义相对论的两条基本原理，引入了洛仑兹坐标变换，建立了相对论关于时间、空间和物质运动三者紧密联系的新观念，时间和空间不再是绝对的，而是相对的，它们会因为参考系的选择而有所不同。若在一个与物体相对静止的参考系中测得物体的长度为 l_0，在另一个相对于物体以速度 v 运动的参考系中，测得该物体的长度为 $l=l_0\sqrt{1-\left(\frac{v}{c}\right)^2}$；我们把 l_0 称为固有长度，把 l 称为运动长度；因 $l<l_0$，说明运动物体的长度会缩短，故称为长度收缩效应。

长度缩短是纯粹的相对论效应，并非物体值发生了形变或者发生了结构性质的变化，只是在不同的参考系测量同一物体具有不同的长度而已，与测量方法、量具的精度无关；也不是由测量误差引起的，而正是时间、空间和物质运动三者紧密联系的具体体现。另外还需注意，长度收缩只发生在物体运动方向上。

3. 何谓同时的相对性？与长度收缩效应相关吗？

【答】 爱因斯坦认为：时间的量度是相对的！在一个参考系中同时发生的两件事，在其他参考系中并不一定是同时发生，这就是同时的相对性。同时的相对性是光速不变原理的必然结果，是相对论时空观的精髓。

设想有两把固有长度相同的米尺 A_1A_2 和 B_1B_2，如图 6-1 所示，与地面平行，沿尺长度方向以相同的速率 v 匀速地相向而行。试问在地面参考系、A 尺参考系和 B 尺参考系中测量到的两尺左、右端重合的先后顺序是怎样的？

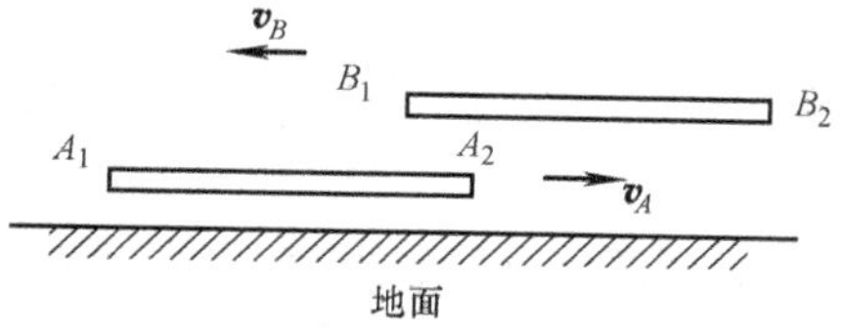

图 6-1

结论：

（1）在地面参考系，测得 A 尺、B 尺长度均缩短了，缩短的长度一样，所以结果两尺左、右端同时重合。

（2）在 A 尺参考系测得 B 尺长度缩短了，所以右端 A_2 与 B_2 先重合，左端 A_1 与 B_1 后重合。

（3）在 B 尺参考系测得 A 尺长度缩短了，所以左端 A_1 与 B_1 先重合，右端 A_2 与 B_2 后重合。

可见在一个参考系（地面）中同时发生的两件事，在其他参考系（A、B）中并非同时发生，同时是相对的；并且，由于相对地面参考系的运动方向相反，先后顺序也相反；同时的相对性与长度收缩效应是密切相关的。

4. 不同参考系测量的两个事件的时序会颠倒，因果关系是否会变化？

【答】 因果律是客观规律，对于有因果关系的两个事件，它们的时间顺序，在任何惯性系中观察，都是不应该颠倒的。所谓 A、B 两事件有因果关系，即 B 事件是由 A 事件引起的。如以某人手中的杯子脱手为 A 事件，以杯子在地面摔碎为 B 事件，B 事件是由 A 事件引起的，必然是由 A 事件发出一个“信号”，杯子传递了一种“作用”，使“信号”在 t_1 时刻到 t_2 时刻这段时间内，从 x_1 处到达 x_2 处，引发了 B 事件，因而“信号”速度是 $v_s=\frac{x_2-x_1}{t_2-t_1}$。

“信号”速度是物质运动的速度，故 $v_s \leqslant c$，利用洛仑兹坐标变换得到在另一参考系中测量到的时间间隔为

$$t_2' - t_1' = \frac{t_2 - t_1}{\sqrt{1 - u^2/c^2}}\left[1 - \frac{u(x_2 - x_1)}{c^2(t_2 - t_1)}\right] = \frac{t_2 - t_1}{\sqrt{1 - u^2/c^2}}\left[1 - \frac{u}{c^2}v_s\right]$$

由于 $u < c$，$v_s \leqslant c$ 故（$t_2' - t_1'$）和（$t_2 - t_1$）同号，说明变换后结果依然是 A 事件先发生，即在任何惯性系中观察，有因果关系的时间顺序不会颠倒。狭义相对论是合乎因果律的，不会因为相对论效应改变客观事件的因果规律。相对论不是“怪物”，它是反映客观规律的正确理论。

5. 经典力学的动能定理和相对论力学的动能定理有什么相同和不同之处？

【答】 两者的相同之处在于都认为动能是物体因运动而具有的能量，而且都认为合外力对物体所做的功等于物体动能的增量，即 $A = \Delta E_k$。不同之处在于经典力学中的动能为 $E_k = \frac{1}{2}mv^2$，其中质量 m 是常量；相对论力学中的动能为 $E_k = mc^2 - m_0c^2$，其中 m_0 是物体静止时的质量，m 是物体的运动质量，是随其运动速度变化的量。$E_0 = m_0c^2$ 称为静止能量，$E = mc^2$ 称为相对论总能量，由此可见，相对论认为物体的动能是其总能量与静止能量之差。当物体的运动速度 $v \ll c$ 时，相对论中动能表达式退化为经典力学的动能表示式。

6. 如何理解物体的静止能量？

【答】 在相对论中，$E_0 = m_0c^2$ 称为静止能量，物体的静止能量实际上就是它的总内能，其中包含：分子热运动的动能、分子间相互作用的势能、使原子与原子结合在一起的化学能、原子内部使原子核和核外电子结合在一起的电磁能、原子核内使质子与中子结合在一起的结合能以及质子、中子本身的结合能等。

四、方法点拨

1. 用洛仑兹变换和速度变换解题的方法

先设定 K 与 K′参考系，K′系相对于 K 系以速度变换 v 沿 x 轴正方向作匀速直线运动，明确题中已知量和待求量所属的参考系，再选择相应的坐标或速度变换式进行求解，参见例题 6-1 和例题 6-2。若求解的是光速，则无须计算，根据光速不变原理就可以知道一定是（真空中）c。

2. 固有长度、固有时间的判断

若要用长度收缩和时间膨胀效应来解题，则首先应该确定哪个是固有长度和哪个是固有时间，所谓固有长度就是在与物体相对静止的参考系中测量到的该物体的长度，也可以说是物体相对静止时测量该物体的长度，如在飞船参考系中测量飞船的长度即为固有长度。固有长度是最长的，在其他参考系中测量该物体的长度可用长度收缩效应来求解，参见例题 6-2。在用长度收缩效应解题时还需注意的是收缩只在运动方向上发生，与运动方向垂直的方向上没有长度收缩效应。固有时间就是在与事件发生地相对静止的参考系中测量到的事件的持续时间，即事件从开始一直到结束在该参考系中的位置始终保持不变，如在飞船参考系中测量到的飞船从地球飞到空间站的时间即为固有时间。固有时间最短，在其他参考系中测量该事件的持续时间可用时间膨胀效应来求解，参见例题 6-5。

3. 碰撞问题

在相对论中，碰撞系统必定满足能量守恒和动量守恒。能量 $E=mc^2$，包括动能和静能，也称总能量。式中的质量是运动质量，$m=\dfrac{m_0}{\sqrt{1-v^2/c^2}}$，随速度而变化；动量 $\boldsymbol{p}=m\boldsymbol{v}$，式中的质量也是运动质量。需要特别注意的是动量是矢量，动量守恒关系式是矢量式。对于对心碰撞，因为碰撞前后的速度都在同一直线上，可不必用矢量表示，只要设定一个正方向即可，参见例题6-8；对于非对心碰撞，必须用矢量表示。如用光量子理论解释康普顿效应时，其中的动量守恒关系式为$\dfrac{h\nu_0}{c}\boldsymbol{e}_0=\dfrac{h\nu}{c}\boldsymbol{e}+m\boldsymbol{v}$，求解时可以运用正交分量式或采用矢量三角形法则转化为标量运算，参见例题6-9。

4. 相对论的动能

在相对论中，动能定理 $A=\Delta E_{\mathrm{k}}$ 依然成立，在求功和动能时，必须记住相对论中物体的动能为 $E_{\mathrm{k}}=mc^2-m_0c^2$，只有在物体运动速度远小于光速时，才过渡到经典情况，即 $E_{\mathrm{k}}=mc^2-m_0c^2\approx\dfrac{1}{2}mv^2$。

五、例题精解

例题6-1　短跑选手博尔特，在北京鸟巢田径场上以9.69s时间跑完100m，在速度为0.98c的同向飞行的飞船中观察者观察，博尔特跑了多少时间和多长距离？

【提示】　起跑位置和终点位置不在同一地点，所以，在地球参考系测量的选手跑步的时间并不是固有时，因此不能套用时间膨胀公式。而在飞船上测量跑道的长度与测量短跑选手跑了多长距离是两个不同的概念，所以也不能套用长度收缩公式，只能用洛仑兹变换。在图6-3中，飞船相对于地面向右运动，设地面为K系，飞船为K′系，求解的是在K′系中的值，故选择正变换。

【解】　取地面为K系，飞船为K′系，如图6-2所示，则

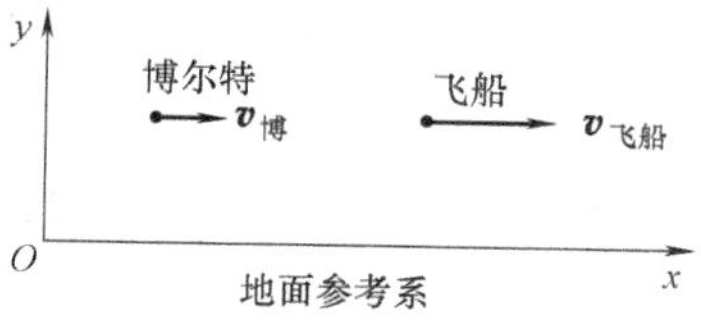

图　6-2

$$v=v_{飞船}=0.98c$$

由

$$x'=\frac{x-vt}{\sqrt{1-\dfrac{v^2}{c^2}}}、t'=\frac{t-\dfrac{v}{c^2}x}{\sqrt{1-\dfrac{v^2}{c^2}}}$$

得

$$\Delta x'=\frac{\Delta x-v\Delta t}{\sqrt{1-\dfrac{v^2}{c^2}}},\quad \Delta t'=\frac{\Delta t-\dfrac{v}{c^2}\Delta x}{\sqrt{1-\dfrac{v^2}{c^2}}}$$

其中，$\Delta x=100\mathrm{m}$，$\Delta t=9.69\mathrm{s}$，故可解得

$$\Delta x'=-1.43160601519\times10^{10}\mathrm{m},\quad \Delta t'=48.64\mathrm{s}$$

【常见错误】　直接套用长度收缩、时间膨胀公式，解得

$$\Delta t = \frac{\Delta t_0}{\sqrt{1-\frac{v^2}{c^2}}} = 48.64\text{s},\ l = l_0 \times \sqrt{1-\frac{v^2}{c^2}} = 19.9\text{m}$$

l 实际为飞船上测量跑道的长度。

例题 6-2　两艘飞船相向运动，它们相对于地面的速率都是 v。在 A 船中有一把米尺，米尺顺着飞船的运动方向放置，问 B 船中的观察者测得该米尺的长度是多少？

【提示】　米尺放置在 A 船中，那在 A 船上测量的是米尺的是固有长度，B 船中的测得该米尺的长度将收缩，具体长度由 A 船相对于 B 船的速度决定。因求解的是在 B 船中的观察的结果，可设 B 船为一个参考系。在图 6-3 中，B 船相对于地面向左运动，设地面为 K 系，B 船为 K′系，A 船为研究对象。

【解】　设地面为 K 系，B 船为 K′系，A 船为研究对象。

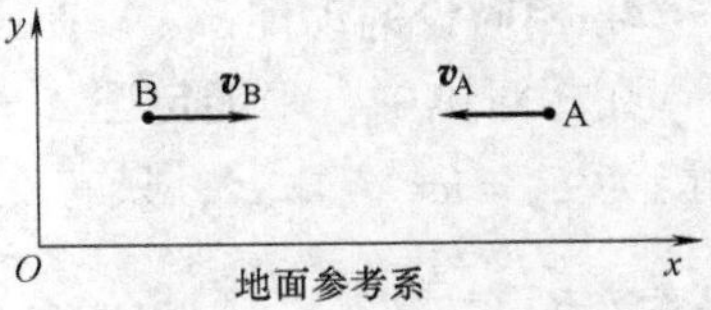

图　6-3

运用速度变换公式，得 B 船中测得 A 船的速度 v_A' 为

$$v_A' = \frac{-v-v}{1-\frac{v}{c^2}(-v)} = \frac{-2v}{1+\frac{v^2}{c^2}}$$

则长度将收缩，即

$$l = l_0 \times \sqrt{1-\frac{v_A'^2}{c^2}} = \frac{c^2-v^2}{c^2+v^2} l_0$$

【常见错误】　在地面上测得米尺长 $l = l_0 \times \sqrt{1-\frac{v^2}{c^2}}$，并错误地将此作为固有长度，在 B 船上测得米尺长 $l' = l \times \sqrt{1-\frac{v^2}{c^2}} = l_0\left(1-\frac{v^2}{c^2}\right)$。

例题 6-3　在 O 参考系中，有一个静止的正方形，其面积为 100cm^2。观测者 O' 以 $0.8c$ 的匀速度沿正方形的对角线运动，求 O' 所测得的该图形的面积。

【提示】　运动物体的长度将发生收缩，但收缩仅仅在运动方向发生，与运动方向垂直的长度不变。

【解】　与运动方向垂直的对角线长度不变，即

$$d = 10\sqrt{2}\text{cm}$$

沿运动方向的对角线长度将收缩，即

$$d' = 10\sqrt{2}\sqrt{1-\frac{v^2}{c^2}} = 6\sqrt{2}\text{cm}$$

O' 看该图形为菱形，面积

$$S = \frac{1}{2}dd' = 60\text{cm}^2$$

【常见错误】　认为运动物体各方向的长度都会收缩，正方形边长 $l_0 = 10\text{cm}$，长度将收缩为 $l = l_0 \times \sqrt{1-\frac{v^2}{c^2}} = 6\text{cm}$，所以 $S = l^2 = 36\text{cm}^2$。

例题 6-4　半人马星座 α 星是距离太阳系最近的恒星，它距离地球 $s=4.3\times10^{16}$m。设有一宇宙飞船自地球飞到半人马星座 α 星，若宇宙飞船相对于地球的速度为 $v=0.999c$，按地球上的时钟计算要用多少年时间？如以飞船上的时钟计算，所需时间又为多少年？

【提示】　本题所给数据均以地球为参考系，故从地球上看不牵涉参考系变换。在地球上测量的 α 星与地球间的距离在地球上看当然是固有长度。

【解】　在地球上测量，飞行时间

$$\Delta t=\frac{s}{v}=\frac{4.3\times10^{16}}{0.999c}=1.44\times10^{8}\mathrm{s}$$

在飞船上测量，α 星与地球间的距离将收缩为

$$l=s\times\sqrt{1-\frac{v^2}{c^2}}$$

则飞行时间
$$\Delta t_0=\frac{l}{v}=\frac{S}{v}\sqrt{1-\frac{v^2}{c^2}}=\Delta t\times\sqrt{1-\frac{v^2}{c^2}}=6.44\times10^{6}\mathrm{s}$$

（另解：在飞船上测量，飞船飞行时间是固有时，即 $\Delta t_0=\Delta t\times\sqrt{1-\frac{v^2}{c^2}}=6.44\times10^{6}\mathrm{s}$）

【常见错误】　将地球上测量的飞船飞行时间认为是固有时，得到以下结果。

在地球上测量，得

$$\Delta t_0=\frac{s}{v}=\frac{4.3\times10^{16}}{0.999c}=1.44\times10^{8}\mathrm{s}$$

在飞船上测量，得

$$\Delta t=\frac{\Delta t_0}{\sqrt{1-\frac{v^2}{c^2}}}=3.22\times10^{9}\mathrm{s}$$

例题 6-5　离地面 8000m 的高空大气层中，产生一 π 介子以速度 $v=0.998c$ 飞向地球。假定 π 介子在自身参考系中的平均寿命为 2×10^{-6}s，根据相对论理论，试问：

（1）地球上的观察者判断 π 介子能否到达地球？

（2）与 π 介子一起运动的参考系中的观察者的判断结果又如何？

【提示】　正确判断固有时间和固有长度。

【解】　（1）π 介子在自身参考系中的平均寿命 $\tau_0=2\times10^{-6}$s 为固有时间。在地球上的观察者看来，因时间膨胀效应 π 介子的寿命为

$$\tau=\frac{\tau_0}{\sqrt{1-\frac{v^2}{c^2}}}=31.6\times10^{-6}\mathrm{s}$$

π 介子一生中可飞行距离为

$$l=v\tau\approx9460\mathrm{m}>8000\mathrm{m}$$

故判断结果：π 介子能达到地球。

（2）在随 π 介子一起运动的参考系中，π 介子是静止的，地球以速率 v 接近 π 介子。π 介子产生处到地面的距离是在地球参考系中测得的，由于空间收缩效应，在 π 介子参考系中，这段距离应为

$$s = s_0 \times \sqrt{1 - \frac{v^2}{c^2}} = 506\text{m}$$

在 π 介子一生中，地球的行程为

$$s = v\tau_0 = 599\text{m} > 506\text{m}$$

故判断结果：π 介子也能到达地球。

实际上，π 介子能否到达地球，这是客观事实，不会因为参考系的不同而改变。

【常见错误】 没有考虑空间收缩效应，仅用 π 介子的速度和固有时间给出其一生行程 l，由于

$$l = v\tau_0 \approx 599\text{m} < 8000\text{m}$$

从而导致判断错误。

例题 6-6 如图 6-4 所示。一列长度为 L_0 的列车以 $u = 0.8c$ 的速度通过站台。若列车首尾各置已校准的钟 A'、B'，当 A'钟与站台上 A 钟对齐时，二者同指零点。问：当 B'钟与 A 钟对齐时，二者各指示几点？

【解】 在站台上测得运动列车的长度将收缩为

$$L = L_0 \times \sqrt{1 - \frac{u^2}{c^2}} = 0.6L_0$$

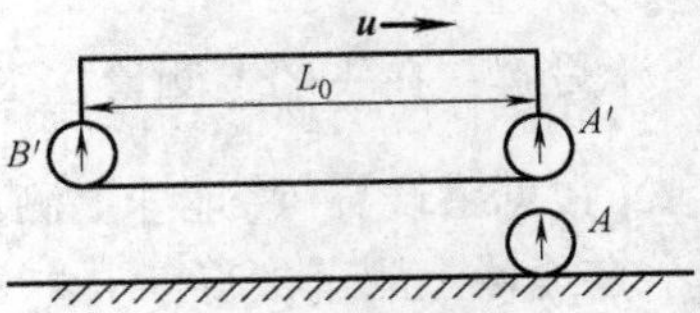

图 6-4

因此，当 B'钟与 A 钟对齐时，A 钟指示

$$t = \frac{L}{u} = \frac{0.6L_0}{0.8c} = \frac{0.75L_0}{c}$$

在车上的观察者看来，A 钟以速率 u 相对运动，它从 A'到 B'经过距离为 L_0，所以，当 B'与 A 对齐时，B'钟指示

$$t' = \frac{L_0}{u} = \frac{L_0}{0.8c} = \frac{1.25L_0}{c}$$

例题 6-7 已知一立方体的密度为 ρ_0，当它沿一条边方向以 v 高速运动时，求它的密度。

【提示】 计算密度既要考虑体积的收缩，又要考虑质量的改变。

【解】 运动物体的长度将收缩，但收缩只在运动方向上（题设为 x 轴方向）发生，则

$$l_x = l_0\sqrt{1-\beta^2},\ l_y = l_z = l_0$$

又运动物体的质量将随速度而改变，即

$$m = \frac{m_0}{\sqrt{1 - \frac{v^2}{c^2}}}$$

故运动物体的密度

$$\rho = \frac{m}{v} = \frac{m}{l_x l_y l_z} = \frac{m_0}{l_0^3\left(1 - \frac{v^2}{c^2}\right)} = \frac{\rho_0}{1 - \frac{v^2}{c^2}}$$

【常见错误】 考虑了长度收缩、忘记了质量将随速度而改变，导致计算错误，即

$$\rho = \frac{m_0}{l_x l_y l_z} = \frac{m_0}{l_0^3\sqrt{1 - \frac{v^2}{c^2}}} = \frac{\rho_0}{\sqrt{1 - \frac{v^2}{c^2}}}$$

例题 6-8　在惯性系中，有两个静止质量都是 m_0 的粒子 A 和 B，若粒子 A 静止，粒子 B 以 $6m_0c^2$ 的动能向 A 运动，碰撞后合成为一个粒子，求这个粒子的静止质量 m_0'。

【提示】　相对论中粒子碰撞问题同时满足能量守恒和动量守恒。

【解】　设合成为一个粒子的质量为 m'、速度为 v，则

粒子 B 的能量
$$E_B = E_{B0} + E_{Bk} = 7m_0c^2$$
由能量守恒得
$$E = E_A + E_B = 8m_0c^2 = m'c^2$$
由动量守恒得
$$p = p_A + p_B = p_B = m'v$$
据能量和动量的关系
$$E_B^2 = p_B^2c^2 + m_0^2c^4$$
则
$$p_B^2 = 48m_0^2c^2$$
即
$$v^2 = \frac{p_B^2}{m'^2} = \frac{48m_0^2c^2}{64m_0^2} = \frac{3}{4}c^2$$
所以
$$m_0' = m'\sqrt{1-\frac{v^2}{c^2}} = 4m_0$$

例题 6-9　一能量为 $h\nu_0$、动量为 $\frac{h\nu_0}{c}$ 的光子，与一个静止的质量为 m_0 的电子作弹性碰撞，散射光子的能量变为 $h\nu$、动量变为 $\frac{h\nu}{c}$。求光子的散射角 φ 所满足的关系。

【提示】　碰撞系统满足能量守恒和动量守恒。需要特别注意的是动量是矢量、动量守恒关系式是矢量式。

【解】　设 $\boldsymbol{e}_0$ 和 $\boldsymbol{e}$ 表示光子碰撞前后运动方向的单位矢量，光子的散射角为 φ，作碰撞矢量图如图 6-5 所示。

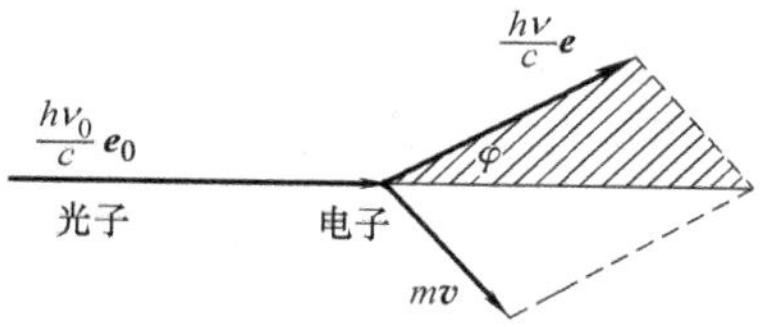

图　6-5

该碰撞满足能量守恒和动量守恒，即
$$h\nu_0 + m_0c^2 = h\nu + mc^2 \quad ①$$
$$\frac{h\nu_0}{c}\boldsymbol{e}_0 = \frac{h\nu}{c}\boldsymbol{e} + m\boldsymbol{v} \quad ②$$
由式①得
$$mc^2 = h(\nu_0 - \nu) + m_0c^2 \quad ③$$
根据余弦定理，有
$$(mv)^2 = \left(\frac{h\nu_0}{c}\right)^2 + \left(\frac{h\nu}{c}\right)^2 - 2\frac{h\nu_0}{c}\frac{h\nu}{c}\cos\varphi \quad ④$$
将式③平方再减去（式④ $\times c^2$）得
$$m^2c^4\left(1-\frac{v^2}{c^2}\right) = m_0^2c^4 - 2h^2\nu_0\nu(1-\cos\varphi) + 2m_0c^2h(\nu_0-\nu)$$
整理得
$$\frac{c}{\nu} - \frac{c}{\nu_0} = \frac{h}{m_0c}(1-\cos\varphi)$$

六、基础训练

(一) 选择题

1. 宇宙飞船相对于地面以速度 v 作匀速直线飞行，某一时刻飞船头部的宇航员向飞船尾部发出一个光信号，经过 Δt（飞船上的钟）时间后被尾部的接收器收到，则由此可知飞船的固有长度为（　　）。(c 表示真空中光速)

(A) $c \cdot \Delta t$　　(B) $v \cdot \Delta t$　　(C) $\dfrac{c \cdot \Delta t}{\sqrt{1-(v/c)^2}}$　　(D) $c \cdot \Delta t \cdot \sqrt{1-(v/c)^2}$

2. 在某地发生两件事，静止于该地的甲测得时间间隔为 4s，若相对于甲作匀速直线运动的乙测得时间间隔为 5s，则乙相对于甲的运动速度是（　　）。(c 表示真空中光速)

(A) $(4/5)c$　　(B) $(3/5)c$　　(C) $(2/5)c$　　(D) $(1/5)c$

3. K 系与 K′系是坐标轴相互平行的两个惯性系，K′系相对于 K 系沿 Ox 轴正方向匀速运动。一根刚性尺静止在 K′系中，与 $O'x'$轴成 30°角，今在 K 系中观测得该尺与 Ox 轴成 45°角，则 K′系相对于 K 系的速度是（　　）。

(A) $(2/3)c$　　(B) $(1/3)c$　　(C) $(2/3)^{1/2}c$　　(D) $(1/3)^{1/2}c$

4. 一火箭的固有长度为 L，相对于地面作匀速直线运动的速度为 v_1，火箭上有一个人从火箭的后端向火箭前端上的一个靶子发射一颗相对于火箭的速度为 v_2 的子弹。在火箭上测得子弹从射出到击中靶的时间间隔是（c 表示真空中光速）（　　）。

(A) $\dfrac{L}{v_1+v_2}$　　(B) $\dfrac{L}{v_2}$　　(C) $\dfrac{L}{v_2-v_1}$　　(D) $\dfrac{L}{v_1\sqrt{1-(v_1/c)^2}}$

5. 根据相对论力学，动能为 0.25MeV 的电子，其运动速度约等于（　　）。

(A) $0.1c$　　(B) $0.5c$　　(C) $0.75c$　　(D) $0.85c$

(二) 填空题

6. 在惯性系中，两个光子火箭（以光速 c 运动的火箭）相向运动时，一个火箭对另一个火箭的相对运动速率为________。

7. 一门宽为 a，今有一固有长度为 l_0（$l_0>a$）的水平细杆，在门外贴近门的平面内沿其长度方向匀速运动，若站在门外的观察者认为此杆的两端可同时被拉进此门，则该杆相对于门的运动速率 u 至少为________。

8. 一电子以 $0.99c$ 的速率运动（电子静止质量为 9.11×10^{-31}kg），则电子的总能量是____________J，电子的经典力学的动能与相对论动能之比是____________。

(三) 计算题

9. 在 O 参考系中，有一个静止的正方形，其面积为 900cm^2。观测者 O'以 $0.8c$ 的匀速度沿正方形的一条边运动，求 O'所测得的该图形的面积。

10. 两只飞船相向运动，它们相对于地面的速率是 v。在飞船 A 中有一边长为 a 的正方形，飞船 A 沿正方形的一条边飞行，问飞船 B 中的观察者测得该图形的周长是多少？

11. 我国首个火星探测器“萤火一号”原计划于 2009 年 10 月 6 日至 16 日期间在位于哈萨克斯坦的拜科努尔航天发射中心升空。此次“萤火一号”将飞行 3.5×10^8km 后进入火星轨道，预计用时将达到11个月。试估计“萤火一号”的平均速度是多少？假设飞行距离不变，若以后制造的“萤火九号”相对于地球的速度为 $v=0.9c$，按地球上的时钟计算要用多少时间？如以“萤火九号”上的时钟计算，所需时间又为多少？

12. 跨栏选手刘翔在地球上以12.88s的时间跑完110m栏，在飞行速度为0.98c的同向飞行飞船中观察者观察，刘翔跑了多少时间？刘翔跑了多长距离？

13. 设有一个静止质量为 m_0 的质点，以接近光速的速率 v 与一质量为 m_0 的静止质点发生碰撞而结合成一个复合质点。求复合质点的速率 v_f。

14. 要使电子的速度从 $v_1=1.2\times10^8\text{m/s}$ 增加到 $v_2=2.4\times10^8\text{m/s}$ 必须对它做多少功？（电子静止质量 $m_e=9.11\times10^{-31}\text{kg}$）

15. 已知 μ 子的静止能量为105.7MeV，平均寿命为 $2.2\times10^{-6}\text{s}$，试求动能为150MeV的 μ 子的速度 v 和平均寿命 τ。

七、自测提高

（一）选择题

1. 一宇宙飞船相对于地球以0.8c（c 为真空中光速）的速度飞行。现有一光脉冲从船尾传到船头，已知飞船上的观察者测得飞船长为90m，则地球上的观察者测得光脉冲从船尾发出和到达船头两个事件的空间间隔为（　　）。

（A）270m　（B）150m　（C）90m　（D）54m

2. 在惯性参考系K中，有两个静止质量都是 m_0 的粒子 A 和 B，分别以速率 v 沿同一直线相向运动，相碰后合在一起成为一个粒子，则合成粒子静止质量 m' 的值为（c 表示真空中光速）（　　）。

（A）$2m_0$　（B）$2m_0\sqrt{1-(v/c)^2}$　（C）$\dfrac{m_0}{2}\sqrt{1-(v/c)^2}$　（D）$\dfrac{2m_0}{\sqrt{1-(v/c)^2}}$

3. 设某微观粒子的总能量是它的静止能量的 K 倍，则其运动速度的大小为（　　）。（以 c 表示真空中的光速）

（A）$\dfrac{c}{K-1}$　（B）$\dfrac{c}{K}\sqrt{1-K^2}$　（C）$\dfrac{c}{K}\sqrt{K^2-1}$　（D）$\dfrac{c}{K+1}\sqrt{K(K+2)}$

4. 一匀质矩形薄板，在它静止时测得其长为 a、宽为 b、质量为 m_0，由此可算出其面积密度为 m_0/ab。假定该薄板沿长度方向以接近光速的速度 v 作匀速直线运动，此时再测算该矩形薄板的面积密度则为（　　）。

（A）$\dfrac{m_0\sqrt{1-(v/c)^2}}{ab}$　（B）$\dfrac{m_0}{ab\sqrt{1-(v/c)^2}}$

（C）$\dfrac{m_0}{ab[1-(v/c)^2]}$　（D）$\dfrac{m_0}{ab[1-(v/c)^2]^{3/2}}$

（二）填空题

5. 地面上的观察者测得两艘宇宙飞船相对于地面以速度 $v=0.90c$ 逆向飞行，其中一艘飞船测得另一艘飞船速度的大小 $v'=$________。

6. 两个惯性系中的观察者 O 和 O′以 0.6c（c 表示真空中光速）的相对速度互相接近。如果 O 测得两者的初始距离是 20m，则 O′测得两者经过时间 $\Delta t'$ = ________ s 后相遇。

7. 某加速器将质子加速到动能为 76GeV，那么，加速后质子的质量 m = ________，质子的速率 v = ________。

8. 已知一静止质量为 m_0 的粒子，其固有寿命为实验室测量到的寿命的 $1/n$，则此粒子的动能是________。

（三）计算题

9. 一艘宇宙飞船的船身固有长度为 L_0 = 90m，相对于地面以 v = 0.8c（c 为真空中光速）的匀速度在地面观测站的上空飞过。（1）观测站测得飞船的船身通过观测站的时间间隔是多少？（2）宇航员测得船身通过观测站的时间间隔是多少？

10. 一隧道长为 L，宽为 d，高为 h，拱顶为半圆，如图 6-6 所示。设想一列车以极高的速度 v 沿隧道长度方向通过隧道，若从列车上观测，（1）隧道的尺寸如何？（2）设列车的长度为 l_0，它全部通过隧道的时间是多少？

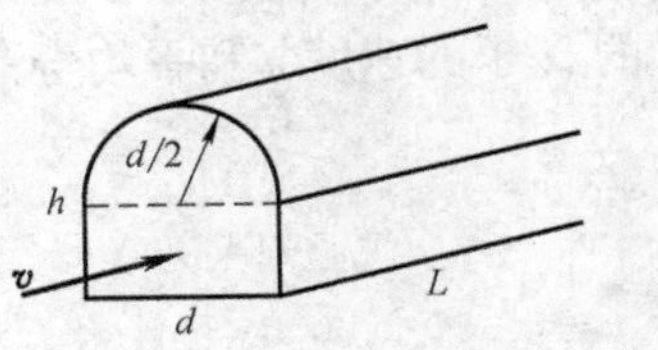

图　6-6

11. 在惯性系 S 中，有两事件发生于同一地点，且第二事件比第一事件晚发生 Δt = 2s；而在另一惯性系 S' 中，观测第二事件比第一事件晚发生 $\Delta t'$ = 3s。那么在 S' 系中发生两事件的地点之间的距离是多少？

12. 飞船 A 以 0.8c 的速度相对于地球向正东飞行，飞船 B 以 0.6c 的速度相对于地球向正西方向飞行。当两飞船即将相遇时 A 飞船在自己的天窗处相隔 2s 发射两颗信号弹，在 B 飞船的观测者测得两颗信号弹相隔的时间间隔为多少？

13. 火箭 A 以 0.8c 的速率相对地球向正北方向飞行，火箭 B 以 0.6c 的速率相对地球向正西方向飞行（c 为真空中光速）。求在火箭 B 中观察火箭 A 的速度的大小和方向。

14. 设有宇宙飞船 A 和 B，固有长度均为 l_0 = 100m，沿同一方向匀速飞行，在飞船 B 上观测到飞船 A 的船头、船尾经过飞船 B 船头的时间间隔为 $\Delta t = (5/3)\times 10^{-7}$s，求飞船 B 相对于飞船 A 的速度的大小。

15. 在 K 惯性系中观测到相距 $\Delta x = 9\times 10^8$m 的两地点相隔 Δt = 5s 发生两事件，而在相对于 K 系沿 x 方向以匀速运动的 K′系中发现此两事件恰好发生在同一地点。试求在 K′系中此两事件的时间间隔。

16. 火箭相对于地面以 v = 0.6c（c 为真空中光速）匀速向上飞离地球，在火箭发射 $\Delta t'$ = 10s 后（火箭上的钟），该火箭向地面发射一导弹，其速度相对于地面为 v_1 = 0.3c，问火箭发射后多长时间（地球上的钟），导弹到达地球？计算中假设地面不动。

17. 设快速运动的介子其能量约为 E = 3000MeV，而这种介子在静止时的能量为 E_0 = 100MeV。若这种介子的固有寿命是 $\tau_0 = 2\times 10^{-6}$s，求它运动的距离。

18. （1）质量为 m_0 的静止原子核（或原子）受到能量为 E 的光子撞击，原子核（或原子）将光子能量全部吸收，则此合并系统的速度（反冲速度）以及静止质量各为多少？（2）静止质量为 m_0' 的静止原子发出能量为 E 的光子，则发射光子后原子静止质量为多大？

19. 一正负电子对撞机可以把电子加速到动能 $E_k = 2.8\times 10^9$eV。（1）这种电子速率比光速差多少？（2）这样的一个电子动量是多大？（电子静止能量为 $E_0 = 0.511\times 10^6$eV）

第二篇　热　　学

第七章　气体动理论

气体动理论是从物质的微观结构出发，依据每个粒子所遵循的力学规律，用统计的观点和统计平均的方法，寻求宏观量与微观量之间的关系，研究气体的性质。

一、知识框架

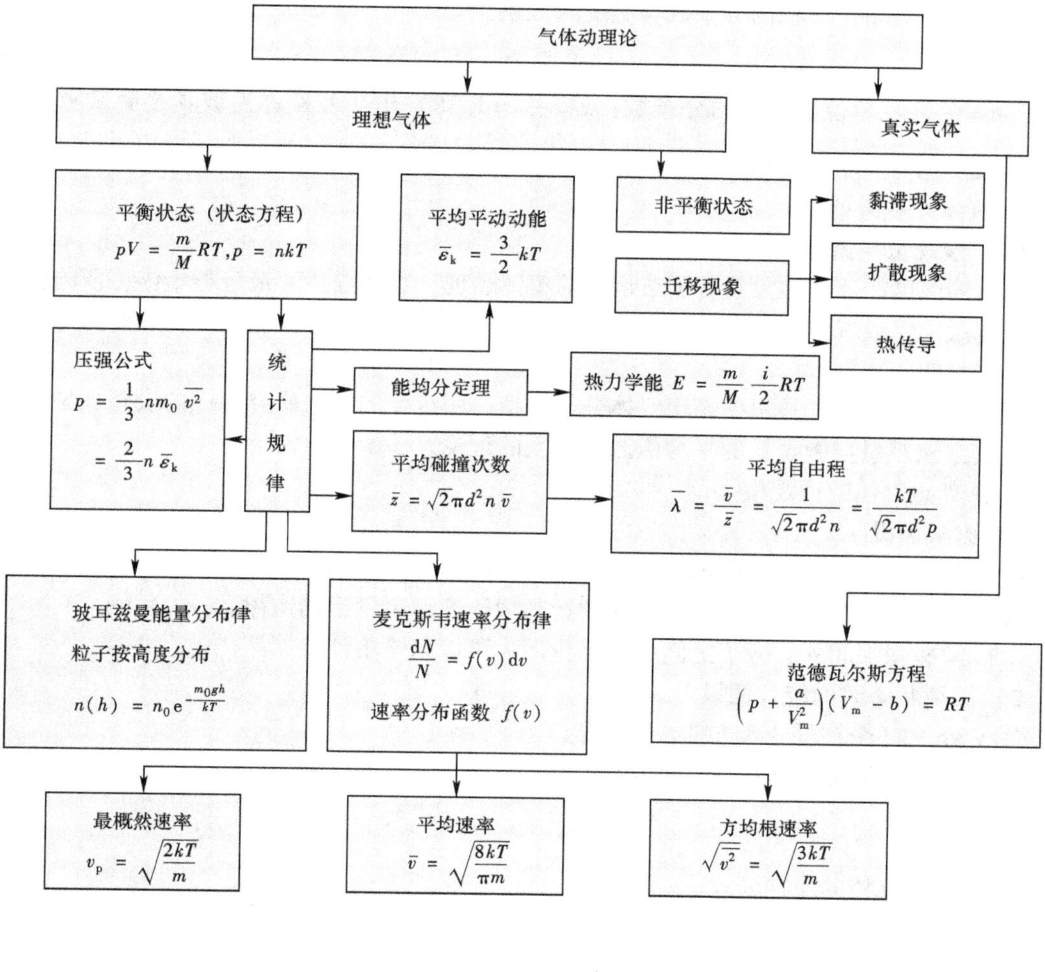

二、知识要点

1. 理想气体状态方程

（1）平衡状态平衡过程

平衡状态：在不受外界影响的条件下，描述系统宏观性质的状态参量不随时间变化的状态。

平衡过程：进展得十分缓慢，使所经历的一系列中间状态都无限接近平衡状态的过程。

（2）理想气体的状态方程

$$pV = \frac{m}{M}RT$$

式中，m、M 分别为理想气体的质量和摩尔质量；R 为摩尔气体常数，在国际单位制中

$$R = 8.31\text{J}/(\text{mol}\cdot\text{K})$$

当压强单位用大气压（atm）、体积单位用升（L）时

$$R = 0.082\text{atm}\cdot\text{L}/(\text{mol}\cdot\text{K})$$

（3）压强与单位体积内分子数与温度的关系

$$p = nkT$$

式中，$n=\frac{N}{V}$表示单位体积内的分子数；$k=\frac{R}{N_A}=1.38\times10^{-23}\text{J/K}$ 称为玻耳兹曼常数，其中 $N_A=6.02\times10^{23}$个/mol 为阿伏加德罗常数。

2. 气体分子运动论

（1）宏观量与微观量

气体的温度、压强是大量分子热运动的集体表现，这些描述大量分子集体特征的物理量叫作宏观量。组成气体的每一分子具有一定的质量、体积、速度、能量等，这些描述单个分子的物理量叫作微观量。

气体分子运动论就是根据理想气体分子模型，用统计的方法研究气体的宏观现象的微观本质，建立宏观量与微观量的平均值之间关系的理论。

（2）理想气体的微观模型

1）力学假设

① 气体分子本身的线度远小于分子之间的间距。

② 气体分子可看作弹性小球，它的运动规律遵循牛顿运动定律。

③ 除碰撞瞬间外，分子之间的相互作用力可以忽略不计。

2）平衡状态时的统计假设

① 分子向各个方向运动的机会均等。

② 分子速度在各个方向上分量的各种平均值也相等，有 $\bar{v}_x=\bar{v}_y=\bar{v}_z=0$

$$\overline{v_x^2} = \overline{v_y^2} = \overline{v_z^2} = \frac{1}{3}\overline{v^2}$$

（3）理想气体的压强公式

$$p = \frac{1}{3}nm_0\overline{v^2} = \frac{2}{3}n\bar{\varepsilon}_k$$

（4）气体分子的平均平动动能与温度的关系

$$\bar{\varepsilon}_k = \frac{1}{2}m_0\overline{v^2} = \frac{3}{2}kT$$

式中，m_0 是每一个气体分子的质量。它揭示了宏观量温度是气体分子无规则运动的量度。

（5）能量均分原理

在温度为 T 的平衡态下，分子在任一自由度上的平均能量都是$\frac{1}{2}kT$，这叫能量均分原理。

设 t 表示平动自由度；r 表示其转动自由度；s 表示其振动自由度；分子的总自由度 i 可表示为

$$i = t + r + s$$

对于每一个振动自由度，每个分子除有$\frac{1}{2}kT$ 外，还具有$\frac{1}{2}kT$ 平均势能。

常温下气体分子的振动可以不考虑。

每个分子在平衡态下的平均能量$\bar{\varepsilon}$为：

① 单原子分子：　$\bar{\varepsilon} = \frac{3}{2}kT$

② 刚性双原子分子：　$\bar{\varepsilon} = \frac{5}{2}kT$

③ 刚性多原子分子：　$\bar{\varepsilon} = \frac{6}{2}kT$

（6）理想气体的热力学能（内能）

$$E = N\frac{i+s}{2}kT = \frac{m}{M}\frac{i+s}{2}RT$$

理想气体的热力学能是系统状态的单值函数。

3. 速率分布函数及麦克斯韦速率分布率

（1）速率分布函数的意义

$$f(v) = \frac{\mathrm{d}N}{N\mathrm{d}v}$$

表示单位速率区间内的分子数占总分子数的百分数。

（2）麦克斯韦速率分布函数

$$f(v) = 4\pi\left(\frac{m_0}{2\pi kT}\right)^{\frac{3}{2}} \mathrm{e}^{-\frac{m_0v^2}{2kT}}v^2$$

它满足归一化条件

$$\int_0^{\infty} f(v)\,\mathrm{d}v = 1$$

（3）三种统计速率

1）最概然速率　$\frac{\mathrm{d}f(v)}{\mathrm{d}v} = 0$ 时

$$v_p = \sqrt{\frac{2kT}{m_0}} = \sqrt{\frac{2RT}{M}}$$

2）算术平均速率

$$\bar{v}=\int_0^\infty vf(v)\,\mathrm{d}v=\sqrt{\frac{8kT}{\pi m_0}}=\sqrt{\frac{8RT}{\pi M}}$$

3）方均根速率

$$\sqrt{\overline{v^2}}=\sqrt{\int_0^\infty v^2f(v)\,\mathrm{d}v}=\sqrt{\frac{3kT}{m_0}}=\sqrt{\frac{3RT}{M}}$$

（4）麦克斯韦速率分布曲线（图 7-1）的主要特点

1）曲线与速率轴所包围的面积为 1。

2）最可几速率附近的分子数占总分子数的百分数最大，速率很大或很小的分子数占总分子数的百分数都很少。

3）温度升高曲线右移，曲线比较平坦；温度降低曲线左移，曲线比较陡。

4）同温度下摩尔质量较大的气体分子的速率分布曲线在摩尔质量较小的速率分布曲线的左边。

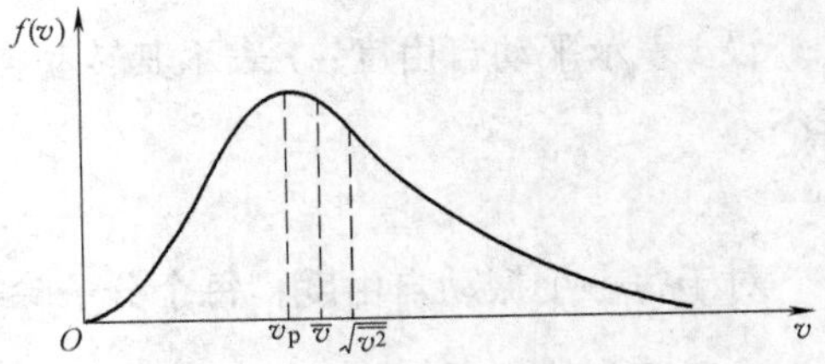

图 7-1

4. 玻耳兹曼能量分布率

1）在一定温度的平衡态下，处于重力场中的气体分子的速度分量在 $v_x\sim(v_x+\mathrm{d}v_x)$、$v_y\sim(v_y+\mathrm{d}v_y)$、$v_z\sim(v_z+\mathrm{d}v_z)$，坐标分量在 $x\sim(x+\mathrm{d}x)$、$y\sim(y+\mathrm{d}y)$、$z\sim(z+\mathrm{d}z)$ 内的分子数

$$\Delta N'=n_0\left(\frac{m_0}{2\pi kT}\right)^{\frac{3}{2}}\mathrm{e}^{-\frac{E}{kT}}\Delta v_x\Delta v_y\Delta v_z\Delta x\Delta y\Delta z=n_0\left(\frac{m_0}{2\pi kT}\right)^{\frac{3}{2}}\mathrm{e}^{-\frac{(E_\mathrm{k}+E_\mathrm{p})}{kT}}\Delta v_x\Delta v_y\Delta v_z\Delta x\Delta y\Delta z$$

式中，n_0表示在 $E_\mathrm{p}=0$ 处的分子数密度。

2）重力场中粒子按高度分布

$$n(h)=n_0\mathrm{e}^{-\frac{m_0gh}{kT}}=n_0\mathrm{e}^{-\frac{Mgh}{RT}}\qquad p=p_0\mathrm{e}^{-\frac{m_0gh}{kT}}=p_0\mathrm{e}^{-\frac{Mgh}{RT}}$$

5. 平均碰撞次数和平均自由程

一个分子在单位时间内与其他分子碰撞的平均次数叫做平均碰撞频率，记作 $\overline{Z}$。

$$\overline{Z}=\sqrt{2}\pi d^2\bar{v}n$$

分子连续两次碰撞之间所走过的平均路程叫作分子的平均自由程，记作 $\overline{\lambda}$。

$$\overline{\lambda}=\frac{1}{\sqrt{2}\pi d^2n}=\frac{kT}{\sqrt{2}\pi d^2p}$$

1）$\overline{\lambda}$、$\overline{Z}$ 是对大量分子的统计平均结果，是统计平均量。

2）d 不是分子的真实直径，而称为有效直径。这是因为分子之间距离小到一定程度时，表现为斥力，而且很大，故它们不能相接触。

6. 气体的输运现象

1）当气体中各气层的流速不均匀时，各气层间出现相互作用力，称为黏滞力，这个现象称为黏滞现象。

黏滞力　$F=\pm\eta\dfrac{\mathrm{d}u}{\mathrm{d}y}\Delta S$　　黏滞系数　$\eta=\dfrac{1}{3}\rho\,\bar{v}\overline{\lambda}$

2）当气体内各处温度不均匀时，引起热量的传递，这个现象称为热传导现象。

热量流量　$\frac{\Delta Q}{\Delta t}=-\kappa\frac{\mathrm{d}T}{\mathrm{d}x}\Delta S$　　导热系数　$\kappa=\frac{1}{3}\frac{C_{V,\mathrm{m}}}{M}\rho\,\bar{v}\bar{\lambda}$

3）当气体内部各处的密度不均匀时，引起质量的传输，这个现象称为扩散现象。

质量流量　$\frac{\Delta M}{\Delta t}=-D\frac{\mathrm{d}\rho}{\mathrm{d}x}\Delta S$　　扩散系数　$D=\frac{1}{3}\bar{v}\bar{\lambda}$

7. 真实气体的范德瓦尔斯方程

1mol 气体的范德瓦尔斯方程 $\left(p+\frac{a}{V_\mathrm{m}^2}\right)(V_\mathrm{m}-b)=RT$

式中，a、b 是与气体种类有关的常数；V_m 为 1mol 实际气体的体积。

气体质量为 m、体积为 V 的范德瓦尔斯方程为

$$\left(p+\frac{m^2}{M^2}\frac{a}{V^2}\right)\left(V-\frac{m}{M}b\right)=\frac{m}{M}RT$$

三、概 念 辨 析

1. 如何理解平衡态？如果有一根金属杆，一端与沸水接触，另一端与冰接触，当沸水与冰的温度保持不变且杆内温度达到稳定分布后，这时金属杆是否处于平衡态？

【辨析】 平衡态是指一个热力学系统在不受外界影响的条件下，它的宏观性质不随时间变化的状态。平衡态是动态平衡。平衡态只是一种宏观上不变的状态。在平衡态下，组成系统的大量微观粒子还在不停地运动着，这些微观运动的效果也随时间的变化而不停地变化着，只不过其总的平均效果不随时间而变化，也就是宏观参量不变。

金属杆的两端分别与温度恒定的沸水和冰接触，它将从沸水吸收热量，并向冰放出热量。对照平衡态定义，由于金属杆通过热传导与外界发生能量交换，所以它所处的状态不是平衡态。杆内温度达到的稳定分布的状态被称为稳定态。

2. 两瓶不同种类的气体，如果它们的分子平均平动动能相同，但气体的密度不相同。它们的温度是否相同？压强是否相同？

【辨析】 温度的统计意义表明，气体的温度是气体分子平均平动动能的量度，即 $\bar{\varepsilon}_\mathrm{k}=\frac{1}{2}m_0\overline{v^2}=\frac{3}{2}kT$；所以，对于两种不同种类的气体，不管其密度是否相同，只要分子平均平动动能相同，温度必然相同。而压强公式为 $p=\frac{1}{3}nm_0\overline{v^2}=\frac{2}{3}n\bar{\varepsilon}_\mathrm{k}$，不但与分子平均平动动能有关，还与单位体积内所包含的分子数，即分子数密度有关。当两种不同种类的气体，分子平均平动动能相同时，其压强的大小，决定于单位体积内所包含的分子数，即分子数密度。而密度 $\rho=nm_0$，所以密度不同，压强不一定相同。只有满足条件 $n_1=n_2$ 时，压强 $p=\frac{1}{3}nm_0\overline{v^2}=\frac{2}{3}n\bar{\varepsilon}_\mathrm{k}$ 才相同。

3. 对一定量的理想气体来说，当温度不变时，气体的压强随体积的减小而增大；当体积不变时，压强随温度的升高而增大。从宏观来看，这两种变化同样使压强增大，从微观来

看它们有何区别？

【辨析】 当温度不变时，体积的减小使单位体积内的分子数增大，即分子数密度增大，导致单位时间与器壁单位面积上发生碰撞的分子数增加，从而单位时间内作用在器壁上的冲量也增大，即气体压强增大。

当体积不变时，随着温度升高，分子热运动加剧，单位时间与器壁单位面积上发生碰撞的分子数虽未增加，但每次碰撞作用在器壁上的冲量增加，从而单位时间内作用在器壁上的冲量也增大，即气体压强增大。

从理想气体方程 $p=nkT$ 可以看出：当温度不变时，$p\propto n$，这是由于单位体积的分子数增加，导致压强增加；当体积不变时，分子数密度不变，$p\propto T$，这是由于分子热运动加剧，导致压强增加。

4. 如果把盛有气体的密闭绝热容器放在汽车上，而汽车作匀速直线运动，则此时气体的温度与汽车静止时是否一样？如果汽车突然制动，容器内的温度是否变化？

【辨析】 从微观角度看，温度是分子无规则热运动平均平动动能的量度，与定向运动无关。容器随汽车作定向运动时，容器内的分子热运动并没发生变化，因此和容器静止时比较，气体的温度不会发生变化。

当汽车突然制动时，容器随汽车突然停止，气体分子作定向运动的动能通过气体分子与器壁及分子之间的碰撞而转化为分子的无规则热运动动能，这样气体分子的平均平动动能就增加了，气体的温度将升高。由于容器体积不变，由 $p=nkT$ 可知气体的压强将增大。

5. 如何正确理解最概然速率 v_p 的计算公式和物理意义？

【辨析】 麦克斯韦速率分布率 $f(v)=4\pi\left(\dfrac{m_0}{2\pi kT}\right)^{\frac{3}{2}}\mathrm{e}^{-\frac{m_0v^2}{2kT}}v^2$，与 $f(v)$ 极大值相对应的速率叫最概然速率 v_p，由极值条件 $\dfrac{\mathrm{d}f(v)}{\mathrm{d}v}=0$，得最概然速率 $v_p=\sqrt{\dfrac{2kT}{m_0}}=\sqrt{\dfrac{2RT}{M}}$。

最概然速率 v_p 的物理意义是：如果把整个速率范围分割成许多相等的小区间，则分布在最概然速率 v_p 所在区间内的分子数占总分子数的百分数最大。

6. $f(v)$ 是麦克斯韦速率分布函数，有人认为 $\int_{v_1}^{v_2}vf(v)\,\mathrm{d}v$ 表示在 $v_1\sim v_2$ 区间分子的平均速率，这种理解是否正确？

【辨析】 这种理解是错误的。这是把分子平均速率公式 $\bar{v}=\int_0^\infty vf(v)\,\mathrm{d}v$ 想当然地看成一个普遍适用的公式造成的。我们可以从麦克斯韦速率分布函数来分析 $\int_{v_1}^{v_2}vf(v)\,\mathrm{d}v$ 不是表示在 $v_1\sim v_2$ 区间的分子平均速率。

$$\frac{\mathrm{d}N}{N}=f(v)\,\mathrm{d}v$$

N 表示 $0\sim\infty$ 区间分子总数，$\mathrm{d}N$ 表示 $v\sim v+\mathrm{d}v$ 区间内的分子数。

$$vf(v)\,\mathrm{d}v=\frac{v\mathrm{d}N}{N}$$

$$\int_{v_1}^{v_2}vf(v)\,\mathrm{d}v=\int_{v_1}^{v_2}\frac{v\mathrm{d}N}{N}=\frac{\int_{v_1}^{v_2}v\mathrm{d}N}{N}$$

$\int_{v_1}^{v_2} v\mathrm{d}N$ 是 $v_1 \sim v_2$ 速率区间内的分子速率总和。$\frac{\int_{v_1}^{v_2} v\mathrm{d}N}{N}$ 是 $v_1 \sim v_2$ 速率区间内的分子速率总和除以 $0 \sim \infty$ 速率区间内的分子总数，不是 $v_1 \sim v_2$ 速率区间内的分子速率总和除以 $v_1 \sim v_2$ 速率区间内的分子数。所以 $\int_{v_1}^{v_2} vf(v)\mathrm{d}v$ 不是表示在 $v_1 \sim v_2$ 区间的分子平均速率。$v_1 \sim v_2$ 区间的分子平均速率应该是该区间内分子速率的总和除以该速率区间内的分子数。

正确的理解应该这样：

$v_1 \sim v_2$ 速率区间内的分子速率总和是 $\int_{v_1}^{v_2} v\mathrm{d}N = \int_{v_1}^{v_2} vNf(v)\mathrm{d}v$

$v_1 \sim v_2$ 速率区间内的分子数是 $\int_{v_1}^{v_2} \mathrm{d}N = \int_{v_1}^{v_2} Nf(v)\mathrm{d}v$

所以该区间内分子的平均速率为 $\bar{v} = \frac{\int_{v_1}^{v_2} v\mathrm{d}N}{\int_{v_1}^{v_2} \mathrm{d}N} = \frac{\int_{v_1}^{v_2} vNf(v)\mathrm{d}v}{\int_{v_1}^{v_2} Nf(v)\mathrm{d}v} = \frac{\int_{v_1}^{v_2} vf(v)\mathrm{d}v}{\int_{v_1}^{v_2} f(v)\mathrm{d}v}$

7. 容器内储有一定量的气体，如果保持容积不变而使气体温度升高，则分子的碰撞频率和平均自由程都增大，这种理解是否正确？

【辨析】　这种理解是片面的。

分子的碰撞频率为 $\overline{Z} = \sqrt{2}\pi d^2 n\,\bar{v}$，在容积保持不变的情况下使气体温度升高，则气体分子数密度 n 保持不变，而分子的算术平均速率 $\bar{v} = \sqrt{\frac{8kT}{\pi m_0}} = \sqrt{\frac{8RT}{\pi M}}$ 变大，所以分子的碰撞频率 $\overline{Z} = \sqrt{2}\pi d^2 n\,\bar{v}$ 将变大。

分子的平均自由程为 $\bar{\lambda} = \frac{1}{\sqrt{2}\pi d^2 n}$，由于气体分子数密度 n 保持不变，因而分子的平均自由程 $\bar{\lambda}$ 保持不变。

四、方法点拨

本章所涉及的物理量和公式较多，因此，选用正确的物理公式将成为解决问题的关键。为此，首先要正确掌握每个物理量的具体含义，明确各个物理公式适用的条件，切忌生搬硬套。其次，对各种典型的问题的求解过程应牢固掌握。

1. 关于气体压强、温度等物理量的计算

理想气体状态方程是指理想气体处于平衡状态下各状态参量之间的关系，其数学表达式为

$$pV = \frac{m}{M}RT$$

理想气体状态方程还可以表示为

$$\frac{p_1V_1}{T_1} = \frac{p_2V_2}{T_2}$$

以及

$$p = nkT$$

运用理想气体状态方程解题的思路和步骤大致如下：

1）根据题意，确定气体研究对象。

2）明确平衡状态的参量 p、V、T 之值，若有始、末状态的应明确两状态的 p、V、T 之值。

3）列出状态方程求解。

理想气体分子的压强公式为 $p=\frac{1}{3}nm_0\overline{v^2}=\frac{2}{3}n\overline{\varepsilon}_k$

式中，各物理量皆为统计平均值，公式的适用条件是处于热平衡状态的理想气体。气体压强是大量气体分子热运动的集体表现，对少数气体分子谈压强是没有意义的。

理想气体分子的平均平动动能与温度的关系为 $\overline{\varepsilon}_k=\frac{1}{2}m_0\overline{v^2}=\frac{3}{2}kT$

该式的适用条件是处于热平衡状态的理想气体。宏观量温度的微观实质是分子热运动平均平动动能的量度，即气体分子无规则热运动剧烈程度的标志。温度相对于大量分子热运动才有意义，对单个气体分子没有意义。

还要注意以下两点：

① 要搞清宏观量与微观量之间的内在联系。

② 要先弄清楚所涉及的公式中的各物理量的意义，然后再进行运算。

2. 关于分子动能、气体热力学能等物理量的计算

分子的平均总动能

$$\overline{\varepsilon}_k=\frac{1}{2}(t+r+s)kT$$

分子的平均总能量

$$\overline{\varepsilon}=\frac{1}{2}(t+r+2s)kT$$

理想气体的热力学能

$$E=\frac{m}{M}\frac{(t+r+2s)}{2}RT=\frac{m}{M}\frac{i+s}{2}RT\qquad(\text{刚性气体 } s=0)$$

对理想气体来说，它的总能量即为分子能量的总和，如果不是理想气体，气体的热力学能还应考虑分子之间的势能。要将分子的平均总动能、分子的平均总能量和理想气体的热力学能区别开来，还要将热力学能与机械能区分开来。理想气体的类型和质量确定时，其热力学能只是温度的单值函数，题目无特别说明时，一般按理想气体去计算。

碰到实际问题时，还必须注意以下几点：

1）要分清所涉及的气体分子是单原子、双原子还是多原子分子，并确定其自由度。

2）分子运动有平动、转动、振动等形式，每种运动形式都有运动动能，要明确求解问题。

3）能量均分定理是对大量分子统计平均所得的结果。

3. 关于速率分布及麦克斯韦速率分布的计算

要正确理解分布函数 $f(v)=\frac{\mathrm{d}N}{N\mathrm{d}v}$ 的物理意义，正确解释含分布函数的表达式的物理意义；并学会观察分析速率分布图，利用归一化条件对分布函数进行归一化。

（1）求某一速率范围内分子出现的概率

分子速率处于 $v\sim v+\mathrm{d}v$ 区间内的概率为

$$\frac{\mathrm{d}N}{N}=f(v)\mathrm{d}v$$

分子速率处于 $v_1 \sim v_2$ 区间内的概率为

$$\frac{\Delta N}{N} = \int_{v_1}^{v_2} f(v)\,\mathrm{d}v$$

（2）求某一速率范围内的分子数

速率处于 $v \sim v+\mathrm{d}v$ 区间内的分子数为

$$\mathrm{d}N = Nf(v)\,\mathrm{d}v$$

速率处于 $v_1 \sim v_2$ 区间内的分子数为

$$\Delta N = \int_{v_1}^{v_2} Nf(v)\,\mathrm{d}v$$

（3）求与速率有关的物理量 $K(v)$ 的平均值

$K(v)$ 在 $v_1 \sim v_2$ 区间内的平均值为

$$\overline{K(v)} = \frac{\int_{v_1}^{v_2} K(v)f(v)\,\mathrm{d}v}{\int_{v_1}^{v_2} f(v)\,\mathrm{d}v}$$

$K(v)$ 在整个速率区间内的平均值为

$$\overline{K(v)} = \int_0^{\infty} K(v)f(v)\,\mathrm{d}v$$

五、例题精解

例题 7-1　用一个不导热的活塞，将容器分为 A、B 两部分，其内盛有理想气体，活塞和器壁间无摩擦，开始时 $T_A = 300\mathrm{K}$、$T_B = 310\mathrm{K}$，活塞最终达到平衡状态，现将活塞固定，同时使 A、B 的温度各升高 10K，然后撤去对活塞的固定，问活塞将向哪个方向运动？

【解】　在未撤去活塞时，A 部分气体始、末状态的温度分别为 $T_A = 300\mathrm{K}$、$T_A' = 310\mathrm{K}$，压强分别为 p_A、p_A'。由理想气体状态方程 $pV = \frac{m}{M}RT$，可得

$$p_A' = \frac{T_A'}{T_A}p_A = \frac{31}{30}p_A$$

同理，在未撤去活塞时，对 B 部分气体有

$$p_B' = \frac{T_B'}{T_B}p_B = \frac{310+10}{310}p_B = \frac{32}{31}p_B$$

由题意可知 $p_A = p_B$，故

$$\frac{p_B'}{p_A'} = \frac{\frac{32}{31}p_B}{\frac{31}{30}p_A} = \frac{960}{961} < 1$$

即 $p_A' > p_B'$，所以当撤去对活塞的固定后，活塞将向 B 侧运动。

例题 7-2　若盛有某种理想气体的容器漏气，使气体的压强、分子数密度各减为原来的一半，问气体的热力学能及气体分子的平均动能是否改变？为什么？

【解】　由 $p = nkT$ 得

$$T=\frac{p}{nk}$$

由此可知，当气体的压强 p、分子数密度 n 各减为原来的一半时，温度 T 保持不变。

理想气体的热力学能为

$$E=\frac{m}{M}\frac{i+s}{2}RT=\frac{m_0N}{M}\frac{i+s}{2}RT=\frac{m_0nV}{M}\frac{i+s}{2}RT$$

因为气体体积 V 不变，当分子数密度 n 减为原来的一半时，温度 T 不变，热力学能 E 变为原来的一半。

而理想气体分子的平均动能为$\bar{\varepsilon}=\frac{i}{2}kT$，因为温度 T 不变，所以气体分子的平均动能不变。

例题 7-3　质量为 0.01kg、温度为 27℃的氮气装在容积为 0.01m³的容器中，容器以 $v=100\text{m/s}$ 的速率作匀速直线运动，若容器突然停下来，定向运动的动能全部转化为分子热运动的动能，则平衡后氮气的温度和压强各增加多少？

【解】　质量为 m 的氮气的热力学能为 $E=\frac{m}{M}\frac{5}{2}RT$

热力学能增量为

$$\Delta E=\frac{m}{M}\frac{5}{2}R\Delta T$$

由

$$\Delta E=\frac{m}{M}\frac{5}{2}R\Delta T=\frac{1}{2}mv^2$$

得

$$\Delta T=\frac{v^2M}{5R}=\frac{100^2\times28\times10^{-3}}{5\times8.31}\text{K}=6.7\text{K}$$

$$\Delta t=\Delta(T-273.15)=6.7℃$$

即平衡后氮气的温度增加了 6.7℃。

由理想气体状态方程 $pV=\frac{m}{M}RT$，压强增加了

$$\Delta p=\frac{mR\Delta T}{MV}=\frac{0.01\times8.31\times6.7}{28\times10^{-3}\times0.01}\text{Pa}=2.0\times10^4\text{Pa}$$

例题 7-4　导体中自由电子的运动可以看作类似于气体分子（称电子气）的运动。设导体中共有 N 个电子，电子的最大速率为 v_F，电子在速率 $v\sim v+\mathrm{d}v$ 的概率为

$$\frac{\mathrm{d}N}{N}=\begin{cases}\frac{4\pi A}{N}v^2\mathrm{d}v & 0<v\leqslant v_F, A\text{ 为常量}\\ 0 & v>v_F\end{cases}$$

（1）求常量 A；

（2）证明电子气的平均动能 $\bar{\varepsilon}=\frac{3}{5}\varepsilon_F=\frac{3}{5}\left(\frac{1}{2}mv_F^2\right)$。

【解】　（1）由题意知电子气的分布函数为

$$f(v)=\frac{\mathrm{d}N}{N\mathrm{d}v}=\begin{cases}\frac{4\pi A}{N}v^2 & 0<v\leqslant v_F\\ 0 & v>v_F\end{cases}$$

利用分布函数的归一化条件

$$\int_0^{\infty}f(v)\mathrm{d}v=\int_0^{v_F}\frac{4\pi A}{N}v^2\mathrm{d}v=\frac{4\pi A}{N}\frac{v_F^3}{3}=1$$

解得
$$A = \frac{3N}{4\pi v_F^3}$$

（2）由平均值公式得
$$\overline{v^2} = \int_0^\infty v^2 f(v)\,\mathrm{d}v = \int_0^{v_F} v^2 \frac{3v^2}{v_F^3}\mathrm{d}v = \frac{3}{5}v_F^2$$

故电子气的平均动能　$\bar{\varepsilon} = \frac{1}{2}m_0\overline{v^2} = \frac{1}{2}m_0\left(\frac{3}{5}v_F^2\right) = \frac{3}{5}\left(\frac{1}{2}m_0 v_F^2\right) = \frac{3}{5}\varepsilon_F$

例题 7-5　容器内装有 0.5mol 某理想气体，其温度为 $T = 273\text{K}$，压强为 $p = 1.013\times10^5$ Pa，密度为 $\rho = 1.43\text{kg/m}^3$，试求：

（1）气体的摩尔质量，是何种气体？

（2）气体分子的方均根速率。

（3）单位体积内气体分子的总平均动能。

（4）气体的热力学能。

【解】　（1）由理想气体状态方程 $pV = \frac{m}{M}RT$，有
$$M = \frac{mRT}{pV} = \frac{\rho RT}{p} = \frac{1.43\times8.31\times273}{1.013\times10^5}\text{kg/mol} = 32\times10^{-3}\text{kg/mol}$$
由此可知此气体是氧气。

（2）气体分子的方均根速率
$$\sqrt{\overline{v^2}} = \sqrt{\frac{3RT}{M}} = \sqrt{\frac{3\times8.31\times273}{32\times10^{-3}}}\text{m/s} = 461\text{m/s}$$

（3）单位体积内气体分子的总平动动能
$$\overline{E}_k = n\,\bar{\varepsilon}_k = \frac{p}{kT}\times\frac{3}{2}kT = \frac{3}{2}\times1.013\times10^5\text{J/m}^3 = 1.52\times10^5\text{J/m}^3$$

（4）由气体的热力学能公式得
$$E = \frac{m}{M}\frac{i}{2}RT = 0.5\times\frac{5}{2}\times8.31\times273\text{J} = 2.83\times10^3\text{J}$$

例题 7-6　如图 7-2 所示的速率分布曲线，哪一图中的两条曲线是同一温度下氮气和氦气的分子速率分布曲线？

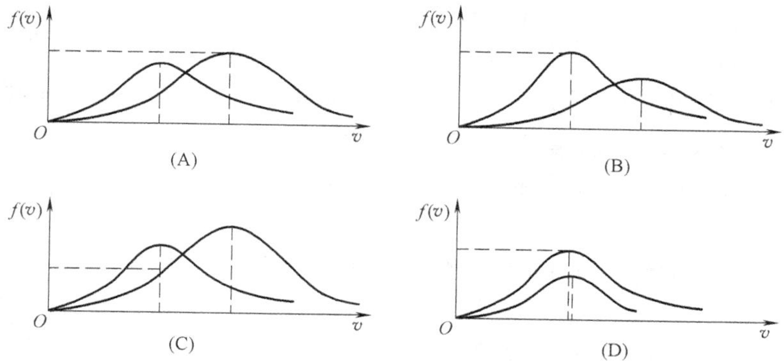

图　7-2

【解】 理想气体分子的最概然速率 $v_p=\sqrt{\frac{2RT}{M}}$，同一温度下摩尔质量越大的 v_p 越小，又由归一化条件 $\int_0^\infty f(v)\mathrm{d}v=1$ 可知，速率分布曲线下的总面积应相等，摩尔质量越小的曲线峰位越低，曲线越平缓。故应该选（B）。

六、基础训练

（一）选择题

1. 温度、压强相同的氦气和氧气，它们分子的平均动能 $\bar{\varepsilon}$ 和平均平动动能 $\bar{w}$ 的关系为（　　）。

（A）$\bar{\varepsilon}$ 和 $\bar{w}$ 都相等　　（B）$\bar{\varepsilon}$ 相等，而 $\bar{w}$ 不相等

（C）$\bar{w}$ 相等，而 $\bar{\varepsilon}$ 不相等　　（D）$\bar{\varepsilon}$ 和 $\bar{w}$ 都不相等

2. 下列各式中表示气体分子的平均平动动能的是（　　）。（式中 m' 为气体的质量，m 为气体分子质量，N 为气体分子总数目，n 为气体分子数密度，N_A 为阿伏加德罗常数）

（A）$\frac{3m}{2m'}pV$　　（B）$\frac{3m'}{2M_{mol}}pV$　　（C）$\frac{3}{2}npV$　　（D）$\frac{3M_{mol}}{2m'}N_ApV$

3. 三个容器 A、B、C 中装有同种理想气体，其分子数密度 n 相同，而方均根速率之比为 $(\overline{v_A^2})^{1/2}:(\overline{v_B^2})^{1/2}:(\overline{v_C^2})^{1/2}=1:2:4$，则其压强之比 $p_A:p_B:p_C$ 为（　　）。

（A）1:2:4　　（B）1:4:8　　（C）1:4:16　　（D）4:2:1

4. 一个容器内贮有 1mol 氢气和 1mol 氦气，若两种气体各自对器壁产生的压强分别为 p_1 和 p_2，则两者的大小关系是（　　）。

（A）$p_1>p_2$　　（B）$p_1<p_2$　　（C）$p_1=p_2$　　（D）不确定的

5. 一定量某理想气体按 $pV^2=$ 恒量的规律膨胀，则膨胀后理想气体的温度（　　）。

（A）将升高　　（B）将降低

（C）不变　　（D）升高还是降低，不能确定

6. 一定量的理想气体储于某一容器中，温度为 T，气体分子的质量为 m。根据理想气体分子模型和统计假设，分子速度在 x 方向的分量的平均值为（　　）。

（A）$\bar{v}_x=\sqrt{\frac{8kT}{\pi m}}$　　（B）$\bar{v}_x=\frac{1}{3}\sqrt{\frac{8kT}{\pi m}}$　　（C）$\bar{v}_x=\sqrt{\frac{8kT}{3\pi m}}$　　（D）$\bar{v}_x=0$

7. 设图 7-3 所示的两条曲线分别表示在相同温度下氧气和氢气分子的速率分布曲线；令 $(v_p)_{O_2}$ 和 $(v_p)_{H_2}$ 分别表示氧气和氢气的最概然速率，则（　　）。

（A）图中 a 表示氧气分子的速率分布曲线，$(v_p)_{O_2}/(v_p)_{H_2}=4$

（B）图中 a 表示氧气分子的速率分布曲线，$(v_p)_{O_2}/(v_p)_{H_2}=1/4$

（C）图中 b 表示氧气分子的速率分布曲线，$(v_p)_{O_2}/(v_p)_{H_2}=1/4$

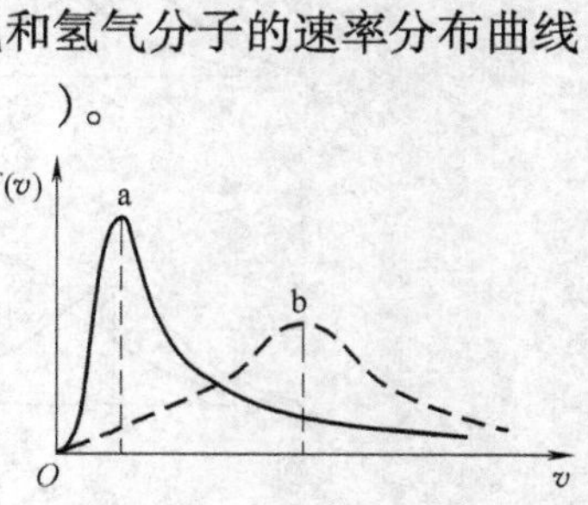

图 7-3

（D）图中 b 表示氧气分子的速率分布曲线，$(v_p)_{O_2}/(v_p)_{H_2}=4$

8. 设某种气体的分子速率分布函数为 $f(v)$，则速率在 $v_1 \sim v_2$ 区间内的分子的平均速率为（　　）。

（A）$\int_{v_1}^{v_2} vf(v)\mathrm{d}v$　　（B）$v\int_{v_1}^{v_2} vf(v)\mathrm{d}v$

（C）$\int_{v_1}^{v_2} vf(v)\mathrm{d}v \Big/ \int_{v_1}^{v_2} f(v)\mathrm{d}v$　　（D）$\int_{v_1}^{v_2} f(v)\mathrm{d}v \Big/ \int_{0}^{\infty} f(v)\mathrm{d}v$

9. 一定量的理想气体，在温度不变的条件下，当体积增大时，分子的平均碰撞频率 $\overline{Z}$ 和平均自由程 $\overline{\lambda}$ 的变化情况是（　　）。

（A）$\overline{Z}$ 减小而 $\overline{\lambda}$ 不变　　（B）$\overline{Z}$ 减小而 $\overline{\lambda}$ 增大

（C）$\overline{Z}$ 增大而 $\overline{\lambda}$ 减小　　（D）$\overline{Z}$ 不变而 $\overline{\lambda}$ 增大

10. 在标准状态下，若氧气（视为刚性双原子分子的理想气体）和氦气的体积比为 $V_1/V_2=1/2$，则其内能之比 E_1/E_2 为（　　）。

（A）3/10　　（B）1/2　　（C）5/6　　（D）5/3

（二）填空题

11. A、B、C 三个容器中皆装有理想气体，它们的分子数密度之比为 $n_A:n_B:n_C=4:2:1$，而分子的平均平动动能之比为 $\overline{w}_A:\overline{w}_B:\overline{w}_C=1:2:4$，则它们的压强之比 $p_A:p_B:p_C$ =________。

12. 氢分子的质量为 3.3×10^{-24}g，如果每秒有 10^{23} 个氢分子沿着与容器器壁的法线成 45°角的方向以 10^5cm/s 的速率撞击在 2.0cm^2 面积上（碰撞是完全弹性的），则此氢气的压强为__________。

13. 若某种理想气体分子的方均根速率 $(\overline{v^2})^{1/2}=450$m/s，气体压强为 $p=7\times10^4$Pa，则该气体的密度 ρ =__________。

14. 在平衡状态下，已知理想气体分子的麦克斯韦速率分布函数为 $f(v)$、分子质量为 m_0、最概然速率为 v_p，试说明下列各式的物理意义：

（1）$\int_{v_p}^{\infty} f(v)\mathrm{d}v$ 表示________________；

（2）$\int_{0}^{\infty} \frac{1}{2}m_0v^2f(v)\mathrm{d}v$ 表示________________。

15. 用总分子数 N、气体分子速率 v 和速率分布函数 $f(v)$ 表示下列各量：（1）速率大于 v_0 的分子数 =__________；（2）速率大于 v_0 的那些分子的平均速率 =__________；（3）多次观察某一分子的速率，发现其速率大于 v_0 的概率 =__________（v_0 为某一特定速率）。

16. 用绝热材料制成的一个容器，体积为 $2V_0$，被绝热板隔成 A、B 两部分，A 内储有 1mol 单原子分子理想气体，B 内储有 2mol 刚性双原子分子理想气体，A、B 两部分压强相等，均为 p_0，两部分体积均为 V_0，则（1）两种气体各自的内能分别为 E_A =________，E_B =________；（2）抽去绝热板，两种气体混合后处于平衡时的温度 T =________。

17. 一容器内储有某种气体，若已知气体的压强为 3×10^5Pa，温度为 27℃，密度为 0.24kg/m^3，则可确定此种气体是________气；并可求出此气体分子热运动的最概然速率为

____________ m/s。

18. 氮气在标准状态下的分子平均碰撞频率为 $5.42\times10^{8}\mathrm{s}^{-1}$，分子平均自由程为 $6\times10^{-6}\mathrm{cm}$，若温度不变，气压降为 0.1atm，则分子的平均碰撞频率变为____________，平均自由程变为____________。

19. 一定质量的理想气体，先经过等体过程使其热力学温度升高一倍，再经过等温过程使其体积膨胀为原来的两倍，则分子的平均自由程变为原来的________倍。

（三）计算题

20. 储有 1mol 氧气、容积为 $1\mathrm{m}^3$ 的容器以 $v=10\mathrm{m/s}$ 的速度运动。设容器突然停止，其中氧气的 80% 的机械运动动能转化为气体分子热运动动能，问气体的温度及压强各升高了多少?

21. 水蒸气分解为同温度 T 的氢气和氧气 $H_2O\to H_2+\frac{1}{2}O_2$ 时，1mol 的水蒸气可分解成 1mol 氢气和 $\frac{1}{2}$mol 氧气。当不计振动自由度时，求此过程中热力学能的增量。

22. 一氧气瓶的容积为 V，充了气未使用时压强为 p_1、温度为 T_1；使用后瓶内氧气的质量减少为原来的一半、其压强降为 p_2，试求此时瓶内氧气的温度 T_2 及使用前后分子热运动平均速率之比 $\bar{v}_1/\bar{v}_2$。

23. 设某声波的波长与标准状态下氧气分子的平均自由程相等，氧气分子的有效直径为 $3.2\times10^{-10}\mathrm{m}$，声波波速为 $3.32\times10^{2}\mathrm{m/s}$，求此声波的频率。

24. 由 N 个分子组成的气体，其分子速率分布如图 7-4 所示。（1）试用 N 与 v_0 表示 a 的值；（2）试求速率在 $1.5v_0\sim2.0v_0$ 之间的分子数目；（3）试求分子的平均速率。

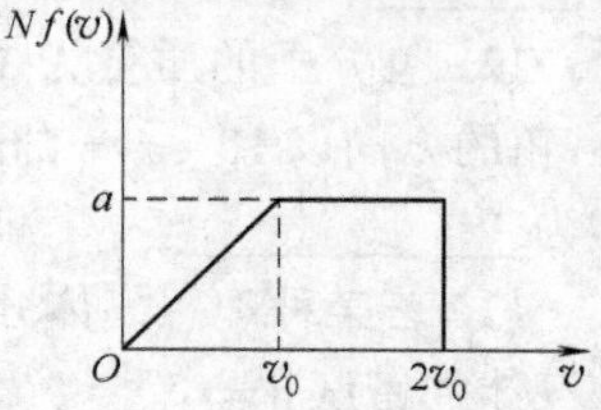

图 7-4

25. 某种理想气体在温度为 300K 时，分子平均碰撞频率为 $\overline{Z_1}=5.0\times10^{9}/\mathrm{s}$。若保持压强不变，当温度升到 500K 时，求分子的平均碰撞频率 $\overline{Z_2}$。

七、自 测 提 高

（一）选择题

1. 在容积 $V=4\times10^{-3}\mathrm{m}^3$ 的容器中，装有压强 $p=5\times10^{2}\mathrm{Pa}$ 的理想气体，则容器中气体分子的平动动能总和为（　　）。

（A）2J　　（B）3J　　（C）5J　　（D）9J

2. 两瓶不同种类的理想气体，它们的温度和压强都相同，但体积不同，则单位体积内的气体分子数 n、单位体积内的气体分子的总平动动能 (E_k/V)、单位体积内的气体质量 ρ 分别有如下关系（　　）。

（A）n 不同，(E_k/V) 不同，ρ 不同　　（B）n 不同，(E_k/V) 不同，ρ 相同

（C）n 相同，(E_k/V) 相同，ρ 不同　　（D）n 相同，(E_k/V) 相同，ρ 相同

3. 若室内生起炉子后温度从 15℃升高到 27℃，而室内气压不变，则此时室内的分子数减少了（　　）。

(A) 0.5%　　(B) 4%　　(C) 9%　　(D) 21%

4. 有 N 个分子，其速率分布如图 7-5 所示，当 $v>5v_0$ 时分子数为 0，则（　　）。

(A) $a=N/(2v_0)$　　(B) $a=N/(3v_0)$　　(C) $a=N/(4v_0)$　　(D) $a=N/(5v_0)$

5. 假定氧气的热力学温度提高一倍，氧分子全部离解为氧原子，则这些氧原子的平均速率是原来氧分子平均速率的（　　）。

(A) 4 倍　　(B) 2 倍

(C) $\sqrt{2}$倍　　(D) $\frac{1}{\sqrt{2}}$倍

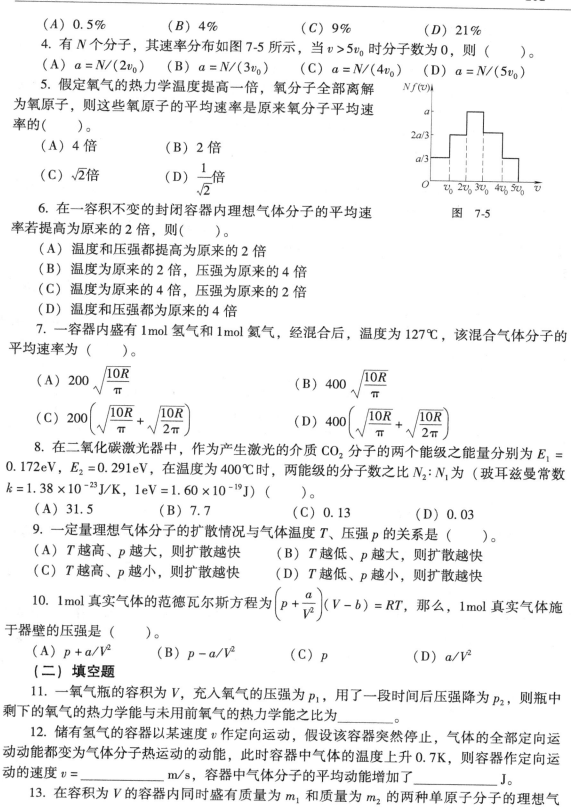

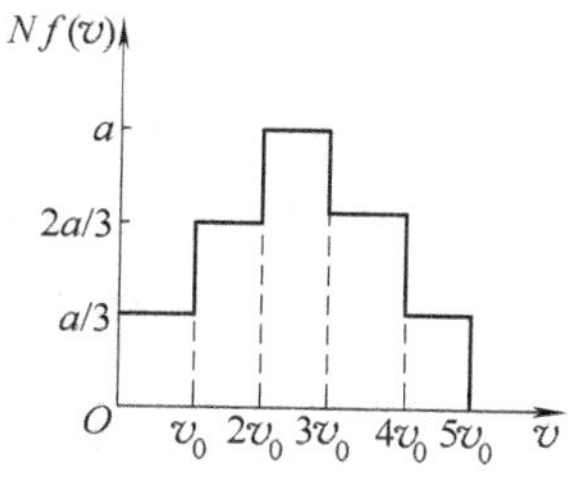

图　7-5

6. 在一容积不变的封闭容器内理想气体分子的平均速率若提高为原来的 2 倍，则（　　）。

(A) 温度和压强都提高为原来的 2 倍

(B) 温度为原来的 2 倍，压强为原来的 4 倍

(C) 温度为原来的 4 倍，压强为原来的 2 倍

(D) 温度和压强都为原来的 4 倍

7. 一容器内盛有 1mol 氢气和 1mol 氦气，经混合后，温度为 127℃，该混合气体分子的平均速率为（　　）。

(A) $200\sqrt{\frac{10R}{\pi}}$　　(B) $400\sqrt{\frac{10R}{\pi}}$

(C) $200\left(\sqrt{\frac{10R}{\pi}}+\sqrt{\frac{10R}{2\pi}}\right)$　　(D) $400\left(\sqrt{\frac{10R}{\pi}}+\sqrt{\frac{10R}{2\pi}}\right)$

8. 在二氧化碳激光器中，作为产生激光的介质 CO_2 分子的两个能级之能量分别为 $E_1=0.172\text{eV}$，$E_2=0.291\text{eV}$，在温度为 400℃时，两能级的分子数之比 $N_2:N_1$ 为（玻耳兹曼常数 $k=1.38\times10^{-23}\text{J/K}$，$1\text{eV}=1.60\times10^{-19}\text{J}$）（　　）。

(A) 31.5　　(B) 7.7　　(C) 0.13　　(D) 0.03

9. 一定量理想气体分子的扩散情况与气体温度 T、压强 p 的关系是（　　）。

(A) T 越高、p 越大，则扩散越快　　(B) T 越低、p 越大，则扩散越快

(C) T 越高、p 越小，则扩散越快　　(D) T 越低、p 越小，则扩散越快

10. 1mol 真实气体的范德瓦尔斯方程为 $\left(p+\frac{a}{V^2}\right)(V-b)=RT$，那么，1mol 真实气体施于器壁的压强是（　　）。

(A) $p+a/V^2$　　(B) $p-a/V^2$　　(C) p　　(D) a/V^2

（二）填空题

11. 一氧气瓶的容积为 V，充入氧气的压强为 p_1，用了一段时间后压强降为 p_2，则瓶中剩下的氧气的热力学能与未用前氧气的热力学能之比为________。

12. 储有氢气的容器以某速度 v 作定向运动，假设该容器突然停止，气体的全部定向运动动能都变为气体分子热运动的动能，此时容器中气体的温度上升 0.7K，则容器作定向运动的速度 $v=$________m/s，容器中气体分子的平均动能增加了________J。

13. 在容积为 V 的容器内同时盛有质量为 m_1 和质量为 m_2 的两种单原子分子的理想气

体，已知此混合气体处于平衡状态时它们的内能相等，且均为 E，则混合气体压强 $p=$ ____________，两种分子的平均速率之比 $\bar{v}_1/\bar{v}_2=$ ____________。

14. 某系统由两种理想气体 A、B 组成，其分子数分别为 N_A、N_B。若在某一温度下，A、B 气体各自的速率分布函数为 $f_A(v)$、$f_B(v)$，则在同一温度下，由 A、B 气体组成的系统的速率分布函数为 $f(v)=$ ____________。

15. 体积和压强都相同的氦气和氢气（均视为刚性分子理想气体）在某一温度 T 下混合，所有氢分子所具有的热运动动能在系统总热运动动能中所占的百分比为____________。

16. 一容器内盛有密度为 ρ 的单原子理想气体，其压强为 p，此气体分子的方均根速率为____________，单位体积内气体的热力学能是____________。

17. 一铁球由 10m 高处落到地面，回弹到 0.5m 高处。假定铁球与地面碰撞时损失的宏观机械能全部转变为铁球的内能，则铁球的温度将升高____________。（已知铁的比热 $c=501.6\text{J}\cdot\text{kg}^{-1}\cdot\text{K}^{-1}$）

18. 一定量的理想气体，先经过等体过程，使其温度升高一倍，再经过等温过程，使其体积膨胀为原来的两倍，则在终态时其扩散系数变为原来的________倍。

19. 设地球大气是等温的，温度为5℃，海平面上气压为 $p_0=760\text{mmHg}$，今测得某山顶的气压 $p=560\text{mmHg}$，已知空气的平均摩尔质量为 $28.97\times10^{-3}\text{kg}$，则山高为____________ m。

（三）计算题

20. 一超声波源发射超声波的功率为 10W。假设它工作 10s，并且全部波动能量都被 1mol 氧气吸收而用于增加其内能，则氧气的温度升高了多少？（氧气分子视为刚性分子）

21. 试由理想气体状态方程及压强公式，推导出气体温度与气体分子热运动的平均平动动能之间的关系式。

22. 计算下列一组粒子的平均速率和方均根速率。

粒子数 N_i	2	4	6	8	2
速率 v_i/(m/s)	10.0	20.0	30.0	40.0	50.0

23. 在直径为 D 的球形容器中最多可容纳多少个氮气分子，才可以认为分子之间不致相碰。（设氮分子的有效直径为 d）

24. 在标准状态下氦气的导热系数 $K=5.79\times10^{-2}\text{W}/(\text{m}\cdot\text{K})$，分子平均自由程 $\bar{\lambda}=2.60\times10^{-7}\text{m}$，试求氦分子的平均速率。

25. 设容器的容积 $V=30\times10^{-3}\text{m}^3$，温度 $t=27$℃，试用范德瓦尔斯方程计算密闭于容器内的质量为 2.2kg 的 CO_2 的压强，并把计算结果与在同一情况下理想气体的压强相比较。（CO_2 的 $a=3.6\times10^{-6}\text{m}^6\cdot\text{atm}\cdot\text{mol}^{-2}$，$b=43\times10^{-6}\text{m}^3\cdot\text{mol}^{-1}$）

第八章　热力学基础

热力学是根据实验和观察总结出来的热现象规律。它从能量的观点出发，研究物质状态变化过程中有关热功转换的关系以及过程进行的方向等，即热力学的理论——热力学第一定律和热力学第二定律。

一、知识框架

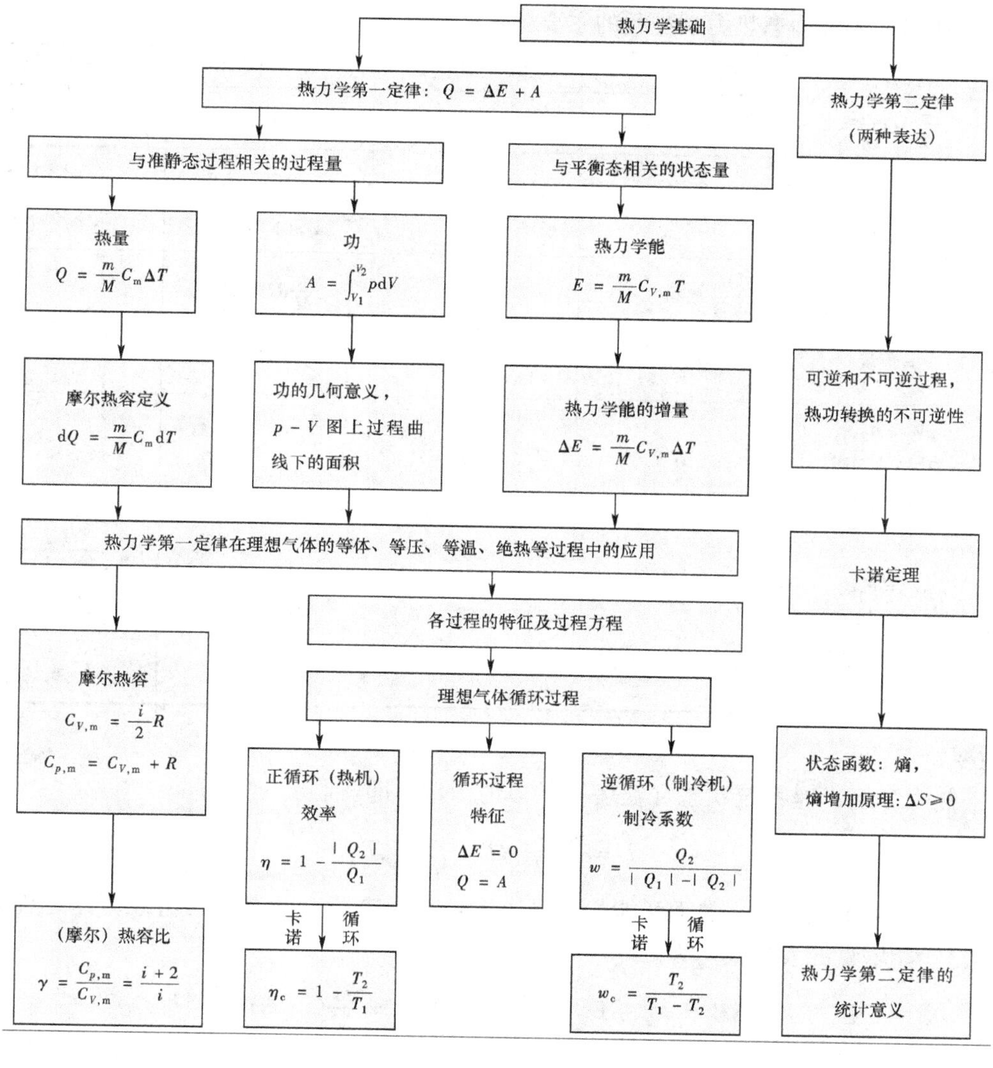

二、知识要点

1. 热力学第一定律

(1) 热力学第一定律

热力学第一定律是包括热现象在内的能量守恒和转换定律。它的数学表达式为

$$dQ = dE + dA \quad (\text{微分形式})$$

$$Q = \Delta E + A \quad (\text{积分形式})$$

热力学第一定律表明：系统吸收的热量一部分使系统的热力学能增加，另一部分使系统对外做功。

应用热力学第一定律时必须要注意各物理量的正负。系统吸热 Q 取正值，放热 Q 取负值；系统对外做功 A 取正值，外界对系统做功 A 取负值；系统热力学能增加 ΔE 取正值，系统热力学能减少 ΔE 取负值。

(2) 理想气体准静态热力学过程的主要公式

过程	过程方程	吸收热量 Q	热力学能增量 ΔE	对外做功 A	摩尔热容 C_m
等容	$\frac{p}{T}=$恒量	$\frac{m}{M}C_{V,m}(T_2-T_1)$	$\frac{m}{M}C_{V,m}(T_2-T_1)$	0	$C_{V,m}=\frac{i+s}{2}R$
等压	$\frac{V}{T}$ =恒量	$\frac{m}{M}C_{p,m}(T_2-T_1)$	$\frac{m}{M}C_{V,m}(T_2-T_1)$	$\frac{m}{M}R(T_2-T_1)$ 或 $p(V_2-V_1)$	$C_{p,m}=\frac{i+s+2}{2}R$ $=C_{V,m}+R$
等温	$pV=\frac{m}{M}RT$ =恒量	$\frac{m}{M}RT\ln\frac{V_2}{V_1}$ $\frac{m}{M}RT\ln\frac{p_1}{p_2}$	0	$\frac{m}{M}RT\ln\frac{V_2}{V_1}$ $\frac{m}{M}RT\ln\frac{p_1}{p_2}$	∞
绝热	$pV^{\gamma}=$恒量 $V^{\gamma-1}T=$恒量 $p^{\gamma-1}T^{-\gamma}=$恒量	0	$\frac{m}{M}C_{V,m}(T_2-T_1)$	$-\frac{m}{M}C_{V,m}(T_2-T_1)$ 或$\frac{p_1V_1-p_2V_2}{\gamma-1}$	0
多方	$pV^n=$恒量 $V^{n-1}T=$恒量 $p^{n-1}T^{-n}=$恒量	$A+\Delta E$ 或 $\frac{m}{M}C_m(T_2-T_1)$	$\frac{m}{M}C_{V,m}(T_2-T_1)$	$\frac{p_1V_1-p_2V_2}{n-1}$	$C_m=\frac{(n-\gamma)R}{(n-1)(\gamma-1)}$ $=\frac{n-\gamma}{n-1}C_{V,m}$ $=C_{V,m}-\frac{R}{n-1}$

主要特点：

1) 热力学能 E 是系统状态（温度）的单值函数，即

$$E=\frac{m}{M}\frac{i+s}{2}RT=\frac{m}{M}C_{V,m}T$$

热力学能是个状态量。热力学能的增量决定于初、末两个状态，与所经历的过程无关。所以热力学能增量的表达式均为

$$\Delta E = E_2 - E_1 = \frac{m}{M}\frac{i+s}{2}R\Delta T = \frac{m}{M}C_{V,m}\Delta T$$

2）功 A 是通过宏观位移来传递能量的过程量。功的表达式因过程不同而不同，功可以从定义求得，即

$$A = \int_{V_1}^{V_2} p\mathrm{d}V$$

3）热量 Q 是通过分子间相互作用来传递能量的过程量。热量 Q 可由热力学第一定律来求得，即

$$Q = \Delta E + A = E_2 - E_1 + \int_{V_1}^{V_2} p\mathrm{d}V = \frac{m}{M}C_{V,\mathrm{m}}\Delta T + \int_{V_1}^{V_2} p\mathrm{d}V$$

或者

$$Q = \frac{m}{M}C_{\mathrm{m}}\Delta T$$

式中，C_{m}为摩尔热容。由于 Q 是过程量，因此式中 C_{m}要与具体的过程量相对应。

4）摩尔热容

$$C_{\mathrm{m}} = \frac{\mathrm{d}Q}{\frac{m}{M}\mathrm{d}T}$$

表示 1mol 物质在热力学过程中温度升高 1K 所吸收的热量。

对于刚性分子：

摩尔定容热容　$C_{V,\mathrm{m}} = \frac{i}{2}R$；　　摩尔定压热容　$C_{p,\mathrm{m}} = \frac{i+2}{2}R$

摩尔热容比

$$\gamma = \frac{C_{p,\mathrm{m}}}{C_{V,\mathrm{m}}} = \frac{i+2}{i}$$

摩尔热容 C_{m}为常量的过程为多方过程。在多方过程中有

$$C_{\mathrm{m}} = \frac{(n-\gamma)R}{(n-1)(\gamma-1)} = \frac{n-\gamma}{n-1}C_{V,\mathrm{m}} = C_{V,\mathrm{m}} - \frac{R}{n-1}$$

可见，当 $n=0$ 时为等压过程，$n=1$ 时为等温过程，$n=\gamma$ 时为绝热过程，$n\to\infty$ 时为等容过程。

2. 循环过程

（1）循环过程的特点

1）每经历一个循环，系统热力学能没有改变。

2）每一循环所做的功在数值上等于 p-V 图封闭曲线所包围的面积。正循环 $A>0$，逆循环 $A<0$。

3）热循环的效率

$$\eta = \frac{A}{Q_1} = 1 - \frac{|Q_2|}{Q_1} = 1 + \frac{Q_2}{Q_1}$$

式中，Q_1表示系统所吸收的热量，Q_2表示系统所放出的热量。

（2）卡诺循环

1）卡诺循环由两绝热过程和两等温过程组成。

2）卡诺循环的效率

$$\eta_{\mathrm{c}} = 1 - \frac{|Q_2|}{Q_1} = 1 - \frac{T_2}{T_1}$$

3）卡诺循环的意义

指出了所有热机的效率都小于 1，提高热机效率的有效途径是提高高温热源的温度。卡

诺循环为确立热力学第二定律奠定了基础。

(3) 制冷循环

1) 与热机相反方向的循环为制冷循环。p-V 图上逆时针循环所包围曲线的面积为外界对系统所做的功 A'。

2) 制冷系数

$$w = \frac{Q_2}{|A'|} = \frac{Q_2}{|Q_1| - |Q_2|}$$

对卡诺制冷机而言，有

$$w_c = \frac{T_2}{T_1 - T_2}$$

3) 要从低温热源吸取热量向高温热源传送，外界必须要消耗功为代价，对卡诺制冷机而言，外界所需做的功

$$|A'| = Q_2 \frac{T_1 - T_2}{T_2}$$

3. 热力学第二定律

(1) 可逆过程与不可逆过程

某一过程 P 中一物体从状态 A 变为状态 B，如果我们能使状态逆向变化，从状态 B 回到初态 A 时，周围一切也都各自回复原状，过程 P 就称为可逆过程。如果物体不能回复至原状态 A，或当物体回复到原状态 A 时周围并不能回复原状。那么过程 P 称为不可逆过程。

满足机械能守恒的纯力学过程是可逆过程。

热力学过程中的准静态变化过程也可近似看作可逆过程。只有理想过程才能是可逆过程。一切实际过程都是不可逆过程。热力学中从非平衡状态到平衡态（如热传导、扩散、气体自由膨胀等）都是不可逆过程。机械运动转化为热运动也是不可逆过程。

(2) 卡诺定理

1) 在相同高温热源（温度为 T_1）与相同低温热源（温度为 T_2）之间的一切可逆机，不论用什么工作物质效率都相同，都等于 $1 - \frac{T_2}{T_1}$。

2) 在相同高温热源和相同低温热源之间工作的一切不可逆机的效率不可能高于可逆机，即 $\eta \leqslant 1 - \frac{T_2}{T_1}$。

(3) 热力学第二定律

热力学第二定律的两种说法：

1) 开尔文说法：不可能制造成一种循环动作的热机，只从一个热源吸热使之完全变化为有用的功，而其他物体不发生任何变化。

2) 克劳修斯说法：热量不能自动地从低温物体传向高温物体。

这两种说法不同，其实质是等价的。热力学第二定律表明了自然过程进行的方向和条件。用热力学第二定律可以判别哪些过程是可以实现的，而哪些过程是不可能实现的。

(4) 熵和熵增加原理

1) 克劳修斯等式　对任意可逆循环过程都有

$$\oint \frac{\mathrm{d}Q}{T} = 0$$

2）熵　熵是一状态函数，以符号 S 表示。定义为

$$\mathrm{d}S = \frac{\mathrm{d}Q_{可逆}}{T} \qquad \Delta S = S_2 - S_1 = \int_1^2 \frac{\mathrm{d}Q_{可逆}}{T}$$

上式表明了熵差，我们关心的也只是熵差（就像计算热力学能的改变量 ΔE、力学问题中势能改变量一样）。

熵是描述平衡态的状态函数，系统状态确立之后该系统的熵也被唯一地确定。因此，在计算两态的熵差时与过程无关，所以可以设计一个连接同样初态和终态的任一可逆过程进行计算。

3）熵增加原理

在封闭系统中发生任何不可逆过程，都导致了整个系统熵的增加，系统的总熵只有在可逆过程中才是不变的，这就叫熵增加原理。即

$$\Delta S = 0(封闭系,可逆过程)$$
$$\Delta S > 0(封闭系,不可逆过程)$$

对于一个开始处于非平衡态的封闭系统，必定逐渐向平衡态过渡，在此过程中熵要增加，最后达到平衡态时，系统的熵达到最大值。因此，用熵增加原理可以判断过程进行的方向和极限。

（5）热力学第二定律的统计意义

一个不受外界影响的封闭系统，其内部发生的过程总是由几率小的状态向几率大的状态进行。由包含微观状态少的宏观状态向包含微观状态多的宏观状态进行。熵和微观状态的数目 Ω 之间的关系为

$$S = k\ln\Omega \quad （玻耳兹曼关系）$$

式中，k 是玻耳兹曼常数。

三、概念辨析

1. 如何正确理解热力学能、功和热量？

【辨析】　系统的热力学能是指系统中所有的分子热运动能量和分子与分子相互作用势能的总和。热力学能是系统状态的单值函数。对于一定量的某种气体，热力学能一般是状态参量 T、V 和 p 的函数。对于理想气体，热力学能仅是温度 T 的单值函数。热力学能的变化只取决于始末状态的温度，而与系统经历的过程无关。热力学能变化的公式为 $\Delta E = \frac{m}{M}\frac{i+s}{2}R\Delta T = \frac{m}{M}C_{V,\mathrm{m}}\Delta T$。

做功和传递热量都能使系统的热力学能发生变化。就这一点来说，做功和传递热量是等效的，但它们的本质却是不同的。做功是通过宏观位移来实现的，它是有规则的机械运动和无规则的分子热运动之间的能量交换；而传递热量是通过组成系统的大量分子无规则热运动和相互之间的作用来实现的，它是无规则热运动分子之间的能量交换。

准静态过程中功的计算式为 $A=\int_{V_1}^{V_2}p\mathrm{d}V$，它在数值上等于 p-V 图上过程曲线下面的面积。

当气体温度发生变化时，它所吸收的热量为 $Q=\frac{m}{M}C_{\mathrm{m}}\Delta T$，式中 C_{m} 为摩尔热容。对刚性分子，等体、等压、等温、绝热四种过程的摩尔热容分别为 $\frac{i}{2}R$、$\frac{i+2}{2}R$、∞、0。

2. 对系统加热而不使系统的温度升高可能吗？系统与外界不作任何热交换而使系统的温度发生变化可能吗？

【辨析】 由热力学第一定律 $Q=\Delta E+A$ 可知，如果热力学能不变，则 $Q=A$，即对系统加热时，让系统对外界做功，就可以使系统的温度不升高，例如等温膨胀过程就是对系统加热，但系统的温度却没有改变；如果没有热交换，则 $\Delta E+A=0$ 即可以通过对系统做功改变系统的热力学能，从而使系统的温度发生变化，例如绝热膨胀或绝热压缩过程，没有作任何热交换，但系统的温度发生了变化。

3.（1）理想气体的自由膨胀过程是绝热过程，此过程能否运用公式 $pV^{\gamma}=C$ 计算？（2）设绝热容器中理想气体膨胀前的体积为容器体积的一半，另一半是真空，抽去隔板后，气体重新达到平衡。如何计算气体的末态压强 p 与初态压强 p_0 的比值？

【辨析】（1）理想气体的自由膨胀过程是不可逆绝热过程，是非平衡过程，而不是准静态绝热过程，因此不能运用公式 $pV^{\gamma}=C$ 计算，因为公式 $pV^{\gamma}=C$ 只适用于准静态绝热过程。

（2）将初、末状态分别代入理想气体状态方程便可以得出结果。

初态的状态方程为
$$p_0\frac{V}{2}=\frac{m}{M}RT$$

末态的状态方程为
$$pV=\frac{m}{M}RT$$

因此有
$$p=\frac{p_0}{2}$$

4. 试根据热力学第二定律判别下列说法是否正确，若有错，应如何正确叙述？

（1）功可以全部转化为热，但热量不能全部转化为功；

（2）热量能从高温物体传向低温物体，但不能从低温物体传向高温物体。

【辨析】（1）不正确。热量可以全部转化为功，不过会引起其他变化，例如等温膨胀时气体吸收的热量全部转化为功，但是体积发生了变化。热力学第二定律并不是说“热量不能全部转化为功”，而是说“在不引起其他变化的条件下热量不能全部转化为功”。

正确的说法是：功可以全部转变为热量，但热量在不引起其他变化的情况不能全部转变为功。

（2）不正确。热量可以从低温物体传向高温物体，例如制冷机，只不过要有外界做功，外界会有某些变化。热力学第二定律并不是说“热量不能从低温物体传向高温物体”，而是说“在不引起其他变化的条件下热量不能从低温物体传向高温物体”。

正确的说法是：热量能从高温物体自动传向低温物体，但不能自动地从低温物体传向高温物体。

5. 一定量的理想气体，由一定的初态绝热压缩到一定的体积，第一次准静态压缩，第

二次非准静态压缩。有人比较两次压缩的末态气体分子的平均平动动能，做了如下推理，是否正确？

因为初态和终态的体积相同，由 $A = \int_{V_1}^{V_2} p\mathrm{d}V$，故气体两次压缩对外所做的功相同。又因为是绝热过程，Q =0，由热力学第一定律知 ΔE = －A，故气体热力学能的增量相同，温度升高量也相同，即末态温度相同。因为气体分子的平均平动动能 $\bar{\varepsilon} = \frac{3}{2}\mathrm{k}T$，所以两次压缩的末态气体分子的平均平动动能是相同的。

【辨析】　以上推理及结论是错误的。

绝热压缩过程外界对系统做功使系统热力学能增加，温度升高，虽然初态和末态体积相同，但两次压缩中做功不相同。准静态压缩时，气体密度可以认为是均匀的，而非准静态压缩时，靠近活塞处气体密度大，压强也大。所以快速压缩时，外界对气体所做的功较大（第二次外界所做的功 $A_2 = -\int_{V_1}^{V_2} p_2 \mathrm{d}V$ 大于第一次外界的功 $A_1 = -\int_{V_1}^{V_2} p_1 \mathrm{d}V$）

因为是绝热过程，Q =0，由热力学第一定律得 $\Delta E = A_{外}$，所以 $\Delta E_2 > \Delta E_1$，故第二次压缩的温升较大，即 $T_2 > T_1$。由 $\bar{\varepsilon} = \frac{3}{2}\mathrm{k}T$ 知，第二次压缩后，气体分子的平均平动动能较大。

6. 有人说："不可逆过程就是不能往反方向进行的过程"。这种说法是否正确？

【辨析】　判断一个过程是否可逆，并不以它是否能沿反方向进行为根据，而是要看这个过程的一切后果（包括系统和外界的变化）是否都能够消除掉。不能往反方向进行的过程的确是不可逆过程，但这种说法不全面。有些过程虽然可以沿反方向进行而使系统复原，但是若外界不能复原的话，仍是不可逆过程。所以，题给说法是不对的。

四、方法点拨

本章主要讨论的是热力学过程中理想气体的热力学能变化、做功和热量传递及热机效率等。解题的一般方法是：搞清题意，确定研究对象，抓住过程特征，借助 p-V 图，选用适当的公式求解。

1. 关于功、热量、热力学能的计算

1）理想气体在准静态过程中所做的功为

$$A = \int_{V_1}^{V_2} p\mathrm{d}V$$

p-V 图中，做功的大小等于过程曲线下的面积，且体积增加时系统对外做正功，体积减小时系统对外做负功。

2）热量和功一样也是过程量，热量计算公式为

$$Q = \frac{m}{M} C_{\mathrm{m}} \Delta T$$

式中，C_{m} 为摩尔热容，C_{m} 随热力学过程不同而不同，最常用的为摩尔定容热容和摩尔定压热容，对刚性分子而言，$C_{V,\mathrm{m}} = \frac{i}{2}R$，$C_{p,\mathrm{m}} = C_{V,\mathrm{m}} + R = \frac{i+2}{2}R$。

系统吸收热量为正，系统向外放出热量为负。

3）理想气体热力学能只是温度的单值函数，它的计算公式为

$$E=\frac{m}{M}\frac{i+s}{2}RT=\frac{m}{M}C_{V,\mathrm{m}}T$$

若状态改变时，热力学能变化可表示为

$$\Delta E=E_2-E_1=\frac{m}{M}\frac{i+s}{2}R\Delta T=\frac{m}{M}C_{V,\mathrm{m}}\Delta T$$

理想气体热力学能的改变仅取决于始末状态的温度，与所经历的过程无关。

2. 关于热力学第一定律及在理想气体各过程中的应用

在理想气体经历准静态过程中，热力学第一定律的数学表示式为

$$Q=\Delta E+A=E_2-E_1+\int_{V_1}^{V_2}p\mathrm{d}V$$

$$=\frac{m}{M}C_{V,\mathrm{m}}\Delta T+\int_{V_1}^{V_2}p\mathrm{d}V$$

在运用热力学第一定律计算时，可按以下步骤进行：

1）明确研究对象是什么气体（单原子、双原子还是多原子、是否刚性分子），气体的质量或物质的量是多少。

2）弄清系统经历的是些什么过程，并掌握这些过程的特征。

3）画出各过程相应的 P-V 图，得到一个清晰的物理图像。

4）根据各过程方程和状态方程确定各状态的参量，由各过程的特点和热力学第一定律，计算出理想气体在各过程中的功、热力学能变化和吸放的热量。

5）在计算过程中，特别要注意热量、功、热力学能变化的正负。

3. 关于循环过程的效率计算

对于给定的循环，先搞清哪个过程吸热，哪个过程放热，所有吸热过程的热量总和为 Q_1，所有放热过程中热量总和为 Q_2，系统对外做功 $A=Q_1+Q_2$。

当功已知或容易求得时，用公式

$$\eta=\frac{A}{Q_1}$$

当热量已知或容易求得时，用公式

$$\eta=\frac{\sum Q}{Q_1}=\frac{Q_1+Q_2}{Q_1}$$

4. 关于系统熵变的计算

在计算熵增量时一定要注意，应用克劳修斯熵公式计算熵增量的过程必须是可逆过程。如果系统所经历的过程是不可逆的过程，我们可以设计一个可逆过程，使它的初态和末态与系统所经历的初态和末态相同，用公式 $\Delta S=S_2-S_1=\int_1^2\frac{\mathrm{d}Q_{可逆}}{T}$ 计算出这一过程的熵的增量即可。这是因为熵是状态量，与过程无关，其熵增量完全由初态和末态所决定。

五、例题精解

例题 8-1 0.02kg 的氦气（视为理想气体），温度由 17℃ 升为 27℃。若在升温过程中：

(1) 体积保持不变；(2) 压强保持不变；(3) 不与外界交换热量。试分别求出气体热力学能的改变、吸收的热量、外界对气体所做的功。

【解】　氦气为单原子分子理想气体 $i=3$

(1) 等体过程，$V=$常量，$A=0$

据热力学第一定律

$$Q=\Delta E+A$$

可知

$$Q=\Delta E=\frac{m}{M}C_{V,\mathrm{m}}(T_2-T_1)=623\mathrm{J}$$

(2) 定压过程，$p=$常量，有

$$Q=\frac{m}{M}C_{p,\mathrm{m}}(T_2-T_1)=1.04\times10^3\mathrm{J}$$

ΔE 与 (1) 相同，故

$$A=Q-\Delta E=417\mathrm{J}$$

(3) 绝热过程，$Q=0$，ΔE 与 (1) 同，故

$A=-\Delta E=-623\mathrm{J}$ (负号表示外界对系统做正功)

例题 8-2　1mol 双原子分子理想气体从状态 $A(p_1, V_1)$ 沿 p-V 图 (图 8-1) 所示直线变化到状态 $B(p_2, V_2)$，试求：

(1) 气体的热力学能增量；
(2) 气体对外界所做的功；
(3) 气体吸收的热量；
(4) 此过程的摩尔热容。

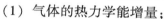

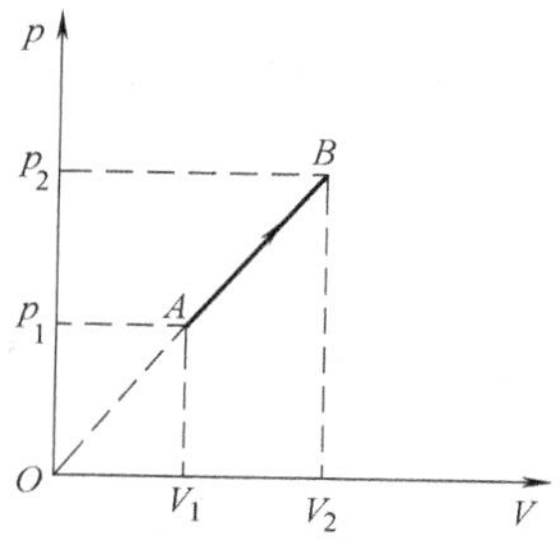

图　8-1

【解】　(1) 热力学能增量　$\Delta E=C_{V,\mathrm{m}}(T_2-T_1)=\frac{5}{2}(p_2V_2-p_1V_1)$

(2) 对外做功　$A=\frac{1}{2}(p_1+p_2)(V_2-V_1)$

式中，A 为梯形面积，根据相似三角形性质有 $p_1V_2=p_2V_1$，则

$$A=\frac{1}{2}(p_2V_2-p_1V_1)$$

(3) 吸收热量　$Q=\Delta E+A=3(p_2V_2-p_1V_1)$

(4) 以上计算对于 $A\to B$ 过程中任一微小状态变化均成立，故过程中

$$\mathrm{d}Q=3\mathrm{d}(pV)$$

由状态方程得

$$\mathrm{d}(pV)=R\mathrm{d}T$$

故

$$\mathrm{d}Q=3R\mathrm{d}T$$

摩尔热容

$$C_{\mathrm{m}}=\mathrm{d}Q/\mathrm{d}T=3R$$

例题 8-3　在图 8-2 中，AB 为一理想气体绝热线。设气体由任意 C 态经准静态过程变到 D 态，过程曲线 CD 与绝热线 AB 相交于 E。试证明：CD 过程为吸热过程。

【证明】　过 C 点作另一条绝热线 $A'B'$，如图 8-3 所示。由热力学第二定律可知，$A'B'$ 与 AB 不可能相交，一定在 AB 下方，过 D 点作一等体线，它与绝热线 $A'B'$ 相交于 M。根据热力学第一定律有

$$Q_{CD}=E_D-E_C+A_{CD} \quad ①$$

$$Q_{CM}=E_M-E_C+A_{CM} \quad ②$$

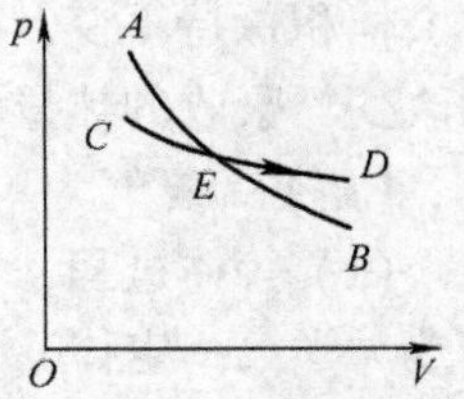

图　8-2

由式①和式②得　$Q_{CD}-Q_{CM}=E_D-E_M+A_{CD}-A_{CM}$

而　　$Q_{CM}=0$　（绝热过程）

在等体线上，D 点压强大于 M 点，所以 $T_D>T_M$，因而

$$E_D-E_M>0$$

由图可知　　$A_{CD}>A_{CM}$

因此　　$Q_{CD}>0$

即 CD 过程为吸热过程。

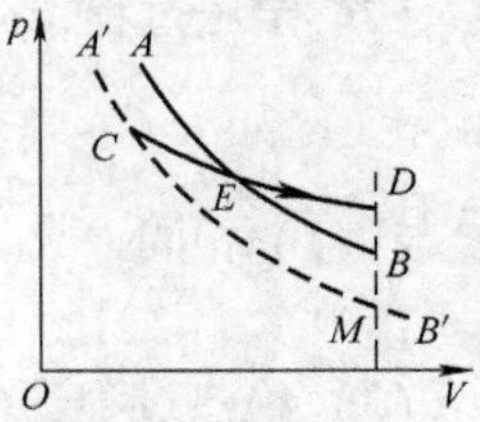

图　8-3

例题 8-4　设以氮气（视为刚性分子理想气体）为工作物质进行卡诺循环，在绝热膨胀过程中气体的体积增大到原来的两倍，求循环的效率。

【解】　据绝热过程方程 $V^{\gamma-1}T=$ 恒量，依题意得

$$V_1^{\gamma-1}T_1=(2V_1)^{\gamma-1}T_2$$

解得　　$T_2/T_1=2^{1-\gamma}$

故循环效率　　$\eta=1-\dfrac{T_2}{T_1}=1-2^{1-\gamma}$

对于氮气，有　　$\gamma=\dfrac{i+2}{i}$，$i=5$，$\gamma=1.4$

所以　　$\eta=24\%$

例题 8-5　摩尔热容比 $\gamma=1.40$ 的理想气体，进行如图 8-4 所示的 $ABCA$ 循环，状态 A 的温度为 300K。

（1）求状态 B、C 的温度；

（2）计算各过程中气体所吸收的热量、气体所做的功和气体热力学能的增量。

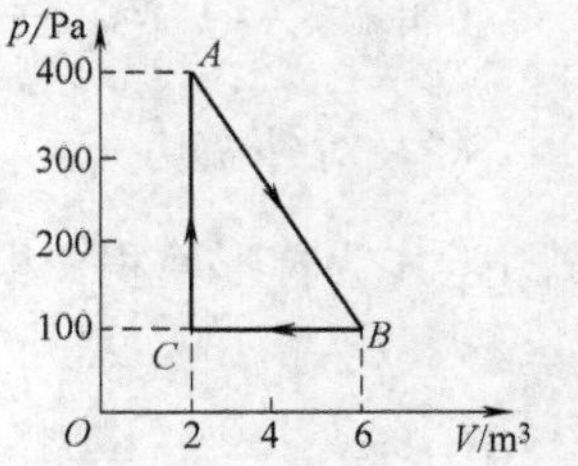

图　8-4

【解】　（1）$C\to A$ 为等体过程，有　　$p_A/T_A=p_C/T_C$

所以　　$T_C=T_A\left(\dfrac{p_C}{p_A}\right)=75\text{K}$

$B\to C$ 为等压过程，有　$V_B/T_B=V_C/T_C$

所以　　$T_B=T_C\left(\dfrac{V_B}{V_C}\right)=225\text{K}$

（2）气体的物质的量为　　$\nu=\dfrac{m}{M}=\dfrac{p_AV_A}{RT_A}=0.321$

由 $\gamma=1.40$ 可知气体为刚性双原子分子气体，故

$$C_{V,\mathrm{m}}=\frac{5}{2}R,\ C_{p,\mathrm{m}}=\frac{7}{2}R$$

$C\to A$ 等体吸热过程　　$A_{CA}=0$

$$Q_{CA}=\Delta E_{CA}=\nu C_{V,\mathrm{m}}(T_A-T_C)=1500\text{J}$$

$B\to C$ 等压压缩过程　　$A_{BC}=P_B(V_C-V_B)=-400\text{J}$

$$\Delta E_{BC}=\nu C_{V,\mathrm{m}}(T_C-T_B)=-1000\text{J}$$

$$Q_{BC}=\Delta E_{BC}+A_{BC}=-1400\text{J}$$

$A \to B$ 膨胀过程 $A_{AB} = \frac{1}{2}(400+100)\times(6-2)\mathrm{J} = 1000\mathrm{J}$

$$\Delta E_{AB} = \nu C_{V,\mathrm{m}}(T_B - T_A) = -500\mathrm{J}$$

$$Q_{AB} = \Delta E_{AB} + A_{AB} = 500\mathrm{J}$$

例题 8-6 一制冷机用理想气体为工质进行如图 8-5 所示的循环过程，其中 ab、cd 分别是温度为 T_2、T_1 的等温过程，bc、da 为等压过程。试求该制冷机的制冷系数。

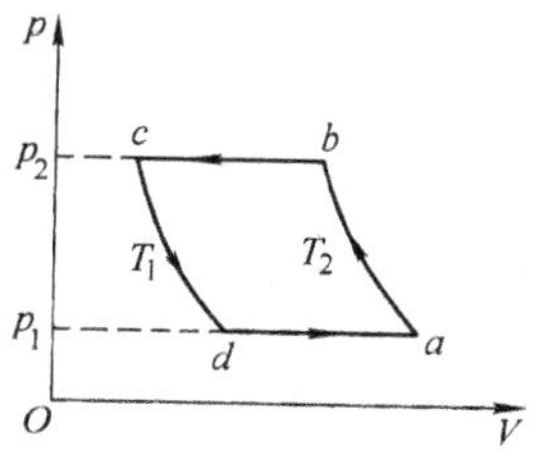

图 8-5

【解】 在 ab 过程中，外界做功大小为

$$|A_1'| = \frac{m}{M}RT_2\ln\frac{p_2}{p_1}$$

在 bc 过程中，外界做功大小为

$$|A_1''| = \frac{m}{M}R(T_2 - T_1)$$

在 cd 过程中，从低温热源 T_1 吸取的热量 Q_2' 等于气体对外界做的功 A_2'，其值为

$$Q_2' = A_2' = \frac{m}{M}RT_1\ln\frac{p_2}{p_1}$$

在 da 过程中，气体对外界做的功为

$$A''_2 = \frac{m}{M}R(T_2 - T_1)$$

制冷系数为

$$w = \frac{Q_2'}{|A_1'| + |A_1''| - A_2' - A_2''}$$

$$= \frac{T_1\ln\frac{p_2}{p_1}}{T_2\ln\frac{p_2}{p_1} + (T_2 - T_1) - T_1\ln\frac{p_2}{p_1} - (T_2 - T_1)}$$

$$= \frac{T_1}{T_2 - T_1}$$

例题 8-7 试根据热力学第二定律证明两条绝热线不能相交。

【证明】 设 p-V 图上某一定量物质的两条绝热线 S_1 和 S_2 可能相交，若引入等温线 T 与两条绝热线构成一个正循环，如图 8-6 所示，则此循环只有一个热源而能做功（图中循环曲线所包围的面积)，这违反热力学第二定律的开尔文叙述。所以，这两条绝热线不可能相交。

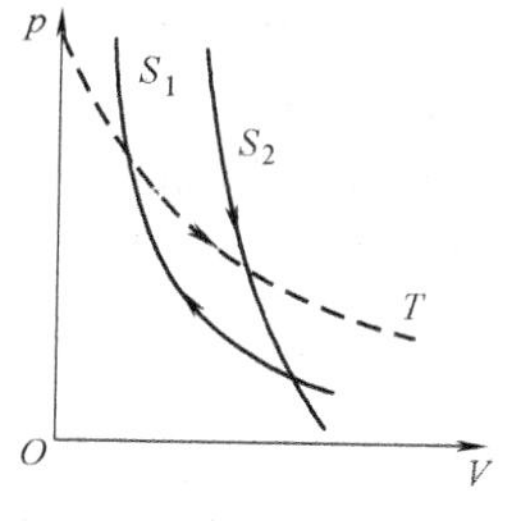

图 8-6

例题 8-8 1mol 理想气体绝热地向真空自由膨胀，体积由 V_0 膨胀到 $2V_0$，试求该气体熵的改变。

【解】 利用熵差公式 $S_2 - S_1 = \int_1^2 \mathrm{d}Q/T$ （沿可逆路经)

根据热力学第一定律 $Q = \Delta E + A$，在绝热自由膨胀过程中 $Q=0$、$A=0$，所以 $\Delta E=0$，即理

想气体热力学能不变，温度不变。

设计一可逆的等温膨胀过程，体积由 $V_0 \to 2V_0$，达到与绝热自由膨胀相同的末态，在此过程中

$$\mathrm{d}E = 0,\ \mathrm{d}Q = p\mathrm{d}V$$

由理想气体状态方程

$$pV = RT$$

代入运算

$$S_2 - S_1 = \int_{V_0}^{2V_0} p\mathrm{d}V/T = \int_{V_0}^{2V_0} R\mathrm{d}V/V = R\ln 2$$

这样求出的气体的熵的改变就等于绝热自由膨胀中该气体的熵的改变。

六、基础训练

（一）选择题

1. 1mol 的单原子分子理想气体从状态 A 变为状态 B，如果不知是什么气体，变化过程也不知道，但 A、B 两态的压强、体积和温度都知道，则可求出（　　）。

（A）气体所做的功　　（B）气体热力学能的变化

（C）气体传给外界的热量　　（D）气体的质量

2. 一定量的某种理想气体起始温度为 T，体积为 V，该气体在下面循环过程中经过三个平衡过程：（1）绝热膨胀到体积为 $2V$；（2）等体变化使温度恢复为 T；（3）等温压缩到原来体积 V。则此整个循环过程中（　　）。

（A）气体向外界放热　　（B）气体对外界做正功

（C）气体热力学能增加　　（D）气体热力学能减少

3. 如图 8-7 所示，一定量的理想气体经历 acb 过程时吸热 500J，则经历 $acbda$ 过程时，吸热为（　　）。

（A）-1200J　　（B）-700J

（C）-400J　　（D）700J

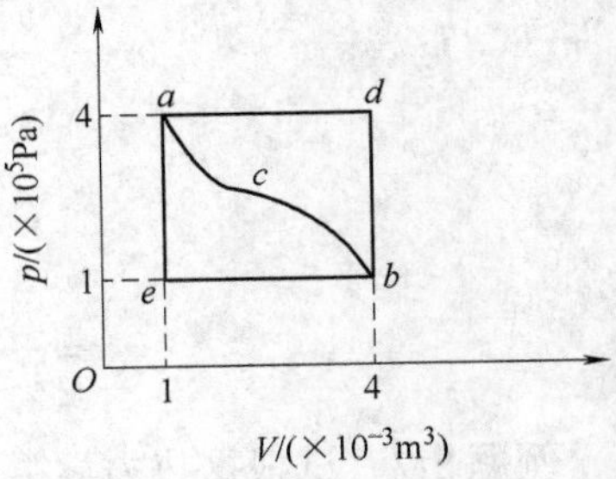

图　8-7

4. 一定量理想气体从体积 V_1，膨胀到体积 V_2 分别经历的过程是：$A \to B$ 等压过程，$A \to C$ 等温过程，$A \to D$ 绝热过程，其中吸热量最多的过程（　　）。

（A）是 $A \to B$　　（B）是 $A \to C$

（C）是 $A \to D$　　（D）既是 $A \to B$ 也是 $A \to C$，两过程吸热一样多

5. 对于室温下的双原子分子理想气体，在等压膨胀的情况下，系统对外所做的功与从外界吸收的热量之比 W/Q 等于（　　）。

（A）2/3　　（B）1/2　　（C）2/5　　（D）2/7

6. 如图 8-8 所示，一绝热密闭的容器，用隔板分成相等的两部分，左边盛有一定量的理想气体，压强为 p_0，右边为真空。今将隔板抽去，气体自由膨胀，当气体达到平衡时，气体的压强是（　　）。

（A）p_0　　（B）$p_0/2$　　（C）$2^{\gamma}p_0$　　（D）$p_0/2^{\gamma}$

7. 如果卡诺热机的循环曲线所包围的面积从图 8-9 中的 $abcda$ 增大为 $ab'c'da$，那么循环

$abcda$ 与 $ab'c'da$ 所做的净功和热机效率变化情况是（　　）。

（A）净功增大，效率提高　　（B）净功增大，效率降低

（C）净功和效率都不变　　（D）净功增大，效率不变

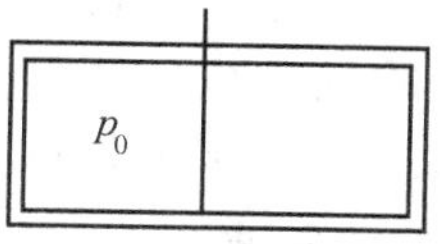

图　8-8

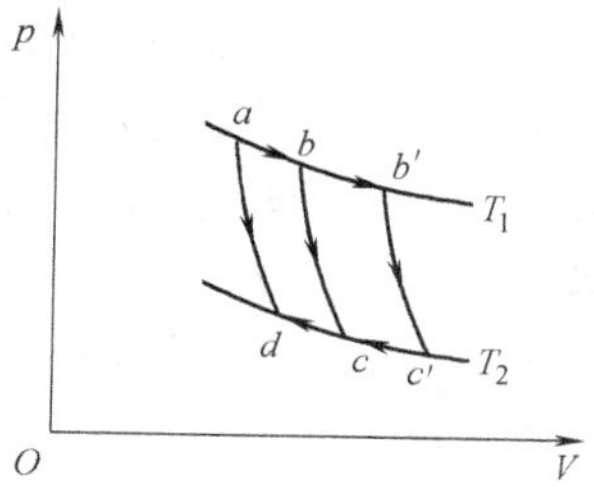

图　8-9

8. 设高温热源的热力学温度是低温热源热力学温度的 n 倍，则理想气体在一次卡诺循环中，传给低温热源的热量是从高温热源吸取热量的（　　）。

（A）n 倍　　（B）$n-1$ 倍　　（C）$\frac{1}{n}$倍　　（D）$\frac{n+1}{n}$倍

9. 关于可逆过程和不可逆过程的判断：

（1）可逆热力学过程一定是准静态过程；

（2）准静态过程一定是可逆过程；

（3）不可逆过程就是不能向相反方向进行的过程；

（4）凡有摩擦的过程，一定是不可逆过程。

以上四种判断，其中正确的是（　　）。

（A）（1）、（2）、（3）　　（B）（1）、（2）、（4）

（C）（2）、（4）　　（D）（1）、（4）

10. 一定量的气体作绝热自由膨胀，设其热力学能增量为 ΔE，熵增量为 ΔS，则应有（　　）。

（A）$\Delta E<0$，$\Delta S=0$　　（B）$\Delta E<0$，$\Delta S>0$

（C）$\Delta E=0$，$\Delta S=0$　　（D）$\Delta E=0$，$\Delta S>0$

（二）填空题

11. 一气缸内储有 10mol 的单原子分子理想气体，在压缩过程中外界做功 209J，气体升温 1K，此过程中气体热力学能增量为__________，外界传给气体的热量为__________。

12. 一定量的理想气体，从 A 状态（$2p_1$，V_1）经历如图 8-10 所示的直线过程变到 B 状态（p_1，$2V_2$），则 AB 过程中系统做功 $W=$__________，内能改变 $\Delta E=$__________。

13. 一定量的某种理想气体在等压过程中对外做功为 200J。若此种气体为单原子分子气体，则该过程中需吸热__________ J；若为双原子分子气体，则需吸热__________ J。

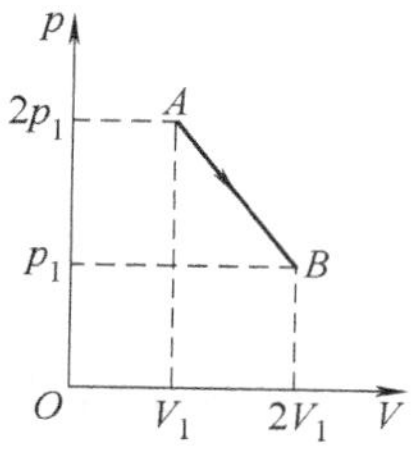

图　8-10

14. 给定的理想气体（摩尔热容比 γ 为已知），从标准状态（p_0、V_0、T_0）开始，作绝热膨胀，体积增大到 3 倍，膨胀后的温度 $T=$__________，压强 $p=$__________。

15. 有 1mol 的刚性双原子分子理想气体，在等压膨胀过程中对外

做功 W，则其温度变化 $\Delta T=$__________，从外界吸取的热量 $Q_p=$__________。

16. 有一卡诺热机，用290g空气为工作物质，工作在27℃的高温热源与 -73℃的低温热源之间，此热机的效率 $\eta=$__________。若在等温膨胀过程中气缸体积增大到2.718倍，则此热机每一循环所做的功为__________。（空气的摩尔质量为 29×10^{-3}kg/mol）

17. 可逆卡诺热机可以逆向运转。逆向循环时，从低温热源吸热，向高温热源放热，而且吸收的热量和放出的热量等于它正循环时向低温热源放出的热量和从高温热源吸收的热量。设高温热源的温度为 $T_1=450$K，低温热源的温度为 $T_2=300$K，卡诺热机逆向循环时从低温热源吸热 $Q_2=400$J，则该卡诺热机逆向循环一次外界必须做功 $W=$__________。

（三）计算题

18. 温度为25℃、压强为1atm的1mol刚性双原子分子理想气体，经等温过程体积膨胀至原来的3倍。(1) 计算这个过程中气体对外所做的功。(2) 假若气体经绝热过程体积膨胀为原来的3倍，那么气体对外所做的功又是多少？

19. 一定量的单原子分子理想气体，从初态 A 出发，沿图8-11所示的直线过程变到另一状态 B，又经过等容、等压两过程回到状态 A。求：(1) $A\to B$、$B\to C$、$C\to A$ 各过程中系统对外所做的功、热力学能的增量以及所吸收的热量。(2) 整个循环过程中系统对外所做的总功以及从外界吸收的总热量（过程吸热的代数和）。

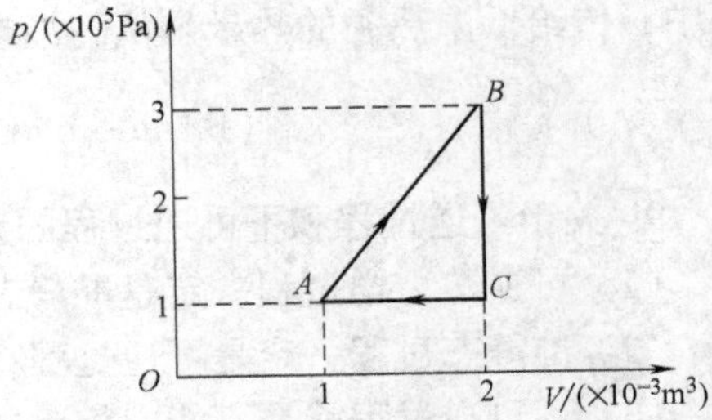

图　8-11

20. 气缸内有一种刚性双原子分子的理想气体，若经过准静态绝热膨胀后气体的压强减少了一半，则变化前、后气体的热力学能之比 $E_1:E_2=$?

21. 某理想气体在 p-V 图上等温线与绝热线相交于 A 点，如图8-12所示。已知 A 点的压强 $p_1=2\times10^5$ Pa，体积 $V_1=0.5\times10^{-3}\,\mathrm{m}^3$，而且 A 点处等温线斜率与绝热线斜率之比为0.714。现使气体从 A 点绝热膨胀至 B 点，其体积 $V_2=1\times10^{-3}\,\mathrm{m}^3$：求：(1) B 点处的压强；(2) 在此过程中气体对外做的功。

22. 一定量的理想气体经历如图8-13所示的循环过程，$A\to B$ 和 $C\to D$ 是等压过程，$B\to C$ 和 $D\to A$ 是绝热过程。已知：$T_C=300$K，$T_B=400$K。试求：此循环的效率。

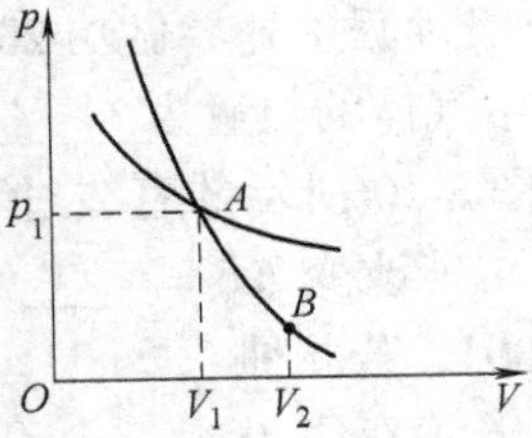

图　8-12

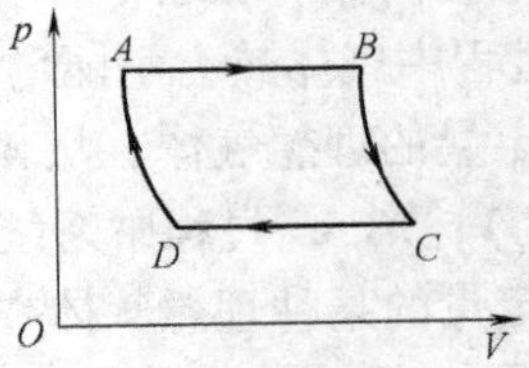

图　8-13

23. 如图8-14所示，$abcda$ 为1mol单原子分子理想气体的循环过程，求：(1) 气体循环一次，在吸热过程中从外界吸收的总热量；(2) 气体循环一次对外做的净功；(3) 证明：在 a、b、c、d 四态，气体的温度有 $T_aT_c=T_bT_d$。

24. 试证明 1mol 刚性分子理想气体作等压膨胀时，若从外界吸收的热量为 Q，则其气体分子平均动能的增量为 $Q/(\gamma N_A)$，式中 γ 为比热容比，N_A 为阿伏加德罗常数。

25. 以氢（视为刚性分子的理想气体）为工作物质进行卡诺循环，如果在绝热膨胀时末态的压强 p_2 是初态压强 p_1 的一半，求循环的效率。

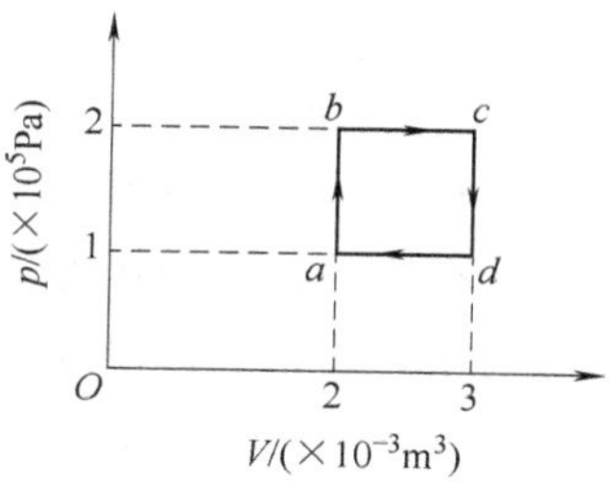

图　8-14

七、自测提高

（一）选择题

1. 质量一定的理想气体，从相同状态出发，分别经历等温过程、等压过程和绝热过程，使其体积增加 1 倍，那么气体温度的改变（绝对值）在（　　）。

（A）绝热过程中最大，等压过程中最小　（B）绝热过程中最大，等温过程中最小

（C）等压过程中最大，绝热过程中最小　（D）等压过程中最大，等温过程中最小

2. 一定量理想气体经历的循环过程用 V-T 曲线表示，如图 8-15 所示。在此循环过程中，气体从外界吸热的过程是（　　）。

（A）$A \to B$　（B）$B \to C$　（C）$C \to A$　（D）$B \to C$ 和 $B \to C$

3. 一定量的理想气体，分别经历如图 8-16a 所示的 abc 过程（图中虚线 ac 为等温线）和图 8-16b 所示的 def 过程（图中虚线 df 为绝热线）。判断这两种过程是吸热还是放热（　　）。

（A）abc 过程吸热，def 过程放热　（B）abc 过程放热，def 过程吸热

（C）abc 过程和 def 过程都吸热　（D）abc 过程和 def 过程都放热

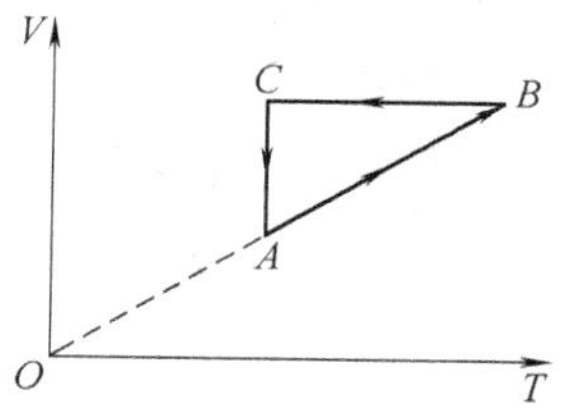

图　8-15

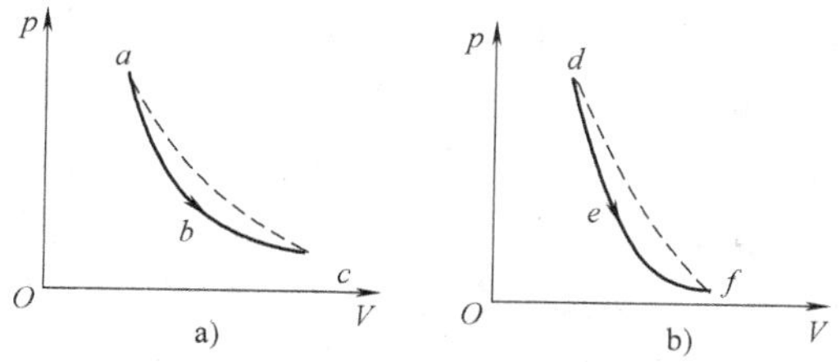

图　8-16

4. 用下列两种方法：

（1）使高温热源的温度 T_1 升高 ΔT;

（2）使低温热源的温度 T_2 降低同样的值 ΔT，分别可使卡诺循环的效率升高 $\Delta\eta_1$ 和 $\Delta\eta_2$，两者相比，有（　　）。

（A）$\Delta\eta_1 > \Delta\eta_2$　（B）$\Delta\eta_1 < \Delta\eta_2$

（C）$\Delta\eta_1 = \Delta\eta_2$　（D）无法确定哪个大

5. 有两个相同的容器，容积固定不变，一个盛有氨气，另一个盛有氢气（看成刚性分子的理想气体），它们的压强和温度都相等，现将 5J 的热量传给氢气，使氢气温度升高，如果使氨气也升高同样的温度，则应向氨气传递热量是（　　）。

（A）6J　（B）5J　（C）3J　（D）2J

6. 有人设计一台卡诺热机（可逆的），每循环一次可从 400K 的高温热源吸热 1800J，向 300K 的低温热源放热 800J，同时对外做功 1000J，这样的设计是（　　）。

（A）可以的，符合热力学第一定律

（B）可以的，符合热力学第二定律

（C）不行的，卡诺循环所做的功不能大于向低温热源放出的热量

（D）不行的，这个热机的效率超过理论值

7. 气缸中有一定量的氮气（视为刚性分子理想气体），经过绝热压缩，使其压强变为原来的 2 倍，则气体分子的平均速率变为原来的（　　）倍。

（A）$2^{2/5}$　　（B）$2^{2/7}$　　（C）$2^{1/5}$　　（D）$2^{1/7}$

8. 设有以下一些过程：

（1）两种不同气体在等温下互相混合。

（2）理想气体在等体下降温。

（3）液体在等温下汽化。

（4）理想气体在等温下压缩。

（5）理想气体绝热自由膨胀。

在这些过程中，使系统的熵增加的过程是（　　）。

（A）（1）、（2）、（3）　　（B）（2）、（3）、（4）

（C）（3）、（4）、（5）　　（D）（1）、（3）、（5）

（二）填空题

9. 有 1mol 刚性双原子分子理想气体，在等压膨胀过程中对外做功 A，则其温度变化 $\Delta T=$________；从外界吸取的热量 $Q_p=$________。

10. 一定量的理想气体，从 p-V 图上状态 A 出发，分别经历等压、等温、绝热三种过程由体积 V_1 膨胀到体积 V_2，试画出这三种过程的 p-V 图曲线。在上述三种过程中：（1）气体对外做功最大的是________过程；（2）气体吸热最多的是________过程。

11. 有 νmol 理想气体，作如图 8-17 所示的循环过程 $acba$，其中 acb 为半圆弧，$b\to a$ 为等压线，$p_c=2p_a$。令气体进行 $a\to b$ 的等压过程时吸热 Q_{ab}，则在此循环过程中气体净吸热量 Q________ Q_{ab}。（填入“>”、“<”或“=”）

12. 如图 8-18 所示，绝热过程 AB 和 CD、等温过程 DEA、任意过程 BEC 组成一循环过程。若图中 ECD 所包围的面积为 70J，EAB 所包围的面积为 30J，DEA 过程中系统放热 100J，则：（1）整个循环过程（$ABCDEA$）系统对外做功为________；（2）BEC 过程中系统从外界吸热为________。

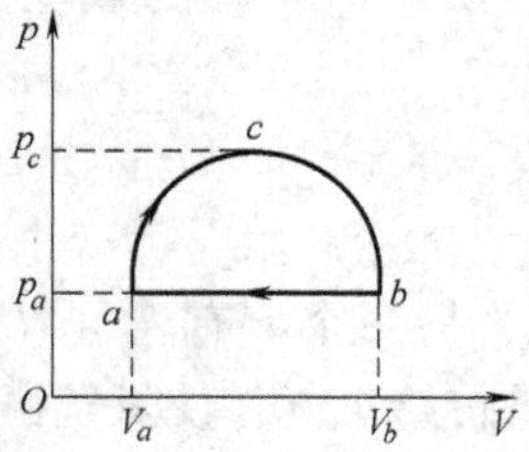

图　8-17

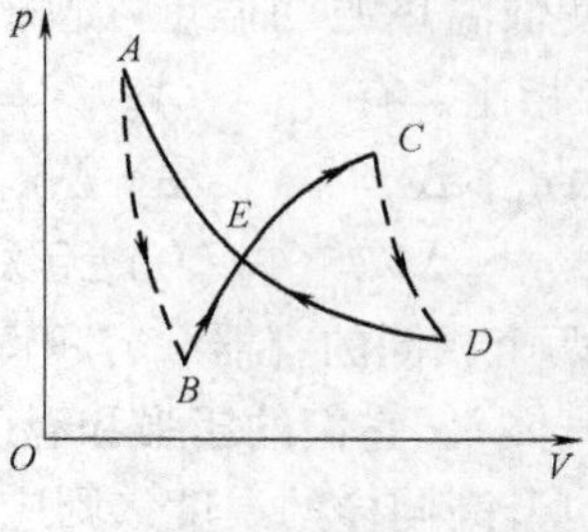

图　8-18

13. 如图8-19所示，温度为 T_0、$2T_0$、$3T_0$ 三条等温线与两条绝热线围成三个卡诺循环：（1）*abcda*、（2）*dcefd*、（3）*abefa*，则其效率分别为 η_1 ________、η_2 ________、η_3 ________。

14. 如图8-20已知图中画不同斜线的两部分的面积分别为 S_1 和 S_2，那么

（1）如果气体的膨胀过程为 $a—1—b$，则气体对外做功 $A=$________；

（2）如果气体进行 $a—2—b—1—a$ 的循环过程，则它对外做功 $A=$________。

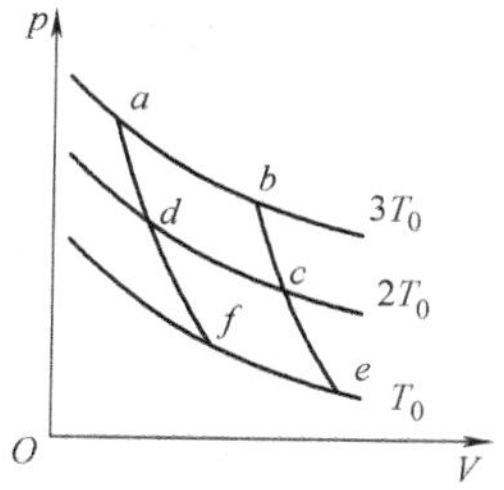

图　8-19

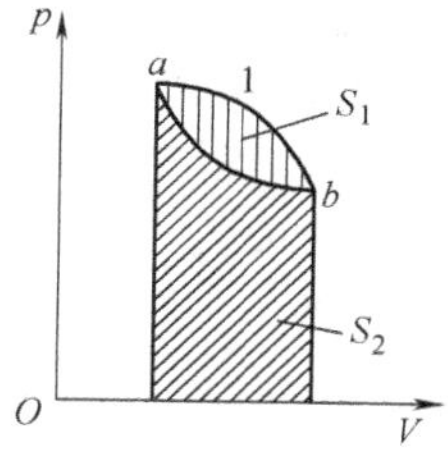

图　8-20

15. 图8-21为一理想气体几种状态变化过程的 *p-V* 图，其中 *MT* 为等温线，*MQ* 为绝热线，在 *AM*、*BM*、*CM* 三种准静态过程中：

（1）温度降低的是____________过程；

（2）气体放热的是____________过程。

16. 一定量的理想气体，在 *p-T* 图上经历一个如图8-22所示的循环过程（$a\to b\to c\to d\to a$），其中 $a\to b$，$c\to d$ 两个过程是绝热过程，则该循环的效率 $\eta=$____________。

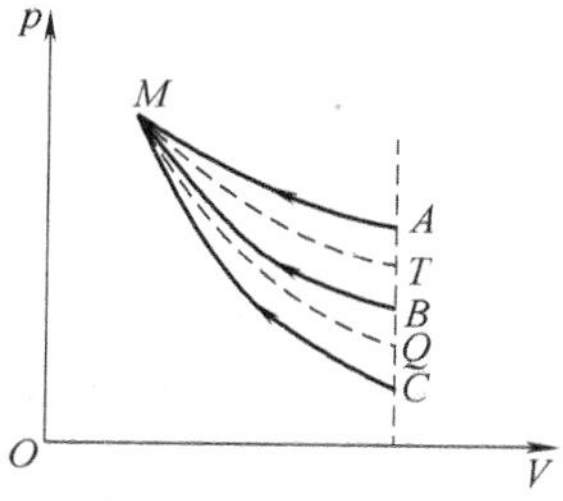

图　8-21

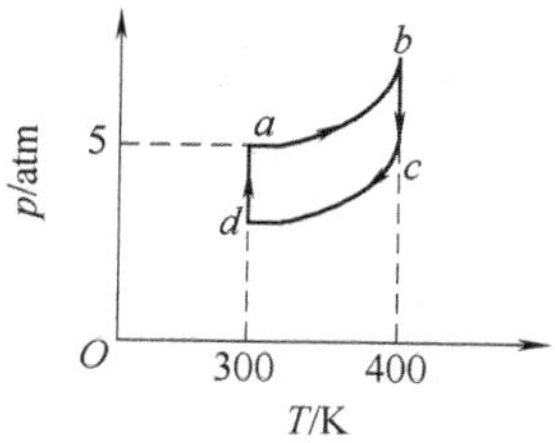

图　8-22

（三）计算题

17. 1mol 氦气作如图8-23所示的可逆循环过程，其中 *ab* 和 *cd* 是绝热过程，*bc* 和 *da* 为等体过程，已知 $V_1=16.4\text{L}$，$V_2=32.8\text{L}$，$p_a=1\text{atm}$，$p_b=3.18\text{atm}$，$p_c=4\text{atm}$，$p_d=1.26\text{atm}$，试求：

（1）在各态氦气的温度；

（2）在各态氦气的内能；

（3）在一循环过程中氦气所做的净功。

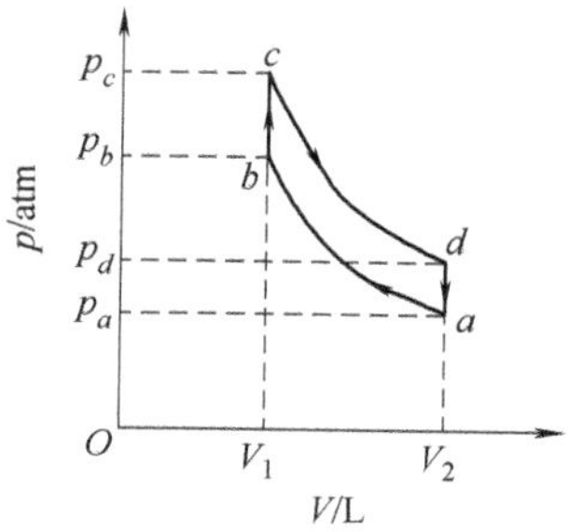

图　8-23

18. 气缸内储有36g水蒸气（视为刚性分子理想气体），经 *abcda* 循环过程如图8-24所示，其中 *a-b*、*c-d* 为等体过程，*b-c* 为等温过程，*d-a* 为等压过程。试求：（1）*d-a* 过程中水蒸气所做的功 A_{da}；（2）*a-b* 过程中水蒸气热力学能的增量 ΔE_{ab}；

(3) 循环过程水蒸气所做的净功 A；(4) 循环效率 η。

19. 如果一定量的理想气体，其体积和压强依照 $V=a/\sqrt{p}$ 的规律变化，其中 a 为已知常量。试求：(1) 气体从体积 V_1 膨胀到 V_2 所做的功；(2) 气体体积为 V_1 时的温度 T_1 与体积为 V_2 时的温度 T_2 之比。

20. 1mol 单原子分子的理想气体，经历如图 8-25 所示的可逆循环，连接 a、c 两点的曲线Ⅲ的方程为 $p=p_0V^2/V_0^2$，a 点的温度为 T_0。

(1) 试以 T_0、摩尔气体常数 R 表示Ⅰ、Ⅱ、Ⅲ过程中气体吸收的热量。

(2) 求此循环的效率。

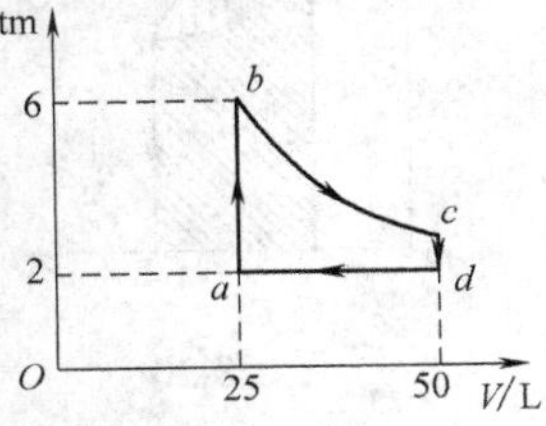

图　8-24

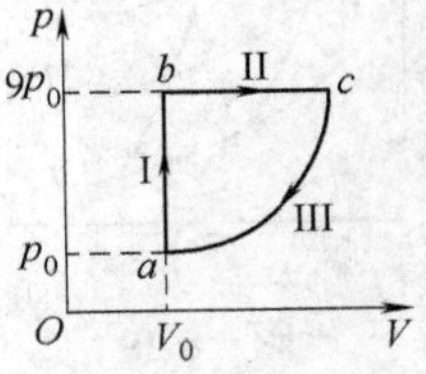

图　8-25

21. 两端封闭的水平气缸，被一可动活塞平分为左、右两室，如图 8-26 所示。每室体积均为 V_0，其中盛有温度相同、压强均为 p_0 的同种理想气体。现保持气体温度不变，用外力缓慢移动活塞（忽略摩擦），使左室气体的体积膨胀为右室的 2 倍，问外力必须做多少功？

22. 理想气体分别经等温过程和绝热过程由体积 V_1 膨胀到 V_2。

(1) 用过程方程证明绝热线比等温线陡些。

(2) 用分子运动论的观点说明绝热线比等温线陡的原因。

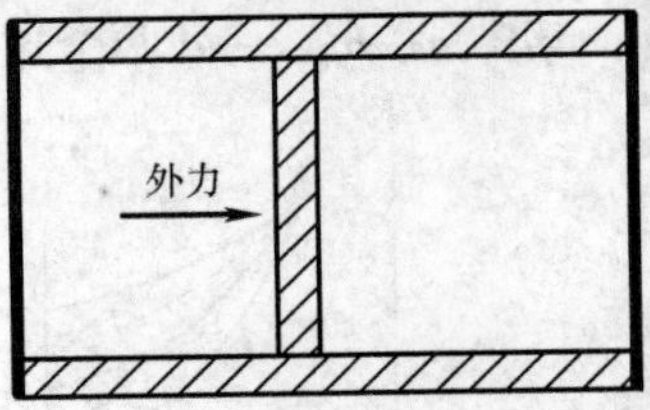

图　8-26

23. 试证明 2mol 的氦气和 3mol 的氧气组成的混合气体在绝热过程中也有 $pV^{\gamma}=C$，而 $\gamma=31/21$。(氧气、氦气以及它们的混合气均看作理想气体)

24. 已知 1mol 单原子分子理想气体，开始时处于平衡状态，现使该气体经历等温过程（准静态过程）压缩到原来体积的一半，求气体的熵的改变。

第三篇　电场与磁场

第九章　真空中的静电场

本章从静电场的基本规律——库仑定律出发，导出了两条基本定理——高斯定理和静电场的环路定理，它们分别反映静电场的不同侧面的性质，只有将两者结合起来，才能全面反映静电场的性质。

引入两个物理量——电场强度 $\boldsymbol{E}$ 和电势 V 来描述静电场的分布。前者是矢量，是根据电荷受力的特性引入的；后者是标量，根据静电场力做功的特性引入。两者之间满足微分和积分的关系。

一、知识框架

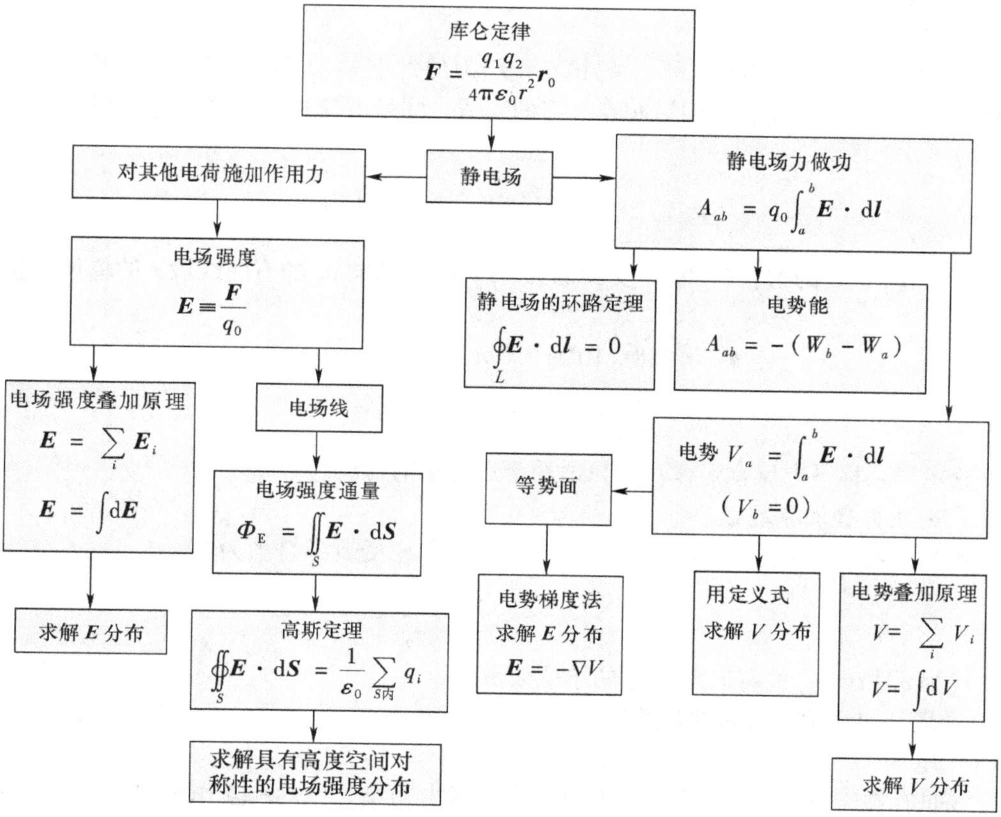

二、知识要点

1. 电荷

物体经过摩擦后具有吸引轻微物体的性质，于是称物体带了电荷。电荷的基本性质有以下几个方面。

（1）种类

电荷有两种，即正电荷和负电荷。电荷之间存在作用力，同种电荷相互排斥，异种电荷相互吸引。

（2）量子性

电荷量的取值 q 是量子化的。1913 年密立根油滴实验测得，$e=1.6\times10^{-19}\text{C}$，则 $q=ne$。

（3）电荷守恒定律

对一个系统而言，无论发生什么物理过程，如果没有与外界交换电荷，那么该系统内正、负电荷的代数和保持不变。

2. 库仑定律

库仑定律是描述两个点电荷间相互作用的基本规律。

（1）点电荷

点电荷是理想模型。当带电体本身的线度远远小于它到其他带电体（或观测点）的距离时，该带电体可抽象为点电荷。

（2）库仑定律

真空中两个静止点电荷 q_1 和 q_2 的相互作用力的大小与 q_1 和 q_2 的乘积成正比，与它们之间距离 r 的平方成反比，方向沿两点电荷的连线，同号电荷相斥，异号电荷相吸，其数学表达式为

$$\boldsymbol{F}_{21}=-\boldsymbol{F}_{12}=k\frac{q_1q_2}{r^2}\boldsymbol{r}_0=\frac{1}{4\pi\varepsilon_0}\frac{q_1q_2}{r^2}\boldsymbol{r}_0$$

其中，$\boldsymbol{F}_{21}$为 q_2 受到的力；$\boldsymbol{F}_{12}$为 q_1 受到的力；$\boldsymbol{r}_0$ 为 q_1 指向 q_2 的有向线段 $\boldsymbol{r}$ 的单位矢量。在 SI 制中，有

$$k=8.988\times10^9\approx9.0\times10^9\ (\text{N}\cdot\text{m}^2/\text{C}^2)$$

$$\varepsilon_0=\frac{1}{4\pi k}\approx8.85\times10^{-12}\text{C}^2/(\text{m}^2\cdot\text{N})$$

库仑定律又称平方反比定律，它只适用于点电荷的情况。

（3）电场力叠加原理

在点电荷系 q_1，q_2，…，q_i，…，q_n 中，点电荷 q_0 受到的合力为

$$\boldsymbol{F}=\sum_{i=1}^{n}\boldsymbol{F}_i=\sum_{i=1}^{n}\frac{1}{4\pi\varepsilon_0}\frac{q_0q_i}{r_i^2}\boldsymbol{r}_{i0}$$

其中，$\boldsymbol{r}_{i0}$为 q_i 指向 q_0 的有向线段 $\boldsymbol{r}_i$ 的单位矢量。

3. 电场、电场强度及其叠加原理

（1）电场

电场是存在于电荷周围空间的一种物质。电荷与电荷之间的相互作用是通过电场来传递

的。相对于观察者静止的电荷所产生的电场称为静电场。

静电场的基本性质有两条：

1）对引入其中的任意其他电荷有作用力，称为电场力。

2）电荷在其中运动时，电场力要对它做功。

（2）电场强度 $\boldsymbol{E}$

1）定义式：试验电荷 q_0 所受到的电场力 $\boldsymbol{F}$ 与 q_0 之比，$\boldsymbol{E}$ 的大小与单位试验电荷在该点所受到的电场力等值，它的方向为正电荷在该点的受力方向。其数学表达式为

$$\boldsymbol{E} \equiv \frac{\boldsymbol{F}}{q_0}$$

2）物理意义：电场强度是描述静电场中某点电场性质的物理量，与该点是否存在试验电荷无关；$\boldsymbol{E}$ 是矢量场，是空间场点坐标的函数。

（3）电场强度叠加原理

在点电荷产生的电场中，某点的电场强度等于各个点电荷单独存在时在该点产生的电场强度的矢量和。

$$\boldsymbol{E} = \boldsymbol{E}_1 + \boldsymbol{E}_2 + \cdots + \boldsymbol{E}_n = \sum_{i=1}^{n} \boldsymbol{E}_i$$

4. 用电场强度叠加原理计算 $\boldsymbol{E}$ 的分布

（1）点电荷的电场强度

$$\boldsymbol{E} = \frac{\boldsymbol{F}}{q_0} = \frac{1}{4\pi\varepsilon_0}\frac{q}{r^2}\boldsymbol{r}_0$$

（2）点电荷系的电场强度

$$\boldsymbol{E} = \sum_i \boldsymbol{E}_i = \sum_i \frac{1}{4\pi\varepsilon_0}\frac{q_i}{r_i^2}\boldsymbol{r}_{i0}$$

式中，$\boldsymbol{r}_{i0}$ 为 q_i 指向场点的有向线段 $\boldsymbol{r}_i$ 的单位矢量。

（3）电荷连续分布带电体的电场强度

$$\mathrm{d}\boldsymbol{E} = \frac{\mathrm{d}q}{4\pi\varepsilon_0 r^2}\boldsymbol{r}_0$$

$$\boldsymbol{E} = \int \mathrm{d}\boldsymbol{E} = \int \frac{\mathrm{d}q}{4\pi\varepsilon_0 r^2}\boldsymbol{r}_0$$

式中，$\boldsymbol{r}_0$ 为电荷元 $\mathrm{d}q$ 指向场点的有向线段的单位矢量。

5. 带电体在电场中的受力

1）点电荷 q 在电场 $\boldsymbol{E}$ 中受力 $\boldsymbol{F} = q\boldsymbol{E}$

2）电偶极子在电场 $\boldsymbol{E}$ 中受到的力矩

$$\boldsymbol{M} = q\boldsymbol{l} \times \boldsymbol{E} = \boldsymbol{p}_\mathrm{e} \times \boldsymbol{E}$$

式中，$\boldsymbol{l}$ 为从 $-q$ 指向 q 的有向线段，称为电偶极臂；$\boldsymbol{p}_\mathrm{e} = q\boldsymbol{l}$ 称为电偶极矩。

3）电荷连续分布的带电体在电场 $\boldsymbol{E}$ 中受的力

$$\boldsymbol{F} = \int_{(\text{带电体})} \boldsymbol{E}\mathrm{d}q$$

式中，$\boldsymbol{E}$ 是 $\mathrm{d}q$ 所在处的电场强度。

6. 电场线、电通量、真空中静电场的高斯定理

（1）电场线

电场线是直观描述电场分布的一组空间曲线。曲线上任一点的切线方向表示该点电场强度的方向；曲线的疏密程度表示该处电场强度的大小。

（2）电通量 $\Phi_e = \iint_S \boldsymbol{E} \cdot d\boldsymbol{S}$

1）电通量可以形象地理解为，穿过电场中某一曲面 S 的电场线的根数。

2）电通量是标量，其正负取决于 $\boldsymbol{E}$ 与 $d\boldsymbol{S}$ 的夹角 θ。对于封闭曲面，规定 $d\boldsymbol{S}$ 的方向为面元的外法线方向。则当电场线从面内向外穿出时电通量为正，电场线从面外穿进时电通量为负。

（3）真空中静电场的高斯定理

在真空中，穿过任一封闭曲面 S 的电通量等于该封闭曲面所包围的电荷量的代数和除以 ε_0，即

$$\oiint_S \boldsymbol{E} \cdot d\boldsymbol{S} = \frac{1}{\varepsilon_0}\sum_{S内} q_i$$

如果电荷分布是连续的，则需用积分来计算电荷量的代数和。高斯定理表明，静电场是有源场，电荷是产生静电场的标量源。

7. 利用高斯定理求解电场强度分布

（1）适用条件

带电体及其电场的分布必须具有高度对称性，如球对称、轴对称和平面对称等。

（2）典型带电体的电场强度分布

1）均匀带电球面（半径 R、总电荷量 Q、r 为场点到球心的距离，$\boldsymbol{r}_0$ 为球心到场点的有向线段的单位矢量）

$$\boldsymbol{E} = \begin{cases} 0 & (r<R) \\ \dfrac{Q}{4\pi\varepsilon_0 r^2}\boldsymbol{r}_0 & (r>R) \end{cases}$$

2）均匀带电球体（半径 R、总电荷量 Q、体密度为 ρ、场点到球心的距离 r）

$$\boldsymbol{E} = \begin{cases} \dfrac{\rho \boldsymbol{r}}{3\varepsilon_0} & (r<R) \\ \dfrac{Q}{4\pi\varepsilon_0 r^2}\boldsymbol{r}_0 & (r\geqslant R) \end{cases}$$

3）均匀带电无限长直线（线密度为 λ、r 为场点到直线的垂直距离、$\boldsymbol{r}_0$ 为过场点垂直直线的平面上，从直线与平面的交点指向场点的有向线段的单位矢量）

$$\boldsymbol{E} = \frac{\lambda}{2\pi\varepsilon_0 r}\boldsymbol{r}_0$$

4）均匀带电无限长圆柱面（半径为 R、线密度为 λ、r 为场点到轴线的垂直距离）

$$\boldsymbol{E} = \begin{cases} 0 & (r<R) \\ \dfrac{\lambda}{2\pi\varepsilon_0 r}\boldsymbol{r}_0 & (r>R) \end{cases}$$

5）均匀带电无限长圆柱体（半径为 R、线密度为 λ、r 为场点到轴线的垂直距离）

$$\boldsymbol{E} = \begin{cases} \dfrac{\lambda \boldsymbol{r}}{2\pi\varepsilon_0 R^2} & (r<R) \\ \dfrac{\lambda}{2\pi\varepsilon_0 r}\boldsymbol{r}_0 & (r\geqslant R) \end{cases}$$

6）均匀带电无限大平面（面电荷密度为 σ）的电场强度的大小

$$E = \frac{\sigma}{2\varepsilon_0}$$

7）两无限大带等量异号电荷的平面间的电场强度的大小

$$E = \frac{\sigma}{\varepsilon_0}$$

8. 静电场力做功、静电场的环路定理、电势能、电势

（1）静电场力做功

点电荷 q 在静电场 $\boldsymbol{E}$ 中从 a 点移动到 b 点，电场力所做的功为

$$A_{ab} = q\int_a^b \boldsymbol{E}\cdot \mathrm{d}\boldsymbol{l}$$

此功仅决定于始末位置而与路径无关，所以静电场力是保守力，静电场是保守场。

（2）静电场的电场强度环路定理

$$\oint_L \boldsymbol{E}\cdot \mathrm{d}\boldsymbol{l} = 0$$

环路定理表明静电场是保守场。

（3）电势能

电荷 q_0 处在电场中某点 P 时，系统的电势能等于将 q_0 从该点移至电势能零点处电场力所做的功，即

$$W_P \equiv A_{P\to\text{电势能零点的位置}} = q_0\int_P^{\text{电势能零点的位置}} \boldsymbol{E}\cdot \mathrm{d}\boldsymbol{l}$$

显然，电势能的数值与电势能零点位置的选取有关。

处在电场 $\boldsymbol{E}$ 中的点电荷 q_0 从 P 点移动到 Q 点，系统电势能的变化为

$$W_Q - W_P \equiv -A_{PQ} = -q_0\int_P^Q \boldsymbol{E}\cdot \mathrm{d}\boldsymbol{l} = q_0\int_Q^P \boldsymbol{E}\cdot \mathrm{d}\boldsymbol{l}$$

可见，当电场力做正功时，系统的电势能减少；当电场力做负功时，系统的电势能增加。电势能的变化与零点位置的选取无关。

（4）电势

1）定义式：电势能与 P 点试验电荷的电荷量之比，在数值上等于将单位正电荷从该点移至电势能零点位置（即电势零点）的过程中电场力所做的功，即

$$V_P \equiv \frac{W_P}{q_0} = \int_P^{\text{电势零点的位置}} \boldsymbol{E}\cdot \mathrm{d}\boldsymbol{l}$$

2）物理意义：电势是描述静电场中某点电场性质的物理量；V 是标量场，是空间场点坐标的函数。

3）电势的数值与电势零点位置的选取有关。

4）电势差 $U_{PQ} = V_P - V_Q = \dfrac{W_P - W_Q}{q_0} = \displaystyle\int_P^Q \boldsymbol{E}\cdot \mathrm{d}\boldsymbol{l}$。电势差与零点位置的选取无关。

（5）电势能、电场力做功的计算

$$W_P = qV_P$$

$$A_{PQ} = q\int_P^Q \boldsymbol{E}\cdot \mathrm{d}\boldsymbol{l} = q(V_P - V_Q)$$

(6) 典型带电体的电势公式（设无限远处电势为零）

点电荷（r 为场点到点电荷的距离） $V=\dfrac{q}{4\pi\varepsilon_0 r}$

均匀带电球面（半径 R、总电荷量 Q、r 为场点到球心的距离）

$$V=\begin{cases}\dfrac{Q}{4\pi\varepsilon_0 R} & (r\leqslant R)\\[2ex] \dfrac{Q}{4\pi\varepsilon_0 r} & (r>R)\end{cases}$$

(7) 电势的叠加原理

$$V=\sum_i V_i$$

一个电荷系统激发的电场中任一点的电势等于每一个带电体单独存在时在该点所产生电势的代数和。

设无限远处电势为零，则点电荷系的电势

$$V=\sum_i \frac{q_i}{4\pi\varepsilon_0 r_i}$$

电荷连续分布的带电体的电势 $V=\displaystyle\int_{(\text{带电体})}\frac{\mathrm{d}q}{4\pi\varepsilon_0 r}$

式中，r 为场点到电荷元 $\mathrm{d}q$ 的距离。

9. 电场强度与电势的关系

(1) 等势面

等势面是电场中电势相等的点连成的曲面。电场线与等势面处处垂直，电场线指向电势下降的方向。

(2) 积分关系

即前面提到过的电势定义式

$$V_P=\int_P^{\text{电势零点的位置}}\boldsymbol{E}\cdot\mathrm{d}\boldsymbol{l}$$

(3) 微分关系

电场中某点的电场强度等于该点电势梯度的负值

$$\boldsymbol{E}=-\nabla V$$

故电场强度在直角坐标系三个坐标轴上的投影式分别为

$$E_x=-\frac{\partial V}{\partial x},\ E_y=-\frac{\partial V}{\partial y},\ E_z=-\frac{\partial V}{\partial z}$$

三、概 念 辨 析

1. 点电荷是严格的几何点吗？“无限大”带电体的尺寸是无限大吗？

【答】 “点电荷”、“无限大”或“无限长”带电体都是电学中抽象出来的理想模型。实际上，带电体都是有限大的，有大小和形状，但在理论上研究它们激发的电场时，常根据不同的情况，将它们简化为不同的模型，以突出主要的物理思想。例如，一根长为 L 的带电直线，当考察的场点与带电体之间的距离远大于带电体自身的大小时，带电体就显得很渺小了，它的尺寸和形状完全可以忽略不计，而将其视为“点电荷”；当研究的场点区域靠近直线中部且场点到直线的距离远小于直线的长度时，这时，可把它近似为“无限长”直线来处理。

2. 一个点电荷所在处的电场强度是多少？均匀带电球面在面上的电场强度是多少？

【答】　根据点电荷电场强度公式 $\boldsymbol{E}=\frac{1}{4\pi\varepsilon_0}\frac{q}{r^2}\boldsymbol{r}_0$，似乎有 $r\to0$ 时，$\boldsymbol{E}\to\infty$。这是没有物理意义的。点电荷是一种理想模型，当 $r\to0$ 时，该带电体已不能再视为点电荷，所以点电荷的电场强度公式不适用了。此时，必须考虑带电体的大小及电荷分布，才能求出电场强度。

同理，对于均匀带电球面，当 $r\to R$（球面半径）时，必须考虑电荷层的厚度及其分布。

3. 电场强度的定义式 $\boldsymbol{E}=\frac{\boldsymbol{F}}{q_0}$ 中，试探电荷 q_0 应满足什么条件？为什么必须满足这些条件？能否讲 $\boldsymbol{E}\propto\frac{1}{q_0}$？

【答】　试验电荷的尺寸应充分小，使得将它置于电场中时，它所占据的是空间的一个点，从而可以确定该点的电场的性质；其次，它的电荷量 q_0 也应该充分小，因为引入这个电荷，是为了研究和测量空间原来存在的电场的性质，若 q_0 太大，它的引入会使电场分布发生改变，从而改变了原来的研究对象。

认为 $E\propto\frac{1}{q_0}$ 是错误的，在电场强度的定义式 $\boldsymbol{E}=\frac{\boldsymbol{F}}{q_0}$ 中，若把试探电荷的电荷量增大到 n 倍，根据库仑定律，可知它所受到的力也增大到 n 倍，而 E 保持不变。因此，对于电场中的某一固定点，$\frac{\boldsymbol{F}}{q_0}$ 是一个无论大小和方向都与试探电荷无关的矢量，它反映的是电场本身的性质，我们称之为电场强度。

4. 真空中两个点电荷之间的相互作用力是否会因为其他一些电荷被移近而改变？

【答】　根据库仑定律，当两点电荷的电荷量不变时，其相互作用力仅与它们之间的距离有关。因此，有两种情况存在，第一，两个点电荷是固定的，则其他一些电荷的移近，不会改变它们之间的距离，其相互作用力也就不会改变；第二，若两个点电荷是可动的，则当其他电荷移近时，两个点电荷受到其他电荷的作用而移动，它们之间的距离有可能变化，从而其间的相互作用力也随之变化。

5. 把质量为 m 的点电荷 q 放在一电场中由静止释放，此电荷能否沿着电场线运动？

【答】　(1) 电场线为曲线时，静止电荷不沿电场线运动。因为若电荷沿电场线作曲线运动，就必然存在法向加速度，这就要求有法向力存在。但是，电场强度方向始终沿着电场线的切线方向，因而电荷 q 所受到的电场力也始终沿切线方向，它的法向分量为零，因此，运动电荷必然偏离弯曲的电力线。

(2) 当电场线为直线时，若不考虑重力影响，则静止电荷将沿着电场线运动；若考虑重力影响，只有当电场线沿铅直方向时，静止电荷才能沿着电场线运动。

6. 怎样理解高斯定理？

【答】　对于真空中的静电场，高斯定理的数学表示式为 $\oint_S\boldsymbol{E}\cdot\mathrm{d}\boldsymbol{S}=\frac{1}{\varepsilon_0}\sum_{S内}q_i$。

（1）闭合面 S 称为高斯面。穿过高斯面的电通量仅与面内电荷的代数和有关，但是，闭合面上各点的电场强度 $\boldsymbol{E}$ 是闭合面内、外所有电荷共同产生的总电场强度，不仅仅是高斯面内的电荷产生的电场强度。

（2）高斯定理说明静电场是有源场。由定理可知，若面内电荷的代数和大于零，则穿过高斯面的电通量就大于零，即意味着有电场线从面内净穿出；若面内电荷的代数和小于零，则穿过高斯面的电通量就小于零，即有电场线从面外净穿入，可见，电场线起始于正电荷，终止于负电荷。

（3）如果闭合面内电荷代数和为零，只能说明通过闭合面的电通量为零，而闭合面上各点 $\boldsymbol{E}$ 却不一定为零。

（4）高斯定理是静电场的基本定理之一，对任意的静电场和任意形状的闭合曲面都适用。但在应用高斯定理求电场强度时却要求：第一，电荷分布有高度对称性。第二，能找到合适的高斯面，使得用高斯定理能求出电场强度分布。

7. 电势零点的选择是完全任意的吗？

【答】 由定义来看，电势的数值是相对的，从这个意义上说，电势零点的选择完全是可以任意的。但是在理论研究中，经常用到一些抽象模型，如点电荷、“无限长”和“无限大”带电体等，在这种情形下，为了使电场中各点的电势有物理意义，具有确定的值，电势零点的选取就不能任意了。通常按如下原则选取电势的零点：

（1）带电体系局限在有限的空间里，如点电荷、带电球面、带电球体、有限长带电直线等，通常选取无穷远处作为电势零点。

（2）带电体无限大、电荷分布到无限远处，这种情况不能选无限远处作为电势零点，应选其他有物理意义的点。例如，无限大均匀带电平面，通常选带电平面本身的电势为零；无限长带电直线的电势零点除了不能选在无限远处，也不能选在自身上，只能选空间中的其他任意点。

（3）在实际工作中，常常以大地的电势作为电势零点。

8. 真空中有两个平行带电平板 A、B，相距为 d（很小），面积为 S，带电为 $+q$ 和 $-q$。对于两板间相互作用力的大小 F，以下两种求法是否正确？

（1）$F=\dfrac{1}{4\pi\varepsilon_0}\dfrac{q^2}{d^2}$；

（2）$F=Eq$，$E=\dfrac{\sigma}{\varepsilon_0}=\dfrac{q}{\varepsilon_0 S}$，所以 $F=\dfrac{q^2}{\varepsilon_0 S}$。

【答】 这两种求法都是错误的。

（1）$F=\dfrac{1}{4\pi\varepsilon_0}\dfrac{q^2}{d^2}$不成立，因为 d 很小时，带电板 A、B 不能视为点电荷，因而不能用点电荷间相互作用力的公式计算。

（2）这种算法中的 $E=\dfrac{\sigma}{\varepsilon_0}=\dfrac{q}{\varepsilon_0 S}$是两块板上的电荷产生的总电场强度。而两带电板间的相互作用力，即为两板上电荷间的相互作用力，应该是一板上电荷的电场对另一板上电荷的作用力，并非两板上电荷的总电场强度 $\boldsymbol{E}$ 对一个板上电荷的作用力，因此后一种计算也是错误的。

正确的算法是：在 B 板产生的电场中，求 A 板受力时，可将其分割为很多电荷元 dq，任一电荷元 dq 的受力 $d\boldsymbol{F}=\boldsymbol{E}_B dq$，$\boldsymbol{E}_B$ 为 B 板在 dq 处的电场强度。由于 B 板在 A 板上各点电场强度方向相同，大小均为 $E_B=\dfrac{\sigma}{2\varepsilon_0}=\dfrac{q}{2\varepsilon_0 S}$，故 A 板所受合力的大小为

$$F=\int_{A板}E_B dq=E_B\int_{A板}dq=E_B q=\frac{q^2}{2\varepsilon_0 S}$$

9. 某空间在下述两种情况中，有没有电场存在？

（1）电场强度为零，但相对于无限远的电势不为零。

（2）相对于无限远的电势为零，但电场强度不为零。

【答】（1）电场强度为零，那么该空间内没有电场，但它相对于无限远处的电势可以不为零。例如均匀带电球面，内部空间的电场强度为零，内部空间是个等势区，但它的电势相对于无限远处并不为零。

（2）某空间电场强度不为零，那么在该区域内就必定有电场，但它相对于无限远处的电势是可以为零的。比如两个等量异号的点电荷的连线的中垂面上电势 $U=0$，但电场强度并不为零。

四、方法点拨

电场强度 $\boldsymbol{E}$ 和电势 U 的概念以及在给定带电体的电荷分布的条件下计算 $\boldsymbol{E}$ 和 U 的分布是本章讨论的重点内容。

1. 求解电场强度 E 分布的三种方法

（1）电场强度叠加法　　$\boldsymbol{E}=\int d\boldsymbol{E}$

该方法利用点电荷的电场强度公式和电场强度的矢量叠加原理来求解。基本思路是把带电体分割成无数的电荷元 dq，dq 可视为点电荷，根据电场强度叠加原理，电场中某场点的电场强度 $\boldsymbol{E}$ 为各个电荷元 dq 在该点产生的电场强度 $d\boldsymbol{E}$ 的矢量和。解题步骤如下：

1）将带电体分割成无数的电荷元 dq，根据电荷的分布情况，电荷元可以是线元、面元或体元，表示为

$$dq=\begin{cases}\lambda dl & (\lambda\ 为电荷线密度)\\ \sigma dS & (\sigma\ 为电荷面密度)\\ \rho dV & (\rho\ 为电荷体密度)\end{cases}$$

2）根据点电荷的电场强度公式，求出任一个电荷元 dq 在空间某场点 P 处产生的电场强度

$$d\boldsymbol{E}=\frac{1}{4\pi\varepsilon_0}\frac{dq}{r^2}\boldsymbol{r}_0$$

式中，r 为 dq 到 P 点的距离；$\boldsymbol{r}_0$ 为源点 dq 到场点 P 的有向线段的单位矢量。

3）建立坐标系，写出电场强度 $d\boldsymbol{E}$ 在各坐标轴上的分量，比如直角坐标系中的三个分量 dE_x、dE_y、dE_z。

4）根据电场强度叠加原理 $\boldsymbol{E}=\int d\boldsymbol{E}$，将此矢量积分分解为分量进行：

$$E_x = \int \mathrm{d}E_x$$

$$E_y = \int \mathrm{d}E_y$$

$$E_z = \int \mathrm{d}E_z$$

注意，积分要遍及整个带电体电荷分布的区域；一般不能写为 $E = \int \mathrm{d}E$。

5）最后求出 P 点的总电场强度 $\boldsymbol{E} = E_x\boldsymbol{i} + E_y\boldsymbol{j} + E_z\boldsymbol{k}$

$\boldsymbol{E}$ 的大小为 $E = \sqrt{E_x^2 + E_y^2 + E_z^2}$。

$\boldsymbol{E}$ 的方向可以用 $\boldsymbol{E}$ 与坐标轴的夹角表示（要注意角度的正确表示）。

需要指出，分割带电体的方式是很灵活的，利用已知的一些电场强度公式来分割带电体，往往可以简化计算过程。比如无限大均匀带电平面的电场强度可看成由无限多圆环的电场强度叠加而成，均匀带电的有限长直圆柱体的电场强度可看成由无限多的圆盘的电场强度叠加而成。这样取电荷元的好处是可以把二重或三重积分化为单重积分来做，使运算简化。

（2）高斯定理法 $\oint_S \boldsymbol{E} \cdot \mathrm{d}\boldsymbol{S} = \dfrac{1}{\varepsilon_0}\sum_{S内} q_i$

只有当场源的电荷分布具有高度对称性时，才可以利用高斯定理求解电场强度分布。利用此法时，关键在于选取合适的高斯面，使包含待求电场强度 $\boldsymbol{E}$ 的电通量 $\oint_S \boldsymbol{E} \cdot \mathrm{d}\boldsymbol{S}$ 容易算出。具体步骤如下：

1）分析电场的对称性。若电场强度分布具有球对称性（如均匀带电球面、均匀带电球体等）、轴对称性（如无限长均匀带电圆柱体、无限长均匀带电圆柱面和无限长均匀带电直线等）、平面对称性（如无限大均匀带电平面等），则可以用高斯定理求解。

2）选择适当的高斯面，使得在积分 $\oint_S \boldsymbol{E} \cdot \mathrm{d}\boldsymbol{S}$ 中，待求电场强度的值 E 能提到积分号外。应如何选取高斯面呢？第一，高斯面一定要通过待求场点；第二，使高斯面各部分的法线方向或者与 $\boldsymbol{E}$ 垂直，或者与 $\boldsymbol{E}$ 平行，或使高斯面上某一部分的 $\boldsymbol{E}$ 为零，另一部分的 $\boldsymbol{E}$ 相等；第三，高斯面的形状应比较简单，便于计算。

通常，当电场具有球对称性时，选取与带电球同心的球面为高斯面；电场具有轴对称性时，取同轴的柱面为高斯面；电场具有平面对称性时，取轴垂直于平面并与平面对称的柱面为高斯面。

3）求出高斯面内电荷的代数和 $\sum_{S内} q_i$，代入高斯定理的表示式 $\oint_S \boldsymbol{E} \cdot \mathrm{d}\boldsymbol{S} = \dfrac{1}{\varepsilon_0}\sum_{S内} q_i$ 中，求出电场强度的大小。最后，确定电场强度的方向。

（3）电势梯度法 $\boldsymbol{E} = -\nabla V$

已知电势的分布函数，利用求导的方法即可求出电场强度分布。步骤如下：

1）根据给定的电荷分布，用电势叠加的方法求出 V 分布。

2）在选定的坐标系中对 V 函数求偏导。比如在直角坐标系中，有

$$E_x = -\frac{\partial V}{\partial x},\quad E_y = -\frac{\partial V}{\partial y},\quad E_z = -\frac{\partial V}{\partial z}$$

在极坐标系中，有

$$E_r = -\frac{\partial V}{\partial r},\quad E_\theta = -\frac{1}{r}\frac{\partial V}{\partial \theta}$$

3）写出电场强度 $\boldsymbol{E}$ 的分布函数：$\boldsymbol{E} = E_x\boldsymbol{i} + E_y\boldsymbol{j} + E_z\boldsymbol{k}$ 或 $\boldsymbol{E} = E_r\boldsymbol{e}_r + E_\theta\boldsymbol{e}_\theta$

上述三种方法中，高斯定理法最为简便，但有局限性，只适用于电场具有高度对称性的情况。电场强度叠加法和电势梯度法没有局限性，对任意带电体都适用。但是，显然电势梯度法较为简单易算，因为电势是标量，而电场强度是矢量，标量叠加比矢量叠加要容易许多。

2. 求解电势分布的两种方法

（1）电势的定义式

$$V_P \equiv \int_P^{\text{电势零点的位置}} \boldsymbol{E} \cdot \mathrm{d}\boldsymbol{l}$$

当带电体激发的电场强度分布求出的情况下，通过积分可以求出电势分布。步骤如下：

1）根据给定的电荷分布，求出电场强度分布。

2）根据给定的电荷分布，确定电势零点的位置。

3）用电势的定义式进行积分计算。应注意两点：第一，上述积分与路径无关，所以选取积分路径时，要选取使积分计算尽量简便的路径；第二，若电场强度分布是分段函数，则积分必须分段进行。

（2）电势叠加法

$$V = \int \mathrm{d}V$$

类似于电场强度叠加法求 $\boldsymbol{E}$ 分布的思路。步骤如下：

1）将带电体分割成无数的电荷元 $\mathrm{d}q$，$\mathrm{d}q$ 可视为点电荷。

2）根据点电荷的电势公式，求出任一个电荷元 $\mathrm{d}q$ 在空间某场点 P 处产生的电势（假设选取无限远处为电势零点，r 为 $\mathrm{d}q$ 到 P 点的距离）$\mathrm{d}V = \frac{1}{4\pi\varepsilon_0}\frac{\mathrm{d}q}{r}$。

3）根据电势叠加原理 $V = \int \mathrm{d}V = \int \frac{1}{4\pi\varepsilon_0}\frac{\mathrm{d}q}{r}$，求出 P 点的总电势。注意，积分要遍及整个带电体电荷分布的区域；另外，这是一个标量积分，不用取分量式。

同样，分割带电体的方式是很灵活的，利用已知的一些电势公式来分割带电体，往往可以简化计算过程。

3. 给定电荷分布，要求电势分布与电场强度分布，应如何选取较为简便的计算方法？

电势与电场强度的关系有

（1）微分形式 $\boldsymbol{E} = -\nabla V$

（2）积分形式 $V_P \equiv \int_P^{\text{电势零点的位置}} \boldsymbol{E} \cdot \mathrm{d}\boldsymbol{l}$

当带电系统的电荷分布具有高度对称性时，宜先用高斯定理求出电场强度分布，再用积分形式（即电势的定义式）计算电势分布。

当电荷分布的对称性不明显时，宜先用电势叠加法计算电势分布，再用微分形式（即电势梯度的方法）计算电场强度分布。

五、例题精解

例题 9-1　求半径为 a 的均匀带电圆盘在轴线上的电势和电场强度分布。设电荷面密度为 σ。

【分析】　当同时求解电势和电场强度两种分布时，存在两种解法。第一种，先求 $\boldsymbol{E}$ 分布，后求 V 分布；第二种，先求 V 分布，后求 $\boldsymbol{E}$ 分布。相对来说，第二种解法简便一些，因为 V 是标量，它的叠加比电场强度的矢量叠加要简单。

【解法 1】　先求 $\boldsymbol{E}$ 分布，后求 V 分布。

(1) 求 $\boldsymbol{E}$：将圆盘分割成许多的圆环，用电场强度叠加法求解。

如图 9-1，建立坐标系。在圆盘上取细圆环（半径为 r，宽度为 $\mathrm{d}r$，电荷量 $\mathrm{d}q=\sigma 2\pi r\mathrm{d}r$），该圆环在距离 O 点为 x 处的场点 P 产生的电场强度为 $\mathrm{d}\boldsymbol{E}=\mathrm{d}E_x\boldsymbol{i}$，

$$\mathrm{d}E_x=\frac{x\mathrm{d}q}{4\pi\varepsilon_0\ (r^2+x^2)^{3/2}}$$

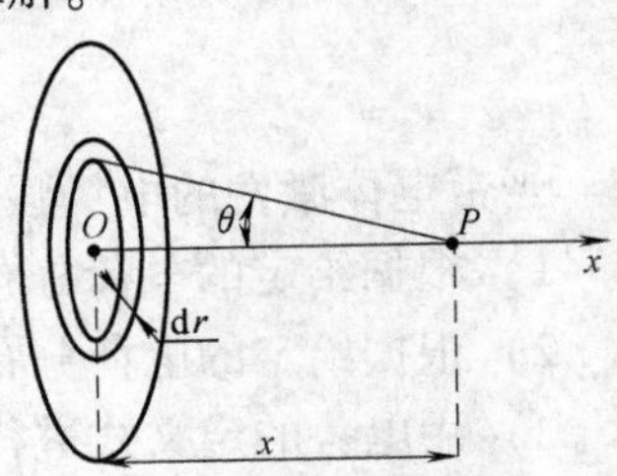

图　9-1

所以，整个圆盘在 P 点产生的电场强度为 $\boldsymbol{E}=\boldsymbol{E}_x\boldsymbol{i}$，其中

$$E_x=\int\mathrm{d}E_x=\frac{1}{4\pi\varepsilon_0}\int_0^a\frac{2\sigma\pi r x\mathrm{d}r}{(r^2+x^2)^{3/2}}=\frac{\sigma}{2\varepsilon_0}\left(1-\frac{x}{\sqrt{a^2+x^2}}\right)$$

可见，当 $\sigma>0$ 时，电场强度的方向沿 x 轴正方向；当 $\sigma<0$ 时，电场强度的方向沿 x 轴负方向。

(2) 求 V：用 V 的定义式求解。以无限远作为势能零点，则有

$$V=\int_x^\infty\boldsymbol{E}\cdot\mathrm{d}\boldsymbol{x}=\int_x^\infty E_x\mathrm{d}x=\frac{\sigma}{2\varepsilon_0}(\sqrt{a^2+x^2}-x)$$

【解法 2】　先求 V 分布，后求 $\boldsymbol{E}$ 分布。

(1) 求 V：用叠加法求解。

因为半径为 R 的均匀带电细圆环在轴线上任一点 x 处的电势为

$$V=\frac{q}{4\pi\varepsilon_0\ \sqrt{x^2+R^2}}$$

所以，此处分割出的半径为 r、宽度为 $\mathrm{d}r$ 的细圆环在轴线上任一点 x 处的电势为

$$\mathrm{d}V=\frac{\mathrm{d}q}{4\pi\varepsilon_0\ \sqrt{x^2+r^2}}$$

由此得到

$$V=\int\mathrm{d}V=\int_0^a\frac{2\sigma\pi r\mathrm{d}r}{4\pi\varepsilon_0\sqrt{x^2+r^2}}=\frac{\sigma}{2\varepsilon_0}(\sqrt{a^2+x^2}-x)$$

(2) 求 $\boldsymbol{E}$：用电势梯度法求解。$\boldsymbol{E}=E_x\boldsymbol{i}$，其中 E_x 为

$$E_x=-\frac{\partial V}{\partial x}=\frac{\sigma}{2\varepsilon_0}\left(1-\frac{x}{\sqrt{a^2+x^2}}\right)$$

【常见错误】　(1) 遗忘了电场强度是矢量，未标明其方向；(2) 漏写了公式 $E_x=-\dfrac{\partial V}{\partial x}$ 中的“-”号。

例题 9-2　一个半径为 R 的均匀带正电半圆环，电荷线密度为 λ，求环心 O 点处的电场强度和电势。

【分析】　一般来说，当求解某一特殊点的电场强度和电势时，常常各自都用叠加法求解。

【解】　（1）求 $\boldsymbol{E}$。用电场强度叠加法求解。

如图 9-2 所示，将半圆环分割成许多的线元，任取一个电荷元 $\mathrm{d}l = R\mathrm{d}\varphi$，所带电荷量 $\mathrm{d}q = \lambda \mathrm{d}l = R\lambda\mathrm{d}\varphi$，它在 O 点产生的电场强度大小为

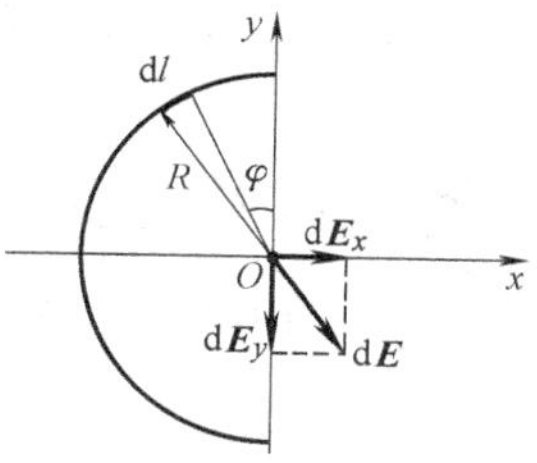

图　9-2

$$\mathrm{d}E = \frac{\lambda R\mathrm{d}\varphi}{4\pi\varepsilon_0 R^2}$$，方向沿半径向外（如图），

将 $\mathrm{d}\boldsymbol{E}$ 分解为分量

$$\mathrm{d}E_x = \mathrm{d}E\sin\varphi = \frac{\lambda}{4\pi\varepsilon_0 R}\sin\varphi\mathrm{d}\varphi$$

$$\mathrm{d}E_y = -\mathrm{d}E\cos\varphi = \frac{-\lambda}{4\pi\varepsilon_0 R}\cos\varphi\mathrm{d}\varphi$$

积分

$$E_x = \int_0^{\pi} \frac{\lambda}{4\pi\varepsilon_0 R}\sin\varphi\mathrm{d}\varphi = \frac{\lambda}{2\pi\varepsilon_0 R}$$

$$E_y = \int_0^{\pi} \frac{-\lambda}{4\pi\varepsilon_0 R}\cos\varphi\mathrm{d}\varphi = 0$$

所以

$$\boldsymbol{E} = E_x\boldsymbol{i} = \frac{\lambda}{2\pi\varepsilon_0 R}\boldsymbol{i}$$

（2）求电势 V。用电势叠加法求解。

以无限远作为电势零点，则 $\mathrm{d}q$ 在 O 点的电势为

$$\mathrm{d}V = \frac{\lambda R\mathrm{d}\varphi}{4\pi\varepsilon_0 R}$$

所以，半圆环在 O 点的电势为

$$V = \int \mathrm{d}U = \int_0^{\pi} \frac{\lambda}{4\pi\varepsilon_0}\mathrm{d}\varphi = \frac{\lambda}{4\varepsilon_0}$$

【常见错误】　$E = \int \mathrm{d}E = \int_0^{\pi} \frac{\lambda R\mathrm{d}\varphi}{4\pi\varepsilon_0 R^2} = \frac{\lambda}{4\varepsilon_0 R}$，将各个电荷元在 O 点产生的电场强度的大小直接求和，而不是矢量和。

例题 9-3　两个同心均匀带电球面，内半径为 R_1，电荷量为 Q_1，外半径为 R_2，电荷量为 Q_2，求空间各点的电场强度和电势。

【分析】　该题可以用两种方法求解。第一种解法，因为电荷和场的分布具有球对称性，所以采用高斯定理求解电场强度，然后用电势的定义式求解电势。第二种解法，利用球面的电场强度和电势的公式，根据叠加原理进行求解。

【解法 1】　（1）用高斯定理求解 $\boldsymbol{E}$ 分布。

设场点到球心的距离为 r，作半径为 r 的同心球面为高斯面。

由高斯定理 $\oint_S \boldsymbol{E}\cdot\mathrm{d}\boldsymbol{S} = \frac{\sum_{S内} q}{\varepsilon_0}$，得 $4E\pi r^2 = \frac{\sum_{S内} q}{\varepsilon_0}$

当 $r<R_1$ 时，$\sum\limits_{S内} q = 0$，所以 $\boldsymbol{E} = 0$

当 $R_1<r<R_2$ 时，$\sum\limits_{S内} q = Q_1$，所以 $E=\dfrac{Q_1}{4\pi\varepsilon_0 r^2}$，方向沿径向。

当 $r>R_2$ 时，$\sum\limits_{S内} q = Q_1+Q_2$，所以 $E=\dfrac{Q_1+Q_2}{4\pi\varepsilon_0 r^2}$，方向沿径向。

（2）求电势。以无限远作为电势零点的位置。由电势的定义式

$$V_P = \int_P^{电势零点的位置} \boldsymbol{E}\cdot \mathrm{d}\boldsymbol{l}$$

得:

当 $r<R_1$ 时

$$V = \int_r^{\infty} \boldsymbol{E}\cdot \mathrm{d}\boldsymbol{l} = \int_r^{R_1} 0\cdot \mathrm{d}\boldsymbol{l} + \int_{R_1}^{R_2} \frac{Q_1}{4\pi\varepsilon_0 r^2}\mathrm{d}r + \int_{R_2}^{\infty} \frac{Q_1+Q_2}{4\pi\varepsilon_0 r^2}\mathrm{d}r = \frac{Q_1}{4\pi\varepsilon_0 R_1} + \frac{Q_2}{4\pi\varepsilon_0 R_2}$$

当 $R_1\leqslant r<R_2$ 时

$$V = \int_r^{\infty} \boldsymbol{E}\cdot \mathrm{d}\boldsymbol{l} = \int_r^{R_2} \frac{Q_1}{4\pi\varepsilon_0 r^2}\mathrm{d}r + \int_{R_2}^{\infty} \frac{Q_1+Q_2}{4\pi\varepsilon_0 r^2}\mathrm{d}r = \frac{Q_1}{4\pi\varepsilon_0 r} + \frac{Q_2}{4\pi\varepsilon_0 R_2}$$

当 $r\geqslant R_2$ 时

$$V = \int_r^{\infty} \boldsymbol{E}\cdot \mathrm{d}\boldsymbol{l} = \int_r^{\infty} \frac{Q_1+Q_2}{4\pi\varepsilon_0 r^2}\mathrm{d}r = \frac{Q_1}{4\pi\varepsilon_0 r} + \frac{Q_2}{4\pi\varepsilon_0 r}$$

【解法2】（1）空间任一点的 $\boldsymbol{E}$ 等于内球面电荷在该点产生的电场强度 $\boldsymbol{E}_{内}$ 和外球面电荷在该点产生的电场强度 $\boldsymbol{E}_{外}$ 的矢量和。利用球面的电场强度公式，有

$$E_{内} = \begin{cases} 0 & (r<R_1) \\ \dfrac{Q_1}{4\pi\varepsilon_0 r^2} & (r>R_1) \end{cases}$$

$$E_{外} = \begin{cases} 0 & (r<R_2) \\ \dfrac{Q_2}{4\pi\varepsilon_0 r^2} & (r>R_2) \end{cases}$$

$\boldsymbol{E}$ 的方向均沿径向。

所以当 $r<R_1$ 时，$E=0+0=0$。

当 $R_1<r<R_2$ 时，$E=\dfrac{Q_1}{4\pi\varepsilon_0 r^2}+0=\dfrac{Q_1}{4\pi\varepsilon_0 r^2}$，方向沿径向。

当 $r>R_2$ 时，$E=\dfrac{Q_1}{4\pi\varepsilon_0 r^2}+\dfrac{Q_2}{4\pi\varepsilon_0 r^2}=\dfrac{Q_1+Q_2}{4\pi\varepsilon_0 r^2}$，方向沿径向。

（2）空间任一点的电势 V 等于内球面电荷在该点产生的电势 $V_{内}$ 和外球面电荷在该点产生的电势 $V_{外}$ 的代数和。利用球面的电势公式，有

$$V_{内} = \begin{cases} \dfrac{Q_1}{4\pi\varepsilon_0 R_1} & (r<R_1) \\ \dfrac{Q_1}{4\pi\varepsilon_0 r} & (r\geqslant R_1) \end{cases}$$

$$V_{外} = \begin{cases} \dfrac{Q_2}{4\pi\varepsilon_0 R_2} & (r < R_2) \\ \dfrac{Q_2}{4\pi\varepsilon_0 r} & (r \geqslant R_2) \end{cases}$$

所以当 $r<R_1$ 时，$V=\dfrac{Q_1}{4\pi\varepsilon_0 R_1}+\dfrac{Q_2}{4\pi\varepsilon_0 R_2}$。

当 $R_1 \leqslant r<R_2$ 时，$V=\dfrac{Q_1}{4\pi\varepsilon_0 r}+\dfrac{Q_2}{4\pi\varepsilon_0 R_2}$。

当 $r \geqslant R_2$ 时，$V=\dfrac{Q_1}{4\pi\varepsilon_0 r}+\dfrac{Q_2}{4\pi\varepsilon_0 r}$。

例题 9-4　半径为 R_1 和 R_2（$R_2>R_1$）的两无限长同轴圆柱面，单位长度上分别带有电荷量 λ 和 $-\lambda$，试求：(1) $r<R_1$；(2) $R_1<r<R_2$；(3) $r>R_2$ 处各点的电场强度。

【分析】　对于轴对称性的场分布，可应用高斯定理求解，并且选取通过场点的同轴圆柱面作为高斯面。

【解】　设场点到轴线的距离为 r，圆柱面的长度为 l，则高斯面的侧面积为 $S=2\pi rl$，由高斯定理 $\oint_S \boldsymbol{E}\cdot \mathrm{d}\boldsymbol{S} = \dfrac{\sum\limits_{S内} q}{\varepsilon_0}$，得

$$\oint_S \boldsymbol{E}\cdot \mathrm{d}\boldsymbol{S} = 2E\pi rl = \frac{\sum\limits_{S内} q}{\varepsilon_0}$$

(1) $r<R_1$：$\sum\limits_{S内} q = 0$，所以 $\boldsymbol{E}=0$。

(2) $R_1<r<R_2$：$\sum\limits_{S内} q = \lambda l$，所以 $E=\dfrac{\lambda}{2\pi\varepsilon_0 r}$，方向沿径向。

(3) $r>R_2$：$\sum\limits_{S内} q = 0$，所以 $\boldsymbol{E}=0$。

例题 9-5　半径为 R 的均匀带电球体内的电荷体密度为 ρ，若在球内挖去一块半径为 $r<R$ 的小球体，如图 9-3a 所示。试求：两球心 O 与 O' 点的电场强度，并证明小球空腔内的电场是均匀的。

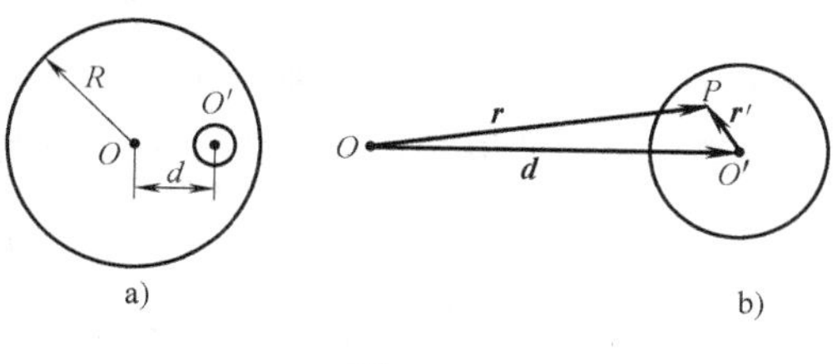

图　9-3

【分析】　因为大球体被挖掉一块，电荷分布的球对称性遭到破坏，所以不能直接用高斯定理求解电场强度。对这类问题，常用“补偿法”求解。即将此带电体看作带正电（电荷体密度为 ρ）的半径为 R 的均匀大球与带负电（电荷体密度为 $-\rho$）的均匀小球的组合。根据电场强度叠加原理，空间任一点的电场强度等于大球和小球各自在该点产生的电场强度的矢量和，即 $\boldsymbol{E}=\boldsymbol{E}_{大球}+\boldsymbol{E}_{小球}$。

【解】　(1) 求解 O 点的电场强度 $\boldsymbol{E}_O=\boldsymbol{E}_{大球,O}+\boldsymbol{E}_{小球,O}$，其中，$+\rho$ 大球在 O 点产生的电场强度 $\boldsymbol{E}_{大球,O}=0$，

$-\rho$ 小球在 O 点产生的电场强度 $\boldsymbol{E}_{小球,O}=\dfrac{\frac{4}{3}\pi r^3\rho}{4\pi\varepsilon_0 d^3}\boldsymbol{d}=\dfrac{r^3\rho}{3\varepsilon_0 d^3}\boldsymbol{d}$，

所以，O 点的电场强度 $\boldsymbol{E}_O=\dfrac{r^3\rho}{3\varepsilon_0 d^3}\boldsymbol{d}$。式中，$\boldsymbol{d}$ 为从 O 指向 O'的矢量。

（2）O'点的电场强度为 $\boldsymbol{E}_{O'}=\boldsymbol{E}_{大球,O'}+\boldsymbol{E}_{小球,O'}$，其中，$+\rho$ 大球在 O'产生的电场强度 $\boldsymbol{E}_{大球,O'}=\dfrac{\frac{4}{3}\pi d^3\rho}{4\pi\varepsilon_0 d^3}\boldsymbol{d}=\dfrac{\rho}{3\varepsilon_0}\boldsymbol{d}$，$-\rho$ 小球在 O'产生电场强度 $\boldsymbol{E}_{小球,O'}=0$。

所以 O'点电场强度为 $\boldsymbol{E}_{O'}=\dfrac{\rho}{3\varepsilon_0}\overrightarrow{OO'}$。

（3）设空腔内任一点 P 相对于 O'的位矢为 $\boldsymbol{r}'$，相对于 O 点的位矢为 $\boldsymbol{r}$，如图 9-3b 所示，则

$$\boldsymbol{E}_{大球,P}=\frac{\rho\boldsymbol{r}}{3\varepsilon_0}$$

$$\boldsymbol{E}_{小球,P}=-\frac{\rho\boldsymbol{r}'}{3\varepsilon_0}$$

所以
$$\boldsymbol{E}_P=\boldsymbol{E}_{大球,P}+\boldsymbol{E}_{小球,P}=\frac{\rho}{3\varepsilon_0}(\boldsymbol{r}-\boldsymbol{r}')=\frac{\rho}{3\varepsilon_0}\overrightarrow{OO'}=\frac{\rho\boldsymbol{d}}{3\varepsilon_0}$$

即腔内电场强度是均匀的。

例题 9-6 （1）点电荷 q 位于一边长为 a 的立方体中心，试求在该点电荷电场中穿过立方体的一个面的电通量；（2）如果将此点电荷移动到该立方体的一个顶点上，这时穿过立方体各面的电通量是多少？（3）如图 9-4 所示，在点电荷 q 的电场中取半径为 R 的圆平面，q 在该平面轴线上的 A 点处，求通过圆平面的电通量$\left(\alpha=\arctan\dfrac{R}{x}\right)$。

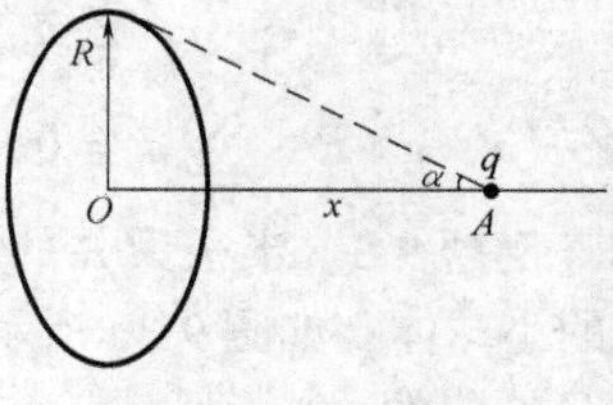

图 9-4

【分析】 在计算穿过某曲面的电通量时，若积分较复杂，则可以借助高斯定理，使问题得以简化。

【解】 （1）立方体的外表面 S 是个闭合面，由高斯定理可求得穿过它的电通量为

$$\oint_S \boldsymbol{E}\cdot d\boldsymbol{S}=\frac{q}{\varepsilon_0}$$

立方体有六个面，当 q 处在立方体中心时，穿过每个面的电通量都相等，所以穿过立方体一个面的电通量为

$$\Phi_e=\frac{q}{6\varepsilon_0}$$

（2）电荷在顶点时，将立方体延伸为边长 $2a$ 的立方体，使 q 处于边长 $2a$ 的立方体中心，如图 9-5a 所示，则穿过边长 $2a$ 的立方体的电通量为

$$\Phi_e=\frac{q}{6\varepsilon_0}$$

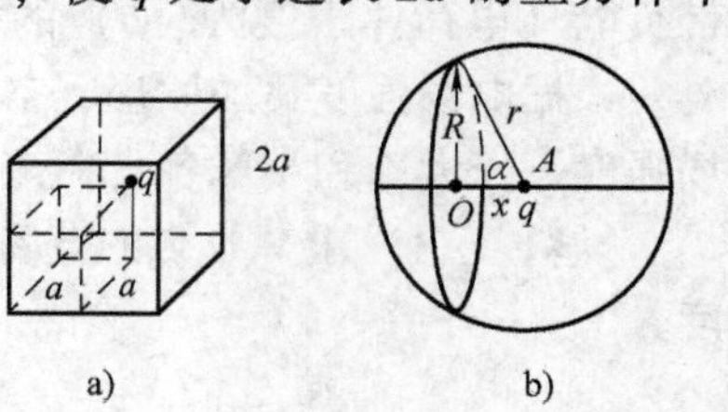

图 9-5

而边长为 $2a$ 的立方体的外表面由 24 个边长为 a 的正方形组成，所以，对于边长为 a 的立方体的各个表面，如果它不包含 q 所在的顶点，则 $\Phi_e=\dfrac{q}{24\varepsilon_0}$，如果它包含 q

所在的顶点，则 $\Phi_e=0$。

（3）通过半径为 R 的圆平面的电通量等于通过半径为 $r=\sqrt{R^2+x^2}$ 的球冠面的电通量（图 9-5b）。而球冠面积为

$$S=2\pi(R^2+x^2)\left[1-\frac{x}{\sqrt{R^2+x^2}}\right]$$

所以 $$\Phi=\iint_S \boldsymbol{E}\cdot d\boldsymbol{S}=\iint_S \frac{q}{4\pi\varepsilon_0 r^2}dS=\frac{q}{4\pi\varepsilon_0(R^2+x^2)}S=\frac{q}{2\varepsilon_0}\left[1-\frac{x}{\sqrt{R^2+x^2}}\right]$$

例题 9-7　将电荷均为 q 的三个点电荷一个一个地依次从无限远处缓慢搬到 x 轴的原点、$x=a$ 和 $x=2a$ 处。求证外界对电荷所做之功为 $A=\dfrac{5q^2}{8\pi\varepsilon_0 a}$（设无限远处电势能为零）。

【分析】　外界对电荷所做之功等于电场力的功的负值；而电场力是保守力，它所做的功只与始末位置有关，与路径无关。

【证】　将第一个 q 搬到原点处外力不做功；

将第二个 q 搬到 $x=a$ 处外力做功为

$$A_1=-A_{1,\text{电场力的功}}=-q(V_{1,\infty}-V_{1,a})=q\frac{q}{4\pi\varepsilon_0 a}=\frac{q^2}{4\pi\varepsilon_0 a}$$

将第三个 q 搬到 $x=2a$ 处外力做功为

$$A_2=-A_{2,\text{电场力的功}}=-q(V_{2,\infty}-V_{2,2a})=-q\left(0-\left(\frac{q}{4\pi\varepsilon_0(2a)}+\frac{q}{4\pi\varepsilon_0 a}\right)\right)=\frac{q^2}{4\pi\varepsilon_0(2a)}+\frac{q^2}{4\pi\varepsilon_0 a}$$

所以总功 $$A=A_1+A_2=\frac{2q^2}{4\pi\varepsilon_0 a}+\frac{q^2}{8\pi\varepsilon_0 a}=\frac{5q^2}{8\pi\varepsilon_0 a}$$

例题 9-8　假如静电场中某一部分的电场线的形状是以 O 点为中心的同心圆弧，如图 9-6 所示。试证明：该部分上每点的电场强度的大小都应与该点离 O 点的距离成反比。

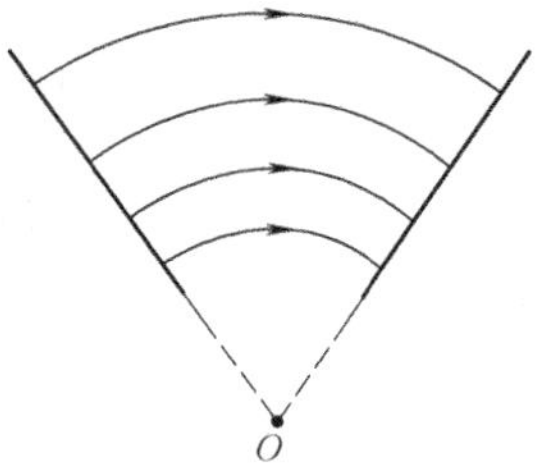

图　9-6

【分析】　静电场的环路定理和高斯定理反映了静电场的所有性质。本题利用环路定理进行论证。

【证】　如图 9-7 所示，沿任意两条同心圆弧作扇形小环路 $abcda$；设 $\boldsymbol{E}_1$ 和 $\boldsymbol{E}_2$ 分别为 ab 和 cd 段路径的电场强度；bc 和 da 段路径与电场强度方向垂直。

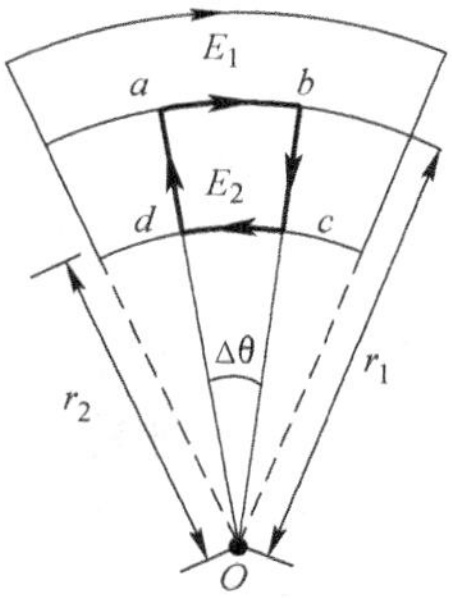

图　9-7

根据静电场的环路定理

$$\oint_L \boldsymbol{E}\cdot d\boldsymbol{l}=0$$

得

$$\oint_L \boldsymbol{E}\cdot d\boldsymbol{l}=\int_a^b \boldsymbol{E}_1\cdot d\boldsymbol{l}+\int_b^c \boldsymbol{E}\cdot d\boldsymbol{l}+\int_c^d \boldsymbol{E}_2\cdot d\boldsymbol{l}+\int_d^a \boldsymbol{E}'\cdot d\boldsymbol{l}$$

$$=E_1L_{\text{弧}ab}+0-E_2L_{\text{弧}cd}+0=0$$

所以 $$\frac{E_1}{E_2}=\frac{L_{\text{弧}cd}}{L_{\text{弧}ab}}=\frac{r_2\Delta\theta}{r_1\Delta\theta}=\frac{r_2}{r_1}$$

六、基础训练

（一）选择题

1. 图9-8所示为一沿 x 轴放置的“无限长”分段均匀带电直线，电荷线密度分别为 $+\lambda$（$x<0$）和 $-\lambda$（$x>0$），则 Oxy 坐标平面上点（0，a）处的电场强度 $\boldsymbol{E}$ 为（　）。

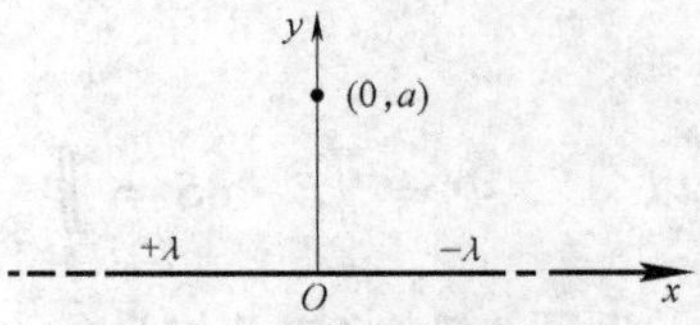

图　9-8

（A）0　　（B）$\dfrac{\lambda}{2\pi\varepsilon_0 a}\boldsymbol{i}$

（C）$\dfrac{\lambda}{4\pi\varepsilon_0 a}\boldsymbol{i}$　　（D）$\dfrac{\lambda}{4\pi\varepsilon_0 a}(\boldsymbol{i}+\boldsymbol{j})$

2. 如图9-9，半径为 R 的“无限长”均匀带电圆柱体的静电场中各点的电场强度的大小 E 与距轴线的距离 r 的关系曲线为（　）。

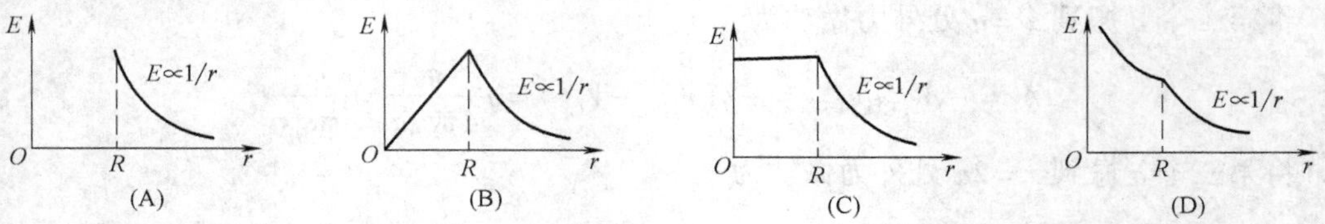

图　9-9

3. 如图9-10所示，一个电荷为 q 的点电荷位于立方体的 A 角上，则通过侧面 $abcd$ 的电场强度通量等于（　）。

（A）$\dfrac{q}{6\varepsilon_0}$　（B）$\dfrac{q}{12\varepsilon_0}$　（C）$\dfrac{q}{24\varepsilon_0}$　（D）$\dfrac{q}{48\varepsilon_0}$

4. 一电场强度为 $\boldsymbol{E}$ 的均匀电场，$\boldsymbol{E}$ 的方向与沿 x 轴正向，如9-11所示，则通过图中一半径为 R 的半球面的电场强度通量为

（A）πR^2E　（B）$\pi R^2E/2$　（C）$2\pi R^2E$　（D）0

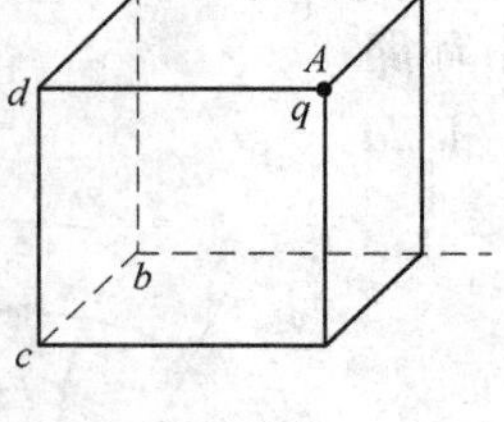

图　9-10

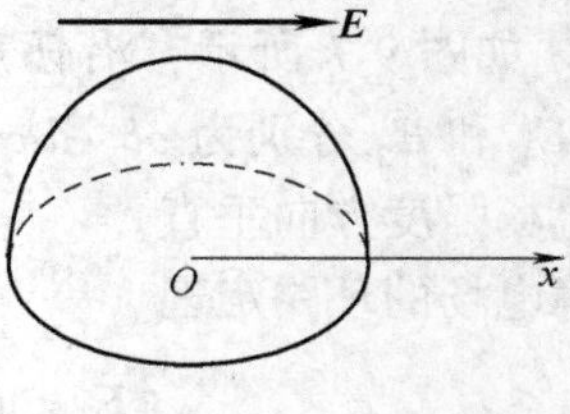

图　9-11

5. 有 N 个电荷均为 q 的点电荷，以两种方式分布在相同半径的圆周上：一种是无规则地分布，另一种是均匀分布。比较这两种情况下在过圆心 O 并垂直于圆平面的 z 轴上任一点 P（如图9-12所示）的电场强度与电势，则有（　）。

（A）电场强度相等，电势相等　　（B）电场强度不等，电势不等

（C）电场强度分量 E_z 相等，电势相等　　（D）电场强度分量 E_z 相等，电势不等

6. 如图 9-13 所示，在点电荷 $+q$ 的电场中，若取图中 P 点处为电势零点，则 M 点的电势为（　　）。

(A) $\dfrac{q}{4\pi\varepsilon_0 a}$　　(B) $\dfrac{q}{8\pi\varepsilon_0 a}$　　(C) $\dfrac{-q}{4\pi\varepsilon_0 a}$　　(D) $\dfrac{-q}{8\pi\varepsilon_0 a}$

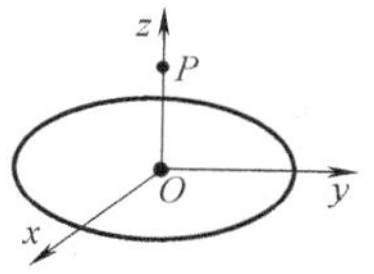

图 9-12

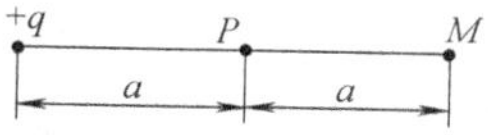

图 9-13

7. 已知某电场的电场线分布情况如图 9-14 所示。现观察到一负电荷从 M 点移到 N 点。有人根据这个图作出下列几点结论，其中正确的是（　　）。

(A) 电场强度 $E_M < E_N$　　(B) 电势 $V_M < U_N$

(C) 电势能 $W_M < W_N$　　(D) 电场力的功 $A > 0$

8. 如图 9-15 所示，$CDEF$ 为一矩形，边长分别为 l 和 $2l$。在 DC 延长线上 $CA = l$ 处的 A 点有点电荷 $+q$，在 CF 的中点 B 点有点电荷 $-q$，若使单位正电荷从 C 点沿 $CDEF$ 路径运动到 F 点，则电场力所做的功等于（　　）。

(A) $\dfrac{q}{4\pi\varepsilon_0 l}\cdot\dfrac{\sqrt{5}-1}{\sqrt{5}-l}$　　(B) $\dfrac{q}{4\pi\varepsilon_0 l}\cdot\dfrac{1-\sqrt{5}}{\sqrt{5}}$

(C) $\dfrac{q}{4\pi\varepsilon_0 l}\cdot\dfrac{\sqrt{3}-1}{\sqrt{3}}$　　(D) $\dfrac{q}{4\pi\varepsilon_0 l}\cdot\dfrac{\sqrt{5}-1}{\sqrt{5}}$

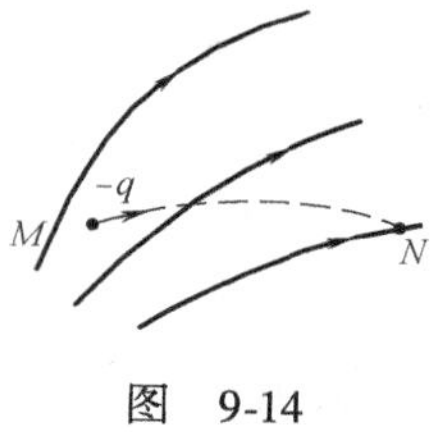

图 9-14

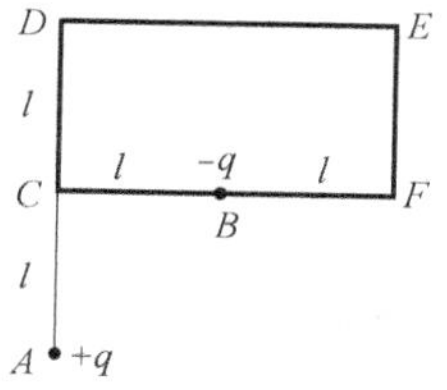

图 9-15

（二）填空题

9. 已知空气的击穿电场强度为 30kV/cm，空气中一带电球壳直径为 1m，以无限远处为电势零点，则这球壳能达到的最高电势是__________。

10. 在点电荷 $+q$ 和 $-q$ 的静电场中，作出如图 9-16 所示的三个闭合面 S_1、S_2、S_3，则通过这些闭合面的电场强度通量分别是：Φ_1 = __________，Φ_2 = __________，Φ_3 = __________。

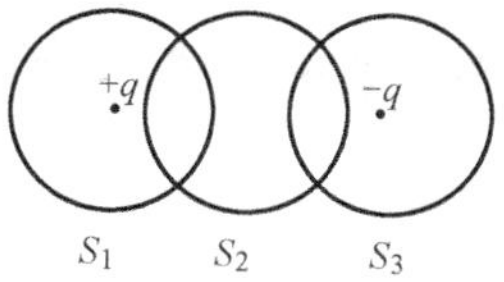

图 9-16

11. 一均匀带正电的导线，电荷线密度为 λ，其单位长度上总共发出的电场线条数（即电场强度通量）是__________。

12. 如图 9-17 所示，真空中两个正点电荷 Q，相距 $2R$。若以其中一点电荷所在处 O 点为中心，以 R 为半径作高斯球面 S，则通过该球面的电场强度通量 = __________；若以 $\boldsymbol{r}_0$ 表示高斯面外法线方向的单位矢量，则高斯面上 a、b 两点的电场强度分别为__________。

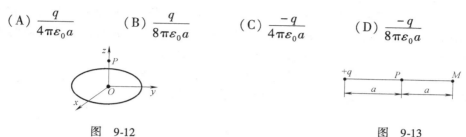

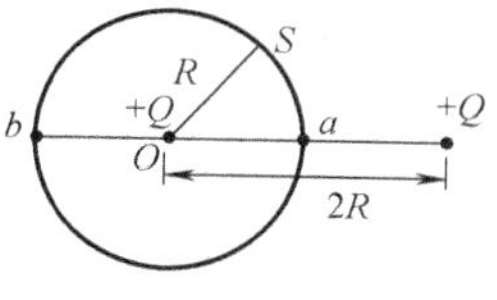

图 9-17

13. 两根互相平行的长直导线，相距为 a，其上均匀带电，电荷线密度分别为 λ_1 和 λ_2，则导线单位长度所受电场力的大小 $F=$____________。

14. 在静电场中，一质子（带电荷 $e=1.6\times10^{-19}\text{C}$）沿四分之一圆弧轨道从 A 点移到 B 点，如 9-18 所示，电场力做功 $8.0\times10^{-15}\text{J}$，则当质子沿四分之三圆弧轨道从 B 点回到 A 点时，电场力做功 $A=$________。设 A 点电势为零，则 B 点电势 $V=$________。

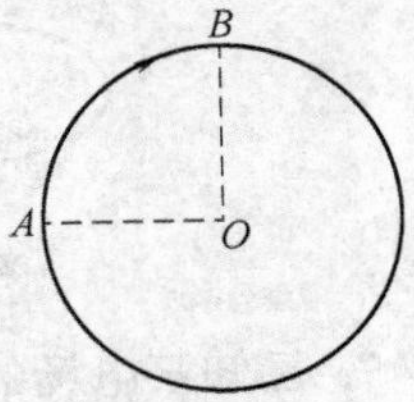

图　9-18

15. 在“无限大”的均匀带电平板附近，有一点电荷 q，沿电场线方向移动距离 d 时，电场力做的功为 A，由此知平板上的电荷面密度 $\sigma=$________________。

16. 如图 9-19 所示，一半径为 R 的均匀带电细圆环，带有电荷 Q，水平放置。在圆环轴线的上方离圆心 R 处，有一质量为 m、带电荷为 q 的小球。当小球从静止下落到圆心位置时，它的速度为 $v=$________________。

17. AC 为一根长为 $2l$ 的带电细棒，左半部均匀带有负电荷，右半部均匀带有正电荷。电荷线密度分别为 $-\lambda$ 和 $+\lambda$，如图 9-20 所示。O 点在棒的延长线上，距 A 端的距离为 l。P 点在棒的垂直平分线上，到棒的垂直距离为 l。以棒的中点 B 为电势的零点。则 O 点电势 $V_O=$________；P 点电势 $V_P=$________。

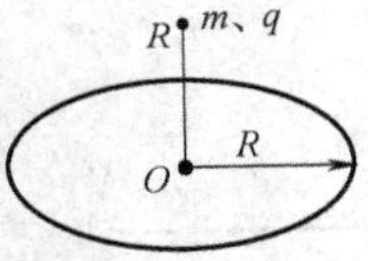

图　9-19

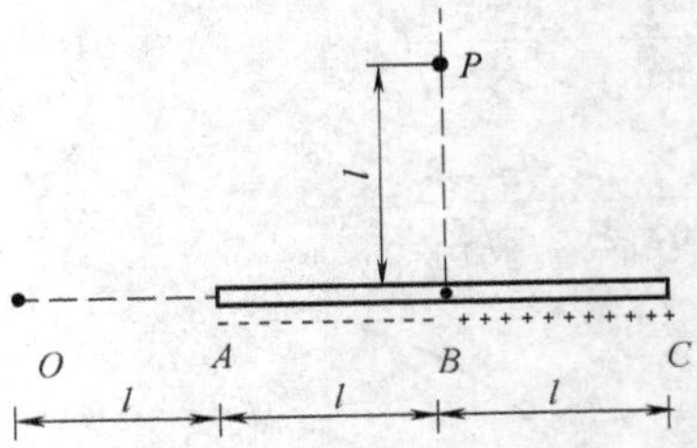

图　9-20

（三）计算题

18. 将一“无限长”带电细线弯成如图 9-21 所示的形状，设电荷均匀分布，电荷线密度为 λ，四分之一圆弧 AB 的半径为 R，试求圆心 O 点的电场强度。

19. 长 $l=15\text{cm}$ 的直导线 AB（如图 9-22），均匀地分布着线密度 $\lambda=5\times10^{-9}\text{C/m}$ 的电荷。求：(1) 在导线的延长线上与导线一端 B 相距 $R=5\text{cm}$ 处 P 点的电场强度；(2) 在导线的垂直平分线上与导线中点相距 $R=5\text{cm}$ 处 Q 点的电场强度。

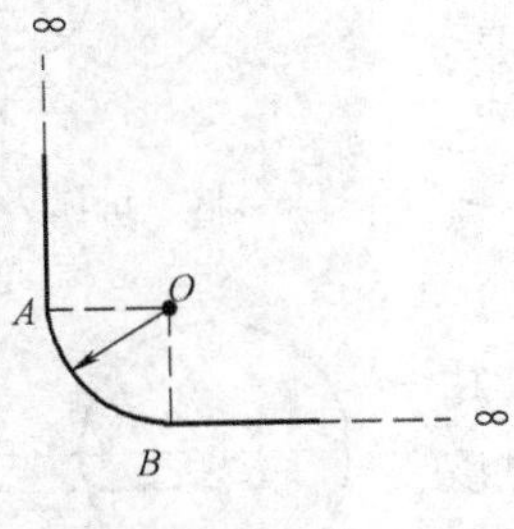

图　9-21

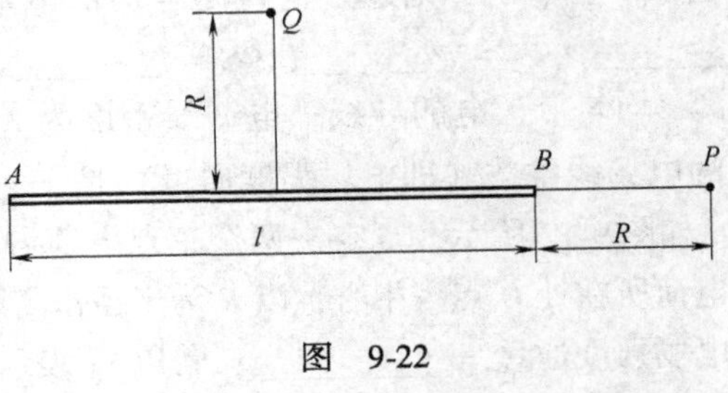

图　9-22

20. 真空中一立方体形的高斯面，边长 $a=0.1\text{m}$，位于图9-23中所示位置。已知空间的电场强度分布为：$E_x=bx$，$E_y=0$，$E_z=0$，常量 $b=1000\text{N}/(\text{C}\cdot\text{m})$。试求通过该高斯面的电通量。

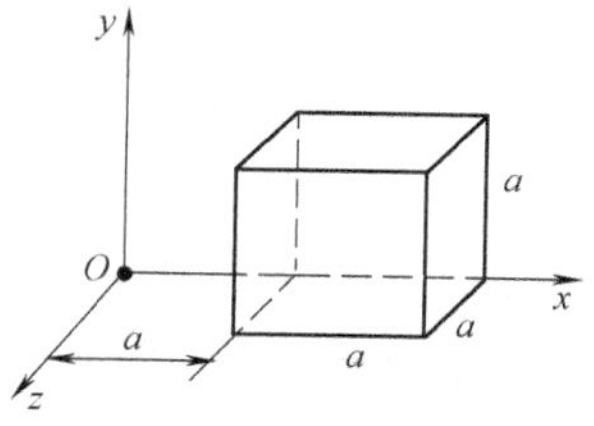

图　9-23

21. 带电细线弯成半径为 R 的半圆形，电荷线密度为 $\lambda=\lambda_0\sin\phi$，式中 λ_0 为一常数，ϕ 为半径 R 与 x 轴所成的夹角，如图9-24所示。试求环心 O 处的电场强度。

22. 两无限长的共轴圆柱面，半径分别为 R_1、R_2（$R_1<R_2$），柱面上都均匀带电，沿轴线单位长度上电荷量的绝对值分别为 λ_1、λ_2。（1）若两柱面均带正电荷，求各区域内的电场强度分布；（2）若内柱面带负电荷，外柱面带正电荷，情况如何？画出以上两种情形的电场强度与离轴线距离的变化曲线。

23. 如图9-25所示，在电矩为 $\boldsymbol{p}$ 的电偶极子的电场中，将一电荷为 q 的点电荷从 A 点沿半径为 R 的圆弧（圆心与电偶极子中心重合，$R\gg$ 电偶极子正负电荷之间的距离）移到 B 点，求此过程中电场力所做的功。

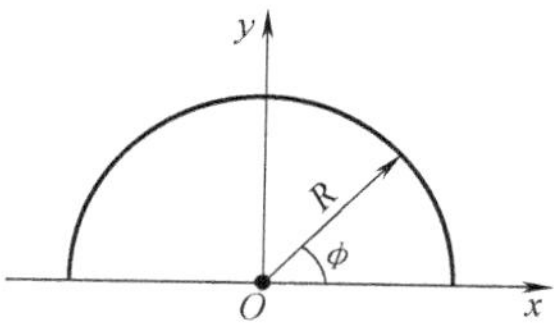

图　9-24

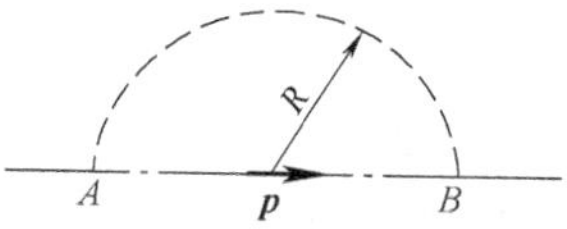

图　9-25

24. 图9-26所示为一个均匀带电的球层，其电荷体密度为 ρ，球层内表面半径为 R_1、外表面半径为 R_2。设无穷远处为电势零点，求空腔内任一点的电势。

25. 图9-27所示为一沿 x 轴放置的长度为 l 的不均匀带电细棒，其电荷线密度为 $\lambda=\lambda_0(x-a)$，λ_0 为一常量。取无穷远处为电势零点，求坐标原点 O 处的电势。

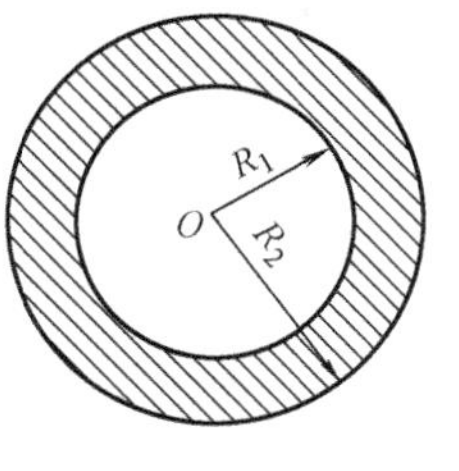

图　9-26

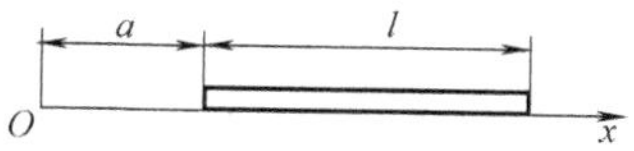

图　9-27

26. 一球体内均匀分布着电荷体密度为 ρ 的正电荷，若保持电荷分布不变，在该球体内挖去一个半径为 r 的小球体，球心为 O'，两球心间距离 $\overline{OO'}=d$，如图9-28所示。求：（1）在球形空腔内，球心 O' 处的电场强度 $\boldsymbol{E}_{O'}$；（2）在球体内 P 点处的电场强度 $\boldsymbol{E}_P$（设 O'、O、P 三点在同一直径上，且 $\overline{OP}=d$）。

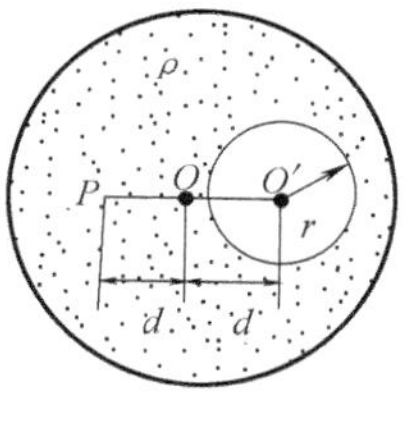

图　9-28

27. 两个带等量异号电荷的均匀带电同心球面，半径分别为 $R_1=0.03\text{m}$ 和 $R_2=0.10\text{m}$。已知两者的电势差为450V，求内球面上所带的电荷。

28. 在一个平面上各点的电势满足下式：$V=\dfrac{ax}{(x^2+y^2)}+\dfrac{b}{(x^2+y^2)^{\frac{1}{2}}}$，$x$ 和 y 为这点的直角坐标，a 和 b 为常数。求任一点电场强度的 E_x 和 E_y 两个分量。

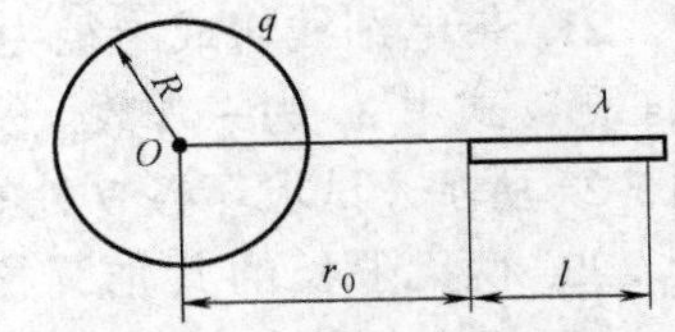

图 9-29

29. 如图 9-29 所示，半径为 R 的均匀带电球面，带有电荷 q；沿某一半径方向上有一均匀带电细线，电荷线密度为 λ，长度为 l，细线左端离球心距离为 r_0；设球和线上的电荷分布不受相互作用影响，试求细线所受球面电荷的电场力和细线在该电场中的电势能（设无穷远处的电势为零）。

30. 两"无限长"同轴均匀带电圆柱面，外圆柱面单位长度带正电荷 λ，内圆柱面单位长度带等量负电荷。两圆柱面间为真空，其中有一质量为 m 并带正电荷 q 的质点在垂直于轴线的平面内绕轴作圆周运动，试求此质点的速率。

七、自测提高

（一）选择题

1. 如图 9-30 所示，在坐标（a，0）处放置一点电荷 $+q$，在坐标（$-a$，0）处放置另一点电荷 $-q$，P 点是 y 轴上的一点，坐标为（0，y）。当 $y \gg a$ 时，该点电场强度的大小为（　　）。

(A) $\dfrac{q}{4\pi\varepsilon_0 y^2}$　　(B) $\dfrac{q}{2\pi\varepsilon_0 y^2}$

(C) $\dfrac{qa}{2\pi\varepsilon_0 y^3}$　　(D) $\dfrac{qa}{4\pi\varepsilon_0 y^3}$

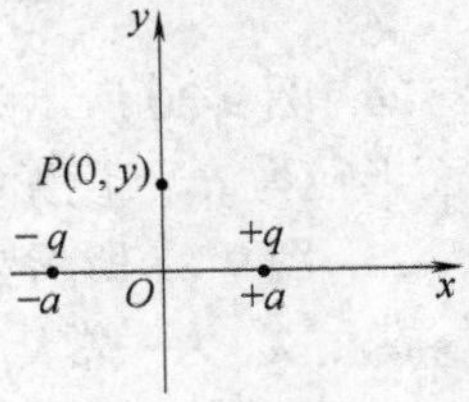

图 9-30

2. 设无穷远处电势为零，则半径为 R 的均匀带电球体产生的电场的电势分布规律为（图 9-31 中的 V_0 和 b 皆为常量）（　　）。

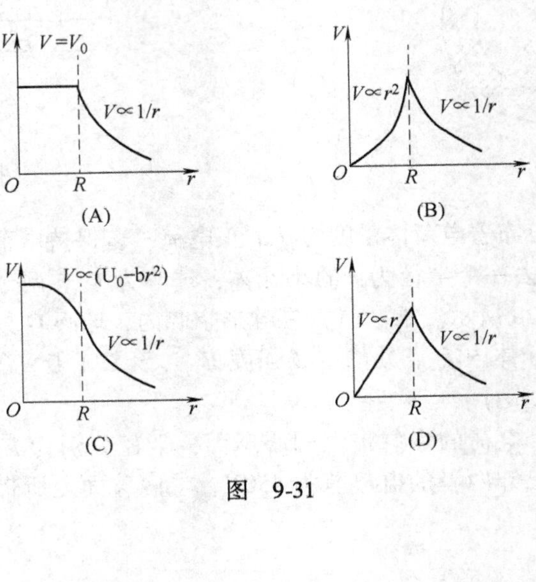

图 9-31

3. 如图9-32所示，两个“无限长”的、半径分别为 R_1 和 R_2 的共轴圆柱面均匀带电，沿轴线方向单位长度上所带电荷分别为 λ_1 和 λ_2，则在内圆柱面里面、距离轴线为 r 处的 P 点的电场强度大小 E 为（　　）。

(A) $\dfrac{\lambda_1+\lambda_2}{2\pi\varepsilon_0 r}$　　(B) $\dfrac{\lambda_1}{2\pi\varepsilon_0 R_1}+\dfrac{\lambda_2}{2\pi\varepsilon_0 R_2}$

(C) $\dfrac{\lambda_1}{2\pi\varepsilon_0 R_1}$　　(D) 0

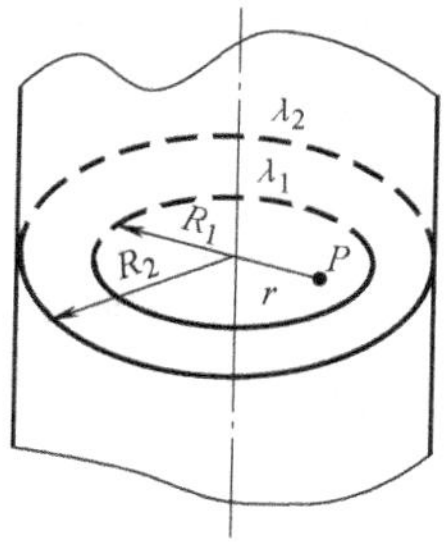

图　9-32

4. 如图9-33，设有一“无限大”均匀带正电荷的平面。取 x 轴垂直于带电平面，坐标原点在带电平面上，则其周围空间各点的电场强度 $\boldsymbol{E}$ 随距离平面的位置坐标 x 变化的关系曲线为(　　)。(规定电场强度方向沿 x 轴正向为正、反之为负)

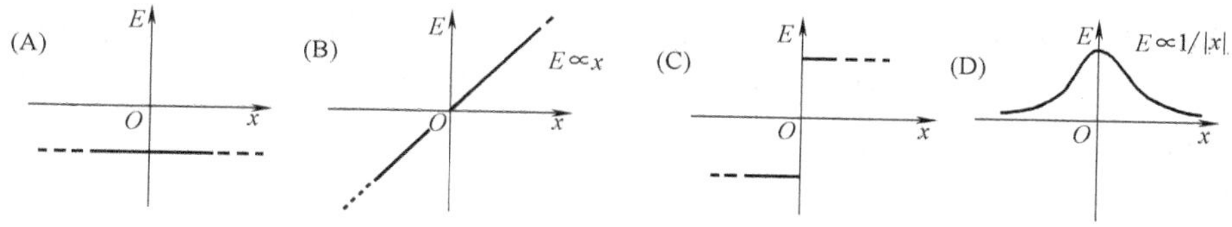

图　9-33

5. 一个带正电荷的质点，在电场力作用下从 A 点经 C 点运动到 B 点，其运动轨迹如图9-34所示。已知质点运动的速率是递增的，关于 C 点电场强度方向的四个图示中正确的是(　　)。

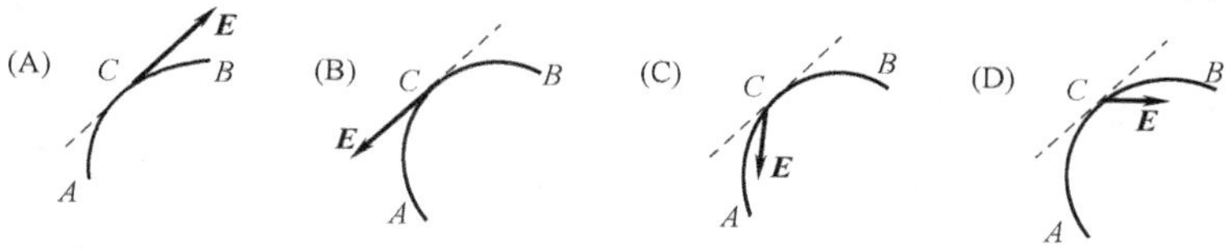

图　9-34

6. 如图9-35所示，两个同心的均匀带电球面，内球面半径为 R_1、带电荷 Q_1，外球面半径为 R_2、带有电荷 Q_2。设无穷远处为电势零点，则在内球面之内、距离球心为 r 处的 P 点的电势 V 为（　　）。

(A) $\dfrac{Q_1+Q_2}{4\pi\varepsilon_0 r}$　　(B) $\dfrac{Q_1}{4\pi\varepsilon_0 R_1}+\dfrac{Q_2}{4\pi\varepsilon_0 R_2}$　　(C) 0　　(D) $\dfrac{Q_1}{4\pi\varepsilon_0 R_1}$

7. 真空中有一点电荷 Q，在与它相距为 r 的 a 点处有一试验电荷 q。现使试验电荷 q 从 a 点沿半圆弧轨道运动到 b 点，如9-36所示，则电场力对 q 做功为（　　）。

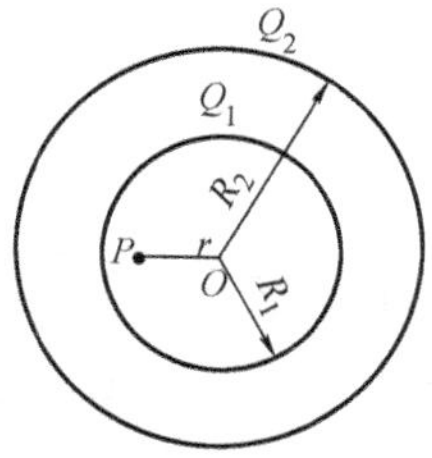

图　9-35

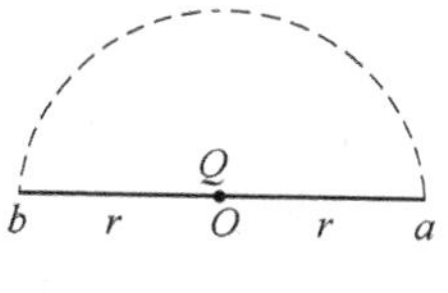

图　9-36

（A）$\dfrac{Qq}{4\pi\varepsilon_0 r^2}\cdot\dfrac{\pi r^2}{2}$　（B）$\dfrac{Qq}{4\pi\varepsilon_0 r^2}2r$　（C）$\dfrac{Qq}{4\pi\varepsilon_0 r^2}\pi r$　（D）0

8. 半径为 R 的均匀带电球面，若其电荷面密度为 σ，则在距离球面 R 处的电场强度大小为（　　）

（A）$\dfrac{\sigma}{\varepsilon_0}$　（B）$\dfrac{\sigma}{2\varepsilon_0}$　（C）$\dfrac{\sigma}{4\varepsilon_0}$　（D）$\dfrac{\sigma}{8\varepsilon_0}$

9. 如9-37 所示，半径为 R 的均匀带电球面，总电荷为 Q，设无穷远处的电势为零，则球内距离球心为 r 的 P 点处的电场强度的大小和电势为（　　）。

（A）$E=0$，$V=\dfrac{Q}{4\pi\varepsilon_0 r}$　（B）$E=0$，$V=\dfrac{Q}{4\pi\varepsilon_0 R}$

（C）$E=\dfrac{Q}{4\pi\varepsilon_0 r^2}$，$V=\dfrac{Q}{4\pi\varepsilon_0 r}$　（D）$E=\dfrac{Q}{4\pi\varepsilon_0 r^2}$，$V=\dfrac{Q}{4\pi\varepsilon_0 R}$

10. 如图9-38 所示，在真空中半径分别为 R 和 $2R$ 的两个同心球面，其上分别均匀地带有电荷 $+q$ 和 $-3q$。今将一电荷为 $+Q$ 的带电粒子从内球面处由静止释放，则该粒子到达外球面时的动能为（　　）。

（A）$\dfrac{Qq}{4\pi\varepsilon_0 R}$　（B）$\dfrac{Qq}{2\pi\varepsilon_0 R}$　（C）$\dfrac{Qq}{8\pi\varepsilon_0 R}$　（D）$\dfrac{3Qq}{8\pi\varepsilon_0 R}$

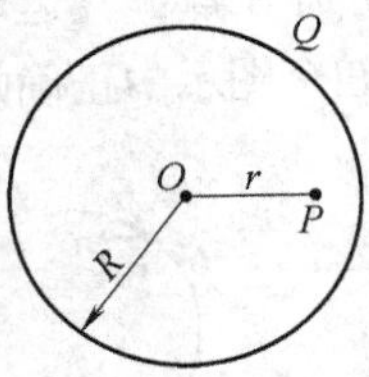

图　9-37

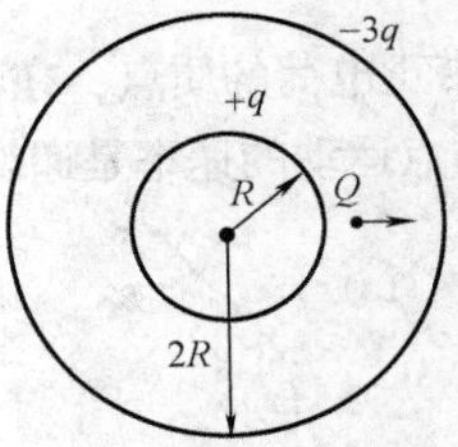

图　9-38

（二）填空题

11. 在真空中有一均匀带电细圆环，电荷线密度为 λ，其圆心处的电场强度 $E_0=$__________，电势 $V_0=$__________。（选无穷远处电势为零）

12. 一均匀带电直线长为 d，电荷线密度为 $+\lambda$，以导线中点 O 为球心，R 为半径（$R>d$）作一球面，如9-39 所示，则通过该球面的电场强度通量为__________，带电直线的延长线与球面交点 P 处的电场强度的大小为__________，方向为__________。

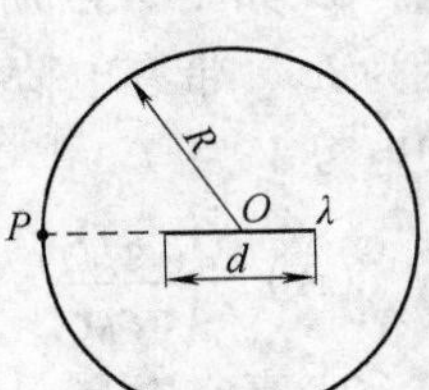

图　9-39

13. 如图9-40 所示，一电荷线密度为 λ 的无限长带电直线垂直通过图面上的 A 点；一带有电荷 Q 的均匀带电球体，其球心处于 O 点。$\triangle AOP$ 是边长为 a 的等边三角形。为了使 P 点处电场强度方向垂直于 OP，则 λ 和 Q 的数量之间应满足________关系，且 λ 与 Q 为______号电荷。

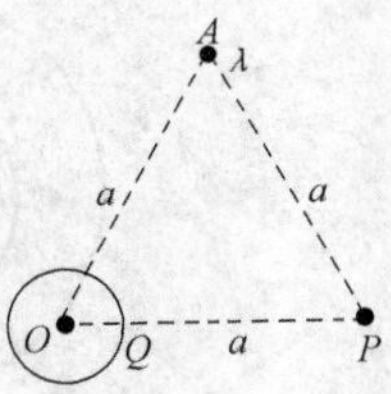

图　9-40

14. 一半径为 R 的带有一缺口的细圆环，缺口长度为 d（$d<<R$），

环上均匀带有正电，电荷为 q，如图 9-41 所示。则圆心 O 处的电场强度大小 $E=$ __________，电场强度方向为__________。

15. 在电场强度为 $\boldsymbol{E}$ 的均匀电场中，有一半径为 R、长为 l 的圆柱面，其轴线与 $\boldsymbol{E}$ 的方向垂直。在通过轴线并垂直 $\boldsymbol{E}$ 的方向将此柱面切去一半，如图 9-42 所示，则穿过剩下的半圆柱面的电场强度通量等于__________。

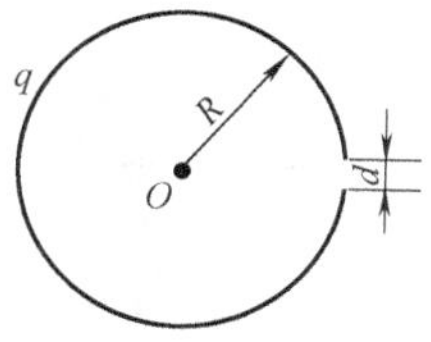

图 9-41

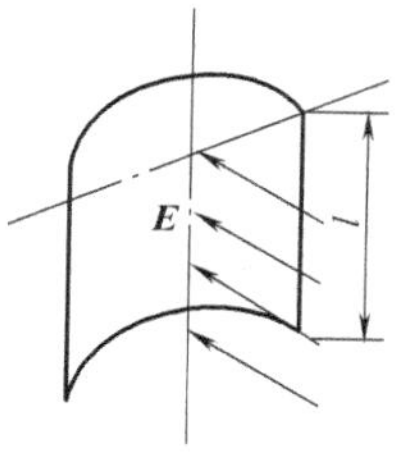

图 9-42

16. 如 9-43 所示，两同心带电球面，内球面半径为 $r_1=5\text{cm}$，带电荷 $q_1=3\times10^{-8}\text{C}$；外球面半径为 $r_2=20\text{cm}$，带电荷 $q_2=-6\times10^{-8}\text{C}$，设无穷远处电势为零，则空间另一电势为零的球面半径 $r=$ ____________。

17. 一均匀静电场，电场强度 $\boldsymbol{E}=(400\boldsymbol{i}+600\boldsymbol{j})\text{V/m}$，则点 a（3，2）和点 b（1，0）之间的电势差 $U_{ab}=$ ___________（点的坐标 x，y 以米计）。

18. 真空中有一半径为 R 的半圆细环，均匀带电 Q，如图 9-44 所示。设无穷远处为电势零点，则圆心 O 点处的电势 $V=$ ______。若将一带电荷量为 q 的点电荷从无穷远处移到圆心 O 点，则电场力做功 $A=$ ___________。

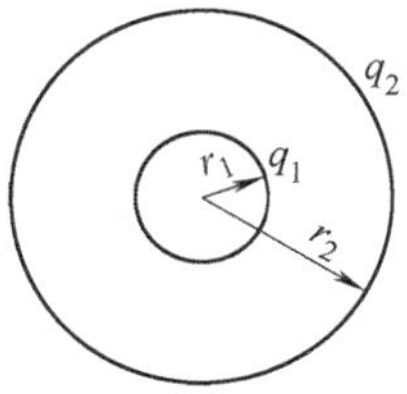

图 9-43

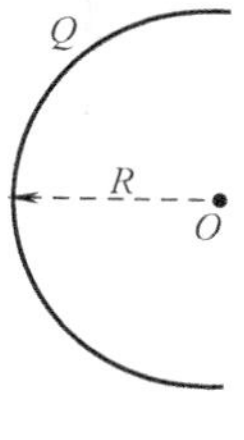

图 9-44

19. 已知某区域的电势表达式为 $V=A\ln(x^2+y^2)$，式中 A 为常量。该区域的电场强度的两个分量为：$E_x=$ _______________；$E_z=$ _______________。

20. 一半径为 R 的均匀带电圆盘，电荷面密度为 σ，设无穷远处为电势零点，则圆盘中心 O 点的电势 $V=$ ____________________。

21. 如 9-45 所示，在半径为 R 的球壳上均匀带有电荷 Q，将一个点电荷 q（$q<<Q$）从球内 a 点经球壳上一个小孔移到球外 b 点，则此过程中电场力做功 $A=$ ____________________。

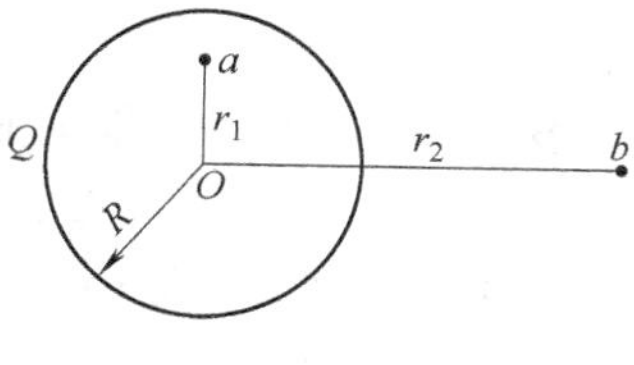

图 9-45

（三）计算题

22. 如图 9-46 所示，真空中一长为 L 的均匀带电细直杆，总电荷为 q，试求在直杆延长线上距杆的一端距离为 d 的 P 点的电场强度。

23. 如图 9-47 所示，边长为 b 的立方盒子的六个面分别平行于 Oxy、Oyz 和 Oxz 平面。盒子的一角在坐标原点处。在此区域有一静电场，电场强度为 $\boldsymbol{E}=200\boldsymbol{i}+300\boldsymbol{j}$。试求穿过各面的电通量（各个物理量的单位为国际单位制）。

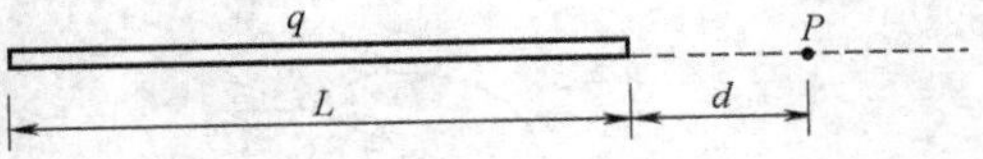

图　9-46

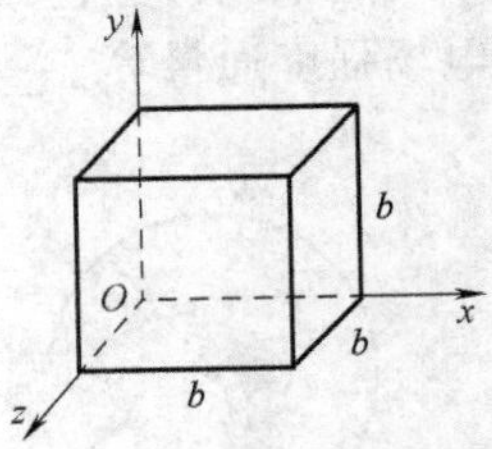

图　9-47

24. 图 9-48 所示的一厚度为 d 的“无限大”均匀带电平板，电荷体密度为 ρ。试求板内外的电场强度分布，并画出电场强度随坐标 x 变化的图线，即 E—x 图线（设原点在带电平板的中央平面上，Ox 轴垂直于平板）。

25. 一真空二极管，其主要构件是一个半径 $R_1=5\times10^{-4}$m 的圆柱形阴极 A 和一个套在阴极外的半径 $R_2=4.5\times10^{-3}$m 的同轴圆筒形阳极 B，如图 9-49 所示。阳极电势比阴极高300V，忽略边缘效应。求电子刚从阴极射出时所受的电场力（基本电荷 $e=1.6\times10^{-19}$C）。

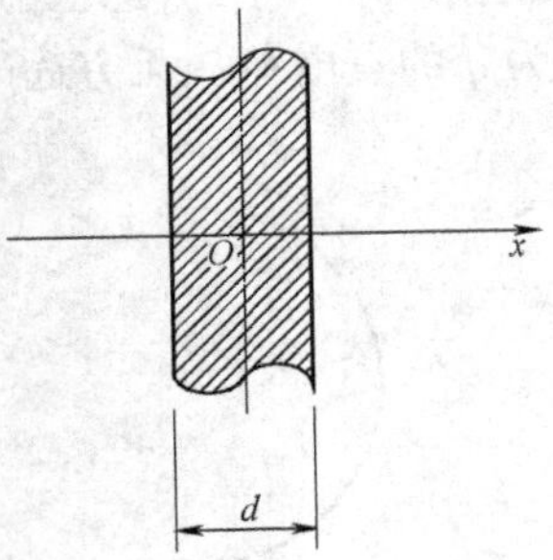

图　9-48

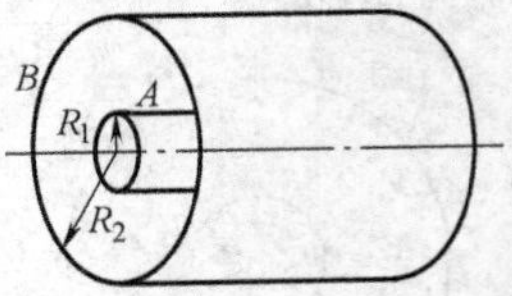

图　9-49

26. 电荷以相同的面密度 σ 分布在半径为 $r_1=10$cm 和 $r_2=20$cm 的两个同心球面上。设无限远处电势为零，球心处的电势为 $V_0=300$V。（1）求电荷面密度 σ。（2）若要使球心处的电势也为零，外球面上应放掉多少电荷？

27. 如图 9-50 所示，两个平行共轴放置的均匀带电圆环，它们的半径均为 R，电荷线密度分别是 $+\lambda$ 和 $-\lambda$，相距为 l。试求以两环的对称中心 O 为坐标原点垂直于环面的 x 轴上任一点的电势（以无穷远处为电势零点）。

28. 一半径为 R 的带电球体，其电荷体密度分布为

$$\rho=Ar\quad(r\leqslant R),\qquad\qquad \rho=0\quad(r>R)$$

A 为一常量。试求球体内外的电场强度分布。

29. 真空中有一高 $h=20$cm、底面半径 $R=10$cm 的圆锥体。

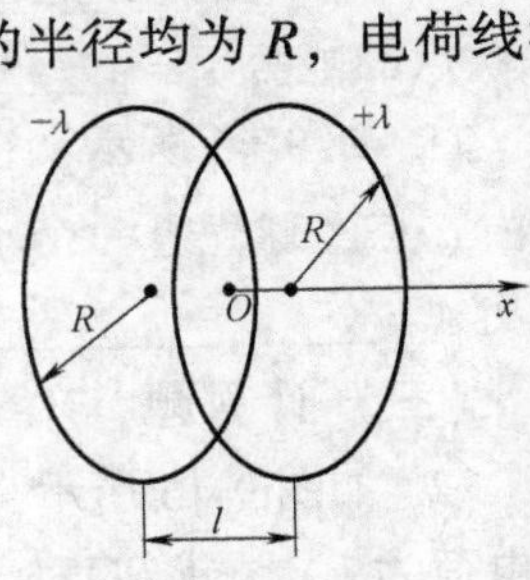

图　9-50

在其顶点与底面中心连线的中点上放置 $q=10^{-6}$C 的点电荷，如图 9-51 所示。求通过该圆锥体侧面的电场强度通量（真空介电常量 $\varepsilon_0=8.85\times10^{-12}C^2/(N\cdot m^2)$）。

30. 一个半径为 R、电荷线密度为 λ_1 的均匀带电圆环，在其轴线上放一长为 l、电荷线密度为 λ_2 的均匀带电直线段，该线段的一端处于圆环中心处，如图 9-52 所示。求该直线段受到的电场力。

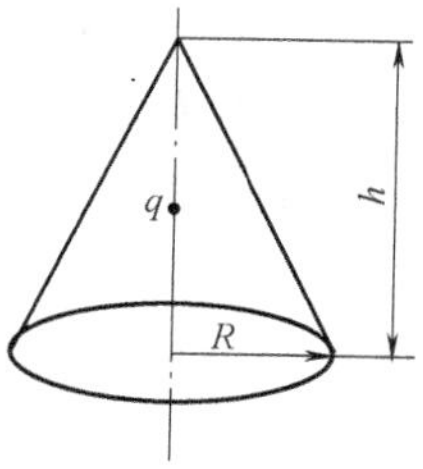

图　9-51

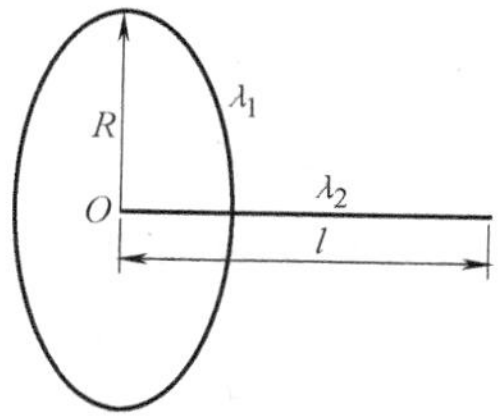

图　9-52

31. 两根相同的均匀带电细棒，长为 l，电荷线密度为 λ，沿同一条直线放置。两细棒间最近距离也为 l，如 9-53 所示。假设棒上的电荷是不能自由移动的，试求两棒间的静电相互作用力。

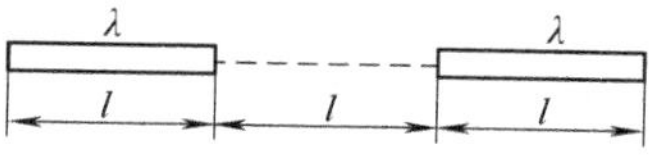

图　9-53

32. 图 9-54 所示两个半径均为 R 的非导体球壳，表面上均匀带电，电荷分别为 $+Q$ 和 $-Q$，两球心相距为 d（$d\gg2R$），求两球心间的电势差。

33. 在电场强度的大小为 E、方向竖直向上的匀强电场中，有一半径为 R 的半球形光滑绝缘槽放在光滑水平面上，如图 9-55 所示。槽的质量为 m'，一质量为 m、带有电荷 $+q$ 的小球从槽的顶点 A 处由静止释放，如果忽略空气阻力，且质点受到的重力大于其所受的电场力，那么，

（1）求小球由顶点 A 滑至半球最低点 B 时相对地面的速度；

（2）求小球通过 B 点时，槽相对地面的速度；

（3）问小球通过 B 点后，能不能再上升到右端最高点 C 处？

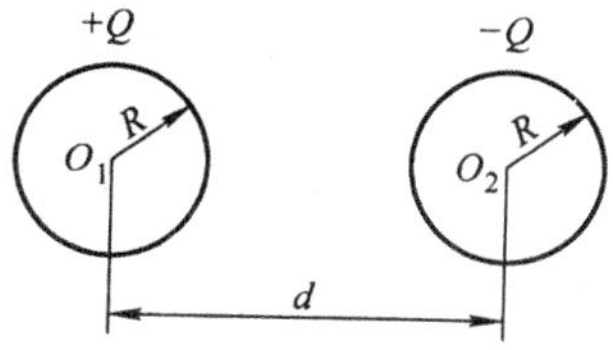

图　9-54

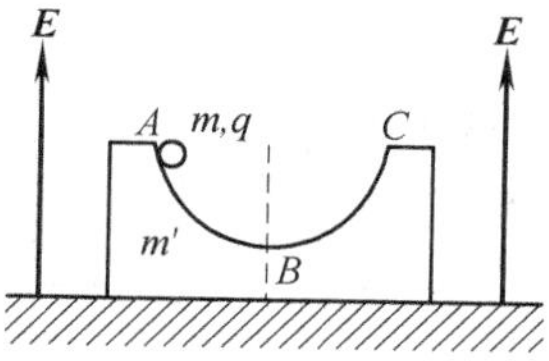

图　9-55

第十章　静电场中的导体和电介质

本章主要研究电场与导体及电介质相互作用，最后达到平衡时的特性。在静电场中放入导体或电介质后，导体产生静电感应，达到静电平衡后，表面上出现感应电荷；电介质则产生极化过程，出现极化电荷。这些电荷产生附加的电场，叠加在原来的电场上，从而改变了原来电场的分布。“真空中的静电场”一章中有关静电场的基本定理及基本方法在本章仍然适用。

一、知识框架

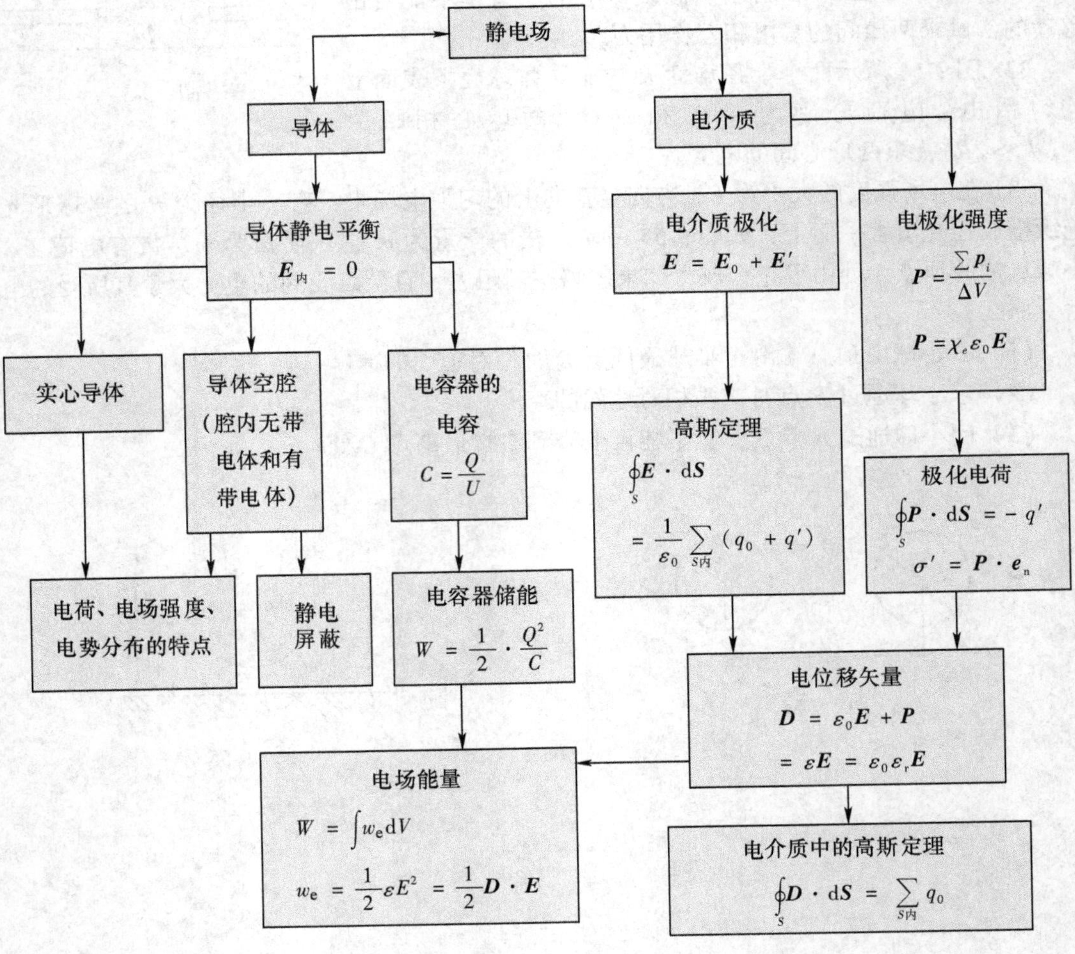

二、知识要点

1. 导体的静电平衡

1）概念：导体，静电感应现象，静电平衡状态，附加电场。

2）导体的静电平衡条件：导体内部的电场强度处处为零，$\boldsymbol{E}_{内}=0$。

2. 静电平衡时的实心导体

1）电荷只分布在导体的表面上，体内净电荷为零。若是孤立导体，则在导体表面上曲率大的地方电荷面密度大，曲率小的地方电荷面密度小。

2）导体为等势体，导体表面为等势面。

3）导体内部电场强度为零（$\boldsymbol{E}_{内}=0$）；导体外表面附近处的电场强度与该处表面电荷面密度 σ 成正比，若以 $\boldsymbol{n}$ 表示导体的外法线方向，则

$$\boldsymbol{E}_{外表}=\frac{\sigma}{\varepsilon_0}\boldsymbol{n}$$

3. 静电平衡时的导体空腔及静电屏蔽

（1）腔内无带电体

从电荷分布、电势和电场强度的特点上看，与实心导体完全一样，似乎空腔并不存在。

因此，无论导体空腔本身是否带电或外部是否有其他带电体，空腔内部的电场强度永远为零，不受外部的影响，从而起到静电屏蔽的作用。

（2）腔内有带电体

设导体空腔带电为 Q，腔内带电体的电荷量为 q。

1）电荷分布：导体空腔内表面带电荷量 $-q$，导体空腔外表面带电荷量 $Q+q$。空腔内表面电荷的分布与腔内带电体有关；空腔外表面的电荷分布与腔内带电体无关，仅决定于腔外带电体和外表面的形状。

2）导体是等势体，表面（内表面和外表面）为等势面。

3）导体内部电场强度为零（$\boldsymbol{E}_{内}=0$）；导体表面附近处的电场强度与该处表面电荷面密度 σ 成正比，以 $\boldsymbol{n}$ 表示导体的外法线方向，则

$$\boldsymbol{E}_{表}=\frac{\sigma}{\varepsilon_0}\boldsymbol{n}$$

4）静电屏蔽：空腔外部的带电体不会影响空腔内部空间的电场，但内部的带电体会影响空腔外部的电场分布；若将空腔外表面接地，则内部带电体对外部的影响全部消失。

4. 电介质的极化

（1）基本概念

电介质分子的偶极子模型及分类，电介质的极化和击穿，束缚电荷（极化电荷）。

（2）极化强度矢量 $\boldsymbol{P}$

1）定义：单位体积内分子电偶极矩的矢量和 $\boldsymbol{P}=\dfrac{\sum \boldsymbol{p}_i}{\Delta V}$

2）极化规律：$\boldsymbol{P}=\chi_e\varepsilon_0\boldsymbol{E}$

式中，χ_e 为介质的电极化率，$\boldsymbol{E}$ 为介质中的总电场强度。

3）$\boldsymbol{P}$ 与极化电荷的关系：$\sigma' = \boldsymbol{P} \cdot \boldsymbol{n}$，$\oint_S \boldsymbol{P} \cdot \mathrm{d}\boldsymbol{S} = -\sum_{S内} q'$

式中，q'为极化电荷，σ'为极化电荷面密度，$\boldsymbol{n}$ 为介质表面外法向单位矢量。

（3）有电介质时的电场强度

$$\boldsymbol{E} = \boldsymbol{E}_0 + \boldsymbol{E}'$$

若空间充满某种相对介电常数为 ε_r 的均匀电介质，则

$$\boldsymbol{E} = \frac{\boldsymbol{E}_0}{\varepsilon_r}$$

上面两个式子中，$\varepsilon_r = 1 + \chi_e$，$\boldsymbol{E}_0$ 为自由电荷在真空中产生的电场强度，$\boldsymbol{E}'$为极化电荷产生的电场强度，$\boldsymbol{E}$ 为总电场强度。

5. 电位移矢量 $\boldsymbol{D}$、有电介质时的高斯定理和环路定理

（1）电位移矢量 $\boldsymbol{D}$

电位移矢量是描述电场性质的辅助量。在各向同性介质中，它与电场强度成正比，定义如下：

$$\boldsymbol{D} \equiv \varepsilon \boldsymbol{E} = \varepsilon_r \varepsilon_0 \boldsymbol{E} = (1 + \chi_e)\varepsilon_0 \boldsymbol{E} = \varepsilon_0 \boldsymbol{E} + \boldsymbol{P}$$

式中，介电常数 $\varepsilon = \varepsilon_r \varepsilon_0$，相对介电常数 $\varepsilon_r = 1 + \chi_e$。

（2）电介质中的高斯定理

穿过任一封闭曲面的 $\boldsymbol{D}$ 通量等于该曲面所包围的自由电荷的代数和，即

$$\oint_S \boldsymbol{D} \cdot \mathrm{d}\boldsymbol{S} = \sum_{S内} q_0$$

利用电介质中的高斯定理可以简便地求解介质中具有高度对称性的电场强度分布。

（3）环路定理

电介质中的电场强度沿任一闭合回路的线积分等于零，即

$$\oint_L \boldsymbol{E} \cdot \mathrm{d}\boldsymbol{l} = 0$$

这说明，有介质时的静电场仍然是保守场。

6. 电容和电容器

（1）电容

电容是描述孤立导体或电容器容纳电荷能力的物理量。它在数值上等于孤立导体或电容器每升高一个单位电势或电势差时所需增加的电荷量。

孤立导体的电容：$C = \dfrac{Q}{U}$

电容器的电容：$C = \dfrac{Q}{U_{AB}} = \dfrac{Q}{V_A - V_B}$

注意：电容的值只与孤立导体或电容器的几何形状及周围（极板间）的电介质性质有关，与孤立导体或电容器是否带电及所带电荷量的多少无关。

（2）几种典型电容器的电容（设两极板间充满了介电常数为 ε 的电介质）

1）平行板电容器（面积为 S，两板间距为 d）：$C = \dfrac{\varepsilon S}{d}$

2）圆柱形电容器（长度为 l，两极板半径分别为 R_1、R_2）：$C=\dfrac{2\pi\varepsilon l}{\ln\dfrac{R_2}{R_1}}$

3）球形电容器（两极板半径为 R_1、R_2）：$C=\dfrac{4\pi\varepsilon R_1R_2}{R_2-R_1}$

（3）电容器的串联和并联

使用中，电容器除了电容 C 以外，还要考虑另一指标——耐压值（也称为击穿电压），若两极板间的电压超过它，则电容器将被击穿。当单个电容器不能满足指标要求时，可考虑将若干个电容器进行串联和并联。

1）串联

各个电容器所带的电量都相等：$q=q_i$

总电压等于各个电容器的分电压之和：$U=\sum\limits_i U_i$

串联后的等效电容与各个电容的关系：$\dfrac{1}{C}=\dfrac{1}{C_1}+\dfrac{1}{C_2}+\cdots+\dfrac{1}{C_n}$

2）并联

各个电容器的电压均相同：$U=U_i$

等效电容器的总电荷量等于各个电容器所带电荷量之和：$Q=\sum\limits_i Q_i$

并联后的等效电容和各个电容的关系：$C=C_1+C_2+C_3+\cdots+C_n$

（4）电容器所储存的静电能

$$W=\frac{Q^2}{2C}=\frac{1}{2}CU^2=\frac{1}{2}QU$$

7. 静电场的能量

（1）电场能量体密度（简称电能密度）

单位体积的电场中所贮存的能量称为电场能量体密度，表达式为

$$w_e=\frac{1}{2}\boldsymbol{D}\cdot\boldsymbol{E}=\frac{1}{2}\varepsilon E^2=\frac{D^2}{2\varepsilon}$$

（2）体积为 V 的空间中电场所携带的能量

$$W_e=\int_V w_e\mathrm{d}V=\int_V\frac{1}{2}\varepsilon E^2\mathrm{d}V$$

三、概念辨析

1. 若一带电导体表面上某点的电荷面密度为 σ，这时该点外侧附近电场强度为 $\boldsymbol{E}=\dfrac{\sigma}{\varepsilon_0}\boldsymbol{n}$；如果将另一带电体移近，该点的电荷面密度和电场强度是否改变？公式 $\boldsymbol{E}=\dfrac{\sigma}{\varepsilon_0}\boldsymbol{n}$ 是否仍成立？

【答】 公式 $\boldsymbol{E}=\dfrac{\sigma}{\varepsilon_0}\boldsymbol{n}$ 中的电场强度 $\boldsymbol{E}$ 是由所有的电荷共同激发的总电场强度，当另一带

电体移近时，两个导体发生静电感应，达到静电平衡后，两个导体上的电荷分布都产生了变化，所以该点的电荷面密度和电场强度也都发生改变。因为导体表面仍是等势面，表面附近的电场强度仍与导体表面垂直，所以，利用高斯定理可以证明，公式 $\boldsymbol{E}=\dfrac{\sigma}{\varepsilon_0}\boldsymbol{n}$ 仍然成立。

2. 把一个带电体移近一个导体空腔，带电体单独在导体空腔内产生的电场强度是否等于零？静电屏蔽效应是怎么体现的？

【答】 带电体单独在导体空腔内产生的电场强度不等于零。静电平衡时，空腔内部的电场强度处处为零，这个电场强度应是空间所有电荷共同激发的总电场强度，即腔外带电体激发的电场强度和导体空腔外表面的感应电荷激发的电场强度的矢量和。这样就使得空腔外表面所包围的区域不受导体空腔外部带电体的电场的影响，此即静电屏蔽效应。

3. 将一个带电导体接地后，导体上是否还会有电荷，为什么？

【答】 分两种情况讨论。第一，若这是一个孤立导体，即带电导体附近没有其他带电体，则当导体接地时，电荷要重新分布，最后达到静电平衡，导体与大地电势相等。考虑到地球半径远远大于带电导体的线度，所以，带电导体上的电荷与传给地球的电荷相比可以忽略，因此可近似地认为带电体上的电荷全部传给了地球。第二，当接地带电体附近有其他带电体时，则其他带电体在此接地带电体上要产生异号感应电荷，所以，此接地导体上仍然还会有电荷，该电荷完全由其他带电体的位置、电荷的符号和数量决定。

4. 电介质在电容器中起什么作用？为什么？

【答】 电介质的作用主要是增大电容器的电容，其次，可以提高电容器的耐压能力。以下分两种情况分析：

（1）电容器充电后，断开电源，则电容器极板上的电荷保持不变，在这种情况下充入电介质，束缚电荷产生的附加电场与极板上的自由电荷产生的电场方向相反，使得介质中的电场强度小于原来的电场强度，因而极板间的电压降低，由电容器的定义式 $C=\dfrac{Q}{U}$ 可知，电容器的电容增大。

（2）电容器与电源保持连接时，在电容器两极板之间充以电介质，此时，电压 U 保持不变，故极板间的总电场强度不变。但是，束缚电荷产生的附加电场总是削弱自由电荷产生的电场，因此，为了使总电场强度保持不变，电源须向极板充电，结果极板上的自由电荷 Q 增加。由 $C=\dfrac{Q}{U}$ 可知，电容器的电容增加。

电介质的第二个作用是提高电容器的耐压能力，这是因为多数电介质的介电常数都比空气的介电常数大，因而不易被击穿。

5. 在电介质中为什么要引入 $\boldsymbol{D}$ 矢量？$\boldsymbol{D}$ 矢量与 $\boldsymbol{E}$ 矢量有什么区别？

【答】 当空间有电介质存在时，空间任一点的总电场强度 $\boldsymbol{E}=\boldsymbol{E}_0+\boldsymbol{E}'$，$\boldsymbol{E}_0$ 是自由电荷产生的电场强度，$\boldsymbol{E}'$是束缚电荷产生的电场强度。因此，为了求出 $\boldsymbol{E}$ 分布，必须同时知道自由电荷及束缚电荷的分布。但是，束缚电荷的分布取决于电介质的形状和极化强度 $\boldsymbol{P}$，而 $\boldsymbol{P}$ 又与 $\boldsymbol{E}$ 有关（$\boldsymbol{P}=\chi_e\varepsilon_0\boldsymbol{E}$）。可见，这些物理量彼此依赖，相互制约，使得计算非常繁复。为了克服这一困难，引入电位移矢量 $\boldsymbol{D}$。

引入辅助量 $\boldsymbol{D}$ 后，有电介质存在时的高斯定理变成

$$\oint_S \boldsymbol{D} \cdot \mathrm{d}\boldsymbol{S} = \sum_{S内} q_0$$

可见，只要获知自由电荷 q_0 的分布，原则上可以求出 $\boldsymbol{D}$，再由 $\boldsymbol{D} = \varepsilon \boldsymbol{E}$，就可以很方便地求得 $\boldsymbol{E}$ 的分布，这样便克服了上述遇到的困难。

$\boldsymbol{E}$ 矢量和 $\boldsymbol{D}$ 矢量是有区别的。$\boldsymbol{E}$ 是所有的电荷产生的总电场强度，它是描述电场的基本物理量，具有直接的物理意义$\left(如 \boldsymbol{E} = \dfrac{\boldsymbol{F}}{q}\right)$，而 $\boldsymbol{D}$ 仅是一个辅助量，没有直接的物理意义。但是，要注意，$\boldsymbol{D}$ 不只是与自由电荷有关，它和束缚电荷也有联系。

四、方法点拨

本章主要计算导体和电介质存在时的电场强度和电势分布，电容器的电容以及电场的能量等问题。

1. 计算电场中有导体存在时的电场强度和电势分布

与上一章有所不同的是，在求解 $\boldsymbol{E}$ 分布和 U 分布之前，首先要根据静电平衡的条件和性质以及电荷守恒定律确定各个导体上的电荷分布。一旦空间的电荷分布明确了，就可以用上一章中介绍的有关计算方法来求解 $\boldsymbol{E}$、U 分布。

2. 计算电场中有电介质存在时的电场强度和电势分布

1）对于高对称性的电场（球、轴和面对称），可以利用介质中的高斯定理 $\oint_S \boldsymbol{D} \cdot \mathrm{d}\boldsymbol{S} = \sum_{S内} q_0$ 先求出 $\boldsymbol{D}$ 分布，然后由 $\boldsymbol{E} = \dfrac{\boldsymbol{D}}{\varepsilon}$ 求出 $\boldsymbol{E}$ 分布，再用电势的定义式 $U_P = \int_P^{电势零点的位置} \boldsymbol{E} \cdot \mathrm{d}\boldsymbol{l}$ 来计算电势。其中 ε 为待求场点所在处的介电常数，因此，要特别注意不同区域的介电常数取值的不同。

2）对于待求区域内充满某种均匀电介质的情况，可以先求出真空中的电场强度 $\boldsymbol{E}_0$，再利用 $\boldsymbol{E}$ 与 $\boldsymbol{E}_0$ 的关系 $\boldsymbol{E} = \dfrac{\boldsymbol{E}_0}{\varepsilon_r}$ 求出 $\boldsymbol{E}$，也就是说，只要将 $\boldsymbol{E}_0$ 表达式中的 ε_0 换成 ε，即可得到介质中的电场强度 $\boldsymbol{E}$，其中 $\varepsilon = \varepsilon_r \varepsilon_0$。对电势也可同样处理。

3. 计算电容器的电容

步骤如下：

1）设电容器两极板分别带等量异号的电荷 $+Q$ 和 $-Q$。

2）求出两极板间的电场强度分布，再根据 $U_{AB} = \int_A^B \boldsymbol{E} \cdot \mathrm{d}\boldsymbol{l}$ 计算两极板 A、B 间的电势差。

3）由定义式 $C = \dfrac{Q}{U_{AB}}$ 计算电容 C。

对多个电容器的组合，可根据电容器串联、并联的特点进行计算。

4. 计算电场能量

具体步骤如下：

1）求出电场强度 $\boldsymbol{E}$ 的空间分布。

2）根据 $\boldsymbol{E}$ 分布的特点，按一定的方式将空间分割成无数的小体积元 $\mathrm{d}V$，写出 $\mathrm{d}V$ 处电

能密度的表达式 $w_e = \frac{1}{2}\varepsilon E^2$。

3）小体积元 $\mathrm{d}V$ 所携带的能量为 $w_e \mathrm{d}V = \frac{1}{2}\varepsilon E^2 \mathrm{d}V$。

4）体积为 V 的空间内电场所携带的能量为 $W_e = \int_V w_e \mathrm{d}V = \int_V \frac{1}{2}\varepsilon E^2 \mathrm{d}V$。

五、例题精解

例题 10-1　证明：对于两个无限大的平行平面带电导体板（图 10-1）来说，（1）相向的两面上，电荷的面密度总是大小相等而符号相反；（2）相背的两面上，电荷的面密度总是大小相等而符号相同。

【分析】　求解带电导体的问题，必须从静电平衡的条件（$\boldsymbol{E}_{内}=0$）和性质以及电荷守恒定律出发，才能确定各个导体上的电荷分布。

【证】　如图 10-1 所示，设两导体 A、B 的四个平面均匀带电，电荷面密度依次为 σ_1、σ_2、σ_3、σ_4。

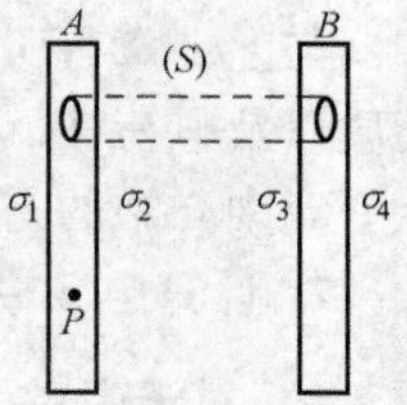

图　10-1

（1）取与平面垂直且底面分别在 A、B 内部的闭合柱面为高斯面 S，根据高斯定理，有

$$\oint_S \boldsymbol{E}\cdot \mathrm{d}\boldsymbol{S} = (\sigma_2+\sigma_3)S$$

因为导体内部的电场强度为零，所以

$$\oint_S \boldsymbol{E}\cdot \mathrm{d}\boldsymbol{S} = \iint_{左面积} \boldsymbol{E}_{内}\cdot \mathrm{d}\boldsymbol{S} + \iint_{右面积} \boldsymbol{E}_{内}\cdot \mathrm{d}\boldsymbol{S} + \iint_{侧面积} \boldsymbol{E}\cdot \mathrm{d}\boldsymbol{S} = 0$$

得

$$\sigma_2+\sigma_3=0$$

说明相向的两面上电荷面密度大小相等、符号相反。

（2）在 A 内部任取一点 P，根据静电平衡条件，$\boldsymbol{E}_P=0$，而 $\boldsymbol{E}_P$ 是四个均匀带电平面产生的电场强度矢量叠加而成的总电场强度，所以

$$\frac{\sigma_1}{2\varepsilon_0}-\frac{\sigma_2}{2\varepsilon_0}-\frac{\sigma_3}{2\varepsilon_0}-\frac{\sigma_4}{2\varepsilon_0}=0$$

又因为

$$\sigma_2+\sigma_3=0$$

所以

$$\sigma_1=\sigma_4$$

说明相背的两面上电荷面密度总是大小相等，符号相同。

例题 10-2　半径为 R_1 的金属球，置于半径分别为 R_2 和 R_3（$R_1<R_2<R_3$）的同心金属球壳内，现给金属球带电 $+q$，试计算：

（1）外球壳上的电荷分布及电势大小；

（2）先把外球壳接地，然后断开接地线重新绝缘，此时外球壳的电荷分布及电势；

（3）再使内金属球接地，求此时内金属球上的电荷以及外球壳的电势。

【分析】　（1）对于求解带电同心球面的电势和电场强度分布，通常可以有两种方法。第一种解法，因为电荷和场的分布具有球对称性，所以采用高斯定理求解电场强度，然后用

电势的定义式求解电势。第二种解法，利用球面的电场强度和电势的公式，根据叠加原理进行求解。(2) 导体接地，意味着电势为零，并不意味着导体上的电荷一定为零，必须具体问题具体分析。

【解】 (1) 用第一种方法求解。

已知内球带电 $+q$，则外球壳的内表面带电为 $-q$，外球壳的外表面带电为 $+q$，这些电荷均在各个球面上均匀分布。设场点到球心的距离为 r，过场点以 r 为半径做一个同心球面为高斯面 S，则由高斯定理 $\oint_S \boldsymbol{E}\cdot \mathrm{d}\boldsymbol{S} = \dfrac{\sum\limits_{S内} q}{\varepsilon_0}$，得

$$E4\pi r^2 = \frac{\sum\limits_{S内} q}{\varepsilon_0}$$

当 $r>R_3$ 时

$$\sum_{S内} q = q - q + q = q$$

所以 $E=\dfrac{q}{4\pi\varepsilon_0 r^2}$，方向沿径向。

以无限远为电势零点，则外球壳的电势为

$$V = \int_{R_3}^{\infty} \boldsymbol{E}\cdot \mathrm{d}\boldsymbol{r} = \int_{R_3}^{\infty} \frac{q\mathrm{d}r}{4\pi\varepsilon_0 r^2} = \frac{q}{4\pi\varepsilon_0 R_3}$$

(2) 用第二种方法求解。外球壳接地，意味着外球壳电势为零。根据电势叠加原理，外球壳的电势等于各个球面上的电荷在 $r=R_3$ 处的电势之和，即

$$V = \frac{+q}{4\pi\varepsilon_0 R_3} + \frac{-q}{4\pi\varepsilon_0 R_3} + \frac{+q'}{4\pi\varepsilon_0 R_3} = \frac{+q'}{4\pi\varepsilon_0 R_3} = 0$$

所以

$$q' = 0$$

因此断开接地线重新绝缘后，外球壳的外表面不带电，内表面电荷仍为 $-q$。

(3) 用第二种方法求解。

再使内金属球接地，则内金属球电势为零。设此时内金属球上的电荷为 q'，则外球壳内表面带电荷量为 $-q'$，外球壳外表面带电荷量为 $-q+q'$（电荷守恒）。根据电势叠加原理，内金属球的电势应等于各个球面上的电荷在 $r=R_1$ 处电势的代数和

$$V_{内} = \frac{q'}{4\pi\varepsilon_0 R_1} - \frac{q'}{4\pi\varepsilon_0 R_2} + \frac{-q+q'}{4\pi\varepsilon_0 R_3} = 0$$

解得

$$q' = \frac{R_1R_2}{R_2R_3 - R_1R_3 + R_1R_2} q$$

所以外球壳的电势应为各个球面上的电荷在 $r=R_3$ 处电势的代数和

$$V_{外} = \frac{q'}{4\pi\varepsilon_0 R_3} - \frac{q'}{4\pi\varepsilon_0 R_3} + \frac{-q+q'}{4\pi\varepsilon_0 R_3} = \frac{(R_1-R_2)q}{4\pi\varepsilon_0(R_2R_3 - R_1R_3 + R_1R_2)}$$

例题 10-3 一电容器由两个很长的同轴薄圆筒组成，内、外圆筒半径分别为 R_1 和 R_2，其间充满相对介电常数为 ε_r 的各向同性、均匀的电介质。电容器接在电压为 U 的电源上（如图 10-2 所示），试求

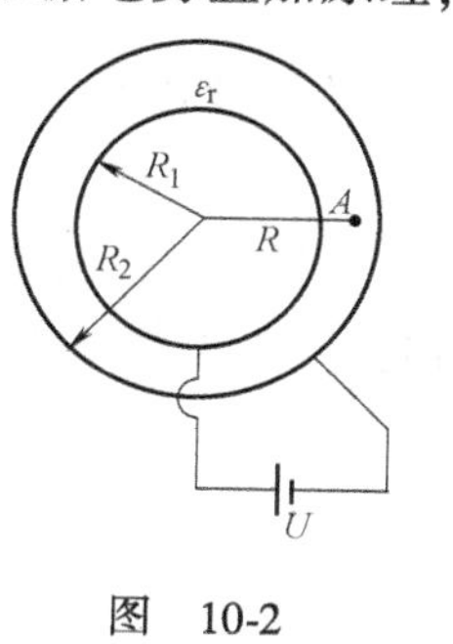

图 10-2

(1) 两圆筒之间任意点的电位移矢量和电场强度；

(2) 该圆柱形电容器单位长度所储存的电场能量及电容。

【分析】（1）当空间存在电介质时，一般先求出电位移矢量 $\boldsymbol{D}$，再根据 $\boldsymbol{D}=\varepsilon\boldsymbol{E}$ 求出 $\boldsymbol{E}$；（2）电容和能量可以有两种计算方法：第一，先根据 $C=\dfrac{Q}{U}$ 求出电容 C，再利用 $W_e=\dfrac{1}{2}CU^2$ 求出静电能；第二，先求出电场能量 $W_e=\int_V\dfrac{1}{2}\varepsilon E^2\mathrm{d}V$，再根据 $W_e=\dfrac{1}{2}CU^2$ 求出电容 C。

【解】（1）如图 10-2，设内外圆筒沿轴向单位长度上分别带有电荷 $+\lambda$ 和 $-\lambda$，过两圆筒间任一场点 A 以 R 为半径，作一长为 l 的同轴圆柱面为高斯面，根据高斯定理可求得 A 点的电位移矢量

$$\oiint_S \boldsymbol{D}\cdot\mathrm{d}\boldsymbol{S}=\sum_{S内}q_0$$

$$D2\pi Rl=\lambda l$$

所以

$$D=\frac{\lambda}{2\pi R}\quad(R_1<R<R_2)$$

$$E=\frac{D}{\varepsilon}=\frac{D}{\varepsilon_0\varepsilon_r}=\frac{\lambda}{2\pi\varepsilon_0\varepsilon_r R}\quad(R_1<R<R_2)$$

两圆筒的电势差为

$$U=\int_{R_1}^{R_2}\boldsymbol{E}\cdot\mathrm{d}\boldsymbol{R}=\int_{R_1}^{R_2}\frac{\lambda\mathrm{d}R}{2\pi\varepsilon_0\varepsilon_r R}=\frac{\lambda}{2\pi\varepsilon_0\varepsilon_r}\ln\frac{R_2}{R_1}$$

解得

$$\lambda=\frac{2\pi\varepsilon_0\varepsilon_r U}{\ln\dfrac{R_2}{R_1}}$$

于是

$$D=\frac{\varepsilon_0\varepsilon_r U}{R\ln(R_2/R_1)}\qquad(R_1<R<R_2)，方向沿径向向外；$$

$$E=\frac{U}{R\ln(R_2/R_1)}\qquad(R_1<R<R_2)，方向沿径向向外。$$

（2）**【解法 1】** 根据 $C=\dfrac{Q}{U}$，得

电容器单位长度的电容为　$C=\dfrac{\lambda}{U}=\dfrac{2\pi\varepsilon_0\varepsilon_r}{\ln(R_2/R_1)}$

所以，电容器单位长度所储存的静电能为

$$W_e=\frac{1}{2}CU^2=\frac{\pi\varepsilon_0\varepsilon_r U^2}{\ln(R_2/R_1)}$$

【解法 2】 分别以 R 和 $R+\mathrm{d}R$ 为半径、l 为长作同轴圆柱面，则构成一个很薄的圆柱壳层，体积为

$$\mathrm{d}V=2\pi Rl\mathrm{d}R$$

该处的电场能量密度

$$w_e=\frac{1}{2}\boldsymbol{D}\cdot\boldsymbol{E}=\frac{1}{2}\varepsilon E^2=\frac{\varepsilon_0\varepsilon_r U^2}{2R^2[\ln(R_2/R_1)]^2}$$

体积 $\mathrm{d}V$ 所储存的电场能量

$$\mathrm{d}W_e = w_e \mathrm{d}V = \frac{\pi l \varepsilon_0 \varepsilon_r U^2}{R[\ln(R_2/R_1)]^2}\mathrm{d}R$$

所以，长为 l 的电容器所储存的电场能量

$$W_e(l) = \int_V w_e \mathrm{d}V = \frac{\pi l \varepsilon_0 \varepsilon_r U^2}{[\ln(R_2/R_1)]^2}\int_{R_1}^{R_2}\frac{\mathrm{d}R}{R} = \frac{\pi l \varepsilon_0 \varepsilon_r U^2}{\ln(R_2/R_1)}$$

令 $l=1$，得电容器单位长度所储存的电场能量

$$W_e = \int_V w_e \mathrm{d}V = \frac{\pi l \varepsilon_0 \varepsilon_r U^2}{[\ln(R_2/R_1)]^2}\int_{R_1}^{R_2}\frac{\mathrm{d}R}{R} = \frac{\pi \varepsilon_0 \varepsilon_r U^2}{\ln(R_2/R_1)}$$

根据 $W_e = \frac{1}{2}CU^2$ 可得，电容器单位长度的电容为

$$C = \frac{2W_e}{U^2} = \frac{2\pi\varepsilon_0\varepsilon_r}{\ln(R_2/R_1)}$$

例题 10-4　半径为 R_1 和 R_2 的两个同心导体球壳，球壳间充满均匀电介质，介质的相对介电常数为 ε_r，内球壳带电 Q。试求：

（1）整个空间的电场强度分布；

（2）整个空间的电势分布。

【分析】　电荷分布具有球对称性，所以可以利用介质中的高斯定理 $\oint_S \boldsymbol{D}\cdot \mathrm{d}\boldsymbol{S} = \sum_{S内} q_0$ 先求出 $\boldsymbol{D}$ 分布，然后根据 $\boldsymbol{E} = \frac{\boldsymbol{D}}{\varepsilon}$ 求出 $\boldsymbol{E}$ 分布，再用电势的定义式 $V_P = \int_P^{电势零点的位置} \boldsymbol{E}\cdot \mathrm{d}\boldsymbol{l}$ 来计算电势。要特别注意不同区域的介电常数 ε 取值的不同。

【解】　（1）根据静电平衡的条件和性质，已知内球壳带电 Q，则外球壳的内表面带电为 $-Q$，外球壳的外表面带电为 Q，这些电荷均在各个球面上均匀分布。

设场点到球心的距离为 r，以 r 为半径作同心球面为高斯面，根据高斯定理 $\oint_S \boldsymbol{D}\cdot \mathrm{d}\boldsymbol{S} = \sum_{S内} q_0$ 得

$$D4\pi r^2 = \sum_{S内} q_0$$

所以

$$\boldsymbol{D} = \frac{\sum_{S内} q_0}{4\pi r^2}\boldsymbol{r}_0$$

式中，$\boldsymbol{r}_0$ 为沿径向向外的单位矢量。

以下将全空间分成几个区域进行讨论。

① 当 $r<R_1$ 时，场点在导体内部，根据静电平衡的条件，显然 $\boldsymbol{E}_1=0$。

② 当 $R_1<r<R_2$ 时，场点在电介质内，$\varepsilon=\varepsilon_0\varepsilon_r$，又 $\sum_{S内} q = Q$，所以

$$\boldsymbol{D} = \frac{Q}{4\pi r^2}\boldsymbol{r}_0$$

$$\boldsymbol{E}_2 = \frac{\boldsymbol{D}}{\varepsilon_r\varepsilon_0} = \frac{Q}{4\pi\varepsilon_r\varepsilon_0 r^2}\boldsymbol{r}_0$$

③ 当 $r>R_2$ 时，场点处于真空中，$\varepsilon=\varepsilon_0$，又 $\sum\limits_{S内} q = Q$,所以

$$\boldsymbol{D} = \frac{Q}{4\pi r^2}\boldsymbol{r}_0$$

$$\boldsymbol{E}_3 = \frac{\boldsymbol{D}}{\varepsilon_0} = \frac{Q}{4\pi\varepsilon_0 r^2}\boldsymbol{r}_0$$

（2）用电势的定义式 $V_P = \int_P^{电势零点的位置} \boldsymbol{E}\cdot \mathrm{d}\boldsymbol{l}$ 求解。以无限远处作为电势零点。

① 当 $r<R_1$ 时，$V = \int_r^{\infty}\boldsymbol{E}\cdot \mathrm{d}\boldsymbol{l} = \int_r^{R_1}\boldsymbol{E}_1\cdot \mathrm{d}\boldsymbol{l} + \int_{R_1}^{R_2}\boldsymbol{E}_2\cdot \mathrm{d}\boldsymbol{l} + \int_{R_2}^{\infty}\boldsymbol{E}_3\cdot \mathrm{d}\boldsymbol{l}$

$$= \frac{Q}{4\pi\varepsilon_0\varepsilon_r}\left(\frac{1}{R_1}-\frac{1}{R_2}\right)+\frac{Q}{4\pi\varepsilon_0 R_2}$$

$$= \frac{Q}{4\pi\varepsilon_0\varepsilon_r}\left(\frac{1}{R_1}+\frac{\varepsilon_r-1}{R_2}\right)$$

② 当 $R_1<r<R_2$ 时，$V = \int_r^{\infty}\boldsymbol{E}\cdot \mathrm{d}\boldsymbol{l} = \int_r^{R_2}\boldsymbol{E}_2\cdot \mathrm{d}\boldsymbol{l} + \int_{R_2}^{\infty}\boldsymbol{E}_3\cdot \mathrm{d}\boldsymbol{l}$

$$= \frac{Q}{4\pi\varepsilon_0\varepsilon_r}\left(\frac{1}{r}-\frac{1}{R_2}\right)+\frac{Q}{4\pi\varepsilon_0 R_2}$$

$$= \frac{Q}{4\pi\varepsilon_0\varepsilon_r}\left(\frac{1}{r}+\frac{\varepsilon_r-1}{R_2}\right)$$

③ 当 $r>R_2$ 时，$V = \int_r^{\infty}\boldsymbol{E}_3\cdot \mathrm{d}\boldsymbol{l} = \frac{Q}{4\pi\varepsilon_0 r}$

例题 10-5 一电容为 C 的空气平行板电容器，接在端电压 U 为定值的电源上充电。在电源保持连接的情况下，试求把两个极板间距离增大至 n 倍时外力所做的功。

【分析】 两个极板间距离增大，外力做正功，且电容减少，因此，当两极板间电势差保持不变时，极板上的电荷要减少，即电源做负功；根据能量守恒，外力和电源所做的功的代数和应等于电容器储能的改变值。

【解】 ① 计算电容器储能的改变。设极板面积为 S，极板间距为 d。因保持与电源连接，故两极板间电势差 U 保持不变，当极板间距由 d 增大为 nd 时，电容值由

$$C = \varepsilon_0 S/d$$

变为

$$C' = \varepsilon_0 S/(nd) = C/n$$

因此，电容器储存的电场能量由

$$W = \frac{1}{2}CU^2$$

变为

$$W' = \frac{1}{2}C'U^2 = CU^2/(2n)$$

电容器储存的电场能量的改变为

$$\Delta W = W' - W = \frac{1}{2}CU^2\left(\frac{1-n}{n}\right) < 0$$

② 计算电源所做的功。在两极板间距增大的过程中，电容器上电荷由 $Q=CU$ 减至

$Q' = C'U$，电源做功

$$A_{源} = (Q' - Q)U = (C'U - CU)U$$
$$= [(C/n) - C]U^2 = CU^2\frac{1-n}{n} < 0$$

③ 计算外力所做的功。设在拉开极板过程中，外力做功为 $A_{外}$，根据功能原理

$$A_{源} + A_{外} = \Delta W$$

所以

$$A_{外} = \Delta W - A_{源} = \frac{1}{2}CU^2\left(\frac{1-n}{n}\right) - CU^2\left(\frac{1-n}{n}\right)$$
$$= \frac{1}{2}CU^2\left(\frac{n-1}{n}\right) > 0$$

可见，在拉开极板的过程中，外力做正功。

【常见错误】 忽略了电源所做的功。

六、基础训练

（一）选择题

1. 有一接地的金属球，用一弹簧吊起，金属球原来不带电，若在它的下方放置一电荷为 q 的点电荷，如图 10-3 所示，则（　　）。

（A）只有当 $q>0$ 时，金属球才下移　（B）只有当 $q<0$ 时，金属球才下移

（C）无论 q 是正是负金属球都下移　（D）无论 q 是正是负金属球都不动

2. 一“无限大”均匀带电平面 A，其附近放一与它平行的有一定厚度的“无限大”平面导体板 B，如图 10-4 所示。已知 A 上的电荷面密度为 $+\sigma$，则在导体板 B 的两个表面 1 和 2 上的感生电荷面密度为(　　)。

（A）$\sigma_1 = -\sigma$，$\sigma_2 = +\sigma$　（B）$\sigma_1 = -\frac{1}{2}\sigma$，$\sigma_2 = +\frac{1}{2}\sigma$

（C）$\sigma_1 = -\frac{1}{2}\sigma$，$\sigma_2 = -\frac{1}{2}\sigma$　（D）$\sigma_1 = -\sigma$，$\sigma_2 = 0$

3. 在一个原来不带电的外表面为球形的空腔导体 A 内，放一带有电荷为 $+Q$ 的带电导体 B，如图 10-5 所示。则比较空腔导体 A 的电势 V_A 和导体 B 的电势 V_B 时，可得以下结论（　　）。

（A）$V_A = V_B$　（B）$V_A > V_B$

（C）$V_A < V_B$　（D）因空腔形状不是球形，两者无法比较

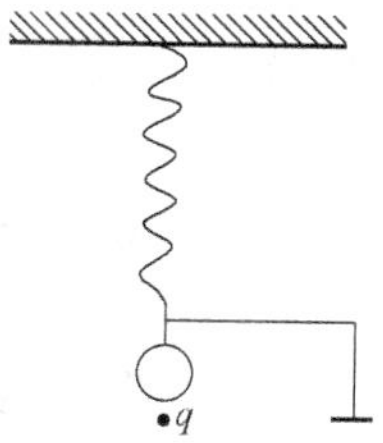

图　10-3

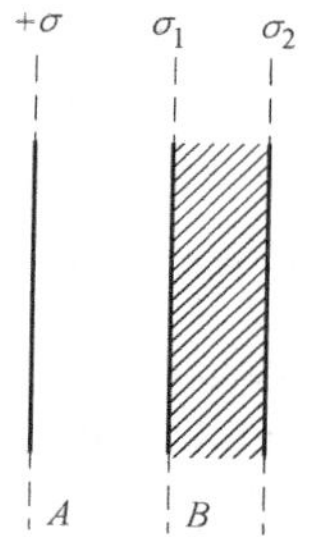

图　10-4

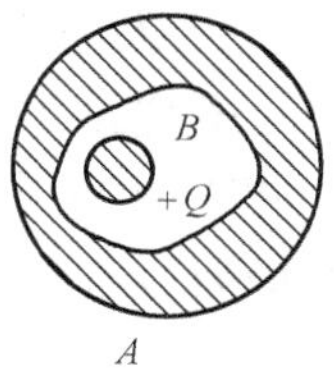

图　10-5

4. 三个半径相同的金属小球，其中甲、乙两球带有等量同号电荷，丙球不带电。已知甲、乙两球间距离远大于本身直径，它们之间的静电力为 F；现用带绝缘柄的丙球先与甲球接触，再与乙球接触，然后移去，则此后甲、乙两球间的静电力为（　　）。

(A) $3F/4$　　(B) $F/2$　　(C) $3F/8$　　(D) $F/4$

5. 两个薄金属同心球壳，半径各为 R_1 和 R_2（$R_2>R_1$），分别带有电荷 q_1 和 q_2，二者电势分别为 V_1 和 V_2（设无穷远处为电势零点），现用导线将二球壳联起来，则它们的电势为（　　）。

(A) V_1　　(B) V_2　　(C) V_1+V_2　　(D) $(V_1+V_2)/2$

6. 半径为 R 的金属球与地连接。在与球心 O 相距 $d=2R$ 处有一电荷为 q 的点电荷，如图 10-6 所示。设地的电势为零，则球上的感生电荷 q' 为（　　）。

(A) 0　　(B) $\dfrac{q}{2}$　　(C) $-\dfrac{q}{2}$　　(D) $-q$

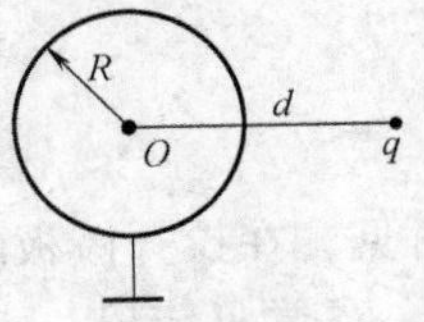

图　10-6

7. 用力 F 把电容器中的电介质板拉出，在图 10-7a 和图 10-7b 的两种情况下，电容器中储存的静电能量将（　　）。

(A) 都增加　　(B) 都减少

(C) (a) 增加，(b) 减少　　(D) (a) 减少，(b) 增加

8. 两只电容器，$C_1=8\mu F$，$C_2=2\mu F$，分别把它们充电到 1000V，然后将它们反接（如图 10-8 所示），此时两极板间的电势差为（　　）。

(A) 0V　　(B) 200V　　(C) 600V　　(D) 1000V

9. 如图 10-9 所示，一球形导体，带有电荷 q，置于一任意形状的空腔导体中。当用导线将两者连接后，则与未连接前相比系统静电场能量将（　　）。

(A) 增大　　(B) 减小　　(C) 不变　　(D) 如何变化无法确定

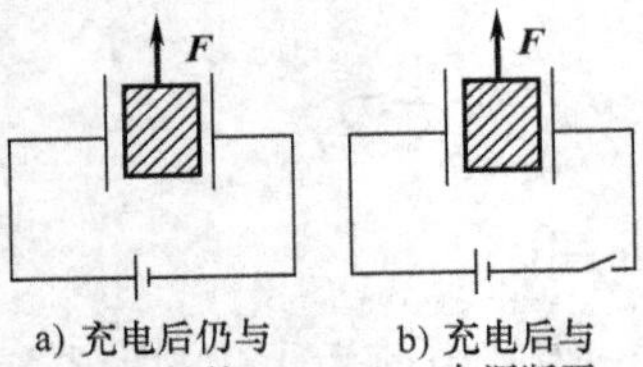

a) 充电后仍与电源连接　　b) 充电后与电源断开

图　10-7

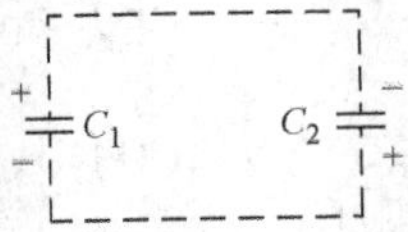

图　10-8

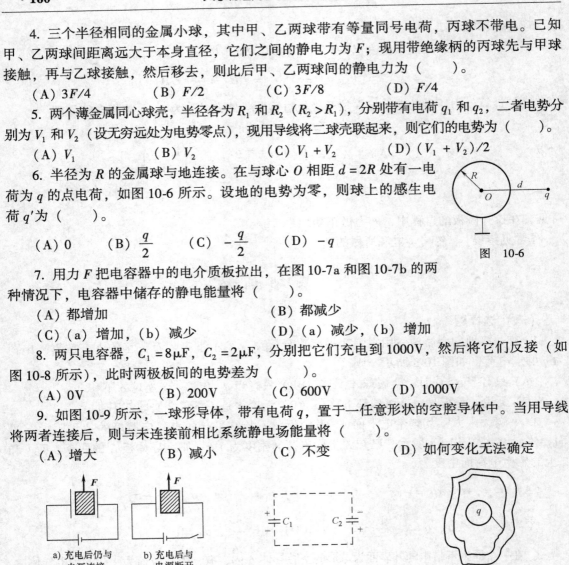

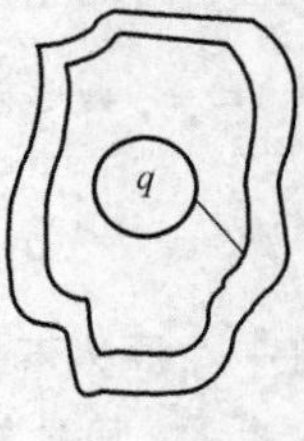

图　10-9

10. 两个完全相同的电容器 C_1 和 C_2，串联后与电源连接。现将一各向同性均匀电介质板插入 C_1 中，如图 10-10 所示，则（　　）。

(A) 电容器组总电容减小　　(B) C_1 上的电荷大于 C_2 上的电荷

(C) C_1 上的电压高于 C_2 上的电压　　(D) 电容器组贮存的总能量增大

(二) 填空题

11. 如图 10-11 所示，在静电场中有一立方形均匀导体，边长为 a。已知立方导体中心 O 处的电势为 U_0，则立方体顶点 A 的电势为____________。

12. 半径为 R 的不带电的金属球，在球外离球心 O 距离为 l 处有一点电荷，电荷为 q，如图 10-12 所示。若取无穷远处为电势零点，则静电平衡后金属球的电势 $U=$____________。

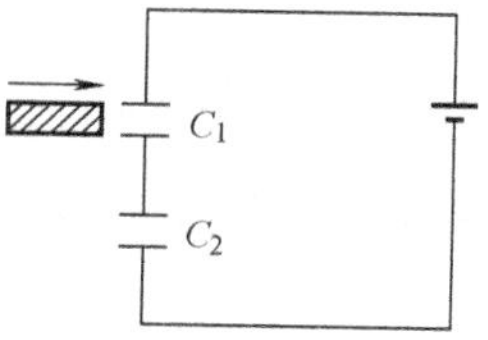

图 10-10

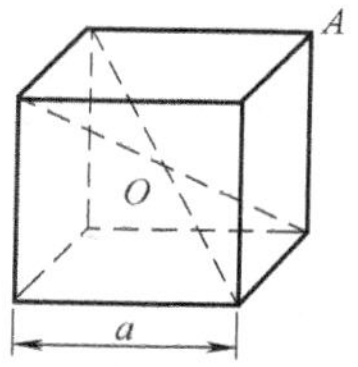

图 10-11

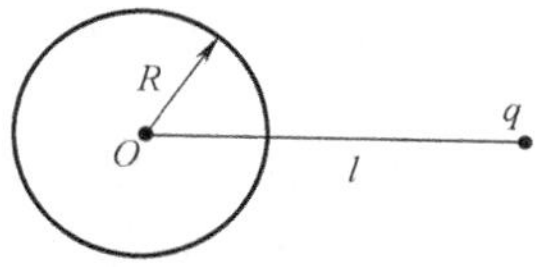

图 10-12

13. 一个带电荷 q、半径为 R 的金属球壳，壳内是真空，壳外是介电常量为 ε 的无限大各向同性均匀电介质，则此球壳的电势 $U=$________________。

14. 一空气平行板电容器，电容为 C，两极板间距离为 d；充电后，两极板间相互作用力为 F；则两极板间的电势差为________________，极板上的电荷为________________。

15. 如图 10-13 所示，把一块原来不带电的金属板 B，移近一块已带有正电荷 Q 的金属板 A，平行放置。设两板面积都是 S，板间距离是 d，忽略边缘效应。当 B 板不接地时，两板间电势差 $U_{AB}=$________________；B 板接地时两板间电势差 $U'_{AB}=$________________。

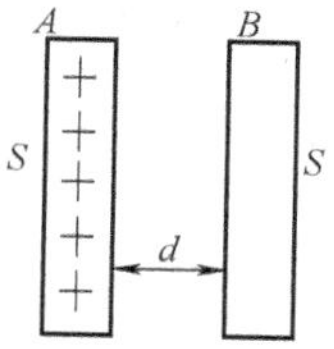

图 10-13

16. 在一个不带电的导体球壳内，先放进一电荷为 $+q$ 的点电荷，点电荷不与球壳内壁接触。然后使该球壳与地接触一下，再将点电荷 $+q$ 取走。此时，球壳的电荷为________________，电场分布的范围是________________。

17. 一电矩为 $\boldsymbol{p}$ 的电偶极子在电场强度为 $\boldsymbol{E}$ 的均匀电场中，$\boldsymbol{p}$ 与 $\boldsymbol{E}$ 间的夹角为 α，则它所受的电场力 $\boldsymbol{F}=$________，力矩的大小 $M=$________。

18. 一空气平行板电容器，其电容为 C_0，充电后将电源断开，两极板间电势差为 U_{12}；今在两极板间充满相对介电常量为 ε_r 的各向同性均匀电介质，则此时电容值 $C=$________________，两极板间电势差 $U'_{12}=$________________。

（三）计算题

19. 假想从无限远处陆续移来微量电荷使一半径为 R 的导体球带电。

（1）当球上已带有电荷 q 时，再将一个电荷元 $\mathrm{d}q$ 从无限远处移到球上的过程中，外力做多少功？

（2）使球上电荷从零开始增加到 Q 的过程中，外力共做多少功？

20. 一电容器由两个很长的同轴薄圆筒组成，内、外圆筒半径分别为 $R_1=2\text{cm}$，$R_2=5\text{cm}$，其间充满相对介电常数为 ε_r 的各向同性、均匀电介质。电容器接在电压 $U=32\text{V}$ 的电源上，如图 10-14 所示，试求距离轴线 $R=3.5\text{cm}$ 处 A 点的电场强度和 A 点与外筒间的电势差。

21. 如图 10-15 所示，一内半径为 a、外半径为 b 的金属球壳，带有电荷 Q，在球壳空腔内距离球心 r 处有一点电荷 q；设无限远处为电势零点，试求：（1）球壳内外表面上的电荷；（2）球心 O 点处，由球壳内表面上电荷产生的电势；（3）球心 O 点处的总电势。

22. 两金属球的半径之比为 1:4，带等量的同号电荷。当两者的距离远大于两球半径时，有一定的电势能。若将两球接触一下再移回原处，则电势能变为原来的多少倍？

23. 半径为 $R_1=1.0\text{cm}$ 的导体球，带有电荷 $q_1=1.0\times10^{-10}\text{C}$，球外有一个内、外半径分别为 $R_2=3.0\text{cm}$、$R_3=4.0\text{cm}$ 的同心导体球壳，壳上带有电荷 $Q=11\times10^{-10}\text{C}$。试计算：（1）两球的电势 U_1 和 U_2；（2）用导线把球和壳联接在一起后 U_1 和 U_2 分别是多少？（3）

若外球接地，U_1 和 U_2 为多少？

24. 在极板间距为 d 的空气平行板电容器中，平行于极板插入一块厚度为$\frac{d}{2}$，面积与极板相同的金属板后，其电容为原来电容的多少倍？如果平行插入的是相对介电常量为 ε_r 的与金属板厚度、面积均相同的介质板则又如何？

25. 三个电容器如图 10-16 连接，其中 $C_1=10\times10^{-6}$F，$C_2=5\times10^{-6}$F，$C_3=4\times10^{-6}$F，当 A、B 间电压 $U=100$V 时，试求：

(1) A、B 之间的电容；

(2) 当 C_3 被击穿时，在电容 C_1 上的电荷和电压各变为多少？

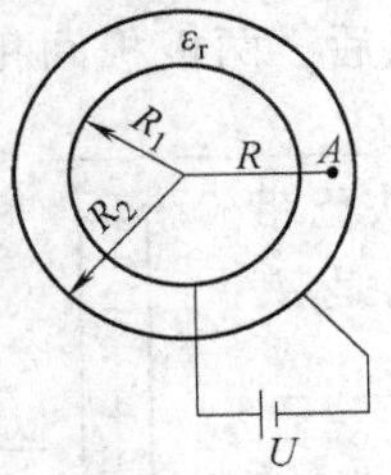

图　10-14

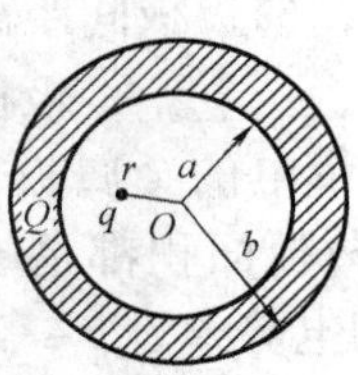

图　10-15

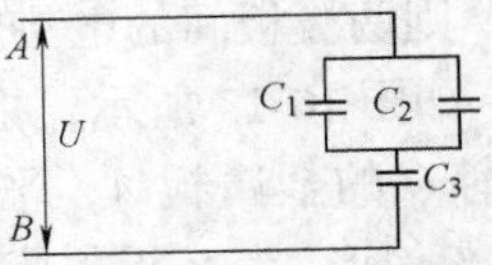

图　10-16

26. 半径都是 a 的两根平行长直导线，其中心线间相距 d（$d>>a$）。求这对导线单位长度的电容。

27. 一圆柱形电容器，内圆柱的半径为 R_1，外圆柱的半径为 R_2，长为 $L(L>>(R_2-R_1))$，两圆柱之间充满相对介电常量为 ε_r 的各向同性均匀电介质。设内外圆柱单位长度上带电荷（即电荷线密度）分别为 λ 和 $-\lambda$。求：(1) 电容器的电容；(2) 电容器储存的能量。

28. 一接地的“无限大”导体板前垂直放置一“半无限长”均匀带电直线，使该带电直线的一端距板面的距离为 d，如图 10-17 所示，若带电直线上电荷线密度为 λ，试求垂足 O 点处的感生电荷面密度。

29. A、B、C 是三块平行金属板，面积均为 200cm^2，A、B 相距 4.0mm，A、C 相距 2.0mm，B、C 两板都接地（如图 10-18 所示）。设 A 板带正电 3.0×10^{-7}C，不计边缘效应。求 B 板和 C 板上的感应电荷及 A 板的电势。若在 A、B 间充以相对介电常数为 $\varepsilon_r=5$ 的均匀电介质，再求 B 板和 C 板上的感应电荷及 A 板的电势。

30. 有一“无限大”的接地导体板，在距离板面 b 处有一电荷为 q 的点电荷，如图 10-19 所示。试求：(1) 导体板面上各点的感生电荷面密度分布；(2) 面上感生电荷的总电荷。

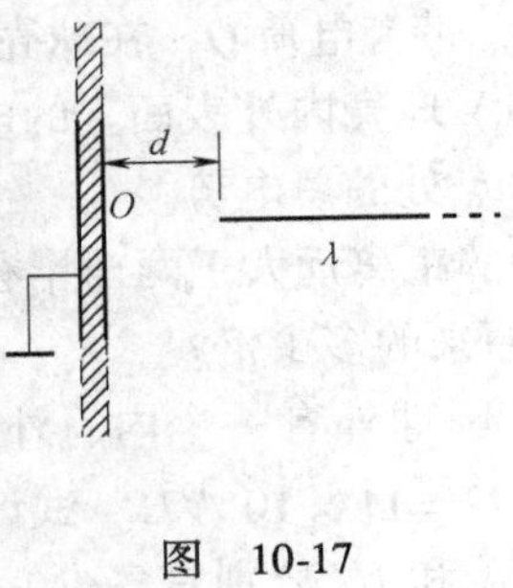

图　10-17

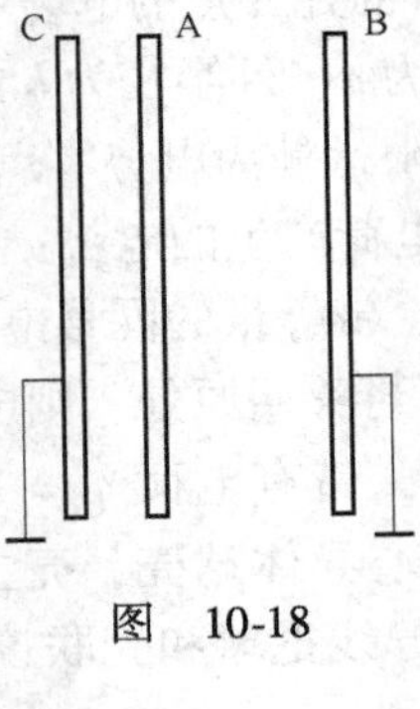

图　10-18

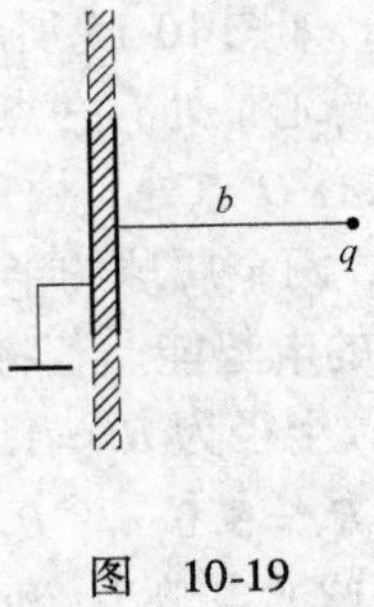

图　10-19

七、自测提高

(一) 选择题

1. 把 A、B 两块不带电的导体放在一带正电导体的电场中，如图 10-20 所示。设无限远处为电势零点，A 的电势为 U_A，B 的电势为 U_B，则（　　）。

(A) $U_B > U_A \neq 0$　(B) $U_B > U_A = 0$　(C) $U_B = U_A$　(D) $U_B < U_A$

2. 一带正电荷的物体 M，靠近一原不带电的金属导体 N，N 的左端感生出负电荷，右端感生出正电荷。若将 N 的左端接地，如图 10-21 所示，则（　　）。

(A) N 上有负电荷入地

(B) N 上有正电荷入地

(C) N 上的电荷不动

(D) N 上所有电荷都入地

3. 两个同心导体球壳，内球壳带有均匀分布的电荷 Q，若将一高电压带电体放在该两同心导体球壳外的近处，则达到静电平衡后，内球壳上电荷（　　）。

(A) 仍为 Q，但分布不均匀　(B) 仍为 Q，且分布仍均匀

(C) 不为 Q，但分布仍均匀　(D) 不为 Q，且分布不均匀

4. 一导体球外充满相对介电常量为 ε_r 的均匀电介质，若测得导体表面附近电场强度为 E，则导体球面上的自由电荷面密度 σ_0 为（　　）。

(A) $\varepsilon_0 E$　(B) $\varepsilon_0\varepsilon_r E$　(C) $\varepsilon_r E$　(D) $(\varepsilon_0\varepsilon_r - \varepsilon_0)E$

5. 一空心导体球壳，其内、外半径分别为 R_1 和 R_2，带电荷 q，如图 10-22 所示。当球壳中心处再放一电荷为 q 的点电荷时，则导体球壳的电势（设无穷远处为电势零点）为（　　）。

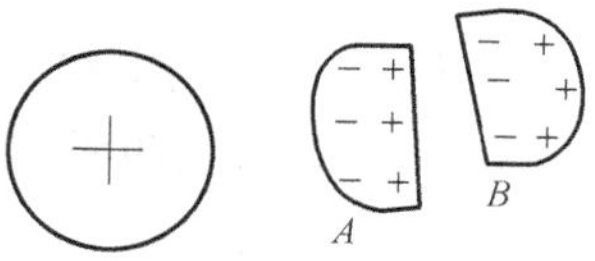

图　10-20

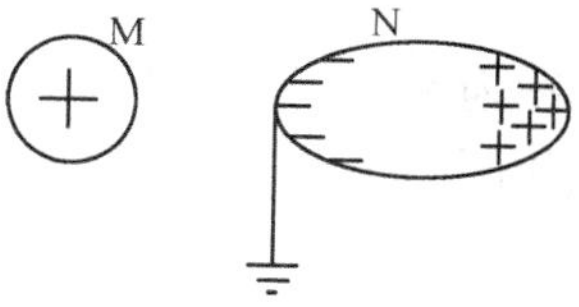

图　10-21

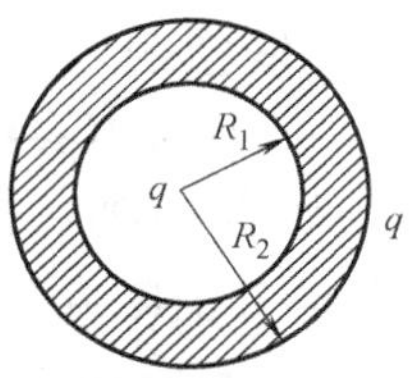

图　10-22

(A) $\dfrac{q}{4\pi\varepsilon_0 R_1}$　(B) $\dfrac{q}{4\pi\varepsilon_0 R_2}$　(C) $\dfrac{q}{2\pi\varepsilon_0 R_1}$　(D) $\dfrac{q}{2\pi\varepsilon_0 R_2}$

6. 一平行板电容器中充满相对介电常数为 ε_r 的各向同性均匀电介质。已知介质表面极化电荷面密度为 $\pm\sigma'$，则极化电荷在电容器中产生的电场强度的大小为（　　）。

(A) $\dfrac{\sigma'}{\varepsilon_0}$　(B) $\dfrac{\sigma'}{\varepsilon_0\varepsilon_r}$　(C) $\dfrac{\sigma'}{2\varepsilon_0}$　(D) $\dfrac{\sigma'}{\varepsilon_r}$

7. 一个大平行板电容器水平放置，两极板间的一半空间充有各向同性均匀电介质，另一半为空气，如图 10-23 所示。当两极板带上恒定的等量异号电荷时，有一个质量为 m、带电荷为 $+q$ 的质点，在极板间的空气区域中处于平衡。此后，若把电介质抽去，则该质点（　　）。

（A）保持不动　（B）向上运动　（C）向下运动　（D）是否运动不能确定

8. A、B 为两导体大平板，面积均为 S，平行放置，如图 10-24 所示。A 板带电荷 $+Q_1$，B 板带电荷 $+Q_2$，如果使 B 板接地，则 A、B 板间电场强度的大小 E 为（　）。

（A）$\dfrac{Q_1}{2\varepsilon_0 S}$　（B）$\dfrac{Q_1 - Q_2}{2\varepsilon_0 S}$　（C）$\dfrac{Q_1}{\varepsilon_0 S}$　（D）$\dfrac{Q_1 + Q_2}{2\varepsilon_0 S}$

9. 如图 10-25 所示，三块互相平行的导体板，相互之间的距离 d_1 和 d_2 比板面积线度小得多，外面二板用导线连接，中间板上带电，设其左右两面上电荷面密度分别为 σ_1 和 σ_2，则比值 σ_1/σ_2 为（　）。

（A）d_1/d_2　（B）d_2/d_1　（C）1　（D）d_2^2/d_1^2

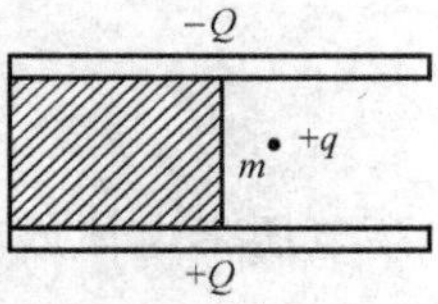

图　10-23

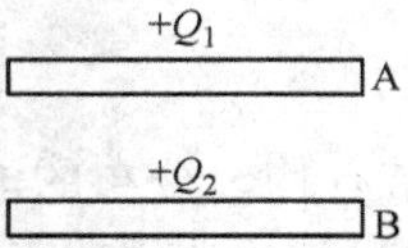

图　10-24

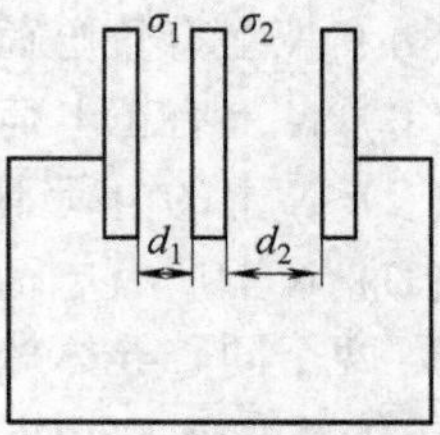

图　10-25

10. 将一空气平行板电容器接到电源上充电到一定电压后，断开电源。再将一块与极板面积相同的金属板平行地插入两极板之间，如图 10-26 所示，则由于金属板的插入及其所放位置的不同，对电容器储能的影响为（　）。

（A）储能减少，但与金属板相对极板的位置无关

（B）储能减少，且与金属板相对极板的位置有关

（C）储能增加，但与金属板相对极板的位置无关

（D）储能增加，且与金属板相对极板的位置有关

（二）填空题

11. 一平行板电容器，极板面积为 S，相距为 d。若 B 板接地，且保持 A 板的电势 $V_A = V_0$ 不变。如图 10-27，把一块面积相同的带有电荷为 Q 的导体薄板 C 平行地插入两板中间，则导体薄板 C 的电势 V_C = ________。

12. 两个点电荷在真空中相距为 r_1 时的相互作用力等于它们在某一"无限大"各向同性均匀电介质中相距为 r_2 时的相互作用力，则该电介质的相对介电常数 ε_r = ________。

13. 带有电荷 q、半径为 r_A 的金属球 A，与一原先不带电、内外半径分别为 r_B 和 r_C 的金属球壳 B 同心放置，如图 10-28 所示，则图中 P 点的电场强度 $\boldsymbol{E}$ = ________。如果用导线将 A、B 连接起来，则 A 球的电势 V = ________。（设无穷远处电势为零）

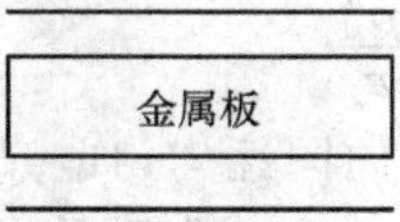

图　10-26

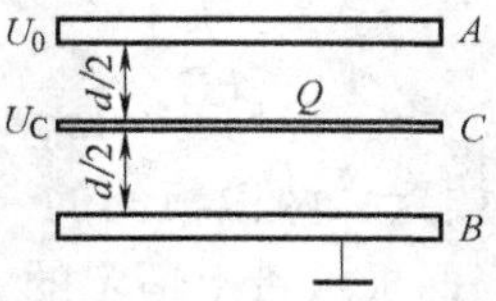

图　10-27

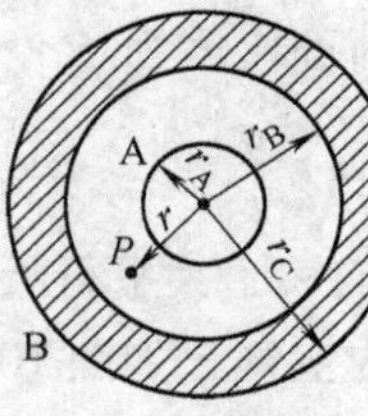

图　10-28

14. 有三个点电荷 q_1、q_2 和 q_3，分别静止于圆周上的三个点，如图 10-29 所示。设无穷远处为电势零点，则该电荷系统的相互作用电势能 $W=$ ____________。

15. 半径为 R 的金属球 A，接电源充电后断开电源，这时它储存的电场能量为 5×10^{-5}J。今将该球与远处一个半径也是 R 的导体球 B 用细导线连接，则 A 球储存的电场能量变为 ________。

16. 在相对介电常数 $\varepsilon_r=4$ 的各向同性均匀电介质中，与电能密度 $w_e=2\times10^6\text{J/m}^3$ 相应的电场强度的大小 $E=$ ____________。

17. 如图 10-30 所示。A、B 为两块无限大均匀带电平行薄平板，两板间和左右两侧充满相对介电常数为 ε_r 的各向同性均匀电介质。已知两板间的电场强度大小为 E_0，两板外的电场强度均为 $\frac{1}{3}E_0$，方向如图所示，则 A、B 两板所带电荷面密度分别为 $\sigma_A=$ ____________，$\sigma_B=$ ____________。

18. 如图 10-31 所示，电容 C_1、C_2、C_3 已知，电容 C 可调，当调节到 A、B 两点电势相等时，电容 $C=$ ____________。

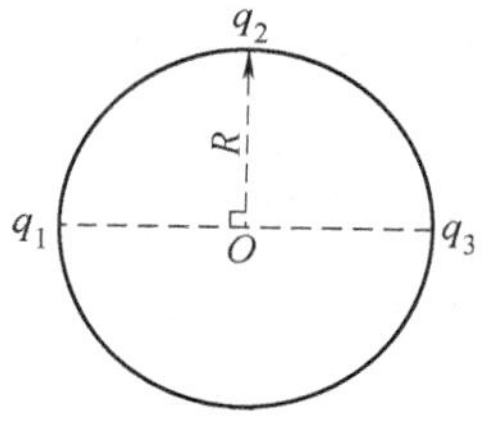

图　10-29

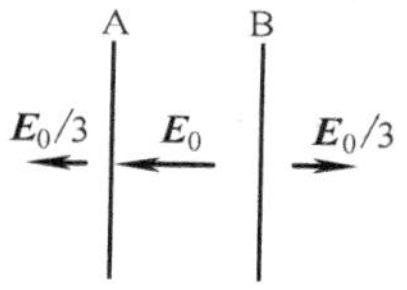

图　10-30

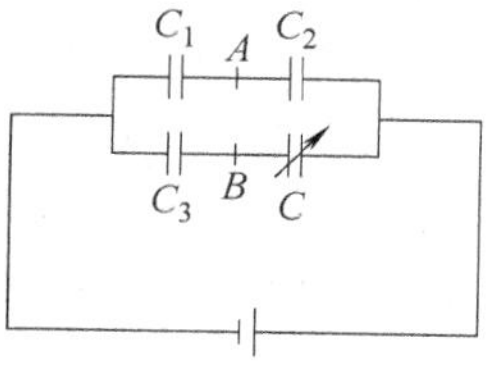

图　10-31

19. 一空气电容器充电后切断电源，电容器储能 W_0，若此时在极板间灌入相对介电常数为 ε_r 的煤油，则电容器储能变为 W_0 的________倍。如果灌煤油时电容器一直与电源相连接，则电容器储能将是 W_0 的________倍。

20. A、B 为两个电容值都等于 C 的电容器，已知 A 带电荷为 Q，B 带电荷为 $2Q$；现将 A、B 并联后，系统电场能量的增量 $\Delta W=$ ____________。

（三）计算题

21. 一空气平行板电容器，极板面积为 S，两极板之间距离为 d。试求：(1) 将一与极板面积相同而厚度为 $\frac{d}{3}$ 的导体板平行地插入该电容器中，其电容将改变多大？(2) 设两极板上带电荷 $\pm Q$，在电荷保持不变的条件下，将上述导体板从电容器中抽出，外力需做多少功？

22. 两导体球 A、B，半径分别为 $R_1=0.5\text{m}$、$R_2=1.0\text{m}$，中间以导线连接，两球外分别包以内半径为 $R=1.2\text{m}$ 的同心导体球壳（与导线绝缘）并接地，导体间的介质均为空气，如图 10-32 所示。已知：空气的击穿电场强度为 $3\times10^6\text{V/m}$，今使 A、B 两球所带电荷逐渐增加，计算：(1) 此系统何处首先被击穿？这里电场强度为何值？(2) 击穿时两球所带的总电荷 Q 为多少？（设导线本身不带电，且对电场无影响。）

23. 电荷 Q 均匀分布在半径为 R 的球体内。设无穷远处为电势零点，试证明离球心 r（$r<R$）处的电势为 $V=\dfrac{Q(3R^2-r^2)}{8\pi\varepsilon_0R^3}$。

24. 一同心的球形电容器，其内、外球半径分别为 R_1 和 R_2，两球面间有一半空间充满着相对介电常数为 ε_r 的各向同性均匀电介质，另一半空间是空气，如图 10-33 所示。不计两半球交界处的电场弯曲，试求该电容器的电容。

25. 有两根半径都是 R 的“无限长”直导线，彼此平行放置，两者轴线的距离是 d（$d \geqslant 2R$)，沿轴线方向单位长度上分别带有 $+\lambda$ 和 $-\lambda$ 的电荷，如图 10-34 所示。设两带电导线之间的相互作用不影响它们的电荷分布，试求两导线间的电势差。

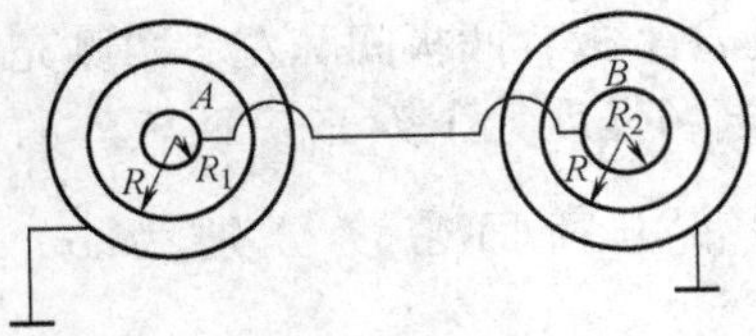

图　10-32

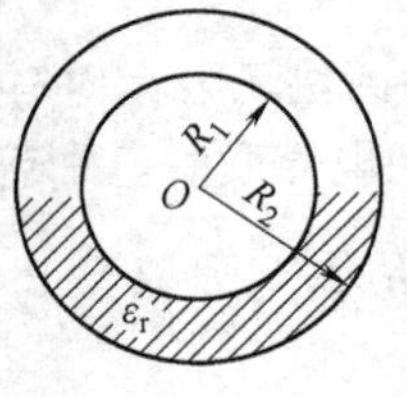

图　10-33

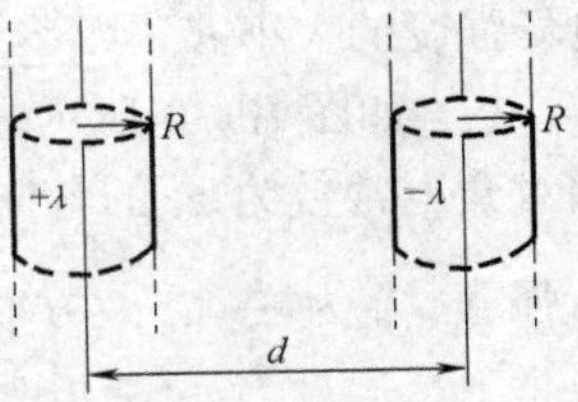

图　10-34

26. 一平行板电容器，极板面积为 S，两极板之间的距离为 d，中间充满相对介电常数为 ε_r 的各向同性均匀电介质。设极板之间电势差为 U，试求在维持电势差 U 不变的情况下将介质取出，外力需做功多少？

27. 如图 10-35 所示，两个同轴带电长直金属圆筒，内、外筒半径分别为 R_1 和 R_2，两筒间为空气，内、外筒电势分别为 $V_1=2V_0$、$V_2=V_0$，V_0 为一已知常量。求两金属圆筒之间的电势分布。

28. 如图 10-36 所示，将两极板间距离为 d 的平行板电容器垂直地插入到密度为 ρ、相对介电常数为 ε_r 的液体电介质中。如维持两极板间电势差 U 不变，求液体上升的高度 h。

29. 厚度为 d 的“无限大”均匀带电导体板两表面单位面积上电荷之和为 σ，如图 10-37 所示，试求离左板面距离为 a 的一点与离右板面距离为 b 的一点之间的电势差。

30. 两个孤立的金属球壳半径分别为 R_1 和 R_2，带电荷量分别为 Q_1 和 Q_2。(1) 求二者的静电能及静电能之和；(2) 若二者为同心球壳，二者组成的体系的静电能又是多少？

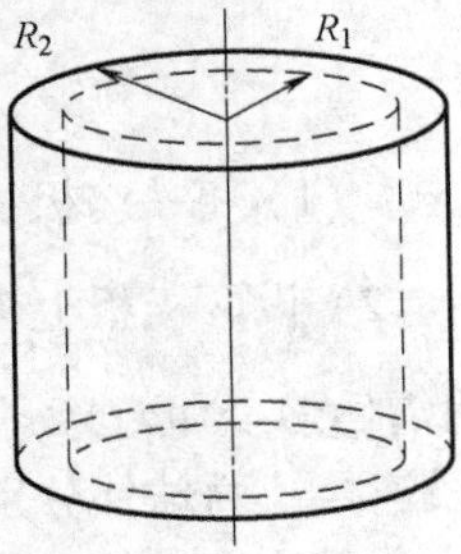

图　10-35

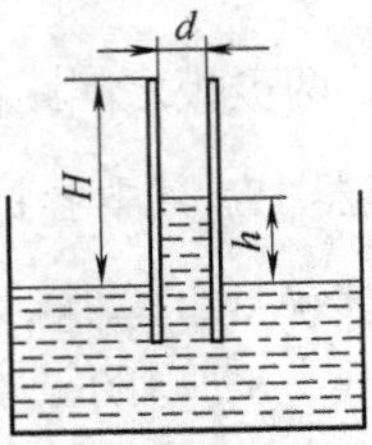

图　10-36

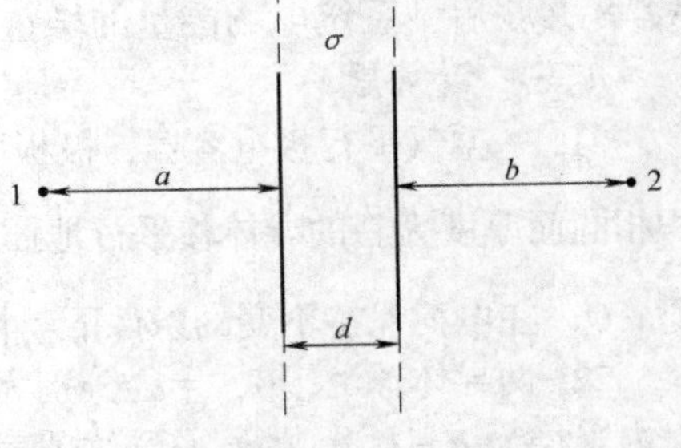

图　10-37

第十一章　稳恒电流的磁场

第一部分　稳恒电流

为了描述导体内电流的分布，引入电流密度矢量的概念。这一部分首先从电流密度矢量出发，介绍稳恒电流和稳恒电流场的概念。然后在稳恒电场的前提下从电路的观点研究静电问题，即在稳恒电路中，介绍欧姆定律、基尔霍夫定律，以及电流的功和功率等概念。

一、知识框架

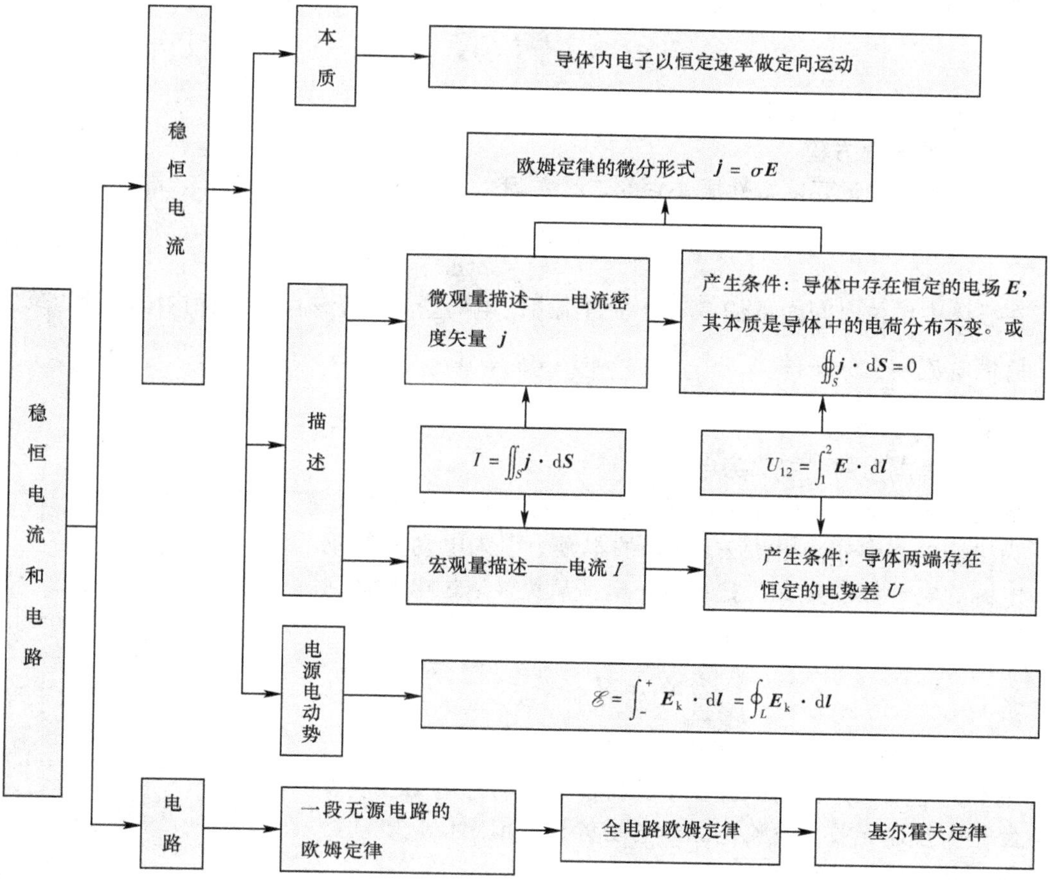

二、知识要点

1. 电流

电荷的定向运动形成电流。规定正电荷流动的方向为电流的方向。

单位时间内通过导体任一截面的电荷量叫做该截面的电流，即

$$I = \frac{dq}{dt}$$

电流是标量，它描绘导体中电荷通过某一截面的整体特征。

2. 电流密度

引入电流密度的概念，能较细致地描述电流的分布。

电流密度大小定义为通过垂直电流方向上的单位面积上的电流，即

$$j = \frac{dI}{dS_{\perp}}$$

电流密度是矢量，方向为该点电流的方向。电流密度的单位为安培/米^2（A/m^2）。

大块导体中各点 $\boldsymbol{j}$ 有不同的数值和方向，构成一个矢量场，称为电流场。

电流与电流密度有如下关系：

$$I = \iint_S \boldsymbol{j} \cdot d\boldsymbol{S}$$

这是一个矢量场和它的通量的关系。

3. 电流的连续方程

电流场的一个重要基本性质是它的连续方程，其本质是电荷守恒定律。即

$$\oint\!\!\!\oint_S \boldsymbol{j} \cdot d\boldsymbol{S} = -\frac{dq}{dt}$$

表示在导体中单位时间内从任一闭合曲面流出的电荷量，等于该闭合曲面内电荷量的减少。

稳恒电流存在的条件　　$\oint\!\!\!\oint_S \boldsymbol{j} \cdot d\boldsymbol{S} = 0$

4. 电源的电动势

提供非静电力的装置称为电源。

从能量的角度看，电源是把其他形式的能转化为电能的装置，如图 11-1 所示。

为描绘电源中非静电力 $\boldsymbol{F}_k$ 做功的本领，引入电动势的概念。电源的电动势 $\mathscr{E}$ 定义为把单位正电荷从负极通过电源移到正极时非静电力所做的功，即

$$\mathscr{E} = \int_{-\,(\text{电源内})}^{+} \boldsymbol{E}_k \cdot d\boldsymbol{l}$$

其中，$\boldsymbol{E}_k$ 为等效的非静电场的电场强度。

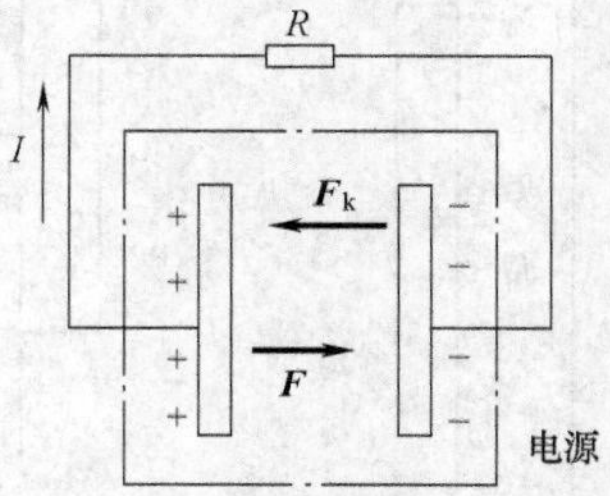

图　11-1

电源的电动势是描绘电源性质的特征量，与外电路性质以及电路是否接通无关，直流电源的电动势具有恒定值。电动势是标量，其单位是伏特（V）。

如果非静电力并非只存在于电源内部的局部区域，而是存在于某一闭合回路中，则定义

该闭合回路的电动势（例如温差电动势和感生电动势）为

$$\mathscr{E} = \oint_{(\text{闭合回路})} \boldsymbol{E}_k \cdot d\boldsymbol{l}$$

5. 电阻和电阻率

导体的电阻与导体本身的性质有关。

1）对于一定材料制成的粗细均匀的导体，设其长度为 l、横截面为 S，则其电阻为

$$R = \rho \frac{l}{S}$$

式中的比例系数 ρ 称为导体的电阻率，它是描述导体导电能力强弱的物理量，其单位是欧姆·米($\Omega \cdot m$)。电阻的倒数称为电导，用 G 表示。在 SI 单位制中，电导的单位是西门子(S)。电阻率的倒数称为电导率，用 σ 表示，

$$\sigma = \frac{1}{\rho}$$

其单位为西门子/米(S/m)，可知 $1S = 1/\Omega$。

2）对横截面或电阻率不均匀的导体，其电阻应表示为

$$R = \int \rho \frac{dl}{S}$$

各种材料的电阻率都随温度变化，其中纯金属的电阻率随温度的变化比较规则，在温度不太低、温度变化范围不大时，电阻率与温度近似地遵循以下线性关系：

$$\rho = \rho_0(1 + \alpha t)$$

式中，ρ、ρ_0 分别是材料在温度为 t℃和温度为 0℃的电阻率，α 称为电阻温度系数，单位为 1/℃。

6. 欧姆定律（积分形式）

一段电路的欧姆定律 $I = \dfrac{U_{AB}}{\sum R}$

闭合电路（全电路）的欧姆定律 $I = \dfrac{\sum \mathscr{E}}{\sum R}$

一段含源电路的欧姆定律 $U_{AB} = \sum IR - \sum \mathscr{E}$

（电流方向和电动势方向与 $A \to B$ 方向相同的取“+”号，相反取“-”号）

7. 欧姆定律（微分形式）

在导体内部，电荷在电场的作用下定向移动形成电流，因此电流场 $\boldsymbol{j}$ 的分布与电场 $\boldsymbol{E}$ 的分布密切相关，其关系用欧姆定律的微分形式表示为

$$\boldsymbol{j} = \sigma \cdot \boldsymbol{E}$$

在电源内部欧姆定律的微分形式表示为

$$\boldsymbol{j} = \sigma(\boldsymbol{E} + \boldsymbol{E}_k)$$

8. 基尔霍夫定律

基尔霍夫第一定律，又称节点电流定律，即

$$\sum I = 0$$

表示汇流于每一节点的总电流为零，即流入节点的电流之和等于流出该节点的电流之和。

基尔霍夫第二定律，又称回路电压定律，即

$$\sum \mathscr{E} = \sum IR$$

表示沿着任意闭合回路，所有电源电动势的代数和等于回路中电阻上的电势降落的代数和。

9. 电流的功和功率

电流的功　　$A = qU = UIt$

电流的功率　　$P = IU$

焦耳定律　　$Q = I^2Rt$

焦耳定律的微分形式　　$p = \sigma E^2$

式中 p 为热功率密度，表示单位体积内的热功率。

三、概念辨析

1. 何谓稳恒电流?

根据定义，稳恒电流是指导体中各点的电流密度不随时间改变的电流。这就要求导体内各处电荷的分布必须不随时间变化。即对在导体内部选定的任意闭合曲面，有方程 $\oint_S \boldsymbol{j} \cdot \mathrm{d}\boldsymbol{S} = 0$，其含义是：从闭合曲面一部分流入的电荷量等于从闭合曲面另一部分流出的电荷量。

在此应注意："导体内各处电荷分布不随时间变化" 并不意味着电荷不运动，否则不存在电流。这句话的真正含义是：尽管各处电荷（载流子）在定向移动，但它们原来的位置又被后续的其他电荷所占据，只要单位时间内从闭合曲面一部分流入的电荷量等于从闭合曲面另一部分流出的电荷量，导体空间内各处的电荷分布就不随时间变化。导体内部各处的电场及电流密度均为恒定值。

2. 电动势与电势差（电压）概念的比较

电源电动势表示在电源内部非静电力把单位正电荷从负极移动到正极时所做的功，即

$$\mathscr{E} = \int_{-\,(\text{电源内})}^{+} \boldsymbol{E}_{\mathrm{k}} \cdot \mathrm{d}\boldsymbol{l}$$

电动势反映电源内部非静电力做功的能力，即电源把其他形式的能转变为电能的本领，是表征电源本身性质的特征量。电源的电动势具有一定的数值，它与外电路的性质以及是否接通无关。

电压即电势差。稳恒电（流）场如同静电场，也是势（或称位）场，即可以引入电势的概念。场中任意两点的电势之差叫做该两点之间的电压，在数值上等于把单位正电荷从 A 点沿任意路径移到 B 点时电场力所做的功，即

$$U_{AB} = V_A - V_B = \int_A^B \boldsymbol{E} \cdot \mathrm{d}\boldsymbol{l}$$

它是描述稳恒电场（或静电场）本身性质的物理量，反映稳恒电场（或静电场）力做功的能力。当激发电场的电荷分布一定时，（导体内的）电场分布就一定，场中任意两点间的电势差就一定，且这一电势差与电场强度线积分的路径无关。而电动势定义中的非静电力对应的非静电场不是势场，而且非静电场的电场强度的线积分与积分路径有关。

四、方法点拨

1. 求解电阻的一般方法

（1）沿着电流方向，当导体面积发生变化时必须用积分 $R=\int \mathrm{d}R=\int_a^b \rho \frac{\mathrm{d}r}{S}$ 的方法求解电阻（参见**例题 11-2** 解法一）。

（2）电阻是由导体本身性质决定的，与电荷量、电流、电压等无关。但用欧姆定律求电阻时，又必须用到这些量，它是为解题需要而假设的，在结果中并不包含这些量（参见**例题 11-2** 解法二）。

2. 应用基尔霍夫定律解题的基本步骤

1）标定各支路的电流方向（任意标定），计算结果为正时表示标定的电流方向与实际的电流方向相同，计算结果为负时表示标定的电流方向与实际的电流方向相反。

2）列出节点电流方程 $\sum I=0$，流出节点的电流为正，流入节点的电流为负。

3）选定回路绕行方向（任意选定），每个回路至少有一条新的支路。

4）列出回路方程 $\sum \mathscr{E}=\sum IR$，电动势方向与回路绕行方向一致时取正值，反之取负。电流方向与绕行方向一致时，电阻上电压降取正值，反之取负。

5）联立解方程，求出各支路的电流，从而判断未知电流的实际方向。

五、例题精解

例题 11-1　如图 11-2 所示，ACB 是电源，试问：

（1）$\int_{A经C}^{B} \boldsymbol{E}_0 \cdot \mathrm{d}\boldsymbol{l}$ 和 $\int_{A经R}^{B} \boldsymbol{E}_0 \cdot \mathrm{d}\boldsymbol{l}$ 各表示什么？

（2）$\int_{A经C}^{B} \boldsymbol{E}_\mathrm{k} \cdot \mathrm{d}\boldsymbol{l}$ 和 $\int_{A经R}^{B} \boldsymbol{E}_\mathrm{k} \cdot \mathrm{d}\boldsymbol{l}$ 各表示什么？

（3）$\int_{A经C}^{B} \boldsymbol{E}_0 \cdot \mathrm{d}\boldsymbol{l}$ 和 $\int_{A经C}^{B} \boldsymbol{E}_\mathrm{k} \cdot \mathrm{d}\boldsymbol{l}$ 是否相等？

（4）$\int_{A经R}^{B} \boldsymbol{E}_0 \cdot \mathrm{d}\boldsymbol{l}$ 和 $\int_{A经R}^{B} \boldsymbol{E}_\mathrm{k} \cdot \mathrm{d}\boldsymbol{l}$ 是否相等？

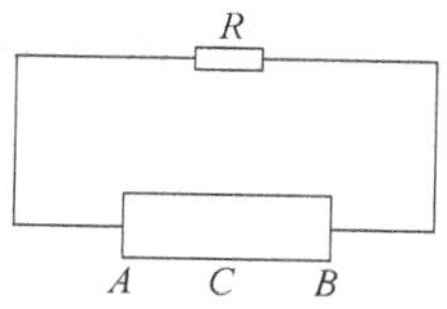

图　11-2

【解】（1）$\int_{A经C}^{B} \boldsymbol{E}_0 \cdot \mathrm{d}\boldsymbol{l}$ 表示在电源内部静电场力把单位电荷从电源 A 极移到 B 极过程中所做的功。

$\int_{A经R}^{B} \boldsymbol{E}_0 \cdot \mathrm{d}\boldsymbol{l}$ 表示静电场力把单位电荷从电源 A 极经由外电路电阻 R 最后到达 B 极过程中所做的功(其数值上等于外电路的路端电压大小)。

（2）$\int_{A经C}^{B} \boldsymbol{E}_\mathrm{k} \cdot \mathrm{d}\boldsymbol{l}$ 表示把单位电荷从电源 A 极经过电源移到 B 极过程中非静电力所做的功(其数值上等于电源电动势的大小)。

$\int_{A经R}^{B} \boldsymbol{E}_\mathrm{k} \cdot \mathrm{d}\boldsymbol{l}$ 表示非静电力把单位电荷从电源 A 极经由外电路电阻 R 最后到达 B 极过程中

所做的功(由于在外电路中非静电力为零,所以此表达式的值一定为零)。

(3) $\int_{A经C}^{B} \boldsymbol{E}_0 \cdot \mathrm{d}\boldsymbol{l}$ 和 $\int_{A经C}^{B} \boldsymbol{E}_\mathrm{k} \cdot \mathrm{d}\boldsymbol{l}$ 不相等。

(4) $\int_{A经R}^{B} \boldsymbol{E}_0 \cdot \mathrm{d}\boldsymbol{l}$ 和 $\int_{A经R}^{B} \boldsymbol{E}_\mathrm{k} \cdot \mathrm{d}\boldsymbol{l}$ 不相等。

例题 11-2　如图 11-3 所示，有一圆柱形金属电缆导体，其内径 $a=10\mathrm{cm}$，包以外径 $b=27.183\mathrm{cm}$ 的绝缘体，再放置于薄金属皮内。导体的轴线为 OO'。在使用时，电缆中心处的导体与薄金属皮有不同的电势，故导体与薄金属皮之间有电势梯度，因此，除了存在沿着电缆的电流之外，还存在径向的漏电电流，该漏电电流经过绝缘体。试求：在电缆长度 $L=1\mathrm{m}$ 内，该绝缘体径向电流的电阻（绝缘体电阻率 $\rho=2\times10^{14}\Omega\cdot\mathrm{m}$）。

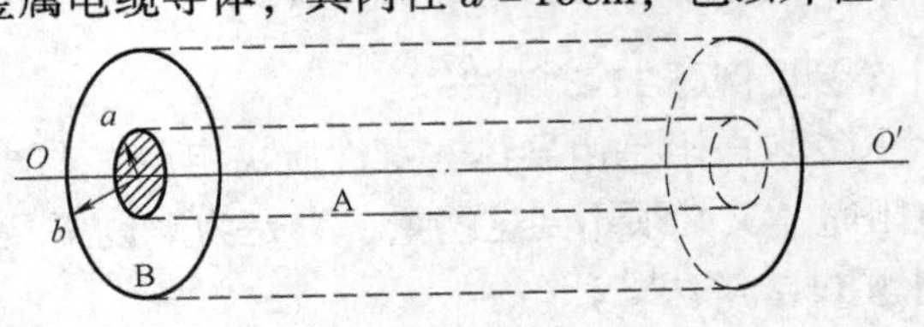

图　11-3

【分析】　沿漏电电流方向，导体的横截面积沿径向随 r 而变化，故要用积分方法求解。

另外，由于导体与薄金属皮之间有电势梯度，若能求出径向漏电电流，则用欧姆定律 $R=\dfrac{U_A-U_B}{I}$ 也可求出漏电电流的电阻 R。

【解法一】　用积分法求解。

在绝缘体内，以 OO' 为轴线，沿径向任意 r 为半径，作厚度为 $\mathrm{d}r$、长度为 L 的薄圆筒。虽然整个绝缘体的径向截面（圆柱体侧面）随 r 变化，但就薄圆筒来说，可将 S 视为不变（因为 $\mathrm{d}r$ 可取至任意小），因此，这薄圆筒的径向电阻

$$\mathrm{d}R=\rho\frac{\mathrm{d}r}{S}=\rho\frac{\mathrm{d}r}{2\pi rL}$$

整个绝缘层的径向电阻

$$R=\int\mathrm{d}R=\int_a^b\rho\frac{\mathrm{d}r}{S}=\int_a^b\rho\frac{\mathrm{d}r}{2\pi rL}=\frac{\rho}{2\pi L}\ln\frac{b}{a}=3.18\times10^{13}\Omega$$

【解法二】　用欧姆定理求解。

设长为 L 的导体与薄金属皮上分别带电荷量 $\pm q$，则由静电场的高斯定理求得其间任意一点的电场强度

$$E=\frac{q}{2\pi\varepsilon_0\varepsilon_\mathrm{r}L}\cdot\frac{1}{r}$$

导体与薄金属皮间的电势差

$$U_{ab}=\int_a^b\boldsymbol{E}\cdot\mathrm{d}\boldsymbol{l}=\int_a^b\frac{q}{2\pi\varepsilon_0\varepsilon_\mathrm{r}L}\cdot\frac{\mathrm{d}r}{r}=\frac{q}{2\pi\varepsilon_0\varepsilon_\mathrm{r}L}\ln\frac{b}{a}$$

其间任意一点的电流密度的大小

$$j=\frac{1}{\rho}E=\frac{q}{2\pi\varepsilon_0\varepsilon_\mathrm{r}L}\cdot\frac{1}{r\rho}$$

通过任一径向横截面积的电流

$$I=\int j\mathrm{d}S=jS=\frac{q}{2\pi\varepsilon_0\varepsilon_\mathrm{r}L}\frac{1}{r\rho}2\pi rL=\frac{q}{\varepsilon_0\varepsilon_\mathrm{r}\rho}$$

绝缘层间的径向电阻

$$R=\frac{U_{ab}}{I}=\rho\frac{\ln\frac{b}{a}}{2\pi L}=3.18\times10^{13}\Omega$$

例题 11-3　求如图 11-4a 所示电路中的总电阻。

【解法一】　将 ab 两端接上一个内阻为零、电动势为 $\mathscr{E}$ 的电源，设各电流正方向如图 11-4b 所示。

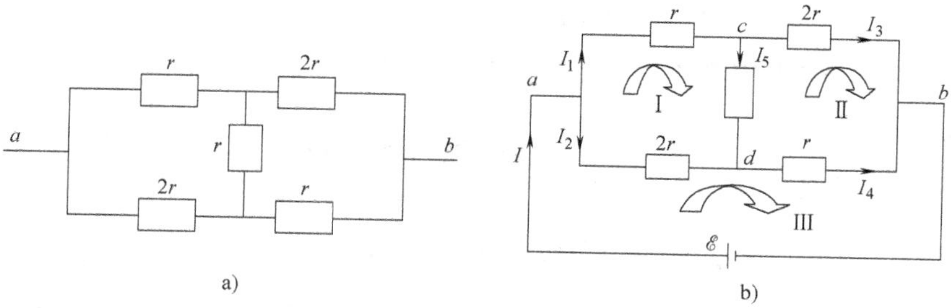

图　11-4

对节点 a，有　$$-I+I_1+I_2=0 \quad ①$$

对节点 c，有　$$-I_1+I_3+I_5=0 \quad ②$$

对节点 d，有　$$-I_2+I_4-I_5=0 \quad ③$$

选Ⅰ、Ⅱ、Ⅲ三个独立回路，且绕行方向如图 11-4b 所示。

对回路Ⅰ，有　$$I_1r+I_5r-2I_2r=0 \quad ④$$

对回路Ⅱ，有　$$2I_3r-I_4r-I_5r=0 \quad ⑤$$

对回路Ⅲ，有　$$2I_2r+I_4r=\mathscr{E} \quad ⑥$$

联立式①、式②、式③、式④、式⑤、式⑥解得

$$I=\frac{5\mathscr{E}}{7r}\quad R_{ab}=\frac{\mathscr{E}}{I}=\frac{7}{5}r$$

【解法二】　如图 11-4a 所示，由对称性可知 $I_1=I_4$、$I_2=I_3$，则

$$U_{ab}=I_1r+2I_3r=I_1r+2I_2r \quad ①$$

$$U_{ab}=I_1r+I_5r+I_4r=r(I_1+I_1-I_2+I_1)=3I_1r-I_2r \quad ②$$

由式①、式②相等得

$$I_1=\frac{3}{2}I_2$$

$$R_{ab}=\frac{U_{AB}}{I_1+I_2}=\frac{I_1r+I_2\cdot2r}{I_1+I_2}=\frac{\frac{3}{2}I_2r+I_22r}{\frac{3}{2}I_2+I_2}=\frac{7}{5}r$$

第二部分　真空中的稳恒磁场

稳恒电流周围所激发的磁场称为稳恒磁场。为了描述磁场的性质，引入磁感应强度矢量。毕奥-萨伐尔定律是计算磁感应强度的重要公式；磁场的高斯定理和安培环路定理是描述稳恒磁场的两个重要规律；而通过磁场对运动电荷、电流和载流线圈的作用力的讨论，可进一步掌握稳恒磁场的性质。

一、知识框架

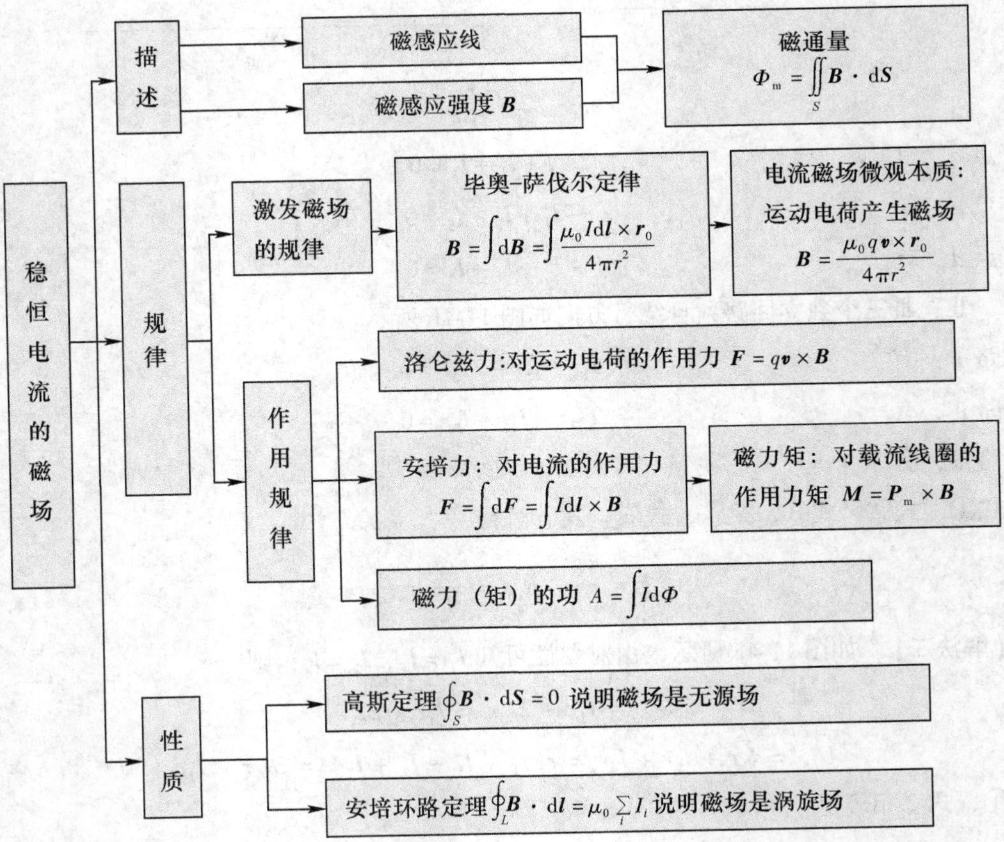

二、知识要点

1. 磁感应强度 $\boldsymbol{B}$

$\boldsymbol{B}$ 大小定义为

$$B=\frac{F_m}{qv}$$

式中，v 为运动电荷 $+q$ 在某点的速度量值；F_m 为运动电荷在该点受到的最大磁场力。

$\boldsymbol{B}$ 方向由 $\boldsymbol{F}_m$、$\boldsymbol{v}$、$\boldsymbol{B}$ 三者的方向关系遵守右手螺旋法则而确定。

2. 磁感应线、磁通量及磁场的高斯定理

（1）磁感应线

描述磁场分布的假想曲线。每一条磁感应线都是闭合曲线，且与闭合电流相互套链。

（2）磁通量

在磁场中，通过给定曲面的磁感应线数，称为通过该曲面的磁通量（Φ_m）

$$\Phi_m = \iint_S \boldsymbol{B} \cdot d\boldsymbol{S}$$

磁通量是标量，国际单位制中，其单位是韦伯（Wb）。

（3）磁场的高斯定理

由于磁感应线是闭合曲线，因此在磁场中选取任意闭合曲面 S，应有

$$\oint_S \boldsymbol{B} \cdot d\boldsymbol{S} = 0$$

此即稳恒磁场的高斯定理，说明稳恒磁场是无源场。

3. 毕奥-萨伐尔定律

$$d\boldsymbol{B} = \frac{\mu_0 I d\boldsymbol{l} \times \boldsymbol{r}_0}{4\pi r^2} = \frac{\mu_0 I d\boldsymbol{l} \times \boldsymbol{r}}{4\pi r^3}$$

其大小 $dB = \frac{\mu_0 I dl \sin\theta}{4\pi r^2}$，方向为 $Id\boldsymbol{l} \times \boldsymbol{r}$ 的方向。

$d\boldsymbol{B}$ 是真空中的电流元 $Id\boldsymbol{l}$ 在离它 $\boldsymbol{r}$ 位置处的 P 点所激发的磁感应强度，θ 是电流元 $Id\boldsymbol{l}$ 和 $\boldsymbol{r}$ 所夹的小于 180°的角。

整个电流在 P 点所激发的磁感应强度　$\boldsymbol{B} = \int d\boldsymbol{B}$

毕奥-萨伐尔定律的适用条件：任何形状的稳恒电流在真空中所激发的磁场。

几种形状载流导线所产生的磁场：

（1）载流直导线

有限长载流直导线（见图 11-5）

$$B = \frac{\mu_0 I}{4\pi a}(\cos\theta_1 - \cos\theta_2)$$

式中，θ_1、θ_2 分别为起始电流元、末端电流元矢量与位矢之间的夹间。

无限长载流直导线

$$B = \frac{\mu_0 I}{2\pi a}$$

（2）载流圆线圈（见图 11-6）

圆心处　$B = \frac{\mu_0 I}{2R}$

轴线上　$B = \frac{\mu_0 I R^2}{2r^3}$

（3）载流直螺线管（见图 11-7）

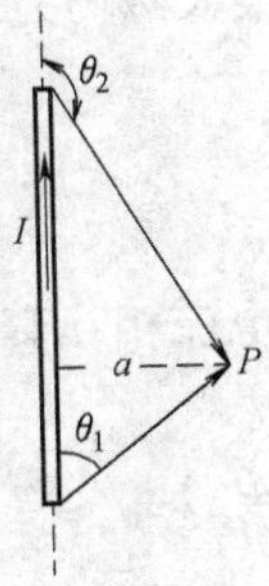

图　11-5

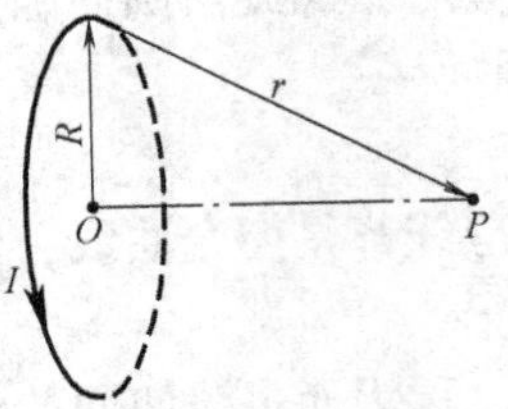

图　11-6

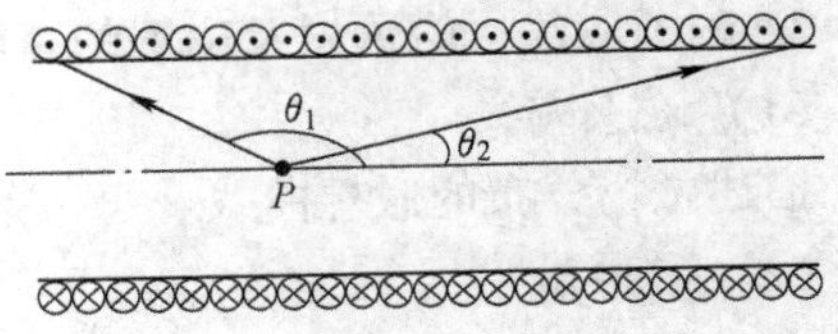

图　11-7

有限长载流直螺线管的轴线上

$$B = \frac{\mu_0 nI}{2}(\cos\theta_2 - \cos\theta_1)$$

式中，n 代表单位长度线圈的匝数。

无限长载流直螺线管

内部　　$B = \mu_0 nI$

外部　　$B = 0$

（4）无限大平面电流

$$B = \frac{1}{2}\mu_0 nI \quad 或 \quad B = \frac{1}{2}\mu_0 i$$

式中 nI 和 i 都表示单位宽度电流。

4. 运动电荷的磁场（电流磁场的微观本质）

$$\boldsymbol{B} = \frac{\mu_0 q\,\boldsymbol{v} \times \boldsymbol{r}_0}{4\pi r^2}$$

$\boldsymbol{r}_0$ 是 $\boldsymbol{r}$ 方向的单位矢量，如图 11-8 所示。

5. 真空中的安培环路定理

在磁场中，沿任何闭合曲线 L，$\boldsymbol{B}$ 矢量的线积分（或矢量 $\boldsymbol{B}$ 的环流）等于真空中的磁导率 μ_0 乘以穿过以该闭合曲线为边界所张任意曲面各稳恒电流的代数和，其数学表达式为

$$\oint_L \boldsymbol{B} \cdot d\boldsymbol{l} = \mu_0 \sum_i I_i$$

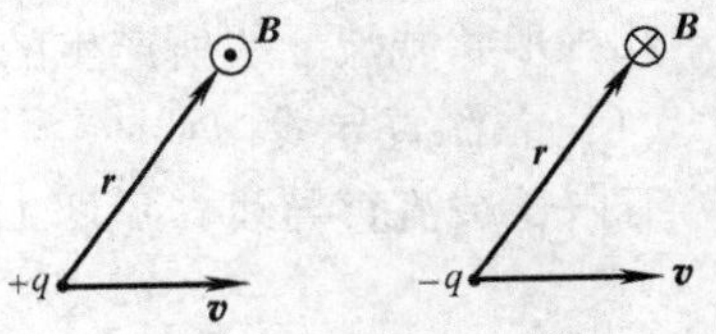

a) $\boldsymbol{B}$垂直纸面向外　　b) $\boldsymbol{B}$垂直纸面向里

图　11-8

6. 洛仑兹力——磁场对运动电荷的作用力

$$\boldsymbol{F} = q\boldsymbol{v} \times \boldsymbol{B}$$

当 $q>0$ 时，$\boldsymbol{F}$ 的方向取决于$\boldsymbol{v} \times \boldsymbol{B}$，当 $q<0$ 时，$\boldsymbol{F}$ 的方向与$\boldsymbol{v} \times \boldsymbol{B}$ 的方向相反。因为$\boldsymbol{v}$ 始终垂直 $\boldsymbol{F}$，所以洛仑兹力对运动电荷不做功。

（1）带电粒子在均匀磁场中运动的规律

由 $F = qvB\sin\theta$ 可知：

1）当 $\theta = 0$ 或 180°时，带电粒子受到的洛仑兹力为零，粒子作匀速直线运动。

2）当 $\theta = 90°$时，带电粒子的速度$\boldsymbol{v}$ 与 $\boldsymbol{B}$ 的方向垂直，粒子作匀速率圆周运动。带电粒

子运动的轨道半径 $R=\frac{mv}{qB}$，带电粒子运动的周期 $T=\frac{2\pi m}{qB}$。可见 T 与 $\boldsymbol{v}$ 无关，这一特点是磁聚焦现象和回旋加速器的理论基础。

3）带电粒子的速度 $\boldsymbol{v}$ 与 $\boldsymbol{B}$ 方向成任意 θ 角时，其运动轨迹是一条螺旋线，螺旋线的半径

$$R=\frac{mv\sin\theta}{qB}$$

粒子运动的周期
$$T=\frac{2\pi m}{qB}$$

螺距
$$h=\frac{2\pi mv\cos\theta}{qB}$$

（2）霍尔效应

把一载流导体（或半导体）放在磁场中，如果磁场方向与电流方向垂直，由于导体中的载流子受到洛仑兹力的作用而发生横向漂移，在与磁场和电流二者垂直的方向上出现横向电势差，这一现象叫霍尔效应，产生的电势差叫霍尔电势差，其值

$$U_{\mathrm{H}}=R_{\mathrm{H}}\frac{IB}{d}$$

其中，d 是在磁场方向上霍尔元件（导体或半导体）的厚度；R_{H} 是霍尔系数，它仅与霍尔元件的材料有关，且 $R_{\mathrm{H}}=\frac{1}{nq}\left(\text{或 } R_{\mathrm{H}}=-\frac{1}{nq}\right)$，$n$ 是霍尔元件中载流子浓度。

7. 安培力——磁场对载流导线的作用力

安培定律——电流元 $I\mathrm{d}\boldsymbol{l}$ 在磁感应强度 $\boldsymbol{B}$ 处所受到的安培力 $\mathrm{d}\boldsymbol{F}=I\mathrm{d}\boldsymbol{l}\times\boldsymbol{B}$

任一长度 L 的电流在磁场中所受到的安培力

$$\boldsymbol{F}=\int_L \mathrm{d}\boldsymbol{F}=\int_L I\mathrm{d}\boldsymbol{l}\times\boldsymbol{B}$$

载流线圈在磁感应强度为 $\boldsymbol{B}$ 的均匀磁场中所受到的磁力矩

$$\boldsymbol{M}=\boldsymbol{P}_{\mathrm{m}}\times\boldsymbol{B}$$

式中 $\boldsymbol{P}_{\mathrm{m}}=IS\boldsymbol{n}$ 叫线圈的磁矩。

8. 磁力（矩）的功

$$A=\int I\mathrm{d}\Phi$$

如果载流导线（或线圈）运动过程中电流 I 不变，那么磁力（矩）所做的功

$$A=I\Delta\Phi$$

式中，$\Delta\Phi$ 为载流导线（或线圈）与磁场作用前后，闭合回路磁通量的增量。

三、概念辨析

1. 毕奥—萨伐尔定律和库仑定律的比较

毕奥—萨伐尔定律在稳恒磁场中的地位与库仑定律在静电场中的地位相当。由库仑定律导出的电荷元 $\mathrm{d}q$ 激发的电场的规律为 $\mathrm{d}\boldsymbol{E}=\frac{\mathrm{d}q}{4\pi\varepsilon_0 r^2}\boldsymbol{r}_0$，由毕奥—萨伐尔定律给出的电流元 $I\mathrm{d}\boldsymbol{l}$

激发的磁场的规律为 $\mathrm{d}\boldsymbol{B}=\dfrac{\mu_0 I\mathrm{d}\boldsymbol{l}\times\boldsymbol{r}_0}{4\pi r^2}$。

相似之处：

1）都是元场源激发场的公式。

2）都满足 r 的平方反比律。

3）都是计算场的基础公式，以它们为基础，运用 $\boldsymbol{E}$ 叠加原理和 $\boldsymbol{B}$ 叠加原理，原则上可以求出任意形状带电体或电流周围的场分布。

不同之处：

1）库仑定律是直接从实验总结出来的。由于不存在孤立的一段电流元，稳恒电流必须是闭合的，所以毕—萨定律是通过对一些典型的闭合载流回路的实验分析、归纳而间接得出的。

2）$\mathrm{d}\boldsymbol{E}$ 的方向沿径矢 $\boldsymbol{r}$ 的方向，而 $\mathrm{d}\boldsymbol{B}$ 的方向既不在电流元 $I\mathrm{d}\boldsymbol{l}$ 的方向上，也不在矢径 $\boldsymbol{r}$ 的方向上，而是垂直于 $I\mathrm{d}\boldsymbol{l}$ 和 $\boldsymbol{r}$ 所组成的平面，并由右手螺旋法则确定。

3）$\mathrm{d}\boldsymbol{E}$ 的大小与 $\mathrm{d}q$ 成正比，而 $\mathrm{d}\boldsymbol{B}$ 的大小不仅与 $I\mathrm{d}\boldsymbol{l}$ 的大小成正比，而且还与 $I\mathrm{d}\boldsymbol{l}$ 和 $\boldsymbol{r}$ 之间夹角 θ 的正弦成正比。

2. 稳恒磁场的两个基本定理的比较

稳恒磁场的高斯定理和安培环路定理是反映稳恒磁场性质的两个基本定理。

高斯定理 $\oint\boldsymbol{B}\cdot\mathrm{d}\boldsymbol{S}=0$ 说明磁场是无源场。应该注意的是这里所说的无源场是指磁感应线是没有起点和终点的无头无尾的闭合曲线，亦即磁场没有源头和结尾，它是自然界不存在磁单极这一客观事实的反映，并不是说磁场本身没有来源，磁性起源于电流这是众所周知的，正是稳恒电流激发了稳恒磁场。

安培环路定理 $\oint_L\boldsymbol{B}\cdot\mathrm{d}\boldsymbol{l}=\mu_0\sum_i I_i$，说明磁场是涡旋场，即在磁场中不能引入标量势及势能的概念。

3. 静电场与稳恒磁场的比较

		静电场	稳恒磁场
不同点	产生原因	相对参考系静止的电荷产生的电场	稳恒电流产生的磁场
	作用对象	对一切电荷都有作用力	只对运动电荷有作用力
	场的性质	$\oint_S\boldsymbol{E}\cdot\mathrm{d}\boldsymbol{S}=\dfrac{1}{\varepsilon_0}\sum_i q_i$ 说明静电场是有源场 $\oint_L\boldsymbol{E}\cdot\mathrm{d}\boldsymbol{l}=0$ 说明静电场是保守场（无旋场）	$\oint_S\boldsymbol{B}\cdot\mathrm{d}\boldsymbol{S}=0$ 说明磁场是无源场 $\oint_L\boldsymbol{B}\cdot\mathrm{d}\boldsymbol{l}=\mu_0\sum_i I_i$ 说明磁场是涡旋场（非保守场）
相同点	描述场的性质量不随时间变化		

四、方法点拨

1. 电流磁场中磁感应强度计算的一般方法

（1）用毕奥—萨伐尔定律计算磁感应强度

步骤如下：

1）在载流导体上任取电流元 $I\mathrm{d}\boldsymbol{l}$，根据毕奥—萨伐尔定律写出该电流元在给定场点的

d$\boldsymbol{B}$ 的大小，并确定 d$\boldsymbol{B}$ 的方向。

2）判断各电流元产生磁场的方向。如果各电流元 d$\boldsymbol{B}$ 的方向相同，则 $\boldsymbol{B}$ 的矢量积分变为标量积分，即 $B=\int \mathrm{d}B$；如果各电流元产生磁场的方向不同，则需选取适当的坐标系，写出 d$\boldsymbol{B}$ 的分量式，然后对各分量求和，最后再求整个载流导体在给定场点的磁感应强度 $\boldsymbol{B}$。

例如，在空间直角坐标系中，d$\boldsymbol{B}$ 的分量式分别为 $\mathrm{d}B_x$、$\mathrm{d}B_y$、$\mathrm{d}B_z$，各分量式的和为 $B_x=\int \mathrm{d}B_x$、$B_y=\int \mathrm{d}B_y$、$B_z=\int \mathrm{d}B_z$，$\boldsymbol{B}$ 表示为 $\boldsymbol{B}=B_x\boldsymbol{i}+B_y\boldsymbol{j}+B_z\boldsymbol{k}$。

（2）用安培环路定理计算磁感应强度

对于对称分布的磁场，可用安培环路定理计算磁感应强度，步骤如下：

1）分析磁场分布的空间对称性，选取适当的闭合积分路径（通过待求场点），并确定积分路径方向。一般取路径上各点的 $\boldsymbol{B}$ 大小相等且 $\boldsymbol{B}$ 与路径方向成 0°或 180°角，或 $\boldsymbol{B}$ 为零的路径。

2）计算 $\boldsymbol{B}$ 的环流 $\oint_L \boldsymbol{B}\cdot\mathrm{d}\boldsymbol{l}$ 和积分路径所包围面积上通过电流的代数和 $\sum\limits_i I_i$，依据安培环路定理求解 $\boldsymbol{B}$。

应用安培环路定理时应注意以下几点：

1）环流 $\oint_L \boldsymbol{B}\cdot\mathrm{d}\boldsymbol{l}$ 只与闭合回路 L 包围面积上通过的电流（大小、方向）有关，与闭合回路外的电流无关，也与闭合回路内电流的分布无关。

$\boldsymbol{B}$ 是指回路上各点的总磁感应强度，它是由回路内外所有电流共同激发产生的。

2）注意 $\sum\limits_i I_i$ 是指闭合回路 L 包围面积的电流的代数和，$\sum\limits_i I_i=0$，并不一定表示没有电流穿过回路。另外，$\sum\limits_i I_i=0$ 只能说明 $\boldsymbol{B}$ 的环流为零，不能说明闭合回路上 $\boldsymbol{B}$ 处处为零。

3）注意安培环路定理的适用范围。安培环路定理只适用于稳恒电流的情况，而稳恒电流一定是闭合的，因此对于一段有限长不闭合电流（非稳恒电流），安培环路定理不成立。

4）电流的正负由环路方向按右螺旋法则确定。

（3）用典型磁场的公式计算磁感应强度 $\boldsymbol{B}$

根据一些典型的载流导线产生磁场的计算结果，应用叠加的方法得到总磁感应强度。见本章例题 11-4、例题 11-5 和例题 11-7。

（4）用填补的方法

详见本章例题 11-6。

2. 求解电流磁场中通过某一面积磁通量的一般方法

根据磁通量的定义 $\Phi_\mathrm{m}=\iint_S \boldsymbol{B}\cdot\mathrm{d}\boldsymbol{S}$，在磁场中给定曲面上选择任意一个面积元，将面积元处的磁感应强度 $\boldsymbol{B}$ 表示出来，并求出通过该面积元的磁通量 $\mathrm{d}\Phi_\mathrm{m}=\boldsymbol{B}\cdot\mathrm{d}\boldsymbol{S}$，再通过积分求总的磁通量。注意：

1）求积分 $\Phi_\mathrm{m}=\iint_S \boldsymbol{B}\cdot\mathrm{d}\boldsymbol{S}$ 是代数和；

2）积分过程中要统一变量，准确确定上下限；

3）面积元选择的原则是具有相同磁感应强度的点构成的面积元。

3. 计算磁场对载流导线的力和力矩的一般方法

（1）磁场对载流导线的作用力可用安培力公式计算

步骤如下：

1）在载流导线上任取电流元 $I\mathrm{d}\boldsymbol{l}$，确定电流元处的磁感应强度 $\boldsymbol{B}$。

2）写出电流元在磁场中所受安培力大小 $\mathrm{d}F = BI\mathrm{d}l\sin\theta$，并确定力的方向。

3）判断各电流元所受安培力的方向。如果各电流元受力方向相同，$\boldsymbol{F} = \int_L \mathrm{d}\boldsymbol{F} = \int_L I\mathrm{d}\boldsymbol{l} \times \boldsymbol{B}$ 的矢量积分变为标量积分，$F = \int_L \mathrm{d}F = \int_L BI\mathrm{d}l\sin\theta$；如果各电流元受力方向不同，则需选取适当的坐标系，写出 $\mathrm{d}\boldsymbol{F}$ 的分量式，然后对各分量求和，最后再求整个载流导线的受力。

（2）磁场对载流线圈的力矩的计算

在均匀磁场中，平面载流线圈所受的磁力矩可用公式 $\boldsymbol{M} = \boldsymbol{P}_{\mathrm{m}} \times \boldsymbol{B}$ 直接计算。

在非均匀磁场中，首先选取电流元，同时确定电流元处的磁感应强度 $\boldsymbol{B}$，求出电流元受力 $\mathrm{d}\boldsymbol{F}$，进而求出电流元所受力矩 $\mathrm{d}\boldsymbol{M} = \boldsymbol{r} \times \mathrm{d}\boldsymbol{F}$，根据力矩定义 $\boldsymbol{M} = \int \mathrm{d}\boldsymbol{M}$ 积分求总的磁力矩。

4. 计算磁场力（或磁力矩）**做功的一般方法**

（1）用功的定义求解

不论载流导线还是载流线圈，均可根据功的定义求解。即平动时依据公式 $A = \int_L \boldsymbol{F} \cdot \mathrm{d}\boldsymbol{r}$ 求解，转动时依据公式 $A = \int_{\theta_1}^{\theta_2} M\mathrm{d}\theta$ 求解。

（2）用磁力（矩）的功的定义 $A = \int I\mathrm{d}\Phi$ 求解

对于平面载流线圈在磁场中运动磁力矩做的功，可先求出始末两个状态下通过线圈所围面积的磁通量 ϕ_1 和 ϕ_2，当载流线圈中电流 I 不变时，再由磁力矩的功的定义 $A = I\Delta\Phi = I(\phi_2 - \phi_1)$，求出磁力（矩）做的功，见本章例题 11-11。对于非均匀磁场，计算磁通量需用积分法。

注意：在根据磁场力做功的公式 $A = I\Delta\Phi$ 求解过程中，通过载流线圈所围面积的磁通量的正负判断，是求解过程中的重要环节。首先根据载流线圈的电流方向，依右手定则判断线圈所围面积的法线方向，再根据线圈所围面积上磁感应强度的方向和磁通量的定义 $\Phi_{\mathrm{m}} = \iint_S \boldsymbol{B} \cdot \mathrm{d}\boldsymbol{S}$，判断磁通量的正负。

五、例 题 精 解

例题 11-4　一条载有电流的无穷长导线绕成如图 11-9 所示的形状，求在圆弧所在圆的圆心 O 点的磁感应强度 $\boldsymbol{B}$。

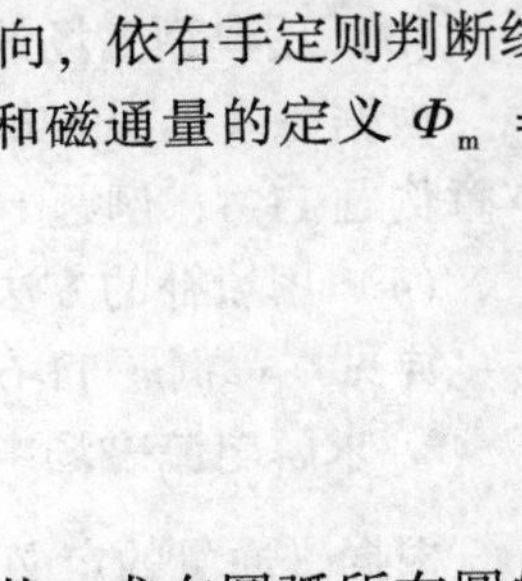

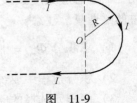

图　11-9

【分析】　任何载流导体在其周围都产生磁场，本题中的载流导体是由两个半无限长直线电流和一个半圆弧形电流构成，应用毕奥-萨伐尔定律计算出半无限长载流直线和半圆弧载流导线在圆心处的磁感应强度，再根据磁感应强度的叠加求出各部分电流在 O 点产生磁场的总的磁感应强度。

【解】　半无限长直线电流在圆心 O 处的磁感应强度为

$$B = \frac{\mu_0 I}{4\pi R}$$

半圆弧载流导线在圆心 O 处的磁感应强度为

$$B = \frac{\mu_0 I}{4R}$$

O 点的磁场是由两条半无限长载流导线和一段半圆弧电流产生的场的叠加，因各部分产生的磁场方向相同，且均垂直纸面向里，故

$$B = 2 \times \frac{\mu_0 I}{4\pi R} + \frac{\mu_0 I}{4R} = \frac{\mu_0 I}{4R}\left(\frac{2}{\pi} + 1\right) \quad 方向垂直纸面向里$$

例题 11-5　如图 11-10 所示，内、外半径分别为 R_1 和 R_2，面电荷密度为 σ 的均匀带电平面圆环，当它绕轴线以匀角速度 ω 旋转时，求圆环中心的磁感应强度。

【分析】　带电平面圆环旋转时，其上的电荷作圆周运动而形成电流，从而在周围产生磁场。该平面圆环上的电流可以看成是由半径连续变化的无数圆形电流叠加而成。计算时可先选定任意半径 r 处的细圆环，确定其中的带电荷量，并求出随平面圆环旋转时等效的电流，再求出细圆环电流在环心处的磁感应强度，最后通过积分运算求出均匀带电平面圆环旋转时，在圆环中心的磁感应强度。

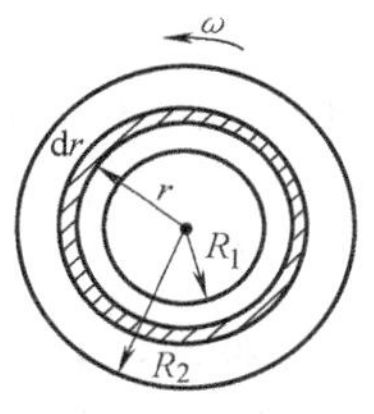

图　11-10

【解】　如图 11-10 所示，取半径为 r、宽为 dr 的细圆环，细圆环上的带电荷量为 $\mathrm{d}q = \sigma \cdot 2\pi r \mathrm{d}r$

细圆环随平面圆环旋转时，其等效的电流为 $i = \dfrac{\mathrm{d}q}{\dfrac{2\pi}{\omega}} = \dfrac{\omega}{2\pi} \cdot \sigma \cdot 2\pi r \mathrm{d}r = \sigma\omega r \mathrm{d}r$

该细圆环电流在环心 O 处产生的磁感应强度为 $\mathrm{d}B = \dfrac{\mu_0 i}{2r} = \dfrac{\mu_0 \sigma\omega}{2}\mathrm{d}r$

而组成平面圆环的所有细圆环在环心 O 处产生的磁感应强度的方向相同，所以 O 处的磁感应强度为

$$B = \int \mathrm{d}B = \frac{\mu_0 \sigma\omega}{2}\int_{R_1}^{R_2} \mathrm{d}r = \frac{1}{2}\mu_0 \sigma\omega (R_2 - R_1)$$

$\boldsymbol{B}$ 的方向取决于平面圆环带电的正负以及平面圆环旋转的方向。但不论平面圆环带电正负、如何旋转，$\boldsymbol{B}$ 的方向总是垂直于平面圆环所在平面的。

例题 11-6　在半径为 a 的无限长金属圆柱体内挖去一半径为 b（$b < a$）的无限长柱体，两柱体轴线平行，轴间距为 d ［$d < (a - b)$］，空心导体沿轴向通有电流 I 并沿截面均匀分布。

（1）求腔内两柱体轴线连线上任一点的磁感应强度 $\boldsymbol{B}$。

（2）证明腔内磁场是均匀磁场。

【分析】　空腔柱体（即题中所给的挖去一小柱体之后的剩余部分）的电流分布不具有对称性，所以用安培环路定理无法求解。而应用毕奥—萨伐尔定律求解，理论上可求，实际也无法求解。若把非对称的电流通过填补的方法变为对称分布的电流，问题就变得简单了。

为此，将空腔柱体填满相同电流密度的电流柱体，这样，空间电流的分布具有轴对称性，可以应用安培环路定理求解空间任一点的磁感应强度。

【解】（1）空腔导体的电流密度为 $j=\dfrac{I}{\pi(a^2-b^2)}$，填补以后，腔内两柱体轴线连线上任一点 M 的磁感应强度 $\boldsymbol{B}$ 求法如下。

【思路一】 完整柱体电流在 M 点产生的磁场（磁感应强度用 $\boldsymbol{B}_1$ 表示）是由填补的柱体电流产生的磁场（用 $\boldsymbol{B}_2$ 表示）和空腔柱体电流产生的磁场（用 $\boldsymbol{B}_x$ 表示）的叠加而成。如图 11-11a 所示即

$$\boldsymbol{B}_1=\boldsymbol{B}_2+\boldsymbol{B}_x \qquad ①$$

根据安培环路定理有 $B_1=\dfrac{\mu_0 jr}{2}$，方向与环路内电流构成右手螺旋关系，如图 11-11a 所示。

$$B_2=\frac{\mu_0 j(d-r)}{2},\text{方向如图 11-11a 所示,与 } \boldsymbol{B}_1 \text{ 相反。}$$

由①式知　$\boldsymbol{B}_x=\boldsymbol{B}_1-\boldsymbol{B}_2$，设 $\boldsymbol{B}_1$ 方向为正，则 $\boldsymbol{B}_2$ 的值为负

故
$$B_x=B_1+B_2=\frac{\mu_0 jd}{2}$$

【思路二】 空腔柱体电流产生的磁场（磁感应强度用 $\boldsymbol{B}_x$ 表示）看成是完整柱体电流在 M 点产生的磁场（用 $\boldsymbol{B}_1$ 表示）与在空腔处存在一个电流密度相同、电流方向相反的柱体电流产生的磁场（用 $\boldsymbol{B}_2$ 表示）的叠加，如图 11-11b 所示。即 $\boldsymbol{B}_x=\boldsymbol{B}_1+\boldsymbol{B}_2$

而 $\boldsymbol{B}_1$、$\boldsymbol{B}_2$ 方向相同，故 $B_x=B_1+B_2=\dfrac{\mu_0 jd}{2}$

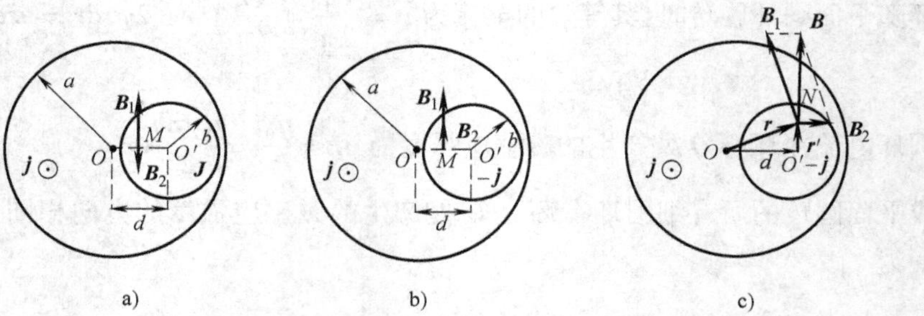

图　11-11

（2）如图 11-11c 所示，在空腔柱体内任取一点 N，空腔柱体电流在 N 点产生磁场的磁感应强度用 $\boldsymbol{B}_n$ 表示。依第二种思路有　$\boldsymbol{B}_n=\boldsymbol{B}_1+\boldsymbol{B}_2$

根据安培环路定理有 $B_1=\dfrac{\mu_0 jr}{2}$，方向与环路内电流构成右手螺旋关系，如图 11-11c 所示。

同理 $B_2=\dfrac{\mu_0 jr'}{2}$，方向如图 11-11c 所示。

考虑电流的方向、矢径的方向以及 $\boldsymbol{B}$ 的方向关系，将 $\boldsymbol{B}_1$、$\boldsymbol{B}_2$ 写为

$$\boldsymbol{B}_1=\frac{\mu_0}{2}\boldsymbol{j}\times\boldsymbol{r}$$

$$\boldsymbol{B}_2=-\frac{\mu_0}{2}\boldsymbol{j}\times\boldsymbol{r}'$$

所以，空腔柱体电流在 N 点产生的磁感应强度为

$$\boldsymbol{B}=\boldsymbol{B}_1+\boldsymbol{B}_2=\frac{\mu_0}{2}\boldsymbol{j}\times\boldsymbol{r}+\left(-\frac{\mu_0}{2}\boldsymbol{j}\times\boldsymbol{r}'\right)=\frac{\mu_0}{2}\boldsymbol{j}\times\overline{OO'}=\frac{\mu_0}{2}\boldsymbol{j}\times\boldsymbol{d}$$

可见腔内磁感应强度大小为 $B=\frac{\mu_0}{2}jd$，方向只与 OO'连线有关（与 OO'连线垂直），与点在腔内的位置无关，即空腔内的场是均匀磁场。

例题 11-7　一半径为 R 的无限长半圆柱形金属薄片，通有电流 I，如图 11-12a 所示。求圆柱轴线上一点 P 的磁感应强度。

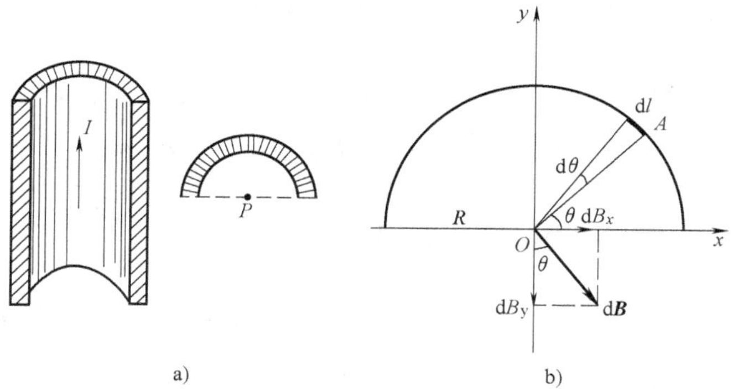

图　11-12

【分析】　无限长半圆柱载流薄片可以看成由若干无限长的平行直线电流组成，求出任意无限长载流直线在 P 点产生的磁感应强度大小，同时判断出方向，应用矢量叠加的方法，就可求得金属薄片在 P 点产生的总的磁感应强度。

【解】　建立如图 11-12b 所示的坐标系，在金属薄片上任意一点 A 处取宽为 $\mathrm{d}l$ 的长直电流元，其中的电流为 $\mathrm{d}I=\frac{I}{\pi R}\mathrm{d}l$，长直电流元的位置用 OA 连线与 x 轴的夹角 θ 表示，且 $\mathrm{d}l=R\mathrm{d}\theta$，长直电流元在 P 点产生的磁感应强度大小为

$$\mathrm{d}B=\frac{\mu_0\mathrm{d}I}{2\pi R}=\frac{\mu_0 I}{2\pi^2 R}\mathrm{d}\theta$$

方向在与圆柱轴线垂直的 xy 平面内，且与 y 轴的夹角为 θ，如图 11-12b 所示。由于各载流直线的磁感应强度的方向不同，故将 $\mathrm{d}\boldsymbol{B}$ 向 x、y 方向分解，再求其分量的和。

$$\mathrm{d}B_x=\mathrm{d}B\sin\theta,\quad \mathrm{d}B_y=\mathrm{d}B\cos\theta$$

由对称性可知，各长直电流元在 P 点处磁感应强度的 y 方向分量相互抵消，即

$$B_y=\int\mathrm{d}B_y=0$$

而 x 轴的分量为　$$B_x=\int\mathrm{d}B_x=\int\mathrm{d}B\sin\theta=\int_0^{\pi}\frac{\mu_0 I}{2\pi^2 R}\sin\theta\mathrm{d}\theta=\frac{\mu_0 I}{\pi^2 R}$$

所以，P 点的磁感应强度大小为　$B=B_x=\frac{\mu_0 I}{\pi^2 R}$，方向沿 x 轴正向。

例题 11-8　如图 11-13 所示，电缆由导体圆柱和同轴的导体圆筒构成。使电流从一个导体流入，从另一个导体流回，且电流都是均匀地分布在导体的横截面上。设导体圆柱的半径为 r_1、导体圆筒的内外半径分别为 r_2 和 r_3。求：（1）空间磁场的分布。（2）通过长为 l 的一段截面（图中阴影部分）的磁通量。

【分析】　由于电流的分布具有轴对称性，所以它所激发的磁场也具有轴对称性，即同

一圆柱面上的磁感应强度值相同，磁感应线的方向在垂直于轴的平面内。于是在垂直于轴的某一平面内选一个半径为 r 的圆周作为环路，依安培环路定理 $\oint_L \boldsymbol{B}\cdot d\boldsymbol{l}=\mu_0\sum I$ 求空间磁场的分布，进而可求出穿过某一截面的磁通量。

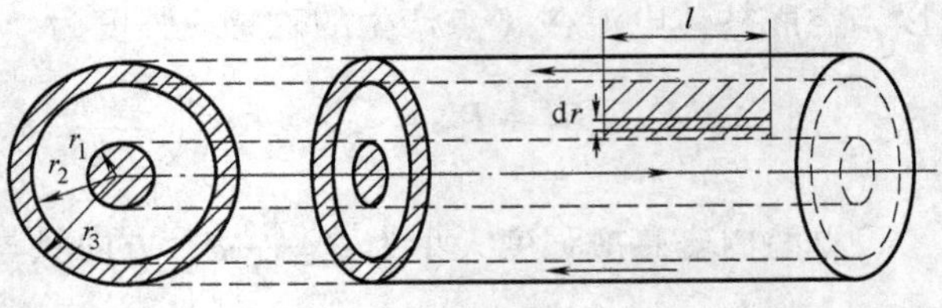

图　11-13

【解】　(1) 选定磁场空间的任意一点，过该点作半径为 r 的闭合回路 L。

当 $r<r_1$ 时 $\oint_L \boldsymbol{B}\cdot d\boldsymbol{l}=\oint_L B dl=B\oint_L dl=B\cdot 2\pi r$

由安培环路定律有 $B\cdot 2\pi r=\mu_0\dfrac{r^2}{r_1^2}I$

故
$$B=\frac{\mu_0}{2\pi r}\frac{r^2}{r_1^2}I=\frac{\mu_0 r}{2\pi r_1^2}I$$

同理：

当 $r_1<r<r_2$ 时
$$\oint_L \boldsymbol{B}\cdot d\boldsymbol{l}=\oint_L B dl=B\cdot 2\pi r=\mu_0 I$$

故
$$B=\frac{\mu_0 I}{2\pi r}$$

当 $r_2<r<r_3$ 时 $\oint_L \boldsymbol{B}\cdot d\boldsymbol{l}=B\cdot 2\pi r=\mu_0\left(I-\dfrac{r^2-r_2^2}{r_3^2-r_2^2}I\right)=\mu_0\dfrac{r_3^2-r^2}{r_3^2-r_2^2}I$

故
$$B=\frac{\mu_0 I}{2\pi r}\cdot\frac{r_3^2-r^2}{r_3^2-r_2^2}$$

当 $r>r_3$ 时
$$\oint_L \boldsymbol{B}\cdot d\boldsymbol{l}=\oint_L B dl=B\cdot 2\pi r=\mu_0(I-I)=0$$

故
$$B=0$$

(2) 在 $r_1<r<r_2$ 的磁场区域长为 l 的一段截面中，通过面积元 $dS=l dr$ 的磁通量为
$$d\Phi=B\cdot dS=\frac{\mu_0 I}{2\pi r}l dr$$

所以，通过长为 l 的一段截面的磁通量为
$$\Phi=\int d\Phi=\int_{r_1}^{r_2}\frac{\mu_0 I}{2\pi r}l dr=\frac{\mu_0 I}{2\pi}l\ln\frac{r_2}{r_1}$$

例题 11-9　一半径为 4.0cm 的圆环放在磁场中，磁场的方向对环而言是对称发散的，如图 11-14 所示。圆环所在处的磁感强度的大小为 0.10T，磁场的方向与环面法向成 60°角。求当圆环中通有电流 $I=15.8$A 时，圆环所受磁力的大小和方向。

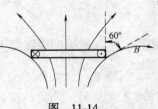

图　11-14

【解】　将电流元 $I d\boldsymbol{l}$ 处的 $\boldsymbol{B}$ 分解为平行线圈平面的分量 $\boldsymbol{B}_1$ 和垂直线圈平面的分量 $\boldsymbol{B}_2$，且
$$B_1=B\sin 60°\qquad B_2=B\cos 60°$$

(1) 电流元受磁场 B_1 的作用力 $dF_1=IdlB_1\sin 90°=IB\sin 60°dl$，方向垂直环面向上。

因为线圈上每一电流元受力方向相同，所以合力为

$$F_1 = \int dF_1 = IB\sin60° \int_0^{2\pi R} dl = IB\sin60° \cdot 2\pi R = 0.34(\mathrm{N})$$

（2）在 $\boldsymbol{B}_2$ 的作用下电流元受力为

$dF_2 = IdlB_2\sin90° = IB\cos60°dl$，方向在线圈平面内并指向线圈平面中心。

由于对称性，所以 $$F_2 = \int dF_2 = 0$$

则圆环所受合力 $F = F_1 = 0.34(\mathrm{N})$，方向垂直环面向上。

例题 11-10　电流为 I_1 的长直导线与三角形线圈 abc 在同一个平面 M 内，ab 边长 l，ac 边长为 l_0，且 ab 平行于长直导线，ac 垂直于长直导线，线圈电流为 I_2，如图 11-15 所示，求三角形线圈各边受到的长直导线电流的磁场的作用力。

【分析】　ac 段和 bc 段各处的磁感应强度不同，求其受力须用积分的方法，即在 ac 段和 bc 段上任选电流元 $I\mathrm{d}\boldsymbol{l}$，将其所在处的磁感应强度表示出来，按公式 $\mathrm{d}\boldsymbol{F} = I\mathrm{d}\boldsymbol{l}\times\boldsymbol{B}$ 求其受力 $\mathrm{d}\boldsymbol{F}$，再用积分的方法求合力 $\boldsymbol{F} = \int \mathrm{d}\boldsymbol{F}$。

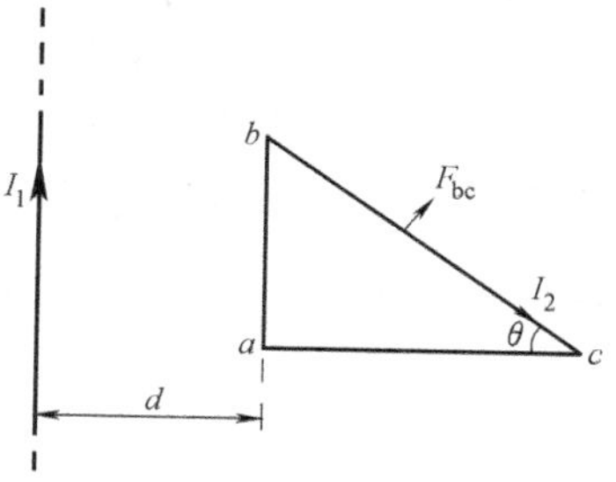

图　11-15

【解】　（1）ab 段各处的磁感应强度相同，$B = \dfrac{\mu_0 I_1}{2\pi d}$，方向为垂直平面 M 向里。

ab 段受力为 $|\boldsymbol{F}_{ab}| = \left|\int_{ab} I\mathrm{d}\boldsymbol{l}\times\boldsymbol{B}\right| = I_2Bl = \dfrac{\mu_0 I_1 I_2}{2\pi d}l$ 方向在平面 M 内垂直于 ab 向左。

（2）ac 段各处的磁感应强度不同，在距长直导线任意 r 处选电流元 $I_2\mathrm{d}\boldsymbol{r}$，其所在处的磁感应强度为 $B = \dfrac{\mu_0 I_1}{2\pi r}$。受力为 $\mathrm{d}F_{ac} = |I_2\mathrm{d}\boldsymbol{r}\times\boldsymbol{B}| = BI_2\mathrm{d}r = \dfrac{\mu_0 I_1 I_2}{2\pi r}\mathrm{d}r$，方向在平面 M 内垂直于电流元 $I_2\mathrm{d}\boldsymbol{r}$ 向下。

ac 段受到总的磁场力

$$F_{ac} = \int \mathrm{d}F_{ac} = \int_d^{d+l_0} \frac{\mu_0 I_1 I_2}{2\pi r}\mathrm{d}r = \frac{\mu_0 I_1 I_2}{2\pi}\ln\frac{d+l_0}{d}$$，方向垂直于 ac 段向下。

（3）在距长直导线任意 r 处选电流元 $I_2\mathrm{d}\boldsymbol{l}$（$\mathrm{d}\boldsymbol{l}$ 的方向应在 bc 方向上），其所在处的磁感应强度为 $B = \dfrac{\mu_0 I_1}{2\pi r}$，$bc$ 边受力

$$F_{bc} = \int \mathrm{d}F_{bc} = \int_d^{d+l_0} \frac{\mu_0 I_1 I_2}{2\pi r}\mathrm{d}l = \int_d^{d+l_0} \frac{\mu_0 I_1 I_2}{2\pi r}\frac{\mathrm{d}r}{\cos\theta} = \frac{\mu_0 I_1 I_2}{2\pi\cos\theta}\ln\frac{d+l_0}{d}$$

方向在平面 M 内垂直于 bc 段向外，如图 11-15 所示。

【常见错误】　（1）在求 ac 段受力时，有人是这样做的：

ac 段上任意电流元 $I_2\mathrm{d}\boldsymbol{r}$ 所在处的磁感应强度为 $\mathrm{d}B = \dfrac{\mu_0 I_1}{2\pi r}$

ac 段所在处的总的磁感应强度为

$$B_{总} = \int \mathrm{d}B = \int_d^{d+l_0} \frac{\mu_0 I_1}{2\pi r}\mathrm{d}r = \frac{\mu_0 I_1}{2\pi}\ln\frac{d+l_0}{d}$$

故
$$F_{ac} = I_2 l_0 B_{总} = \frac{\mu_0 I_1 I_2}{2\pi}\ln\frac{d+l_0}{d}$$

请思考：错在哪里？

（2）求 bc 段受力时，有人将 $\mathrm{d}l$ 误用 $\mathrm{d}r$ 表示，求出的力为
$$F_{bc} = \int \mathrm{d}F_{bc} = \int_d^{d+l_0}\frac{\mu_0 I_1 I_2}{2\pi r}\mathrm{d}r = \frac{\mu_0 I_1 I_2}{2\pi}\ln\frac{d+l_0}{d}$$

这里，$\mathrm{d}l$ 沿着 bc 方向，而 $\mathrm{d}r$ 在平面 M 内沿着垂直于长直导线的方向，其关系为 $\mathrm{d}l = \mathrm{d}r/\cos\theta$。

例题 11-11　一个通有电流 I_1 的长直导线，旁边放一个与它共面、通有电流 I_2 的矩形线圈，方向如图 11-16 所示，矩形线圈边长为 a 和 b，AD 边和 BC 边与长直导线平行，且 AD 边与长直导线间的距离为 d，在维持它们的电流不变和保证共面的条件下，将它们的距离从 d 变为 $2d$，求磁场对矩形线圈所做的功。

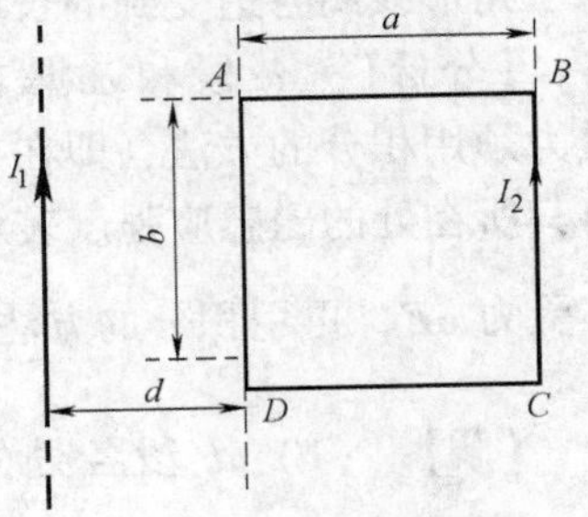

图　11-16

【分析】　矩形电流线圈在长直导线电流 I_1 的磁场中将受到磁场力的作用，移动线圈时磁场力必将对线圈做功，因此可根据功的定义 $A = \int \boldsymbol{F}\cdot\mathrm{d}\boldsymbol{l}$ 求解磁场力对通电矩形线圈所做的功。另外，本题移动线圈时维持电流不变，为此也可以根据磁场力做功的公式 $A = I\Delta\Phi$ 求解。

【解】　（1）根据功的定义 $A = \int \boldsymbol{F}\cdot\mathrm{d}\boldsymbol{l}$ 求解。设线圈运动距长直导线任意 x 位置时，AD 边和 BC 边受力分别为 F_{AD} 和 F_{BC}，电流 I_1 的长直导线在 AD 边和 BC 产生的磁感应强度分别为 $\boldsymbol{B}_{AD}$ 和 $\boldsymbol{B}_{BC}$。而

$$B_{AD} = \frac{\mu_0 I_1}{2\pi x}, B_{BC} = \frac{\mu_0 I_1}{2\pi(x+a)}$$，方向垂直线圈平面向里。所以

$$F_{AD} = \left|\int_{AD} I_2\mathrm{d}\boldsymbol{l}\times\boldsymbol{B}_{AD}\right| = \int_{AD}\frac{\mu_0 I_1}{2\pi x}I_2\mathrm{d}l = \frac{\mu_0 I_1 I_2}{2\pi x}b$$，方向向右。

$$F_{BC} = \left|\int_{BC} I_2\mathrm{d}\boldsymbol{l}\times\boldsymbol{B}_{BC}\right| = \int_{BC}\frac{\mu_0 I_1}{2\pi(x+a)}I_2\mathrm{d}l = \frac{\mu_0 I_1 I_2}{2\pi(x+a)}b$$，方向向左。

矩形线圈受到的合磁场力为
$$F = F_{AD} - F_{BC} = \frac{\mu_0 I_1 I_2}{2\pi x}b - \frac{\mu_0 I_1 I_2}{2\pi(x+a)}b = \frac{\mu_0 I_1 I_2 b}{2\pi}\left(\frac{1}{x} - \frac{1}{x+a}\right)$$，方向向右。

这里，AB 和 CD 两边受到的磁场力的合力为零（可自行证明）。

将矩形线圈从 $x = d$ 拉至 $x = 2d$ 的过程中磁场力做的功为
$$A = \int F\cdot\mathrm{d}x = \int_d^{2d}\frac{\mu_0 I_1 I_2 b}{2\pi}\left(\frac{1}{x} - \frac{1}{x+a}\right)\cdot\mathrm{d}x = \frac{\mu_0 I_1 I_2 b}{2\pi}\ln\frac{2(d+a)}{2d+a}$$，磁场力做正功。

表明矩形线圈在长直导线电流的磁场力作用下远离长直导线。

（2）根据磁场力做功的公式 $A = I\Delta\Phi$ 求解。

矩形线圈在 $x = d$ 和 $x = d + a$ 位置时，长直导线电流的磁场通过矩形线圈所围面积的磁通量分别为

$$\Phi_1 = \iint_S B \cdot \mathrm{d}S = -\int_d^{d+a} \frac{\mu_0 I_1}{2\pi x} b \cdot \mathrm{d}x = -\frac{\mu_0 I_1 b}{2\pi}\ln\frac{d+a}{d}$$

$$\Phi_2 = \iint_S B \cdot \mathrm{d}S = -\int_{2d}^{2d+a} \frac{\mu_0 I_1}{2\pi x} b \cdot \mathrm{d}x = -\frac{\mu_0 I_1 b}{2\pi}\ln\frac{2d+a}{2d}$$

将矩形线圈从 $x=d$ 拉至 $x=d+a$ 的过程中磁场力所做的功为

$$A = I_2\Delta\Phi = I_2(\Phi_2 - \Phi_1) = I_2\left[\left(-\frac{\mu_0 I_1 b}{2\pi}\ln\frac{2d+a}{2d}\right) - \left(-\frac{\mu_0 I_1 b}{2\pi}\ln\frac{d+a}{d}\right)\right] = \frac{\mu_0 I_1 I_2 b}{2\pi}\ln\frac{2(d+a)}{2d+a}$$

【常见错误】 在根据磁场力做功的公式 $A=I\Delta\Phi$ 求解过程中，通过矩形线圈所围面积的磁通量 Φ_1、Φ_2 两式中的负号，表示长直导线电流的磁感应强度的方向与线圈所在平面的法线方向相反，计算时很容易被丢掉。

例题 11-12 总匝数为 N 的均匀密绕平面圆线圈，半径由 R_1 绕至 R_2，通有电流 I，放在磁感应强度为 $\boldsymbol{B}$ 的均匀磁场中，磁感应强度的方向与线圈平面平行，如图 11-17 所示。试求：

（1）该平面线圈磁矩 $\boldsymbol{P}_\mathrm{m}$ 的大小；

（2）线圈在该位置所受到磁力矩 $\boldsymbol{M}$ 的大小；

（3）线圈在磁力矩作用下转到平衡位置的过程中，磁力矩所做的功。

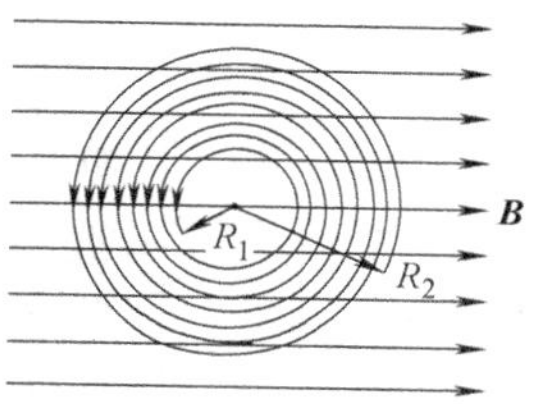

图　11-17

【分析】 平面线圈看成是无数同心载流圆环构成，每一个载流圆环磁矩的叠加就是平面线圈的总磁矩；又线圈处于均匀磁场中，线圈总的磁力矩可直接使用公式 $\boldsymbol{M}=\boldsymbol{P}_\mathrm{m}\times\boldsymbol{B}$ 求解；磁力矩所做的功可依据功的定义 $A=\int_{\theta_1}^{\theta_2} M\cdot\mathrm{d}\theta$ 求解。

【解】（1）在距环心任意 r 处取一宽为 $\mathrm{d}r$ 的圆环，其等效的电流为

$$\mathrm{d}I = I\frac{N}{R_2 - R_1}\mathrm{d}r$$

该圆环电流的磁矩为

$$\mathrm{d}P_\mathrm{m} = S\mathrm{d}I = \pi r^2 \frac{NI}{R_2 - R_1}\mathrm{d}r\ ,$$

且所有圆环电流的磁矩方向一致。

平面线圈的总磁矩

$$P_\mathrm{m} = \int \mathrm{d}P_\mathrm{m} = \int_{R_1}^{R_2} \pi r^2 \frac{NI}{R_2 - R_1}\mathrm{d}r = \frac{\pi NI}{3(R_2 - R_1)}(R_2^3 - R_1^3)$$

（2）因平面线圈的磁矩方向与磁感应强度方向垂直，线圈受到磁力矩 $\boldsymbol{M}$ 的大小为

$$M = P_\mathrm{m}B = \frac{\pi NIB}{3(R_2 - R_1)}(R_2^3 - R_1^3)$$

（3）当线圈转到平面的法线方向与磁感应强度方向成任意 θ 位置时，所受到的磁力矩为

$$M = BP_\mathrm{m}\sin\theta$$

所以当线圈在磁力矩作用下从图示位置 $\left(\theta=\frac{\pi}{2}\right)$ 转到平衡位置（$\theta=0$）的过程中，磁力矩所做的功

$$A = \int_{\pi/2}^{0} M\cdot\mathrm{d}\theta = \int_{\pi/2}^{0} BP_\mathrm{m}\sin\theta\mathrm{d}\theta = \int_{\pi/2}^{0} \frac{\pi NIB}{3(R_2 - R_1)}(R_2^3 - R_1^3)\sin\theta\mathrm{d}\theta = \frac{\pi NIB}{3(R_2 - R_1)}(R_2^3 - R_1^3)$$

第三部分　磁介质中的稳恒磁场

在磁场作用下能发生变化并能反过来影响磁场的物质称为磁介质。本部分将讨论磁场与磁介质的相互作用规律，说明磁介质对磁场产生的影响，进而介绍磁介质在实际中的应用。

一、知识框架

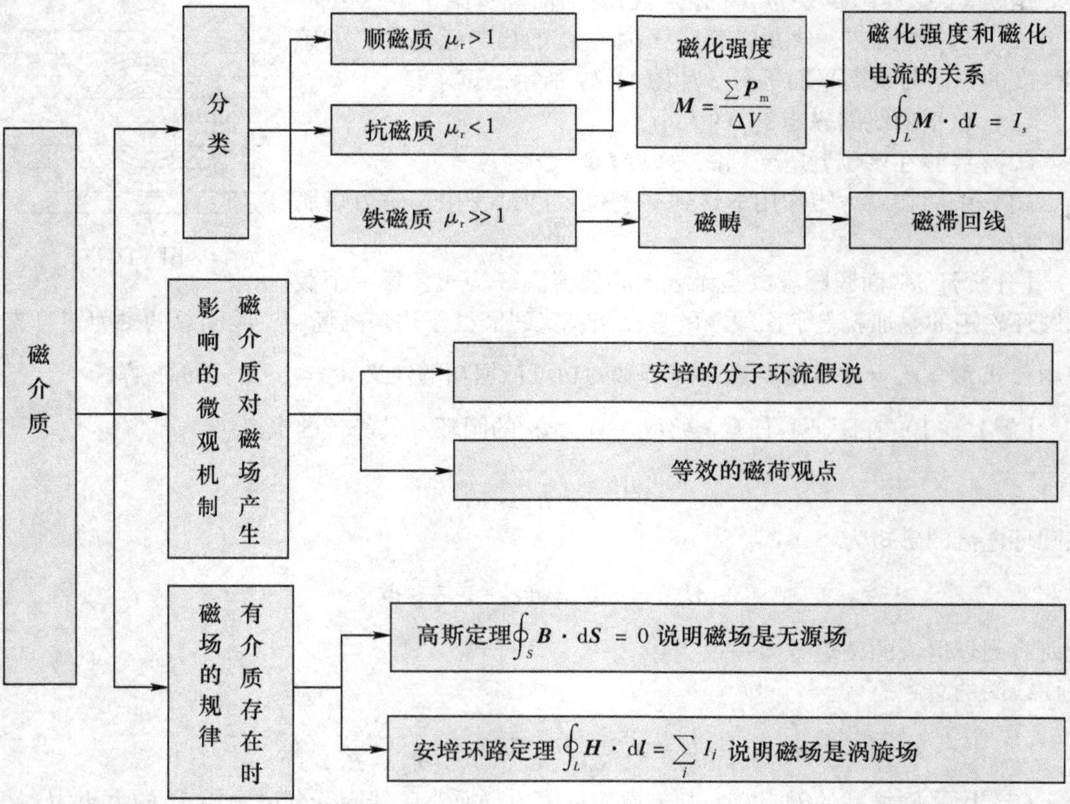

二、知识要点

1. 物质的磁化

（1）磁介质中的磁场

设某一稳恒电流在真空中产生的磁感应强度 $\boldsymbol{B}_0$，当磁场中放进了某种磁介质后，磁化了的磁介质激发附加磁感应强度 $\boldsymbol{B}'$，这时磁场中任意一点处的磁感应强度

$$\boldsymbol{B} = \boldsymbol{B}_0 + \boldsymbol{B}'$$

（2）磁导率

① 介质的相对磁导率　$\mu_r = \dfrac{B}{B_0}$

② 介质的磁导率　$\mu = \mu_0 \mu_r$

（3）三种磁介质

① 顺磁质：顺磁质产生的 $\boldsymbol{B}'$ 与 $\boldsymbol{B}_0$ 方向相同，且 $B' \ll B_0$。

$B = B_0 + B'$　　μ_r 略大于 1

② 抗磁质：抗磁质产生的 $\boldsymbol{B}'$ 与 $\boldsymbol{B}_0$ 方向相反，且 $B' \ll B_0$。

$B = B_0 - B'$　　μ_r 略小于 1

③ 铁磁质：铁磁质产生的 $\boldsymbol{B}'$ 与 $\boldsymbol{B}_0$ 方向相同，且 $B' \gg B_0$。

$B = B_0 + B'$　　μ_r 远大于 1

2. 磁化强度 $\boldsymbol{M}$

（1）磁化强度 $\boldsymbol{M}$ 的定义

即单位体积中分子磁矩的矢量和，即

$$\boldsymbol{M} = \frac{\sum \boldsymbol{P}_m}{\Delta V}$$

（2）磁化强度 $\boldsymbol{M}$ 的环流

磁化强度对闭合回路的线积分等于通过回路所包围的面积内的总磁化电流，即

$$\oint_L \boldsymbol{M} \cdot d\boldsymbol{l} = I_S$$

（3）磁化强度 $\boldsymbol{M}$ 与磁介质表面的磁化面电流密度 $\boldsymbol{i}_S$ 的关系

$$\boldsymbol{i}_S = \boldsymbol{M} \times \boldsymbol{n}$$

式中 $\boldsymbol{n}$ 是磁介质表面的外法向单位矢量。

3. 描述有磁介质时磁场的几个物理量间的关系

在各向同性的均匀磁介质中

（1）$\boldsymbol{H}$、$\boldsymbol{M}$、$\boldsymbol{B}$ 间的关系

$$\boldsymbol{H} = \frac{\boldsymbol{B}}{\mu_0} - \boldsymbol{M}$$

其中 $\boldsymbol{H}$ 称为磁场强度，是为了描述有磁介质时的磁场引入的辅助矢量。

（2）$\boldsymbol{H}$、$\boldsymbol{M}$ 间的关系（各向同性非铁磁质）

$$\boldsymbol{M} = \chi_m \boldsymbol{H}$$

其中 χ_m 称为磁化率，且 $\mu_r = 1 + \chi_m$。

（3）$\boldsymbol{H}$、$\boldsymbol{B}$ 间的关系（各向同性非铁磁质）

$$\boldsymbol{B} = \mu \boldsymbol{H}$$

4. 有磁介质时的安培环路定理

$$\oint_L \boldsymbol{H} \cdot d\boldsymbol{l} = \sum_i I_i$$

式中 I_i 为传导电流。

应用安培环路定理 $\oint_L \boldsymbol{H} \cdot d\boldsymbol{l} = \sum_i I_i$ 处理问题的几点说明：

1）$\boldsymbol{H}$ 是为了描述有磁介质时的磁场引入的辅助矢量，从关系式 $\boldsymbol{H}=\dfrac{\boldsymbol{B}}{\mu_0}-\boldsymbol{M}$ 可知，它既反映了传导电流磁场的性质也反映了磁介质对磁场的影响。

2）$\boldsymbol{H}$ 的环流只与传导电流有关，与磁化电流（或介质）无关。

3）安培环路定理 $\oint_L \boldsymbol{H}\cdot \mathrm{d}\boldsymbol{l}=\sum_i I_i$，适合于有任何磁介质存在时电流磁场的情形。

4）若应用公式 $\oint_L \boldsymbol{H}\cdot \mathrm{d}\boldsymbol{l}=\sum_i I_i$ 计算磁场强度 $\boldsymbol{H}$ 时，要求传导电流和磁介质的分布都必须具有特殊的对称性。否则无法求解。

5. 铁磁质的磁化

1）磁畴　从铁磁质的微观结构讲，铁磁质的原子间相互作用非常强，在这种作用下，铁磁质内部形成了一些微小区域，称为磁畴。在没有外磁场时，各个磁畴的磁矩彼此抵消，对外不显出磁性，如图 11-18a 所示。当加上外磁场后，各个磁畴在外磁场的作用下都趋于沿外磁场方向规则地排列，如图 11-18b 所示。通常，在不强的外磁场作用下，铁磁质可以表现出很强的磁性来。

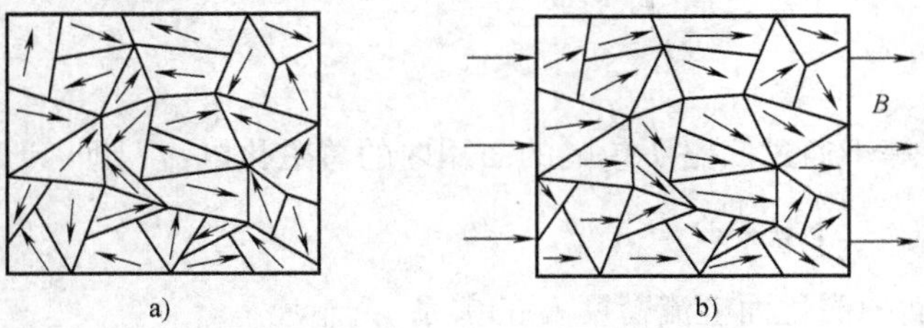

图　11-18

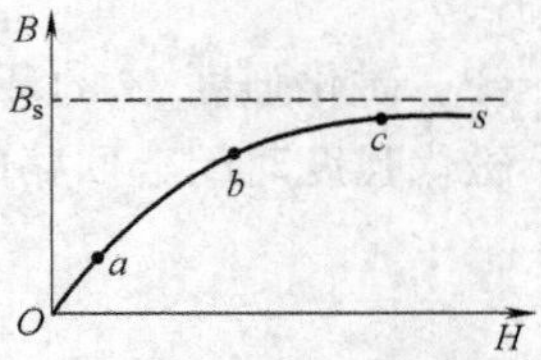

图　11-19

2）起始磁化曲线　铁磁质除了 μ_r 很大外，μ_r 值还随磁场强度 H 的变化而变化，即磁感应强度 B 与磁场强度 H 之间呈非线性关系。图 11-19 是铁磁质磁化时的 B-H 实验曲线，可以看出，随着磁介质中 H 的逐渐增加，所测得的 B 经历了缓慢增加（Oa 段）、急剧增加（ab 段）、缓慢增加（bc 段），最后逐渐趋于饱和值 B_S（cs 段）的四个阶段。从 O 至 s 的曲线称为铁磁质的起始磁化曲线。

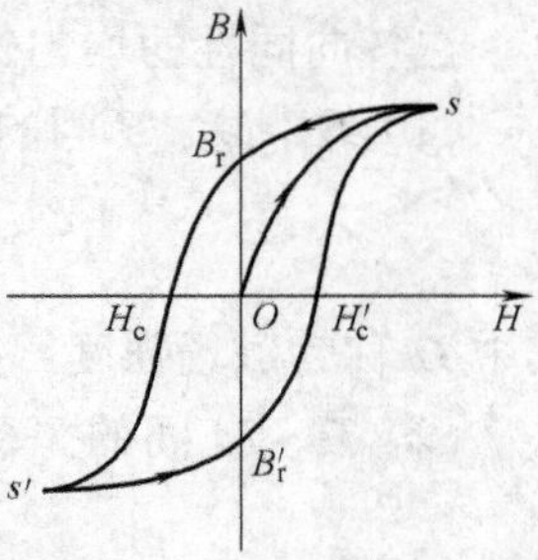

图　11-20

3）磁滞回线　如果磁感应强度达到饱和状态 B_S 后，逐渐减小 H 至零，B 并不沿着起始磁化曲线逆向减小，如图 11-20 所示。而且 H 减小为零时，B 仍然保留一定的值 B_r，称为剩余磁感应强度，简称剩磁；只有当反向磁场增加到 H_C 时，B 才减小为零，这称为去磁，H_C 称为矫顽力。当 H 在正反两个方向上变化时（即磁介质工作在交变磁场中），B 的变化总是落后于 H 的变化，这种现象就称为磁滞现象。在这种反复变化过程中，H-B 曲线呈现为如图 11-20 所示的闭合曲线，称为磁滞回线。

三、概 念 辨 析

1. 顺磁质和抗磁质的比较

顺磁质和抗磁质对磁场影响的差异，是由于两种磁介质的分子结构不同所致。顺磁质分

子固有的分子磁矩 $\boldsymbol{P}_m \neq 0$，而抗磁质分子固有的分子磁矩 $\boldsymbol{P}_m = 0$。在外磁场作用下，无论是顺磁质还是抗磁质都要产生附加磁矩 $\Delta \boldsymbol{P}_m$，而附加磁矩 $\Delta \boldsymbol{P}_m$ 的方向总是与外磁场 $\boldsymbol{B}_0$ 的方向相反。

对顺磁质来说，$\boldsymbol{P}_m \neq 0$，而 $\boldsymbol{P}_m \gg \Delta \boldsymbol{P}_m$，所以 $\Delta \boldsymbol{P}_m$ 可忽略。在外磁场作用下，所有的分子磁矩 $\boldsymbol{P}_m$ 都力图转到外磁场方向，这样附加磁感应强度 $\boldsymbol{B}'$ 的方向就与 $\boldsymbol{B}_0$ 相同，从而使磁介质中磁感应强度 $\boldsymbol{B} = \boldsymbol{B}_0 + \boldsymbol{B}'$ 有所增强。

对抗磁质来说，$\boldsymbol{P}_m = 0$，所以 $\Delta \boldsymbol{P}_m$ 不能忽略，因为 $\Delta \boldsymbol{P}_m$ 的方向总是与 $\boldsymbol{B}_0$ 相反，这样附加磁场要削弱外磁场。

2. 磁场强度与磁感应强度的比较

磁介质在外磁场 $\boldsymbol{B}_0$ 的作用下，引起磁介质的磁化，产生磁化电流，而磁化电流在空间产生附加磁场 $\boldsymbol{B}'$，因此要求出有磁介质存在时各点的磁感应强度 $\boldsymbol{B}$，就必须知道传导电流和磁化电流的分布。而磁化电流 I_S 的分布又依赖于磁化强度 $\boldsymbol{M}$ 和磁介质的形状，磁化强度 $\boldsymbol{M}$ 又依赖于总磁感应强度 $\boldsymbol{B}$，这就形成了计算上的循环，给求解 $\boldsymbol{B}$ 造成困难。为此，引入一个新的辅助矢量——磁场强度 $\boldsymbol{H}$，磁场强度的定义式为

$$\boldsymbol{H} = \frac{\boldsymbol{B}}{\mu_0} - \boldsymbol{M} \qquad ①$$

对各向同性非铁磁质，$\boldsymbol{M}$ 与 $\boldsymbol{H}$ 成正比，即 $\boldsymbol{M} = \chi_m \boldsymbol{H}$，将此关系式代入式①可得

$$\boldsymbol{H} = \frac{\boldsymbol{B}}{\mu_0(1+\chi_m)} = \frac{\boldsymbol{B}}{\mu_0 \mu_r} = \frac{\boldsymbol{B}}{\mu} \qquad ②$$

上式表明，对各向同性的非铁磁质，空间某点的 $\boldsymbol{H}$ 与该点的 $\boldsymbol{B}$ 成正比，且方向相同。

这样，对于某些具有特殊对称性的磁场，我们先根据有磁介质存在时的安培环路定理

$$\oint_L \boldsymbol{H} \cdot d\boldsymbol{l} = \sum_i I_i \qquad ③$$

求出磁介质中 $\boldsymbol{H}$ 分布，再由式②求出磁介质中 $\boldsymbol{B}$ 的分布。

四、方法点拨

有介质存在时磁感应强度计算的一般方法

首先使用有介质时的安培环路定理求出磁场强度 $\boldsymbol{H}$，求解步骤与用真空中的安培环路定理求磁感应强度 $\boldsymbol{B}$ 的方法相同。然后由 $\boldsymbol{B} = \mu \boldsymbol{H}$ 和 $\boldsymbol{H} = \frac{\boldsymbol{B}}{\mu_0} - \boldsymbol{M}$ 便可求出磁感应强度 $\boldsymbol{B}$ 和磁化强度 $\boldsymbol{M}$，见本章例题 11-13。

五、例题精解

例题 11-13　共轴圆柱形长电缆的截面尺寸如图 11-21 所示，其间充满相对磁导率为 μ_r 的均匀磁介质，电流 I 在两导体中沿相反方向均匀流过。（1）设导体的相对磁导率为 1，求外圆柱导体内（$R_2 < r < R_3$）任一点的磁感应强度；（2）设内导体的磁导率为 μ_1、介质的磁导率为 μ_2，分别求内导体中、介质中、电缆外面各处的磁感应强度。

【分析】　因传导电流与磁介质均具有轴对称性，所以磁场也具有轴对称性。即同一圆

柱面上各点的磁感应强度大小相等，磁感应线为在垂直于轴的平面内的同心圆（圆心在轴线上）。根据各向同性均匀介质中磁场强度与磁感应强度的关系 $\boldsymbol{B}=\mu\boldsymbol{H}$，可知 $\boldsymbol{H}$ 和 $\boldsymbol{B}$ 具有相同的轴对称性，因此用安培环路定理 $\oint_L \boldsymbol{H}\cdot d\boldsymbol{l}=\sum_i I_i$ 先求 $\boldsymbol{H}$，再求 $\boldsymbol{B}$。

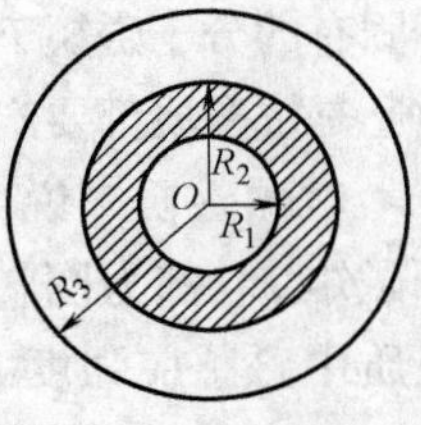

图　11-21

【解】　设 P 为磁场中任意一点，该点到轴的距离为 r，在垂直于轴的平面内作以 r 为半径的闭合环路，由安培环路定理有

$$\oint_L \boldsymbol{H}\cdot d\boldsymbol{l}=\sum_i I_i$$

及
$$j_1=\frac{I}{\pi R_1^2},\quad j_2=\frac{I}{\pi(R_3^2-R_2^2)}$$

（1）当 $R_2<r<R_3$（外导体内部，$\mu_r=1$）时，有

$$\sum I=I-J_2\pi\ (r^2-R_2^2)\ =I-\frac{r^2-R_2^2}{R_3^2-R_2^2}I=\frac{R_3^2-r^2}{R_3^2-R_2^2}I$$

则
$$H\cdot 2\pi r=\frac{R_3^2-r^2}{R_3^2-R_2^2}I$$

即
$$H=\frac{1}{2\pi r}\frac{R_3^2-r^2}{R_3^2-R_2^2}I$$

所以
$$B=\mu_0\mu_r H=\frac{\mu_0 I}{2\pi r}\cdot\frac{R_3^2-r^2}{R_3^2-R_2^2}$$

（2）当 $0<r<R_1$（内导体内部）时，有

$$H\cdot 2\pi r=J_1\pi r^2$$

则
$$H=\frac{Ir}{2\pi R_1^2}$$

所以
$$B=\mu_1 H=\frac{\mu_1 Ir}{2\pi R_1^2}$$

当 $R_1<r<R_2$（介质中）时，有　$H\cdot 2\pi r=I$

则
$$H=\frac{I}{2\pi r}$$

所以
$$B=\mu_2 H=\frac{\mu_2 I}{2\pi r}$$

当 $r>R_3$（电缆外面）时，有

$$\sum I=0,\ H\cdot 2\pi r=0$$

所以
$$H=0,B=0$$

各区域 $\boldsymbol{B}$ 的方向与内层导体中的电流方向成右手螺旋关系。

例题 11-14　一螺绕环的平均周长为 50cm，在环上密绕有线圈 800 匝，当导线中通有 1A 的电流时，测得环内磁感应强度为 0.5T，求：

（1）螺绕环内的磁场强度 $\boldsymbol{H}$；

（2）磁化强度 $\boldsymbol{M}$；

（3）磁化率 χ_m；

（4）磁化面电流密度 i' 和相对磁导率 μ_r。

【分析】　根据题中给定的螺绕环的平均周长，可将螺绕环内各点的磁场近似看作大小相同，于是，由对称性及安培环路定理 $\oint_L \boldsymbol{H}\cdot \mathrm{d}\boldsymbol{l} = \sum_i I_i$，求出 $\boldsymbol{H}$，再根据磁化规律中 $\boldsymbol{H}$ 与其他量的关系求解其他量。

【解】　（1）根据安培环路定理 $\oint_L H\cdot \mathrm{d}l = Hl = \sum_i I_i = NI_0$，得

$$H = \frac{NI_0}{l} = \frac{800\times 1}{0.5} = 1.6\times 10^3(\mathrm{A/m})$$

（2）由 $\boldsymbol{H}$、$\boldsymbol{B}$、$\boldsymbol{M}$ 的关系可知磁化强度为

$$M = \frac{B}{\mu_0} - H = \frac{0.5}{4\pi\times 10^{-7}} - 1.6\times 10^3 = 3.984\times 10^5(\mathrm{A/m})$$

（3）由磁化率的定义得

$$\chi_m = \frac{M}{H} = \frac{3.984\times 10^5}{1.6\times 10^3} = 249$$

（4）根据磁化理论，磁化面电流密度为

$$i' = M = 3.984\times 10^5(\mathrm{A/m})$$

由相对磁导率的定义得

$$\mu_r = 1 + \chi_m = 1 + 249 = 250$$

例题 11-15　1911 年，卡末林-昂尼斯发现在低温下有些金属失去它们的电阻而变成超导体。30 年后，迈斯纳证明超导体内的磁感应强度为零。如果增大超导体环的绕组中的电流，则可使 H 达到临界值 H_m，这时金属突然变成常态，磁化强度几乎为零。

（1）在 $H=0$ 到 $H=2H_m$ 的范围内，画出的 $\dfrac{B}{\mu_0}$-H 关系曲线；

（2）在 $H=0$ 到 $H=2H_m$ 的范围内，画出的 M-H 关系曲线；

（3）超导体是顺磁质还是抗磁质？

（4）如果绕组中的电流为 0.3A，此绕组有 400 匝，在超导体环面上的磁化电流有多大？方向如何？

（5）当把一个小的永久磁铁放在超导体板上时，将发生什么现象？

【分析】　超导体在转变温度 T_c 以下，电阻完全消失，这是它的电学性质。超导体最根本的特性是它的磁学性质——完全抗磁性，即把一块超导体放在外磁场中时，其体内的磁感应强度永远等于零，这种现象叫做迈斯纳效应。

【解】　（1）由 $H=\dfrac{B}{\mu_0}-M$，得

$$\frac{B}{\mu_0} = H + M = H\left(1+\frac{M}{H}\right) = H(1+\chi_m)$$

当 H 从 $0\to H_m$ 时　　　$B=0$　　$\dfrac{B}{\mu_0}=0$

当 H 从 $H_m\to 2H_m$ 时　　　$\chi_m=0$　　$\dfrac{B}{\mu_0}=H$

所以$\frac{B}{\mu_0}$-H 关系曲线如图 11-22a 所示。

（2）当 H 从 $0\to H_m$ 时　$B=0$，$H=-M$

当 H 从 $H_m\to 2H_m$ 时　$\chi_m=0$，$M=0$

所以，M-H 关系曲线如图 11-22b 所示。

（3）由 $H(1+\chi_m)=\frac{B}{\mu_0}=0$，得 $1+\chi_m=0$，于是 $\chi_m=-1<0$。

所以，超导体是抗磁质。

（4）根据安培环路定理，有

$$\oint_L \boldsymbol{H}\cdot d\boldsymbol{l}=\sum I_0=NI_0$$

$$\oint_L \boldsymbol{M}\cdot d\boldsymbol{l}=\sum I_i=I_i$$

因为　$$B=0,\quad H=-M$$

所以　$$I_S=\oint_L \boldsymbol{M}\cdot d\boldsymbol{l}=-\oint_L \boldsymbol{H}\cdot d\boldsymbol{l}=-NI_0=(-400)\times 0.3=-120(\text{A})$$

负号表示磁化电流 I_S 方向与 I_0 方向相反。

（5）因为超导体是抗磁质，将与小的永久磁铁产生相斥现象。

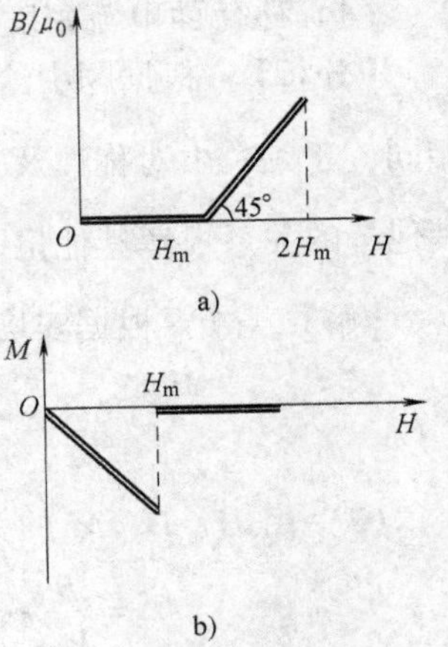

图　11-22

基础训练

（一）选择题

1. 载流的圆形线圈（半径 a_1）与正方形线圈（边长 a_2 通有相同电流 I，如图 11-23 若两个线圈的中心 O_1、O_2 处的磁感强度大小相同，则半径 a_1 与边长 a_2 之比 $a_1:a_2$ 为（　　）。

（A）1∶1　　（B）$\sqrt{2}\pi:1$　　（C）$\sqrt{2}\pi:4$　　（D）$\sqrt{2}\pi:8$

2. 三条无限长直导线等距地并排安放，导线Ⅰ、Ⅱ、Ⅲ分别载有 1A、2A、3A 同方向的电流。由于磁相互作用的结果，导线Ⅰ、Ⅱ、Ⅲ单位长度上分别受力 $\boldsymbol{F}_1$、$\boldsymbol{F}_2$ 和 $\boldsymbol{F}_3$，如图 11-24 所示。则 F_1 与 F_2 的比值是（　　）。

（A）7/16　　（B）5/8　　（C）7/8　　（D）5/4

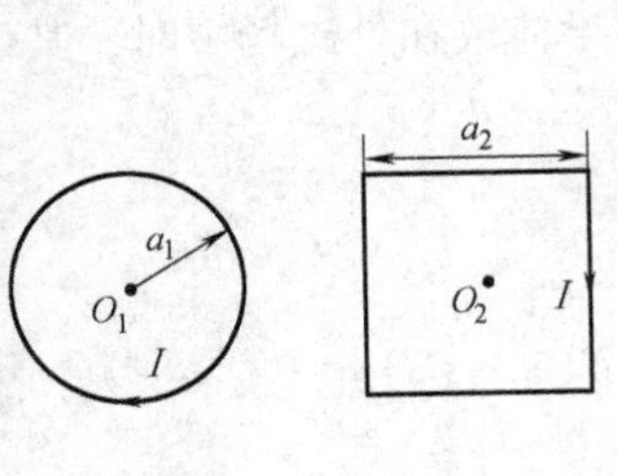

图　11-23

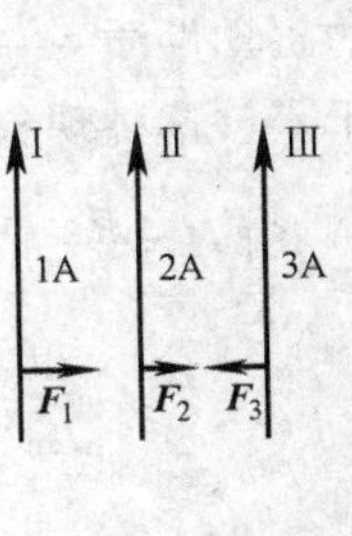

图　11-24

3. 有一无限长通电流的扁平铜片，宽度为 a，厚度不计，电流 I 在铜片上均匀分布，在铜片外与铜片共面，离铜片右边缘为 b 处的 P 点（图 11-25）的磁感强度 $\boldsymbol{B}$ 的大小为

(　　)。

(A) $\frac{\mu_0 I}{2\pi(a+b)}$　(B) $\frac{\mu_0 I}{2\pi a}\ln\frac{a+b}{b}$　(C) $\frac{\mu_0 I}{2\pi b}\ln\frac{a+b}{b}$　(D) $\frac{\mu_0 I}{\pi(a+2b)}$

4. 如图 11-26 所示，两根直导线 ab 和 cd 沿半径方向被接到一个截面处处相等的铁环上，稳恒电流 I 从 a 端流入而从 d 端流出，则磁感强度 $\boldsymbol{B}$ 沿图中闭合路径 L 的积分 $\oint_L \boldsymbol{B}\cdot d\boldsymbol{l}$ 等于（　　）。

(A) $\mu_0 I$　(B) $\frac{1}{3}\mu_0 I$　(C) $\mu_0 I/4$　(D) $2\mu_0 I/3$

5. 无限长载流空心圆柱导体的内外半径分别为 a、b，电流在导体截面上均匀分布，则空间各处的 $\boldsymbol{B}$ 的大小与场点到圆柱中心轴线的距离 r 的关系定性地如图 11-27 所示。正确的图是（　　）。

6. 两个同心圆线圈，大圆半径为 R，通有电流 I_1；小圆半径为 r，通有电流 I_2，方向如图 11-28 所示，若 $r \ll R$（大线圈在小线圈处产生的磁场近似为均匀磁场），当它们处在同一平面内时小线圈所受磁力矩的大小为（　　）。

(A) $\frac{\mu_0 \pi I_1 I_2 r^2}{2R}$　(B) $\frac{\mu_0 I_1 I_2 r^2}{2R}$　(C) $\frac{\mu_0 \pi I_1 I_2 R^2}{2r}$　(D) 0

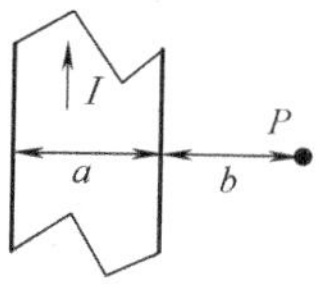

图　11-25

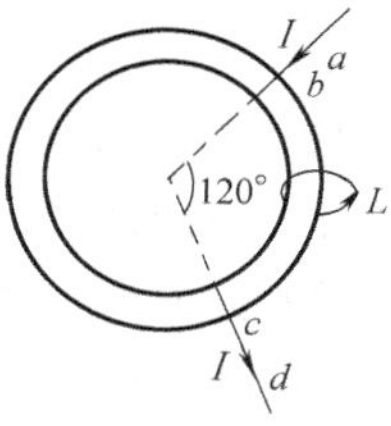

图　11-26

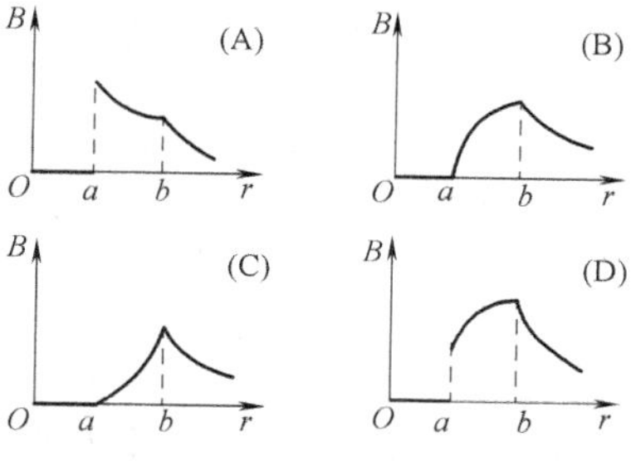

图　11-27

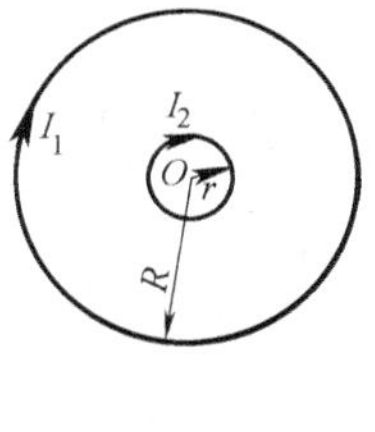

图　11-28

7. 两根载流直导线相互正交放置，如图 11-29 所示。I_1 沿 y 轴的正方向，I_2 沿 z 轴负方向。若载流 I_1 的导线不能动，载流 I_2 的导线可以自由运动，则载流 I_2 的导线开始运动的趋势是（　　）。

(A) 沿 x 方向平动　(B) 绕 x 轴转动　(C) 绕 y 轴转动　(D) 无法判断

8. 如图 11-30 所示的一细螺绕环，它由表面绝缘的导线在铁环上密绕而成，每厘米绕 10 匝。当导线中的电流 I 为 2.0A 时，测得铁环内的磁感应强度的大小 B 为 1.0T，则可求得

铁环的相对磁导率 μ_r 为（　　）。（真空磁导率 $\mu_0=4\pi\times10^{-7}\text{T}\cdot\text{m/A}$）

（A）7.96×10^2　（B）3.98×10^2　（C）1.99×10^2　（D）63.3

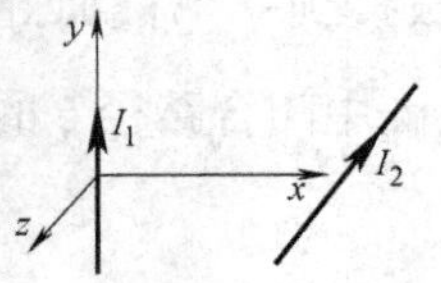

图　11-29

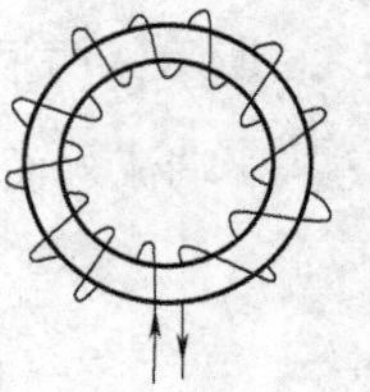

图　11-30

（二）填空题

9. 截面相同的铝丝和钨丝串联，接在一恒定电源两端，则通过铝丝和钨丝的电流关系为 I_1 ____ I_2，电流密度关系为 j_1 ____ j_2；铝丝内和钨丝内的电场强度关系为 E_1 ____ E_2（填“大于”、“小于” 或 “等于”）。

10. 一个绕有 500 匝导线的平均周长 50cm 的细环，载有 0.3A 电流时，铁心的相对磁导率为 600。（1）铁心中的磁感强度 B 为____；（2）铁心中的磁场强度 H 为____。

11. 一磁场的磁感应强度为 $\boldsymbol{B}=a\boldsymbol{i}+b\boldsymbol{j}+c\boldsymbol{k}$（SI），则通过一半径为 R、开口向 z 轴正方向的半球壳表面的磁通量的大小为____________ Wb。

12. 如图 11-31 所示，两根无限长直导线互相垂直地放着，相距 $d=2.0\times10^2\text{m}$，其中一根导线与 z 轴重合，另一根导线与 x 轴平行且在 Oxy 平面内。设两导线中皆通过 $I=10\text{A}$ 的电流，则在 y 轴上离两根导线等距的点 P 处的磁感应强度的大小 $B=$____________。

13. 如图 11-32 所示，在无限长直载流导线的右侧有面积为 S_1 和 S_2 的两个矩形回路，两个回路与长直载流导线在同一平面，且矩形回路的一边与长直载流导线平行，则通过面积为 S_1 的矩形回路的磁通量与通过面积为 S_2 的矩形回路的磁通量之比为____________。

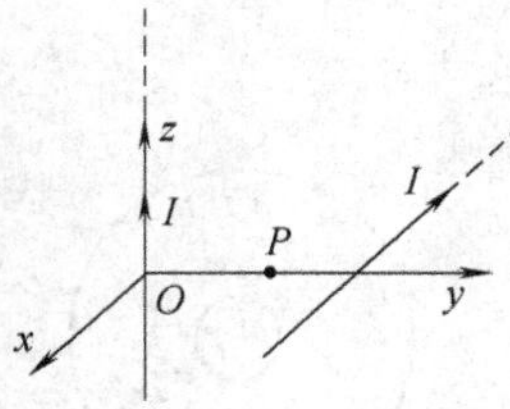

图　11-31

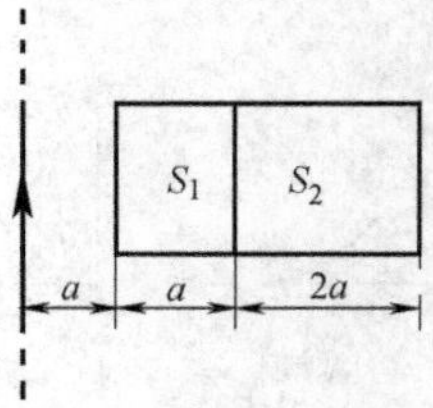

图　11-32

14. 如图 11-33 所示，在粗糙斜面上放有一长为 l 的木制圆柱，已知圆柱质量为 m，其上绕有 N 匝导线，圆柱体的轴线位于导线回路平面内，整个装置处于磁感强度大小为 B、方向竖直向上的均匀磁场中。如果绕组的平面与斜面平行，则当通过回路的电流 $I=$____________时，圆柱体可以稳定在斜面上不滚动。

15. 两个带电粒子的质量比为 1∶6，电荷比为 1∶2，现以相同的速度垂直磁感应线飞入一均匀磁场，则它们所受的磁场力之比是____________，它们各自每秒钟完成圆周运动的次数之比是____________。

16. 有半导体通以电流 I，放在均匀磁场 B 中，其上、下表面积累电荷如图 11-34 所示，试判断它们各是什么类型的半导体。

图 11-34a 是________型；图 11-34b 是________型。

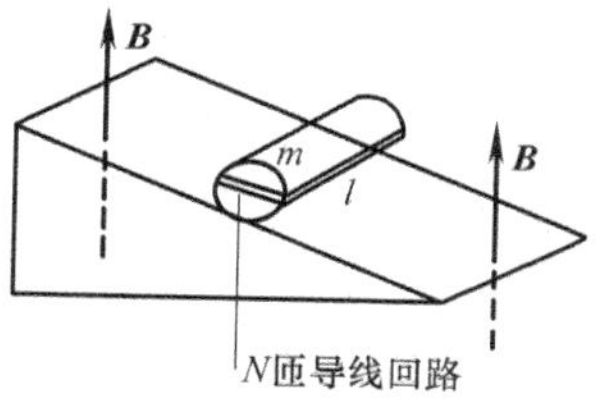

图　11-33

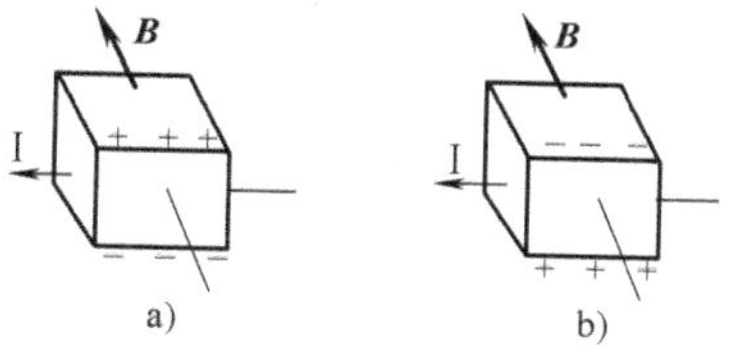

图　11-34

17. 一质点带有电荷 $q=8.0\times10^{-10}$C，以速度 $v=3.0\times10^{5}$m/s 在半径为 $R=6.00\times10^{-3}$m 的圆周上，作匀速圆周运动，该带电质点在轨道中心所产生的磁感应强度 $B=$________，该带电质点轨道运动的磁矩 $p_m=$________。

18. 如图 11-35 所示，均匀磁场中放一均匀带正电荷的圆环，其线电荷密度为 λ，圆环可绕通过环心 O 与环面垂直的转轴旋转。当圆环以角速度 ω 转动时，圆环受到的磁力矩为________，其方向________。

19. 如图 11-36 所示，一个均匀磁场 $\boldsymbol{B}$ 只存在于垂直于图面的 P 平面右侧，$\boldsymbol{B}$ 的方向垂直于图面向里。一质量为 m、电荷为 q 的粒子以速度 $\boldsymbol{v}$ 射入磁场，$\boldsymbol{v}$ 在图面内与界面 P 成某一角度，那么粒子在从磁场中射出前是做半径为________的圆周运动。如果 $q>0$ 时，粒子在磁场中的路径与边界围成的平面区域的面积为 S，那么 $q<0$ 时，其路径与边界围成的平面区域的面积是________。

20. 如图 11-37 所示，一根载流导线被弯成半径为 R 的 1/4 圆弧，放在磁感应强度为 $\boldsymbol{B}$ 的均匀磁场中，则载流导线 ab 所受磁场的作用力的大小为________，方向________。

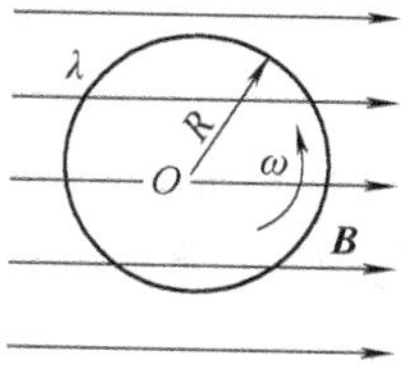

图　11-35

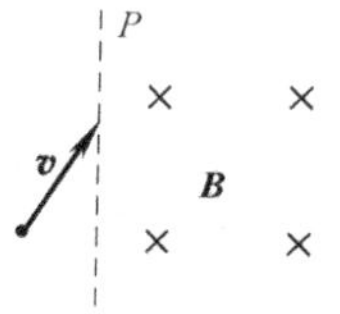

图　11-36

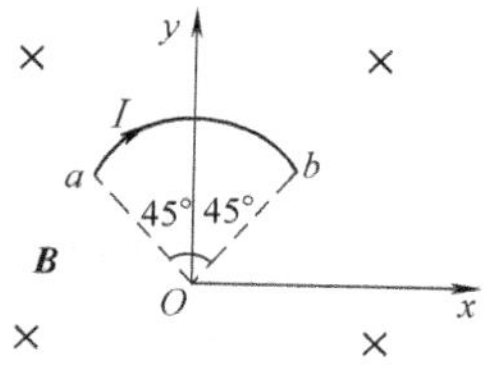

图　11-37

（三）计算题

21. 一根无限长导线弯成如图 11-38 所示的形状，设各线段都在同一平面内（纸面内），其中第二段是半径为 R 的四分之一圆弧，其余为直线。导线中通有电流 I，求图 11-38 中 O 点处的磁感应强度。

22. 如图 11-39 所示，横截面为矩形的环形螺线管，圆环内外半径分别为 R_1 和 R_2，芯子材料的磁导率为 μ，导线总匝数为 N，绕得很密，若线圈通电流 I，求：（1）芯子中的 B 值和芯子截面的磁通量；（2）在 $r<R_1$ 和 $r>R_2$ 处的 B 值。

23. 如图 11-40 所示，半径为 R、线电荷密度为 $\lambda(>0)$ 的均匀带电的圆线圈，绕过圆心与圆平面垂直的轴以角速度 ω 转动，求轴线上任一点的磁感应强度 $\boldsymbol{B}$ 的大小及其方向。

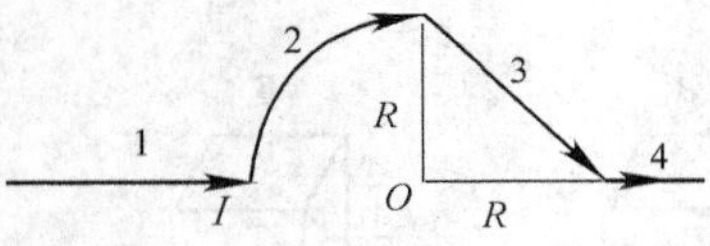

图　11-38

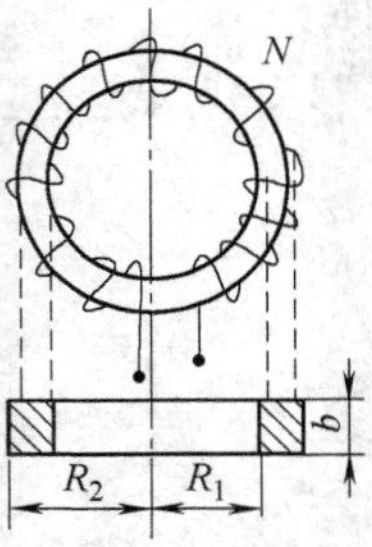

图　11-39

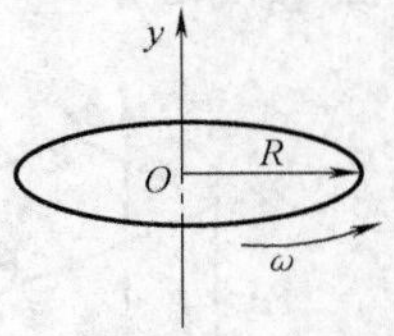

图　11-40

24. 如图 11-41 所示，一通有电流 I_1 的长直导线，旁边有一个与它共面、通有电流 I_2、每边长的 a 的正方形线圈，线圈的一对边和长直导线平行，线圈的中心与长直导线间的距离为 $\frac{3}{2}a$，在维持它们的电流不变和保证共面的条件下，将它们的距离从 $\frac{3}{2}a$ 变为 $\frac{5}{2}a$，求磁场对正方形线圈所做的功。

25. 一无限长的电缆，由一半径为 a 的圆柱形导线和一共轴的半径分别为 b、c 的圆筒状导线组成，如图 11-42 所示。在两导线中有等值反向的电流 I 通过，求：(1) 内导体中任一点 ($r<a$) 的磁感应强度；(2) 两导体间任一点 ($a<r<b$) 的磁感应强度；(3) 外导体中任一点 ($b<r<c$) 的磁感应强度；(4) 外导体外任一点 ($r>c$) 的磁感应强度。

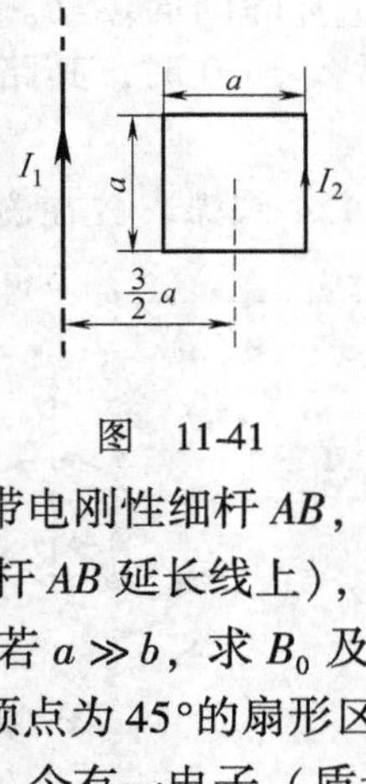

图　11-41

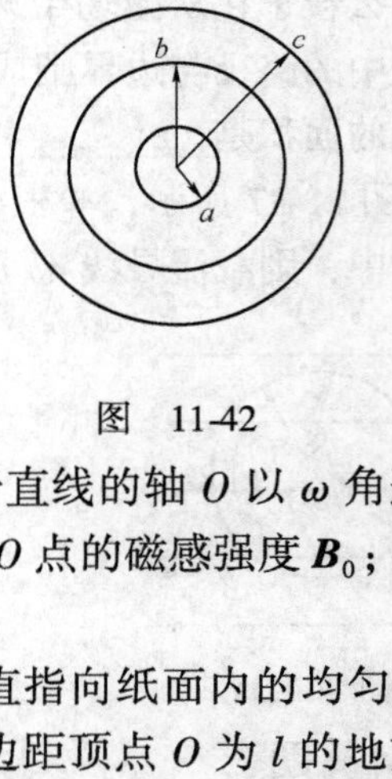

图　11-42

26. 均匀带电刚性细杆 AB，线电荷密度为 λ，绕垂直于直线的轴 O 以 ω 角速度匀速转动（O 点在细杆 AB 延长线上），如图 11-43 所示，求：(1) O 点的磁感强度 $\boldsymbol{B}_0$；(2) 系统的磁矩 $\boldsymbol{p}_m$；(3) 若 $a \gg b$，求 B_0 及 p_m。

27. 在一顶点为 45°的扇形区域，有磁感应强度方向垂直指向纸面内的均匀磁场 $\boldsymbol{B}$，如图 11-44 所示。今有一电子（质量为 m，电荷为 $-e$）在底边距顶点 O 为 l 的地方，以垂直底边的速度 $\boldsymbol{v}$ 射入该磁场区域，若要使电子不从上面边界跑出，那么电子的速度最大不应超过多少？

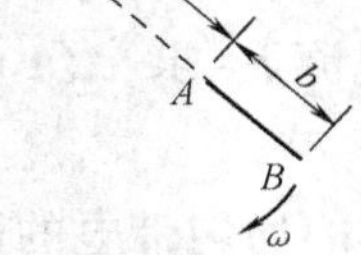

图　11-43

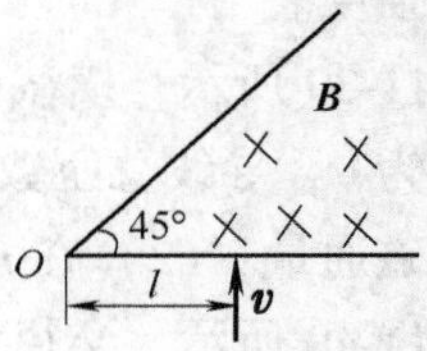

图　11-44

（四）证明题

28. 设电子质量为 m，电荷为 e，以角速度 ω 绕带正电的质子作圆周运动，加上外磁场 $\boldsymbol{B}$，$\boldsymbol{B}$ 的方向与电子轨道平面垂直，设电子轨道半径不变，而角速度则变为 ω'，证明电子角速度的变化近似等于 $\Delta\omega = \omega' - \omega = \pm \frac{e}{2m}B\left(假设\ B << \frac{m}{e}\omega\right)$。

自 测 提 高

（一）选择题

1. 在半径为 R 的长直金属圆柱体内部挖去一个半径为 r 的长直圆柱体，两柱体轴线平行，其间距为 a，如图 11-45 所示。今在此导体上通以电流 I，电流在截面上均匀分布，则空心部分轴线上 O' 点的磁感应强度的大小为（　　）。

（A）$\frac{\mu_0 I}{2\pi a} \cdot \frac{a^2}{R^2}$　（B）$\frac{\mu_0 I}{2\pi a} \cdot \frac{a^2 - r^2}{R^2}$　（C）$\frac{\mu_0 I}{2\pi a} \cdot \frac{a^2}{R^2 - r^2}$　（D）$\frac{\mu_0 I}{2\pi a}\left(\frac{a^2}{R^2} - \frac{r^2}{a^2}\right)$

2. 如图 11-46 所示，一电子以速度 $\boldsymbol{v}$ 垂直地进入磁感应强度为 $\boldsymbol{B}$ 的均匀磁场中，此电子在磁场中运动轨道所围的面积内的磁通量将（　　）。

（A）正比于 B，反比于 v^2　（B）反比于 B，正比于 v^2

（C）正比于 B，反比于 v　（D）反比于 B，反比于 v

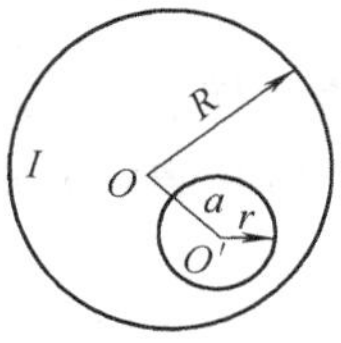

图　11-45

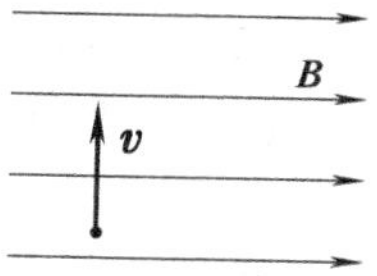

图　11-46

3. 有两个半径相同的圆环形载流导线 A、B，它们可以自由转动和移动，把它们放在相互垂直的位置上，如图 11-47 所示，则（　　）。

（A）A、B 均发生转动和平动，最后两线圈电流同方向并紧靠一起

（B）A 不动，B 在磁力作用下发生转动和平动

（C）A 和 B 都在运动，但运动的趋势不能确定

（D）A 和 B 都在转动，但不平动，最后两线圈磁矩同方向平行

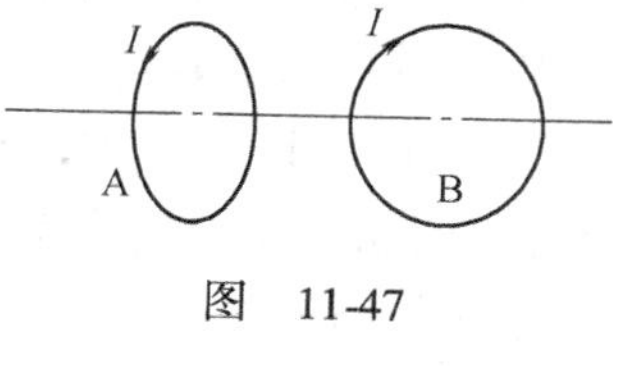

图　11-47

4. 一个动量为 p 的电子，沿图 11-48 所示方向入射并能穿过一个宽度为 D、磁感应强度为 $\boldsymbol{B}$(方向垂直纸面向外)的均匀磁场区域,则该电子出射方向和入射方向间的夹角为(　　)。

（A）$\alpha = \cos^{-1}\frac{eBD}{p}$　（B）$\alpha = \sin^{-1}\frac{eBD}{p}$　（C）$\alpha = \sin^{-1}\frac{BD}{ep}$　（D）$\alpha = \cos^{-1}\frac{BD}{ep}$

5. 如图 11-49 所示，在一固定的载流大平板附近有一载流小线框能自由转动或平动，线框平面与大平板垂直，大平板的电流与线框中电流方向如图所示，则通电线框的运动情况对着从大平板看是（　　）。

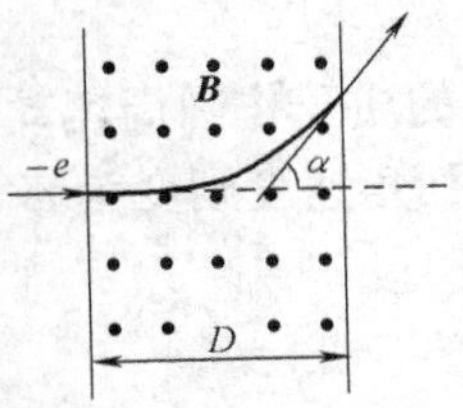

图　11-48

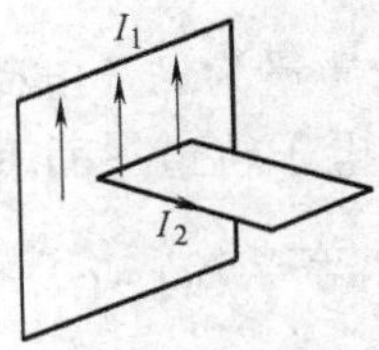

图　11-49

（A）靠近大平板　（B）顺时针转动　（C）逆时针转动　（D）离开大平板向外运动

6. 载有电流为 I、磁矩为 $\boldsymbol{P}_m$ 的线圈，置于磁感应强度为 $\boldsymbol{B}$ 的均匀磁场中，若 $\boldsymbol{P}_m$ 与 $\boldsymbol{B}$ 的方向相同，则通过线圈的磁通量 Φ 与线圈所受的磁力矩 M 的大小为（　　）。

（A）$\Phi = IBP_m$，$M=0$　　（B）$\Phi = BP_m/I$，$M=0$

（C）$\Phi = IBP_m$，$M=BP_m$　　（D）$\Phi = BP_m/I$，$M=BP_m$

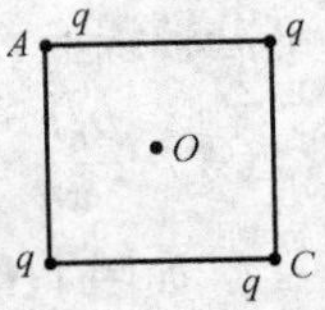

图　11-50

7. 如图 11-50 所示，正方形的四个角上固定有四个电荷量均为 q 的点电荷。此正方形以角速度 ω 绕 AC 轴旋转时，在中心 O 点产生的磁感应强度大小为 B_1；此正方形同样以角速度 ω 绕过 O 点垂直于正方形平面的轴旋转时，在 O 点产生的磁感应强度的大小为 B_2，则 B_1 与 B_2 间的关系为（　　）。

（A）$B_1=B_2$　（B）$B_1=2B_2$　（C）$B_1=\frac{1}{2}B_2$　（D）$B_1=B_2/4$

8. 有一半径为 R 的单匝圆线圈，通以电流 I，若将该导线弯成匝数 $N=2$ 的平面圆线圈，导线长度不变，并通以同样的电流，则线圈中心的磁感应强度和线圈的磁矩分别是原来的（　　）。

（A）4 倍和 1/8　（B）4 倍和 1/2　（C）2 倍和 1/4　（D）2 倍和 1/2

（二）填空题

9. 质量为 m，电荷为 q 的粒子具有动能 E，垂直磁感应线方向飞入磁感应强度为 $\boldsymbol{B}$ 的匀强磁场中。当该粒子越出磁场时，运动方向恰与进入时的方向相反，那么沿粒子飞入的方向上磁场的最小宽度 $L=$__________。

10. 如图 11-51 所示，一半径为 R、通有电流为 I 的圆形回路，位于 Oxy 平面内，圆心为 O。一带正电荷为 q 的粒子，以速度 $\boldsymbol{v}$ 沿 z 轴向上运动，当带正电荷的粒子恰好通过 O 点时，作用于圆形回路上的力为________，作用在带电粒子上的力为________。

11. 有一流过电流 $I=10\text{A}$ 的圆线圈，放在磁感应强度等于 0.015T 的匀强磁场中，处于平衡位置，线圈直径 $d=12\text{cm}$。当使线圈以它的直径为轴转过角 $\alpha=\pi/2$ 时，外力所必须做的功 $A=$__________；如果转角 $\alpha=2\pi$，必须做的功 $A=$__________。

12. 磁场中某点处的磁感强度为 $\boldsymbol{B}=0.40\boldsymbol{i}-0.20\boldsymbol{j}$（SI），一电子以速度 $\boldsymbol{v}=0.50\times10^6\boldsymbol{i}+1.0\times10^6\boldsymbol{j}$（SI）通过该点，则作用于该电子上的磁场力 $\boldsymbol{F}$ 为________。

13. 一半径为 a 的无限长直载流导线，沿轴向均匀地流有电流 I。若作一个半径为 $R=5a$、高为 l 的柱形曲面，已知此柱形曲面的轴与载流导线的轴平行且相距 $3a$（图 11-52），则 $\boldsymbol{B}$ 在圆柱侧面 S 上的积分 $\iint_S \boldsymbol{B}\cdot \mathrm{d}\boldsymbol{S}=$____________。

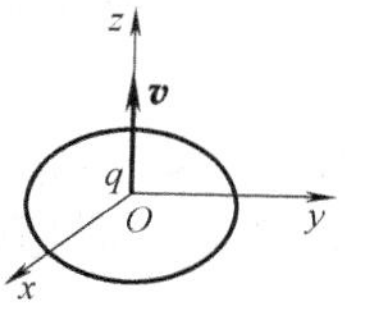

图　11-51

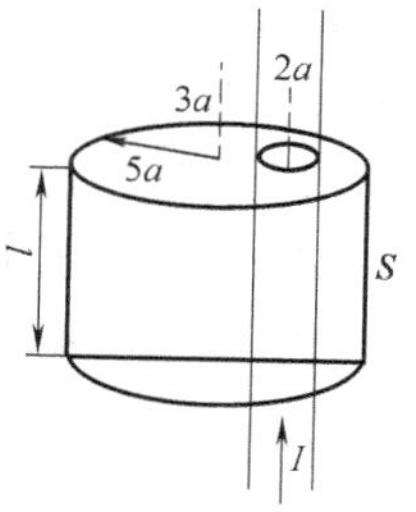

图　11-52

14. 如图 11-53 所示，半径为 R 的空心载流无限长螺线管，单位长度有 n 匝线圈，导线中电流为 I。今在螺线管中部以与轴成 α 角的方向发射一个质量为 m、电荷量为 q 的粒子，则该粒子初速度必须小于或等于____________，才能保证不与螺线管壁相撞。

15. 如图 11-54 所示为三种不同的磁介质的 B-H 关系曲线，其中虚线表示的是 $B=\mu_0 H$ 的关系，说明 a、b、c 各代表哪一类磁介质的 B-H 关系曲线：

a 代表____________的 B-H 关系曲线；b 代表____________的 B-H 关系曲线；c 代表____________的 B-H 关系曲线。

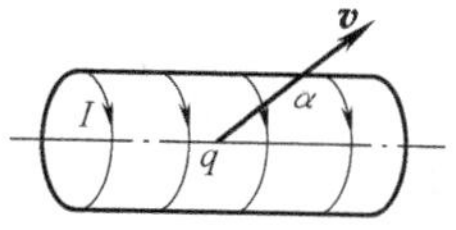

图　11-53

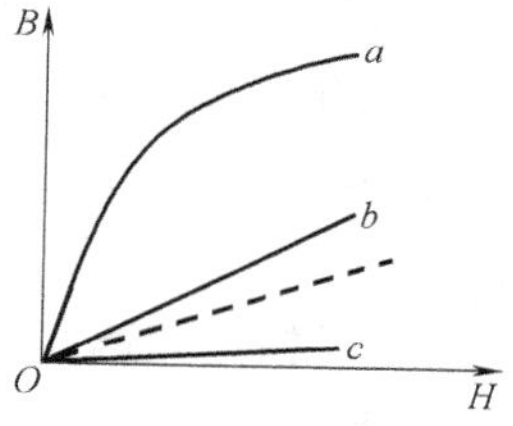

图　11-54

16. 如图 11-55 所示，电荷 q（>0）均匀地分布在一个半径为 R 的薄球壳外表面上，若球壳以恒角速度 ω_0 绕 z 轴转动，则沿着 z 轴从 $-\infty$ 到 $+\infty$ 磁感应强度的线积分等于____________。

17. 如图 11-56 所示，在宽度为 d 的导体薄片上有电流 I 沿此导体长度方向流过，电流在导体宽度方向均匀分布，导体外在导体中线附近处 P 点的磁感应强度 $\boldsymbol{B}$ 的大小为____________。

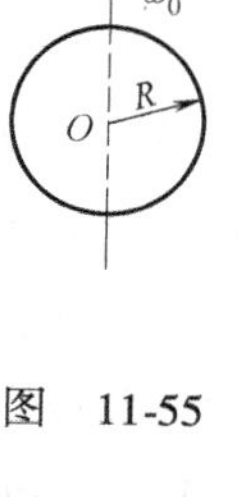

图　11-55

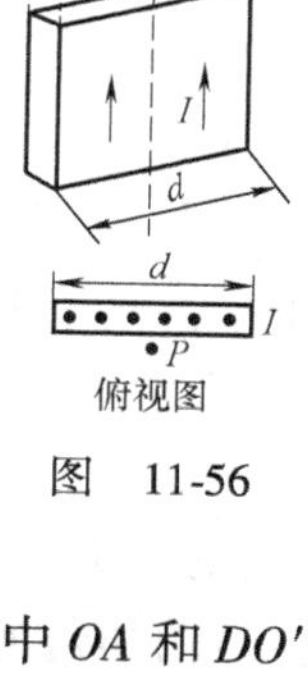

图　11-56

（三）计算题

18. 如图 11-57 所示的线框，铜线横截面积 $S=2.0\text{mm}^2$，其中 OA 和 DO' 两段保持水平不动，$ABCD$ 段是边长为 a 的正方形的三边，它可绕 OO' 轴无摩擦转动。整个导线放在均匀磁

场 $\boldsymbol{B}$ 中，$\boldsymbol{B}$ 的方向竖直向上。已知铜的密度 $\rho = 8.9\times10^3\text{kg/m}^3$，当铜线中的电流 $I = 10\text{A}$ 时，导线处于平衡状态，AB 段和 CD 段与竖直方向的夹角 $\alpha = 15°$，求磁感应强度 $\boldsymbol{B}$ 的大小。

19. 如图 11-58 所示，绕铅直轴作匀角速度转动的圆锥摆，摆长为 l，摆球所带电荷为 q。问角速度 ω 为何值时，该带电摆球在轴上悬点为 l 处的 O 点产生的磁感应强度沿竖直方向的分量值最大？

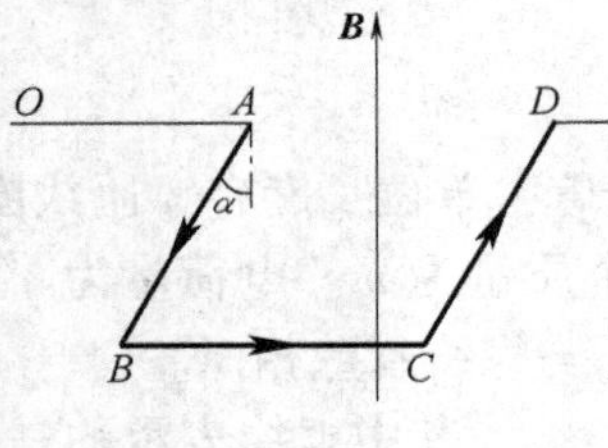

图　11-57

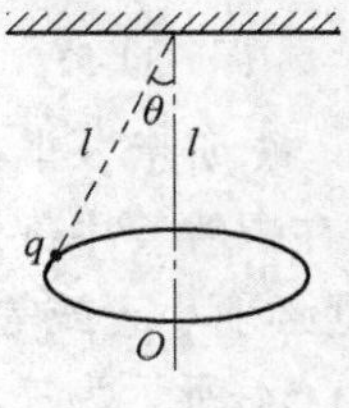

图　11-58

20. 在一回旋加速器中的氘核，当它刚从盒中射出时，其运动半径是 $R = 32.0\text{cm}$，加在 D 盒上的交变电压的频率是 $\gamma = 10\text{MHz}$。试求：（1）磁感应强度的大小；（2）氘核射出时的能量和速率（已知氘核质量 $m = 3.35\times10^{-27}\text{kg}$）。

21. 如图 11-59 所示，两根相互绝缘的无限直导线 1 和 2 绞接于 O 点，两导线间夹角为 θ，通有相同的电流 I，试求单位长度导线所受磁力对 O 点的力矩。

22. 两个电子以相同的速度 $\boldsymbol{v}$ 平行同向飞行。求两个电子相距 r 时，其间相互作用的洛仑兹力的大小 F_B 和库仑力的大小 F_c 之比。

23. 如图 11-60 所示，半径为 R 的半圆形线圈 ACD 通有电流 I_2，置于电流为 I_1 的无限长直线电流的磁场中，直线电流 I_1 恰过半圆的直径，设两导线相互绝缘，求半圆形线圈受到长直线电流 I_1 的磁场力。

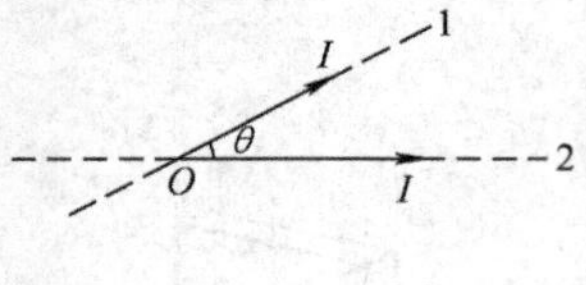

图　11-59

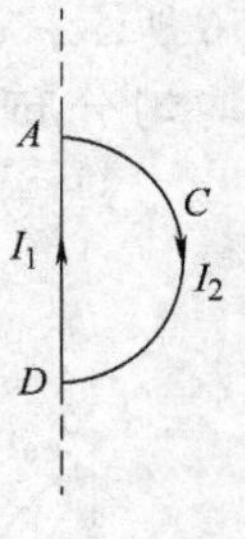

图　11-60

24. 在氢原子中，电子沿着某一圆轨道绕核运动。求等效圆电流的磁矩 $\boldsymbol{p}_m$ 与电子轨道运动的动量矩 $\boldsymbol{L}$ 大小之比，并指出 $\boldsymbol{p}_m$ 和 $\boldsymbol{L}$ 方向间的关系（电子电荷为 e，电子质量为 m）。

25. 如图 11-61 所示，一矩形线圈边长分别为 $a = 10\text{cm}$ 和 $b = 5\text{cm}$，其中的电流为 $I = 2\text{A}$，此线圈可绕它的一边 OO' 转动。当加上正 y 方向的 $B = 0.5\text{T}$ 的均匀外磁场 $\boldsymbol{B}$，且与线圈平面成 30°角时，线圈的角加速度为 $\beta = 2\text{rad/s}^2$，求：

（1）线圈对 OO' 轴的转动惯量 J。

（2）线圈平面由初始位置转到与 $\boldsymbol{B}$ 垂直时磁力所做的功。

26. 在一半径 $R=1.0\text{cm}$ 的无限长半圆筒形金属薄片中，沿长度方向有横截面上均匀分布的电流 $I=5.0\text{A}$ 通过，试求圆柱轴线任一点的磁感应强度（$\mu_0=4\pi\times10^{-7}\text{N/A}^2$）。

27. 试证明任一闭合载流平面线圈在均匀磁场中所受的合磁力恒等于零。

28. 用安培环路定理证明：图 11-62 中所表示的不带边缘效应的均匀磁场不可能存在。

29. 载有稳恒电流 I_1 的无限长直导线（看成刚体）下用一劲度系数为 k 的轻质弹簧挂一载有稳恒电流 I_2 的矩形线圈。如图 11-63 所示。设长直导线通电前弹簧长度为 L_0，通电后矩形线圈将向下移动一段距离，求当磁场对线圈做的功满足 $A=\mu_0 I_1 I_2 a/2\pi$ 时，线圈、弹簧、地球组成的系统的势能变化（忽略感应电流对 I_2 的影响）。

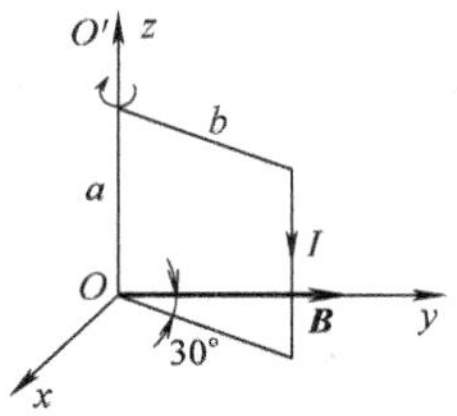

图　11-61

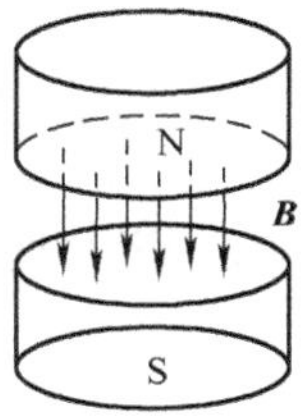

图　11-62

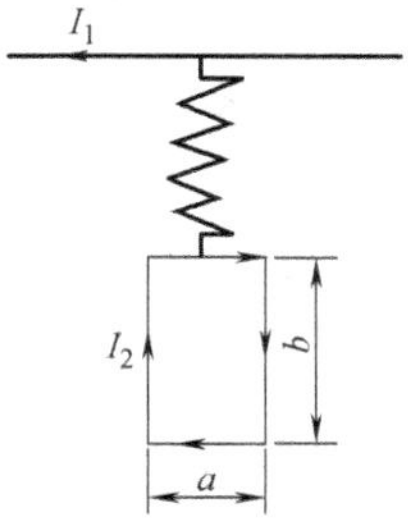

图　11-63

30. 一圆线圈的半径为 R，载有电流 I，置于均匀外磁场 $\boldsymbol{B}$ 中，如图 11-64 所示。在不考虑载流圆线圈本身所激发的磁场的情况下，求线圈导线上的张力。（载流线圈的法线方向规定 $\boldsymbol{B}$ 的方向相同。）

31. 如图 11-65 所示，半径为 R 的圆盘带有正电荷，其电荷面密度 $\sigma=kr$，k 是常数，r 为圆盘上一点到圆心的距离，圆盘放在一均匀磁场 $\boldsymbol{B}$ 中，其法线方向与 $\boldsymbol{B}$ 垂直。当圆盘以角速度 $\boldsymbol{\omega}$ 绕过圆心 O 点，且垂直于圆盘平面的轴作逆时针旋转时，求圆盘所受磁力矩的大小和方向。

32. 如图 11-66 所示，半径为 a，带正电荷且线密度是 λ（常量）的半圆以角速度 $\boldsymbol{\omega}$ 绕轴 $O'O''$匀速旋转。求：（1）O 点的 $\boldsymbol{B}$；（2）旋转的带电半圆的磁矩 $\boldsymbol{p}_{\text{m}}$。

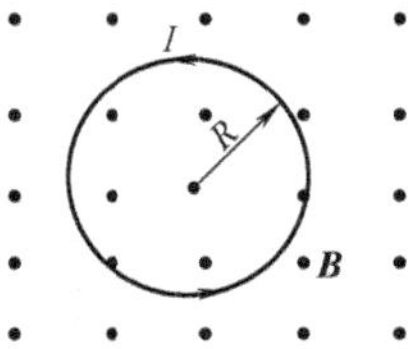

图　11-64

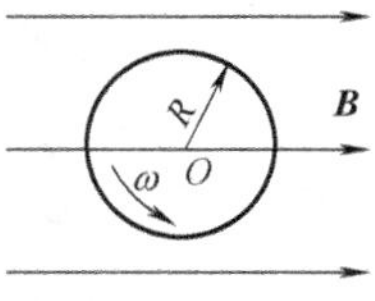

图　11-65

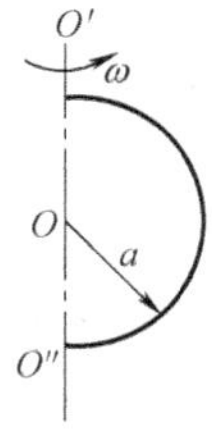

图　11-66

33. 一个带有正电荷 q 的粒子，以速度 $\boldsymbol{v}$ 平行于一均匀带电的长直导线运动，该导线的线电荷密度为 λ，并载有传导电流 I。试问粒子要以多大的速度运动，才能使其保持在一条与导线距离为 r 的平行直线上？

第十二章　电磁感应和电磁场

与电流能够激发磁场相对应，变化的磁场能够在闭合回路中产生电流，这就是电磁感应现象。本章首先通过对电磁感应规律的介绍，了解电磁感应现象；其次通过对电磁感应现象的具体分析，介绍动生电动势和感生电动势以及自感和互感的概念；最后介绍位移电流概念，即变化电场在其周围也激发磁场，给出麦克斯韦对电磁场规律的总结——麦氏方程组。

一、知识框架

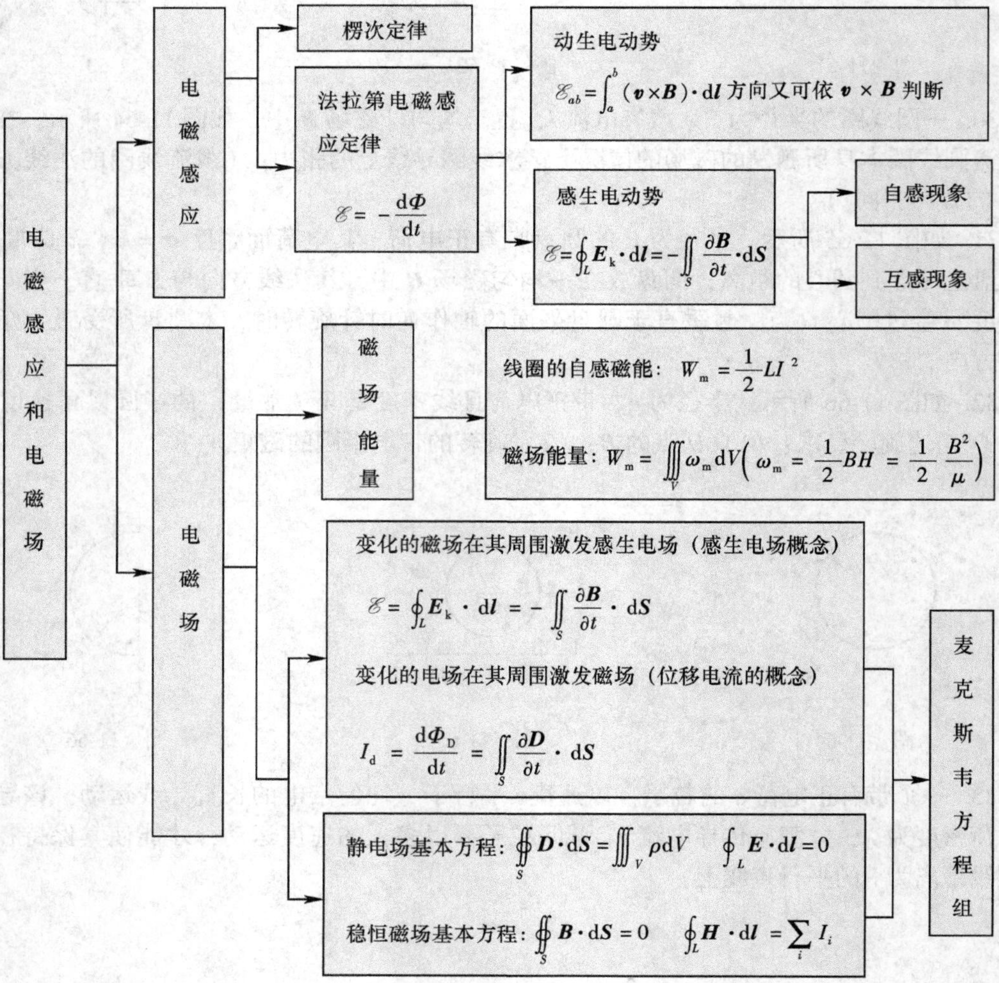

二、知识要点

1. 楞次定律

闭合回路中感应电流的方向，总是使得它所激发的磁场来阻碍引起感应电流的磁通量的变化（增加或减少）。

依楞次定律可以判断闭合回路中感应电流的方向，如图 12-1 所示，感应电流的方向遵从楞次定律的事实，表明楞次定律本质上就是能量守恒定律在电磁感应现象中的具体表现。

2. 法拉第电磁感应定律

通过回路所包围面积的磁通量发生变化时，回路中产生的感应电动势与磁通量对时间的变化率成正比。即

$$\mathscr{E}_i=-\frac{d\Phi}{dt}$$

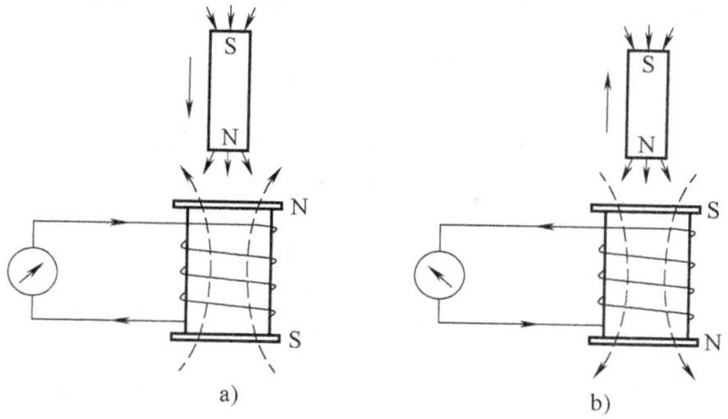

图　12-1

若闭合回路由 N 匝导线串联而成，那么在磁通量发生变化时，每匝中都将产生感应电动势。如果穿过每匝线圈的磁通量是相同的，则 N 匝线圈中总的电动势应为各匝线圈产生电动势的总和，即

$$\mathscr{E}_i=-N\frac{d\Phi}{dt}=-\frac{d(N\Phi)}{dt}$$

把 $N\Phi$ 称为线圈的磁通量匝数或磁链。

3. 感应电荷量

设闭合回路的电阻为 R，则在回路中的感应电流为

$$I_i=\frac{\mathscr{E}_i}{R}=-\frac{1}{R}\frac{d\Phi}{dt}$$

t_1 到 t_2 任意一段时间内通过导线的任意截面的感应电荷量

$$q=\int_{t_1}^{t_2}I_i dt=-\frac{1}{R}\int_{\Phi_1}^{\Phi_2}d\Phi=\frac{1}{R}(\Phi_1-\Phi_2)$$

式中 Φ_1、Φ_2 分别是 t_1、t_2 时刻穿过回路所围面积的磁通量。从上式可知 q 与磁通量变化量有关，与磁通量变化的快慢无关。磁通计便是依据这个原理设计的。

4. 动生电动势

当磁场不变，导体回路或导体在磁场中运动时产生的电动势称为动生电动势。

$$\mathscr{E}_i=\int_L \boldsymbol{E}_k\cdot d\boldsymbol{l}=\int_L(\boldsymbol{v}\times\boldsymbol{B})\cdot d\boldsymbol{l}$$

或

$$\mathscr{E}_i=\oint_L \boldsymbol{E}_k\cdot d\boldsymbol{l}=\oint_L(\boldsymbol{v}\times\boldsymbol{B})\cdot d\boldsymbol{l}$$

动生电动势的方向为 $\boldsymbol{v}\times\boldsymbol{B}$ 的方向。

产生动生电动势的电源内部，等效的非静电力是洛伦兹力 $\boldsymbol{F}_k=q\boldsymbol{v}\times\boldsymbol{B}$，非静电场强为

$\boldsymbol{E}_{\mathrm{k}} = \boldsymbol{v} \times \boldsymbol{B}$。

5. 感生电动势

当导线或导体回路不动，由于磁场的变化产生的电动势称为感生电动势。

(1) 麦克斯韦感生电场假说

变化的磁场在其周围激发感生电场（又称涡旋电场）。

(2) 感生电场与静电场的区别与联系（见表12-1）

表 12-1　静电场与感生电场的比较

		静电场	感生电场
不同点	起　源	由静止电荷激发	由变化的磁场激发
	场的性质	① 有源场（电场线由正电荷出发到负电荷终止，是不闭合曲线） ② 保守场	① 无源场（电场线为闭合曲线） ② 非保守场
	描述场的方程	① $\oint_S \boldsymbol{D} \cdot \mathrm{d}\boldsymbol{S} = \sum_i q_i$ ② $\oint_L \boldsymbol{E} \cdot \mathrm{d}\boldsymbol{l} = 0$	① $\oint_S \boldsymbol{E}_{\mathrm{k}} \cdot \mathrm{d}\boldsymbol{S} = 0$ ② $\oint_L \boldsymbol{E}_{\mathrm{k}} \cdot \mathrm{d}\boldsymbol{l} = -\iint_S \frac{\partial \boldsymbol{B}}{\partial t} \cdot \mathrm{d}\boldsymbol{S}$
	场对导体的作用	① 导体产生静电感应现象 ② 导体内的电场强度为零	① 导体产生感应电动势 ② 导体内电场强度不为零
相同点		对放入其中的电荷均有力的作用	

(3) 感生电动势

$$\mathscr{E}_{\mathrm{k}} = \oint_L \boldsymbol{E}_{\mathrm{k}} \cdot \mathrm{d}\boldsymbol{l} = -\iint_S \frac{\partial \boldsymbol{B}}{\partial t} \cdot \mathrm{d}\boldsymbol{S}$$

感生电场 $\boldsymbol{E}_{\mathrm{k}}$ 的方向由上式包含的左旋关系判断，或由楞次定律判断。

6. 自感应

(1) 自感现象

由于回路本身电流的变化，而在自身回路中激起感应电动势的现象。

(2) 自感

当导体回路周围不存在铁磁性物质时，回路的自感

$$L = \frac{\Phi_N}{I}$$

一般情况下，例如导体回路周围存在铁磁性物质时，回路的自感

$$L = \frac{\mathrm{d}\Phi_N}{\mathrm{d}I}$$

L 仅与回路本身的几何结构及周围介质有关，与回路中是否存在电流无关。

(3) 自感电动势

自感现象中产生的感应电动势称为自感电动势，其大小

$$\mathscr{E}_{\mathrm{i}} = -L\frac{\mathrm{d}I}{\mathrm{d}t}$$

方向由楞次定律判断。

7. 互感应

（1）互感现象

由于一个回路电流的变化而在另一个回路中产生感应电动势的现象。

（2）互感

当两个邻近的导体回路周围不存在铁磁性物质时，回路互感的大小等于其中一个回路中单位电流激发的磁场通过另一个回路所围面积的磁链，即

$$M=\frac{\Phi_{21}}{I_1}=\frac{\Phi_{12}}{I_2}$$

一般情况下，例如导体回路周围存在铁磁性物质时，回路的互感

$$M=\frac{\mathrm{d}\Phi_{21}}{\mathrm{d}I_1}=\frac{\mathrm{d}\Phi_{12}}{\mathrm{d}I_2}$$

M 仅与两个回路的形状、相对位置及周围介质有关，与导体回路是否存在电流无关。

（3）互感电动势

互感现象中产生的感应电动势称为互感电动势，其大小

$$\mathscr{E}_{12}=-\frac{\mathrm{d}\Phi_{12}}{\mathrm{d}t}=-M\frac{\mathrm{d}I_2}{\mathrm{d}t}$$

或

$$\mathscr{E}_{21}=-\frac{\mathrm{d}\Phi_{21}}{\mathrm{d}t}=-M\frac{\mathrm{d}I_1}{\mathrm{d}t}$$

方向由楞次定律判断

8. 回路耦合

在互感现象中，任意一个回路都有自感，两个回路之间又有互感，互感和自感的关系为

$$M=k\sqrt{L_1L_2}$$

式中 k 为耦合系数，$0\leqslant k\leqslant 1$，密绕无漏磁时 $k=1$。

9. *RL* 电路的暂态过程

一个电阻器与一个线圈（自感器）所组成的 RL 电路，在与直流电源接通时，由于线圈自感的作用，使回路的电流从零开始逐渐增大，最后达到稳定值$\left(I=\dfrac{\mathscr{E}}{R_{总}}\right)$。从一个稳态（电流为零）到另一个稳态（电流为 I）所经历的过程称为 RL 电路的暂态过程，如图 12-2 所示。

当开关接通 1 后，暂态过程中任意时刻的电流为

$$i(t)=I(1-\mathrm{e}^{-\frac{R}{L}t})$$

当开关断开 1 接通 2 后，暂态过程中电流的衰减规律为

$$I=\frac{\mathscr{E}}{R}\mathrm{e}^{-\frac{R}{L}t}=I_0\mathrm{e}^{-\frac{R}{L}t}$$

L/R 叫做 RL 电路的时间常数，表示暂态过程的快慢。

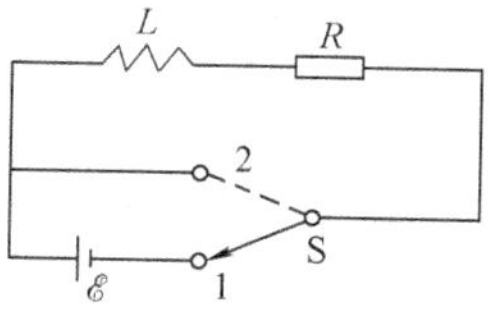

图　12-2

10. *RC* 电路的暂态过程

RC 电路的暂态过程就是电容器通过电阻的充电或放电过程，如图 12-3 所示。

电容器对电阻充电时，电容两端电压随时间的变化关系为

$$u_C(t)=\mathscr{E}(1-\mathrm{e}^{-\frac{t}{RC}})$$

电容器对电阻放电时，电容两端电压随时间的变化关系为

$$u_C(t) = \mathscr{E} e^{-\frac{t}{RC}}$$

RC 为电路的时间常数，其物理意义表示充电（或放电）过程的快慢。

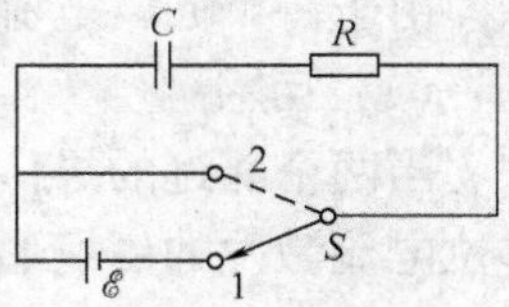

图 12-3

11. 涡电流

大块导体处于变化的磁场中，或者相对于磁场运动时，在导体内部会产生感应电流，这感应电流的流线呈闭合涡旋状，故称为涡电流。由于多数金属的电阻率很小，因此不大的感应电动势往往可以在整块金属内部激起强大的涡电流。实际中涡电流有可以利用的一面，也有产生危害的一面。

12. 趋肤效应

在直流电路中，均匀导线横截面上的电流密度是均匀分布的。但在交变电路中，随着频率的提高，电流密度在导体横截面上不再均匀分布，越靠近导体表面处电流密度越大。这种交变电流集中于导体表面的现象叫做趋肤效应。这是由于交变电流激发的交变磁场会在导体内部引起涡电流，而变化着的涡电流又反过来激发变化的电磁场，如此互相影响。趋肤效应的程度与电流变化的快慢有关，电流的频率越高，趋肤效应越明显。

13. 磁场的能量——磁场物质性的本质

单位体积内的磁场能量，即磁能密度 $w_m = \frac{1}{2}BH = \frac{1}{2}\frac{B^2}{\mu}$

对于分布在体积为 V 的空间内总的磁场能量为 $W_m = \iiint_V w_m \mathrm{d}V$

14. 位移电流

在分析电场的变化（以电容器充放电为例）过程中，麦克斯韦提出位移电流的概念：变化的电场等同于电流——位移电流，其大小为

$$I_d = \frac{\mathrm{d}\Phi_D}{\mathrm{d}t}$$

而电流能够激发磁场，所以麦克斯韦实际上提出了与变化的磁场在其周围激发感生（涡旋）电场相对称的结论，即变化的电场在其周围激发（涡旋）磁场。

位移电流密度——变化的电场中，某点电位移矢量的时间变化率为该点的位移电流密度。

$$\boldsymbol{j}_d = \frac{\mathrm{d}\boldsymbol{D}}{\mathrm{d}t}$$

位移电流与传导电流的比较见表 12-2。

表 12-2　传导电流与位移电流的比较

	传导电流 I_0	位移电流 I_d
产生原因	电场作用下电荷的定向运动	变化的电场产生（与电荷的定向运动无关）
存在场所	导体内部	真空、介质或导体内部（即电场变化的空间）
激发磁场的规律	遵守安培环路定理 $\oint_L \boldsymbol{H}\cdot \mathrm{d}\boldsymbol{l} = I_0$	遵守安培环路定理 $\oint_L \boldsymbol{H}\cdot \mathrm{d}\boldsymbol{l} = I_d$
电流方向	电场方向	电位移矢量变化的方向
热效应	遵守焦耳楞次定律	① 在导体及真空中无热效应 ② 在介质中，高频情况下能产生极化热现象，但不遵守焦耳楞次定律

全电流($I_{全}$)——传导电流 I_0 和位移电流 I_d 之和，即

$$I_{全}=I_0+I_d$$

对任何电路，全电流是连续的，即

$$\oiint_S \boldsymbol{j}_{全}\cdot \mathrm{d}\boldsymbol{S}=\oiint_S(\boldsymbol{j}_0+\boldsymbol{j}_d)\cdot \mathrm{d}\boldsymbol{S}=0$$

15. 麦克斯韦方程组

麦克斯韦把静电场和稳恒磁场的规律加以推广，使之适合于一般的电磁场，得到了一组全面反映宏观电磁场普遍规律的方程，称为麦克斯韦方程组（以下为积分形式的麦克斯韦方程组）。

（1）反映静电场性质的高斯定理

$$\oiint_S \boldsymbol{D}\cdot \mathrm{d}\boldsymbol{S}=\iiint_V \rho \mathrm{d}V$$

（2）反映稳恒磁场性质的高斯定理

$$\oiint_S \boldsymbol{B}\cdot \mathrm{d}\boldsymbol{S}=0$$

（3）变化的磁场和电场的关系

$$\oint_L \boldsymbol{E}_k\cdot \mathrm{d}\boldsymbol{l}=-\iint_S \frac{\partial \boldsymbol{B}}{\partial t}\cdot \mathrm{d}\boldsymbol{S}$$

（4）变化的电场和磁场的关系

$$\oint_L \boldsymbol{H}\cdot \mathrm{d}\boldsymbol{l}=\iint_S \boldsymbol{j}\cdot \mathrm{d}\boldsymbol{S}+\iint_S \frac{\partial \boldsymbol{D}}{\partial t}\cdot \mathrm{d}\boldsymbol{S}$$

16. 电磁场的边界条件

所谓电磁场的边界条件是指两种介质分界面两侧的电磁场满足的关系方程。在介质 1(ε_1, μ_1)和介质 2(ε_2, μ_2)的分界面两侧的电磁场分别为 $\boldsymbol{E}$(或 $\boldsymbol{D}$)、$\boldsymbol{B}$(或 $\boldsymbol{H}$)，当分界面上不存在自由电荷和传导电流时，则有关系式：

$E_{1t}=E_{2t}$（$\boldsymbol{E}$ 的切向分量经界面时具有连续性）

$D_{1n}=D_{2n}$（$\boldsymbol{D}$ 的法向分量经界面时具有连续性）

$B_{1n}=B_{2n}$（$\boldsymbol{B}$ 的法向分量经界面时具有连续性）

$H_{1t}=H_{2t}$（$\boldsymbol{H}$ 的切向分量经界面时具有连续性）

三、概念辨析

1. 法拉第电磁感应定律的几点补充说明

当穿过回路的磁通量发生变化时，回路中就产生感应电动势。感应电动势的大小等于通过该回路所围面积的磁通量的变化率，这就是法拉第电磁感应定律，其数学表达式为

$$\mathscr{E}_i=-\frac{\mathrm{d}\Phi}{\mathrm{d}t}$$

理解该定律时应明确以下几点：

1）根据磁通量的定义式 $\Phi=\int_S B\mathrm{d}S\cos\theta$, 无论 $\boldsymbol{B}$、θ、S 哪一个量发生变化，都会使穿过

回路所围面积的磁通量发生变化，从而在回路中产生感应电动势。

2）在发生电磁感应现象时，不同的时刻对应于不同的电动势，它与平均感应电动势 $\mathscr{E}_i = -\dfrac{\Delta\Phi}{\Delta t}$不同，这反映了感应电动势的瞬时性。

3）法拉第电磁感应定律是对闭合回路而言的，计算出来的感应电动势 $\mathscr{E}_i$ 是指闭合回路中各部分电动势的总和。如果回路不闭合，磁通量 Φ 便失去确切含义；当 $\mathscr{E}_i=0$ 时，仅指闭合回路的电动势的总和为零，并不表示回路中的各部分都不存在电动势。

4）公式 $\mathscr{E}_i = -\dfrac{d\Phi}{dt}$中的负号表示感应电动势的方向与磁通量变化率的方向相反（如何依此定律判断感应电动势的方向，详见方法点拨 1）。

2. 感应电动势和磁通量变化率

学习电磁感应时，常常接触到磁通量变化率的概念，于是容易产生一种错觉，似乎感应电动势的存在离不开磁通量变化率。其实，对于不闭合回路（不闭合导线），磁通量的概念失去意义（更谈不上磁通量变化率），但感应电动势仍可以存在，它既可以是动生的，也可以是感生的，也可以兼而有之。动生电动势的定义是 $\mathscr{E}_i = \int_L (\boldsymbol{v}\times\boldsymbol{B})\cdot d\boldsymbol{l}$,感生电动势的定义是 $\mathscr{E}_i = \int_L \boldsymbol{E}_k \cdot d\boldsymbol{l}$ ，它们的存在不以磁通量是否有意义为前提。

3. 动生电动势与感生电动势的比较

由引起磁通量变化的原因的不同，将感应电动势分为动生电动势和感生电动势，它们的比较如表 12-3 所示。

表 12-3　动生电动势与感生电动势的比较

	动生电动势	感生电动势
定义	导体做切割磁力线运动产生的	导体回路的磁场发生变化而产生的
产生原因	由于 S 和 θ 的变化而引起穿过回路所围面积的磁通量发生变化，从而在回路中产生的感应电动势。（$\Phi = \int_S B dS\cos\theta$）	是由于 $\boldsymbol{B}$ 的变化而引起穿过回路所围面积的磁通量发生变化，从而在回路中产生的感应电动势
产生电动势的微观机制	导体做切割磁力线运动时，在导体内部存在一个非静电力——洛仑兹力，该力推动导体内的电荷做功，使导体两端积累电荷产生电动势	依据麦克斯韦的感生电场理论：变化的磁场在其周围激发感生电场。该感生电场力有推动电荷做功的能力，使导体回路中产生电动势。详见本章概念辨析 4
感应电动势存在的场所	存在于运动的导体中	存在于变化磁场周围的自由空间里
感应电动势大小的计算	① 法拉第电磁感应定律 $\mathscr{E}_i = -\dfrac{d\Phi}{dt}$ ② 定义式 $\mathscr{E}_i = \int_L (\boldsymbol{v}\times\boldsymbol{B})\cdot d\boldsymbol{l}$	① 法拉第电磁感应定律 $\mathscr{E}_i = -\dfrac{d\Phi}{dt}$ ② 定义式 $\mathscr{E}_i = \int_L \boldsymbol{E}_k \cdot d\boldsymbol{l}$
感应电动势方向的判断	根据楞次定律或法拉第电磁感应定律判断；也可以由$\boldsymbol{v}\times\boldsymbol{B}$ 判断	根据楞次定律或法拉第电磁感应定律判断

说明：

如图 12-1 所示，线圈中出现的是动生电动势还是感生电动势？

运动是相对于选定的参照系而言的。若选磁铁为参照系，则磁铁不动(因而空间各点 $\boldsymbol{B}$ 不变)而线圈运动，线圈内的电子受洛仑兹力作用而运动，在线圈中出现动生电动势。若选线圈为参照系，则线圈不动而磁铁运动，导致空间各点 $\boldsymbol{B}$ 随时间变化，因而线圈中出现感生电动势。两种分析同样正确，可见动生电动势和感生电动势的划分只有相对的意义。而且在两个参照系测得的电动势的数值，在相对速度远小于光速时近似相等。

4. 关于感生电动势产生和存在的条件

依据麦克斯韦的感生电场假说：变化的磁场在其周围激发感生电场。该电场力有推动导体内的电荷做功的能力，这就是感生电动势。在这里须明确，根据法拉第电磁感应定律 $\mathscr{E}_i = -\dfrac{d\Phi}{dt}$，只要回路中有磁通量的变化，回路中就存在感应电动势，即只要空间存在磁场的变化，那么空间就存在着感生电场，该电场就有推动电荷做功的能力，所以：

1）在变化的磁场空间中任意两点间的路径一旦确定，那么感生电场力（非静电场力）在这条路径上对电荷做功的能力就是确定的，因此这两点间沿此条路径的电动势是唯一确定的，它与沿这条路径上是否放置导体或绝缘体无关，它仅代表沿此条路径的两点间非静电力做功的能力。

2）因为感生电场线是闭合曲线，所以在感生电场中不存在电势及电势差的概念。

5. $L=\dfrac{\Phi}{I}$和 $L=\dfrac{\mathscr{E}_i}{\frac{dI}{dt}}$两个自感定义的比较

定义式 $L=\dfrac{\Phi}{I}$只适用于回路的几何结构不变、回路附近没有铁磁质的情况。若回路的几何结构变化或回路附近有铁磁质时，Φ 和 I 不满足上述简单的线性关系。

定义式 $L=\dfrac{\mathscr{E}_i}{\frac{dI}{dt}}$中的 L 值，是指在 dt 时间内，电流从 I 变化到 $I+dI$ 的（即与瞬时电流 I 相对应的）自感值，这是一种动态定义，无论回路是否密绕，也不论回路周围是否有铁磁质存在，只要回路的几何结构不变，这个关系式均适用，它提供了测量自感值的一种方法。该式只能求非稳恒电流电路的自感值。而定义式 $L=\dfrac{\Phi}{I}$既可求非稳恒电流电路的自感值，也可用于求稳定电流电路的自感值。

四、方法点拨

1. 用法拉第电磁感应定律判断感应电流的一般步骤

1）标定回路的绕行方向，根据标定的绕行方向确定回路所围面积的法线方向。

2）判断穿过回路所围面积上磁通量的正负，进而判断磁通量变化率的正负。

3）$\mathscr{E}_i=-\dfrac{d\Phi}{dt}$中，负号表示感应电动势的正负与磁通量的变化率的正负符号相反。如计

算结果 $\mathscr{E}_i>0$，则感应电动势的方向与所规定绕行正方向相同；如 $\mathscr{E}_i<0$，则感应电动势的方向与所规定的绕行方向相反。

通常用上式算出 $\mathscr{E}_i$ 的大小，由楞次定律判断 $\mathscr{E}_i$ 的方向。

2. 计算动生电动势大小的一般方法

（1）利用动生电动势公式 $\mathscr{E}_i=\int_L(\boldsymbol{v}\times\boldsymbol{B})\cdot \mathrm{d}\boldsymbol{l}$ 计算

在导体上任意位置 l 处选取一线元 $\mathrm{d}\boldsymbol{l}$，确定线元的速度 $\boldsymbol{v}$ 和所在处的磁感应强度 $\boldsymbol{B}$，求出线元上动生电动势的大小 $\mathrm{d}\mathscr{E}_i=(\boldsymbol{v}\times\boldsymbol{B})\cdot\mathrm{d}\boldsymbol{l}$[注意：$\boldsymbol{v}$ 和 $\boldsymbol{B}$ 的夹角及 $(\boldsymbol{v}\times\boldsymbol{B})$ 与 $\mathrm{d}\boldsymbol{l}$ 的夹角]，然后用积分 $\mathscr{E}_i=\int\mathrm{d}\mathscr{E}_i$ 求出整个导体运动时的动生电动势。

（2）用法拉第电磁感应定律计算

对于闭合导体回路在磁场中运动所产生的动生电动势，通常都可直接用公式 $\mathscr{E}_i=\left|-\frac{\mathrm{d}\Phi}{\mathrm{d}t}\right|$ 计算，这一方法的关键是求出某一时刻穿过闭合导体回路所围面积的磁通量。

而对于一段导体在磁场中运动产生的电动势，方法有：

1）求出导体在单位时间内扫过面积的磁通量，此即导体产生的电动势，见本章例题 12-4。

2）填加辅助线，使之与导体构成闭合回路，求出某一时刻穿过闭合回路所围面积的磁通量（注意，这些辅助线作为“导体”，随同闭合回路运动时，产生的电动势应该是便于计算的，或者是不产生电动势的），再由法拉第电磁感应定律求解电动势，见例题 12-2 之解法二。

3. 自感和互感计算的一般方法

（1）根据自感（或互感）的定义

自感（或互感）是描述导体回路系统本身性质的物理量，当回路系统的形状（或相对位置）及周围介质确定以后，自感（或互感）就是确定的，与回路系统是否存在电流无关。根据定义，当导体回路周围不存在铁磁性物质时，回路自感（或互感）的大小为 $L=\frac{\Phi_N}{I}$ $\left(M=\frac{\Phi_{21}}{I_1}=\frac{\Phi_{12}}{I_2}\right)$。可见，为求解回路的自感（或互感），必须假设回路中通有电流，其基本步骤为：

1）假设导体回路中通以电流 I；

2）求出电流产生磁场空间的磁感应强度 $\boldsymbol{B}$ 的分布；

3）求出通过导体回路本身（或邻近导体回路）所围面积的总磁通量；

4）将以上所求各量代入上面的定义式即可。

说明：以两个导体回路 P 和 Q 组成的系统为例。在求解互感时，可以假设导体回路 P 中通有电流，求出 P 电流的磁场通过导体回路 Q 所围面积的总磁通量；也可以假设导体回路 Q 中通有电流，求出 Q 电流的磁场通过导体回路 P 所围面积的总磁通量。如何假定视具体情况而定。

（2）利用磁场能量求解（以自感为例）

有些情况，通过回路所围面积的磁通量计算起来很烦琐，例如同轴电缆芯线中的磁通量。因此，我们可以计算它的磁能，再与线圈的自感磁能 $W_m=\frac{1}{2}LI^2$ 比较求出自感，见本章例题 12-3。

4. 计算磁场能量的一般方法

1）根据自感磁能公式 $W_m=\frac{1}{2}LI^2$ 计算。这一方法的关键是计算出导体回路的自感。

2）根据磁场能量公式 $W_m=\iiint_V w_m \mathrm{d}V$ 计算。由给定的电流求出磁场的分布，由磁场的分布求出选定的体积元处的能量密度 $w_m=\frac{1}{2}BH=\frac{1}{2}\frac{B^2}{\mu}$，代入磁场能量公式求积分，参考本章例题 12-3。

5. 无限长螺线管磁场变化产生的感生电场和感生电动势的计算

根据空间磁场的轴对称性及感生电场 $\boldsymbol{E}_k$ 满足的两个方程

$$\oint_L \boldsymbol{E}_k \cdot \mathrm{d}\boldsymbol{l} = -\iint_S \frac{\partial \boldsymbol{B}}{\partial t}\cdot \mathrm{d}\boldsymbol{S}$$

$$\oint_S \boldsymbol{E}_k \cdot \mathrm{d}\boldsymbol{S} = 0$$

可以证明以下两个结论：

1）$\boldsymbol{E}_k$ 没有轴向分量，即空间任意一点感生电场强度 $\boldsymbol{E}_k$ 必然处在与管轴垂直的平面内。

2）$\boldsymbol{E}_k$ 没有径向分量，即 $\boldsymbol{E}_k$ 在垂直于轴的截面内只存在以轴和截面的交点为圆心的任一圆周的切向分量，如图 12-4 所示。

即：空间任一点感生电场强度 $\boldsymbol{E}_k$ 只存在切向分量。(可自行证明之)

（1）求解无限长螺线管磁场变化产生的感生电场的电场强度 $\boldsymbol{E}_k$

根据两个结论，过 P 点作半径为 r 的闭合回路 L，则回路上各点的 $\boldsymbol{E}_k$ 大小相同，可由

$$\oint_L \boldsymbol{E}_k \cdot \mathrm{d}\boldsymbol{l} = \left| -\iint_S \frac{\partial \boldsymbol{B}}{\partial t}\cdot \mathrm{d}\boldsymbol{S}\right|$$

求解，$E_k=\frac{1}{2\pi r}\iint_S \frac{\mathrm{d}B}{\mathrm{d}t}\mathrm{d}S$，$\boldsymbol{E}_k$ 的方向由楞次定律判断：

若$\frac{\mathrm{d}B}{\mathrm{d}t}>0$，感生电场线为沿逆时针方向环绕的圆环，环上各点的 $\boldsymbol{E}_k$ 的方向沿圆环的切线方向，如图 12-4a 所示。

若$\frac{\mathrm{d}B}{\mathrm{d}t}<0$，感生电场线为沿顺时针方向环绕的圆环，环上各点的 $\boldsymbol{E}_k$ 沿圆环的切线方向，如图 12-4b 所示。

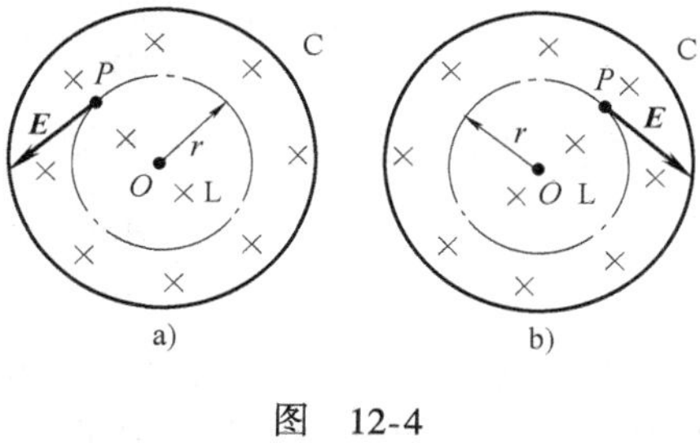

图 12-4

（2）求解感生电动势 $\mathscr{E}_i$（见例题 12-2）

1）由 $\mathscr{E}_i=\int_L \boldsymbol{E}_k\cdot \mathrm{d}\boldsymbol{l}$ 计算。

2）由法拉第电磁感应定律计算。

* 对于闭合回路——只需求出某一时刻闭合回

路所围面积的磁通量，再将其对时间求一阶导数，就是闭合回路的感生电动势。

* 对于一段导体——可添加辅助线使之与导体构成闭合回路，先由法拉第电磁感应定律求出闭合回路的总的电动势，再求导体的电动势。

添加辅助线的原则是：将添加辅助线作为导线，其中的电动势是便于计算的。

五、例题精解

例题 12-1　在一长直载流导线附近，有一边长为 a 的等腰直角三角形线圈，导线与线圈共面，相距为 b，如图 12-5 所示。

（1）若导线中的电流 $I=I_0\cos\omega t$，试求线圈中的感应电动势。

（2）若导线中的电流保持不变，而线圈以速度$\boldsymbol{v}$ 向右运动，试求当线圈的一边与长直载流导线相距为 b 时，线圈中的感应电动势。

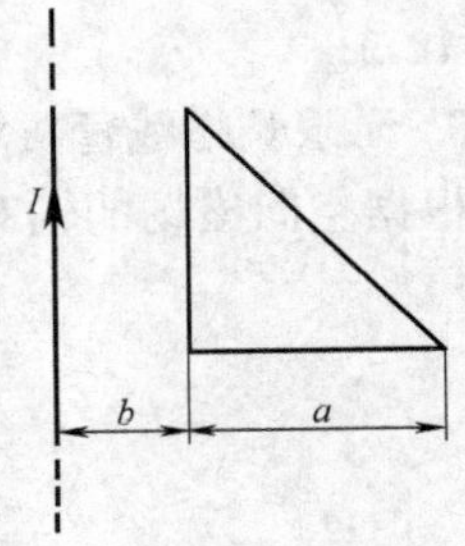

图　12-5

【分析】（1）当直导线中的电流发生变化时，线圈所围面积的磁通量发生变化，因而在线圈中产生感应电动势。该感应电动势的大小由法拉第电磁感应定律求解，感应电动势的方向由楞次定律（或法拉第电磁感应定律）确定。

（2）当线圈向右运动时，通过线圈所围面积的磁通量发生变化，因而在线圈中产生感应电动势，该感应电动势的大小仍可以由法拉第电磁感应定律求解；另外，线圈运动时，各边做切割磁感应线运动产生电动势，线圈中总的感应电动势可以用各边产生电动势的代数和来求解。

【解】（1）在距直导线任意 x 处取宽为 $\mathrm{d}x$ 的面积元 $\mathrm{d}\boldsymbol{S}$，如图 12-6 所示。

某一时刻直导线在 x 处的磁感应强度为

$$B=\frac{\mu_0 I}{2\pi x}\quad 方向垂直线圈平面向里$$

该时刻通过该面积元的磁通量

$$\mathrm{d}\Phi=\boldsymbol{B}\cdot\mathrm{d}\boldsymbol{S}=B\mathrm{d}S=\frac{\mu_0 I}{2\pi x}y\mathrm{d}x$$

而

$$y=(b+a-x)\tan\theta=b+a-x$$

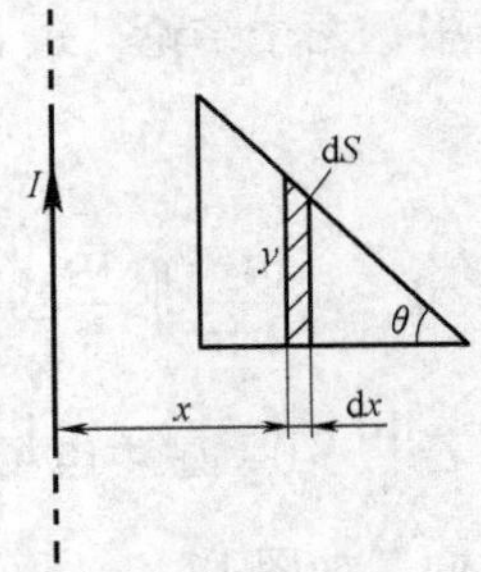

图　12-6

故通过整个线圈的磁通量

$$\Phi=\int\mathrm{d}\Phi=\int_b^{b+a}\frac{\mu_0 I}{2\pi x}(b+a-x)\mathrm{d}x=\frac{\mu_0 I_0}{2\pi}\left[(b+a)\ln\frac{b+a}{b}-a\right]\cos\omega t$$

由法拉第电磁感应定律，线圈中的感应电动势

$$\mathscr{E}=-\frac{\mathrm{d}\Phi}{\mathrm{d}t}=\frac{\mu_0 I_0\omega}{2\pi}\left[(b+a)\ln\frac{b+a}{b}-a\right]\sin\omega t$$

（2）**【解法一】**　当线圈 AB 边运动到距直导线为任意距离 r 时（图 12-7），通过三角形线圈所围面积中面元 $\mathrm{d}\boldsymbol{S}$ 内的磁通量

$$\mathrm{d}\Phi = \boldsymbol{B} \cdot \mathrm{d}\boldsymbol{S} = B \cdot \mathrm{d}S = \frac{\mu_0 I}{2\pi x} y \mathrm{d}x$$

通过整个线圈所围面积的磁通量

$$\Phi = \int \mathrm{d}\Phi = \int_r^{r+a} \frac{\mu_0 I}{2\pi x}(r + a - x)\mathrm{d}x = \frac{\mu_0 I}{2\pi}\left[(r + a)\ln\frac{r + a}{r} - a\right]$$

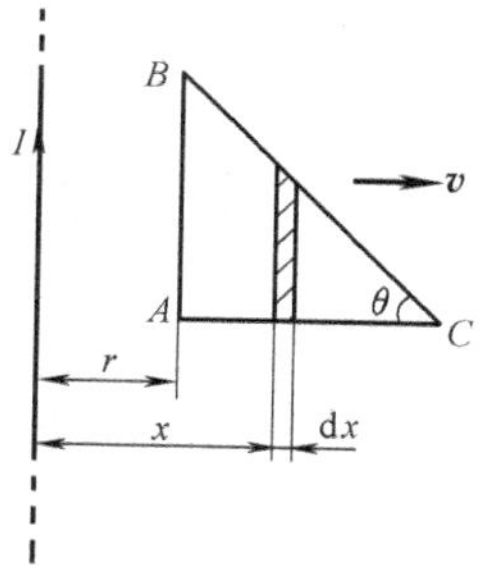

图　12-7

线圈中的感应电动势

$$\mathscr{E} = -\frac{\mathrm{d}\Phi}{\mathrm{d}t} = -\frac{\mu_0 I}{2\pi}\left[\ln\frac{r + a}{r}\frac{\mathrm{d}r}{\mathrm{d}t} + (r + a)\left(\frac{1}{r + a}\right)\frac{\mathrm{d}r}{\mathrm{d}t} - \frac{r + a}{r}\frac{\mathrm{d}r}{\mathrm{d}t}\right]$$

由于 $v = \frac{\mathrm{d}r}{\mathrm{d}t}$，所以

$$\mathscr{E} = \frac{\mu_0 I v}{2\pi}\left[\frac{a}{r} - \ln\frac{r + a}{r}\right]$$

当 $r = b$ 时

$$\mathscr{E} = \frac{\mu_0 I v}{2\pi}\left[\frac{a}{b} - \ln\frac{b + a}{b}\right]$$

由于线圈向右运动时，通过线圈所围面积的磁通量在减少，根据楞次定律可知，线圈中的感应电动势的方向为顺时针方向。

【解法二】 当线圈运动时，各边的动生电动势分别为

$$\mathscr{E}_{AB} = B_1 \overline{AB} v = \frac{\mu_0 I}{2\pi b} a v \qquad \text{方向由 } A \rightarrow B$$

在斜边 BC 上任取一线元 $\mathrm{d}\boldsymbol{l}$，取向为由 B 到 C，如图 12-8 所示，线元随线圈运动时产生的感应电动势

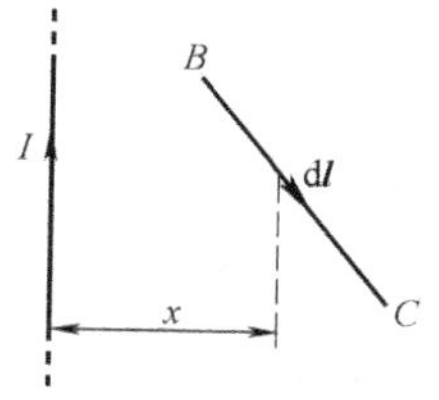

图　12-8

$$\mathrm{d}\mathscr{E}_{BC} = (\boldsymbol{v} \times \boldsymbol{B}) \cdot \mathrm{d}\boldsymbol{l} = vB\sin 90° \mathrm{d}l\cos(90° + \theta) = -v\frac{\mu_0 I}{2\pi x}\sin\theta \mathrm{d}l$$

因 $\mathrm{d}l\cos\theta = \mathrm{d}x$ 于是

$$\mathrm{d}\mathscr{E}_{BC} = -v\frac{\mu_0 I}{2\pi x}\tan\theta \mathrm{d}x = -\frac{\mu_0 I v}{2\pi x}\mathrm{d}x \quad (\theta = 45°)$$

$$\mathscr{E}_{BC} = \int \mathrm{d}\mathscr{E}_{BC} = \int_b^{b+a} -\frac{\mu_0 I v}{2\pi x}\mathrm{d}x = -\frac{\mu_0 I v}{2\pi}\ln\frac{b + a}{b}$$

负号表示电动势方向与线元取向相反即电动势方向由 $C \rightarrow B$。

而 $\mathscr{E}_{CA} = 0$，所以整个线圈中的感应电动势

$$\mathscr{E} = \mathscr{E}_{AB} + \mathscr{E}_{BC} + \mathscr{E}_{CA} = \frac{\mu_0 I v}{2\pi}\left[\frac{a}{b} - \ln\frac{b + a}{b}\right]，\text{方向为顺时针方向。}$$

【常见错误】

1. 在（2）的解法一中，将通过三角形线圈所围面积中面元 $\mathrm{d}\boldsymbol{S}$ 内的磁通量 $\mathrm{d}\Phi$ 作为法拉第电磁感应定律 $\mathscr{E} = -\frac{\mathrm{d}\Phi}{\mathrm{d}t}$ 中的 $\mathrm{d}\Phi$，从而得到线圈中的感应电动势

$$\mathscr{E} = -\frac{\mathrm{d}\Phi}{\mathrm{d}t} = -\frac{\mu_0 I}{2\pi x}y\frac{\mathrm{d}x}{\mathrm{d}t} = -\frac{\mu_0 I}{2\pi b}yv$$

这是对感应电动势概念理解错误所致。

2. 在（2）的解法二中，在斜边 BC 上任取的线元 $\mathrm{d}l$ 错误地用 $\mathrm{d}x$ 来代替。

例题 12-2　在半径为 R 的无限长圆柱形空间中，存在着磁感应强度为 $\boldsymbol{B}$ 的均匀磁场，方向与圆柱的轴线平行，如图 12-9a 所示，有一长为 L 的金属棒放在磁场中，磁感应强度随时间的变化率为 $k=\frac{\mathrm{d}B}{\mathrm{d}t}$（$k>0$ 且 k 为常数），试求金属棒上感应电动势的大小，并比较 a、b 两端的电势高低。

【解法 1】

【分析】　根据麦克斯韦电磁场理论，空间磁场的变化可以在它的周围激发感生电场，感生电场力对处于其中的电荷作功，从而在金属棒上产生感应电动势，感应电动势的大小由 $\mathscr{E}=\int_L \boldsymbol{E}_{\mathrm{k}}\cdot \mathrm{d}\boldsymbol{l}$ 求解。

【解】　过 ab 棒作垂直于轴线的某一截面，该截面与轴线相交于 O 点。在 ab 棒上任取线元 $\mathrm{d}\boldsymbol{l}$，过线元作半径为 r 的圆，如图 12-9b 所示，由变化的磁场与感生电场的关系可得

$$\oint_L \boldsymbol{E}_{\mathrm{k}}\cdot \mathrm{d}\boldsymbol{l} = E_{\mathrm{k}}2\pi r = -\iint_S \frac{\partial \boldsymbol{B}}{\partial t}\cdot \mathrm{d}\boldsymbol{S} = -\frac{\mathrm{d}B}{\mathrm{d}t}S$$

$$E_{\mathrm{k}} = -\frac{r}{2}\frac{\mathrm{d}B}{\mathrm{d}t}$$

可见距 O 点任意 r 处（即线元 $\mathrm{d}\boldsymbol{l}$ 处）的感生电场强度的大小为 $E_{\mathrm{k}}=-\frac{r}{2}\frac{\mathrm{d}B}{\mathrm{d}t}$，方向沿感生电场线的切线方向，根据磁感应强度随时间的变化率为 $k=\frac{\mathrm{d}B}{\mathrm{d}t}>0$，感生电场线是逆时针方向的。

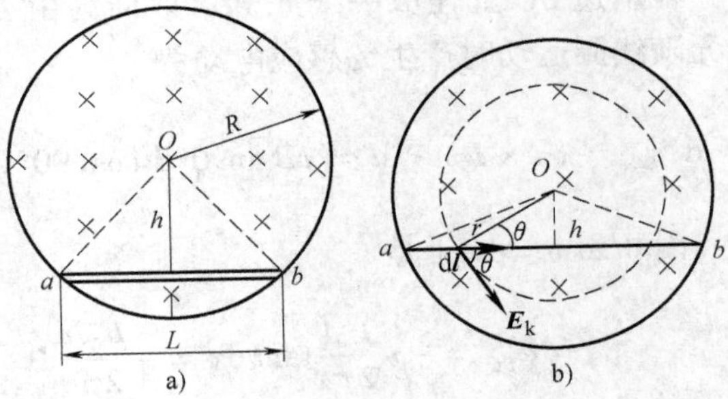

图　12-9

金属棒 ab 上的感应电动势

$$\mathscr{E}_{ab} = \int_a^b \boldsymbol{E}_{\mathrm{k}}\cdot \mathrm{d}\boldsymbol{l} = \int_0^L \frac{r}{2}\frac{\mathrm{d}B}{\mathrm{d}t}\mathrm{d}l\cos\theta$$

因

$$r\cos\theta = h = \sqrt{R^2-\left(\frac{L}{2}\right)^2}$$

所以

$$\mathscr{E}_{ab} = \int_0^L \frac{1}{2}\sqrt{R^2-\left(\frac{L}{2}\right)^2}\frac{\mathrm{d}B}{\mathrm{d}t}\mathrm{d}l = \frac{L}{2}\frac{\mathrm{d}B}{\mathrm{d}t}\sqrt{R^2-\left(\frac{L}{2}\right)^2}$$

感应电动势的方向为从 a 到 b，所以 b 点的电势高。

【解法 2】

【分析】　也可用磁通量的变化率来求解。

【解】　连接 Oa 和 Ob，如图 12-9a 所示。设想 $OabO$ 构成一个导体回路，某一时刻通过此导体回路（三角形回路）所围面积的磁通量

$$\Phi = \iint_S \boldsymbol{B} \cdot \mathrm{d}\boldsymbol{S} = BS = B\frac{L}{2}\sqrt{R^2 - \left(\frac{L}{2}\right)^2}$$

整个回路的感应电动势

$$\mathscr{E}_{OabO} = \left| -\frac{\mathrm{d}\Phi}{\mathrm{d}t} \right| = \frac{L}{2}\frac{\mathrm{d}B}{\mathrm{d}t}\sqrt{R^2 - \left(\frac{L}{2}\right)^2}$$

由于 Oa 和 Ob 沿半径方向，其上选定的任一个线元 $\mathrm{d}\boldsymbol{l}$ 与该处的感生电场强度 $\boldsymbol{E}_\mathrm{k}$ 处处垂直，所以

$$\mathscr{E}_{Oa} = \int_0^a \boldsymbol{E}_\mathrm{k} \cdot \mathrm{d}\boldsymbol{l} = 0, \quad \mathscr{E}_{Ob} = \int_0^b \boldsymbol{E}_\mathrm{k} \cdot \mathrm{d}\boldsymbol{l} = 0$$

故 ab 上的感应电动势

$$\mathscr{E}_{ab} = \mathscr{E}_{OabO} - \mathscr{E}_{Oa} - \mathscr{E}_{Ob} = \mathscr{E}_{OabO} = \frac{L}{2}\frac{\mathrm{d}B}{\mathrm{d}t}\sqrt{R^2 - \left(\frac{L}{2}\right)^2}$$

该设想的导体回路 $OabO$ 所围面积的磁通量是增加的，由楞次定律可知导体回路的电流是逆时针的，故 b 点的电势高。

【思考】

* 无限长圆柱体外部空间是否存在感生电场？若有，如何求解？

* 本题也可以构造一个 $acba$ 导体回路，求出某一时刻通过此回路所围面积的磁通量，用磁通量的变化率求解（自己试做）。

例题 12-3　一同轴电缆如图 12-10 所示，由中心导体圆柱和外层导体圆筒组成，半径分别为 R_1 和 R_2，导体圆柱的磁导率近似为 μ_0（即相对磁导率近似为 1），筒与柱之间有相对磁导率为 μ_r 的磁介质。试求该导体系统单位长度的自感。

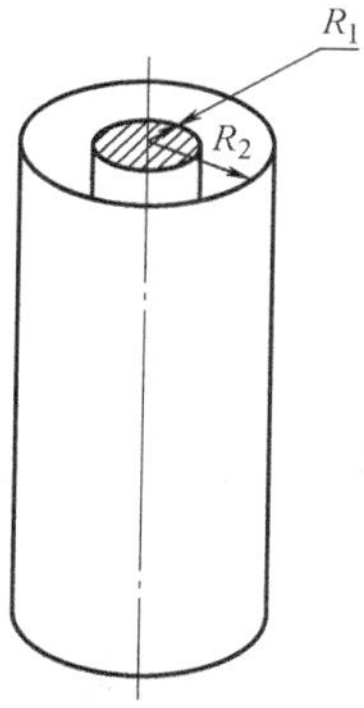

图　12-10

【解法 1】

【分析】　利用公式 $L = \dfrac{\Phi}{I}$ 求解自感 L。为此须设定该导体系统流有电流 I，求出电流磁场的分布，进而求出磁场空间总的磁通量。

【解】　设电流由中心导体圆柱流入，从圆筒流回。

由磁场的安培环路定理，该电流产生的磁场分布为

$r < R_1$ 时，　$B_1 = \dfrac{\mu_0 I r}{2\pi R_1^2}$

$R_1 < r < R_2$ 时，　$B_2 = \dfrac{\mu_0 \mu_\mathrm{r} I}{2\pi r}$

$r > R_2$ 时，　$B_3 = 0$

过轴线做任意一个垂直于磁感应强度长为 l 的截面，设穿过导体圆柱内部截面、两导体之间截面以及电缆外部空间的磁通量分别是 Φ_1、Φ_2 和 Φ_3。

磁场空间总的磁通量为　$\Phi = \Phi_1 + \Phi_2 + \Phi_3$

全部空间电流 I 产生的磁场穿过导体内某一截面的元磁通量为，

$$\mathrm{d}\Phi'_1 = \boldsymbol{B}_1 \cdot \mathrm{d}\boldsymbol{S} = \frac{\mu_0 I r}{2\pi R_1^2} l \mathrm{d}r$$

而实际穿过该截面的元磁通量，应该是由磁场线环绕的那部分电流 I' 所激发，且磁通量和激

发磁场的电流成正比，即

$$\mathrm{d}\Phi_1 = \frac{I'}{I}\mathrm{d}\Phi'_1 = \frac{r^2}{R_1^2}\mathrm{d}\Phi'_1$$

则穿过导体内某一截面的总的磁通量实际为

$$\Phi_1 = \int \mathrm{d}\Phi_1 = \int \frac{r^2}{R_1^2}\mathrm{d}\Phi'_1 = \int_0^{R_1} \frac{\mu_0 Il}{2\pi R_1^4} r^3 \mathrm{d}r = \frac{\mu_0 Il}{8\pi}$$

又

$$\Phi_2 = \int_{R_1}^{R_2} B_2 l \mathrm{d}r = \int_{R_1}^{R_2} \frac{\mu_0 \mu_r I}{2\pi r} l \mathrm{d}r = \frac{\mu_0 \mu_r Il}{2\pi}\ln\frac{R_2}{R_1}$$

$$\Phi_3 = 0$$

所以，通过长为 l 的导体系统的总的磁通量为

$$\Phi = \Phi_1 + \Phi_2 + \Phi_3 = \frac{\mu_0 Il}{8\pi} + \frac{\mu_0 \mu_r Il}{2\pi}\ln\frac{R_2}{R_1}$$

因此，单位长度的导体系统的自感为

$$L = \frac{\Phi}{lI} = \frac{\mu_0}{8\pi} + \frac{\mu_0 \mu_r}{2\pi}\ln\frac{R_2}{R_1}$$

【解法 2】

【分析】 设定该导体系统存在电流时，该导体系统周围就存在一个恒定的磁场，可求出磁场内储存的能量，并与自感磁能的公式 $W_m = \frac{1}{2}LI^2$ 比较，求解自感。

【解】 根据解法一中磁场的分布，长为 l 的导体系统的总的磁能为

$$\begin{aligned} W_m &= \int_0^{\infty} \frac{1}{2}BH\mathrm{d}V = \int_0^{R_1} \frac{B_1^2}{2\mu_0}\mathrm{d}V + \int_{R_1}^{R_2} \frac{B_2^2}{2\mu_0 \mu_r}\mathrm{d}V + 0 \\ &= \int_0^{R_1} \frac{1}{2\mu_0}\left(\frac{\mu_0 I}{2\pi R_1^2}r\right)^2 \cdot 2\pi r l \mathrm{d}r + \int_{R_1}^{R_2} \frac{1}{2\mu_0 \mu_r}\left(\frac{\mu_0 \mu_r I}{2\pi r}\right)^2 \cdot 2\pi r l \mathrm{d}r \\ &= \frac{\mu_0 I^2 l}{16\pi} + \frac{\mu_0 \mu_r I^2 l}{4\pi}\ln\frac{R_2}{R_1} = \frac{1}{2}\left(\frac{\mu_0}{8\pi} + \frac{\mu_0 \mu_r}{2\pi}\ln\frac{R_2}{R_1}\right)lI^2 \end{aligned}$$

则单位长度的导体系统的自感为

$$L = \frac{\mu_0}{8\pi} + \frac{\mu_0 \mu_r}{2\pi}\ln\frac{R_2}{R_1}$$

【常见错误】

在解法一中，求总的磁通量为

$$\Phi = \Phi'_1 + \Phi_2 + \Phi_3 = \int B_1 \mathrm{d}S + \int B_2 \mathrm{d}S + \int B_3 \mathrm{d}S = \frac{\mu_0 Il}{4\pi} + \frac{\mu_0 \mu_r Il}{2\pi}\ln\frac{R_2}{R_1}$$

这是错误的。因为根据磁通量的定义，穿过某面积元的磁通量，是由磁场线环绕的那些电流（I'）做的贡献，而 Φ'_1 没有铰链全部的电流（I），所以，穿过导体内某一截面的总的磁通量实际为 I' 贡献的通量 Φ_1。

例题 12-4 如图 12-11a 所示，一长直导线中通有电流 I，在其附近有一长为 l 的金属棒 AB，以速度 $\boldsymbol{v}$ 平行于长直导线作匀速运动，A 端距离导线为 d，求金属棒中的动生电动势。

【解法 1】

【分析】 由于金属棒在作切割磁感应线运动，所以在棒的两端积累电荷产生电动势。

该电动势可由动生电动势的公式 $\mathscr{E}_i = \int_L (\boldsymbol{v} \times \boldsymbol{B}) \cdot \mathrm{d}\boldsymbol{l}$ 求解。

【解】 在距离长直导线任意 x 处选一个长为 $\mathrm{d}\boldsymbol{x}$ 的线元，该线元所在处的磁感应强度为

$$B = \frac{\mu_0 I}{2\pi x}$$

线元 $\mathrm{d}\boldsymbol{x}$ 上的动生电动势为

$$\mathrm{d}\mathscr{E}_i = (\boldsymbol{v} \times \boldsymbol{B}) \cdot \mathrm{d}\boldsymbol{x} = -\frac{\mu_0 I}{2\pi x} v \mathrm{d}x$$

金属棒中总的动生电动势

$$\mathscr{E}_i = \int \mathrm{d}\mathscr{E}_i = \int_d^{d+l} -\frac{\mu_0 I v}{2\pi x}\mathrm{d}x = -\frac{\mu_0 I}{2\pi} v \ln\left(\frac{d+l}{d}\right)$$

式中负号是矢量运算时 $\boldsymbol{v} \times \boldsymbol{B}$ 的方向与 $\mathrm{d}\boldsymbol{x}$ 的方向相反（夹 180°），表示总的动生电动势方向与线元 $\mathrm{d}\boldsymbol{x}$ 的方向相反，即从 B 指向 A，所以 A 点电势高。[或依据 $\mathscr{E}_i = \left|\int (\boldsymbol{v} \times \boldsymbol{B}) \cdot \mathrm{d}\boldsymbol{x}\right|$ 求出电动势的大小，再根据 $\boldsymbol{v} \times \boldsymbol{B}$ 判断 $\mathscr{E}_i$ 的方向。]

【解法 2】

【分析】 本题也可以根据法拉第电磁感应定律 $\mathscr{E}_i = -\frac{\mathrm{d}\Phi}{\mathrm{d}t}$ 求解。t 时间内金属棒扫过一定的面积，求出金属棒扫过面积的磁通量，它应该是 t 的函数，将其对时间求一阶导数就是动生电动势 $\mathscr{E}$ 的值。

【解】 t 时间内金属棒扫过的面积为 lvt，是一个矩形（图 12-11b），穿过该矩形面积的磁通量

$$\Phi = \int \boldsymbol{B} \cdot \mathrm{d}\boldsymbol{S} = \int_d^{d+l} \frac{\mu_0 I}{2\pi x}(vt)\mathrm{d}x = \frac{\mu_0 I}{2\pi}(vt)\ln\frac{d+l}{d}$$

金属棒中总的动生电动势

$$\mathscr{E}_i = \left|-\frac{\mathrm{d}\Phi}{\mathrm{d}t}\right| = \frac{\mu_0 I}{2\pi} v \ln\frac{d+l}{d}$$

方向：

① 由 $\boldsymbol{v} \times \boldsymbol{B}$ 判断——动生电动势由 B 到 A。

② 金属棒在作切割磁力线运动时，金属棒扫过面积（设想的闭合回路所围的面积）的磁通量在增加，由楞次定律，该设想的闭合回路中的电流为逆时针方向，此时金属棒的动生电动势由 B 到 A，所以 A 点电势高。

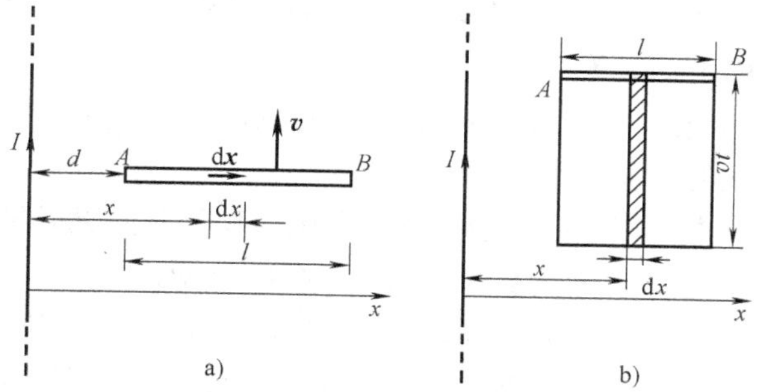

图　12-11

【常见错误】

距离长直导线任意 x 处的线元 $\mathrm{d}\boldsymbol{x}$ 所在处磁感应强度为

$$B = \frac{\mu_0 I}{2\pi x}$$

所以金属棒所在处总的磁感应强度为

$$B = \int \mathrm{d}B = \int_d^{d+l} \frac{\mu_0 I}{2\pi x}\mathrm{d}x = \frac{\mu_0 I}{2\pi}\ln\frac{d+l}{d}$$

再使用公式 $\mathscr{E}_i = Blv$，解得

$$\mathscr{E}_i = \frac{\mu_0 Ilv}{2\pi}\ln\frac{d+l}{d}$$

显然这是错误的。首先，公式 $\mathscr{E} = Blv$ 的使用条件是金属棒处在均匀磁场中，而本题中是非均匀磁场。其次，以上 B 的求和没有任何物理意义。

例题 12-5　如图 12-12a 所示，一磁棒上绕有两组线圈，它们的自感分别是 L_1 和 L_2，互感是 M。(1) 把 2 和 3 两端相连，连接后的线圈的自感是多少？(2) 把 2 和 4 两端相连，连接后的线圈的自感又是多少？

【解法 1】

【分析】　2 和 3 两端相连，如图 12-12b 所示，常称为顺串连。2 和 4 两端相连，如图 12-12c 所示，常称为反串连。为求出自感，设定线圈通有电流 I，求出电流产生磁场通过线圈所围面积的磁通量 Ψ，根据自感的定义 $L = \frac{\Psi}{I}$，求解自感。

【解】　(1) 如图 12-12b 所示，设定线圈的电流由 1 端流入，由 4 端流出，这样，线圈所围面积的法向方向与电流产生磁场的磁感应强度方向相同，所以穿过两个线圈所围面积的磁通量均为正。通电后：

线圈 (1) 中的电流产生的磁场穿过自身回路所围面积的磁通量为 Ψ_{11}；

线圈 (1) 中的电流产生的磁场穿过 (2) 回路所围面积的磁通量为 Ψ_{21}；

线圈 (2) 中的电流产生的磁场穿过自身回路所围面积的磁通量为 Ψ_{22}；

线圈 (2) 中的电流产生的磁场穿过 (1) 回路所围面积的磁通量为 Ψ_{12}。

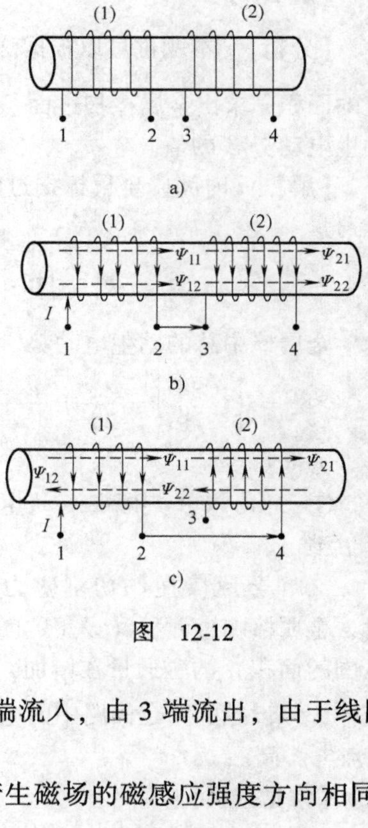

图　12-12

电流产生磁场通过线圈所围面积的总的磁通量

$$\Psi = \Psi_{11} + \Psi_{21} + \Psi_{22} + \Psi_{12}$$

而　　$\Psi_{11} = L_1 I$，$\Psi_{21} = MI$，$\Psi_{22} = L_2 I$，$\Psi_{12} = MI$

所以　$\Psi = \Psi_{11} + \Psi_{21} + \Psi_{22} + \Psi_{12} = (L_1 + L_2 + 2M)\ I$

则　　$L = L_1 + L_2 + 2M$

(2) 同理，如图 12-12c 所示，仍设定线圈的电流由 1 端流入，由 3 端流出，由于线圈 (1) 和 (2) 的电流流向相反，这样：

线圈 (1) 所围面积的法向方向（向右）与自身电流产生磁场的磁感应强度方向相同，故

$$\Psi_{11} = L_1 I$$

线圈 (2) 所围面积的法向方向（向左）与自身电流产生磁场的磁感应强度方向相同，故

$$\Psi_{22}=L_2I$$

线圈（1）的电流产生的磁场穿过（2）回路所围面积的磁通量为 Ψ_{21} 为负值，故

$\Psi_{21}=-MI$（面积的法向方向与电流产生磁场的磁感应强度方向相反）

同理，线圈（2）的电流产生的磁场穿过（1）回路所围面积的磁通量为 Ψ_{12} 也为负值，故

$$\Psi_{12}=-MI$$

所以

$$\Psi=\Psi_{11}+\Psi_{21}+\Psi_{22}+\Psi_{12}=(L_1+L_2-2M)I$$

则

$$L=L_1+L_2-2M$$

【解法 2】

【分析】 利用自感的另一个定义式 $L=-\dfrac{\mathscr{E}_i}{\dfrac{dI}{dt}}$，求解自感。

在此，仍须设定回路存在电流，并假设电流是变化的（如设电流是增加的），由于电流的变化，在自身回路和邻近回路均产生电动势，该解法的关键是求出回路中产生的总电动势 $\mathscr{E}$。

【解】 设：

线圈（1）电流的变化在自身回路中产生的电动势为 $\mathscr{E}_{11}$（自感电动势）；

线圈（1）电流的变化在线圈（2）中产生的电动势为 $\mathscr{E}_{21}$（互感电动势）；

线圈（2）电流的变化在自身回路中产生的电动势为 $\mathscr{E}_{22}$（自感电动势）；

线圈（2）电流的变化在线圈（1）中产生的电动势为 $\mathscr{E}_{12}$（互感电动势）。

由法拉第电磁感应定律，有

$$\mathscr{E}_{11}=-L_1\frac{dI}{dt},\ \mathscr{E}_{21}=-M\frac{dI}{dt},\ \mathscr{E}_{22}=-L_2\frac{dI}{dt};\ \mathscr{E}_{12}=-M\frac{dI}{dt}$$

设电流是增加的，根据楞次定律可知：

（1）对于顺串联，$\mathscr{E}_{11}$、$\mathscr{E}_{21}$、$\mathscr{E}_{22}$、$\mathscr{E}_{12}$ 四个电动势方向相同（均与电流方向相反），1、4 回路中产生的总电动势

$$\mathscr{E}_i=\mathscr{E}_{11}+\mathscr{E}_{21}+\mathscr{E}_{22}+\mathscr{E}_{12}=-(L_1+L_2+2M)\frac{dI}{dt}$$

故

$$L=L_1+L_2+2M$$

（2）同理，对于反串联，$\mathscr{E}_{11}$、$\mathscr{E}_{22}$ 方向相同（与电流方向相反），而 $\mathscr{E}_{21}$、$\mathscr{E}_{12}$ 与 $\mathscr{E}_{11}$、$\mathscr{E}_{22}$ 方向相反（与电流方向相同），1、3 回路中产生的总电动势

$$\mathscr{E}_i=\mathscr{E}_{11}+\mathscr{E}_{22}-(\mathscr{E}_{21}+\mathscr{E}_{12})=-(L_1+L_2-2M)\frac{dI}{dt}$$

故

$$L=L_1+L_2-2M$$

【常见错误】

1. 串联后的自感 L 是两个线圈自感之和，即 $L=L_1+L_2$。

2. 解法一中穿过线圈所围面积的磁通量正负判断错误，原因首先是无视磁通量的正负，其次是线圈所围面积的法向方向判断错误，这里线圈所围面积的法向方向与（设定的）电流构成右手螺旋关系。

3. 解法二中电动势方向判断错误。实际分析时应注意不论自感电动势还是互感电动势，

均根据电流的变化由楞次定律判断。不论假设电流增加还是减少，都不影响 L 的计算结果。

例题 12-6 如图 12-13 所示，是测量螺线管中磁场的一种装置。把一个很小的测量线圈放在待测处，线圈与测量电荷量的冲击电流计 G 串联。冲击电流计可以直接指示出迁移过它的电荷量。当用反向开关 K 使螺线管的电流反向时，测量线圈中就产生了感应电动势，从而产生电荷量 Δq 的迁移。由 G 测出 Δq，就可算出测量线圈所在处的 $\boldsymbol{B}$。已知测量线圈有 2000 匝，直径为 2.5cm，它和 G 串联回路的电阻为 1000Ω，在 K 反向时测得 $\Delta q = 2.5\times10^{-7}$ C，求被测处的磁感应强度。

【分析】 首先，小线圈在螺线管的内部，所在磁场可视为均匀的磁场。其次，电流计 G 上通过的电荷量 Δq 是电流方向改变的过程中流过的总的电荷量，故电流和电荷量的关系式可使用公式 $I=\dfrac{\Delta q}{\Delta t}$，即求出电流的平均值。

当用反向开关 S 使螺线管的电流反向时，螺线管内部的磁场发生变化，穿过线圈所围面积的磁通量亦将发生变化，于是在线圈中产生感应电流，即有一定量的电荷通过电流计 G。为此，可利用法拉第电磁感应定律，找出感应电流与磁通量变化量的关系，进而找出电荷量与磁感应强度的关系。

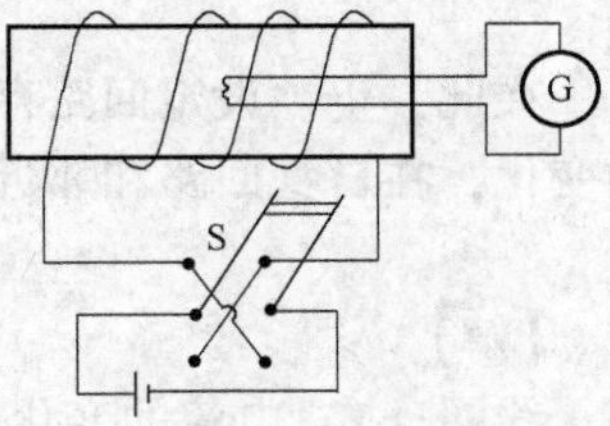

图 12-13

【解】 当用反向开关 S 使螺线管的电流反向时，由法拉第电磁感应定律知，线圈内的感应电动势的大小

$$\mathscr{E}_i = \left| -N\frac{d\Phi}{dt} \right| = N\frac{\Delta\Phi}{\Delta t}$$

感应电流的大小

$$I = \frac{\mathscr{E}}{R} = \frac{N\Delta\Phi}{R\Delta t}$$

又

$$I = \frac{\Delta q}{\Delta t}$$

所以电流计 G 上通过的电荷量

$$\Delta q = \frac{N\Delta\Phi}{R}$$

而

$$\Delta\Phi = \Phi_2 - \Phi_1 = 2B\pi r^2$$

所以

$$\Delta q = \frac{N\Delta\Phi}{R} = \frac{N}{R}(2B)\pi r^2$$

磁感应强度

$$B = \frac{\Delta qR}{2N\pi r^2} = \frac{2.5\times10^{-7}\times1000}{2\times2000\times3.14\times\left(\frac{2.5}{2}\times10^{-2}\right)^2}\text{T} = 1.3\times10^{-4}\text{T}$$

例题 12-7 如图 12-14 所示，电阻 $R = 2\Omega$、面积 $S = 400\text{cm}^2$ 的矩形线圈，以匀角速度 $\omega = 10\text{r/s}$ 绕 y 轴旋转，此线圈处于沿 x 轴指向、磁感应强度为 $B = 1.5\text{T}$ 的均匀磁场中，求：

（1）穿过此线圈的最大磁通量。

（2）最大的感应电动势。

（3）最大磁力矩。

（4）证明：外力矩在一周内所做的功等于线圈中消耗的能量。

【解】 设 $t = 0$ 时刻线圈所围面积的法向方向与磁感应强度的方向夹 θ_0，因为矩形线圈

绕与磁场垂直的轴匀角速转动，任意时刻穿过线圈所围面积的磁通量为

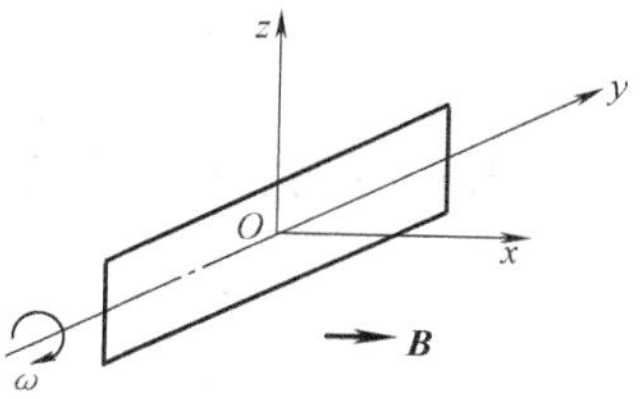

图　12-14

$$\Phi = BS\cos(\omega t + \theta_0) \qquad ①$$

由式①可知：

（1）穿过此线圈的最大磁通量

$$\Phi = BS = 0.5 \times 400 \times 10^{-4}\text{Wb} = 2.0 \times 10^{-2}\text{Wb}$$

（2）线圈中的感应电动势的瞬时值为

$$\mathscr{E}_i = -\frac{d\Phi}{dt} = BS\omega\sin(\omega t + \theta_0)$$

最大的感应电动势

$$\mathscr{E}_i = BS\omega = 0.5 \times 400 \times 10^{-4} \times 10\text{V} = 0.2\text{V}$$

（3）线圈中的感应电流为

$$I = \frac{\mathscr{E}}{R} = \frac{BS\omega}{R}\sin(\omega t + \theta_0)$$

线圈受到的磁力矩

$$M = |\boldsymbol{M}| = |\boldsymbol{P}_m \times \boldsymbol{B}| = ISB\sin(\omega t + \theta_0) = \frac{B^2S^2\omega}{R}\sin^2(\omega t + \theta_0)$$

最大磁力矩

$$M_m = \frac{B^2S^2\omega}{R} = \frac{(0.5)^2 \times (400 \times 10^{-4})^2 \times 10}{2} = 2 \times 10^{-3}(\text{N} \cdot \text{m})$$

（4）外力矩在一周内所做的功

$$A = \int_0^{2\pi} M d\theta = \int_0^{2\pi} \frac{B^2S^2\omega}{R}\sin^2(\omega t + \theta_0)d(\omega t + \theta_0)$$

$$= \int_0^T \frac{B^2S^2\omega^2}{R}\sin^2(\omega t + \theta_0)dt = \int_0^T \frac{B^2S^2\omega^2}{R^2}R\sin^2(\omega t + \theta_0)dt$$

$$= \int_0^T \frac{\mathscr{E}^2}{R^2}Rdt = \int_0^T I^2Rdt$$

这就是线圈中消耗的能量。

例题 12-8　一个自感为 10H、电阻为 200Ω 的电感线圈（电感器），两端突然接到 10V 电势差上，则

（1）电感器的最终稳态电流是多少？

（2）电流的起始增长率是多少？

（3）当电流为终值的一半时，电流的增长率是多少？

（4）在电路接通后多少时间，电流等于其终值的 99%？

（5）当电路接通后的 0s、0.025s、0.05s、0.075s、0.10s 时，求各时刻的电流值，并将这些结果用图线表示出来。

【解】（1）电感器的最终稳态电流为

$$I_0 = \frac{U}{R} = \frac{10}{200}\text{A} = 0.05\text{A}$$

（2）由瞬时电流 i 满足的微分方程

$$\mathscr{E}-L\frac{\mathrm{d}i}{\mathrm{d}t}=iR \qquad ①$$

可得，当 $i=0$ 时，电流的起始增长率为

$$\frac{\mathrm{d}i}{\mathrm{d}t}=\frac{\mathscr{E}}{L}=\frac{U}{L}=\frac{10}{10}\mathrm{A/s}=1\mathrm{A/s}$$

(3) 由式①得，当 $i=\frac{1}{2}I_0$ 时，电流的增长率为

$$\frac{\mathrm{d}i}{\mathrm{d}t}=\frac{\mathscr{E}}{L}-\frac{R}{L}i=\frac{U}{L}-\frac{R}{L}\left(\frac{I_0}{2}\right)=\left[\frac{10}{10}-\frac{200}{10}\left(\frac{0.05}{2}\right)\right]\mathrm{A/s}=0.5\mathrm{A/s}$$

(4) 由式①的解得

$$i=\frac{\mathscr{E}}{R}(1-\mathrm{e}^{-\frac{R}{L}t})=I_0(1-\mathrm{e}^{-\frac{R}{L}t}) \qquad ②$$

当电流等于其终值的99%时，有

$$0.99=1-\mathrm{e}^{-\frac{R}{L}t}=1-\mathrm{e}^{-\frac{200}{10}t}=1-\mathrm{e}^{-20t}$$

即

$$\mathrm{e}^{20t}=100$$

解得

$$t=\frac{\ln 100}{20}\mathrm{s}=0.23\mathrm{s}$$

(5) 由式②可得

$t=0\mathrm{s}$ 时　　$i=0\mathrm{A}$

$t=0.025\mathrm{s}$ 时　　$i=0.0197\mathrm{A}$

$t=0.050\mathrm{s}$ 时　　$i=0.0317\mathrm{A}$

$t=0.075\mathrm{s}$ 时　　$i=0.0389\mathrm{A}$

$t=0.100\mathrm{s}$ 时　　$i=0.0433\mathrm{A}$

根据上述结果，可以得到电路接通后的 i-t 曲线，如图12-15所示。

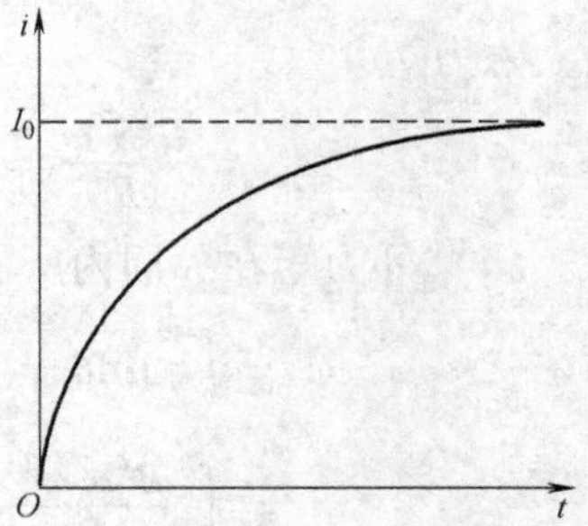

图 12-15

例题12-9 一平行板电容器两极板都是半径为10cm的圆金属片，充电时，极间电场强度的变化率为$\frac{\mathrm{d}E}{\mathrm{d}t}=5.0\times10^{12}$伏/（米·秒）。

(1) 求两板间的位移电流。

(2) 求极板边缘的磁感应强度。

【解】 (1) 根据位移电流的定义，两极板间的位移电流为

$$I_\mathrm{d}=\frac{\mathrm{d}\Phi_\mathrm{D}}{\mathrm{d}t}=\frac{\mathrm{d}}{\mathrm{d}t}(\iint_S \boldsymbol{D}\cdot\mathrm{d}\boldsymbol{S})=\frac{\mathrm{d}}{\mathrm{d}t}(DS)=\frac{\mathrm{d}}{\mathrm{d}t}(\varepsilon_0 ES)=\varepsilon_0 S\frac{\mathrm{d}E}{\mathrm{d}t}=\varepsilon_0\pi r^2\frac{\mathrm{d}E}{\mathrm{d}t}$$
$$=8.9\times10^{-12}\times3.14\times10^2\times10^{-4}\times5.0\times10^{12}\mathrm{A}=1.4\mathrm{A}$$

(2) 若忽略边缘效应，即认为两极板间的电场变化率是相同的（即极板间的位移电流是成柱状对称分布的），那么由它所产生的磁场对于两极板中心连线具有对称性。也就是说，磁感应线都是处于垂直于中心连线的平面上并以连线为中心的同心圆。磁感应线的绕行方向与位移电流方向构成右手螺旋关系。

为此，在中心连线的垂直平面上，取半径 r 与圆金属片半径相同的一根磁感应线作为安培环路，此环路上各点 $\boldsymbol{H}$ 的大小相同而方向与线元 $\mathrm{d}\boldsymbol{l}$ 一致。

由安培环路定律
$$\oint_L \boldsymbol{H}\cdot d\boldsymbol{l} = \Sigma I$$
得
$$\oint_L \boldsymbol{H}\cdot d\boldsymbol{l} = H\cdot 2\pi r = I_d$$
故
$$H = \frac{I_d}{2\pi r}$$
所以极板边缘的磁感应强度为
$$B = \mu_0 H = \frac{\mu_0 I_d}{2\pi r} = \frac{4\pi\times10^{-7}\times1.4}{2\pi\times10\times10^{-2}} = 2.8\times10^{-6}\ \text{特斯拉}$$

六、基础训练

（一）选择题

1. 半径为 a 的圆线圈置于磁感应强度为 $\boldsymbol{B}$ 的均匀磁场中，线圈平面与磁场方向垂直，线圈电阻为 R。当把线圈转动使其法向与 $\boldsymbol{B}$ 的夹角 $\alpha=60°$时，线圈中通过的电荷与线圈面积及转动所用的时间的关系是（　　）。

（A）与线圈面积成正比，与时间无关

（B）与线圈面积成正比，与时间成正比

（C）与线圈面积成反比，与时间成正比

（D）与线圈面积成反比，与时间无关

2. 面积分别为 S 和 $2S$ 的两圆线圈 1、2 如图 12-16 放置，通有相同的电流 I。线圈 1 的电流所产生的通过线圈 2 的磁通用 Φ_{21}表示，线圈 2 的电流所产生的通过线圈 1 的磁通用 Φ_{12}表示，则 Φ_{21}和 Φ_{12}的大小关系为（　　）。

（A）$\Phi_{21}=2\Phi_{12}$　（B）$\Phi_{21}>\Phi_{12}$

（C）$\Phi_{21}=\Phi_{12}$　（D）$\Phi_{21}=\frac{1}{2}\Phi_{12}$

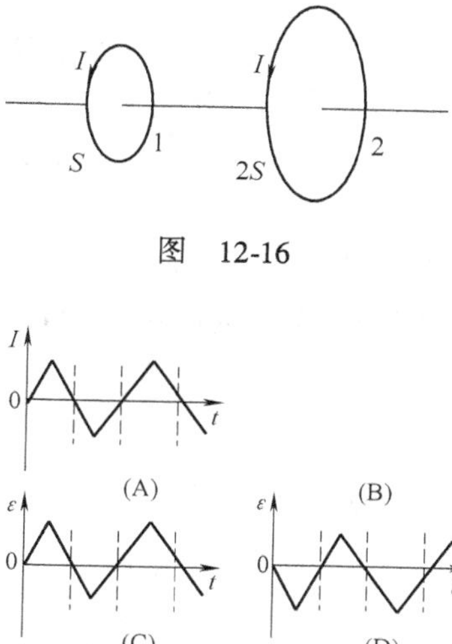

图　12-16

3. 在一自感线圈中通过的电流 I 随时间 t 的变化规律如图 12-17a 所示，若以 I 的正流向作为 $\mathscr{E}$ 的正方向，则代表线圈内自感电动势随时间 t 变化规律的曲线应为图 12-17b 中（A）、（B）、（C）、（D）中的哪一个？（　　）

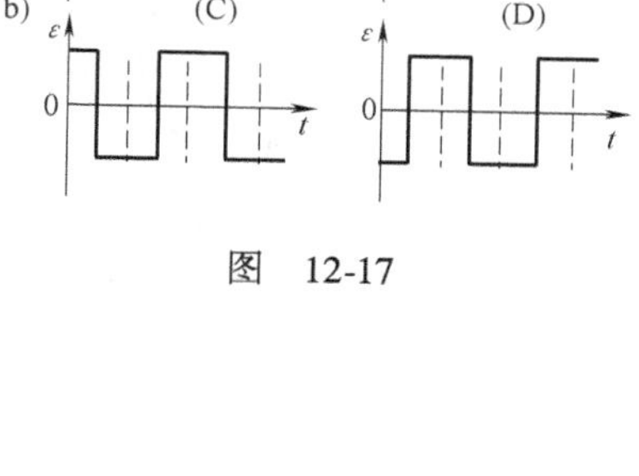

图　12-17

4. 两根很长的平行直导线，其间距离为 a，与电源组成闭合回路，如图 12-18 所示。已知导线上的电流为 I，在保持 I 不变的情况下，若将导线间的距离增大，则空间的（　　）。

（A）总磁能将增大

（B）总磁能将减少

（C）总磁能将保持不变

（D）总磁能的变化不能确定

5. 在圆柱形空间内有一磁感强度为 $\boldsymbol{B}$ 的均匀磁场，

如图 12-19 所示，$\boldsymbol{B}$ 的大小以速率 $\mathrm{d}B/\mathrm{d}t$ 变化。在磁场中有 A、B 两点，其间可放直导线$\overline{AB}$和弯曲的导线弧$\overset{\frown}{AB}$。则（　　）。

（A）电动势只在$\overline{AB}$导线中产生

（B）电动势只在弧$\overset{\frown}{AB}$导线中产生

（C）电动势在$\overline{AB}$和弧$\overset{\frown}{AB}$中都产生，且两者大小相等

（D）$\overline{AB}$导线中的电动势小于弧$\overset{\frown}{AB}$导线中的电动势

6. 如图 12-20 所示，直角三角形金属框架 abc 放在均匀磁场中，磁场 $\boldsymbol{B}$ 平行于 ab 边，bc 的长度为 l。当金属框架绕 ab 边以匀角速度 ω 转动时，abc 回路中的感应电动势 $\mathscr{E}$ 和 a、c 两点间的电势差 U_a-U_c 为（　　）。

（A）$\mathscr{E}=0$，$U_a-U_c=\dfrac{1}{2}B\omega l^2$　　（B）$\mathscr{E}=0$，$U_a-U_c=-\dfrac{1}{2}B\omega l^2$

（C）$\mathscr{E}=B\omega l^2$，$U_a-U_c=\dfrac{1}{2}B\omega l^2$　　（D）$\mathscr{E}=B\omega l^2$，$U_a-U_c=-\dfrac{1}{2}B\omega l^2$

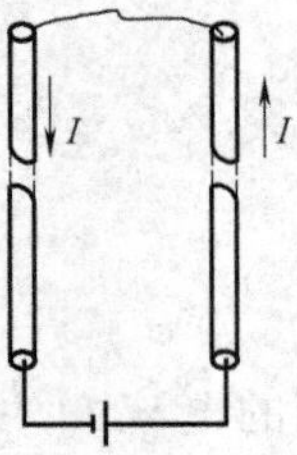

图　12-18

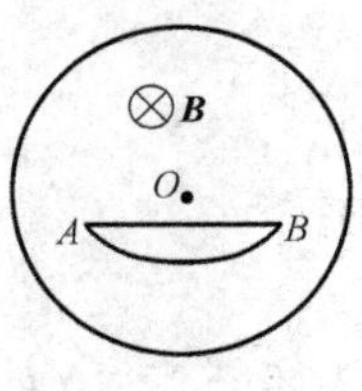

图　12-19

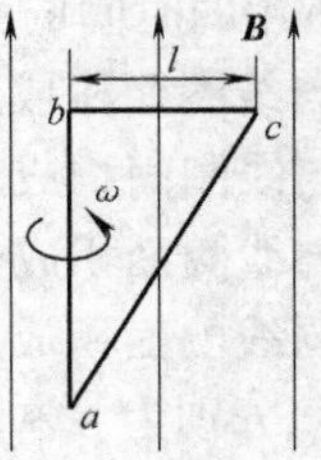

图　12-20

7. 如图 12-21 所示，一电荷为 q 的点电荷，以匀角速度 ω 作圆周运动，圆周的半径为 R。设 $t=0$ 时 q 所在点的坐标为 $x_0=R$，$y_0=0$，以 $\boldsymbol{i}$、$\boldsymbol{j}$ 分别表示 x 轴和 y 轴上的单位矢量，则圆心处 O 点的位移电流密度为（　　）。

（A）$\dfrac{q\omega}{4\pi R^2}\sin\omega t\boldsymbol{i}$　（B）$\dfrac{q\omega}{4\pi R^2}\cos\omega t\boldsymbol{j}$　（C）$\dfrac{q\omega}{4\pi R^2}\boldsymbol{k}$　（D）$\dfrac{q\omega}{4\pi R^2}(\sin\omega t\boldsymbol{i}-\cos\omega t\boldsymbol{j})$

8. 如图 12-22 所示，平板电容器（忽略边缘效应）充电时，沿环路 L_1 的磁场强度 $\boldsymbol{H}$ 的环流与沿环路 L_2 的磁场强度 $\boldsymbol{H}$ 的环流两者，必有（　　）。

（A）$\oint_{L_1}\boldsymbol{H}\cdot\mathrm{d}\boldsymbol{l}' > \oint_{L_2}\boldsymbol{H}\cdot\mathrm{d}\boldsymbol{l}'$　　（B）$\oint_{L_1}\boldsymbol{H}\cdot\mathrm{d}\boldsymbol{l}' = \oint_{L_2}\boldsymbol{H}\cdot\mathrm{d}\boldsymbol{l}'$

（C）$\oint_{L_1}\boldsymbol{H}\cdot\mathrm{d}\boldsymbol{l}' < \oint_{L_2}\boldsymbol{H}\cdot\mathrm{d}\boldsymbol{l}'$　　（D）$\oint_{L_1}\boldsymbol{H}\cdot\mathrm{d}\boldsymbol{l}' = 0$

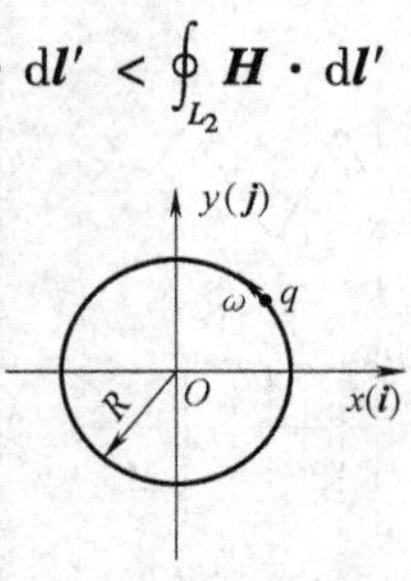

图　12-21

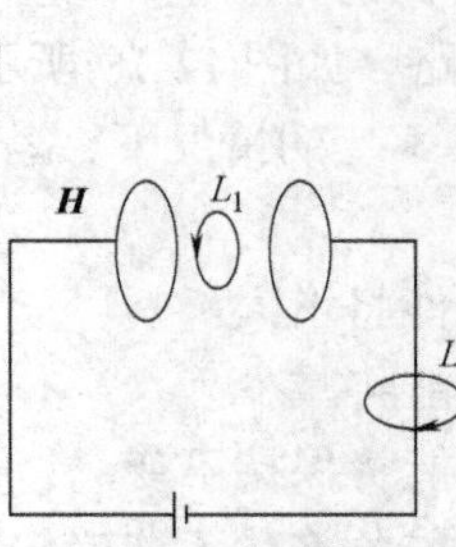

图　12-22

（二）填空题

9. 在一自感线圈中，电流在 0.002s 内均匀地由 10A 增加到 12A，此过程中线圈内自感电动势为 400V，则线圈的自感为 $L=$______。

10. 用导线制成一半径为 $r=10\text{cm}$ 的闭合圆形线圈，其电阻 $R=10\Omega$，均匀磁场垂直于线圈平面。欲使电路中有一稳定的感应电流 $i=0.01\text{A}$，B 的变化率应为 $\mathrm{d}B/\mathrm{d}t=$______。

11. 一个中空的螺绕环上每厘米绕有 20 匝导线，当通以电流 $I=3\text{A}$ 时，环中磁场能量密度 $w=$______。

12. 反映电磁场基本性质和规律的积分形式的麦克斯韦方程组为

$$\oint_S \boldsymbol{D}\cdot \mathrm{d}\boldsymbol{S}=\int_V \rho \mathrm{d}V \qquad ①$$

$$\oint_L \boldsymbol{E}\cdot \mathrm{d}\boldsymbol{l}=-\int_S \frac{\partial \boldsymbol{B}}{\partial t}\cdot \mathrm{d}\boldsymbol{S} \qquad ②$$

$$\oint_S \boldsymbol{B}\cdot \mathrm{d}\boldsymbol{S}=0 \qquad ③$$

$$\oint_L \boldsymbol{H}\cdot \mathrm{d}\boldsymbol{l}=\int_S\left(\boldsymbol{J}+\frac{\partial \boldsymbol{D}}{\partial t}\right)\cdot \mathrm{d}\boldsymbol{S} \qquad ④$$

试判断下列结论是包含于或等效于哪一个麦克斯韦方程式的，将你确定的方程式用代号填在相应结论后的空白处。

（1）变化的磁场一定伴随有电场。______。

（2）磁感线是无头无尾的。______。

（3）电荷总伴随有电场。______。

13. 平行板电容器的电容 C 为 20.0μF，两板上的电压变化率为 $\mathrm{d}U/\mathrm{d}t=1.50\times10^5\text{V/s}$，则该平行板电容器中的位移电流为______。

14. 载有恒定电流 I 的长直导线旁有一半圆环导线 cd，半圆环半径为 b，环面与直导线垂直，且半圆环两端点连线的延长线与直导线相交，如图 12-23 所示。当半圆环以速度 $\boldsymbol{v}$ 沿平行于直导线的方向平移时，半圆环上感应电动势的大小是______。

15. 如图 12-24 所示，一段长度为 l 的直导线 MN，水平放置在载电流为 I 的竖直长导线旁与竖直导线共面，并从静止由图示位置自由下落，则 t 秒末导线两端的电势差 $U_M-U_N=$______。

16. 如图 12-25 所示，aOc 为一折成∠形的金属导线（$aO=Oc=L$），位于 xy 平面中；磁感应强度为 $\boldsymbol{B}$ 的匀强磁场垂直于 xy 平面。当 aOc 以速度 $\boldsymbol{v}$ 沿 x 轴正向运动时，导线上 a、c 两点间电势差 $U_{ac}=$______；当 aOc 以速度 $\boldsymbol{v}$ 沿 y 轴正向运动时，a、c 两点的电势相比较，______点电势高。

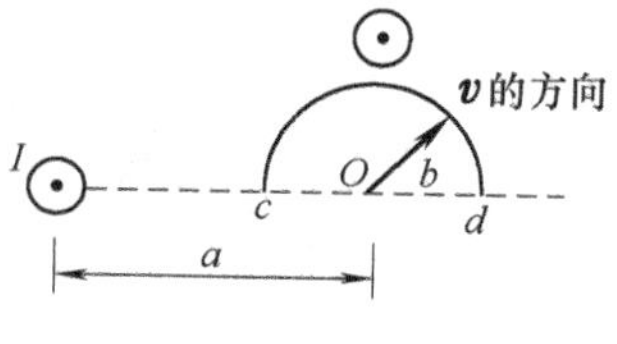

图　12-23

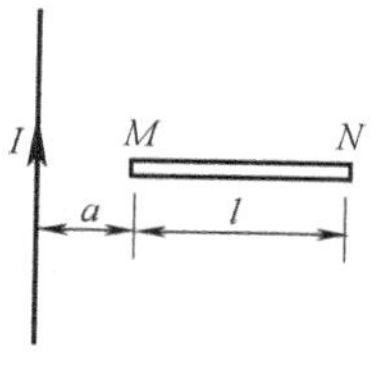

图　12-24

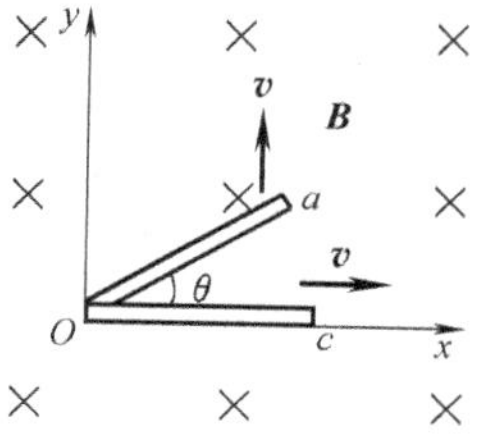

图　12-25

（三）计算题

17. 如图 12-26 所示，两个半径分别为 R 和 r 的同轴圆形线圈相距 x，且 $R >> r$，$x >> R$。若大线圈通有电流 I 而小线圈沿 x 轴方向以速率 v 运动，试求 $x = NR$ 时（N 为正数）小线圈回路中产生的感应电动势的大小。

18. 如图 12-27 所示，一长直导线，通有电流 $I = 5.0\text{A}$，在与其相距 $d\text{m}$ 处放有一矩形线圈，共 N 匝。线圈以速度 v 沿垂直于长导线的方向向右运动，求：（1）如图所示位置时，线圈中的感应电动势是多少？（设线圈长 L、宽 a）（2）若线圈不动，而长导线通有交变电流 $I = 5\sin 100\pi t$（A），线圈中的感应电动势是多少？

19. 一密绕的探测线圈面积 $S = 4\text{cm}^2$、匝数 $N = 160$、电阻 $R = 50\Omega$。线圈与一个内阻 $r = 30\Omega$ 的冲击电流计相连。今把探测线圈放入一均匀磁场中，线圈法线与磁场方向平行。当把线圈法线转到垂直磁场方向时，电流计指示通过的电荷量为 $4 \times 10^{-5}\text{C}$。试求磁感应强度的大小。

20. 一长直导线旁有一矩形线圈，两者共面（图 12-28）。求长直导线与矩形线圈之间的互感。

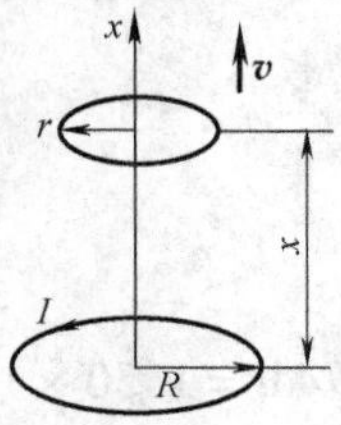

图　12-26

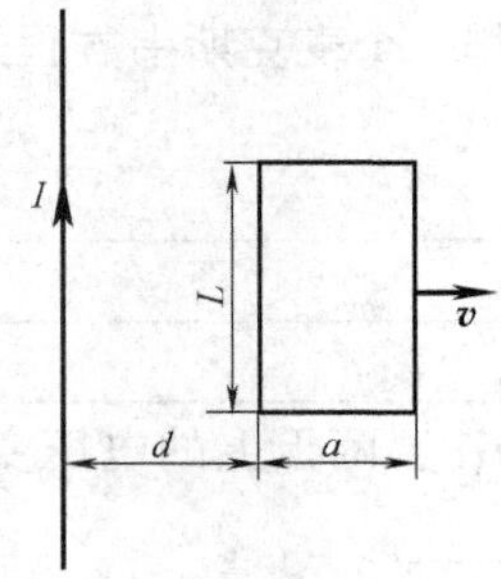

图　12-27

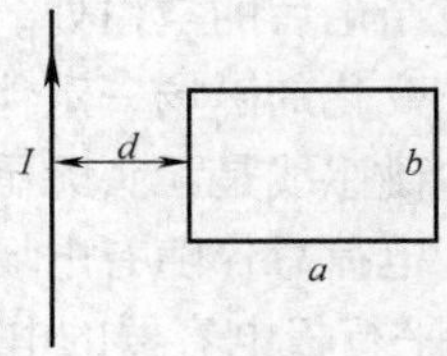

图　12-28

21. 一线圈的自感 $L = 1\text{H}$，电阻 $R = 3\Omega$。在 $t = 0$ 时突然在它两端加上 $U = 3\text{V}$ 的电压，此电压不再改变。（1）求 $t = 0.2\text{s}$ 时线圈中的电流；（2）求 $t = 0.2\text{s}$ 时线圈磁场能量对时间的变化率。

七、自测提高

（一）选择题

1. 在一通有电流 I 的无限长直导线所在平面内，有一半径为 r、电阻为 R 的导线小环，环中心距直导线为 a，如图 12-29 所示，且 $a >> r$。当直导线的电流被切断后，沿着导线环流过的电荷约为（　　）。

（A）$\dfrac{\mu_0 I r^2}{2\pi R}\left(\dfrac{1}{a} - \dfrac{1}{a+r}\right)$　　（B）$\dfrac{\mu_0 I r}{2\pi R}\ln\dfrac{a+r}{a}$

（C）$\dfrac{\mu_0 I r^2}{2aR}$　　（D）$\dfrac{\mu_0 I a^2}{2rR}$

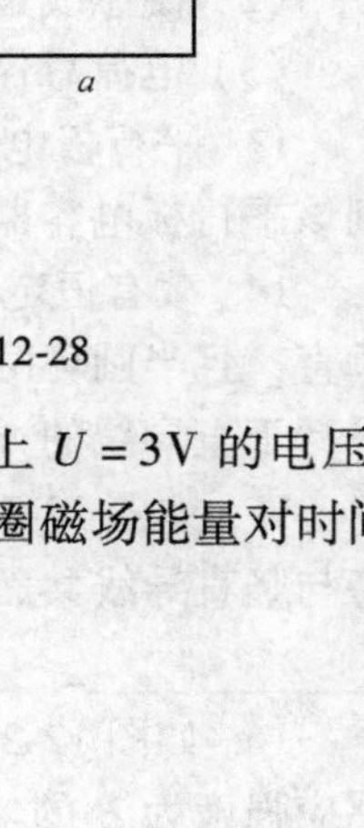

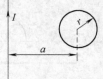

图　12-29

2. 真空中一根无限长直细导线上通电流 I，则距导线垂直距离为 a

的空间某点处的磁能密度为（　　）。

（A）$\frac{1}{2}\mu_0\left(\frac{\mu_0 I}{2\pi a}\right)^2$　（B）$\frac{1}{2\mu_0}\left(\frac{\mu_0 I}{2\pi a}\right)^2$　（C）$\frac{1}{2}\left(\frac{2\pi a}{\mu_0 I}\right)^2$　（D）$\frac{1}{2\mu_0}\left(\frac{\mu_0 I}{2a}\right)^2$

3. 一忽略内阻的电源接到阻值 $R=10\Omega$ 的电阻和自感 $L=0.52\text{H}$ 的线圈所组成的串联电路上，从电路接通计时，当电路中的电流达到最大值的90%时，经历的时间是（　　）。

（A）46s　（B）0.46s　（C）0.12s　（D）5.26×10^{-3}s

4. 有两个长直密绕螺线管，长度及线圈匝数均相同，半径分别为 r_1 和 r_2，管内充满均匀介质，其磁导率分别为 μ_1 和 μ_2，设 $r_1:r_2=1:2$，$\mu_1:\mu_2=2:1$，当将两只螺线管串联在电路中通电稳定后，其自感之比 $L_1:L_2$ 与磁能之比 $W_{m1}:W_{m2}$ 分别为（　　）。

（A）$L_1:L_2=1:1$，$W_{m1}:W_{m2}=1:1$　（B）$L_1:L_2=1:2$，$W_{m1}:W_{m2}=1:1$

（C）$L_1:L_2=1:2$，$W_{m1}:W_{m2}=1:2$　（D）$L_1:L_2=2:1$，$W_{m1}:W_{m2}=2:1$

5. 用导线围成的回路（两个以 O 点为心半径不同的同心圆，在一处用导线沿半径方向相连），放在轴线通过 O 点的圆柱形均匀磁场中，回路平面垂直于柱轴，如图12-30所示。如磁场方向垂直于图面向里，其大小随时间减小，则（A）~（D）各图中正确表示了感应电流流向的是（　　）。

6. 如图12-31所示，空气中有一无限长金属薄壁圆筒，在表面上沿圆周方向均匀地流着一层随时间变化的面电流 $i(t)$，则（　　）。

（A）圆筒内均匀地分布着变化磁场和变化电场

（B）任意时刻通过圆筒内假想的任一球面的磁通量和电通量均为零

（C）沿圆筒外任意闭合环路上磁感应强度的环流不为零

（D）沿圆筒内任意闭合环路上电场强度的环流为零

（二）填空题

7. 将条形磁铁插入与冲击电流计串联的金属环中时，有 $q=2.0\times10^{-5}$C 的电荷通过电流计。若连接电流计的电路总电阻 $R=25\Omega$，则穿过环的磁通的变化 $\Delta\Phi=$ ________。

8. 半径为 L 的均匀导体圆盘绕通过中心 O 的垂直轴转动，角速度为 ω，盘面与均匀磁场 $\boldsymbol{B}$ 垂直，如图12-32所示。(1) 图上 Oa 线段中动生电动势的方向为________。(2) 填写下列电势差的值（设 ca 段长度为 d）：$U_a-U_O=$ ________；$U_a-U_b=$ ________；$U_a-U_c=$ ________。

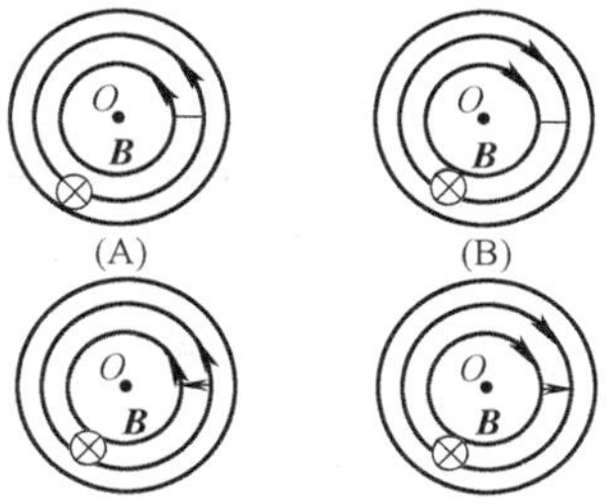

图　12-30

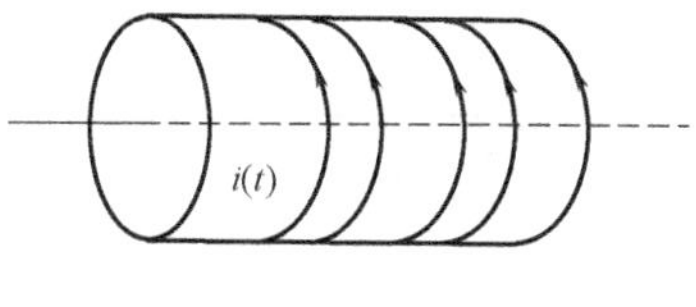

图　12-31

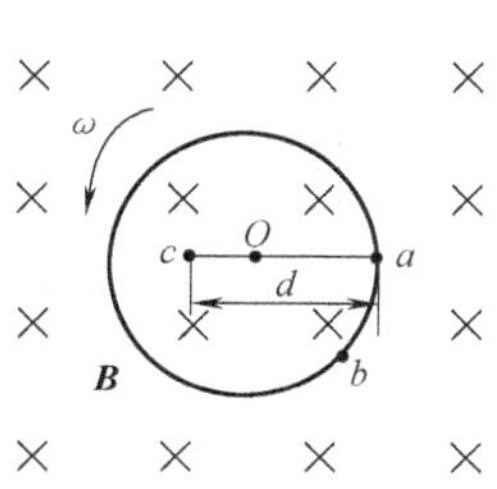

图　12-32

9. 如图 12-33 所示，一半径为 r 的很小的金属圆环，在初始时刻与一半径为 $a(a>>r)$ 的大金属圆环共面且同心。在大圆环中通以恒定的电流 I，方向如图。如果小圆环以匀角速度 ω 绕其任一方向的直径转动，并设小圆环的电阻为 R，则任一时刻 t 通过小圆环的磁通量 $\Phi=$____________，小圆环中的感应电流 $i=$____________。

10. 在一个中空的圆柱面上紧密地绕有两个完全相同的线圈 aa' 和 bb'（图 12-34）。已知每个线圈的自感都等于 0.05H。若 a、b 两端相接，a'、b' 接入电路，则整个线圈的自感 $L=$__________。若 a、b' 两端相连，a'、b 接入电路，则整个线圈的自感 $L=$________。若 a、b 相连，又 a'、b' 相连，再以此两端接入电路，则整个线圈的自感 $L=$________。

11. 图 12-35 所示为一圆柱体的横截面，圆柱体内有一均匀电场 $\boldsymbol{E}$，其方向垂直于纸面向内，$\boldsymbol{E}$ 的大小随时间 t 线性增加，P 为柱体内与轴线相距为 r 的一点，则：（1）P 点的位移电流密度的方向为________。（2）P 点感生磁场的方向为________。

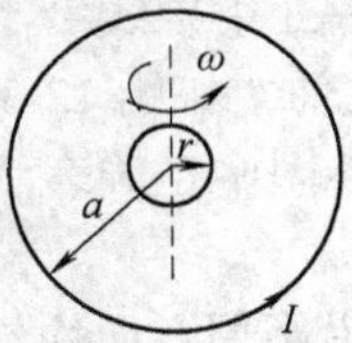

图　12-33

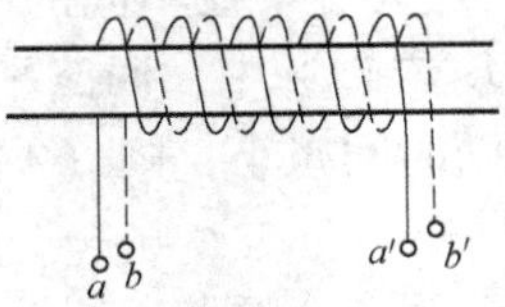

图　12-34

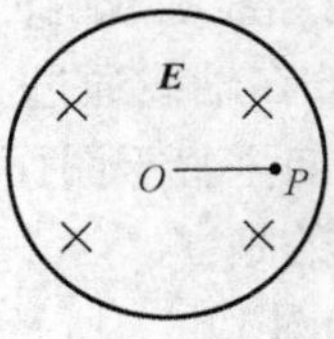

图　12-35

12. 半径为 r 的两块圆板组成的平行板电容器充了电，在放电时两板间的电场强度的大小为 $E=E_0e^{-t/RC}$，式中 E_0、R、C 均为常数，则两板间的位移电流的大小为________________，其方向与电场强度方向________。

（三）计算题

13. 如图 12-36 所示，长直导线 AB 中的电流 I 沿导线向上，并以 $dI/dt=2A/s$ 的变化率均匀增长。导线附近放一个与之同面的直角三角形线框，其一边与导线平行，位置及线框尺寸如图所示。求此线框中产生的感应电动势的大小和方向。$(\mu_0=4\pi\times10^{-7}T\cdot m/A)$

14. 如图 12-37 所示，在半径为 R 的长直螺线管中，均匀磁场随时间均匀增大 $\left(\frac{dB}{dt}>0\right)$，直导线 $ab=bc=R$，求导线 ac 上的感应电动势。

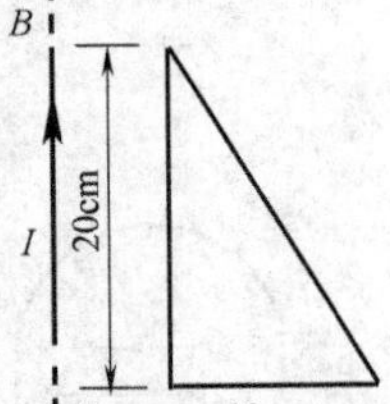

图　12-36

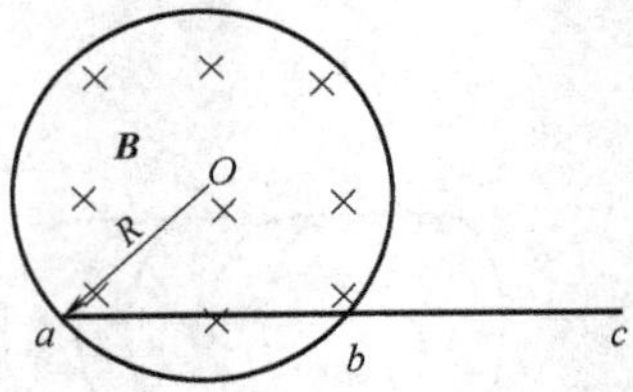

图　12-37

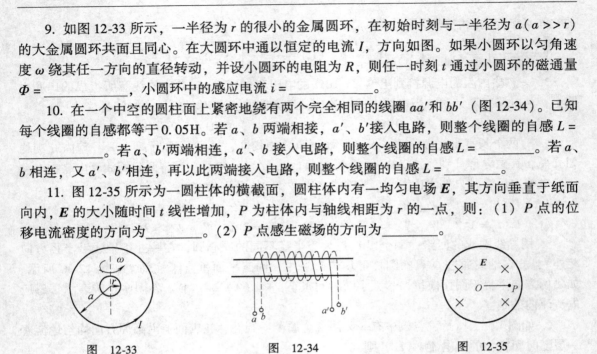

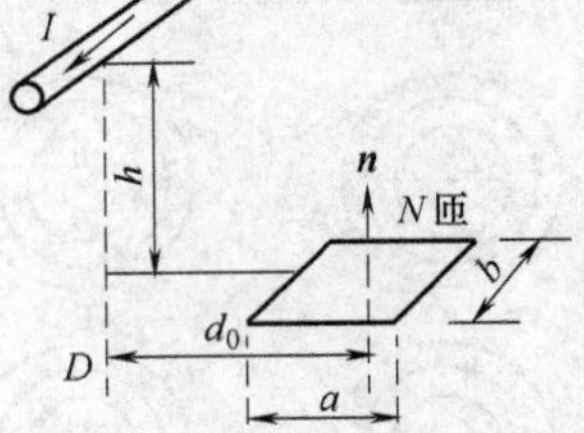

图　12-38

15. 有一水平的无限长直导线，线中通有交变电流 $I=I_0\cos\omega t$，其中 I_0 和 ω 为常数，t 为时间，$I>0$ 的方向如图 12-38 所示。导线离地面的高度为 h，D 点在导线的正下方。地面上有一 N 匝平面矩形线圈，其一对边与导线平行，线圈中心离 D 点的水平距离为 d_0，线圈的

边长为 $a\left(\frac{1}{2}a<d_0\right)$及 b，总电阻为 R。取法线 $\boldsymbol{n}$ 竖直向上，试计算导线中的交流电在线圈中引起的感应电流（忽略线圈自感）。

16. 如图 12-39 所示，有一弯成 θ 角的金属架 COD 放在磁场中，磁感应强度 $\boldsymbol{B}$ 的方向垂直于金属架 COD 所在平面。一导体杆 MN 垂直于 OD 边，并在金属架上以恒定速度$\boldsymbol{v}$ 向右滑动，$\boldsymbol{v}$ 与 MN 垂直。设 $t=0$ 时，$x=0$。求下列两情形下框架内的感应电动势：（1）磁场分布均匀，且 $\boldsymbol{B}$ 不随时间改变；（2）非均匀的时变磁场 $B=Kx\cos\omega t$。

17. 有一很长的长方的 U 形导轨，与水平面成 θ 角，裸导线 ab 可在导轨上无摩擦地下滑，导轨位于磁感应强度 $\boldsymbol{B}$ 竖直向上的均匀磁场中，如图 12-40 所示。设导线 ab 的质量为 m、电阻为 R、长度为 l，导轨的电阻略去不计，$abcd$ 形成电路，$t=0$ 时，$v=0$。试求：导线 ab 下滑的速度 v 与时间 t 的函数关系。

18. 如图 12-41 所示，无限长直导线通以常定电流 I，有一与之共面的直角三角形线圈 ABC，已知 AC 边长为 b，且与长直导线平行，BC 边长为 a。若线圈以垂直于导线方向的速度$\boldsymbol{v}$ 向右平移，当 B 点与长直导线的距离为 d 时，求线圈 ABC 内的感应电动势的大小和感应电动势的方向。

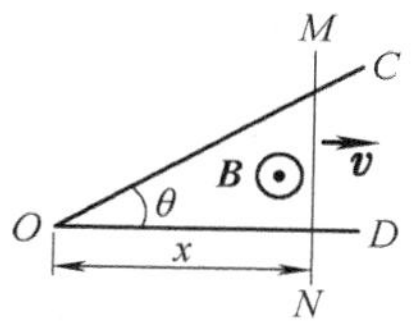

图　12-39

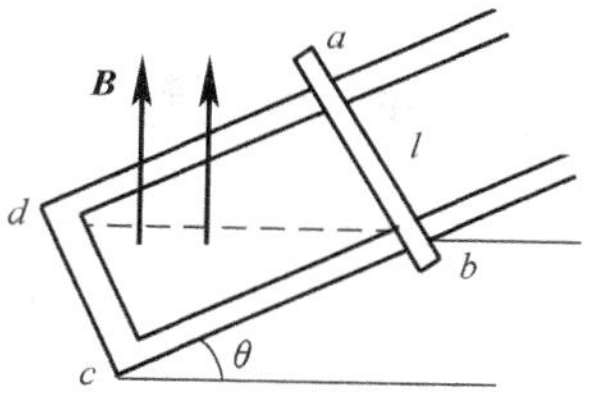

图　12-40

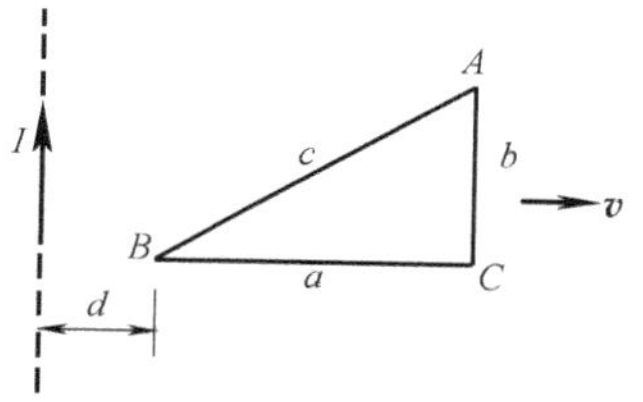

图　12-41

19. 求长度为 L 的金属杆在均匀磁场 $\boldsymbol{B}$ 中绕平行于磁场方向的定轴 OO'转动时的动生电动势。已知杆相对于均匀磁场 $\boldsymbol{B}$ 的方位角为 θ，杆的角速度为 ω，转向如图 12-42 所示。

20. 平行板空气电容器接在电源两端，电压为 U，如图 12-43 所示，回路电阻忽略不计。今将电容器的两极板以速率 v 匀速拉开，当两极板间距为 x 时，求电容器内位移电流密度。

21. 设一电缆是由两个无限长的同轴圆筒状导体所组成，内外圆筒之间充满相对磁导率为 μ_r 的磁介质。内圆筒和外圆筒上的电流 I 方向相反而大小相等，设内、外圆筒横截面的半径分别为 R_1 和 R_2，如图 12-44 所示。试计算长为 l 的一段电缆内的磁场所储藏的能量。

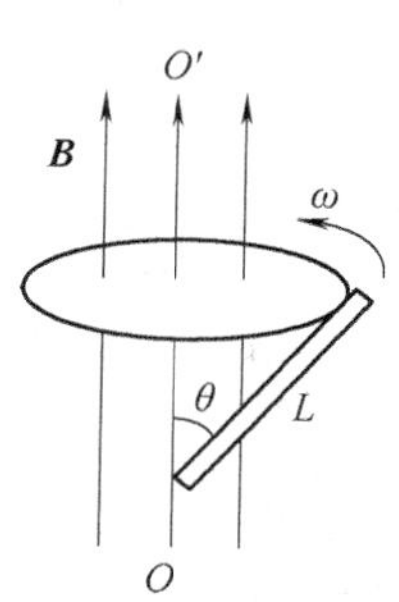

图　12-42

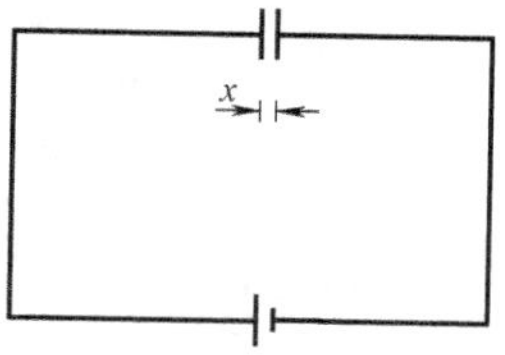

图　12-43

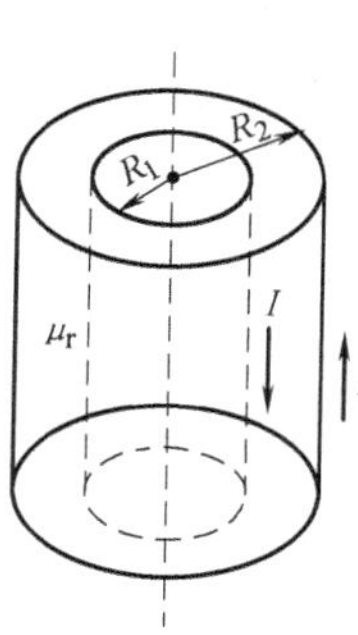

图　12-44

第四篇　振动与波动

第十三章　振　　动

物体在一定位置附近所作的往复运动称为机械振动，这种振动现象在自然界是广泛存在的。广义地说，任何一个物理量在某个定值附近的反复变化都可称为振动。在不同的振动现象中，最简单最基本的振动是简谐振动，任何复杂的振动都可看做是若干个简谐振动的叠加。本章主要讨论简谐振动的特征、方程和规律，进而讨论简谐振动的合成和分解，最后简单介绍阻尼振动、受迫振动与共振。

一、知识框架

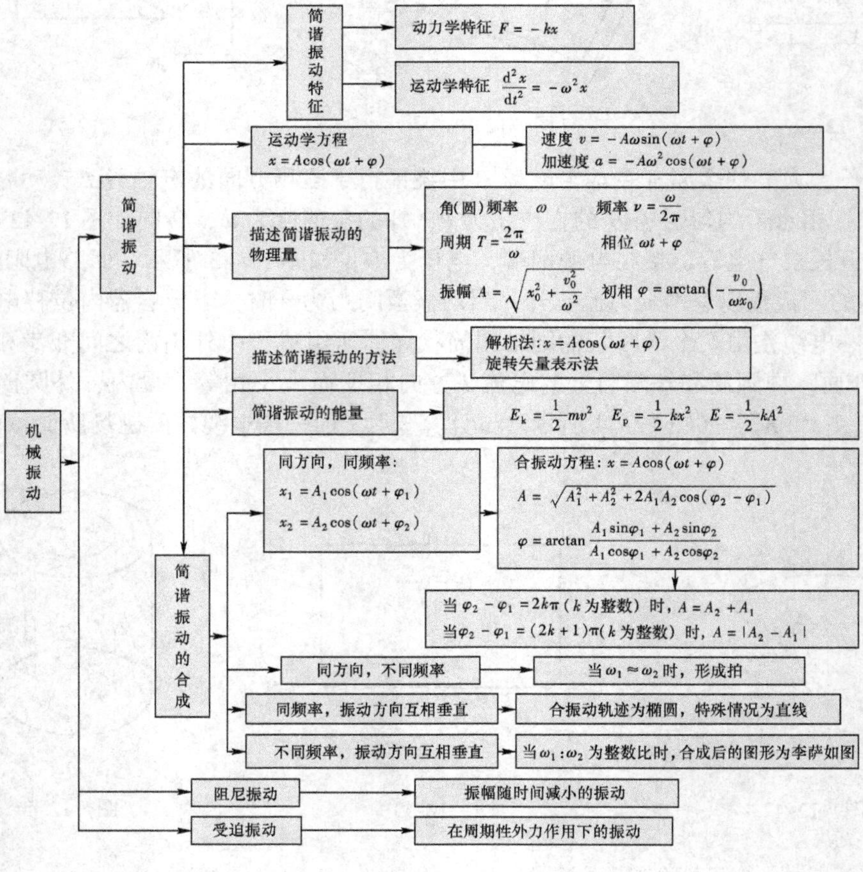

二、知识要点

物体受到的合外力或合外力矩为零的位置，称之为平衡位置。当物体偏离平衡位置时，物体受到与位移成正比、与位移方向相反的回复力（$F=-kx$）作用时物体将作简谐振动。

1. 简谐振动的特征

（1）动力学特征

$$F=-kx$$

（2）运动学特征

$$\frac{\mathrm{d}^2x}{\mathrm{d}t^2}=-\omega^2x$$

（3）运动方程

$$x=A\cos(\omega t+\varphi)$$

通常规定 $|\varphi|\leqslant\pi$。

2. 决定 ω、A、φ 的因素

1）ω 决定于振动系统，与振动方式无关，称为固有角（圆）频率。

$$\text{弹簧振子：}\omega=\sqrt{\frac{k}{m}}\text{，单摆：}\omega=\sqrt{\frac{g}{l}}$$

2）A、φ 决定于初始条件。

$$A=\sqrt{x_0^2+\frac{v_0^2}{\omega^2}}\text{，}\varphi=\arctan\left(-\frac{v_0}{\omega x_0}\right)$$

利用上式求解 φ 时必须注意：正切函数在 $-\pi\sim\pi$ 之间有两个解，需根据 v_0 和 x_0 的正负确定唯一解。

3. 简谐振动中的速度和加速度

$$v=\frac{\mathrm{d}x}{\mathrm{d}t}=-A\omega\sin(\omega t+\varphi)=v_{\mathrm{m}}\cos\left(\omega t+\varphi+\frac{\pi}{2}\right)$$

$$a=\frac{\mathrm{d}v}{\mathrm{d}t}=\frac{\mathrm{d}^2x}{\mathrm{d}t^2}=-A\omega^2\cos(\omega t+\varphi)=a_{\mathrm{m}}\cos(\omega t+\varphi\pm\pi)$$

4. 简谐振动的能量

$$E_{\mathrm{k}}=\frac{1}{2}mv^2=\frac{1}{2}m\omega^2A^2\sin^2(\omega t+\varphi)$$

$$E_{\mathrm{p}}=\frac{1}{2}kx^2=\frac{1}{2}kA^2\cos^2(\omega t+\varphi)=\frac{1}{2}m\omega^2A^2\cos^2(\omega t+\varphi)$$

$$E=E_{\mathrm{k}}+E_{\mathrm{p}}=\frac{1}{2}kA^2=\frac{1}{2}m\omega^2A^2$$

简谐振动的机械能守恒。

5. 旋转矢量表示法

如图 13-1 所示，一矢量 $\boldsymbol{A}$ 以匀角速度 ω 绕坐标原点逆时针旋转，矢量 $\boldsymbol{A}$ 的端点 M 在 x 轴上的投影 P 点的运动方程为

$$x_p=A\cos(\omega t+\varphi)$$

恰好是简谐振动方程，且 M 点匀速圆周运动的速度 v 和加速度 a 在 x 轴上的投影 v_x 和 a_x，也恰好是 P 点在 x 轴上作简谐振动的速度和加速度。对应的圆称为参考圆，所以用旋转矢量来描述简谐振动比较简单、直观，容易记忆。注意对应关系：矢量 $\boldsymbol{A}$ 的长度等于简谐振动的振幅，旋转的角速度等于简谐振动的圆频率，旋转矢量初始角位置等于简谐振动的初相。

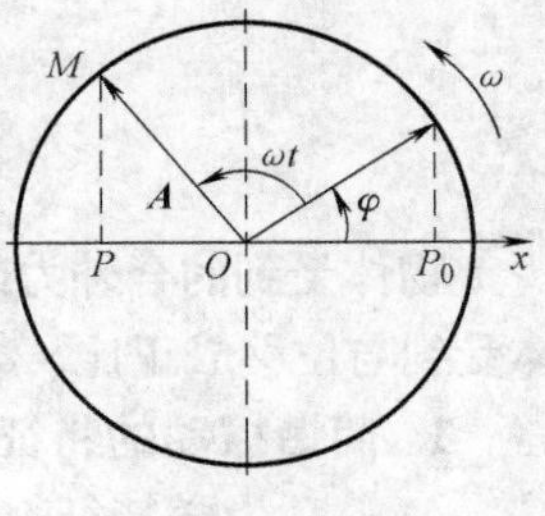

图　13-1

6. 简谐振动的合成

（1）同频率同方向简谐振动的合成

设简谐振动　$x_1=A_1\cos(\omega t+\varphi_1)$

$x_2=A_2\cos(\omega t+\varphi_2)$

合成后　$x=x_1+x_2=A\cos(\omega t+\varphi)$仍为简谐振动

其中，

$$A=\sqrt{A_1^2+A_2^2+2A_1A_2\cos(\varphi_2-\varphi_1)}$$

$$\varphi=\arctan\frac{A_1\sin\varphi_1+A_2\sin\varphi_2}{A_1\cos\varphi_1+A_2\cos\varphi_2}$$

用上式求解 φ 时必须注意：正切函数在 $-\pi\sim\pi$ 之间有两个解，需根据 v_0 和 x_0 的正负确定唯一解。

讨论：

1）当 $\Delta\varphi=\varphi_2-\varphi_1=\pm 2k\pi$，$k=0$，1，2，…时，$A=A_2+A_1$，合振幅为最大。

2）当 $\Delta\varphi=\varphi_2-\varphi_1=\pm(2k+1)\pi$，$k=0$，1，2，…时，$A=|A_2-A_1|$，合振幅为最小。

（2）同方向不同频率简谐振动的合成

当频率差很小时，出现拍现象，拍频

$$\nu=|\nu_1-\nu_2|$$

（3）相互垂直的同频率简谐振动的合成

$$x=A_1\cos(\omega t+\varphi_1)$$
$$y=A_2\cos(\omega t+\varphi_2)$$

消去时间 t，得

$$\frac{x^2}{A_1^2}+\frac{y^2}{A_2^2}-\frac{2xy}{A_1A_2}\cos(\varphi_2-\varphi_1)=\sin^2(\varphi_2-\varphi_1)$$

结论：两个相互垂直的同频率的简谐振动的合成，运动轨迹一般为椭圆，特殊情况为圆或直线。

（4）相互垂直的不同频率简谐振动的合成

当两者频率有简单的整数比时形成的图形称为李萨如图线，可用于测量未知频率。

方法：作两条与李萨如图线交点不相交的正交线作为 x 轴和 y 轴，则

$$\frac{\nu_x}{\nu_y}=\frac{\text{图线与 y 轴交点数}}{\text{图线与 x 轴交点数}}$$

7. 阻尼振动、受迫振动与共振

阻尼振动是由于振动系统受到阻力作用，造成能量损失的减幅振动，根据能量损失的原因通常可分成两种：摩擦阻尼和辐射阻尼。

物体在周期性外力持续作用下发生的振动称为受迫振动，受迫振动在达到稳定态后是等

幅振动，振动规律为

$$x = A\cos(\omega t + \varphi)$$

式中，ω 是周期性外力的角频率；振幅 A 随 ω 而变化。

对于一定的振动系统，当周期性驱动力的角频率为某个特定值时，位移振幅达到最大值，称为位移共振，共振角频率略小于振动系统的固有角频率。

受迫振动的速度在一定条件下也可以发生共振，称为速度共振，共振角频率等于振动系统的固有角频率。

三、概念辨析

1. 从运动学角度看什么是简谐振动？从动力学角度看什么是简谐振动？一个物体受到一个使它返回平衡位置的力，它是否一定作简谐振动？

【答】 从运动学角度看：物体在平衡位置附近作往复运动，运动变量（位移、角位移等）随时间 t 的变化规律可以用一个余（正）弦函数来表示，则该物体的运动就是简谐振动。

从动力学角度看：如果物体受到的合外力（合外力矩）与位移（角位移）的大小成正比，而且与位移的方向相反，则该物体就作简谐振动。

由简谐振动的动力学角度可以看出，物体所受的合外力不仅需要与位移方向相反，而且大小应与位移大小成正比，所以一个物体受到一个使它返回平衡位置的力，不一定作简谐振动。

2. 为什么用相位来表示作简谐振动的物体的运动状态？

【答】 在力学中，物体在某一时刻的运动状态是用位置和速度来描述的。简谐振动是机械运动中的一种特殊形式，它的特点是运动状态变化的周期性。在一个周期内，物体所经历的运动状态（位置和速度）不完全相同，但在下一周期内则完全重复前一周期的运动状态。所以，物体的两个相同的运动状态必定间隔一个周期或一个周期的整数倍的时间，相应相位间的差则是 2π 或 2π 的整数倍，并且作简谐振动的物体在任一时刻离开平衡位置的位移及速度，都可由相位唯一决定。可见，用相位来描述振动物体的运动状态，既方便又能充分反映出运动的周期性特征。此外，两个同方向、同频率简谐振动合成的合振动振幅大小的决定因素也是两者的相位，若两者的相位同相，则合振动振幅最大，若两者的相位反相，则合振动振幅最小。所以，在简谐振动中常用相位来表示物体的运动状态。

3. 将单摆从平衡位置 b 拉开一小角度 θ_0 后由静止放手让其作简谐振动，从放手时开始计时，问 θ_0 是否就是初相位？应该如何求初相位？

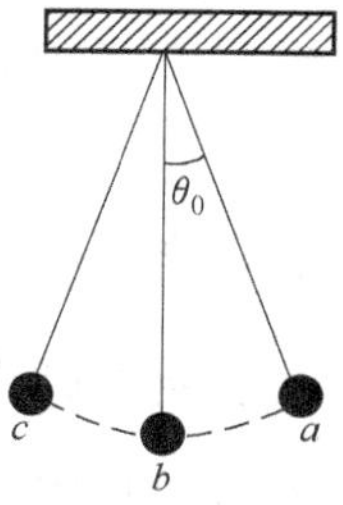

图　13-2

【答】 这里的 θ_0 是单摆的摆角，称为方位角，它是单摆的初角位移，而不是简谐振动的相位，更不是初相位。

单摆的角简谐振动方程为 $\theta = \theta_m\cos(\omega t + \varphi)$，其中 $(\omega t + \varphi)$ 是单摆的相位，φ 才是初相位。应该如何求初相位呢？

如图 13-2 所示，设把单摆从平衡位置 b 拉开一小角度 θ_0 至 a 点，然后由静止放手任其摆动，从放手时开始计时，若取初始移动角度方向为正方向，由题意可知：

$\theta_0>0$，$v_0=0$，即 $\cos\varphi>0$，$\sin\varphi=0$，则 $\varphi=0$。

若取初始移动角度方向为负方向，由题意可知：

$\theta_0<0$，$v_0=0$，即 $\cos\varphi<0$，$\sin\varphi=0$，则 $\varphi=\pi$。

可见，对于给定的系统，即使初始状态相同，如果选择的坐标轴方向不同，则初相一般也不同。

4. 谐振子从平衡位置运动到最远点所需的时间为 1/4 周期吗？走过该距离的一半所需时间为多少？振子从平衡位置出发经历 1/8 周期时运动的位移是多少？

【答】 振子作简谐振动时，从平衡位置运动到最远点所需的时间是 1/4 周期。因振子的速度 v 不是常数，振子作变速直线运动，所以走过该距离的一半所需的时间不是 1/8 周期。我们用旋转矢量法来计算这一时间。从图 13-3 可以看出，振子从平衡位置运动到 $A/2$ 处时，相应的振幅矢量转过了 $\pi/6$ 的角度，而旋转矢量为匀角速度运动，说明振子从平衡位置运动到 $A/2$ 处所用的时间为 $T/12$，而不是 $T/8$。而振子从 $A/2$ 处运动到最远点的时间为 $\dfrac{T}{4}-\dfrac{T}{12}=\dfrac{T}{6}$。

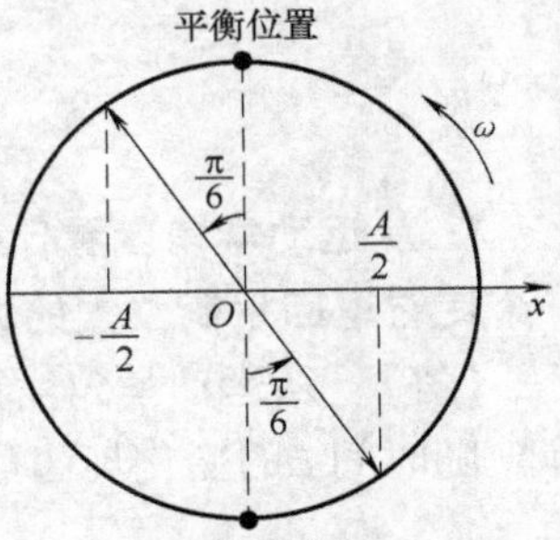

图　13-3

振子从平衡位置出发此时初相为 $\pi/2$ 或 $-\pi/2$，故经过 $T/8$ 时，位移为

$$x=A\cos\left(\omega\frac{T}{8}\pm\frac{\pi}{2}\right)=\pm\frac{\sqrt{2}}{2}A$$

四、方法点拨

1. 由运动学方程求解简谐振动物理量

简谐振动的运动学方程 $x=A\cos(\omega t+\varphi)$ 是一个标准方程。如果已知运动学方程，要求解 A、ω、φ 的值，则只需对照方程中的相应位置取值即可。而根据速度和加速度的关系式，很容易得到 $v_m=\omega A$，$a_m=\omega^2 A$。若给定的方程是用正弦函数表示的，则先转换为上述余弦函数形式的标准方程，再对照取值求解。

2. 证明物体作简谐振动的方法

（1）从物体受力角度出发。取平衡位置为坐标原点，证明物体所受的合力是线性回复力，即合力可表示为 $F=-kx$，且 k 为正值，或者加速度可表示为$\dfrac{d^2x}{dt^2}=-\omega^2x$。具体过程为：首先让物体离开平衡位置，产生一个正方向的位移 x，然后对系统进行受力分析，与位移方向相同的作用力为正，反之为负；再根据受力分析列出运动方程，并整理成$\dfrac{d^2x}{dt^2}=-\omega^2x$ 的形式，除了$\dfrac{d^2x}{dt^2}$、x 外，其他物理量都归入 ω^2 形式，由于 $\omega^2>0$，即证明了该物体在作简谐振动，且 ω 为简谐振动的固有频率。

（2）从系统的机械能角度入手。由于简谐振动系统的机械能一定是守恒的，首先列出系统的机械能守恒关系式，然后对时间求一阶导数，经整理得到$\frac{d^2x}{dt^2}=-\omega^2x$的形式，再按(1)的方式，证明该物体作简谐振动。

需要强调的是，无论用哪一种方法，表达式中的负号是关键要素，绝不能少，否则就无法证明是简谐振动。

3. 求解简谐振动方程

求解简谐振动方程，就是要求解 A、ω、φ 的值，其中 ω 为简谐振动的固有频率，即由简谐振动系统的本身的性质所决定。若是弹簧振子，则 $\omega=\sqrt{\frac{k}{m}}$；若是单摆，则 $\omega=\sqrt{\frac{g}{l}}$；其他简谐振动系统的固有频率则需要根据实际情况求解。振幅 A 和初相 φ 由初始条件决定，即

$$A=\sqrt{x_0^2+\frac{v_0^2}{\omega^2}},\ \varphi=\arctan\left(-\frac{v_0}{\omega x_0}\right)$$

由于余弦函数和正切函数的周期不同，当我们用公式 $\varphi=\arctan\left(-\frac{v_0}{\omega x_0}\right)$计算初相 φ 时，在 $-\pi\sim\pi$ 余弦函数的一个周期内，对应着两个值，应取哪一个？如果注意到初始位置 x_0 和初速度 v_0 的正负号，同时根据 $x_0=A\cos\varphi$、$v_0=-\omega A\sin\varphi$，就可以从中做出正确判断。最好的方法是结合旋转矢量图进行判断，如图 13-4 所示。

旋转矢量图	x_0	v_0	所在象限
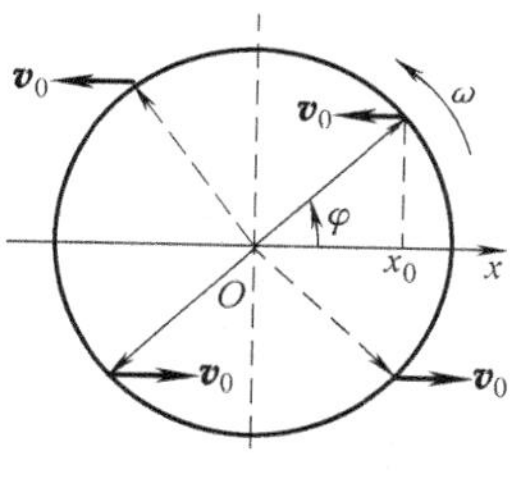	+	−	一
	−	−	二
	−	+	三
	+	+	四

图　13-4

在由振动曲线求振动的初相位 φ 时，应根据振动曲线图判断 x_0、v_0 的正、负，再参照图 13-4 判断初相位 φ 的象限，确定初相位 φ 的值。

有些题需要自己选设坐标，然后根据题意才能确定 x_0、v_0 的正负，再判断初相位 φ 的象限，最后确定初相位 φ 的值，如例题 13-7。

4. 简谐振动的时间

当要求解物体从 A 位置运动到 B 位置的时间时，由于简谐振动是变速运动，位移与时间不呈线性关系，所以用速度求解比较麻烦，而用旋转矢量求解则是最方便的。因为旋转矢量在作匀角速度 ω 转动，转过的角度与时间成正比，因此只要由 A、B 的位置和速度确定相应的旋转矢量的位置，得到旋转矢量所转过的角度 $\Delta\varphi$，再利用 $\Delta t=\frac{\Delta\varphi}{\omega}$即可得到正确的结

果，如例题 13-4。

5. 振动合成的求解

两个同方向同频率的简谐振动合成后的运动依然是简谐振动，且振动频率不变，因此，合振动的方程只要求解 A 和 φ，方法如下。

（1）公式法

$$A = \sqrt{A_1^2 + A_2^2 + 2A_1A_2\cos(\varphi_2 - \varphi_1)}$$

$$\varphi = \arctan\frac{A_1\sin\varphi_1 + A_2\sin\varphi_2}{A_1\cos\varphi_1 + A_2\cos\varphi_2}$$

用公式计算 φ 时必须注意，由于正切函数的周期特性，在 $-\pi \sim \pi$ 余弦函数的一个周期内，对应着两个值，当然只有一个是正确的，需要利用 $A\sin\varphi = A_1\sin\varphi_1 + A_2\sin\varphi_2$ 和 $A\cos\varphi = A_1\cos\varphi_1 + A_2\cos\varphi_2$ 的正负号来判断合振动初相位 φ 的象限，再确定合振动初相位 φ 的值。

（2）旋转矢量法

画出 $\boldsymbol{A} = \boldsymbol{A}_1 + \boldsymbol{A}_2$ 的旋转矢量图，由图可轻松地判断出合振动初相位 φ 的象限，并利用几何关系推导求出 A 和 φ。特别是当两个分振动的相位差为 $\pi/2$ 时，图解法更具优越性，画出的旋转矢量图中将呈现出直角三角形，A 和 φ 的求解会变得非常简单，参见例题 13-8。

五、例题精解

例题 13-1 一简谐振动，用余弦函数表示，其振动曲线如图 13-5 所示。求此简谐振动的振动方程。

【分析 1】 由振动曲线求振动方程，就要从曲线图中找有用的数据，特别是 x_0 和 v_0 的数据。

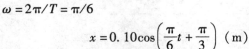

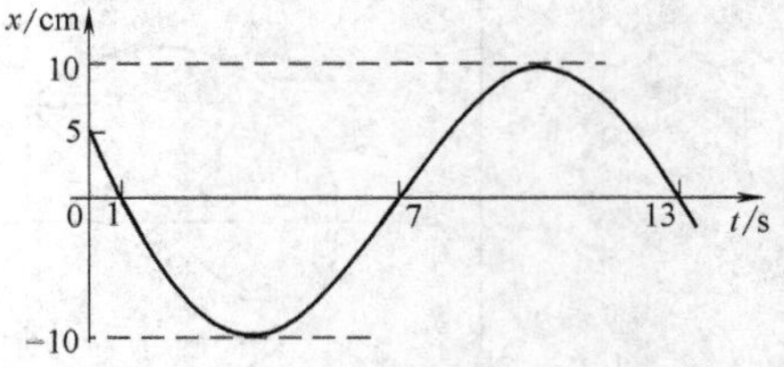

图 13-5

【解】 由题图可知：$T = 12\text{s}$，$A = 10\text{cm}$，

$$x_0 = A/2,\ v_0 < 0$$

则 $$\cos\varphi = 1/2,\ \sin\varphi > 0$$

所以 $$\varphi = \pi/3$$

又 $$\omega = 2\pi/T = \pi/6$$

得振动方程 $$x = 0.10\cos\left(\frac{\pi}{6}t + \frac{\pi}{3}\right)\ (\text{m})$$

【分析 2】 另外，φ 的求解还可以利用旋转矢量法，但需注意旋转矢量图的坐标轴方向、质点运动方向应该与振动曲线图中的方向一致。

由旋转矢量图（图 13-6）很容易求得 $\varphi = \pi/3$。

【常见错误】 利用 $\cos\varphi = 1/2$，得 $\varphi = \pi/3$，把 $\varphi = -\pi/3$ 舍去了，缺少理由。

例题 13-2 一简谐振动的振动曲线如图 13-7 所示，求该简谐振动的振动周期和初相。

【分析】 $t = 2\text{s}$ 这点的信息很关键，应知道 $\varphi_2 = \omega t + \varphi_0$。

【解】 由题图可知 $x_0 = -A/2$，$v_0 > 0$，所以

$$\cos\varphi = -1/2,\ \sin\varphi > 0$$

则 $$\varphi = 4\pi/3$$

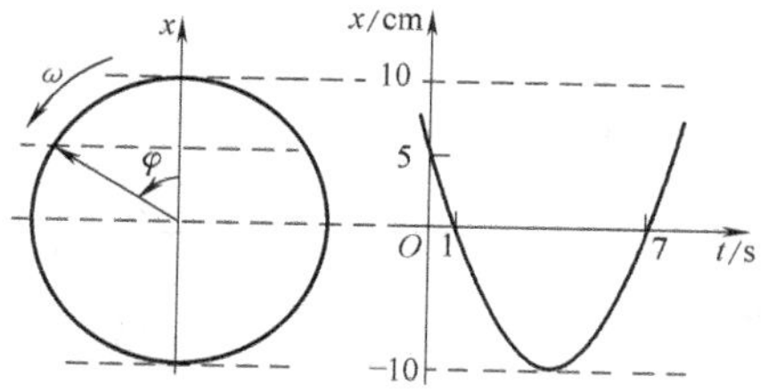

图　13-6

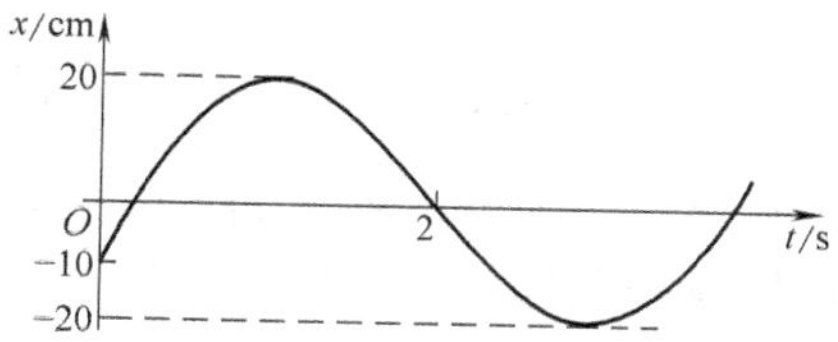

图　13-7

又由题图可知 $t=2$ 时，$x_2=0$，$v_2<0$，所以

$$\cos\varphi_2=0,\ \sin\varphi_2>0$$

考虑到 φ_2 是振动了一段时间后的相位，所以

$$\varphi_2>\varphi_0$$

则

$$\varphi_2=2\pi+\pi/2=5\pi/2$$

由 $\varphi_2=\omega t+\varphi_0$，有

$$\frac{5\pi}{2}=\omega\cdot 2+\frac{4\pi}{3}$$

可得

$$\omega=7\pi/12$$

则

$$T=2\pi/\omega=24/7\text{s}$$

【常见错误】　没有考虑到振动相位变化规律及周期性，利用 $\cos\varphi_2=0$，$\sin\varphi_2>0$，得 $\varphi_2=\pi/2$，结果造成 $\varphi_2<\varphi_0$，就会得出 $\omega<0$，使计算出错。

例题 13-3　质点在 x 轴方向上作简谐振动，选取质点向右运动通过 A 点作为计时起点 $(t=0)$，经过 2s 后质点第一次经过 B 点，再经过 2s 后质点第二次经过 B 点，若已知该质点在 A、B 两点具有相同的速率，且 $AB=10\text{cm}$，求：

（1）质点的振动方程；

（2）质点在 A 点处的速率。

【分析】　运用旋转矢量法能轻易地得到旋转周期，进而确定初相和振幅，得到振动方程。

【解】　根据题意作旋转矢量图（见图 13-8）。由旋转矢量图及 $|v_A|=|v_B|$ 可知

$$T=8\text{s},\quad \omega=\frac{2\pi}{T}=\frac{\pi}{4}$$

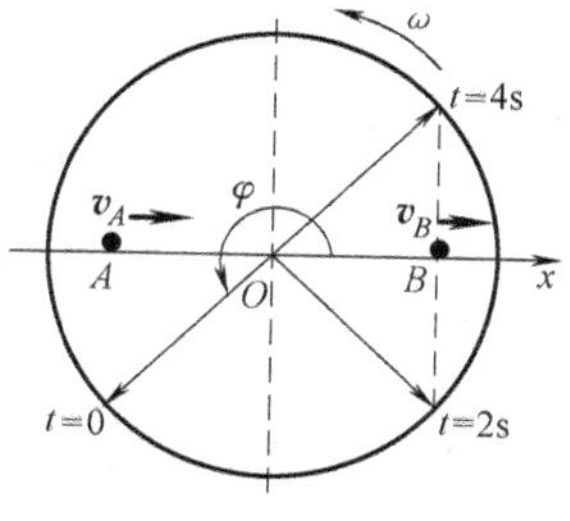

图　13-8

AB 的中点为平衡位置。

（1）以 AB 的中点平衡位置为坐标原点，向右为 x 轴正方向，根据旋转矢量图的对称性得

$$\varphi=\frac{\pi}{4}+\pi=\frac{5\pi}{4}$$

又

$$x_0=-5=A\cos\varphi$$

可得

$$A=5\sqrt{2}\text{cm}$$

故运动方程为
$$x=5\sqrt{2}\cos\left(\frac{\pi}{4}t+\frac{5\pi}{4}\right)\ (\text{cm})$$

（2）$v_A=-A\omega\sin(\omega t+\varphi)=-5\sqrt{2}\frac{\pi}{4}\sin\left(\frac{5\pi}{4}\right)\text{cm/s}=3.93\text{cm/s}$

例题 13-4　一轻弹簧在 60N 的拉力下伸长 30cm，现把质量为 4kg 的物体悬挂在该弹簧的下端并使之静止，再把物体向下拉 10cm，然后由静止释放并开始计时，如图 13-9 所示。求：

（1）物体的振动方程；

（2）物体在平衡位置上方 5cm 时弹簧对物体的拉力；

（3）物体从第一次越过平衡位置时刻起到它运动到上方 5cm 处所需要的最短时间。

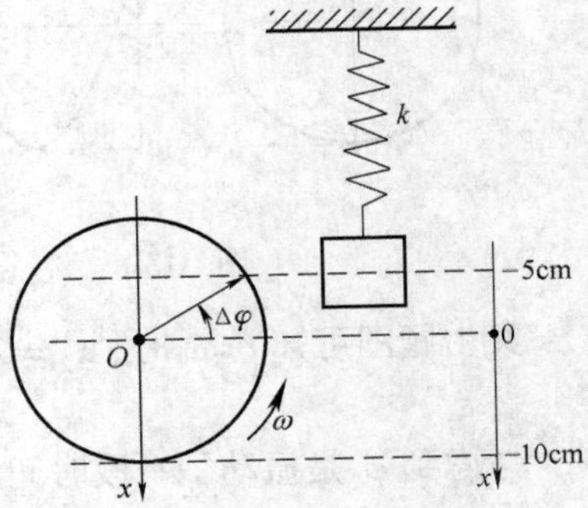

图　13-9

【分析】　受力分析时，注意简谐振动为变速运动，距离之比不等于时间之比。借助于旋转矢量法求解时间很方便。

【解】　由题意
$$k=\frac{F}{\Delta x}=200\text{N/m}$$

固有频率
$$\omega=\sqrt{\frac{k}{m}}=7.07\text{rad/s}$$

（1）取平衡位置为坐标原点，向下为 x 正方向，则 $x_0=10$ cm，$v_0=0$，所以
$$\sin\varphi=0,\ \cos\varphi>0$$

则
$$\varphi=0$$

因此
$$A=x_0=10\text{cm}$$

物体的振动方程为
$$x=0.10\cos(7.07t)\ (\text{m})$$

（2）受力分析见图 13-10。

列运动方程
$$mg-F=ma$$

而
$$a=\omega^2x=2.5\text{m/s}^2$$

则
$$F=mg-ma=29.2\text{N}$$

（3）作旋转矢量图如图 13-9 所示，由图可得
$$\Delta\varphi=\frac{\pi}{6}=\omega\Delta t$$

则
$$\Delta t=0.074\text{s}$$

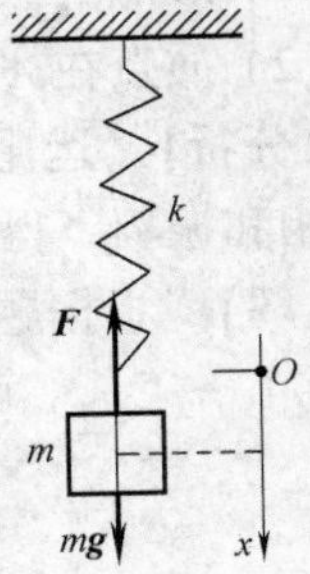

图　13-10

【常见错误】　（1）没作受力分析，或漏掉了重力，写成 $F=ma$ 而出错。

（2）认为运动距离之比等于时间之比：$\frac{\Delta x}{\Delta t}=\frac{A}{T/4}$，得 $\Delta t=0.11\text{s}$。

例题 13-5　一木板在水平面上作简谐振动，振幅是 12cm，在距平衡位置 6cm 处速率是 24cm/s。如果一小物块置于振动木板上，由于静摩擦力的作用，小物块和木板一起运动（振动频率不变），当木板运动到最大位移处时，物块正好开始在木板上滑动，问物块与木板之间的静摩擦系数 μ 为多少？

【分析】 木板作简谐振动的回复力由静摩擦力提供，静摩擦力不能小于最大回复力。

【解】 由振幅：$A=\sqrt{x_0^2+\dfrac{v_0^2}{\omega^2}}$

可以得到
$$\omega=\sqrt{\frac{v_0^2}{A^2-x_0^2}}=\frac{4}{3}\sqrt{3}$$

在最大位移处，小物块受力 $F_m=ma_m=m\omega^2A=m\dfrac{16}{3}\times12\times10^{-2}=\mu mg$

解得
$$\mu=6.4\times10^{-2}$$

例题 13-6 一定滑轮的半径为 R、转动惯量为 J，其上挂一轻绳，绳的一端系一质量为 m 的物体，另一端与一固定的轻弹簧相连，如图 13-11 所示。设弹簧的劲度系数为 k，绳与滑轮间无滑动，且忽略轴的摩擦力及空气阻力。现将物体 m 从平衡位置拉下一微小距离后放手，证明物体作简谐振动，并求出其角频率。

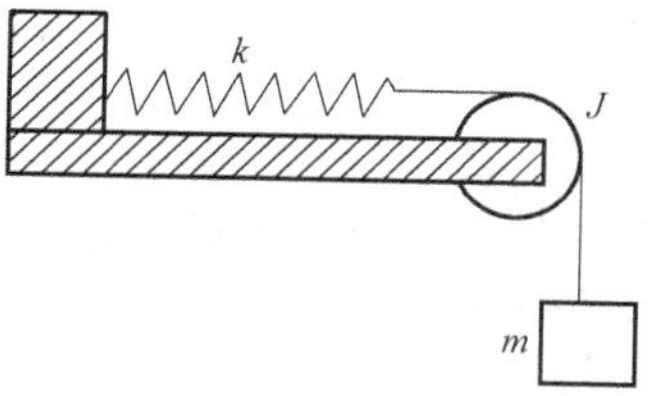

图 13-11

【分析 1】 本题采用谐振动运动特征 $\dfrac{d^2x}{dt^2}=-\omega^2x$ 证明，关键在于正确的受力分析。特别要注意选择合适的正方向，在物体偏离平衡位置后对系统进行受力分析。

【证明 1】 设 l_0 为物体在平衡位置时弹簧的伸长量；x 为物体离开平衡位置的位移，向下为正，受力分析如图 13-12 所示。则

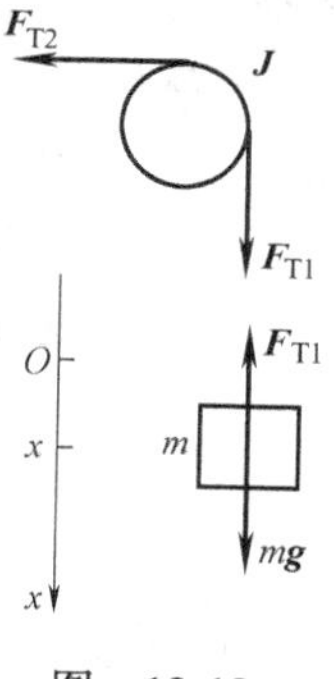

图 13-12

由胡克定律　　$F_{T_2}=k(l_0+x)$　　且 $kl_0=mg$

对于物体有 $mg-F_{T_1}=m\dfrac{d^2x}{dt^2}$（向下为正）

对于滑轮有 $F_{T_1}R-F_{T_2}R=J\dfrac{d^2\theta}{dt^2}$

因为
$$x=R\theta$$

整理得
$$\frac{d^2x}{dt^2}=-\frac{k}{\dfrac{J}{R^2}+m}x$$

令 $\dfrac{k}{\dfrac{J}{R^2}+m}=\omega^2$，这样，这个系统作简谐振动。且固有频率 $\omega=\sqrt{\dfrac{k}{\dfrac{J}{R^2}+m}}$。

【常见错误】 (1) 错误运用胡克定律 $F_{T_2}=-k(l_0+x)$，实际上，受力分析中 F_{T_2} 为绳拉力的大小，不应该有负号。(2) 按图 13-12 受力分析时发现 $F_{T_1}>mg$，将物体的动力学方程写成 $F_{T_1}-mg=m\dfrac{d^2x}{dt^2}$，抹煞了加速度与位移方向相反的证据，也就无法证明物体作简谐振动了。

【分析 2】 利用机械能守恒也可证明物体作简谐振动。弹簧振子系统中，可取平衡位置为零势能位置。

【证明2】 取平衡位置的势能为零势能，设 x 为物体离开平衡位置的位移。系统无耗散力做功，机械能守恒，则

$$\frac{1}{2}kA^2=\frac{1}{2}kx^2+\frac{1}{2}mv^2+\frac{1}{2}J\omega^2$$

对时间求一阶导数，有
$$0=kx\frac{\mathrm{d}x}{\mathrm{d}t}+mv\frac{\mathrm{d}v}{\mathrm{d}t}+J\omega\frac{\mathrm{d}\omega}{\mathrm{d}t}$$

而
$$v=\omega R=\frac{\mathrm{d}x}{\mathrm{d}t},\ \frac{\mathrm{d}^2x}{\mathrm{d}t^2}=\frac{\mathrm{d}v}{\mathrm{d}t}$$

整理得
$$\frac{\mathrm{d}^2x}{\mathrm{d}t^2}=-\frac{k}{\frac{J}{R^2}+m}x$$

令$\frac{k}{\frac{J}{R^2}+m}=\omega^2$，可见，该系统作简谐振动，且固有频率 $\omega=\sqrt{\frac{k}{\frac{J}{R^2}+m}}$。

【常见错误】 在上述机械能守恒关系式中加入了重力势能项，导致了重力势能重复计算：$\frac{1}{2}kA^2-mgA=\frac{1}{2}kx^2+\frac{1}{2}mv^2+\frac{1}{2}J\omega^2-mgx$。请读者自行分析其中的错误缘由。

例题13-7 如图13-13a所示，已知木块质量为 m_0，与弹簧的劲度系数为 k 的弹簧相连，与平面光滑接触，子弹质量为 m，以速度 v 水平射入木块内，使弹簧压缩而作简谐振动，从子弹射入木块开始计时，求简谐振动方程。

【分析】 本题运动分两个阶段：（1）碰撞阶段；（2）振动阶段。由于遵循的规律不同，所以要分两步解决。子弹射入木块后，谐振子的质量为 $m+m_0$。

【解】 设 u 为子弹射入木块后它们的共同速度

（1）子弹射入木块过程满足动量守恒，

$$mv=(m+m_0)u$$

$$u=\frac{mv}{m_0+m}\quad（方向向左）$$

取平衡位置为坐标原点，向右为 x 轴正方向，如图13-13b所示。

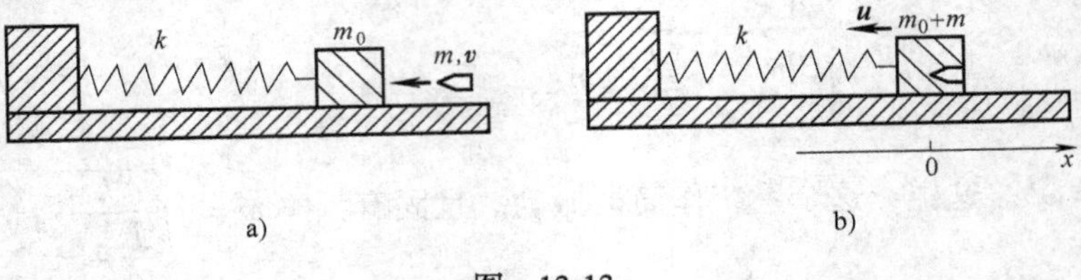

图　13-13

（2）弹簧振子的固有频率　$\omega=\sqrt{\frac{k}{m+m_0}}$

又
$$x_0=0,\ v_0<0$$
所以
$$\cos\varphi=0,\ \sin\varphi>0$$
$$\varphi=\pi/2$$

振幅
$$A=\sqrt{x_0^2+\frac{v_0^2}{\omega^2}}=\frac{mv}{\sqrt{(m+m_0)\ k}}$$

简谐振动方程
$$x=\frac{mv}{\sqrt{(m+m_0)\ k}}\cos\left(\sqrt{\frac{k}{m+m_0}}\cdot t+\frac{\pi}{2}\right)$$

【常见错误】 (1) 子弹射入木块的过程动量守恒，机械能并不守恒，却用机械能守恒来解题：$\frac{1}{2}mv^2=\frac{1}{2}(m+m_0)v'^2$；(2) 没有设定 x 的正方向，随意确定 x_0、v_0 的正负，求出错误的 φ 值。

例题 13-8 有两个同方向的简谐振动，它们的方程（SI 单位）为
$$x_1=0.06\cos\left(10t+\frac{3}{4}\pi\right),\ x_2=0.04\cos\left(10t+\frac{1}{4}\pi\right)$$

(1) 求它们合成振动的振幅和初位相。(2) 若另有一振动 $x_3=0.07\cos(10t+\phi)$，问 ϕ 为何值时，x_1+x_3 的振幅为最大；ϕ 为何值时，x_2+x_3 的振幅为最小。

【分析】 本题利用旋转矢量图可简化求解过程。

【解】 (1) 作旋转矢量图如图 13-14。由图可得合成振动的振幅
$$A=\sqrt{0.06^2+0.04^2}\text{m}=0.0721\text{m}$$

初相位
$$\phi_0=\frac{\pi}{4}+\tan^{-1}\frac{A_1}{A_2}=101.3°$$

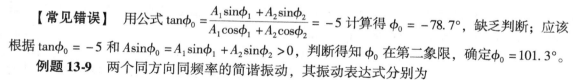

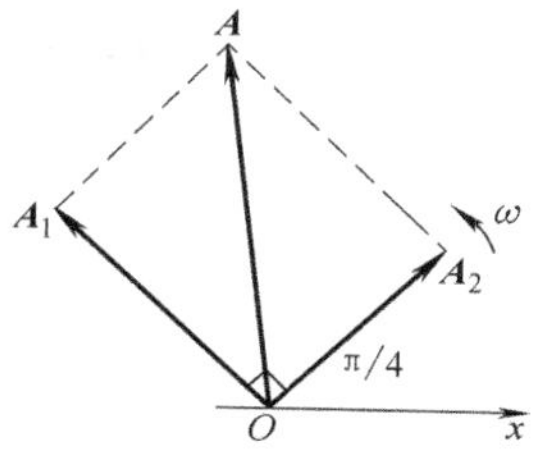

图 13-14

(2) 若另有一振动 $x_3=0.07\cos(10t+\phi)$，要使 x_1+x_3 振幅最大，需要 x_1 和 x_3 振动的初相位相同，所以 $\phi=\frac{3}{4}\pi$；要使 x_2+x_3 的振幅最小，需要 x_2 和 x_3 振动的初相位相差 180°，这时 $\phi=-\frac{3}{4}\pi$。

【常见错误】 用公式 $\tan\phi_0=\frac{A_1\sin\phi_1+A_2\sin\phi_2}{A_1\cos\phi_1+A_2\cos\phi_2}=-5$ 计算得 $\phi_0=-78.7°$，缺乏判断；应该根据 $\tan\phi_0=-5$ 和 $A\sin\phi_0=A_1\sin\phi_1+A_2\sin\phi_2>0$，判断得知 ϕ_0 在第二象限，确定$\phi_0=101.3°$。

例题 13-9 两个同方向同频率的简谐振动，其振动表达式分别为
$$x_1=6\times10^{-2}\cos\left(5t+\frac{\pi}{2}\right)$$
$$x_2=2\times10^{-2}\sin(5t-\pi)\quad(\text{SI})$$
求其合振动。

【分析】 注意 x_2 的振动式是用正弦表示的，需化成余弦形式再求解。

【解】 $x_2=2\times10^{-2}\sin(5t-\pi)=2\times10^{-2}\cos\left(\frac{\pi}{2}-5t+\pi\right)=2\times10^{-2}\cos\left(5t+\frac{\pi}{2}\right)$

所以
$$x=x_1+x_2=8\times10^{-2}\cos\left(5t+\frac{\pi}{2}\right)$$

【常见错误】 将正弦函数当成余弦函数来求解。

六、基础训练

(一) 选择题

1. 把单摆摆球从平衡位置向位移正方向拉开，使摆线与竖直方向成一微小角度 θ，然

后由静止放手任其振动，从放手时开始计时。若用余弦函数表示其运动方程，则该单摆振动的初相为（　　）。

（A）π　　（B）π/2　　（C）0　　（D）θ

2. 一劲度系数为 k 的轻弹簧截成三等份，取出其中的两根，将它们并联，下面挂一质量为 m 的物体，如图 13-15 所示。则振动系统的频率为（　　）。

（A）$\dfrac{1}{2\pi}\sqrt{\dfrac{k}{3m}}$　　（B）$\dfrac{1}{2\pi}\sqrt{\dfrac{k}{m}}$　　（C）$\dfrac{1}{2\pi}\sqrt{\dfrac{3k}{m}}$　　（D）$\dfrac{1}{2\pi}\sqrt{\dfrac{6k}{m}}$

3. 一长为 l 的均匀细棒悬于通过其一端的光滑水平固定轴上（图 13-16），构成一复摆。已知细棒绕通过其一端的轴的转动惯量 $J=\dfrac{1}{3}ml^2$，此摆作微小振动的周期为（　　）。

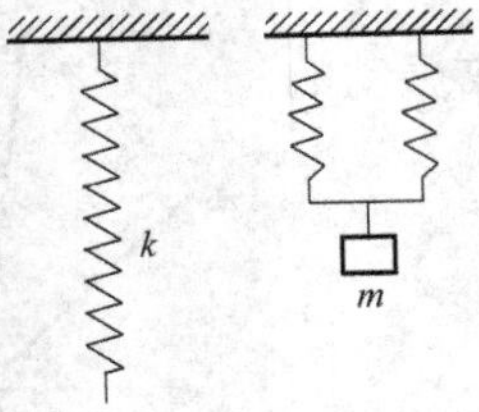

图　13-15

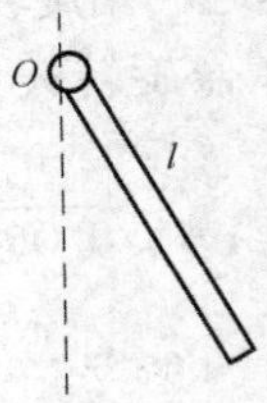

图　13-16

（A）$2\pi\sqrt{\dfrac{l}{g}}$　　（B）$2\pi\sqrt{\dfrac{l}{2g}}$　　（C）$2\pi\sqrt{\dfrac{2l}{3g}}$　　（D）$\pi\sqrt{\dfrac{l}{3g}}$

4. 一质点作简谐振动，周期为 T，当它由平衡位置向 x 轴正方向运动时，从二分之一最大位移处到最大位移处这段路程所需要的时间为（　　）。

（A）$T/12$　　（B）$T/8$　　（C）$T/6$　　（D）$T/4$

5. 一弹簧振子作简谐振动，当其偏离平衡位置的位移的大小为振幅的 1/4 时，其动能为振动总能量的（　　）。

（A）7/16　　（B）9/16　　（C）11/16　　（D）13/16　　（E）15/16

6. 一个质点作简谐振动，振幅为 A，在起始时刻质点的位移为 $\dfrac{1}{2}A$，且向 x 轴的正方向运动，代表此简谐振动的旋转矢量图（见图 13-17）为（　　）。

7. 当质点以频率 ν 作简谐振动时，它的动能的变化频率为（　　）。

（A）4ν　（B）2ν　（C）ν　（D）$\dfrac{1}{2}\nu$

8. 图 13-18 中所画的是两个简谐振动的振动曲线。若这两个简谐振动可叠加，则合成的余弦振动的初相为（　　）。

（A）$\dfrac{3}{2}\pi$　（B）π　（C）$\dfrac{1}{2}\pi$　（D）0

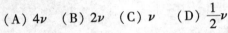

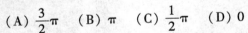

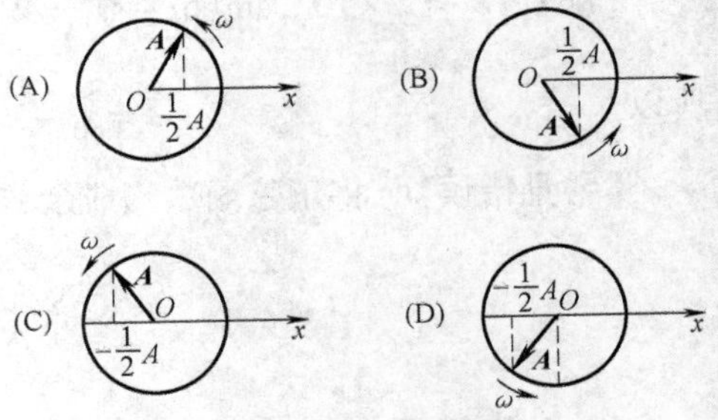

图　13-17

（二）填空题

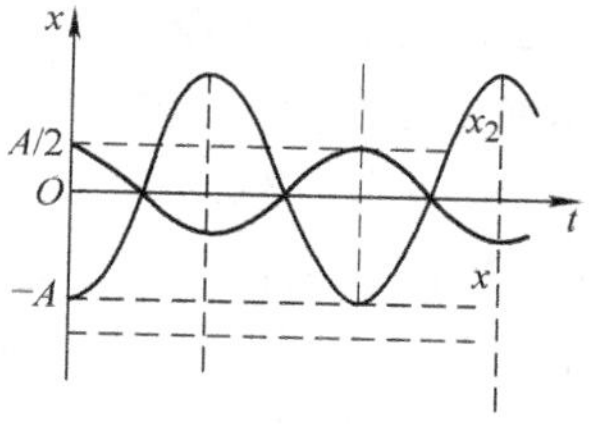

图　13-18

9. 一简谐振动用余弦函数表示，其振动曲线如图 13-19 所示，则此简谐振动的三个特征量为：$A=$ ________；$\omega=$ ________；$\phi=$ ________。

10. 已知两个简谐振动的振动曲线如图 13-20 所示，两简谐振动的最大速率之比为________。

11. 质量 $m'=1.2\text{kg}$ 的物体挂在一个轻弹簧上振动。用秒表测得此系统在 45s 内振动了 90 次。若在此弹簧上再加挂质量 $m=0.6\text{kg}$ 的物体，而弹簧所受的力未超过弹性限度，则该系统新的振动周期为________。

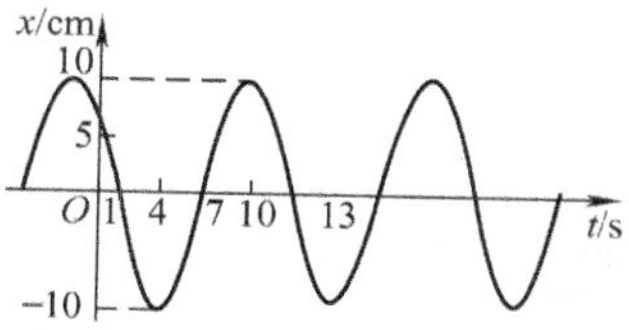

图　13-19

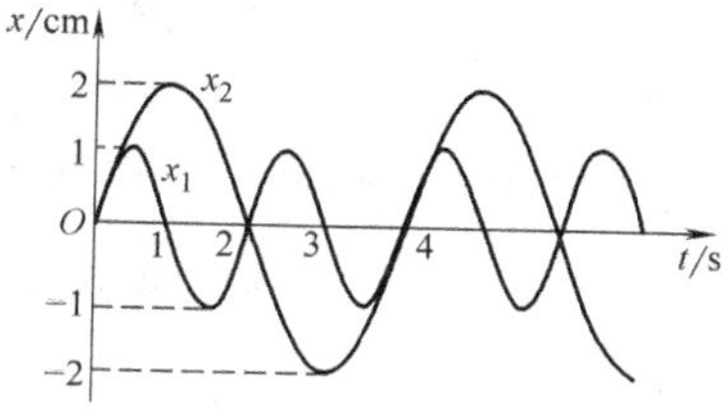

图　13-20

12. 一系统作简谐振动，周期为 T，以余弦函数表达振动时，初相为零。在 $0\leqslant t\leqslant\frac{1}{4}T$ 范围内，系统在 $t=$ ________时刻动能和势能相等。

13. 一质点作简谐振动，其振动曲线如图 13-21 所示，根据此图，它的周期 $T=$ ________，用余弦函数描述时初相 $\phi=$ ________。

14. 一简谐振动的旋转矢量图如图 13-22 所示，振幅矢量长 2cm，则该简谐振动的初相为________，振动方程为________。

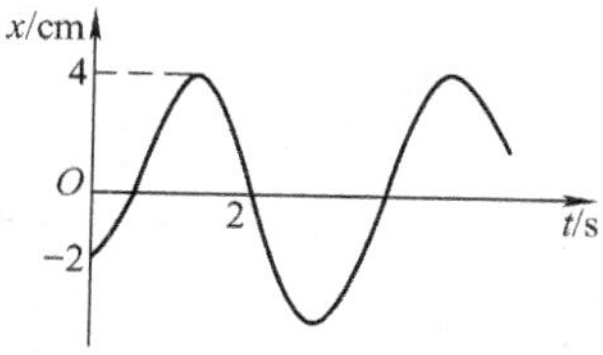

图　13-21

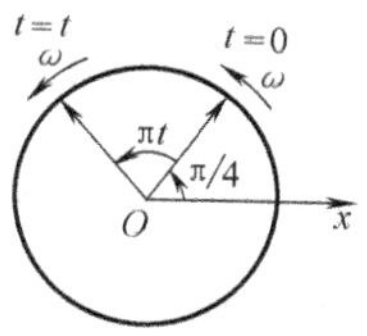

图　13-22

15. 一弹簧振子系统具有 1.0J 的振动能量、0.10m 的振幅和 1.0m/s 的最大速率，则弹簧的劲度系数为________，振子的振动频率为________。

16. 两个同方向同频率的简谐振动，其振动表达式分别为

$$x_1=6\times10^{-2}\cos\left(5t+\frac{1}{2}\pi\right)\quad(\text{SI}),\qquad x_2=2\times10^{-2}\cos(\pi-5t)\quad(\text{SI})$$

它们的合振动的振幅为________，初相为________。

（三）计算题

17. 质量为 10g 的小球与轻弹簧组成的系统，按 $x=0.5\cos\left(8\pi t+\frac{\pi}{3}\right)$（cm）的规律而振

动，式中 t 以 s 为单位。试求：(1) 振动的圆频率、周期、振幅、初位相、速度及加速度的最大值；(2) $t=1\text{s}$ 时刻的动能、势能和总能量各为多少？

18. 如图 13-23 所示，有一水平弹簧振子，弹簧的劲度系数 $k=24\text{N/m}$，物体的质量 $m=6\text{kg}$，物体静止在平衡位置上。设以一大小为 $F=10\text{N}$ 的水平恒力向左作用于物体（不计摩擦），使之由平衡位置在向左运动了 0.05m 时撤去力 $\boldsymbol{F}$。当物体运动到左方最远位置时开始计时，求物体的运动方程。

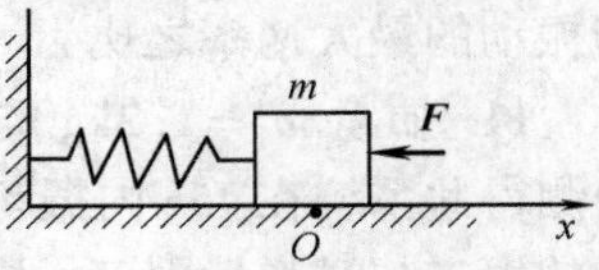

图　13-23

19. 一木板在水平面上作简谐振动，振幅是 12cm，在距平衡位置 6cm 处速率是 24cm/s。如果一小物块置于振动木板上，由于静摩擦力的作用，小物块和木板一起运动（振动频率不变），当木板运动到最大位移处时，物块正好开始在木板上滑动，问物块与木板之间的静摩擦系数 μ 为多少？

20. 一质点作简谐振动，其振动方程为

$$x = 6.0 \times 10^{-2}\cos\left(\frac{1}{3}\pi t - \frac{1}{4}\pi\right) \quad \text{(SI)}$$

(1) 当 x 值为多大时，系统的势能为总能量的一半？(2) 质点从平衡位置移动到上述位置所需最短时间为多少？

21. 一弹簧振子沿 x 轴作简谐振动（弹簧为原长时振动物体的位置取作 x 轴原点）。已知振动物体最大位移为 $x_m=0.4\text{m}$，最大恢复力为 $F_m=0.8\text{N}$，最大速度为 $v_m=0.8\pi\text{m/s}$，又知 $t=0$ 时的初位移为 $+0.2\text{m}$，且初速度与所选 x 轴方向相反。(1) 求振动能量；(2) 求此振动的表达式。

22. 在竖直面内半径为 R 的一段光滑圆弧轨道上，一小物体静止于轨道的最低处，轻碰一下此物体，使其沿圆弧轨道来回作小幅度运动。(1) 试证：此物体作简谐振动；(2) 求出它的周期。

23. 有两个同方向的简谐振动，它们的方程（SI 单位）为

$$x_1 = 0.05\cos\left(10t + \frac{3}{4}\pi\right), \quad x_2 = 0.06\cos\left(10t + \frac{1}{4}\pi\right)$$

(1) 求它们合成振动的振幅和初位相。(2) 若另有一振动 $x_3=0.07\cos(10t+\phi)$，问 ϕ 为何值时，x_1+x_3 的振幅为最大；ϕ 为何值时，x_2+x_3 的振幅为最小。

24. 在竖直悬挂的轻弹簧下端系一质量为 100g 的物体，当物体处于平衡状态时，再对物体加一拉力使弹簧伸长，然后从静止状态将物体释放。已知物体在 32s 内完成 48 次振动，振幅为 5cm。(1) 上述的外加拉力是多大？(2) 当物体在平衡位置以下 1cm 处时，此振动系统的动能和势能各是多少？

七、自 测 提 高

（一）选择题

1. 一轻弹簧，上端固定，下端挂有质量为 m 的重物，其自由振动的周期为 T。今已知振子离开平衡位置为 x 时，其振动速度为 v、加速度为 a。则下列计算该振子劲度系数的公式中，错误的是（　　）。

（A）$k = mv_{max}^2/x_{max}^2$　　（B）$k = mg/x$　　（C）$k = 4\pi^2 m/T^2$　　（D）$k = ma/x$

2. 两个质点各自作简谐振动，它们的振幅相同、周期相同。第一个质点的振动方程为 $x_1 = A\cos(\omega t + \alpha)$。当第一个质点从相对于其平衡位置的正位移处回到平衡位置时，第二个质点正在最大正位移处。则第二个质点的振动方程为（　　）。

（A）$x_2 = A\cos\left(\omega t + \alpha + \frac{1}{2}\pi\right)$　　（B）$x_2 = A\cos\left(\omega t + \alpha - \frac{1}{2}\pi\right)$

（C）$x_2 = A\cos\left(\omega t + \alpha - \frac{3}{2}\pi\right)$　　（D）$x_2 = A\cos(\omega t + \alpha + \pi)$

3. 轻弹簧上端固定，下系一质量为 m_1 的物体，稳定后在 m_1 下边又系一质量为 m_2 的物体，于是弹簧又伸长了 Δx。若将 m_2 移去，并令其振动，则振动周期为（　　）。

（A）$T = 2\pi\sqrt{\frac{m_2\Delta x}{m_1 g}}$　　（B）$T = 2\pi\sqrt{\frac{m_1\Delta x}{m_2 g}}$

（C）$T = \frac{1}{2\pi}\sqrt{\frac{m_1\Delta x}{m_2 g}}$　　（D）$T = 2\pi\sqrt{\frac{m_2\Delta x}{(m_1 + m_2)g}}$

4. 如图 13-24 所示，质量为 m 的物体，由劲度系数为 k_1 和 k_2 的两个轻弹簧连接到固定端，在水平光滑导轨上作微小振动，则其振动频率为（　　）。

（A）$\nu = 2\pi\sqrt{\frac{k_1 + k_2}{m}}$　　（B）$\nu = \frac{1}{2\pi}\sqrt{\frac{k_1 + k_2}{m}}$

（C）$\nu = \frac{1}{2\pi}\sqrt{\frac{k_1 + k_2}{mk_1k_2}}$　　（D）$\nu = \frac{1}{2\pi}\sqrt{\frac{k_1k_2}{m(k_1 + k_2)}}$

5. 一简谐振动曲线如图 13-25 所示，则振动周期是（　　）。

（A）2.62s　　（B）2.40s　　（C）2.20s　　（D）2.00s

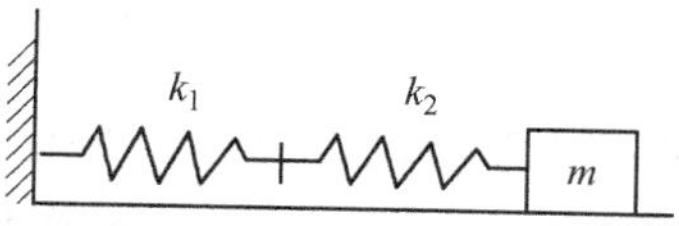

图　13-24

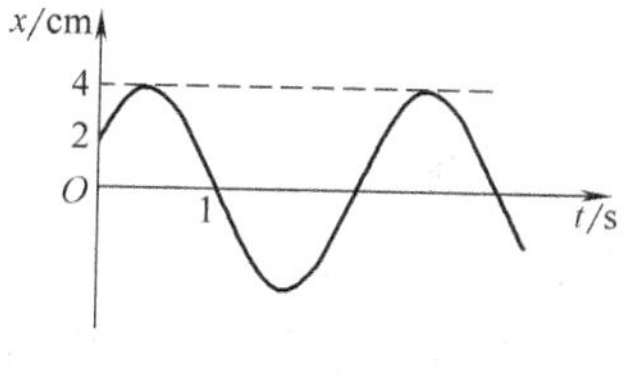

图　13-25

6. 弹簧振子在光滑水平面上作简谐振动，其弹性力在半个周期内所做的功为（　　）。

（A）kA^2　　（B）$\frac{1}{2}kA^2$　　（C）（1/4）kA^2　　（D）0

7. 一质点在 x 轴上作简谐振动，振幅 $A = 4\text{cm}$，周期 $T = 2\text{s}$，将其平衡位置取作坐标原点。若 $t = 0$ 时刻质点第一次通过 $x = -2\text{cm}$ 处，且向 x 轴负方向运动，则质点第二次通过 $x = -2\text{cm}$ 处的时刻为（　　）。

（A）1s　　（B）$\frac{2}{3}$s　　（C）$\frac{4}{3}$s　　（D）2s

（二）填空题

8. 在静止的升降机中，长度为 l 的单摆的振动周期为 T_0。当升降机以加速度 $a = \frac{1}{2}g$ 竖直下降时，摆的振动周期 $T=$__________。

9. 两个弹簧振子的周期都是 0.4s，设开始时第一个振子从平衡位置向负方向运动，经过 0.5s 后，第二个振子才从正方向的端点开始运动，则这两振动的相位差为__________。

10. 分别敲击某待测音叉和标准音叉，使它们同时发音，会听到时强时弱的拍音。若测得在 20s 内拍的次数为 180 次，标准音叉的频率为 300Hz，则待测音叉的频率为__________。

11. 一单摆的悬线长 $l=1.5$m，在顶端固定点的竖直下方 0.45m 处有一小钉，如图 13-26 所示。设摆动很小，则单摆的左右两方振幅之比 A_1/A_2 的近似值为__________。

12. 一质点同时参与了三个简谐振动，它们的振动方程分别为

$$x_1=A\cos\left(\omega t+\frac{1}{3}\pi\right), x_2=A\cos\left(\omega t+\frac{5}{3}\pi\right), x_3=A\cos(\omega t+\pi)$$

其合成运动的运动方程为 $x=$__________。

13. 一台摆钟每天慢 2min10s，其等效摆长 $l=0.995$m，摆锤可上下移动以调节其周期，假如将此摆当作质量集中在摆锤中心的单摆来估算，则应将摆锤向________（填上或下）移动 $\Delta l=$__________距离，才能使钟走得准确。

14. 两个互相垂直的不同频率简谐振动合成后的图形如图 13-27 所示，由图可知 x 方向和 y 方向两振动的频率之比 $\nu_x:\nu_y=$__________。

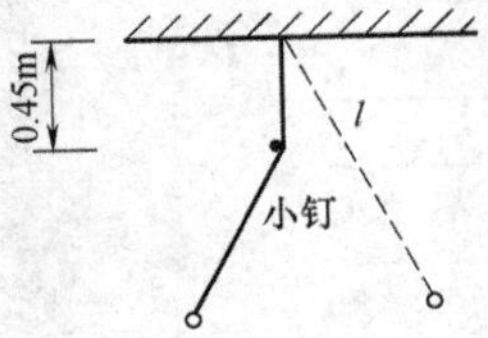

图 13-26

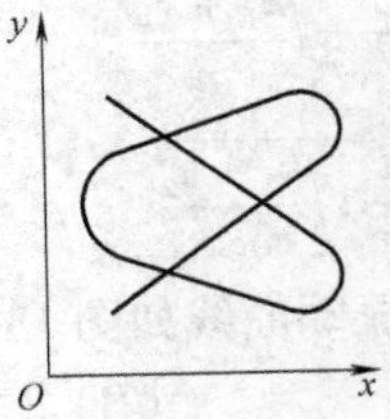

图 13-27

（三）计算题

15. 两个物体作同方向、同频率、同振幅的简谐振动。在振动过程中，每当第一个物体经过位移为 $A/\sqrt{2}$ 的位置向平衡位置运动时，第二个物体也经过此位置，但向远离平衡位置的方向运动。试利用旋转矢量法求它们的相位差。

16. 一简谐振动的振动曲线如图 13-28 所示，求该简谐振动的振动周期和初相。

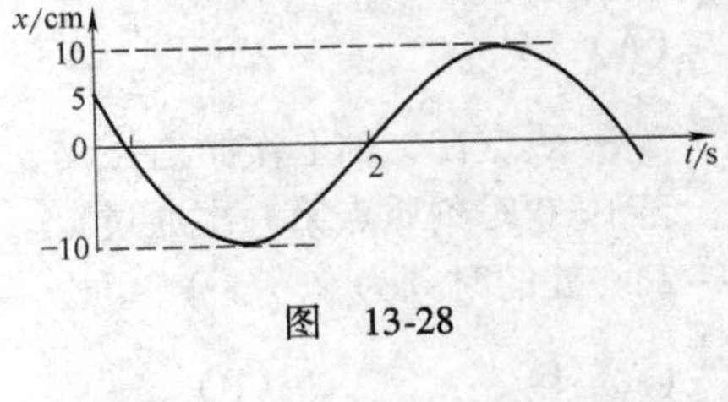

图 13-28

17. 一物体质量为 0.25kg，在弹性力作用下作简谐振动，弹簧的劲度系数 $k=25$N/m，如果起始振动时具有势能 0.06J 和动能 0.02J，求：（1）振幅；（2）动能恰等于势能时的位移；（3）经过平衡位置时物体的速度。

18. 在一平板上放一质量为 $m=2$kg 的物体，平板在竖直方向作简谐振动，其振动周期 $T=\frac{1}{2}$s，振幅 $A=4$cm，（1）求物体对平板压力的表达式；（2）平板以多大的振幅振动时，物体才能离开平板？

19. 如果水平光滑桌面上放着质量分别为 m_1 和 m_2 的两物块，它们之间被一根劲度系数为 k 的轻弹簧连接着，试求该系统的振动周期。

20. 如图 13-29 所示，一定滑轮的半径为 R、转动惯量为 J，其上挂一轻绳，绳的一端系一质量为 m 的物体，另一端与一固定的轻弹簧相连。设弹簧的劲度系数为 k，绳与滑轮间无滑动，且忽略轴的摩擦力及空气阻力。现将物体 m 从平衡位置拉下一微小距离后放手，证明物体作简谐振动，并求出其角频率。

21. 质量为 m_0 的圆盘挂在劲度系数为 k 的轻弹簧下，并处于静止状态，如图 13-30 所示。一质量为 m 的物体，从距圆盘为 h 的高度自由下落，并粘在盘上和盘一起振动。设物体和盘相碰瞬间 $t=0$，而且碰撞时间很短。取碰后系统的平衡位置为坐标原点，竖直向下为坐标的正方向。试求系统的振动方程。

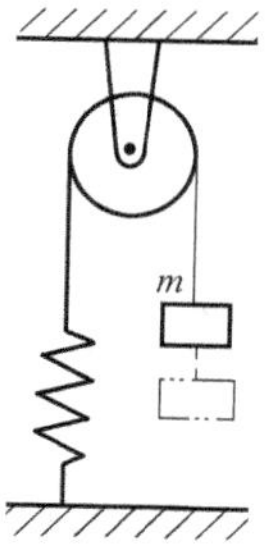

图　13-29

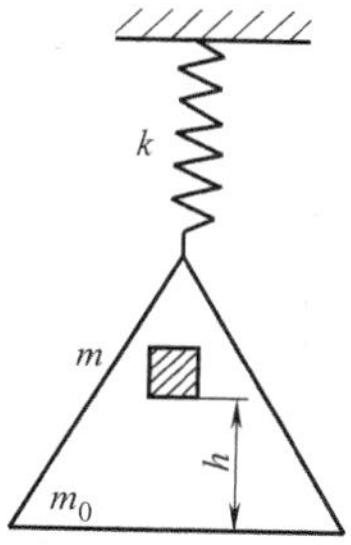

图　13-30

22. 为了使单摆的振动周期在高度 H 处和地球表面上相等，其长度须减少多少？设地球表面处摆长为 l_0，地球半径为 R，且 $H \ll R$。

23. 如图 13-31 所示，一质点在 x 轴上作简谐振动，选取该质点向右运动通过 A 点时作为计时起点（$t=0$），经过 2s 后质点第一次经过 B 点，再经过 2s 后质点第二次经过 B 点，若已知该质点在 A，B 两点具有相同的速率，且 $\overline{AB}=10\text{cm}$ 求：(1) 质点的振动方程；(2) 质点在 A 点处的速率。

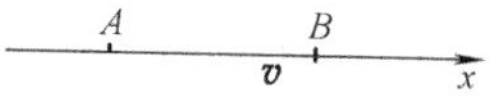

图　13-31

24. 在伦敦与巴黎之间（距离 $s\approx 320\text{km}$）挖掘地下直线隧道，铺设地下铁路。设只在地球引力作用下时列车运行，试计算两城市之间需运行多少时间？列车的最大速度是多少？忽略一切摩擦，并将地球看成是半径为 $R=6400\text{km}$ 的密度均匀的静止球体，已知处于地球内部任一点处质量为 m 的质点所受地球引力的大小与它距地球中心的距离成正比，可由 $(4\pi G\rho mr)/3$ 表示，式中，G 为引力常量，ρ 为地球密度，r 为质点到地球中心的距离。

25. 一半径为 R 的圆形线圈，通有电流 I，平面线圈处于均匀磁场 $\boldsymbol{B}$ 中，$\boldsymbol{B}$ 的方向垂直纸面向里，如图 13-32 所示。线圈可绕通过它的直径的轴 OO' 自由转动，线圈对该轴的转动惯量为 J。试求线圈在其平衡位置附近作微小振动的周期。

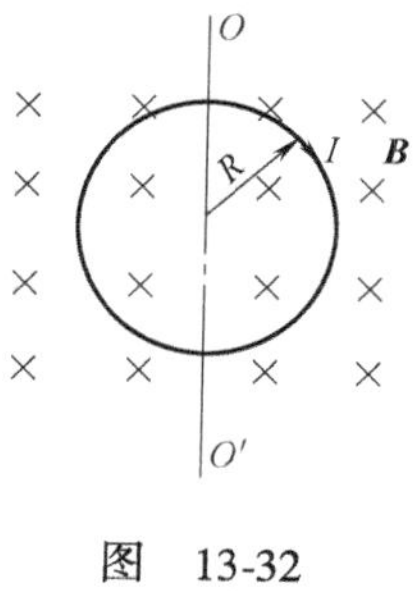

图　13-32

第十四章　波　　动

振动状态的传播过程称为波动，简称波，它是一种常见的物质运动形式。本章主要讨论机械波的产生和传播、平面简谐波的波动表达式和波动方程、波的能量、波的叠加及其产生的干涉现象与驻波，最后介绍多普勒效应。

一、知 识 框 架

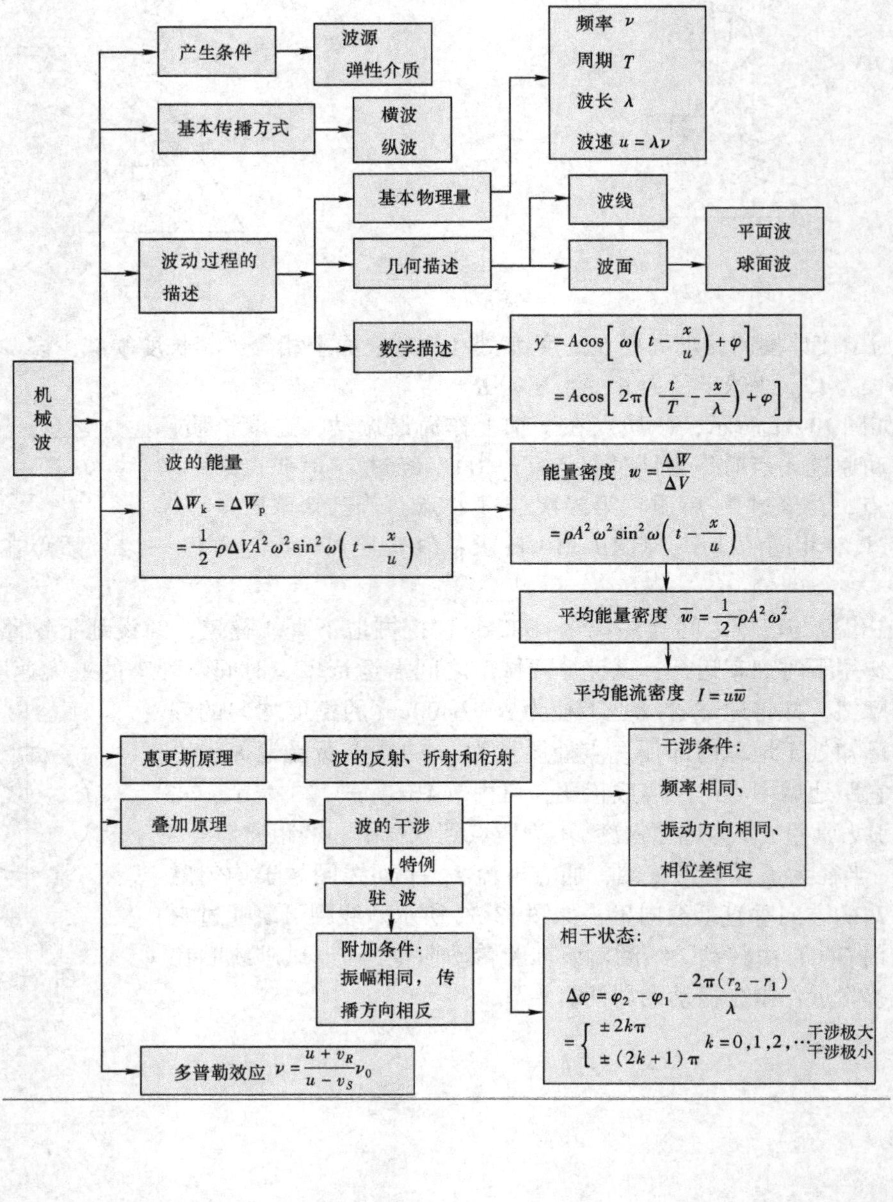

二、知识要点

1. 波的基本知识

1）波产生的条件：波源和弹性媒质。

2）根据波的基本传播方式可分为横波和纵波

① 横波：媒质质点的振动方向与波的传播方向垂直的波。

② 纵波：媒质质点的振动方向与波的传播方向平行的波。

在波动过程中，媒质质点仅仅在平衡位置附近振动，并没有随波一起向外传播。波动不是物质的传播而是振动状态的传播。

3）波的频率由波源决定，波速由弹性媒质决定。

4）波阵面（或波前）：从波源发出的振动状态经过同一传播时间传播到的各点所组成的面叫波阵面。波阵面是平面的波叫平面波，波阵面是球面的波叫球面波。

5）波线：波传播的方向叫波线。

2. 波动的描述

1）波长 λ：同一波线上振动相位差为 2π 的质点间距离叫波长。

2）周期 T：波前进一个波长所需要的时间为周期。

3）频率 ν：单位时间通过波线上某点波的数目为波的频率。

4）波长 λ、周期 T、波速 u、频率 ν 之间的关系：

$$\omega T=2\pi,\ \nu T=1,\ \lambda\nu=u$$

5）沿 x 轴方向传播的波的波动表达式为

$$y = A\cos\left[\omega\left(t \pm \frac{x}{u}\right)+\varphi\right] = A\cos\left[2\pi\left(\frac{t}{T} \pm \frac{x}{\lambda}\right)+\varphi\right]$$

式中，u 为波的传播速度；φ 为原点的初相位；当“±”中取“-”时，表示波沿 x 轴正方向传播，当“±”中取“+”时，表示波沿 x 轴负方向传播；y 表示 t 时刻 x 处的媒质质点离开平衡位置的位移。波动表达式表示了波线上不同质点在不同时刻的位移，反映了波形的传播。

3. 波的能量

（1）小体元 ΔV 的能量

$$\Delta W = \Delta W_k + \Delta W_p = \rho\Delta VA^2\omega^2\sin^2\omega\left(t - \frac{x}{u}\right)$$

任一时刻体积元的动能和势能相位同步变化，大小始终相等，机械能不守恒。

（2）波的能量密度

单位体积中的能量

$$w = \frac{\Delta W}{\Delta V} = \rho A^2\omega^2\sin^2\omega\left(t - \frac{x}{u}\right)$$

（3）平均能量密度

$$\overline{w} = \frac{1}{2}\rho A^2\omega^2$$

（4）平均能流密度

通过垂直于波传播方向的单位面积的平均能流

$$I = \frac{1}{2}u\rho A^2\omega^2 = u\overline{w}$$

平均能流密度又称波的强度，是描述波动过程的重要物理量。

4. 惠更斯原理

媒质中波动传到的各点，都可以看作是发射子波的波源，而在其后的任意时刻，这些子波的包络面就是新的波面。

5. 波的干涉

1）波的叠加原理：当几个波在媒质中某点相遇时，相遇处质点的振动位移等于各个波单独存在时对这一点产生的位移的矢量和。

2）波的干涉现象：两列相干波在空间相遇后，其合成波的振幅分布稳定的现象称为波的干涉。

3）相干条件：频率相同、振动方向相同、相位差恒定。

4）干涉强度取决于相位差 $\Delta\varphi$，

$$\Delta\varphi = \varphi_2 - \varphi_1 - \frac{2\pi(r_2 - r_1)}{\lambda}$$

式中，r_1、r_2 为各波源到干涉点的距离；φ_1、φ_2 为各波源的初相。

干涉极大和极小的判断依据为

$$\Delta\varphi = \begin{cases} \pm 2k\pi \\ \pm(2k+1)\pi \end{cases} \quad k = 0,1,2,\cdots \quad \begin{matrix} \text{干涉极大} \\ \text{干涉极小} \end{matrix}$$

当 $\varphi_2 = \varphi_1$ 时，可简化为由波程差来判断：

$$\delta = r_2 - r_1 = \begin{cases} \pm k\lambda \\ \pm(2k+1)\dfrac{\lambda}{2} \end{cases} \quad k = 0,1,2,\cdots \quad \begin{matrix} \text{干涉极大} \\ \text{干涉极小} \end{matrix}$$

6. 驻波

（1）驻波的形成

由在同一直线上沿相反方向传播的两列振幅相同的相干波叠加而成，驻波方程为

$$y = 2A\cos\left(\frac{2\pi}{\lambda}x + \frac{\varphi_2 - \varphi_1}{2}\right)\cos\left(\omega t + \frac{\varphi_1 + \varphi_2}{2}\right)$$

合振幅为零的点称为波节，静止不动；合振幅为 $2A$ 的点称为波腹，振幅最大。

（2）驻波的特点

1）波形不跑动，振动状态或位相不逐点传播。

2）能量没有定向传播。

3）相邻两波节间各点作振幅不等但位相相同的独立振动。

4）波节两侧的点位相相反。

7. 半波损失

当波由波疏媒质传向波密媒质并返回波疏媒质时，反射波与入射波在反射点引起的振动的位相差为 π（对应半个波长），称为半波损失。

8. 多普勒效应

波源或观察者相对于媒质运动而使观察者接收到的波的频率变化的现象称为多普勒效应。接收频率为

$$\nu = \frac{u + v_R}{u - v_S}\nu_0$$

观察者和波源彼此靠近时，v_R、v_S 均取正值，彼此远离时均取负值。

9. 电磁波

（1）平面简谐电磁波的性质

1）$\sqrt{\varepsilon}E = \sqrt{\mu}H$，$E$ 和 H 同步变化。

2）电磁波是横波，具有偏振性。

3）$\boldsymbol{E}$、$\boldsymbol{H}$、$\boldsymbol{v}$ 两两垂直，且成右旋关系。

4）电磁波的速度　$c = \dfrac{1}{\sqrt{\varepsilon\mu}}$。

（2）电磁波的能量密度

$$w = w_e + w_m = \frac{1}{2}\varepsilon E^2 + \frac{1}{2}\mu H^2$$

（3）坡印廷矢量

$$\boldsymbol{S} = \boldsymbol{E} \times \boldsymbol{H}$$

（4）波的强度

$$\bar{S} = \frac{1}{2}E_0 H_0 = \frac{1}{2}c\varepsilon E_0^2 = \frac{1}{2}c\mu H_0^2 = \frac{c}{2\mu}B_0^2$$

三、概 念 辨 析

1. 如何理解波速和振动速度？

【答】 波速和振动速度是两个不同的概念，波速是波源的振动在媒质中的传播速度，也可以说是振动状态或振动相位在媒质中的传播速度。波动表式 $y = A\cos\left[\omega\left(t - \frac{x}{u}\right) + \varphi\right]$ 中的 u 就是波速，它是常量，仅仅取决于传播媒质的性质，它不是媒质质元的运动速度。

振动速度是媒质中质元的运动速度。它由媒质质元相对于自身平衡位置的位移对时间求一阶导数而得到。由 $v = \frac{\mathrm{d}y}{\mathrm{d}t} = -\omega A\sin\left[\omega\left(t - \frac{x}{u}\right) + \varphi\right]$ 可以求得波线上 x 处的质元在 t 时刻的运动速度，它随时间作周期性变化。在波的传播过程中，媒质中的质元仅在其平衡位置附近作谐振动，并未“随波逐流”向前传播，波的传播不是媒质质元的传播。

2. 从能量的观点看，谐振子系统与传播媒质中的体积元有何不同？

【答】 孤立的谐振子当势能为零时动能为最大，势能最大时动能为零，势能和动能相互转化，但总的机械能守恒，这表明孤立的谐振子储存着一定的能量。

尽管波是机械振动在媒质中的传播，但波动的能量与振动的能量却有天壤之别。传播媒质中的体积元在势能最大时动能也最大，势能为零时动能也为零，总机械能并不守恒，这表明弹性媒质本身并不储存能量，它不断地将来自波源的能量沿波的传播方向传出去，它起到

传播能量的作用。

而驻波的能量又与众不同，当各体积元都处于平衡位置时，媒质的形变为零，没有势能，只有动能，能量在波腹处最大，在波节处为零；当各体积元都处于最大位移处时，媒质的形变最大，只有势能，没有动能，能量在波节处最大，在波腹处为零。

3. 如何理解“半波损失”?

【答】 所谓“半波损失”是指波在反射点处，反射波的相位与入射波的相位相反的现象。

实验表明，当波由波疏媒质传向波密媒质时，反射波在反射点处的质点振动的相位与入射波在该点的振动相位相反，即在反射点处反射波与入射波的相位差为 π，而相位差为 π 的两个点，它们在同一波线上的最短空间距离就是半个波长。反射波与入射波相比在反射点处相位差为 π，就相当于反射波在反射点处损失了半个完整波形后再进行反射，因此称为“半波损失”。

实验还表明，如果波是由波密媒质传向波疏媒质，则反射波不会发生“半波损失”，即在反射点上，反射波与入射波的相位相同。另外，不管波是由波疏媒质传向波密媒质，还是由波密媒质传向波疏媒质，折射波相对于入射波都没有“半波损失”。即在折射点上，折射波和入射波的相位相同。

“半波损失”既可以发生在机械波上，也可以发生在电磁波上。

4. 如何理解驻波?

【答】 两列振幅相同的相干波沿相反的方向传播时，叠加形成驻波。其表达式为

$$y = 2A\cos\left(\frac{2\pi}{\lambda}x + \frac{\varphi_2 - \varphi_1}{2}\right)\cos\left(\omega t + \frac{\varphi_1 + \varphi_2}{2}\right)$$

它表示各体积元在作简谐振动，其频率相同，就是原来波的频率；各不同位置体积元振动的振幅不同。这一波函数不满足 $y(t + \Delta t, x + u\Delta t) = y(t, x)$，因此，表示它不是行波。

在驻波中，当体积元的位置 x 满足 $\cos\left(\frac{2\pi}{\lambda}x + \frac{\varphi_2 - \varphi_1}{2}\right) = 0$ 时，这些体积元不振动，称为驻波的波节，相邻波节的距离是 $\lambda/2$。若将两个相邻节点之间的体积元作为一段，由驻波的波形可知，同一段体积元在振动时，尽管它们的振幅是不同的，但它们同时越过原点，向同方向运动，且同时到达最大位移处，即它们的振动步调完全一致，它们的相位相同；而相邻两段体积元在振动时，它们同时越过原点，但向相反的方向运动，且同时到达最大位移处，即它们的振动步调相反，相位相反，相位差为 π。因此，两相邻波节内各体积元振动相位相同，而某波节点两侧各体积元的振动相位相反，实际上，驻波就是分段振动的现象。

在驻波中，当各体积元都处于平衡位置时，媒质的形变为零，没有势能，只有动能，能量在波腹处最大，在波节处为零；当各体积元都处于最大位移处时，媒质的形变最大，只有势能，没有动能，能量在波节处最大，在波腹处为零。能量只在波腹和波节之间来回移动，既没有能量的定向传播，也没有波形的传播，或者说波不传播，相位没有传播。这就是驻波中“驻”字的含义。

四、方法点拨

1. 由波动表达式求解波动物理量

波动表达式有三种不同的形式：

$$y = A\cos\left[\omega\left(t - \frac{x}{u}\right) + \varphi\right]$$

$$y = A\cos\left[2\pi\left(\frac{t}{T} - \frac{x}{\lambda}\right) + \varphi\right]$$

$$y = A\cos\left[2\pi\nu\left(t - \frac{x}{u}\right) + \varphi\right]$$

如果已知一种波动表达式，通过转换、对比，可求得三种表达式中所涉及的每一个物理量。必须注意的是表达式中的 u 是波的传播速度，不是媒质中质点运动的速度，媒质中质点运动的速度为 $v = -\omega A\sin\left[\omega\left(t - \frac{x}{u}\right) + \varphi\right]$。与振动相同，媒质中质点运动的最大速度和最大加速度分别为 $v_m = \omega A$ 和 $a_m = \omega^2 A$。

2. 求解波动表达式

波动表达式的一个标准形式为 $y = A\cos\left[\omega\left(t \pm \frac{x}{u}\right) + \varphi\right]$，需要确定物理量 A、ω、φ、u 及波的传播方向，式中“±”中的负号表示波向 x 正方向传播。需要特别注意的是，波动表达式中的 φ 是坐标原点处的初相位。求出这些值，代入标准形式即完成了波动表达式的求解。下面根据不同的已知条件，分三种情况讨论。

1）由振动曲线求解波动表达式。先要确定所给的振动曲线是否为 $t=0$ 时的振动曲线，若不是，则应该根据已知条件画出 $t=0$ 时的振动曲线，一般由振动曲线可得到振幅和周期，由关系式 $\omega T = 2\pi$ 求出 ω，利用振动中的方法求解 φ。通常这类题目还将给定波的传播速度和方向，见例题 14-3。

2）由波形曲线求解波动表达式。先要确定所给的波形曲线是否为 $t=0$ 时的波形曲线，若不是，则应该根据已知条件画出 $t=0$ 时的波形曲线，通常由波形曲线可得到波的振幅和波长，题目还将给定波的传播速度和方向，由关系式 $u = \lambda\nu = \lambda\omega/2\pi$ 求出 ω，再根据波的传播方向画出下一时刻的波形曲线，以便确定 v_0 的方向，并由此判断初相位 φ 的象限，再确定初相位 φ 的值，见例题 14-4。

3）由入射波求解反射波的波动表达式。一般情况求解的反射波不考虑振幅的变化，反射波与入射波的 A、ω、u 都相同，但传播方向相反。须注意的是反射波表达式中的初位相应是反射波在坐标原点位置的初相位，可用 φ' 表示。由波动表达式的物理意义可知，$-2\pi\frac{x}{\lambda} + \varphi$ 为入射波在 x 位置的初相位，若波在 x 位置被反射，则反射波的坐标原点位置相当于入射波坐标中的 $2x$ 位置，若不考虑其他因素，可得反射波在坐标原点位置的初相位 $\varphi' = -2\pi\frac{2x}{\lambda} + \varphi$；若波是在遇到波密媒质时反射的，则反射波将会有半波损失，那么反射波在坐标原点位置的初相位也会有相应的变化，此时 $\varphi' = -2\pi\frac{2x}{\lambda} + \varphi + \pi$，见例题 14-9。

3. 位相突变（半波损失）**的判断方法**

当波在传播过程中发生了位相突变（半波损失），不仅波动表达式发生改变，而且干涉的结果将发生质的变化，所以必须掌握它的判断方法，发生位相突变的情况有两个：

1）当波由波疏媒质传向波密媒质并返回波疏媒质时，反射波将发生半波损失。

2）当波在弦上传播，遇到固定点反射时，反射波将发生半波损失。

需要注意的是，只有反射波会发生半波损失，折射波不会发生半波损失。

4. 驻波的求解

驻波由在同一直线上沿相反方向传播的两列振幅相同的相干波的叠加而成，求解的方法有两种。

1）通式法

根据驻波表达式的通式

$$y = 2A\cos\left(\frac{2\pi}{\lambda}x + \frac{\varphi_2 - \varphi_1}{2}\right)\cos\left(\omega t + \frac{\varphi_1 + \varphi_2}{2}\right)$$

将给定的两列波的表达式中对应的值逐个代入即可。

2）叠加法

若已知两列波的表达式：

$$y_1 = A\cos\left(\omega t - 2\pi\frac{x}{\lambda} + \varphi_1\right),\quad y_2 = A\cos\left(\omega t - 2\pi\frac{x}{\lambda} + \varphi_2\right)$$

利用公式 $\cos\alpha + \cos\beta = 2\cos\frac{\alpha+\beta}{2}\cos\frac{\alpha-\beta}{2}$，给出其驻波表达式为

$$y = y_1 + y_2 = 2A\cos\left(\frac{2\pi}{\lambda}x + \frac{\varphi_2 - \varphi_1}{2}\right)\cos\left(\omega t + \frac{\varphi_1 + \varphi_2}{2}\right)$$

详见例题 14-9。

五、例题精解

例题 14-1 已知波源在原点的一列平面简谐波，波动方程为 $y = A\cos(Bt - Cx)$，其中 A、B、C 为正值恒量。求：

（1）波的振幅、波速、频率、周期与波长；

（2）写出传播方向上距离波源为 l 处一点的振动方程；

（3）任一时刻，在波的传播方向上相距为 d 的两点的位相差。

【分析】 据波动表达式的标准形式，通过对比可以得到相应的物理量。另外，在波动中，$\frac{\Delta x}{\lambda} = \frac{\Delta\phi}{2\pi} = \frac{\Delta t}{T}$

【解】（1）已知平面简谐波的波动方程

$$y = A\cos(Bt - Cx)$$

将上式与波动方程的标准形式

$$y = A\cos\left[\omega\left(t - \frac{x}{u}\right) + \phi\right] = A\cos\left(2\pi\nu t - 2\pi\frac{x}{\lambda}\right)$$

比较，可知：波振幅为 A，频率 $\nu = \frac{B}{2\pi}$，波长 $\lambda = \frac{2\pi}{C}$。则波速 $u = \lambda\nu = \frac{B}{C}$，波动周期 $T = \frac{1}{\nu} = \frac{2\pi}{B}$。

（2）将 $x = l$ 代入波动方程即可得到该点的振动方程

$$y = A\cos(Bt - Cl)$$

（3）因任一时刻 t 同一波线上两点之间的位相差为

$$\Delta\phi = \frac{2\pi}{\lambda}(x_2 - x_1)$$

将 $x_2 - x_1 = d$ 及 $\lambda = \frac{2\pi}{C}$ 代入上式，即得

$$\Delta\phi = Cd$$

【常见错误】　（1）没有将波动表达式写成标准形式进行正确比较。（2）不知道 $\Delta\phi = \frac{2\pi}{\lambda}(x_2 - x_1)$，故无法求位相差。

例题 14-2　一连续纵波沿 $+x$ 方向传播，频率为 25Hz，波线上相邻密集部分中心之距离为 24cm，某质点最大位移为 3cm。原点取在波源处，且 $t=0$ 时，波源位移为 0，并向 $+x$ 方向运动。求：

（1）波源的振动方程；

（2）波动表达式；

（3）$t=1\text{s}$ 时波形方程；

（4）$x=0.24\text{m}$ 处质点的振动方程；

（5）$x_1=0.12\text{m}$ 与 $x_2=0.36\text{m}$ 处质点振动的位相差。

【分析】　（1）波动表式只比振动表达式多了一项 $\omega\frac{x}{v}$ 或 $2\pi\frac{x}{\lambda}$，注意 x 前符号的含义，φ 是原点的初相。（2）对于纵波，质点振动方向与传播方向平行，题中用 ξ 表示质点的位移。

【解】　（1）设波源振动方程为　$\xi_0 = A\cos(\omega t + \varphi)$

由题意可知　$\cos\varphi = 0$，$\sin\varphi < 0$，所以

$$\varphi = -\frac{\pi}{2}$$

又 $A=0.03\text{m}$，$\omega = 2\pi v = 50\pi/\text{s}$，$\lambda = 0.24\text{m}$，所以波源的振动方程为

$$\xi_0 = 0.03\cos\left(50\pi t - \frac{\pi}{2}\right) \quad (\text{SI})$$

（2）波动表达式为

$$\xi = 0.03\cos\left(50\pi t - \frac{\pi}{2} - \frac{2\pi}{\lambda}x\right)$$

因为波沿 x 轴正方向传播，所以 x 前应取负号。

将 λ 代入波动方程，得波动表达式为

$$\xi = 0.03\cos\left(50\pi t - \frac{25}{3}\pi x - \frac{\pi}{2}\right) \quad (\text{SI})$$

（3）$t=1\text{s}$ 时波形方程为

$$\xi = 0.03\cos\left(\frac{99}{2}\pi - \frac{25}{3}\pi x\right) \quad (\text{SI})$$

（4）$x=0.24\text{m}$ 处质点的振动方程为

$$\xi = 0.03\cos\left(50\pi t - 2\pi - \frac{\pi}{2}\right) = 0.03\cos\left(50\pi t - \frac{5\pi}{2}\right) \quad (\text{SI})$$

（5）所求位相差为

$$\Delta\varphi = 2\pi\frac{x_2 - x_1}{\lambda} = 2\pi\frac{0.36 - 0.12}{0.24} = 2\pi$$

两质点相位相同。

例题 14-3　一列平面余弦波沿 x 轴正向传播，波速为 50m/s，波长为 2m，原点处质点的振动曲线如题图 14-1 所示。

（1）写出波动方程；

（2）作出 $t=0$ 时的波形图及距离波源 0.5m 处质点的振动曲线。

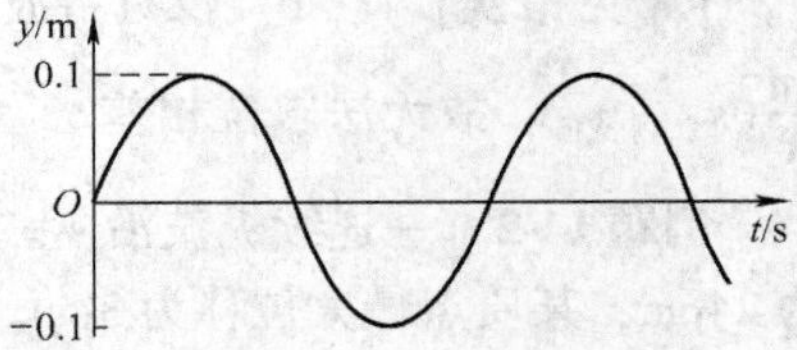

图　14-1

【提示】　波动表式有标准形式，要理解其物理意义，代入某时刻即为该时刻的波形图，代入某点坐标即为该点的振动曲线。

【解】　（1）由振动曲线图 14-1 知 $A=0.1\text{m}$，且 $t=0$ 时，$y_0=0$，$v_0>0$，所以

$$\phi_0 = -\frac{\pi}{2}$$

又

$$\nu = \frac{u}{\lambda} = \frac{50}{2} = 25\text{Hz}$$

则

$$\omega = 2\pi\nu = 50\pi$$

因此波动方程为

$$y = 0.1\cos\left[50\pi\left(t - \frac{x}{50}\right) - \frac{\pi}{2}\right](\text{m})$$

（2）$t=0$ 时的波形方程为

$$y = 0.1\cos\left[50\pi\left(0 - \frac{x}{50}\right) - \frac{\pi}{2}\right] = 0.1\cos\left[\pi x + \frac{\pi}{2}\right](\text{m})$$

波形图如图 14-2a 所示。

将 $x=0.5\text{m}$ 代入波动方程，得该点处的振动方程为

$$y = 0.1\cos\left(5\pi t - \frac{5\pi\times 0.5}{0.5} + \frac{3\pi}{2}\right) = 0.1\cos(5\pi t + \pi)(\text{m})$$

振动曲线如图 14-2b 所示。

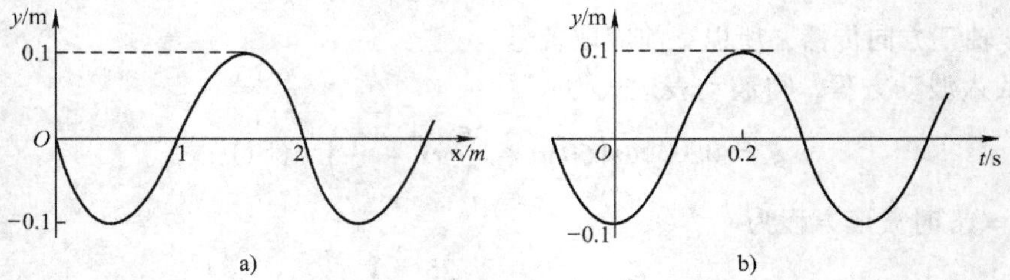

图　14-2

例题 14-4　已知一平面余弦波向 x 轴正方向传播，$u=36\text{m/s}$，在 $t=\frac{3}{4}T$ 时波形图如图

14-3 所示。

（1）求 O 点振动方程；

（2）求波动表达式。

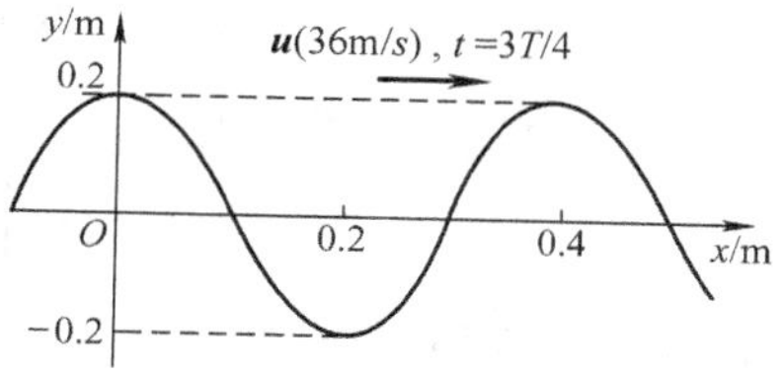

图　14-3

【提示】　解题关键是要知道原点的初相，$t=0$ 波形图即把 $t=\frac{3}{4}T$ 时波形向 $-x$ 方向平移 $\frac{3}{4}$ 个周期即可，如图 14-4 中的实线所示，欲知原点的运动方向，可将波形往波传播方向再移一下，如图 14-4 中的虚线所示。

【解】　（1）作 $t=0$ 时刻的波形图（实线），再将波形往波传播方向再移一下得下一时刻的波形图（虚线），如图 14-4 所示。

由图可知 $A=0.2\text{m}$，$\lambda=0.4\text{m}$。

$t=0$ 时，$x_0=0$，$v_0<0$，则

$$\cos\varphi=0,\quad \sin\varphi>0,\quad 所以\ \varphi=\frac{\pi}{2}$$

又 $\omega=2\pi\nu=2\pi\frac{u}{\lambda}=2\pi\frac{36}{0.4}\text{s}^{-1}=180\pi\text{s}^{-1}$

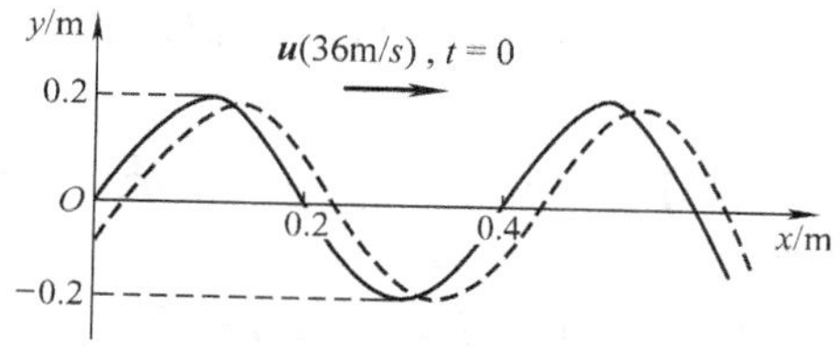

图　14-4

O 点的振动方程为

$$y_O=0.2\cos\left(180\pi t+\frac{\pi}{2}\right)(\text{m})$$

（2）波动方程为

即
$$y=0.2\cos\left(180\pi t-5\pi x+\frac{\pi}{2}\right)(\text{m})$$

【常见错误】　（1）将波形图当作振动曲线，造成判断原点的运动方向错误：$x_0=0$，$v_0>0$。（2）将图 14-3 当作 $t=0$ 时刻的波形图。

例题 14-5　一平面简谐波在介质中以速度 $u=20\text{m/s}$ 自左向右传播。已知在传播路径上的某点 A 的振动方程为 $y=0.3\cos(4\pi t-\pi)$(SI)。另一点 D 在 A 点右方 9m 处，如图 14-5 所示。

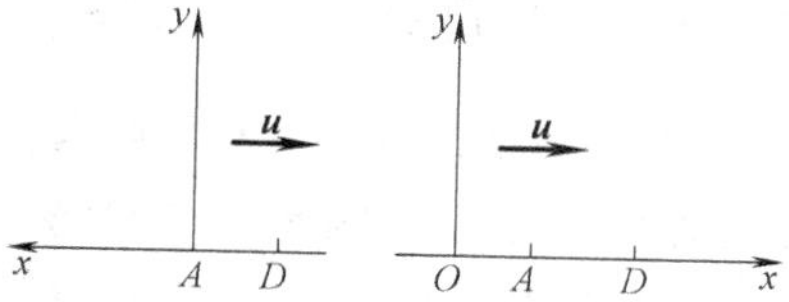

图　14-5

（1）若取 x 轴方向向左，并以 A 为坐标原点，试写出波动表达式，并求出 D 点的振动方程。

（2）若取 x 轴方向向右，以 A 点左方 5m 处的 O 点为 x 轴原点，再写出波的表达式及 D 点的振动方程。

【分析】　在波动表达式中，注意 φ 是原点的初相，理解好 x 前符号的含义。

【解】　由题意得：波速 $u=20\text{m/s}$，角频率 $\omega=4\pi/\text{s}$。

（1）取 x 轴方向向左，以 A 为坐标原点，而波向右传播，可得波的表达式为

$$y=A\cos\left[\omega\left(t+\frac{x}{u}\right)+\varphi\right]=0.3\cos(4\pi t-\pi+\pi x/5)(\text{m})$$

以 $x_D=-9\text{m}$　代入上式得 D 点的振动方程

$$y_D=0.3\cos(4\pi t-\pi-9\pi/5)=0.3\cos(4\pi t-14\pi/5)(\text{m})$$

A 点左方 5m 处的 O 点的振动表达式为

$$y_0 = 0.3\cos(4\pi t - \pi + 5\pi/5) = 0.3\cos(4\pi t)$$

（2）若取 x 轴方向向右，以 O 点为 x 轴原点，而波向右传播，波的表达式为

$$y = A\cos\left[\omega\left(t - \frac{x}{u}\right)\right] = 0.3\cos(4\pi t - \pi x/5)$$

以 $x_D = 14\text{m}$ 代入上式，有

$$y_D = 0.3\cos(4\pi t - 14\pi/5)(\text{m})$$

此式与（1）中的结果相同，表明某点的振动方程不随坐标的改变而变化。

例题 14-6 如图 14-6 所示为一平面简谐波在 $t=0$ 时刻的波形图，设此简谐波的频率为 250Hz，且此时质点 P 的运动方向向下，求：

（1）该波的表达式；

（2）在距原点 O 为 100m 处质点的振动方程与振动速度表达式。

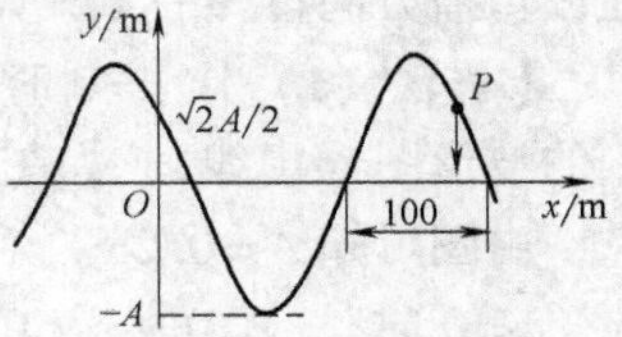

图 14-6

【解】（1）由图 14-6 可知波长 $\lambda = 200\text{m}$。进一步由 P 点的运动方向，可判定该波向左传播。

原点 O 处的质点，$t=0$ 时有

$$\sqrt{2}A/2 = A\cos\phi, \quad v_0 = -A\omega\sin\phi < 0$$

所以
$$\phi = \pi/4$$

O 处振动方程为
$$y_0 = A\cos\left(500\pi t + \frac{1}{4}\pi\right)(\text{m})$$

故波动表达式为
$$y = A\cos\left[2\pi\left(250t + \frac{x}{200}\right) + \frac{1}{4}\pi\right](\text{m})$$

（2）距 O 点 100m 处质点的振动方程是 $y_1 = A\cos\left(500\pi t + \frac{5}{4}\pi\right)$

振动速度表达式是
$$v = -500\pi A\sin\left(500\pi t + \frac{5}{4}\pi\right)(\text{m/s})$$

例题 14-7 如图 14-7 所示，已知：A、B 为二相干波源，其振幅均为 5cm，频率为 100Hz。A 处为波峰时，B 处恰为波谷。设波速为 10m/s。试求 P 点干涉结果。

【分析】 干涉结果由相位差决定。

【解】 两列波在 P 点的相位差为

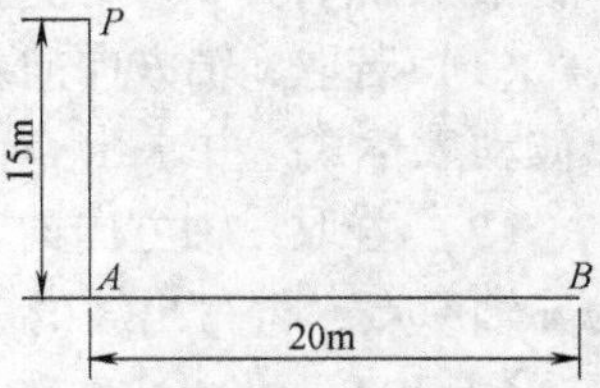

图 14-7

$$\Delta\varphi = (\varphi_B - \varphi_A) - 2\pi\frac{r_{BP} - r_{AP}}{\lambda}$$

由题意知
$$\lambda = \frac{u}{v} = 0.1\text{m}$$

$$\varphi_B - \varphi_A = \pi$$（A 处为波峰时，B 处恰为波谷，两波源相位相反）

而
$$r_{BP} = \sqrt{AP^2 + AB^2} = 25\text{m}, \quad r_{AP} = 15\text{m}$$

所以
$$\Delta\varphi = \pi - 2\pi\frac{2.5 - 15}{0.1} = -199\pi$$ 即反相，干涉相消。

则
$$A = A_1 - A_2 = 0$$ 即干涉静止不同。

【常见错误】 仅用波程差来确定干涉结果，忽略了波源的初相差，由 $\delta = r_{BP} - r_{AP} = 20\text{m} = 200\lambda$，得干涉相长。

例题 14-8 相干波源 S_1 和 S_2，相距 11m，S_1 的相位比 S_2 超前 $\frac{1}{2}\pi$。这两个相干波在 S_1、S_2 连线和延长线上传播时可看成两等幅的平面余弦波，它们的频率都等于 100Hz，波速都等于 400m/s。试求在 S_1、S_2 的连线上及延长线上，因干涉而静止不动的各点位置。

【分析】 干涉结果由相位差决定，不同区域求解关系不同，需分别讨论。

【解】 取 S_1、S_2 连线及延长线为 x 轴，向右为正，以 S_1 为坐标原点。令 $\overline{S_1S_2} = l$。

（1）先考虑 $x<0$ 的各点干涉情况。取 P 点如图 14-8 所示。从 S_1、S_2 分别传播来的两波在 P 点的相位差为

$$\begin{aligned}\phi_1 - \phi_2 &= \phi_{10} - \frac{2\pi}{\lambda}|x| - \left[\phi_{20} - \frac{2\pi}{\lambda}(l + |x|)\right] \\ &= \phi_{10} - \phi_{20} + \frac{2\pi}{\lambda}l \\ &= \phi_{10} - \phi_{20} + \frac{2\pi}{u}\nu l = 6\pi\end{aligned}$$

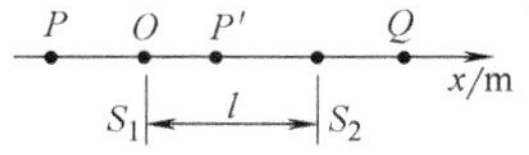

图 14-8

所以 $x<0$ 各点干涉加强。

（2）再考虑 $x>l$ 各点的干涉情况。取 Q 点如图 14-8 所示。则从 S_1、S_2 分别传播的两波在 Q 点的相位差为

$$\begin{aligned}\phi_1 - \phi_2 &= \phi_{10} - \frac{2\pi}{\lambda}x - \left[\phi_{20} - \frac{2\pi}{\lambda}(x - l)\right] \\ &= \phi_{10} - \phi_{20} - \frac{2\pi}{\lambda}l = \phi_{10} - \phi_{20} - \frac{2\pi}{u}\nu l = -5\pi\end{aligned}$$

所以 $x>l$ 各点为干涉静止点。

（3）最后考虑 $0 \leqslant x \leqslant 11\text{m}$ 范围内各点的干涉情况。取 P' 点如图 14-8 所示。从 S_1、S_2 分别传播来的两波在 P' 点的相位差为

$$\begin{aligned}\phi_1 - \phi_2 &= \phi_{10} - \frac{2\pi}{\lambda}x - \left[\phi_{20} - \frac{2\pi}{\lambda}(l - x)\right] = \phi_{10} - \phi_{20} - \frac{4\pi}{\lambda}x + \frac{2\pi}{\lambda}l \\ &= \phi_{10} - \phi_{20} - \frac{4\pi}{u}\nu x + \frac{2\pi}{\lambda}\nu l = \frac{\pi}{2} - \pi x + \frac{11\pi}{2}\end{aligned}$$

由干涉静止的条件可得

$$\frac{\pi}{2} - \pi x + \frac{11\pi}{2} = (2k+1)\pi \quad (k = 0, \pm 1, \pm 2, \cdots)$$

所以

$$x = 5 - 2k \quad (-3 \leqslant k \leqslant 2)$$

即

$$x = 1, 3, 5, 7, 9, 11\text{m} \quad \text{为干涉静止点}$$

综上分析，干涉静止点的坐标是 $x = 1, 3, 5, 7, 9, 11\text{m}$ 及 $x>11\text{m}$ 各点。

例题 14-9 如图 14-9 所示，一频率为 ν、振幅为 A、波速为 u 的波沿 x 轴正方向传播，设在 $t=0$ 时原点 O 由平衡位置向 y 轴的正方向运动，M 是波密媒质反射面，$OP = 3\lambda/4$，求入射波与反射波的波动方程、叠加成的驻波方程。

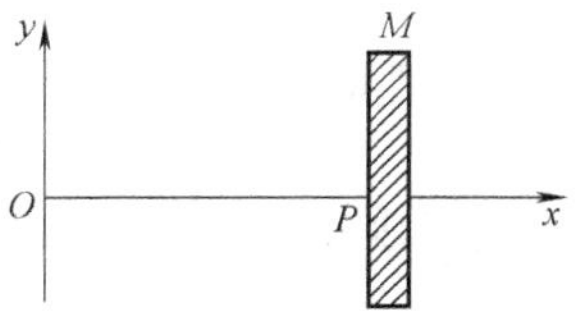

图 14-9

【分析】 在波动表式中，ϕ 是原点的初相；同样，反射波的波动表式中，ϕ' 是反射波在原点的初相。两列波的传播方向相反，x 前的符号一负一正。另外，波遇密媒质反射时，反射波会发生半波损失。

【解】 设入射波波动方程为

$$y = A\cos\left[2\pi\nu\left(t - \frac{x}{u}\right) + \phi\right]$$

当 $t=0$ 时　　$y_0 = 0,\ v_0 > 0$

所以　　$\phi = -\frac{1}{2}\pi$

则 O 处的振动方程为

$$y_0 = A\cos\left(2\pi\nu t - \frac{1}{2}\pi\right)$$

故入射波表达式为

$$y = A\cos\left[2\pi\nu\left(t - \frac{x}{u}\right) - \frac{\pi}{2}\right]$$

由于 M 是波密媒质反射面，所以 P 处反射波振动有一个相位的突变 π。

波在 $t=0$ 时刻经反射回到 O 处的相位即反射波在 O 处的相位。

$$\phi' = -2\pi\frac{2 \cdot OP}{\lambda} - \frac{\pi}{2} + \pi = -2\pi - \frac{\pi}{2}$$

故反射波表达式为　　$y' = A\cos\left[2\pi\nu\left(t + \frac{x}{u}\right) - \frac{\pi}{2}\right]$

由此，驻波表达式为　　$y_{驻} = y + y' = A\cos\left[2\pi\nu\left(t - \frac{x}{u}\right) - \frac{\pi}{2}\right] + A\cos\left[2\pi\nu\left(t + \frac{x}{u}\right) - \frac{\pi}{2}\right]$

$$= 2A\cos\left(2\pi\nu\frac{x}{u}\right)\cos\left(2\pi\nu t - \frac{\pi}{2}\right)$$

驻波表达式也可由驻波的通式

$$y = 2A\cos\left(\frac{2\pi}{\lambda}x + \frac{\phi_2 - \phi_1}{2}\right)\cos\left(\omega t + \frac{\phi_1 + \phi_2}{2}\right)$$

解得。根据已求出的入射波和反射波的表达式可得

$$\frac{\phi_2 - \phi_1}{2} = 0, \quad \frac{\phi_2 + \phi_1}{2} = -\frac{\pi}{2}$$

代入通式得　　$y_{驻} = 2A\cos\left(2\pi\nu\frac{x}{u}\right)\cos\left(2\pi\nu t - \frac{\pi}{2}\right)$

【常见错误】 （1）计算反射波的初相时没有考虑半波损失。（2）认为两列波的传播方向相反，仅仅是 x 前的符号不同，由入射波的表达式 $y = A\cos\left[2\pi\nu\left(t - \frac{x}{u}\right) - \frac{\pi}{2}\right]$，直接得出

反射波表达式 $y' = A\cos\left[2\pi\nu\left(t+\frac{x}{u}\right)-\frac{\pi}{2}\right]$，对波的传播图像及位相理解不清。

例题 14-10　由振动频率为 400Hz 的音叉在两端固定拉紧的弦线上建立驻波，这个驻波共有 3 个波腹，其振幅为 0. 30cm。波在弦上的速度为 320m/s。

（1）求此弦线的长度；

（2）若以弦线中点为坐标原点，试写出弦线上驻波的表达式。

【解】（1）根据题意，有

$$L = 3 \times \frac{1}{2}\lambda$$

而

$$\lambda\nu = u$$

所以

$$L = \frac{3}{2}\frac{u}{\nu} = \frac{3}{2} \times \frac{320}{400}\text{m} = 1.20\text{m}$$

（2）弦的中点是波腹，故

$$y = 3.0 \times 10^{-3}\cos(2\pi x/0.8)\cos(800\pi t + \phi)\,(\text{m})$$

式中的 ϕ 可由初始条件来选择。

六、基础训练

（一）选择题

1. 图 14-10 为一平面简谐波在 $t=2$s 时刻的波形图，则平衡位置在 P 点的质点的振动方程是（　　）。

（A）$y_P = 0.01\cos\left[\pi(t-2)+\frac{1}{3}\pi\right]$（SI）　（B）$y_P = 0.01\cos\left[\pi(t+2)+\frac{1}{3}\pi\right]$（SI）

（C）$y_P = 0.01\cos\left[2\pi(t-2)+\frac{1}{3}\pi\right]$（SI）　（D）$y_P = 0.01\cos\left[2\pi(t-2)-\frac{1}{3}\pi\right]$（SI）

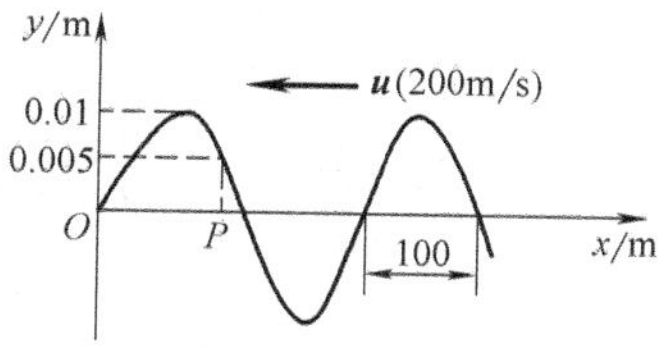

图　14-10

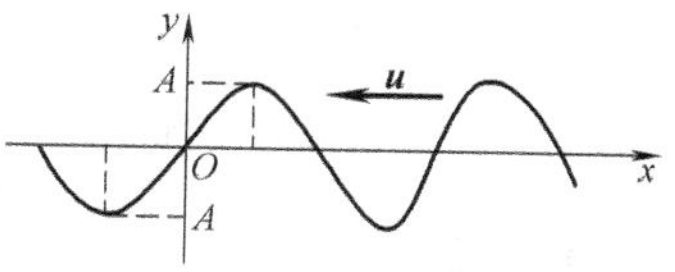

图　14-11

2. 一平面简谐波，沿 x 轴负方向传播。角频率为 ω，波速为 u。设 $t=T/4$ 时刻的波形如图 14-11 所示，则该波的表达式为（　　）。

（A）$y = A\cos\omega(t - xu)$　（B）$y = A\cos\left[\omega(t - x/u)+\frac{1}{2}\pi\right]$

（C）$y = A\cos[\omega(t + x/u)]$　（D）$y = A\cos[\omega(t + x/u)+\pi]$

3. 一平面简谐波沿 x 轴正方向传播，$t=0$ 时刻的波形图如图 14-12 所示，则 P 处质点的振动在 $t=0$ 时刻的旋转矢量图（见图 14-13）是（　　）。

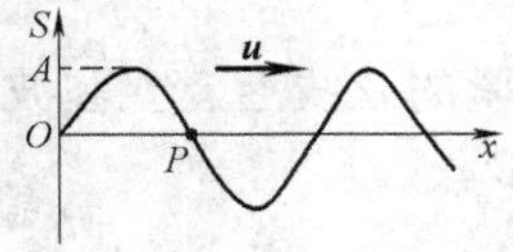

图　14-12

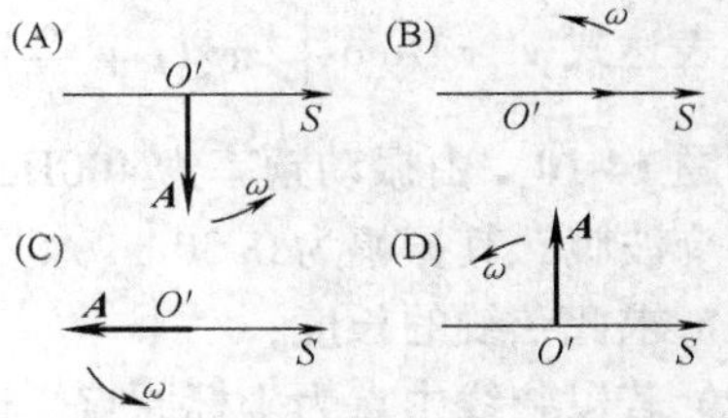

图　14-13

4. 一平面简谐波在弹性媒质中传播，在某一瞬时，媒质中某质元正处于平衡位置，此时它的能量是（　　）。

（A）动能为零，势能最大　　（B）动能为零，势能为零

（C）动能最大，势能最大　　（D）动能最大，势能为零

5. 在驻波中，两个相邻波节间各质点的振动（　　）

（A）振幅相同，相位相同　　（B）振幅不同，相位相同

（C）振幅相同，相位不同　　（D）振幅不同，相位不同

6. 沿着相反方向传播的两列相干波，其表达式为

$$y_1 = A\cos 2\pi(\nu t - x/\lambda),\ y_2 = A\cos 2\pi(\nu t + x/\lambda)$$

在叠加后形成的驻波中，各处简谐振动的振幅是（　　）。

（A）A　　（B）$2A$

（C）$2A\cos(2\pi x/\lambda)$　　（D）$|2A\cos(2\pi x/\lambda)|$

7. 在长为L、一端固定、另一端自由的悬空细杆上形成驻波，则此驻波的基频波（波长最长的波）的波长为（　　）。

（A）L　　（B）$2L$　　（C）$3L$　　（D）$4L$

8. 如图 14-14 所示，两相干波源S_1和S_2相距$\lambda/4$（λ为波长），S_1的相位比S_2的相位超前$\frac{1}{2}\pi$，在S_1、S_2的连线上，S_1外侧各点（例如P点）两波引起的两谐振动的相位差是（　　）。

（A）0　　（B）$\frac{1}{2}\pi$　　（C）π　　（D）$\frac{3}{2}\pi$

（二）填空题

9. 图 14-15 为$t = T/4$时一平面简谐波的波形曲线，则其波的表达式为__________。

10. 一平面简谐机械波在媒质中传播时，若一媒质质元在t时刻的总机械能是 10J，则在$(t+T)$（T为波的周期）时刻该媒质质元的振动动能是__________。

11. 如图 14-16 所示，波源S_1和S_2发出的波在P点相遇，P点距波源S_1和S_2的距离分别为3λ和$10\lambda/3$，λ为两列波在介质中的波长，若P点的合振幅总是极大值，则两波在P点的振动频率__________，波源S_1的相位比S_2的相位领先__________。

12. 如果入射波的表达式是$y_1 = A\cos 2\pi\left(\frac{t}{T} + \frac{x}{\lambda}\right)$，在$x=0$处发生反射后形成驻波，反

射点为波腹。设反射后波的强度不变，则反射波的表达式 $y_2=$ ________；在 $x=2\lambda/3$ 处质点合振动的振幅等于________。

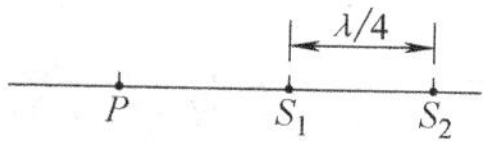

图　14-14

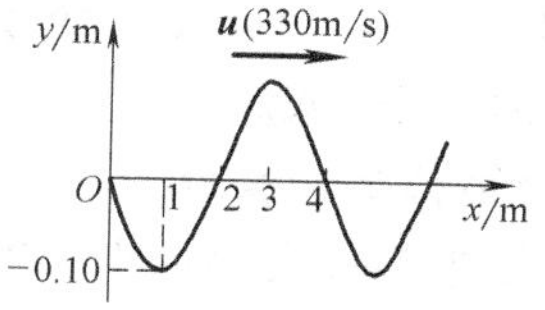

图　14-15

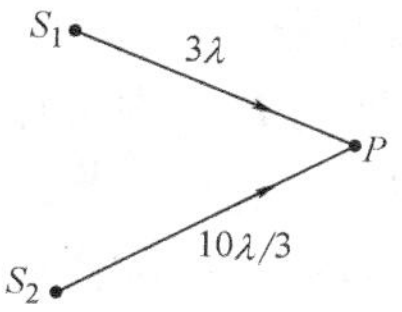

图　14-16

13. 设入射波的表达式为 $y_1=A\cos 2\pi\left(\nu t+\dfrac{x}{\lambda}\right)$。波在 $x=0$ 处发生反射，反射点为自由端，则形成的驻波表达式为________。

14. 一广播电台的平均辐射功率为 20kW。假定辐射的能量均匀分布在以电台为球心的球面上，那么，距离电台为 10km 处电磁波的平均辐射强度为________。

15. 一驻波表达式为 $y=A\cos(2\pi x)\cos(100\pi t)$ (SI)，位于 $x_1=(1/8)$m 处的质元 P_1 与位于 $x_2=(3/8)$m 处的质元 P_2 的振动相位差为________。

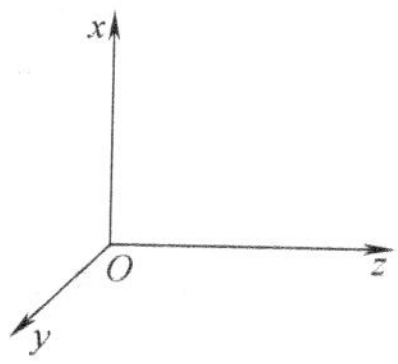

图　14-17

16. 在真空中沿着 z 轴负方向传播的平面电磁波，在 O 点处电场强度为 $E_x=300\cos\left(2\pi\nu t+\dfrac{1}{3}\pi\right)$ (SI)，则 O 点处磁场强度为________。在图 14-17 上表示出电场强度、磁场强度和传播速度之间的相互关系。

17. 一列强度为 I 的平面简谐波通过一面积为 S 的平面，波速 $\boldsymbol{u}$ 与该平面的法线 $\boldsymbol{n}_0$ 的夹角为 θ，则通过该平面的能流是________。

18. 一列火车以 20m/s 的速度行驶，若机车汽笛的频率为 600Hz，一静止观测者在机车前和机车后所听到的声音频率分别为________和________（设空气中声速为 340m/s）。

（三）计算题

19. 一横波方程为 $y=A\cos\dfrac{2\pi}{\lambda}(ut-x)$，式中 $A=0.01$m，$\lambda=0.2$m，$u=25$m/s，求 $t=0.1$s 时在 $x=2$m 处质点振动的位移、速度、加速度。

20. 一列平面简谐波在媒质中以波速 $u=5$m/s 沿 x 轴正向传播，原点 O 处质元的振动曲线如图 14-18 所示。(1) 求解 $x=25$m 处质元的振动曲线。(2) 求解 $t=3$s 时的波形曲线。

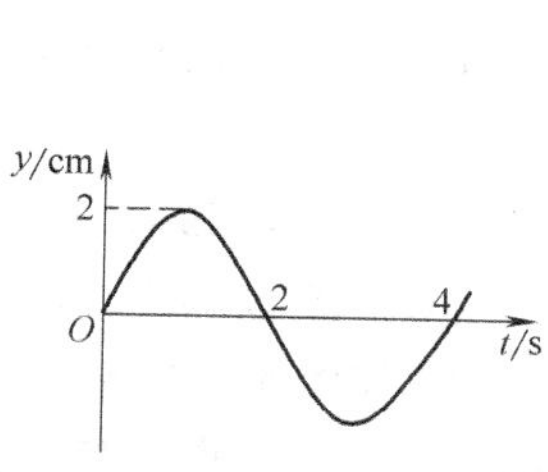

图　14-18

21. 如图 14-19 所示为一平面简谐波在 $t=0$ 时刻的波形图，设此简谐波的频率为 250Hz，且此时质点 P 的运动方向向上，求：(1) 该波的表达式；(2) 在距原点 O 为 100m 处质点的振动方程与振动速度表达式。

22. 设 S_1 和 S_2 为两个相干波源，相距 $\dfrac{1}{4}$ 波长，S_1 比 S_2 的位相超前 $\dfrac{\pi}{2}$。若两波在 S_1、S_2 连线方向上的强度相同且不随距离变化，问 S_1、S_2 连线上在 S_1 外侧各点的合成波的强度如何？又在 S_2 外侧各点的强度如何？

23. 如图 14-20 所示，一平面波在介质中以波速 $u=20\text{m/s}$ 沿 x 轴负方向传播，已知 A 点的振动方程为 $y=3\times10^{-2}\cos4\pi t(\text{SI})$。(1) 以 A 点为坐标原点写出波的表达式；(2) 以距 A 点 5m 处的 B 点为坐标原点，写出波的表达式。

24. 一平面简谐纵波沿着线圈弹簧传播，设波沿着 x 轴正向传播，弹簧中某圈的最大位移为 3.0cm，振动频率为 25Hz，弹簧中相邻两疏部中心的距离为 24cm。当 $t=0$ 时，在 $x=0$ 处质元的位移为零并向 x 轴正向运动。试写出该波的波动表达式。

25. 一频率为 500Hz 的平面波，波速为 350m/s，求：(1) 位相差为 $\pi/3$ 的两点之间的距离；(2) 介质中任意一点在时间间隔 10^{-3}s 内两位移间的位相差。

26. 如图 14-21 所示，波源 S_1 和 S_2 发出的波在 P 点相遇，S_1 的相位比 S_2 的相位超前 $\pi/4$，波长 $\lambda=8.00\text{m}$，$r_1=12.0\text{m}$，$r_2=14.0\text{m}$，S_1 在 P 点引起的振动振幅为 0.30m，S_2 在 P 点引起的振动振幅为 0.20m，求 P 点的合振幅。

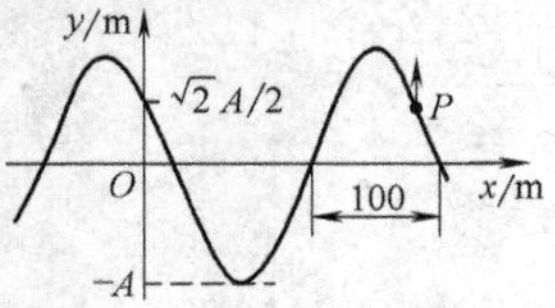

图　14-19

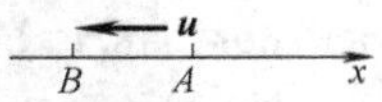

图　14-20

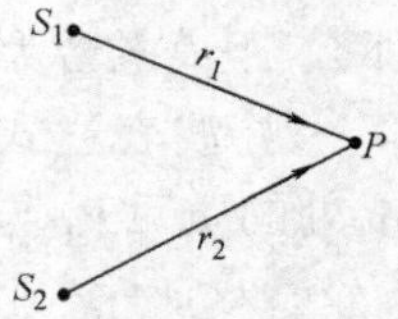

图　14-21

27. 在弹性介质中有一沿 x 轴正向传播的平面波，其表达式为 $y=0.01\cos\left(4t-\pi x-\dfrac{1}{2}\pi\right)(\text{SI})$。若在 $x=5.00\text{m}$ 处有一介质分界面，且在分界面处反射波相位突变 π，设反射波的强度不变，试写出反射波的表达式。

28. 正在报警的警钟，每隔 0.5s 响一声，一声接一声地响着。有一个人在以 60km/h 的速度向警钟行驶的火车中，问这个人在 5min 内听到几响。

七、自测提高

(一) 选择题

1. 若一平面简谐波的表达式为 $y=A\cos(Bt-Cx)$，式中 A、B、C 为正值常量，则(　　)。

(A) 波速为 C　　(B) 周期为 $1/B$

(C) 波长为 $2\pi/C$　　(D) 角频率为 $2\pi/B$

2. 如图 14-22 所示，一平面简谐波沿 x 轴正向传播，已知 P 点的振动方程为 $y=A\cos(\omega t+\phi_0)$，则波的表达式为(　　)。

(A) $y=A\cos\{\omega[t-(x-l)/u]+\phi_0\}$

(B) $y=A\cos\{\omega[t-(x/u)]+\phi_0\}$

(C) $y=A\cos\omega(t-x/u)$

(D) $y=A\cos\{\omega[t+(x-l)/u]+\phi_0\}$

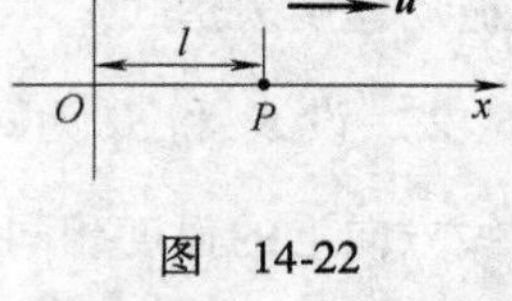

图　14-22

3. 一平面简谐波以速度 u 沿 x 轴正方向传播，在 $t=t'$ 时波形曲线如图 14-23 所示，则坐标原点 O 的振动方程为（　　）。

(A) $y = a\cos\left[\frac{u}{b}(t-t')+\frac{\pi}{2}\right]$　　(B) $y = a\cos\left[2\pi\frac{u}{b}(t-t')-\frac{\pi}{2}\right]$

(C) $y = a\cos\left[\pi\frac{u}{b}(t+t')+\frac{\pi}{2}\right]$　　(D) $y = a\cos\left[\pi\frac{u}{b}(t-t')-\frac{\pi}{2}\right]$

4. 一平面简谐波的表达式为 $y=A\cos2\pi\ (\nu t-x/\lambda)$。在 $t=1/\nu$ 时刻，$x_1=3\lambda/4$ 与 $x_2=\lambda/4$ 两点处质元速度之比是（　　）。

(A) -1　　(B) $\frac{1}{3}$　　(C) 1　　(D) 3

5. 图 14-24 中所示为一平面简谐机械波在 t 时刻的波形曲线。若此时 A 点处介质质元的振动动能在增大，则（　　）。

(A) A 点处质元的弹性势能在减小

(B) 波沿 x 轴负方向传播

(C) B 点处质元的振动动能在减小

(D) 各点的波的能量密度都不随时间变化

6. 如图 14-25 所示，S_1 和 S_2 为两相干波源，它们的振动方向均垂直于图面，发出波长为 λ 的简谐波，P 点是两列波相遇区域中的一点，已知 $\overline{S_1P}=2\lambda$，$\overline{S_2P}=2.2\lambda$，两列波在 P 点发生相消干涉。若 S_1 的振动方程为 $y_1=A\cos\left(2\pi t+\frac{1}{2}\pi\right)$，则 S_2 的振动方程为（　　）。

(A) $y_2=A\cos\left(2\pi t-\frac{1}{2}\pi\right)$　　(B) $y_2=A\cos(2\pi t-\pi)$

(C) $y_2=A\cos\left(2\pi t+\frac{1}{2}\pi\right)$　　(D) $y_2=A\cos(2\pi t-0.1\pi)$

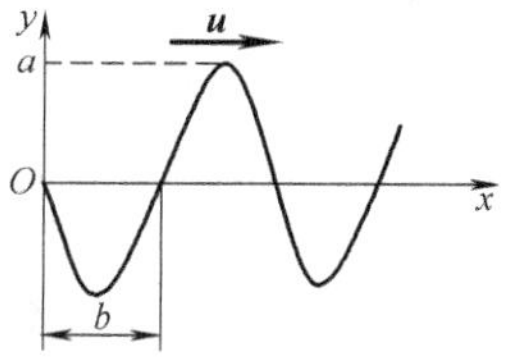

图　14-23

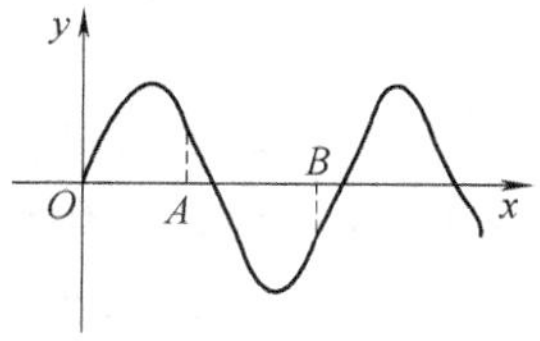

图　14-24

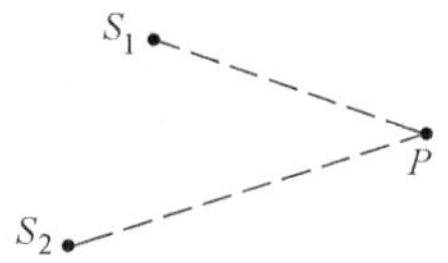

图　14-25

7. 在弦线上有一简谐波，其表达式是

$$y_1 = 2.0\times10^{-2}\cos\left[2\pi\left(\frac{t}{0.02}-\frac{x}{20}\right)+\frac{\pi}{3}\right]\quad(\text{SI})$$

为了在此弦线上形成驻波，并且在 $x=0$ 处为一波节，此弦线上还应有一简谐波，其表达式为（　　）。

(A) $y_2 = 2.0\times10^{-2}\cos\left[2\pi\left(\frac{t}{0.02}+\frac{x}{20}\right)+\frac{\pi}{3}\right]$　(SI)

(B) $y_2 = 2.0\times10^{-2}\cos\left[2\pi\left(\frac{t}{0.02}+\frac{x}{20}\right)+\frac{2\pi}{3}\right]$　(SI)

(C) $y_2 = 2.0 \times 10^{-2}\cos\left[2\pi\left(\frac{t}{0.02}+\frac{x}{20}\right)+\frac{4\pi}{3}\right]$ (SI)

(D) $y_2 = 2.0 \times 10^{-2}\cos\left[2\pi\left(\frac{t}{0.02}+\frac{x}{20}\right)-\frac{\pi}{3}\right]$ (SI)

(二) 填空题

8. 一列平面简谐波沿 x 轴正向无衰减地传播，波的振幅为 2×10^{-3} m，周期为 0.01s，波速为 400m/s。当 $t=0$ 时，x 轴原点处的质元正通过平衡位置向 y 轴正方向运动，则该简谐波的表达式为________。

9. 一平面简谐波沿 x 轴负方向传播。已知 $x=-1$m 处质点的振动方程为 $y=A\cos(\omega t+\phi)$，若波速为 u，则此波的表达式为________。

10. 如图 14-26 所示，一列平面波入射到两种介质的分界面上。AB 为 t 时刻的波前，波从 B 点传播到 C 点需用时间 τ，已知波在介质 1 中的速度 u_1 大于波在介质 2 中的速度 u_2。试根据惠更斯原理定性地画出 $t+\tau$ 时刻波在介质 2 中的波前。

11. 如图 14-27 所示，两相干波源 S_1 与 S_2 相距 $3\lambda/4$，λ 为波长。设两波在 S_1、S_2 连线上传播时，它们的振幅都是 A，并且不随距离变化。已知在该直线上在 S_1 左侧各点的合成波强度为其中一个波强度的 4 倍，则两波源应满足的相位条件是________。

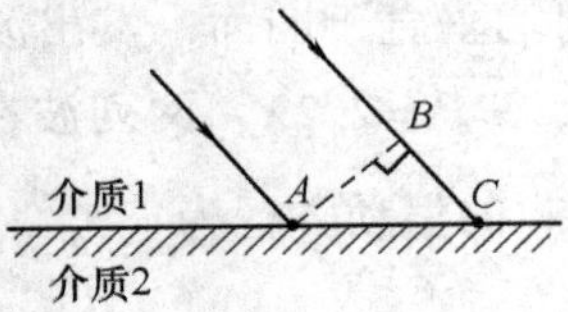

图　14-26

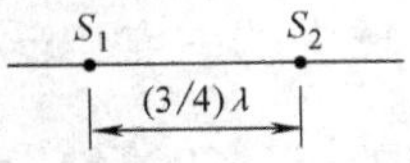

图　14-27

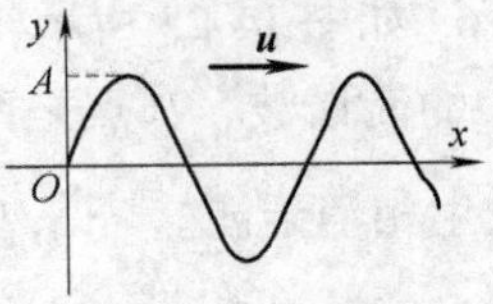

图　14-28

12. 两列纵波传播方向成 90°，在两波相遇区域内的某质点处，甲波引起的振动方程是 $y_1=0.3\cos(3\pi t)$ (SI)，乙波引起的振动方程是 $y_2=0.4\cos(3\pi t)$ (SI)，则 $t=0$ 时该点的振动位移大小是________。

13. 两列波在一根很长的弦线上传播，其表达式为

$$y_1 = 6.0\times10^{-2}\cos\pi(x-40t)/2 \text{ (SI)},$$
$$y_2 = 6.0\times10^{-2}\cos\pi(x+40t)/2 \text{ (SI)}$$

则合成波的表达式为__________；在 $x=0$ 至 $x=10.0$m 内波节的位置是________，波腹的位置是________。

14. 一简谐波沿 Ox 轴正方向传播，图 14-28 中所示为该波 t 时刻的波形图。欲沿 Ox 轴形成驻波，且使坐标原点 O 处出现波节，试在另一图上画出需要叠加的另一简谐波 t 时刻的波形图。

15. 有 A 和 B 两个汽笛，其频率均为 404Hz。A 是静止的，B 以 3.3m/s 的速度远离 A。在两个汽笛之间有一位静止的观察者，他听到的声音的拍频是（已知空气中的声速为 330m/s）________。

(三) 计算题

16. 一平面简谐波沿 x 轴正向传播，波的振幅 $A=10$cm，波的角频率 $\omega=7\pi$rad/s。当 $t=1.0$s 时，$x=10$cm 处的质点 a 正通过其平衡位置向 y 轴负方向运动，而 $x=20$cm 处的质点

b 正通过 $y=5.0\text{cm}$ 点向 y 轴正方向运动。设该波波长 $\lambda>10\text{cm}$，求该平面波的表达式。

17. 如图 14-29 所示，一平面简谐波沿 Ox 轴的负方向传播，波速大小为 u，若 P 处介质质点的振动方程为 $y_P=A\cos(\omega t+\phi)$，求：（1）O 处质点的振动方程；（2）该波的波动表达式；（3）与 P 处质点振动状态相同的那些点的位置。

18. 一波长为 λ 的简谐波沿 Ox 轴正方向传播，在 $x=\frac{1}{2}\lambda$ 的 P 处质点的振动方程是 $y_P=\left(\frac{\sqrt{3}}{2}\sin\omega t-\frac{1}{2}\cos\omega t\right)\times10^{-2}$（SI），求该简谐波的表达式。

19. 一平面简谐波沿 Ox 轴的负方向传播，波长为 λ，P 处质点的振动规律如图 14-30 所示。（1）求 P 处质点的振动方程；（2）求此波的波动表达式；（3）若图中 $d=\frac{1}{2}\lambda$，求坐标原点 O 处质点的振动方程。

20. 一平面简谐波，频率为 300Hz，波速为 340m/s，在截面面积为 $3.00\times10^{-2}\ \text{m}^2$ 的管内空气中传播，若在 10s 内通过截面的能量为 2.70×10^{-2} J，求：（1）通过截面的平均能流；（2）波的平均能流密度；（3）波的平均能量密度。

21. 两波在一很长的弦线上传播，其表达式分别为

$$y_1=4.0\times10^{-2}\cos\frac{1}{3}\pi(4x-24t)\ \text{(SI)}$$

$$y_2=4.0\times10^{-2}\cos\frac{1}{3}\pi(4x+24t)\ \text{(SI)}$$

求：（1）两波的频率、波长、波速；（2）两波叠加后的节点位置；（3）叠加后振幅最大的那些点的位置。

22. 在实验室中做驻波实验时，在一根两端固定长 3m 的弦线上以 60Hz 的频率激起横向简谐波。弦线的质量为 60×10^{-3} kg，如要在这根弦线上产生有四个波腹的很强的驻波，必须对这根弦线施加多大的张力？

23. 一声源的频率为 1080Hz，相对于地以 30m/s 的速率向右运动。在其右方有一反射面相对于地以 65m/s 的速率向左运动。设空气中的声速为 331m/s。求：（1）声源在空气中发出声音的波长；（2）每秒钟到达反射面的波数；（3）反射波速率；（4）反射波波长。

24. 如图 14-31 所示，一圆频率为 ω、振幅为 A 的平面简谐波沿 x 轴正方向传播，设在 $t=0$ 时该波在原点 O 处引起的振动使媒质元由平衡位置向 y 轴的负方向运动，M 是垂直于 x 轴的波密媒质反射面，已知 $OO'=\frac{7\lambda}{4}$，$PO'=\frac{\lambda}{4}$（λ 为该波波长），设反射波不衰减，求：（1）入射波与反射波的波动方程；（2）P 点的振动方程。

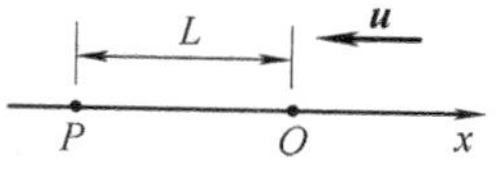

图　14-29

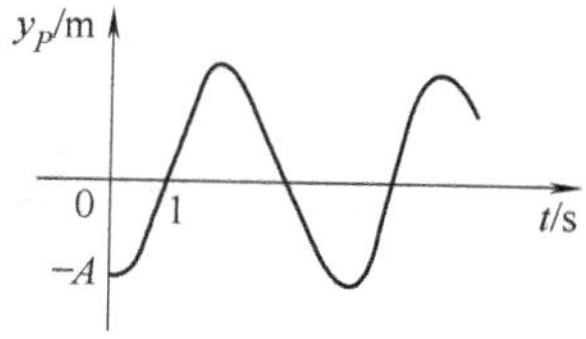

图　14-30

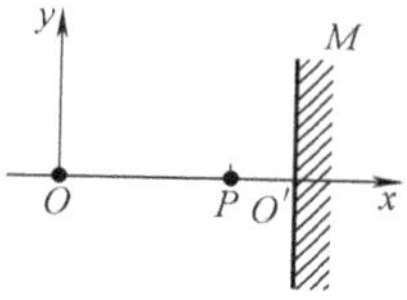

图　14-31

第五篇 光 学

第十五章 几 何 光 学

光学是物理学中发展较早的一个分支。人们最初是从物体成像的研究中形成了光线的概念，并根据光线沿直线传播的现象总结出有关规律，从而逐步形成了几何光学。几何光学主要是以光线为基础、用几何的方法来研究光在介质中的传播规律及光学系统的成像特性。本章重点讨论单球面反射和折射系统的特性，以及常见光学仪器的应用。

一、知 识 框 架

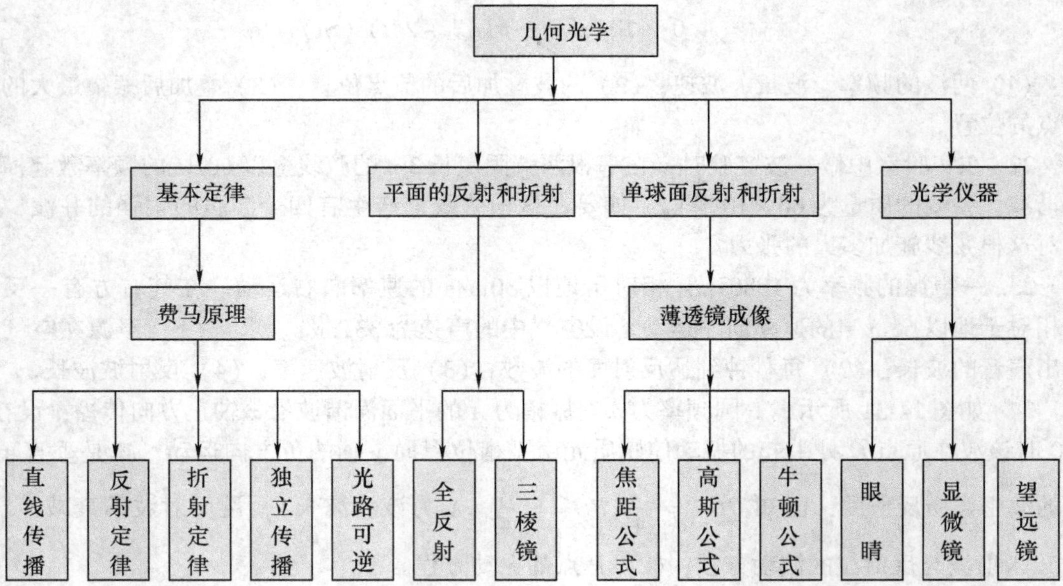

二、知 识 要 点

1. 几何光学的基本定律

（1）光的直线传播定律

光在同种均匀介质中沿直线传播。

(2) 光的反射定律

1) 反射线在入射面内，并和入射线分别在法线的两侧；

2) 反射角等于入射角。

(3) 光的折射定律

1) 折射线在入射面内，并且和入射线分别在法线的两侧；

2) 入射角 i 的正弦与折射角 i_2 的正弦之比是一个常数，即 $n_1\sin i_1=n_2\sin i_2$。

(4) 独立传播定律

不同方向或不同物体发出的光线相交时，对每一光线的传播不发生影响。即各自保持自己原有的特性，沿原方向继续传播。

(5) 光路可逆性原理

当光线沿着和原来相反的方向传播时，其路径不变。

2. 费马原理

(1) 光程 $[l]$

在均匀介质中，光在介质中通过的几何路程与该介质折射率的乘积称为光程，$[l]=nl$，表示光在介质中通过真实路程所需的时间内，在真空中所能传播的路程。

特点：虽然光实际是在介质中传播的，但利用光程的概念可以转化为在真空中进行的传播。

(2) 费马原理的表述

l 为在 A、B 两点间光线传播的实际路径，与任何其它可能路径相比，其光程为极值。即 $\int_A^B n\mathrm{d}s=$ 极值。极值的几种情况：极大值、极小值或恒定值。

3. 成像的基本概念

(1) 同心光束和像散光束的概念

1) 同心光束：一光束中各光线或其延长线相交于一点。

2) 像散光束：各条光线彼此既不平行又不完全相交于一点。

(2) 理想光学系统物像之间的共轭性

在任意大的空间范围内用任意宽的光束成完善的像，即任何同心光束通过系统后仍能保持为同心光束。

4. 光在平面上的反射和折射

(1) 在平面上的反射

特点：物与像对镜面对称。平面镜是一个唯一理想成像的完善的光学系统。

(2) 光在平面上的折射

发光点经折射后，光束的单心性已被破坏。

(3) 全反射

当光从一种介质射向另一种介质，入射角增大到某一角度时，折射光完全消失，入射光全部返回原来的介质中的现象称为全反射，如图 15-1 所示。

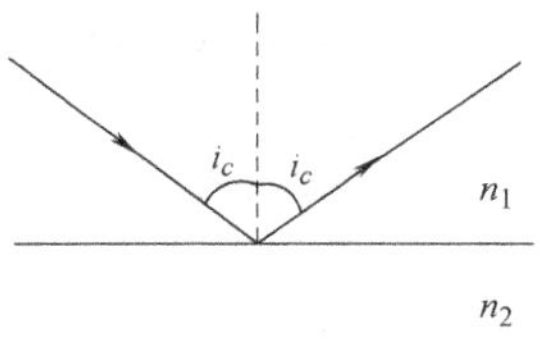

图 15-1

条件：

1）$n_1 > n_2$；

2）$i_1 \geqslant i_c$，其中 $i_c = \sin^{-1}\left(\frac{n_2}{n_1}\sin 90°\right) = \sin^{-1}\frac{n_2}{n_1}$ 是临界角。

（4）棱镜

棱镜是指由多个平面相交的透明光学元件。横截面为三棱镜的棱镜叫做三棱镜。当光通过棱镜时，产生两个或两个以上界面的连续折射，传播方向发生偏折。如图 15-2 所示，当偏转的方向最小时，引入最小偏转角。

三棱镜最小偏向角 δ_m 和棱镜折射率 n 的关系为

$$n = \frac{\sin\frac{\alpha + \delta_m}{2}}{\sin\frac{\alpha}{2}}$$

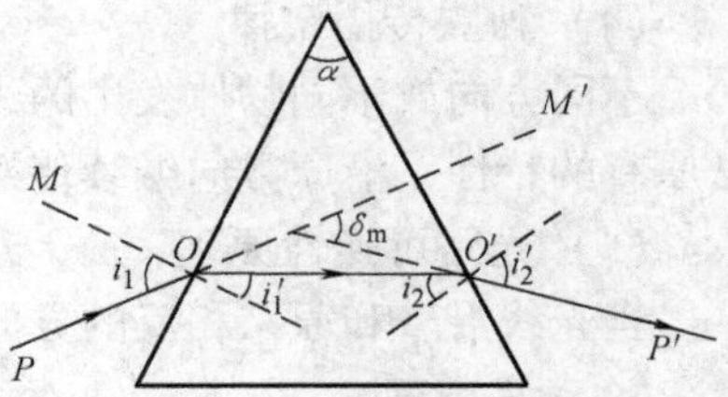

图 15-2

5. 光在单球面上的折射和反射

1）在傍轴条件下单折射球面成像时物像距之间的基本关系式为

$$\frac{n'}{s'} - \frac{n}{s} = \frac{n' - n}{r}$$

成像如图 15-3 所示。

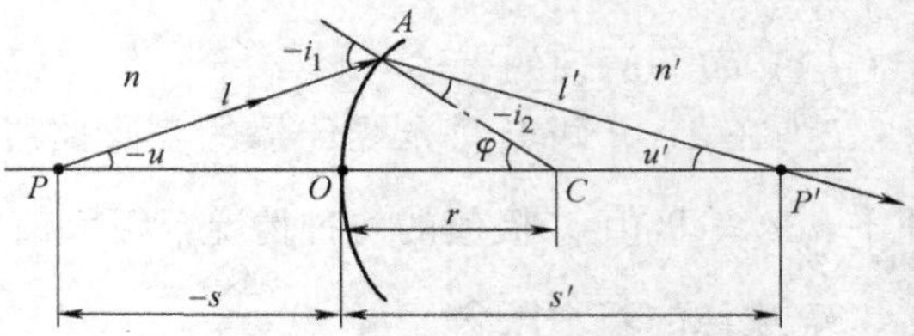

图 15-3

2）高斯公式和牛顿公式

① 球面的光焦度

公式：$\phi = \frac{n' - n}{r}$

$\phi > 0$ 表示球面使入射光束会聚；$\phi < 0$ 则表示球面使入射光束发散。

意义：它表征球面屈折光线的本领。单位：屈光度（D），1D = 100 度。

② 像方焦距：$f' = \frac{n'}{n' - n}r$

③ 物方焦距：$f = -\frac{n}{n' - n}r$

④ 高斯公式：$\frac{f'}{s'} + \frac{f}{s} = 1$

⑤ 牛顿公式：$xx' = ff'$

3）傍轴小物体细束放大率

① 横向放大率：$\beta = \frac{y'}{y} = \frac{ns'}{n's}$

② 角放大率：$\gamma = \frac{u'}{u} = \frac{s}{s'} = \frac{x}{f'} = \frac{f}{x'}$

③ 角放大率和横向放大率的关系：$\beta = \frac{n}{n'}\frac{1}{\gamma}$

4）球面反射镜

① 方法：将反射看作是折射的特殊情况，即 $i=-i'$、$n=-n'$。

② 物像距公式：$\frac{1}{s}+\frac{1}{s'}=\frac{2}{r}$。

③ 单球面折射与球面反射镜公式对比，见表 15-1。

表 15-1　单球面折射与球面反射镜公式对比

	球面折射成像公式	球面反射成像公式
物像距	$\frac{n'}{s'}-\frac{n}{s}=\frac{n'-n}{r}$ $\frac{f'}{s'}+\frac{f}{s}=1$ $xx'=ff'$	$\frac{1}{s'}+\frac{1}{s}=\frac{2}{r}$ $\frac{1}{s'}+\frac{1}{s}=\frac{1}{f}$ $xx'=f^2$
焦距和光焦度	$\phi=\frac{n'-n}{r}$ $f'=\frac{n'}{n'-n}r$ $f=-\frac{n}{n'-n}r$ $\frac{f'}{f}=-\frac{n'}{n}$	$\phi=\frac{-2n}{r}$ $f'=\frac{r}{2}$ $f=\frac{r}{2}$ $\frac{f'}{f}=1$
横向放大率	$\beta=\frac{ns'}{n's}$	$\beta=-\frac{s'}{s}$

④ 成像特点：球面反射镜的物空间与像空间重合，其焦点位于 $r/2$ 处。

6. 光连续在几个球面上的折射和虚物

（1）共轴光具组

由两个或两个以上的球面所构成的，其曲率中心处在同一条直线上的光学系统，称为共轴光具组。该直线为共轴光具组的光轴。反之，称为非共轴光具组。

（2）逐个球面成像法

依球面的顺序，应用成像公式逐个对球面求像，最后得到整个共轴光具组的像。

1）必须在近轴光线条件下使用，才能得到最后像。

2）前一球面的像是后一球面的物；前一球面的像空间是后一球面的物空间；前一球面的折射线是后一球面的入射线。

3）必须针对每一个球面使用符号法则。对哪个球面成像就只能以它的顶点为取值原点，不能混淆。

7. 薄透镜

（1）近轴条件下薄透镜的相关公式

1）物像公式：

$$\frac{n_2}{s'}-\frac{n_1}{s}=\frac{n-n_1}{r_1}+\frac{n_2-n}{r_2}$$

2）焦距公式：

$$\begin{cases} f=\dfrac{n_1}{\dfrac{n-n_1}{r_1}-\dfrac{n_2-n}{r_2}} \\[2ex] f'=\dfrac{n_2}{\dfrac{n-n_1}{r_1}-\dfrac{n_2-n}{r_2}} \end{cases}$$

3）薄透镜的高斯公式：

$$\frac{f'}{s'}+\frac{f}{s}=1$$

4）牛顿公式：

$$x'x=f'f$$

（2）横向放大率

1）定义：在近轴光线和近轴物的条件下，像的横向大小与物的横向大小之比。

$$\beta=\frac{y'}{y}=\frac{ns'}{n's}$$

2）像的性质判断：

$\beta>0\Leftrightarrow$ 正立像　　$\beta<0\Leftrightarrow$ 倒立像

$|\beta|>1\Leftrightarrow$ 放大像　　$|\beta|<1\Leftrightarrow$ 缩小像

8. 光学仪器

（1）眼睛

眼睛的光学结构如图 15-4 所示。

1）眼睛的特点：像距基本不变，通过焦距变化来实现清晰成像。

2）明视距离：$s_0=25\text{cm}$

3）视角：物体对眼睛中心的张角称为视角，$\omega=\frac{y}{s}$

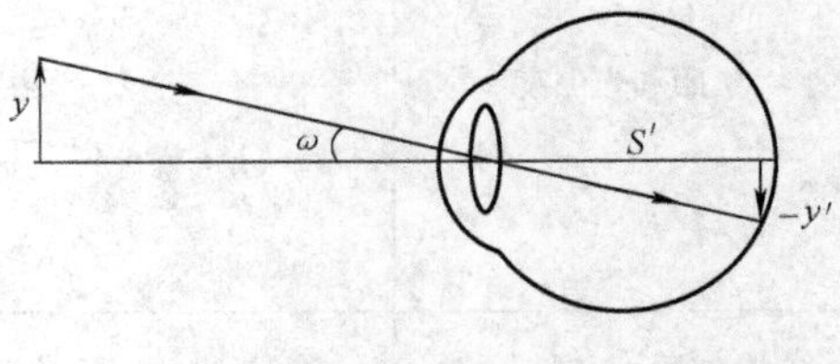

图　15-4

4）人眼的最小分辨角：$1'=2.9\times10^{-4}\text{rad}$

（2）放大镜

放大镜的光学结构如图 15-5 所示。

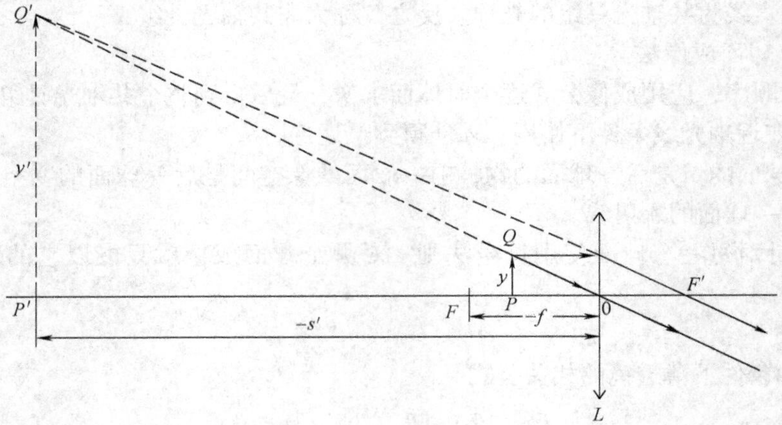

图　15-5

1）特点：$f\ll s_0$

2）视角放大率：

$$M=\frac{\omega'}{\omega},\ \omega'\approx\frac{y}{f},\ \omega=\frac{y}{s_0},\ M=\frac{\omega'}{\omega}=\frac{s_0}{f}$$

（3）显微镜

显微镜的光学结构如图 15-6 所示。

1）特点：

$f_O < f_E \ll s_0$，f_O，$f_E \ll \Delta$，Δ 为光学筒长$\overline{F'_oF_e}$。

2）视角放大率：$M = -\dfrac{\Delta s_0}{f_Of_E}$，负号表示像是倒立的。

（4）望远镜

望远镜的光学结构如图 15-7 所示。

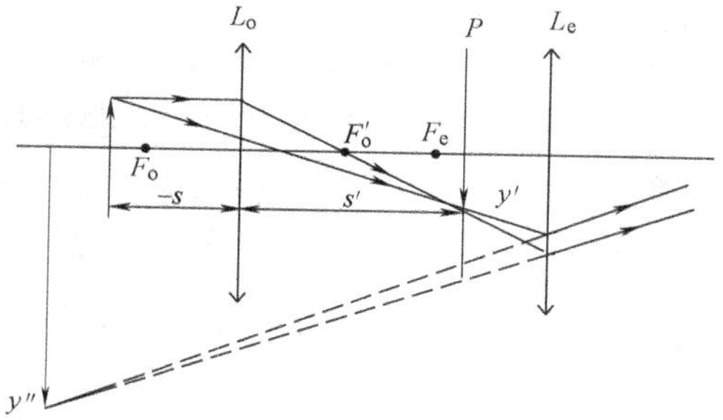

图　15-6

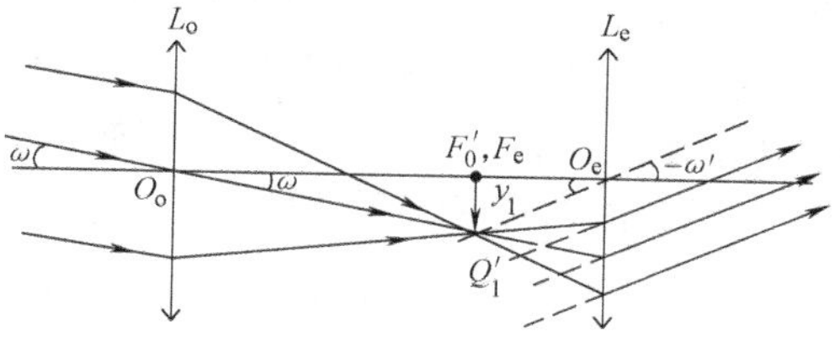

图　15-7

1）特点：$f_E < f_O$，$\Delta = 0$。

2）视角放大率：$M = \dfrac{\omega'}{\omega} = -\dfrac{f_O}{f_E}$，负号表示像是倒立的。

3）开普勒和伽利略望远镜

若 $f_E > 0$，$f_O > 0$，称为开普勒望远镜，所成的像为倒像。

若 $f_E < 0$，$f_O > 0$，称为伽利略望远镜，所成的像为正像。

三、概 念 辨 析

1. 当逆着光线的方向观察时，能看到实像和虚像吗？凭眼睛看，能否辨别是实像还是虚像？能否拍摄虚像的照片？

【答】 实像对应的出射光束从系统出射后为会聚的同心光束，当逆着光线的方向观察时，眼睛看不到实像，但可以用屏接收实像。虚像对应的出射光束从系统出射后为发散的同心光束，当逆着光线的方向观察时，眼睛能看到虚像。所以凭眼睛看，能辨别是实像还是虚像。照相机可以拍摄虚像的照片，因为虚像对应的出射光束从系统出射后为发散的同心光束，而照相机一定在成像系统的前方拍摄，所以系统的虚像对于照相机是成发散的同心光束，是照相机镜头的实物，因此照相机可以拍摄虚像的照片。

2. 通常认为 $\phi > 0$ 为会聚系统，$\phi < 0$ 为发散系统，那么对 $\phi = 0$ 的单折射面是会聚系统还是发散系统？

【答】 光焦度 $\phi = (n' - n)/r$ 是表征单折射球面屈折光线本领的量。$\phi > 0$ 表示球面使入射光束会聚为会聚系统，$\phi < 0$ 表示球面使入射光束发散为发散系统。$\phi = 0$ 时，对应于 $r = \infty$，即为平面折射。这时，经折射后仍是沿光轴的平行光束，不出现屈折现象。

3. 球面镜的焦距和光焦度与所在介质的折射率是否有关？

【答】 球面镜的反射可以看成是从折射率为 n 的介质到折射率为 $-n$ 的介质的特殊折射，其焦距是$f'=f=r/2$，与所在介质的折射率无关。光焦度 $\phi=-n/f$ 与所在介质的折射率有关。

4. 薄透镜的焦距与它所在介质是否有关？凸透镜一定是会聚透镜吗？凹透镜一定是发散透镜吗？

【答】 由薄透镜的焦距公式$f=-n/\left(\dfrac{n_0-n}{r_1}+\dfrac{n'-n_0}{r_2}\right)$和$f'=n'/\left(\dfrac{n_0-n}{r_1}+\dfrac{n'-n_0}{r_2}\right)$可见，$f$和$f'$与组成透镜的两个单球面曲率半径 r_1、r_2有关，与透镜材料的折射率 n_0 有关，还与它所在的物方和像方的折射率 n 和 n'有关。当$f'>0$（或 $\phi>0$）时，是会聚透镜；当$f'<0$（或 $\phi<0$）时，是发散透镜。凸透镜或凹透镜究竟是发散的还是会聚的，主要由其焦距f'（或光焦度 ϕ）的正负决定。例如，一个会聚透镜（$r_1>0, r_2<0$）在空气中（$n_0>n=n'=1$）是会聚透镜；当把它置于某介质中，使 $n_0<n=n'$时，它的像方焦距 $f'=n'/\left(\dfrac{n_0-n}{r_1}+\dfrac{n'-n_0}{r_2}\right)<0$，变成一个发散透镜。因此，并非凸透镜就一定是会聚透镜、凹透镜一定是发散透镜。

5. 置于空气中的两个光焦度大于零的薄透镜，可否组成一个光焦度小于零的共轴球面系统？

【答】 可以组成一个光焦度小于零的共轴球面系统。空气中的两个薄透镜组成一共轴球面系统，其系统的光焦度 $\phi=\phi_1+\phi_2-d\phi_1\phi_2$。已知 $\phi_1>0$，$\phi_2>0$，要使 $\phi>0$，则应有 $\phi_1+\phi_2<d\phi_1\phi_2$，即使 $d>\dfrac{\phi_1+\phi_2}{\phi_1\phi_2}$，这是可以实现的，因此空气中的两个光焦度大于零的薄透镜，可以组成一个光焦度小于零的共轴球面系统。

四、方法点拨

1. 共轴球面系统的求解方法

1）应用单球面折射公式，采用逐次成像法。即第一折射面的像为相邻后一个折射面的物。依次类推得出共轴系统的像。

2）两个或两个以上薄透镜组成的共轴系统。成像运用薄透镜成像公式，采用逐次成像法。

2. 几何光学符号法则

（1）距离

1）轴向距离（物距、像距、焦距、曲率半径等）从基准点量起，顺入射光方向（习惯上是自左向右）为正，逆入射光方向为负。

2）垂直距离（高度）在主光轴之上为正，在主光轴之下为负。

（2）角度

从基准线向光线转一锐角，旋转方向为顺时针，该角度为正，反之为负。

3. 虚物的概念

定义：会聚的入射光束的顶点，称为虚物，如图 15-8 中 P_4。发散的入射光束的顶点，称为实物，如图中 P_1、P_2 和 P_3。

1）实物、虚物的判断依据

入射光束：发散——实物；会聚——虚物。

物所处空间：物空间——实物；像空间——虚物。

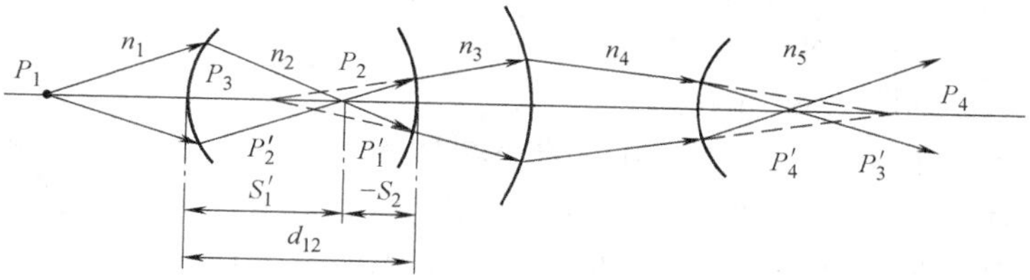

图　15-8

2）虚物处永远没有光线通过。

3）虚物仍遵从符号法则。

4）虚物处像空间对应的是物空间的会聚光束，故折射率就取物方折射率。

五、例题精解

例题 15-1　巨蟹星座中心有一颗脉冲星，其辐射的光频讯号和射频信号到达地球有 1.27s的时差，且光波快于射电波。

（1）求光波和射电波从脉冲星到地球的光程差 ΔL。

（2）试计算这两种电磁波传播于宇宙空间中的折射率之差 Δn 的数量级，已知这颗脉冲星与地球相距约 6300 光年≈6×10^{15}km。

【分析】　光程表示光在介质中通过的真实路程所需时间内，在真空中所传播的路程。

【解】（1）光波和射电波从脉冲星到地球的光程差

$$\Delta L = c\Delta t = 3.8\times10^8\times1.27 = 3.81\times10^8\text{m}$$

（2）脉冲星与地球相距 $l=6\times10^{15}$km，时差为 $\Delta t=\dfrac{l}{v}-\dfrac{l}{c}$，则

$$\Delta n = \frac{c}{v}-1 = \frac{c\Delta t}{l} = \frac{3\times10^8\times1.27}{6\times10^{18}} \approx 10^{-11}$$

例题 15-2　一根长玻璃棒的折射率为 1.6350，将它的左端研磨并抛光成半径为 2.50cm 的凸球面，在空气中有一小物体位于光轴上距球面顶点 9.0cm 处。求：

（1）球面的物方焦距和像方焦距；（2）光焦度；（3）像距；（4）横向放大率；（5）用作图法求像。

【解】　已知 $n=1$，$n'=1.6350$，$r=2.50$cm，$s=-9.0$cm。

（1）$$f=-\frac{n}{n'-n}r=\frac{-2.50}{1.6350-1}\text{cm}=-3.94\text{cm}$$

$$f'=\frac{n'}{n'-n}r=\frac{1.6350\times2.50}{1.6350-1}\text{cm}=6.44\text{cm}$$

（2）$$\Phi=\frac{n'}{f'}=\frac{1.6350}{6.44\times10^{-2}}=25.4D$$

(3) 由$\frac{n'}{s'}-\frac{n}{s}=\frac{n'-n}{r}$得

$$s' = n'/\left(\frac{n'-n}{r}+\frac{n}{s}\right) = 1.6530/\left(\frac{1.6530-1}{2.50}+\frac{1}{-9.0}\right)\text{cm} = 11.40\text{cm}$$

(4) 由$\beta=\frac{ns'}{n's}=\frac{11.40}{1.6350\times(-9.0)}=-0.777$

(5) 作图求像，如图 15-9 所示。

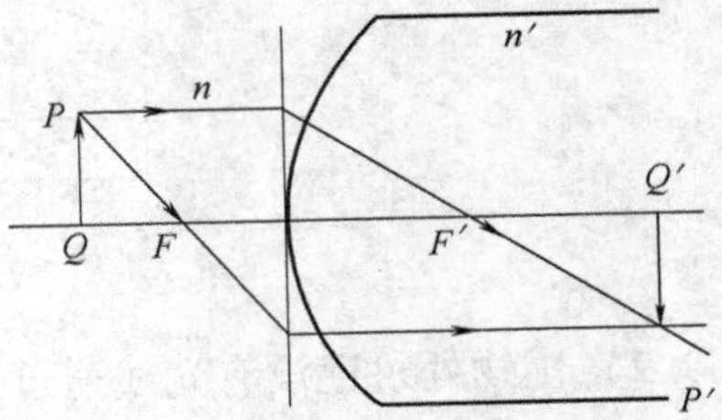

图　15-9

例题 15-3　将一根 40cm 长的透明棒的一端切平，另一端磨成半径为 12cm 的半球面。有一小物体沿棒轴嵌在棒内，并与棒的两端等距。当从棒的平端看去时，物的表观深度为 12.5cm。问从半球端看去时，它的表观深度为多少？

【分析】　首先平面折射，再由球面折射。

【解】　已知 $s_1 = s_2 = 20\text{cm}$，$r = 12\text{cm}$，$s_1' = 12.5\text{cm}$，由 $s_1'=\frac{s_1}{n}=12.5\text{cm}$，而公式$\frac{1}{s_2'}-\frac{n}{s_2}=\frac{1-n}{r}$，代入数据，算得 $s_2'=33.33$（cm）

例题 15-4　在一个直径为 30cm 的球形玻璃鱼缸中盛满水，鱼缸中心处有一尾小鱼。若鱼缸薄壁的影响可以忽略不计，求缸外面的观察者所看到的鱼的表观位置及横向放大率。

【解】　已知 $s=r$、$n'=1$、$n=1.33$，由$\frac{n'}{s'}-\frac{n}{s}=\frac{n'-n}{r}$得 $s'=r=-15(\text{cm})$ 故$\beta=\frac{ns'}{n's}$ $=\frac{n}{n'}=1.33$。

例题 15-5　一烧杯内水深 4cm，杯底有一枚硬币，在水面上方置一焦距为 30cm 的薄透镜，硬币中心位于透镜光轴上，若透镜上方的观察者通过透镜观察到硬币的像就在原处，求透镜应置于距水面多高的位置。

【分析】　硬币先经水面折射，再经薄透镜成像。

【解】　设透镜距水面的距离为 x，则

$$s_2 = -(|s_1'|+x) = -(3+x),\ s_2' = -(|s_1|+x) = -(4+x),\ f' = 30\text{cm}$$

由$\frac{1}{s'}-\frac{1}{s}=\frac{1}{f'}$得 $x_1=2\text{cm}$，$x_2=-9\text{cm}$（不合题意舍去），即透镜距水面 2cm。

例题 15-6　两薄透镜的焦距为 $f_1'=5.0\text{cm}$、$f_2'=10.0\text{cm}$，相距 5.0cm，若一高为 2.50cm 的物体位于第一透镜前 15.0cm 处，求最后所成像的位置和大小，并作出成像的光路图。

【分析】　首先物体经 L_1 成像，再经 L_2 成像。

【解】　已知 $s_1=-15\text{cm}$，$f_1'=5.0\text{cm}$，由薄透镜的成像公式$\frac{1}{s'}-\frac{1}{s}=\frac{1}{f'}$及$\beta=\frac{s'}{s}$得

$$s_1' = \frac{f_1's_1}{f_1'+s_1} = 7.5\text{cm}$$

$$\beta_1 = \frac{s_1'}{s_1} = \frac{7.5}{-15} = -\frac{1}{2},\ y_1' = -\frac{5}{4}$$

即物体在 L_1 右端 7.5cm 处生成缩小倒立的实像。

然后将经 L_1 所成的像作为 L_2 的虚物经 L_2 成像。已知 $s_2=2.5\text{cm}$，$f_2'=10.0\text{cm}$，则

$$s_2'=\frac{f_2's_2}{f_2'+s_2}=2\text{cm}$$

$$\beta_2=\frac{s_2'}{s_2}=\frac{2}{2.5}=\frac{4}{5},\ y_2'=\beta_2y_1'=-1\text{cm}$$

即物体最后成像在 L_2 右端 2cm 处生成高为 1cm 倒立的实像，如图 15-10 所示。

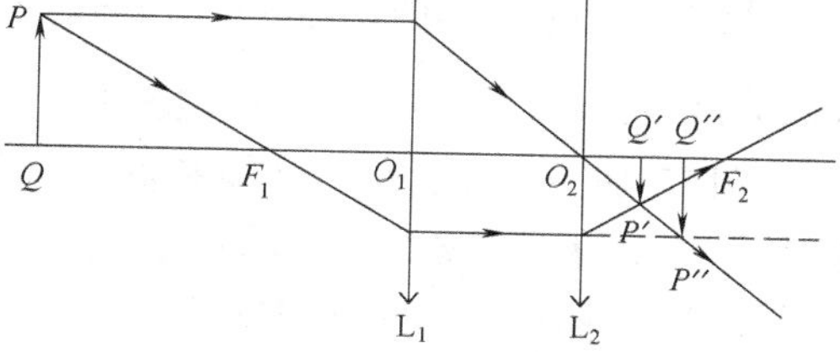

图　15-10

例题 15-7　一平凸透镜焦距为f'，平面镀银，在其前 $2f$ 处放一物体，高度为 h。求物体所成的最后像，并作图。

【分析】　整个成像过程分为三步：第一步经薄透镜成像；第二步经平面反射镜成像；第三步再经薄透镜成像，此时光线是由右向左。

【解】　由$\frac{1}{s'}-\frac{1}{s}=\frac{1}{f'}$　及　$\beta=\frac{s'}{s}$　得

$$s_1'=\frac{f_1's_1}{f_1'+s_1}=\frac{f'\times(-2f')}{f'-2f'}=2f'$$

$$\beta=\frac{y_1'}{h}=\frac{s_1'}{s_1},\ y_1'=-h$$

$s_2'=-2f'$，$y_2'=-h$，即像位于平面反射镜的左侧。

$$s_3=2f',\ y_3=-h,\text{得}\ s_3'=\frac{f'\times(2f')}{f'+2f'}=\frac{2}{3}f',y_3'=-\frac{1}{3}h$$

即最后像位于薄透镜左侧$\frac{2}{3}f'$处，为倒立缩小的实像。如图 15-11 所示。

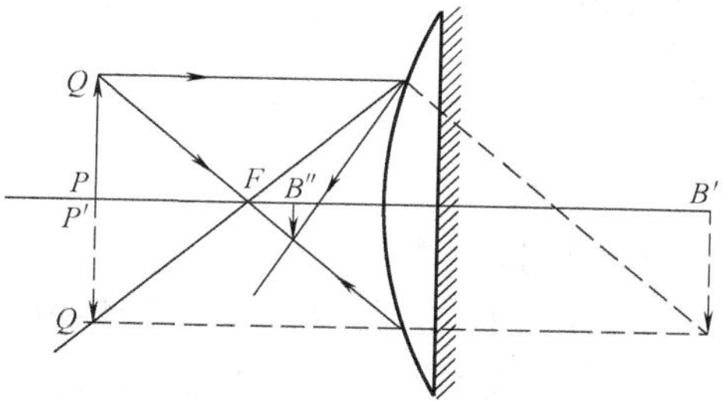

图　15-11

例题 15-8　将焦距$f'=-10\text{cm}$ 的平凹薄透镜（折射率 $n=1.57$）水平放置，凹面向上并注入水。试求此系统的光焦度。

【分析】　此系统可视为两个空气中的密接透镜的组合。

【解】　对玻璃透镜光焦度为

$$\Phi_1=\frac{n}{f'}=\frac{1}{-0.1}\text{D}=-10\text{D}$$

对水透镜，由于

$$\frac{1.57-1}{r}+\frac{1-1057}{\infty}=\frac{1}{f'}$$

得

$$r=0.57f'=[0.57\times(-10)]\text{cm}=-5.7\text{cm}$$

故

$$\Phi_2=\left(\frac{1.33-1}{\infty}+\frac{1-1.33}{-0.057}\right)\text{D}=5.79\text{D}$$

所以系统的光焦度　$\Phi=\Phi_1+\Phi_2=(-10+5.79)\text{D}=-4.21\text{D}$

例题 15-9　一近视眼的远点在眼前 50cm 处，今欲使其看清无限远的物体，则应配带多

少度的眼镜？

【分析】 配带的眼镜必须使无限远的物体在眼前 50cm 处成一虚像。

【解】 设眼镜的焦距为 f，$u=\infty$，$v=0.5\text{m}$，代入薄透镜公式得 $\frac{1}{\infty}+\frac{1}{-0.5}=\frac{1}{f}$，解得 $\Phi=1/f=-1/0.5=-2\text{D}=-200$ 度。

例 15-10 一显微镜的物镜和目镜相距为 20cm，物镜焦距为 7cm，目镜焦距为 5cm 把物镜和目镜都看成是薄透镜，求：

（1）被观察物到物镜的距离；

（2）物镜的横向放大率；

（3）显微镜的总放大率。

【分析】 显微镜的工作距离应使物成放大的实像于目镜的物方焦点附近，由高斯公式可以求得物到物镜的距离。显微镜的总放大率可取物镜的横向放大率与目镜的角放大率之积。目镜的角放大率为明视距离与目镜焦距之比。

【解】（1）此显微镜的中间像对物镜的距离为 $P'_0=200-5=195(\text{mm})$

$$\frac{1}{P'_0}-\frac{1}{P_0}=\frac{1}{f'_0}$$

$$P_0=-7.3\text{mm}$$

（2）物镜的横向放大率为 $$\beta_0=\frac{P'_0}{P_0}=-26.7$$

（3）目镜的角放大率为 $$M_e=\frac{250}{5}=50$$

总放大率为 $$M=\beta_0M_e=(-26.7)\times 50=-1335$$

六、基 础 训 练

（一）选择题

1. 如图 15-12 所示，是实际景物的俯视图，平面镜 AB 宽 1m，在镜的右前方站着一个人甲，另一人乙沿着镜面的中垂线走近平面镜，若欲使甲乙能互相看到对方在镜中的虚像，则乙与镜面的最大距离是（　　）

（A）0.25m　（B）0.5m　（C）0.75m　（D）1m

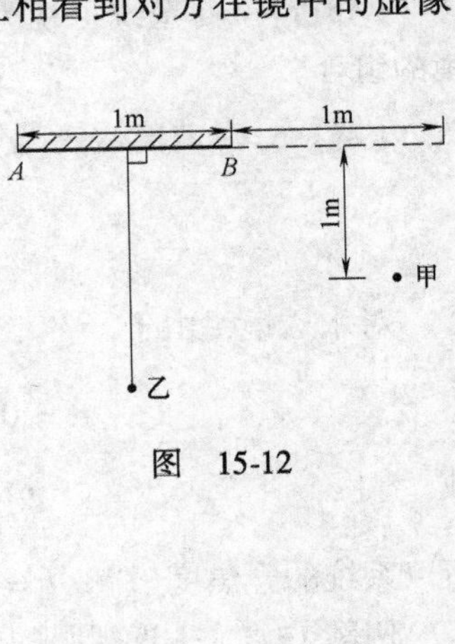

图 15-12

2. 如图 15-13 所示，水平地面与竖直墙面的交点为 O 点，质点 A 位于离地面高 NO，离墙远 MO 处，在质点 A 的位置放一点光源 S，后来，质点 A 被水平抛出，恰好落在 O 点，不计空气阻力，那么在质点在空中运动的过程中，它在墙上的影子将由上向下运动，其运动情况是（　　）。

（A）相等的时间内位移相等

（B）自由落体

（C）初速度为零的匀加速直线运动，加速度 $a<g$

（D）变加速直线运动

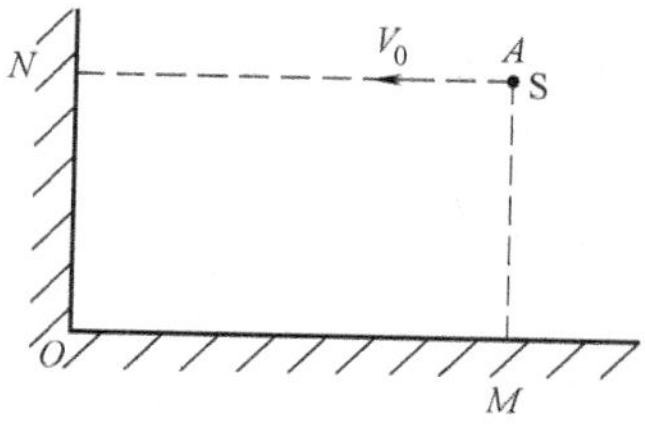

图 15-13

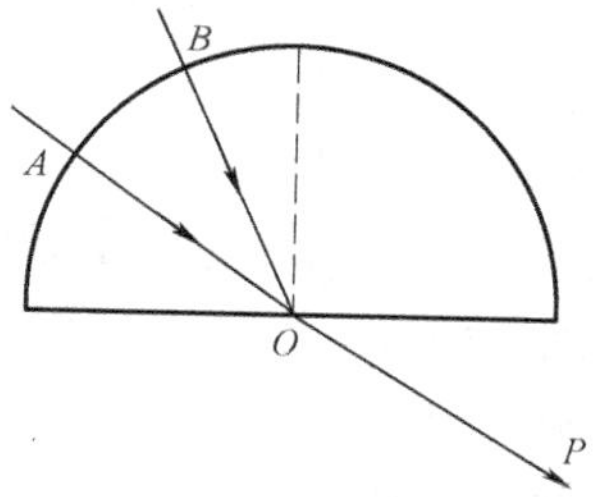

图 15-14

3. 如图 15-14 所示，两束频率不同的光束 A 和 B 分别沿半径方向射入半圆形玻璃砖，出射光线都是 OP 方向，下面说法正确的是（　　）。

（A）穿过玻璃砖所需的时间较长

（B）光由玻璃射向空气发生全反射时，A 的临界角小

（C）光由玻璃射向空气发生全反射时，B 的临界角小

（D）以上都不对

4. 下列说法正确的是（　　）。

① 物与折射光在同一侧介质中是实物且物距为正；与入射光在同一侧介质中是虚物且物距为负。

② 虚像像距小于零，且一定与折射光不在同一侧介质中。

③ 判断球面镜曲率半径的正负可以看凹进去的那一面是朝向折射率高的介质还是折射率低的介质。

④ 单球面镜的焦度为负，说明起发散作用，为正说明起会聚作用。因此凸面镜不可能起发散作用。

⑤ 物方焦距是像距无穷远时的物距，像方焦距是物距无穷远时的像距。

（A）②③④　　（B）①②③⑤　　（C）①②⑤　　（D）①③　　（E）①③④

5. 已知 $n_1=1$，$n_2=1.5$，$r=-10\text{cm}$，在图 15-15 所示的光路图中正确的是（　　）。

（A）1，2　　（B）2，3　　（C）2，4　　（D）1，2，4　　（E）2

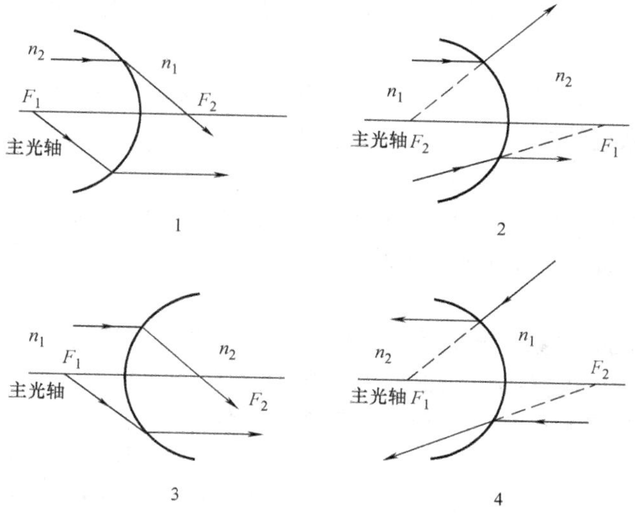

图 15-15

6. 一块正方形玻璃砖的中间有一个球形大气泡。隔着气泡看玻璃后的物体，看到的是（　　）。

（A）放大正立的像　　（B）缩小正立的像

（C）直接看到原物体　　（D）等大的虚像

7. 测绘人员绘制地图时，常常需要从高空飞机上向地面照相，称航空摄影。若使用照相机镜头焦距为50mm，则底片与镜头距离为（　　）。

（A）100mm 以外　　（B）恰为 50mm

（C）50mm 以内　　（D）略大于 50mm

（二）填空题

8. 一竖立的 10cm 厚的玻璃板，折射率为 1.5，观察者的眼睛离玻璃板 10cm 远，沿板法线方向观察板后 10cm 处的一个小物体，则看到它离眼睛的距离是＿＿＿＿＿cm。

9. 费马原理可用下面的说法来表述：光线由空间的一点进行到另一点时，实际传播路径的总光程同附近的路径比起来，不是＿＿＿＿＿，便是＿＿＿＿＿，或者＿＿＿＿＿。

10. 平面镜成像的关系可以看作是球面镜成像关系的一种特殊情形，条件是只要球面镜的焦距＿＿＿＿＿即可。

11. 有一凹球面镜，曲率半径为 20cm，如果把小物体放在离镜面顶点 6cm 处，则像在镜＿＿＿＿＿cm 处，是＿＿＿＿＿像（填写“正”或“倒”）。

12. 有一凸球面镜，曲率半径为 20cm。如果将一点光源放在离镜面顶点 14cm 远处，则像点在镜＿＿＿＿＿cm 处，是＿＿＿＿＿像（填写“实”或“虚”）。

13. 一薄透镜的焦距 $f=-20$cm。一物体放在 $p=30$cm 处，物高 $h_0=5$cm。则像距 $q=$＿＿＿＿＿cm，像高 $h_i=$＿＿＿＿＿cm。

14. 已知折射率 $n=1.50$ 的对称薄透镜，其表面的曲率半径为 12cm，若将其浸没于折射率 $n'=1.62$ 的 CS_2 液体中，则它的焦距 $f=$＿＿＿＿＿cm。

15. 一照相机的透镜采用两个薄透镜胶合而成，一个是焦距为 10cm 的凸透镜，另一个是焦距为 15cm 的凹透镜。那么这一复合透镜的焦距为＿＿＿＿＿cm。

16. 将开普勒型天文望远镜倒过来可作激光扩束装置。设有一台这种类型的望远镜，其物镜焦距为 30cm、目镜焦距为 1.5cm，则它能使激光束（看作平行光束）的直径扩大＿＿＿＿＿倍。

17. 一台显微镜，物镜焦距为 4mm，中间像成在物镜像方焦点后面 160 mm 处，如果目镜是 20×的，则显微镜的总放大率是＿＿＿＿＿倍。

（三）计算题

18. 在充满水的容器底部放一平面反射镜，人在水面上正视镜子看自己的像，如图15-16所示。若眼睛高出水面 $h_1=5.00$cm，水深 $h_2=8.00$cm，求眼睛的像和眼睛相距多远？设水的折射率 $n=1.33$。

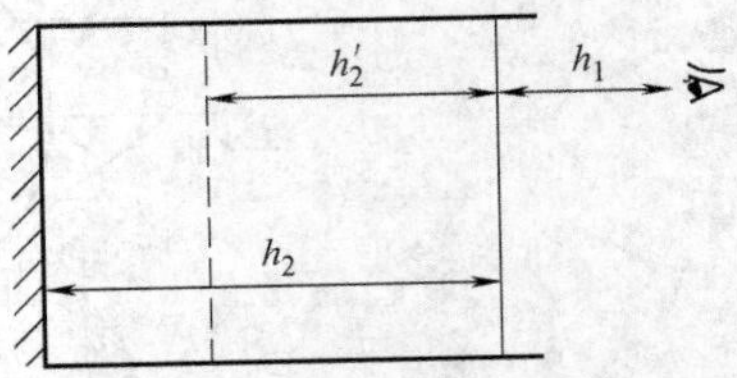

图　15-16

19. 一个顶角为 60°的冕玻璃棱镜，对钠黄光的折射率为 1.62。已知光线在棱镜第一面上的入射角 $i_1=70°$，求：（1）在第一面上的偏向角；（2）在第二面上的偏向角；（3）总偏向角。

20. 在半径为 20cm 的凸面镜右侧距顶点 5cm 处，有一高为 2cm 的虚物，试求像的位置和大小，并作图。虚物的位置应在什么范围内才能形成实像？

21. 一凹球面镜，曲率半径为40cm，一小物体放在离镜面顶点10cm处。试作图表示像的位置、虚实和正倒，并计算出像的位置。

22. 一块凹平薄透镜，凹面的曲率半径为0.5m，玻璃的折射率为1.5，且在平表面上涂有一反射层。在此系统左侧主轴上放一点物 P，P 离凹透镜1.5m，求最后成像的位置。

23. 一双凸透镜的球面半径为20cm，透镜材料的折射率为1.5，一面浸在水中，另一面置于空气中。试求透镜的物方焦距和像方焦距。

24. 某人对2.5m以外的物看不清楚，需要配多少度的眼镜？

七、自测提高

（一）选择题

1. 水的折射率为4/3，在水面下有一点光源，在水面上看到一个圆形透光面，若看到透光面圆心位置不变而半径不断减少，则下面正确的说法是（　　）。

（A）光源上浮　　（B）光源下沉　　（C）光源静止　　（D）以上都不对

2. 如图15-17所示，半圆形玻璃砖的半径为 R，直径 MN，一细束白光从 Q 点垂直于直径 MN 的方向射入半圆形玻璃砖，从玻璃砖的圆弧面射出后，打到光屏P上，得到由红到紫的彩色光带。已知 $QM=R/2$。如果保持入射光线和屏的位置不变，只使半圆形玻璃砖沿直径方向。向上或向下移动，移动的距离小于 $R/2$，则有（　　）。

（A）半圆形玻璃砖向上移动的过程中，屏上红光最先消失

（B）半圆形玻璃砖向上移动的过程中，屏上紫光最先消失

（C）半圆形玻璃砖向下移动的过程中，屏上红光最先消失

（D）半圆形玻璃砖向下移动的过程中，屏上紫光最先消失

3. 显微镜的目镜焦距为2cm，物镜焦距为1.5cm，物镜与目镜相距20cm，最后成像于无穷远处，若把两镜作为薄透镜处理，标本应放在物镜前的距离是（　　）。

（A）1.94cm　　（B）1.84cm　　（C）1.74cm　　（D）1.64cm

4. 一束平行于光轴的光线，入射到抛物面镜上，反射后会聚于焦点 F，如图15-18所示。可以断定这些光线的光程之间有如下关系（　　）。

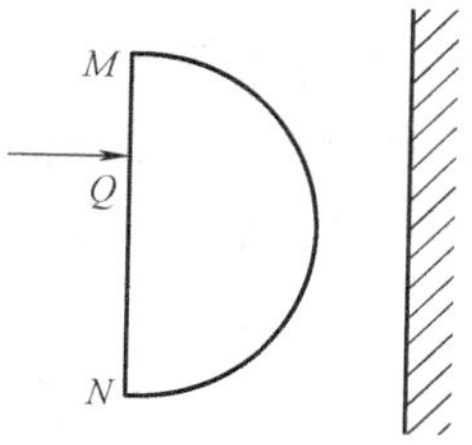

图 15-17

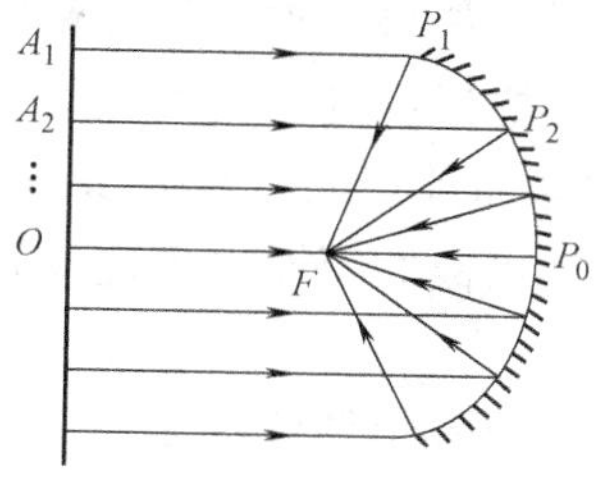

图 15-18

（A）$[A_1P_1F] > [A_2P_2F] > [OP_0F]$

（B）$[A_1P_1F] = [A_2P_2F] = [OP_0F]$

(C) $[A_1P_1F] < [A_2P_2F] < [OP_0F]$

(D) $[OP_0F]$最小，但不能确定$[A_1P_1F]$和$[A_2P_2F]$哪个较小

(二) 填空题

5. 发光体与光屏相隔一固定距离 D。今将焦距为 f 的会聚透镜先后放在物体与光屏之间的适当的两个位置上，这透镜将在光屏上分别产生实像。则透镜所在的两个位置相距 $d=$ ________。

6. 在调整读数显微镜、看清楚一平面上的某点后，在平面上覆盖一厚玻璃片，要再看清楚此点，必须将显微镜镜头提高 1 mm。已知玻璃片的折射率为 1.5，则玻璃片的厚度必定是________ mm。

7. 设凸球形界面的曲率半径为 10cm，物点在凸面顶点前 20cm 处，凸面前的介质折射率 $n_1=1.0$，凸面后的介质折射率 $n_1=2.0$。则像的位置在凸面顶点________处，是________像（填写“实”或“虚”）。

8. 设凹球形界面的曲率半径是 10cm，物点在凹面顶点前 15cm 处，凹面前的介质折射率 $n_1=2.0$，凹面后的介质折射率 $n_2=1.0$。则像的位置在凹面顶点________处，是________像（填写“实”或“虚”）。

9. 一个双凸薄透镜由折射率为 1.50 的玻璃制成。这个透镜的一个表面的曲率半径为其另一个表面的曲率半径的两倍，透镜的焦距为 10cm。则这个透镜的两表面中，曲率半径较小的等于________ cm。

10. 一发光点与屏幕相距为 D，则可将光点经透镜的光会聚于屏上一点的透镜的最大焦距等于________。

11. 一薄凸透镜，其焦距为 20cm，有一点光源 P 置于透镜左方离镜 30cm 之轴上，在透镜右方离透镜 50cm 处置一光屏，以接收来自 P 发出而经过透镜的光。光屏与镜轴垂直，光屏上受光部分具有一定形状和大小。现将光屏移至另一位置，使受光部分的形状和大小与前相同，则此时光屏与透镜的距离为________ cm。

(三) 计算题

12. 试由费马原理导出光的反射定律。

13. 在圆柱形木塞的圆心垂直于圆平面插入一根大头针，然后把木塞倒放浮在水面上，调节针插入木塞的深度，使观察者在水面上方不论什么位置都刚好看不到水下的大头针，如图 15-19 所示。如果测得大头针露出来的长度为 h，木塞直径为 d，求水的折射率。

14. 为了把仪器刻度放大 3 倍，在它上面置一平凸透镜，并让透镜的平面与刻度紧贴。假设刻度和球面顶点的距离为 30mm，玻璃的折射率为 1.5，求凸面的半径应为多少？

15. 盛有水银的容器以角速度 ω 绕竖直轴匀速旋转，水银表面成为抛物面反射镜，求此镜的焦距。

16. 将一曲率半径分别为 $r_1=-30\text{cm}$ 和 $r_2=-60\text{cm}$、折射率为 1.50cm 的弯月形薄凹透镜凹面向上水平放置，然后用折射率为 1.60 的透明油填满该凹面。若上述系统放在空气中，在透镜前 100cm 处有一小物体，求：(1) 系统的焦距；(2) 物体经系统所成的最后像。

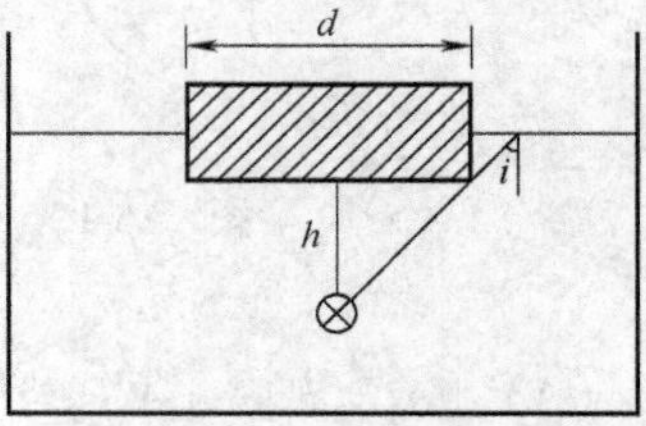

图　15-19

第十六章　光的干涉

波的干涉和衍射现象是各种波动所独有的基本特征。光是电磁波，在一定条件下，两列光波在传播过程中也可以相互叠加而产生干涉和衍射现象。本章主要从光的干涉现象来说明光的波动性质，介绍获得相干光的几种方法，从光程差角度出发，重点讨论杨氏双缝干涉、薄膜干涉、劈尖干涉及迈氏干涉仪等。

一、知识框架

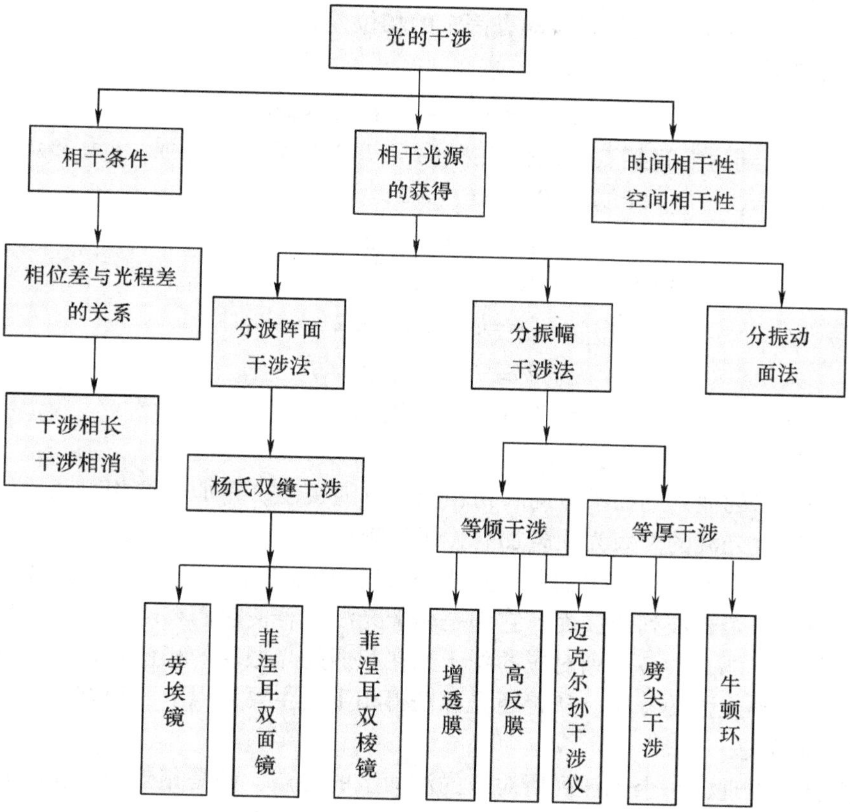

二、知识要点

1. 光源

按发光特点可以分为普通光源和激光。

普通光源发出的光具有随机性，其相位不定。而激光具有高度一致性，且相位恒定。

2. 光矢量

光波是电磁波，是变化的电场强度和磁场强度在空间的传播。光波在真空中的传播速度 $c=3\times10^8\text{m/s}$。由于交变电磁场对人眼或感光仪器起作用的主要是电场强度 $\boldsymbol{E}$，光波振动矢量（光矢量）常用 $\boldsymbol{E}$ 矢量表示。

3. 光强

通常把平均能流密度称为光强，用 I 表示。对于平面简谐电磁波，$I\propto E_0^2$。在波动光学中，主要讨论的是相对光强，因此在同一介质中直接把光强定义为 $I=E_0^2=A^2$。

4. 光的干涉

二束或多束光在空间交叠，有些地方光振动始终加强，另一些地方光振动始终减弱，从而在光屏上会出现稳定的明暗交替的条纹，这种现象称光的干涉。

（1）光相干的条件

1）频率相同；

2）两光波相遇处引起的光振动同方向；

3）两光波相遇之点引起的光振动有固定的相位差。

（2）相干强度

$$I = I_1 + I_2 + 2\sqrt{I_1 I_2}\cos\Delta\phi$$

其中 $\Delta\phi$ 为两束光到达空间某点 P 的位相差。I_1、I_2 为两束光的光强，I 为 P 点的光强。

当 $\Delta\phi=0$，2π，…，$2k\pi$（$k=0$，±1，±2，…）时

$$I = I_1 + I_2 + 2\sqrt{I_1 I_2}$$

此时强度极大（明纹），称为干涉相长（极大）。

当 $\Delta\phi=\pm\pi$，…，$(2k+1)\pi$（$k=0$，±1，±2，…）时

$$I = I_1 + I_2 - 2\sqrt{I_1 I_2}$$

此时强度极小（暗纹）条件，称为干涉相消（极小）。

（3）从普通光源获得相干光

普通光源发出的波列的振动方向和初相位具有随机性。叠加处位相差 $\Delta\varphi$“瞬息万变”，因此来自两个独立光源的两束光，叠加后无干涉现象。

若将光源上一个发光点发出的一个光波列或对应的波面“一分为二”，这样得到的两列光波由于来自同一个光波列或波面，它们是相干光波。若使它们在同一个干涉装置中经过不同的波程后相遇，那么，各波列对应的相干光在相遇处光振动的相位差是恒定的，就可以得到空间稳定的干涉光强的分布。从普通光源获得相干光主要有以下三种方法：

1）分波阵面法

依据惠更斯原理，一个光波列所对应的波面上的各点，都是相干的子波波源。从该波面上得到相干光波的方法，称为分波阵面法。如杨氏双缝干涉、劳埃镜、菲涅耳双面镜和菲涅耳双棱镜等。

2）分振幅法

一个光波列及其所携带的能量投射到两种介质的分界面上时，反射光波和透射光波来自同一个光波列，因此是相干光波。如薄膜干涉、劈尖干涉、牛顿环和迈克尔逊干涉仪等。

3）分振动面法

将一束线偏振光分解为振动面相互垂直的两束光，然后通过一定装置，产生振动方向相平行的分量，从而获得相干光的方法，如偏振光干涉等。

5. 光程与光程差

光波在介质中传播的几何路程 r 与介质折射率 n 的乘积 nr 称为光程。光程即为同一时间内光在真空中传播的距离，可便于分析相干光经不同的介质和路径后相遇时的相位关系。

两初相位相同的相干光波，分别经光程 n_1r_1 和 n_2r_2 后相遇，在相遇处的光程差

$$\delta = n_2r_2 - n_1r_1$$

对应的相位差为 $\Delta\varphi = \frac{2\pi}{\lambda}\delta$，式中 λ 是真空中的波长。

用光程差表示的干涉极大与干涉极小条件为

$$\delta = \begin{cases} k\lambda & (k = 0, \pm 1, \pm 2, \cdots) \quad \text{干涉极大(明纹)} \\ (2k+1)\dfrac{\lambda}{2} & (k = 0, \pm 1, \pm 2, \cdots) \quad \text{干涉极小(暗纹)} \end{cases}$$

6. 分波阵面的干涉——杨氏双缝干涉实验

如图 16-1 所示，S 可视为单色线光源，间距 d 很小的平行狭缝 S_1、S_2 平行于 S 且对称放置，即它们对称地位于同一个波面上。在屏幕（屏幕到狭缝的距离为 D）上任一位置处都有恒定的相位差，可以在屏幕上观察到明暗相间的干涉条纹。

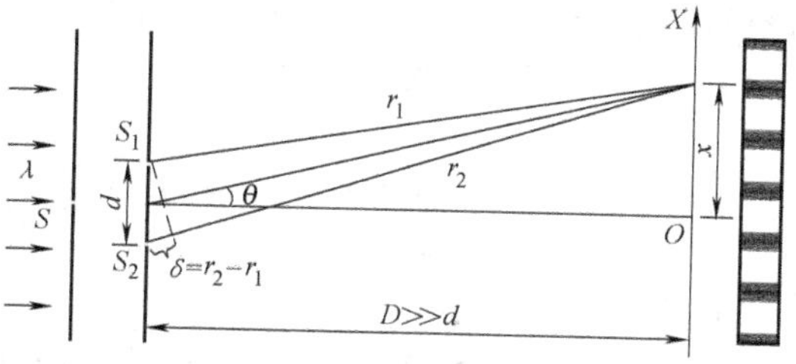

图 16-1

光程差为

$$\delta = r_2 - r_1$$

在 $x >> d$、$D >> x$ 情况下，有

$$\delta = n(r_2 - r_1) \approx nd\sin\theta \approx nd\tan\theta = nd\frac{x}{D}$$

$$\delta = nd\frac{x}{D} = \begin{cases} k\lambda & (k = 0, \pm 1, \pm 2, \cdots) \quad \text{干涉极大(明纹)} \\ (2k+1)\dfrac{\lambda}{2} & (k = 0, \pm 1, \pm 2, \cdots) \quad \text{干涉极小(暗纹)} \end{cases}$$

（1）屏幕上明、暗条纹中心的位置

k 级明纹中心的坐标为

$$x = k\frac{D\lambda}{nd} \quad (k = 0, \pm 1, \pm 2, \cdots)$$

k 级暗纹中心的坐标为

$$x = (2k+1)\frac{D\lambda}{2nd} \quad (k = 0, \pm 1, \pm 2, \cdots)$$

（2）相邻明（暗）纹中心的间隔

$$\Delta x = x_k - x_{k-1} = \frac{D\lambda}{nd}$$

根据这些公式可以看出干涉条纹的特点：

1）等间距的明暗相间的直条纹；

2）屏幕中央光程差为零，满足明纹条件，是明纹。

劳埃镜、菲涅耳双面镜、菲涅耳双棱镜是杨氏干涉的变形装置，其干涉情况与此相似。但在劳埃镜中存在“半波损失”。

7. 分振幅的干涉——薄膜干涉

如图 16-2 所示，来自点光源的一束光线以入射角 i 入射于折射率为 n_2、厚度为 e 且均匀的薄膜上，在薄膜上表面的两束反射光①，②是相干光，它们的光程差为

$$\delta = 2n_2 e\cos i'(+\delta_{附加}) = 2e\sqrt{n_2^2 - n_1^2\sin^2 i}(+\delta_{附加})$$

括号中 $\delta_{附加}$ 为附加光程差，根据折射率 n_1，n_2，n_3 三者的大小关系而定，详见下面“方法点拨”中的表 16-1。

在薄膜下表面的两束透射光③，④也是相干光，对它们光程差的分析与反射光情况相同，只是透射光与反射光的附加光程差情况相反。

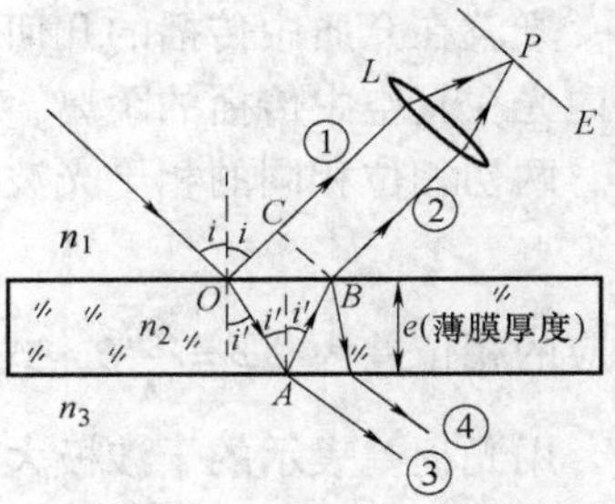

图 16-2

（1）等倾干涉

当膜的厚度处处相同时，明暗相间的干涉条纹对应着以不同角度入射的光束。利用会聚透镜可使它们相遇于透镜的焦平面。对薄膜的入射角相同时，形成相同级次的干涉条纹。

1）等倾干涉的光程差

$$\delta = 2e\sqrt{n_2^2 - n_1^2\sin^2 i}(+\delta_{附加}) = \begin{cases} k\lambda & (k=0,1,2,\cdots) \quad 干涉极大 \\ (2k+1)\dfrac{\lambda}{2} & (k=0,1,2,\cdots) \quad 干涉极小 \end{cases}$$

2）干涉条纹特点

一组明暗相间同心圆环，环间距从中心到边缘逐渐变密，级次从中心到边缘越来越低。

（2）等厚干涉

当单色平行光在保持入射角 i 不变的情况下，入射于厚度 e 不均匀的薄膜时，薄膜厚度相等处都有相同的光程差，对应于同一干涉条纹。

1）劈尖干涉　当单色平行光束垂直入射于折射率为 n_2 的劈形膜（$\theta \ll 1$）时（如图 16-3 所示），从膜的上下表面反射的两光束 1 与 2 是相干光，由于膜的厚度不均匀，两个表面不平行，因此两反射光束相遇在劈尖膜的表面附近。

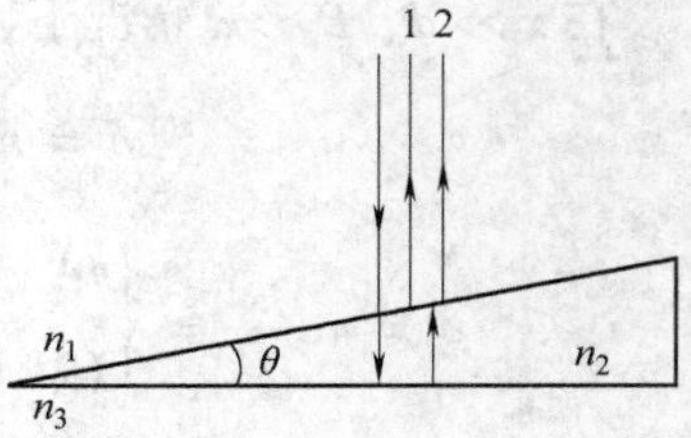

图 16-3

① 反射光的光程差

$$\delta = 2n_2 e(+\delta_{附加}) = \begin{cases} k\lambda & \quad 干涉极大 \\ (2k+1)\dfrac{\lambda}{2} & (k=0,1,2,\cdots) \quad 干涉极小 \end{cases}$$

式中光程差 $\delta_{附加}$ 根据劈尖的折射率与劈尖两侧介质折射率的相互关系而定。

② 干涉条纹特点：平行于棱边的明暗相间的直条纹；当有半波损失时，劈棱处为暗纹，否则为一亮纹；楔角愈小，干涉条纹分布愈稀疏。

相邻的明纹或相邻的暗纹对应膜的厚度差为

$$\Delta e = \frac{\lambda}{2n_2}$$

相邻的明（暗）纹间距

$$l = \frac{\Delta e}{\sin\theta} = \frac{\lambda}{2n_2\sin\theta}$$

2）牛顿环　曲率半径为 R 的平凸透镜的凸面，与平板玻璃间形成厚度不均匀、但呈同心圆对称性的薄膜层。如图 16-4 所示。当单色平行光垂直入射时，由几何关系可得

$$e \approx \frac{r^2}{2R} \quad (R >> e)$$

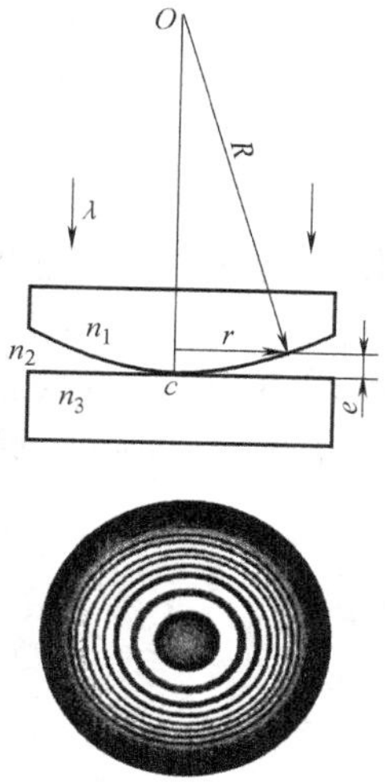

图　16-4

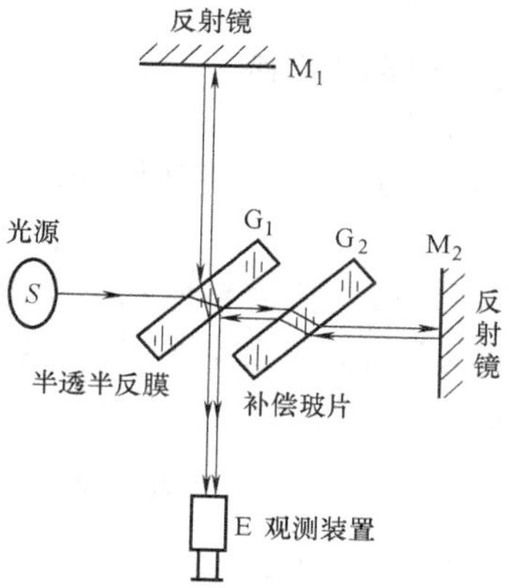

图　16-5

①　反射光的光程差（存在半波损失情形）

$$\delta = 2n_2 e + \frac{\lambda}{2} = \frac{n_2 r^2}{R} + \frac{\lambda}{2}$$

$$\delta = \begin{cases} k\lambda & (k = 1,2,3,\cdots) \quad \text{干涉极大} \\ (2k+1)\dfrac{\lambda}{2} & (k = 0,1,2,\cdots) \quad \text{干涉极小} \end{cases}$$

②　明、暗环半径（存在半波损失情形）

$$r_{\text{明}} = \sqrt{\frac{(2k-1)R\lambda}{2n_2}}, \quad k = 1,2,3,\cdots$$

$$r_{\text{暗}} = \sqrt{\frac{kR\lambda}{n_2}}, \quad k = 0,1,2,3,\cdots$$

③　条纹特点

明暗相间的同心圆环；干涉级次内低外高；圆环内疏外密。

3）迈克尔孙干涉仪

如图 16-5 所示。

①　等倾干涉条纹

当 M_1 严格垂直于 M_2 时，视场中可观察到清晰的同心圆环状等倾干涉条纹。当空气薄膜的厚度 d 增大时，视场中心则将不断地“冒出”新的圆条纹。视场中心相邻两次“冒出”明（暗）圆条纹时，空气薄膜厚度的变化为

$$d_{k+1} - d_k = \frac{\lambda}{2}$$

② 等厚干涉条纹

当 M_1 不垂直于 M_2 时，使用单色平行光照射，视场中观察到清晰的直条纹状的等厚干涉条纹。连续平移 M_1，视场中等厚干涉条纹随之平移。当视场中移过 N 个明纹或暗纹时，M_1 平移的距离为

$$\Delta d = N\frac{\lambda}{2}$$

8. 增透膜和高反膜

（1）高反膜

在物件上镀上一层高折射率薄膜，使得某种波长的光反射时干涉相长，则这种光反射光强加强。

设透明基板的折射率为 n_3，覆盖其上的薄膜厚度为 e、折射率为 n_2，$n_1 < n_2 > n_3$。波长为 λ 的单色平行光波自空气（$n_1 = 1$）垂直入射于薄膜时，在正入射（$i = 0$）情况下，考虑半波损失，有

$$\delta = 2n_2e + \frac{\lambda}{2} = k\lambda \quad (k = 1,2,3,\cdots)$$

最小厚度对应 $k = 1$，则

$$e = \frac{\lambda}{4n_2}$$

（2）增透膜

在物件上镀上一层低折射率薄膜，（$n_1 < n_2 < n_3$），膜厚为 e，使膜的前后表面对某种波长的光反射时干涉相消，则透射光强增强。

$$\delta = 2n_2e = (2k+1)\frac{\lambda}{2} \quad (k = 0,1,2,\cdots)$$

膜的厚度为

$$e = (2k+1)\frac{\lambda}{4n_2} \quad (k = 0,1,2,\cdots)$$

最小厚度对应 $k = 0$，则

$$e = \frac{\lambda}{4n_2}$$

三、概念辨析

1. 单色光从空气射入水中，问频率、波长、速度、颜色是否改变？怎样改变？

【答】 单色光从空气射入水中，频率和颜色不变，因它们取决于光源。光在水中的传播速度比在空气中小，由 $\lambda = v/\nu$ 可知，波长也变小。

2. 什么叫相干长度？什么叫相干时间？光源的单色性与相干性有什么关系？

【答】 两光路之间的光程差超过了波列长度就不再发生干涉，两个分光束产生干涉效

应的最大光程差等于波列长度，称为该光源所发射光波的相干长度。光经过相干长度这一段距离所需的时间称为相干时间。光源的单色性越好，频宽 $\Delta\nu$ 越小，即谱线宽度愈窄而单色性愈好。光源的单色性越好，相干时间越长，相干长度也越长，条纹就多而清晰，一般就叫它相干性越好。

3. 什么是光程？在不同的均匀媒质中，若单色光通过的光程相等时，其几何路程是否相同？其所需时间是否相同？在光程差与位相差的关系式 $\Delta\varphi=\frac{2\pi}{\lambda}\delta$ 中，光波的波长要用真空中波长，为什么？

【答】　光波在介质中传播的几何路径 r 与介质折射率 n 的乘积 nr 称为光程。不同介质若光程相等，则其几何路程定不相同；其所需时间相同，为 $\Delta t=\frac{\delta}{c}$。因为 δ 中已经将光在介质中的路程折算为光在真空中所走的路程。

4. 为什么白光引起的双缝干涉条纹比单色光引起的干涉条纹数目少？

【答】　从条纹的宽度来看，若双缝间距 d 和狭缝与屏幕之间的距离 D 不变，则条纹宽度与波长 λ 成正比。由于 $\lambda_{红}>\lambda_{紫}$，故红光比紫光条纹宽，所以白光照射时形成色散，并会发生波长短的高级次与波长长的低级次重叠现象，从而看不到干涉条纹，所以白光引起的干涉条纹比单色光引起的干涉条纹数目少。

5. 在杨氏双缝、菲涅耳双镜以及劳埃镜等干涉实验中，对应于某一级明纹的位置 x 只有一个值，为什么各级明条纹总有一定的宽度？

【答】　因为在 x 附近的那些地方，光振动虽然不是加强，但也不是完全抵消。另外，单色光源总有一定的频宽，所以明条纹能显示出一定的宽度。

6. 很厚的膜（例如窗玻璃）为什么不显示干涉效应？

【答】　由于日光的相干长度远小于窗玻璃厚度，不能保证从上、下表面反射叠加的光是出自光源的同一部分，即难以保证它们是相干光，因此，通常厚膜不呈现干涉效应。呈现干涉现象的合适膜厚通常是几至几十倍波长。

7. 从反射光观察牛顿环，理论上得出牛顿环的中心处应该是一暗斑，但在实验空中做牛顿环实验有时却观察到中心处是一亮斑，这是为什么？

【答】　原因是平凸透镜与平板玻璃没有完全接触，或是在平面玻璃片上蒙上了尘埃，使平凸透镜与平面玻璃接触点处的空气层厚度正好是四分之一波长，这种情况下满足明纹条件。

四、方法点拨

1. 光程差的分析与计算

干涉现象中干涉条纹的明暗性质均根据光程差条件获得。光程差的计算既是本章的重点也是本章的难点。

双缝发出的光到屏幕上某一点的光程差一般在真空或空气中可以直接使用公式 $\delta=d\,\frac{x}{D}$。但在特殊情况下（例如双缝关于单缝不对称，或者双缝发出的两束光不在同一介质中），则需要重新计算光程差。

① 当光源 S 上、下移动时，如图 16-6 所示，会影响各级条纹位置，当向下移动时，光程差变为 $\delta=(R_2-R_1)+(r_2-r_1)$，根据中央明纹的特点，原来的中央明纹将向上移。同理，当 S 向上移动时，中央亮纹将向下移。

② 若在某一缝上加一透明介质薄片，设介质的折射率为 n、厚度为 t（如图 16-7 所示）。光程差变为 $\delta=(R_2-R_1)+(n-1)t+(r_2-r_1)$，根据中央明纹条件可知，中央明纹将向下移动。

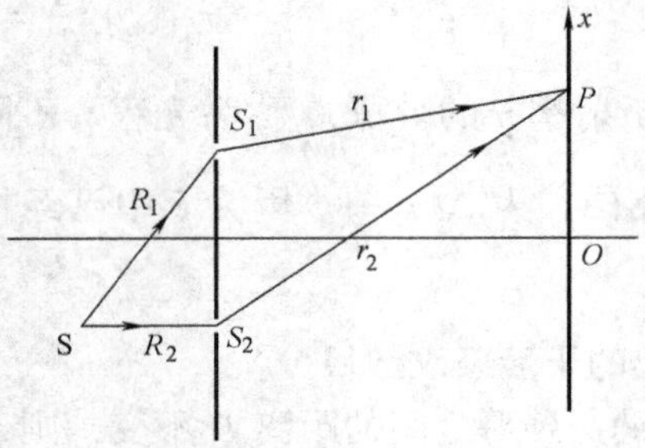

图　16-6

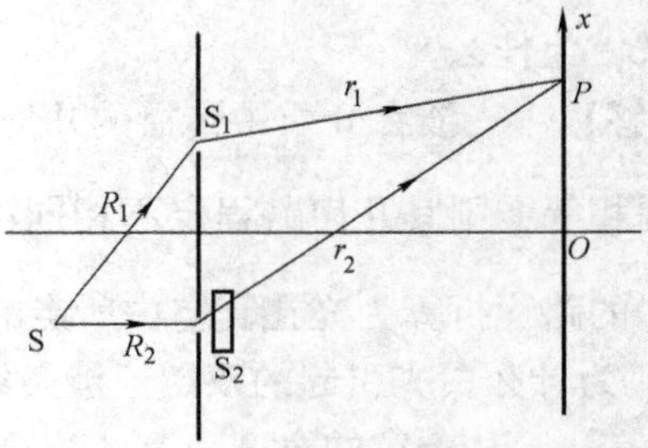

图　16-7

③ 将整个实验装置放入水或其他透明介质中，由于入射光的波长变为 λ/n，所以各级条纹距中央明纹的间距变小，条纹变窄。

2. 劈尖干涉中条纹的变化

根据条纹干涉的特点和条纹间距 $l=\dfrac{\lambda}{2n_2\sin\theta}$公式来判断。

在垂直照射空气劈时，以下变化将会使干涉条纹怎样移动？条纹间距或条纹的形状怎样变化？

（1）上面的玻璃板略向上平移。

【答】 当上面玻璃板向上平移，第 k 级明纹所对应厚度的位置向棱边平移，由于劈尖角度不变，所以条纹宽度也不变。

（2）上面的玻璃板绕棱边略微转动，增大劈尖角。

【答】 劈尖角增大，条纹间距变小，条纹向棱边聚集。

（3）两玻璃板之间注入水。

【答】 由条纹间距 $l=\dfrac{\lambda}{2n_2\sin\theta}$知，向板间注水，$n_2$ 由 1 增大为 4/3，条纹间距变小。

（4）下面的玻璃板换成上表面有凹坑的玻璃板，干涉条纹将怎样变化？

【答】 下面的玻璃板有凹坑时，干涉条纹向劈尖棱方向弯曲，如图 16-8 所示。

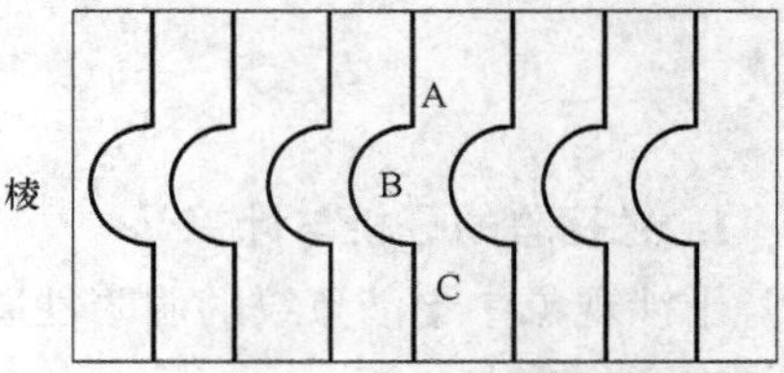

图　16-8

因为等厚干涉条纹是膜的等厚线，图 16-8 中同一条纹上的 A、B、C 三点下方的空气膜厚度相等。B 点离棱近，若劈尖无缺陷，B 点处的膜厚应该比 A、C 点处小。现今这三点处的膜厚相等，说明 B 点处下方的缺陷为下凹。如果条纹朝棱的反方向弯曲，表明缺陷为上凸。这种方法可用来检查光学平面的平整度。

3. 关于附加光程差的判断

如图 16-9 所示，薄膜有上、下两个界面，涉及三种介质 n_1、n_2 和 n_3。如玻璃上覆盖透明薄膜，n_1 是薄膜上方空气的折射率，n_2 是膜的折射率，而 n_3 则是薄膜下玻璃的折射率，附加光程差的计算如表 16-1 所示。

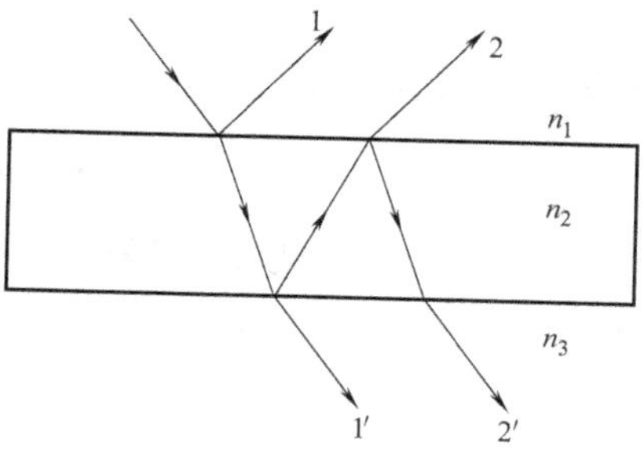

图　16-9

表 16-1　不同薄膜结构中的附加光程差 $\delta_{附加}$

折射率	$n_1<n_2<n_3$	$n_1>n_2>n_3$	$n_1<n_2>n_3$	$n_1>n_2<n_3$
附加光程差 $\delta_{附加}$（反射光线 1，2）	0		$\frac{\lambda}{2}$	
附加光程差 $\delta_{附加}$（折射光线 1′，2′）	$\frac{\lambda}{2}$		0	

4. 牛顿环的变形装置

关键是要利用几何关系求出某点处的光程差。

（1）已知半径的平凸透镜的凸球面放置在待测的凹球面上，在两球面间形成空气薄层，如图 16-10 所示。过接触点 O 作凸凹球面的公共切平面，第 k 个暗环半径处，凸凹球面与切平面的距离分别为 e_1、e_2，第 k 个暗环处空气薄膜的厚度 $\Delta e=e_1-e_2$。

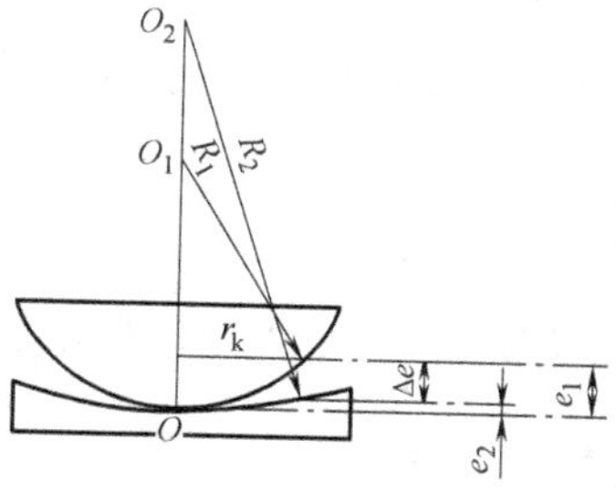

图　16-10

【解】　由几何关系近似可得

$$e_1=r_k^2/(2R_1),\ e_2=r_k^2/(2R_2)$$

第 k 个暗环的条件为

$$2\Delta e+\frac{1}{2}\lambda=\frac{1}{2}(2k+1)\lambda\quad(k=0,1,2,3\cdots)$$

即

$$2\Delta e=k\lambda$$

$$2\cdot\frac{r_k^2}{2}\left(\frac{1}{R_1}-\frac{1}{R_2}\right)=k\lambda$$

$$r_k^2\left(\frac{R_2-R_1}{R_1R_2}\right)=k\lambda$$

所以

$$r_k^2=k\lambda\frac{R_1R_2}{R_2-R_1}\quad(k=0,1,2,3\cdots)$$

（2）如图 16-11 所示，牛顿环装置的平凸透镜与平板玻璃有一小缝隙 e_0。现用波长为 λ 的单色光垂直照射，已知平凸透镜的曲率半径为 R，求反射光形成的牛顿环的各暗环半径。

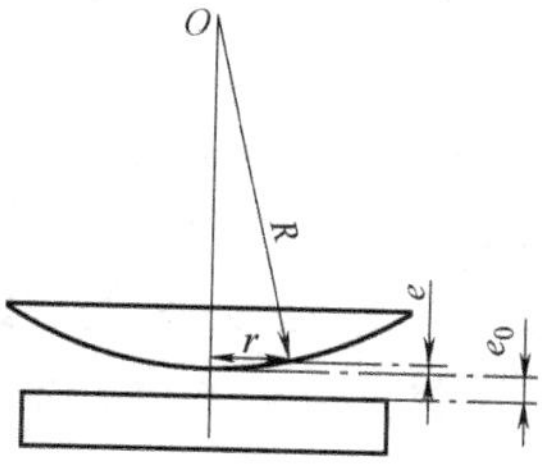

图　16-11

【解】　设某暗环半径为 r，根据几何关系，近似有

$$e = r^2/(2R)$$

再根据干涉减弱条件有

$$2e + 2e_0 + \frac{1}{2}\lambda = \frac{1}{2}(2k+1)\lambda$$

式中 k 为大于零的整数。可得

$$r = \sqrt{R(k\lambda - 2e_0)} \quad (k\text{ 为整数,且 } k > 2e_0/\lambda)$$

五、例题精解

例题 16-1　在双缝干涉实验中，两缝间距为 0.30mm，用单色光垂直照射双缝，在离缝 1.20m 的屏上测得中央明纹一侧第 5 条暗纹与另一侧第 5 条暗纹间的距离为 22.78mm。问所用光的波长为多少，是什么颜色的光?

【分析】　在双缝干涉中，屏上暗纹的位置由 $x = \frac{d'}{d}(2k+1)\frac{\lambda}{2}$ 决定。所谓第 5 条暗纹是指对应于 $k=4$ 的那一级暗纹。由于条纹对称，该暗纹到中央明纹中心的距 $x = \frac{22.78}{2}$mm，那么由暗纹公式即可求得波长 λ。此外，因双缝干涉是等间距的，故也可用条纹间距公式 $\Delta x = \frac{d'}{d}\lambda$ 求入射光波长。应注意两个第 5 条暗级之间所包含的相邻条纹间隔数为 9，故 $\Delta x = \frac{22.78}{9}$mm。

【解 1】　屏上暗纹的位置 $x = \frac{d'}{d}(2k+1)\frac{\lambda}{2}$，把 $k=4$、$x = \frac{22.78}{2}$mm 及 d、d' 值代入，可得 $\lambda = 623.8$nm，为红光。

【解 2】　屏上相邻暗纹（或明纹）间距 $\Delta x = \frac{d'}{d}\lambda$，把 $\Delta x = \frac{22.78}{9}$mm 及 d、d' 值代入，可得 $\lambda = 623.8$nm。

例题 16-2　如图 16-12 所示，一双缝装置的一个缝被折射率为 1.40 的薄玻璃片所遮盖，另一个缝被折射率为 1.70 的薄玻璃片所遮盖。在玻璃片插入以后，屏上原来中央极大的所在点，现变为第 5 级明纹。假定 $\lambda = 480$nm，且两玻璃片厚度均为 d，求 d 值。

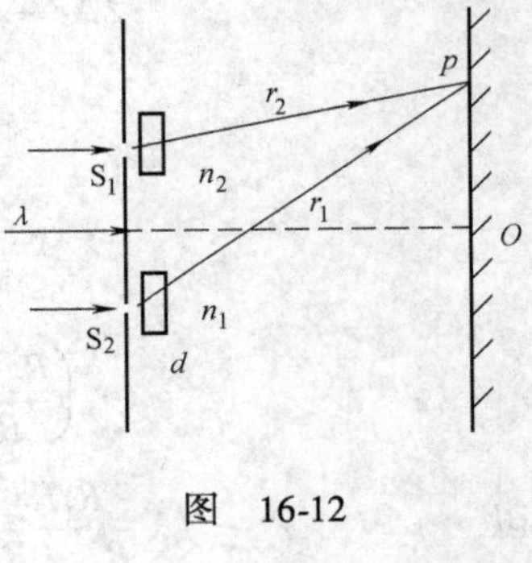

图　16-12

【分析】　在不加介质之前，两相干光均在空气中传播，它们到达屏上任一点 P 的光程差由其几何路程差决定，对于点 O，光程差为零，故点 O 处为中央明纹，其余条纹相对于点 O 对称分布。而在插入介质片后，对于点 O，光程差不为零，故点 O 不再是中央明纹，整个条纹发生平移。

【解】　插入介质前、后的光程差为

$$\Delta_1 = r_1 - r_2 = k_1\lambda \quad (\text{对应于 } k_1 \text{ 级明纹})$$

$$\Delta_2 = r_1 - r_2 + (n_2 - n_1)d = k_2\lambda \quad (\text{对应 } k_2 \text{ 级明纹})$$

插入介质前、后的光程差的变化量为

$$\Delta_2 - \Delta_1 = (n_2 - n_1)d = (k_2 - k_1)\lambda$$

式中 $(k_2 - k_1)$ 可理解为移过点 P 的条纹数（本题为5）。对原中央明纹所在点 O 有

$$\Delta_2 - \Delta_1 = (n_2 - n_1)d = 5\lambda$$

将有关数据代入算得

$$d = \frac{5\lambda}{n_2 - n_1} = 8.0\mu\text{m}$$

例题 16-3　在折射率 $n_3 = 1.52$ 的照相机镜头表面涂有一层折射率 $n_2 = 1.38$ 的 MgF_2 增透膜，若此膜仅适用于波长 $\lambda = 550\text{nm}$ 的光，则此膜的最小厚度为多少？

【分析】　在薄膜干涉中，膜的材料及厚度都将对两反射光（或两透射光）的光程差产生影响，从而可使某些波长的光在反射（或透射）中得到加强或减弱，这种选择性使薄膜干涉在工程技术上有很多应用。本题所述的增透膜，就是希望波长 $\lambda = 550\text{nm}$ 的光在透射中得到加强，从而得到所希望的照相效果（因感光底片对此波长附近的光最为敏感）。具体求解时应注意在 $d > 0$ 的前提下，k 取最小的允许值。

【解1】　因干涉的互补性，波长为550nm的光在透射中得到加强，则在反射中一定减弱，两反射光的光程差 $\Delta = 2n_2 d$，由干涉相消条件 $\Delta = (2k+1)\frac{\lambda}{2}$，得

$$d = (2k+1)\frac{\lambda}{4n_2}$$

取 $k = 0$，则 $d_{min} = 99.3\text{nm}$。

【解2】　由于空气的折射率 $n_1 = 1$，且有 $n_1 < n_2 < n_3$，则对透射光而言，两相干光的光程差 $\Delta = 2n_2 d + \frac{\lambda}{2}$，由干涉极大条件 $\Delta = k\lambda$，得

$$d = \left(k - \frac{\lambda}{2}\right)\frac{\lambda}{2n_2}$$

取 $k = 1$，则膜的最小厚度

$$d_{min} = 99.3\text{nm}$$

例题 16-4　利用空气劈尖测细丝直径。如图16-13所示，已知 $\lambda = 589.3\text{nm}$，$L = 2.888 \times 10^{-2}\text{m}$，测得30条条纹的总宽度为 $4.295 \times 10^{-3}\text{m}$，求细丝直径 d。

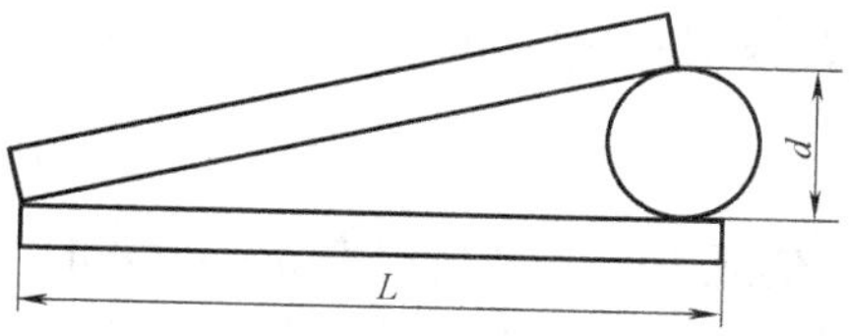

图　16-13

【分析】　劈尖干涉公式中 $\sin\theta \approx d/L$，有 $d = \frac{\lambda}{2n\Delta e}L$ 时，应注意相邻条纹的间距 Δe 是 N 条条纹的宽度 Δx 除以 $(N-1)$。

【解】　由分析知，相邻条纹间距 $\Delta e = \frac{\Delta x}{N-1}$，则细丝直径为

$$d = \frac{\lambda}{2n_2\Delta e}L = \frac{\lambda(N-1)}{2n_2\Delta x}L = 5.75 \times 10^{-5}\text{m}$$

例题 16-5　在利用牛顿环测未知单色光波长的实验中，当用已知波长为589.3nm的钠

黄光垂直照射时，测得第 1 和第 4 级暗环的距离为 $\Delta r = 4.00 \times 10^{-3}\mathrm{m}$；当用波长未知的单色光垂直照射时，测得第 1 和第 4 级暗环的距离为 $\Delta r' = 3.85 \times 10^{-3}\mathrm{m}$，求该单色光的波长。

【分析】　牛顿环装置产生的干涉暗环半径 $r = \sqrt{kR\lambda}$，其中 $k = 0, 1, 2\cdots$，$k = 0$ 对应于牛顿环中心的暗斑，$k = 1$ 和 $k = 4$ 则对应于第 1 和第 4 级暗环，由它们之间的间距 $\Delta r = r_4 - r_1 = \sqrt{R\lambda}$，可知 $\Delta r \propto \sqrt{\lambda}$，据此可按题中的测量方法求出未知彼长 λ'。

【解】　根据分析有

$$\frac{\Delta r'}{\Delta r} = \frac{\sqrt{\lambda'}}{\sqrt{\lambda}}$$

故未知光波长 $\lambda' = 546\mathrm{nm}$。

例题 16-6　在牛顿环装置中，如图 16-14 所示，透镜的曲率半径 $R = 40\mathrm{cm}$，用单色光垂直照射，在反射光中观察某一级暗环的半径 $r = 2.5\mathrm{mm}$。现把平板玻璃向下平移 $d_0 = 5.0\mu\mathrm{m}$，上述被观察暗环的半径变为何值?

【分析】　在平板向下平移后，牛顿环中空气膜的厚度整体增厚。由等厚干涉原理可知，所有条纹向中心收缩，原来被观察的 k 级暗环的半径将变小。本题应首先推导平板玻璃向下平移 d_0 后，牛顿环的暗环半径公式，再结合平板玻璃未平移前的暗环半径公式，即可解得本题结果。

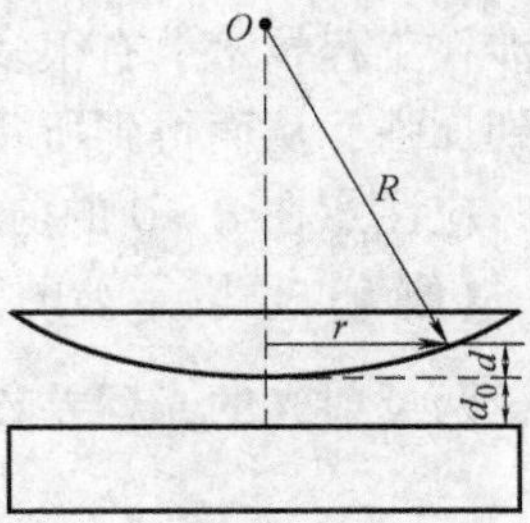

图　16-14

【解】　平板玻璃未平移前，被观察的 k 级暗环的半径 r 为

$$r = \sqrt{kR\lambda}$$

平板玻璃向下平移 d_0 后，如图 16-14 所示，反射光的光程差为

$$\Delta = 2(d + d_0) + \frac{\lambda}{2}$$

由相消条件 $\Delta = (2k+1)\dfrac{\lambda}{2}$ 和 $d \approx \dfrac{r^2}{2R}$，可得 k 级暗环的半径 r' 为

$$r' = \sqrt{R(k\lambda - 2d_0)}$$

可得 k 级暗环半径变为

$$r' = \sqrt{r^2 - 2Rd_0} = 1.50 \times 10^{-3}\mathrm{m}$$

例题 16-7　把折射率 $n = 1.40$ 的薄膜放入迈克尔逊干涉仪的一臂，如果由此产生了 7.0 条条纹的移动，求膜厚。设入射光的波长为 589nm。

【分析】　在干涉仪一臂中插入介质片后，两束相干光的光程差改变了，相当于在观察者视野内的空气劈尖的厚度改变了，从而引起干涉条纹的移动。

【解】　插入厚度为 d 的介质片后，两相干光光程差的改变量为 $2(n-1)d$，从而引起 N 条条纹的移动，根据劈尖干涉加强的条件，有 $2(n-1)d = N\lambda$，得

$$d = \frac{N\lambda}{2(n-1)} = 5.154 \times 10^{-6}\mathrm{m}$$

六、基础训练

(一) 选择题

1. 在真空中波长为 λ 的单色光，在折射率为 n 的透明介质中从 A 沿某路径传播到 B，若 A、B 两点相位差为 3π，则此路径 AB 的光程为（　　）。

(A) 1.5λ　　(B) $1.5\lambda/n$　　(C) $1.5n\lambda$　　(D) 3λ

2. 如图 16-15 所示，平行单色光垂直照射到薄膜上，经上下两表面反射的两束光发生干涉，若薄膜的厚度为 e，并且 $n_1 < n_2 > n_3$，λ_1 为入射光在折射率为 n_1 的媒质中的波长，则两束反射光在相遇点的相位差为（　　）。

(A) $2\pi n_2 e/(n_1\lambda_1)$　　(B) $[4\pi n_1 e/(n_2\lambda_1)]+\pi$

(C) $[4\pi n_2 e/(n_1\lambda_1)]+\pi$　　(D) $4\pi n_2 e/(n_1\lambda_1)$

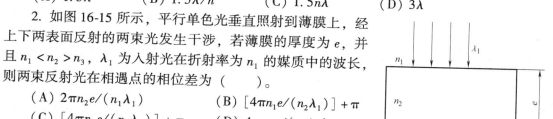

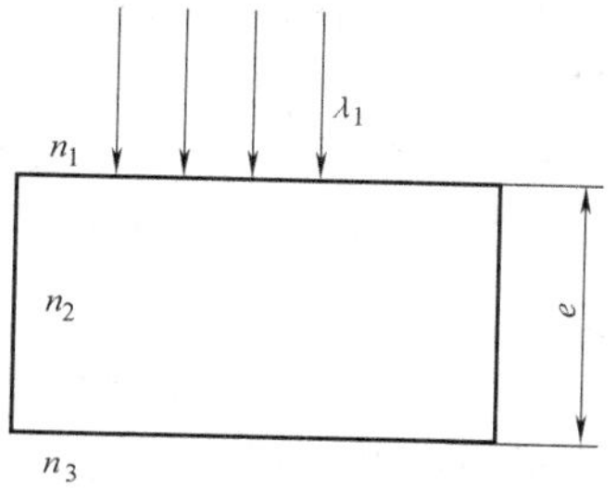

图　16-15

3. 在双缝干涉实验中，两条缝的宽度原来是相等的。若其中一缝的宽度略变窄（缝中心位置不变），则（　　）。

(A) 干涉条纹的间距变宽　　(B) 干涉条纹的间距变窄

(C) 干涉条纹的间距不变，但原极小处的强度不再为零　　(D) 不再发生干涉现象

4. 在双缝干涉实验中，入射光的波长为 λ，用玻璃纸遮住双缝中的一个缝，若玻璃纸中光程比相同厚度的空气的光程大 2.5λ，则屏上原来的明纹处（　　）。

(A) 仍为明条纹　　(B) 变为暗条纹

(C) 既非明纹也非暗纹　　(D) 无法确定是明纹，还是暗纹

5. 在双缝干涉实验中，设缝是水平的若双缝所在的平板稍微向上平移，其他条件不变，则屏上的干涉条纹（　　）。

(A) 向下平移，且间距不变　　(B) 向上平移，且间距不变

(C) 不移动，但间距改变　　(D) 向上平移，且间距改变

6. 一束波长为 λ 的单色光由空气垂直入射到折射率为 n 的透明薄膜上，透明薄膜放在空气中，要使反射光得到干涉加强，则薄膜的最小厚度为（　　）。

(A) $\lambda/4$　　(B) $\lambda/(4n)$　　(C) $\lambda/2$　　(D) $\lambda/(2n)$

7. 若把牛顿环装置（都是用折射率为 1.52 的玻璃制成的）由空气搬入折射率为 1.33 的水中，则干涉条纹（　　）。

(A) 中心暗斑变成亮斑　　(B) 变疏　　(C) 变密　　(D) 间距不变

8. 用单色光垂直照射在观察牛顿环的装置上。当平凸透镜垂直向上缓慢平移而远离平面玻璃时，可以观察到这些环状干涉条纹（　　）。

(A) 向右平移　　(B) 向中心收缩　　(C) 向外扩张

(D) 静止不动　　(E) 向左平移

9. 两块平玻璃构成空气劈形膜，左边为棱边，用单色平行光垂直入射。若上面的平玻璃以棱边为轴，沿逆时针方向作微小转动，则干涉条纹的（　　）。

(A) 间隔变小，并向棱边方向平移　　(B) 间隔变大，并向远离棱边方向平移

(C) 间隔不变，向棱边方向平移　　(D) 间隔变小，并向远离棱边方向平移

10. 在迈克尔孙干涉仪的一支光路中，放入一片折射率为 n 的透明介质薄膜后，测出两束光的光程差的改变量为一个波长 λ，则薄膜的厚度是（　　）。

(A) $\lambda/2$　　(B) $\lambda/(2n)$　　(C) λ/n　　(D) $\dfrac{\lambda}{2(n-1)}$

（二）填空题

11. 如图 16-16 所示，假设有两个同相的相干点光源 S_1 和 S_2，发出波长为 λ 的光。A 是它们连线的中垂线上的一点。若在 S_1 与 A 之间插入厚度为 e、折射率为 n 的薄玻璃片，则两光源发出的光在 A 点的相位差 $\Delta\phi=$_________。若已知 $\lambda=500\text{nm}$、$n=1.5$、A 点恰为第 4 级明纹中心，则 $e=$____________ nm。

12. 如图 16-17 所示，在双缝干涉实验中，若把一厚度为 e、折射率为 n 的薄云母片覆盖在 S_1 缝上，中央明条纹将向_________移动；覆盖云母片后，两束相干光至原中央明纹 O 处的光程差为_________。

13. 对一双缝干涉装置在空气中观察时干涉条纹间距为 1.0 mm。若整个装置放在水中，干涉条纹的间距将为____________ mm。(设水的折射率为 4/3)

14. 光强均为 I_0 的两束相干光在相遇而发生干涉时，在相遇区域内有可能出现的最大光强是______________。

15. 在空气中有一劈形透明膜，其劈尖角 $\theta=1.0\times10^{-4}\text{rad}$，在波长 $\lambda=700\text{nm}$ 的单色光垂直照射下，测得两相邻干涉明条纹间距 $l=0.25\text{cm}$，由此可知此透明材料的折射率 $n=$__________。

16. 用波长为 λ 的单色光垂直照射折射率为 n_2 的劈形膜，如图 16-18 所示，各部分折射率的关系是 $n_1<n_2<n_3$。观察反射光的干涉条纹，从劈形膜顶开始向右数第 5 条暗条纹中心所对应的厚度 $e=$_________。

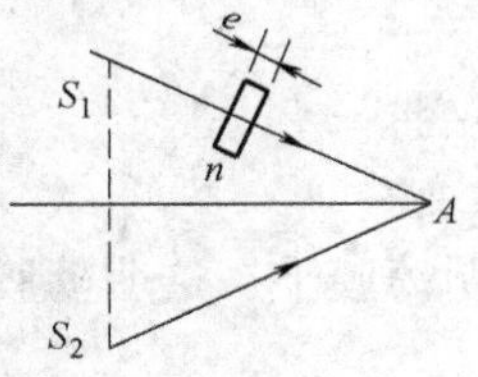

图　16-16

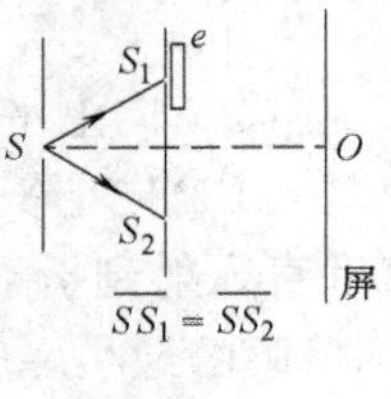

图　16-17

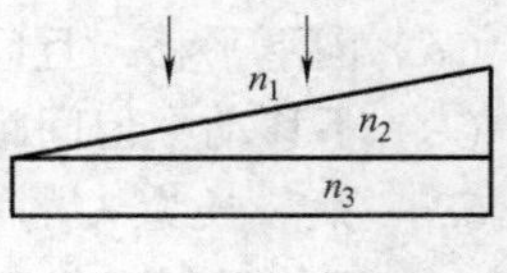

图　16-18

17. 一平凸透镜，凸面朝下放在一平玻璃板上，透镜刚好与玻璃板接触。波长分别为 $\lambda_1=600\text{nm}$ 和 $\lambda_2=500\text{nm}$ 的两种单色光垂直入射，观察反射光形成的牛顿环。从中心向外数的两种光的第 5 个明环所对应的空气膜厚度之差为___________ nm。

18. 白光垂直照射在镀有 $e=0.40\mu\text{m}$ 厚介质膜的玻璃板上，玻璃的折射率 $n=1.45$，介质的折射率 $n'=1.50$，则在可见光（390 ~ 760nm）（$1\text{nm}=10^{-9}\text{m}$）范围内，波长 $\lambda=$___________的光在反射中增强。

19. 用迈克尔孙干涉仪测微小的位移。若入射光波波长 $\lambda=628.9\text{nm}$，当动臂反射镜移动时，干涉条纹移动了 2048 条，反射镜移动的距离 $d=$_________。

（三）计算题

20. 在杨氏双缝实验中，设两缝之间的距离为 0.2mm。在距双缝 1m 远的屏上观察干涉条纹，若入射光是波长为 400nm 至 760nm 的白光，问屏上离零级明纹 20mm 处，哪些波长的光最大限度地加强？

21. 薄钢片上有两条紧靠的平行细缝，用波长 $\lambda=546.1\text{nm}$ 的平面光波正入射到钢片上。屏幕距双缝的距离为 $D=2.00\text{m}$，测得中央明条纹两侧的第 5 级明条纹间的距离为 $\Delta x=12.0\text{mm}$。（1）求两缝间的距离。（2）从任一明条纹（记作 0）向一边数到第 20 条明条纹，共经过多大距离？（3）如果使光波斜入射到钢片上，条纹间距将如何改变？

22. 用波长 $\lambda=500\text{nm}$ 的单色光做牛顿环实验，测得第 k 个暗环半径 $r_k=4\text{mm}$，第 $k+10$ 个暗环半径 $r_{k+10}=6\text{mm}$，求平凸透镜凸面的曲率半径 R。

23. 用波长为 $\lambda=600\text{nm}$ 的光垂直照射由两块平玻璃板构成的空气劈形膜，劈尖角 $\theta=2\times10^{-4}\text{rad}$。改变劈尖角，相邻两明条纹间距缩小了 $\Delta l=1.0\text{mm}$，求劈尖角的改变量 $\Delta\theta$。

24. 在 Si 的平表面上氧化了一层厚度均匀的 SiO_2 薄膜。为了测量薄膜厚度，将它的一部分磨成劈形，如图 16-19 中的 AB 段。现用波长为 600nm 的平行光垂直照射，观察反射光形成的等厚干涉条纹。在图中 AB 段共有 8 条暗条纹，且 B 处恰好是一条暗条纹，求薄膜的厚度。（Si 折射率为 3.42，SiO_2 折射率为 1.50）

25. 如图 16-20 所示的一牛顿环装置，设平凸透镜中心恰好和平玻璃接触，透镜凸表面的曲率半径是 $R=400\text{cm}$。用某单色平行光垂直入射，观察反射光形成的牛顿环，测得第 5 个明环的半径是 0.30cm。求：（1）入射光的波长。（2）设图中 $OA=1.00\text{cm}$，求在半径为 OA 的范围内可观察到的明环数目。

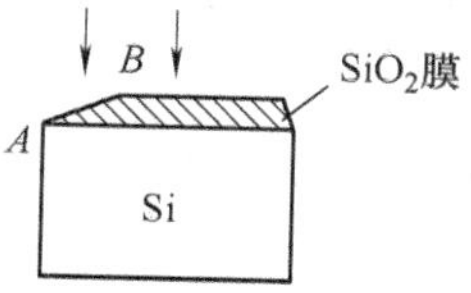

图　16-19

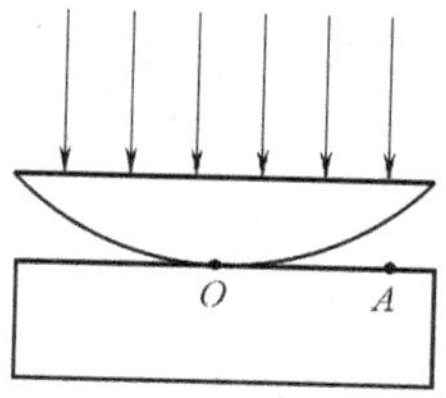

图　16-20

七、自 测 提 高

（一）选择题

1. 用白光光源进行双缝实验，若用一个纯红色的滤光片遮盖一条缝，用一个纯蓝色的滤光片遮盖另一条缝，则（　　）。

（A）干涉条纹的宽度将发生改变

（B）产生红光和蓝光的两套彩色干涉条纹

（C）干涉条纹的亮度将发生改变

（D）不产生干涉条纹

2. 在牛顿环实验装置中，曲率半径为 R 的平凸透镜与平玻璃板在中心恰好接触，它们之间充满折射率为 n 的透明介质，垂直入射到牛顿环装置上的平行单色光在真空中的波长为 λ，则反射光形成的干涉条纹中暗环半径 r_k 的表达式为（　　）。

（A）$r_k=\sqrt{k\lambda R}$　　　（B）$r_k=\sqrt{k\lambda R/n}$

（C）$r_k=\sqrt{kn\lambda R}$ （D）$r_k=\sqrt{k\lambda/(nR)}$

3. 由两块玻璃片（$n_1=1.75$）所形成的空气劈形膜，其一端厚度为零，另一端厚度为0.002cm。现用波长为700nm（$1\text{nm}=10^{-9}\text{m}$）的单色平行光沿入射角为30°角的方向射在膜的上表面，则形成的干涉条纹数为（　　）。

（A）27 （B）40 （C）56 （D）100

4. 在玻璃（折射率 $n_2=1.60$）表面镀一层 MgF_2（折射率 $n_2=1.38$）薄膜作为增透膜。为了使波长为500nm（$1\text{nm}=10^{-9}\text{m}$）的光从空气（$n_1=1.00$）正入射时尽可能少反射，$MgF_2$薄膜的最少厚度应是（　　）。

（A）78.1nm （B）90.6nm （C）125nm （D）181nm （E）250nm

5. 在如图16-21所示的由三种透明材料构成的牛顿环装置中，用单色光垂直照射，在反射光中看到干涉条纹，则在接触点 P 处形成的圆斑为（　　）。

（A）全暗 （B）全明

（C）右半部明，左半部暗 （D）右半部暗，左半部明

6. 如图16-22所示，平板玻璃和凸透镜构成牛顿环装置，全部浸入 $n=1.60$ 的液体中，凸透镜可沿 OO' 移动，用波长 $\lambda=500\text{nm}$（$1\text{nm}=10^{-9}\text{m}$）的单色光垂直入射，从上向下观察，看到中心是一个暗斑，此时凸透镜顶点距平板玻璃的距离最少是（　　）。

（A）156.3nm （B）148.8nm （C）78.1nm （D）74.4nm （E）0

7. S_1、S_2 是两个相干光源，它们到 P 点的距离分别为 r_1 和 r_2。路径 S_1P 垂直穿过一块厚度为 t_1、折射率为 n_1 的介质板，路径 S_2P 垂直穿过厚度为 t_2、折射率为 n_2 的另一介质板，其余部分可看作真空，这两条路径的光程差等于（　　）。

（A）$(r_2+n_2t_2)-(r_1+n_1t_1)$ （B）$[r_2+(n_2-1)t_2]-[r_1+(n_1-1)t_2]$

（C）$(r_2-n_2t_2)-(r_1-n_1t_1)$ （D）$n_2t_2-n_1t_1$

8. 在双缝干涉实验中，屏幕E上的 P 点处是明条纹。若将缝 S_2 盖住，并在 S_1S_2 连线的垂直平分面处放一高折射率介质反射面M，如图16-23所示，则此时（　　）。

（A）P 点处仍为明条纹 （B）P 点处为暗条纹

（C）不能确定 P 点处是明条纹还是暗条纹 （D）无干涉条纹

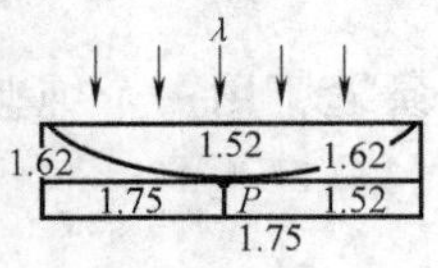

图中数字为各处的折射率

图 16-21

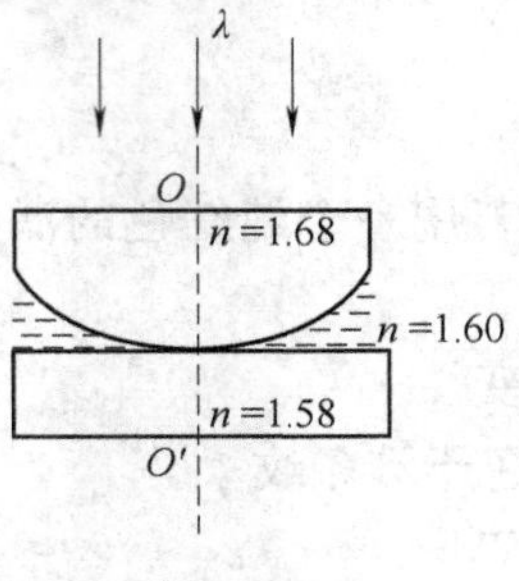

图 16-22

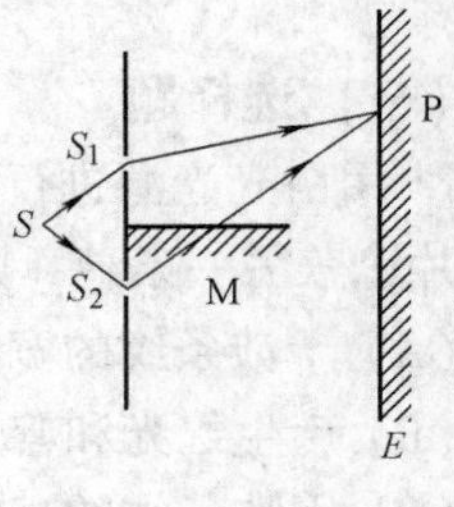

图 16-23

9. 如图16-24a所示，一光学平板玻璃 A 与待测工件 B 之间形成空气劈尖，用波长 $\lambda=500\text{nm}$ 的单色光垂直照射。看到的反射光的干涉条纹如图16-24b所示，有些条纹弯曲部分的顶点恰好与其右边条纹的直线部分的连线相切。则工件的上表面缺陷是（　　）。

（A）不平处为凸起纹，最大高度为500nm （B）不平处为凸起纹，最大高度为250nm

（C）不平处为凹槽，最大深度为 500nm　　（D）不平处为凹槽，最大深度为 250nm

10. 如图 16-25 所示，两个直径有微小差别的彼此平行的滚柱之间的距离为 L，夹在两块平晶的中间，形成空气劈尖，当单色光垂直入射时，产生等厚干涉条纹。如果两滚柱之间的距离 L 变大，则在 L 范围内干涉条纹的（　　）。

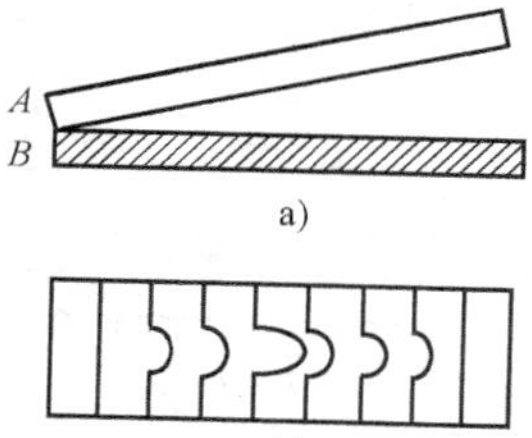

图　16-24

（A）数目增加，间距不变　　（B）数目减少，间距变大

（C）数目增加，间距变小　　（D）数目不变，间距变大

（二）填空题

11. 如图 16-26 所示，用波长为 λ 的单色光垂直照射到空气劈形膜上，从反射光中观察干涉条纹，距顶点为 L 处是暗条纹。使劈尖角 θ 连续变大，直到该点处再次出现暗条纹为止，劈尖角的改变量 $\Delta\theta$ 是__________。

12. 用 $\lambda=600\text{nm}$ 的单色光垂直照射牛顿环装置时，从中央向外数第 4 个（不计中央暗斑）暗环对应的空气膜厚度为________ μm。

13. 一双缝干涉装置，在空气中观察时干涉条纹间距为 1.0mm。若整个装置放在水中，干涉条纹的间距将为________ mm（设水的折射率为 4/3）。在空气中有一劈形透明膜，其劈尖角 $\theta=1.0\times10^{-4}\text{rad}$，在波长 $\lambda=700\text{nm}$ 的单色光垂直照射下，测得两相邻干涉明条纹间距 $l=0.25\text{cm}$，由此可知此透明材料的折射率 $n=$________。

14. 用波长为 λ 的单色光垂直照射如图 16-27 所示的牛顿环装置，观察从空气膜上、下表面反射的光形成的牛顿环。若使平凸透镜慢慢地垂直向上移动，从透镜顶点与平面玻璃接触到两者距离为 d 的移动过程中，移过视场中某固定观察点的条纹数目等于__________。

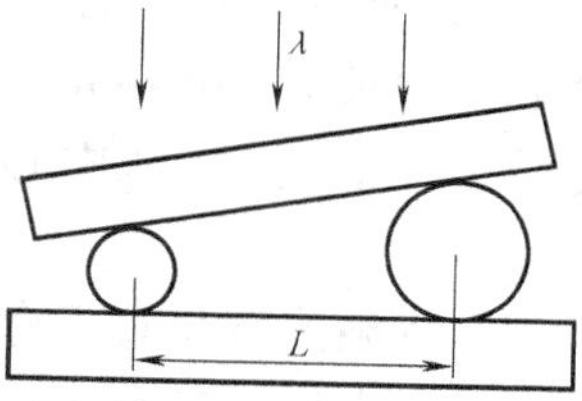

图　16-25

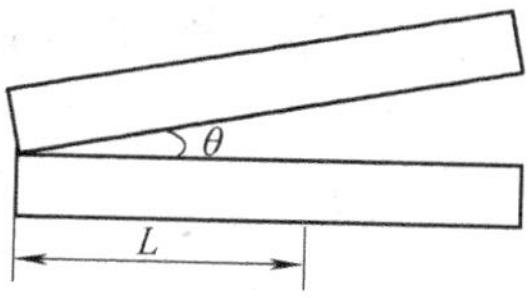

图　16-26

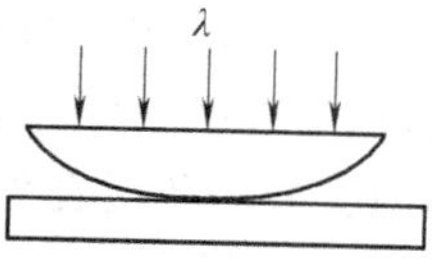

图　16-27

15. 图 16-28a 为一块光学平板玻璃与一个加工过的平面一端接触构成的空气劈尖，用波长为 λ 的单色光垂直照射，看到反射光干涉条纹（实线为暗条纹）如图 16-28b 所示。则干涉条纹上 A 点处所对应的空气薄膜厚度为 $e=$________。

16. 一个平凸透镜的顶点和一平板玻璃接触，用单色光垂直照射，观察反射光形成的牛顿环，测得中央暗斑外第 k 个暗环半径为 r_1。现将透镜和玻璃板之间的空气换成某种液体（其折射率小于玻璃的折射率），第 k 个暗环的半径变为 r_2，由此可知该液体的折射率为________。

17. 如图 16-29 所示，双缝干涉实验装置中两个缝用厚度均为 e，折射率分别为 n_1 和 n_2 的透明介质膜覆盖（$n_1>n_2$）。波长为 λ 的平行单色光斜入射到双缝上，入射角为 θ，双缝间距为 d，在屏幕中央 O 处（$\overline{S_1O}=\overline{S_2O}$），两束相干光的相位差 $\Delta\phi=$________。

18. 如图 16-30 所示，波长为 λ 的平行单色光垂直照射到两个劈形膜上，两劈尖角分别

为 θ_1 和 θ_2，折射率分别为 n_1 和 n_2，若二者分别形成的干涉条纹的明条纹间距相等，则 θ_1，θ_2，n_1 和 n_2 之间的关系是________。

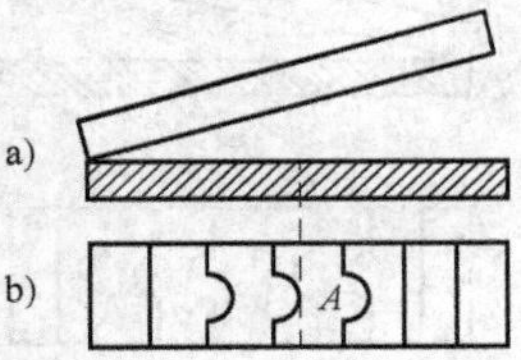

图　16-28

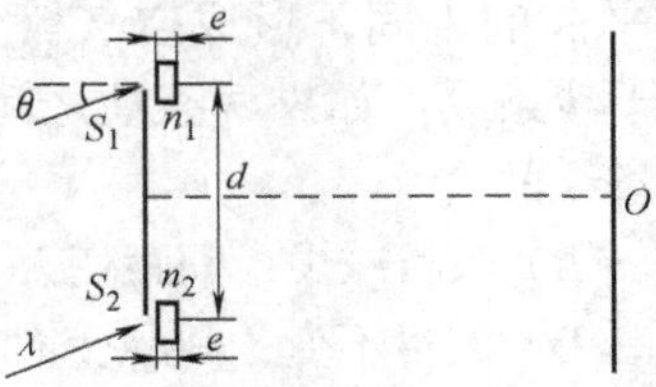

图　16-29

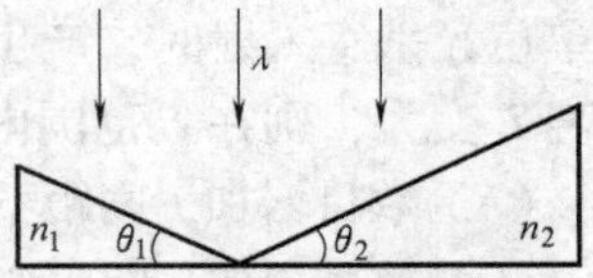

图　16-30

（三）计算题

19. 在双缝干涉实验中，波长 $\lambda=550\text{nm}$ 的单色平行光垂直入射到缝间距 $a=2\times10^{-4}\text{m}$ 的双缝上，屏到双缝的距离 $D=2\text{m}$。求：（1）中央明纹两侧的两条第 10 级明纹中心的间距；（2）用一厚度为 $e=6.6\times10^{-6}\text{m}$、折射率为 $n=1.58$ 的玻璃片覆盖一缝后，零级明纹将移到原来的第几级明纹处？

20. 在双缝干涉实验中，单色光源 S_0 到两缝 S_1 和 S_2 的距离分别为 l_1 和 l_2，并且 $l_1-l_2=3\lambda$，λ 为入射光的波长，双缝之间的距离为 d，双缝到屏幕的距离为 D（$D>>d$），如图 16-31 所示。求：（1）零级明纹到屏幕中央 O 点的距离。（2）相邻明条纹间的距离。

21. 在观察肥皂水薄膜（$n=1.33$）的反射光时，某处绿色光（$\lambda=500\text{nm}$）反射最强，且这时法线和视线间的角度 $i=45°$，求该处膜的最小厚度。（$1\text{nm}=10^{-9}\text{m}$）

22. 在牛顿环装置的平凸透镜和平玻璃板之间充满折射率 $n=1.33$ 的透明液体（设平凸透镜和平玻璃板的折射率都大于 1.33）。凸透镜的曲率半径为 300cm，波长 $\lambda=650\text{nm}$ 的平行单色光垂直照射到牛顿环装置上，凸透镜顶部刚好与平玻璃板接触。求：（1）从中心向外数第 10 个明环所在处的液体厚度 e_{10}。（2）第 10 个明环的半径 r_{10}。

23. 在折射率 $n=1.50$ 的玻璃上，镀上 $n'=1.35$ 的透明介质薄膜。入射光波垂直于介质膜表面照射，观察反射光的干涉，发现对 $\lambda_1=600\text{nm}$ 的光波干涉相消，对 $\lambda_2=700\text{nm}$ 的光波干涉相长。且在 600nm 到 700nm 之间没有别的波长是最大限度相消或相长的情形。求所镀介质膜的厚度。

24. 如图 16-32 所示，牛顿环装置的平凸透镜与平板玻璃有一小缝隙 e_0。现用波长为 λ 的单色光垂直照射，已知平凸透镜的曲率半径为 R，求反射光形成的牛顿环的各暗环半径。

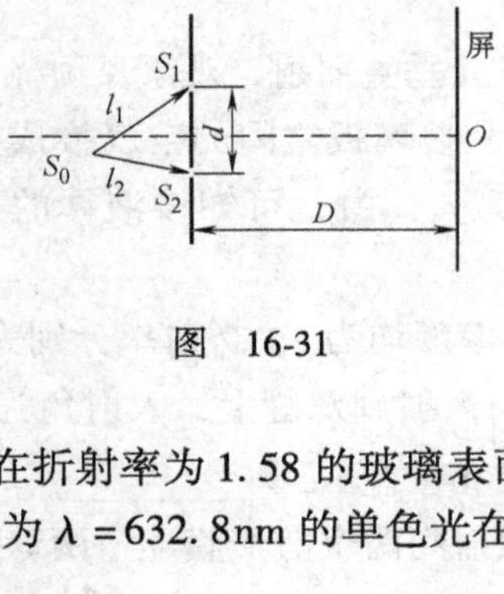

图　16-31

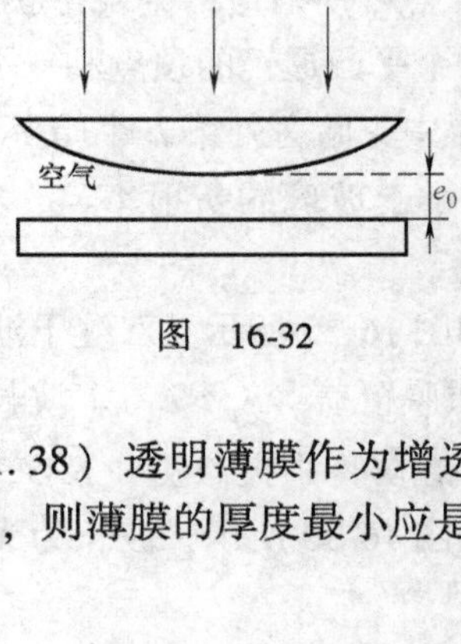

图　16-32

25. 在折射率为 1.58 的玻璃表面镀一层 MgF_2（$n=1.38$）透明薄膜作为增透膜。欲使它对波长为 $\lambda=632.8\text{nm}$ 的单色光在正入射时尽量少反射，则薄膜的厚度最小应是多少？

第十七章　光的衍射

光的衍射现象是波动光学一个重要分支。惠更斯、菲涅耳、夫琅禾费等科学家总结出其科学规律及研究方法，使光的衍射成为光学研究中必不可少的一个新领域。本章通过惠更斯-菲涅耳原理解释和分析光的衍射现象，着重介绍夫琅禾费单缝衍射、圆孔衍射及光栅衍射的特点和应用。

一、知识框架

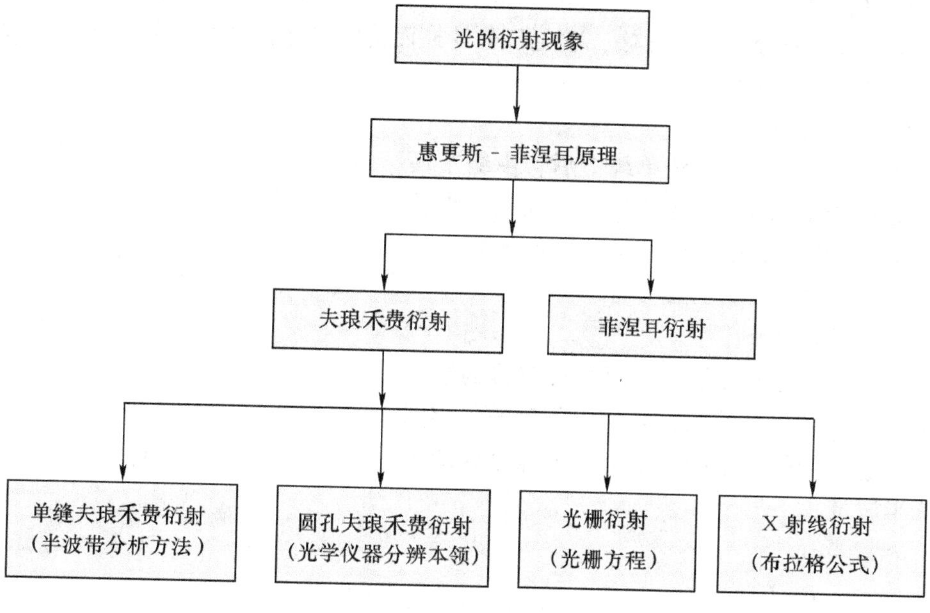

二、知识要点

1. 衍射现象及其分类

（1）现象

在光波的传播过程中，因遇到障碍物（线度与光波波长 λ 可比拟），光线偏离直线传播线，进入几何暗影区，并形成明暗相间条纹的现象。

（2）分类

1）菲涅耳衍射——光源和接收屏（或二者之一）与衍射物的距离为有限远时的衍射。

2）夫琅禾费衍射——光源和接收屏两者与衍射物的距离均为无限远或相当于无限远时

的衍射。

2. 惠更斯-菲涅耳原理

（1）惠更斯原理

提出了子波假设。媒质中波阵面上的各点，都可以看成是发射子波的波源，其后任意时刻这些子波的包迹就是该时刻的新的波阵面。

（2）惠更斯-菲涅耳原理

从同一波阵面上各点所发出的子波，经传播在空间各点相遇时，也可以互相叠加而产生干涉现象。

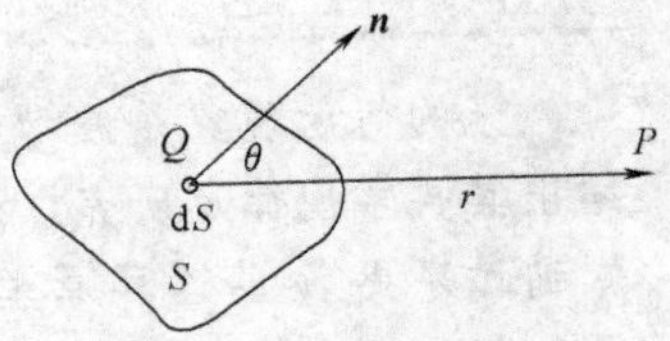

图　17-1

如图 17-1 所示，S 为某一时刻的波阵面，dS 为子波波源，Q 点振幅为 $E(\theta)$，P 为考察点。整个 S 在 P 点的振幅

$$E=\int_S dE=\int_S \frac{Ck(\theta)}{r}E(\theta)\cos\left[2\pi\left(\frac{t}{T}-\frac{r}{\lambda}\right)\right]dS$$

此即菲涅耳公式。

惠更斯-菲涅耳原理的数学表达式虽然是个较为复杂的积分式，但根据其基本思想，可以用一些较为简单的近似处理方法，避免积分计算而仍能给出衍射光强分布的主要特征。比如半波带法和振幅矢量法等。

3. 单缝夫琅禾费衍射

当单色平行光垂直入射到单缝上后，由缝平面上各面元发出的向不同方向传播的平行光束，被透镜会聚到放在其焦平面处的屏幕上，则在屏幕上可以观察到衍射条纹，如图 17-2 所示。

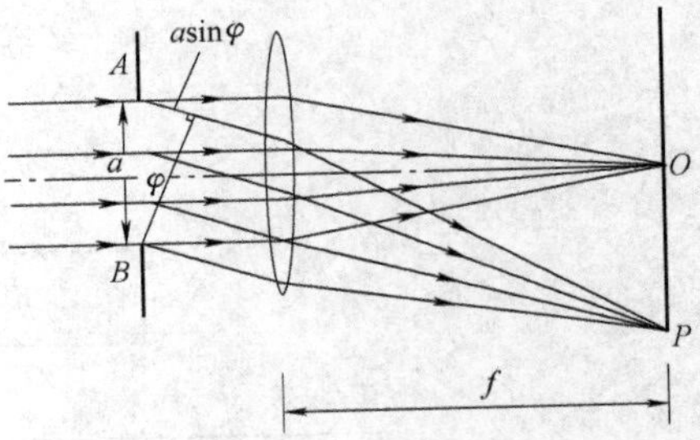

图　17-2

（1）菲涅耳半波带

将狭缝分为 n 的半波带，每两个相邻带的边缘到 P 点的距离相差半个波长，它们以相反的位相同时到达 P 点，它们的作用相互抵消。这样分成的带叫菲涅耳半波带。

（2）衍射公式

明纹　$$a\sin\varphi=\pm(2k+1)\frac{\lambda}{2}$$

暗纹　$$a\sin\varphi=\pm 2k\cdot\frac{\lambda}{2}=\pm k\lambda$$

（3）中央明纹

±1 级暗纹之间的区域即为中央明纹。

±1 级暗纹条件　$$a\sin\varphi=\pm\lambda$$

±1 级暗纹坐标　$$x\approx\pm\frac{f\lambda}{a}$$

中央明纹宽度　$$\Delta x\approx 2\frac{f\lambda}{a}$$

（4）单缝衍射条纹的特点

1）中央明纹宽度约为其他明纹宽度的 2 倍。

2）若 λ、f 一定，a 越小，衍射越明显。

3）若 a、f 已知，可通过测 Δx 求 λ。

4）若 $a >> \lambda$，$\varphi \to 0$，等同于几何光学中光的直线传播。

4. 圆孔的夫琅禾费衍射

将单缝屏换成圆孔屏，就构成了单色平行光垂直入射于圆孔屏时，圆孔的夫琅禾费衍射装置，如图 17-3 所示。入射光波的波面受到了限制，在其后方透镜的焦平面上，将出现中央是一明亮的圆斑，周围出现一组明暗相间的同心圆环状衍射条纹。

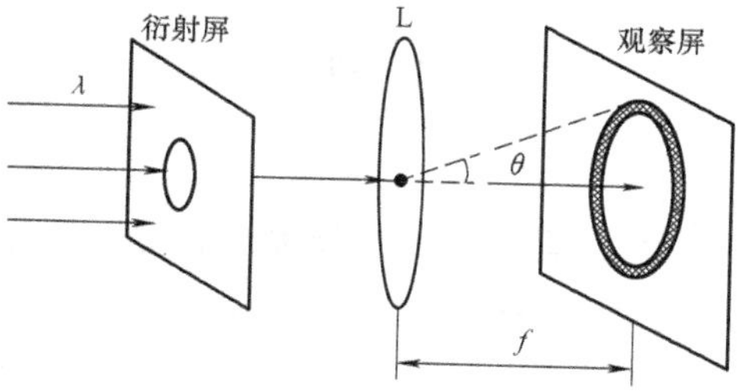

图　17-3

由第 1 级暗环所围的中央光斑称为艾里斑，它特别亮，集中了衍射光能量的 83.8%。

艾里斑的角半径对应于第 1 级暗环的衍射角，满足

$$\sin\theta_1 = \frac{1.22\lambda}{D}$$

由于 $\theta_1 << 1$，有

$$\theta_1 \approx \sin\theta_1 = \frac{1.22\lambda}{D}$$

由此可见，艾里斑的角宽度与入射光波长 λ 成正比，与光学仪器的孔径 D（衍射物的线度）成反比，这说明对波阵面的限制越厉害，衍射现象就越明显。艾里斑的中心就是圆孔的几何光学像点。当 $D >> \lambda$ 时，衍射现象消失，艾里斑的直径趋近于零，物点才会经过透镜成像为点像。所以考虑衍射，一个物点成像为艾里斑而不是点像，两个物点通过光学仪器后就成为两个像斑，会有重叠现象，从而就有光学仪器的分辨本领问题。

5. 光学仪器的分辨本领

（1）瑞利判据

对两个等光强非相干物点的衍射图样，如果第一个衍射图样的艾里斑中心正好与第二个衍射图样的艾里斑的边缘（第 1 级暗纹极小处）重合时，恰能分辨。即两个艾里斑中心的角距离等于艾里斑的半角距离 θ 时，两物点的像恰能分辨，如图 17-4 所示。

（2）光学仪器最小分辨角

如图 17-5 所示，恰可分辨时，圆孔中心对两个不相干物点的张角等于艾里斑的角半径，它就是光学仪器的最小分辨角 θ_R

$$\theta_R = \theta_1 \approx 1.22\frac{\lambda}{D}$$

（3）光学仪器的分辨本领

最小分辨角的倒数定义为光学仪器的分辨本领。

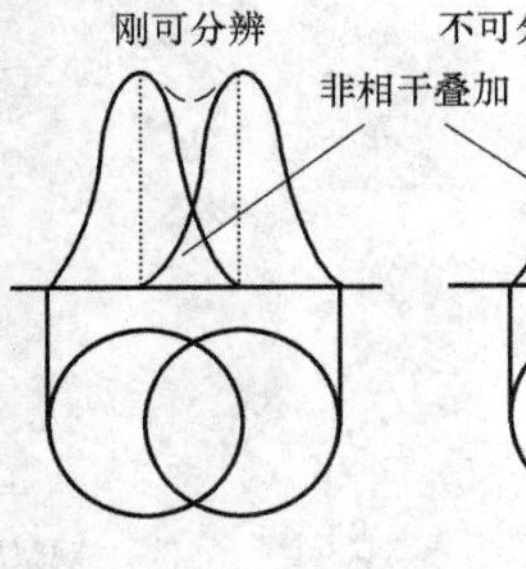

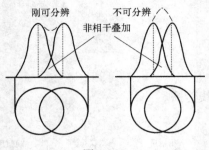

图　17-4

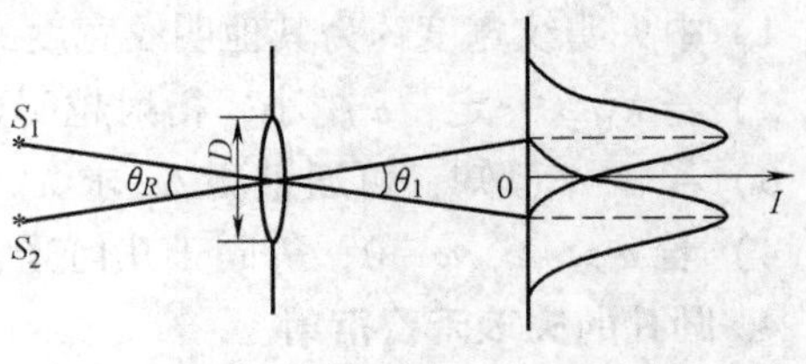

图　17-5

$$R=\theta_R=\frac{D}{1.22\lambda}$$

光学仪器的分辨本领 R 与仪器的孔径 D 成正比，与光波波长 λ 成反比。

6. 光栅衍射

(1) 光栅

由大量等间距、等宽度的平行狭缝（或反射面）构成的光学元件称为光栅。在一块不透明的障碍板上刻画出一系列平行等距又等宽的狭缝，就构成一块透射光栅，如图 17-6 所示。

光栅常数为 $d=a+b$，其中 a 为透光部分的缝宽，b 为遮光部分的宽度。一般光栅的光栅常数为 $10^{-4}\sim10^{-6}$m 的数量级。

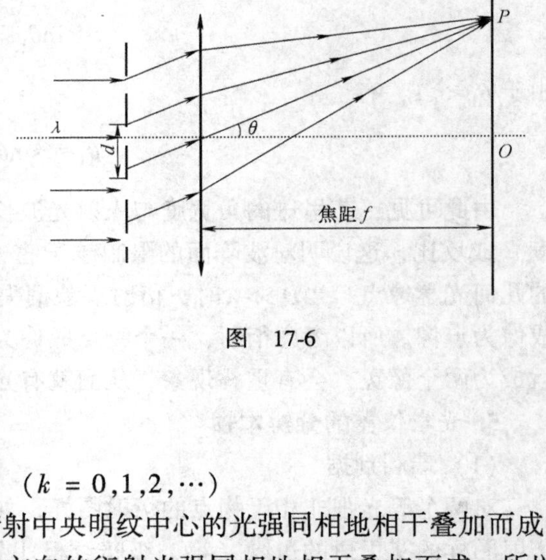

图　17-6

(2) 衍射

单缝衍射和多缝干涉的总效果决定了 P 点的光强。

(3) 衍射条纹

在黑暗背景上呈现窄细明亮的平行直纹，光栅缝数越多，谱线越细、越亮。

讨论：

1) 光栅方程——光栅衍射主极大条件

明纹（主极大）条件：

$$(a+b)\sin\theta=\pm k\lambda\quad(k=0,1,2,\cdots)$$

$k=0$ 为零级中央明纹，它是由 N 个单缝衍射中央明纹中心的光强同相地相干叠加而成，因而具有最大光强。其他明纹由 N 个单缝在 θ 方向的衍射光强同相地相干叠加而成。所以光栅衍射光强的明纹光强是受单缝衍射光强调制的。

2) 光栅光强分布的暗纹条件

$$(a+b)\sin\theta=\pm\left(k+\frac{N'}{N}\right)\lambda\quad(N'=1,2,3,\cdots,N-1)$$

相邻主极大间有 $N-1$ 个暗纹和 $N-2$ 个次极大。相邻两个暗纹间的明纹称为次明纹，明纹集中了 N 条透光缝的光能；相邻两个明纹间分布着很宽的暗区，在暗背景下的明纹又细又亮。

3) 缺级现象和条件

在衍射角为 θ 的方向上，若既满足多缝干涉的明纹条件，又满足单缝衍射的暗纹条件，那么本该出现的某级明纹消失了，这个现象称为缺级。

$$\begin{cases} a\sin\theta = \pm k'\lambda & k' = 1,2,\cdots \\ (a+b)\sin\theta = \pm k\lambda & k = 0,1,\cdots \end{cases}$$

缺级

$$k = \frac{a+b}{a}k'$$

如 $a+b=3a$，则 $k=3k'$，即 ±3，±6，±9…为缺级。

（4）色分辨本领

若波长为 λ 和 $\lambda+\Delta\lambda$ 的两条谱线恰能被分辨，则光栅的色分辨本领为

$$R = \frac{\lambda}{\Delta\lambda} = kN$$

可见，光栅被光照射的缝数 N 越多，光谱级次 k 越高，它的色分辨本领越大。

7. X 射线衍射

X 射线照射晶体时同样会产生衍射相象，这说明 X 射线具有波动性，是波长极短的电磁波。将晶体视作适合于 X 射线的三维反射光栅。当波长为 λ 的平行 X 射线束以掠射角 θ 入射于晶面时，同一晶面各原子对 X 射线的散射波，在满足反射定律的方向上得到加强，相邻平行晶面间，两反射的 X 射线散射波之间形成相干叠加即干涉，如图 17-7 所示。当相邻平行晶面的面间距为 d，两晶面反射的 X 射线散射波间的光程差为波长的整数倍时，在晶面的反射方向上因干涉加强而形成亮点，即 $2d\sin\theta = k\lambda$（$k=0, 1, 2, \cdots$），该式称为布拉格公式。

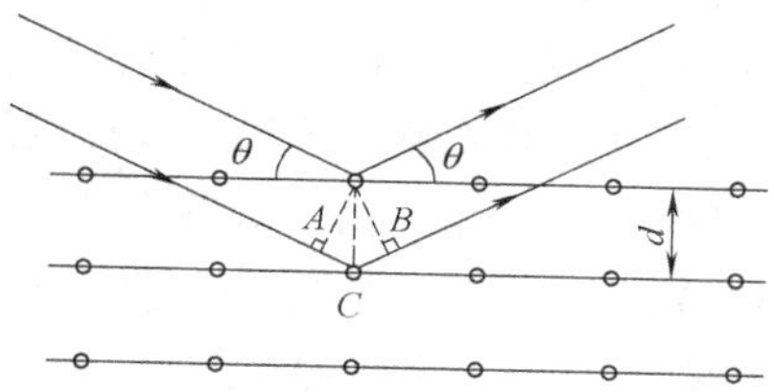

图 17-7

在利用布拉格公式作简单计算时需注意：

1）晶面不等同于晶体表面，晶体内不同的方向对应有不同的晶面和面间距，布拉格公式中的掠射角 θ 是相对于面间距为 d 的晶面而言的。

2）晶格常数不等同于面间距 d。

三、概念辨析

1. 衍射的本质是什么？干涉和衍射的区别和联系？

【答】 波的衍射现象是波在传播过程中经过障碍物边缘或孔隙时所发生的展衍现象。其实质是由被障碍物或孔隙的边缘限制的波阵面上各点发出的无数子波相互叠加而产生。干涉和衍射现象的本质，都是波的相干叠加，光波的能量在空间形成稳定的加强和减弱的分布。从这个意义来看，干涉和衍射并没有区别，只是参与叠加的对象有所不同。习惯上，把有限几束相干光的叠加称为干涉，而把无穷多子波的相干叠加称为衍射。

2. 杨氏双缝实验的现象是否纯粹属于干涉？

【答】 杨氏双缝实验的现象是干涉和衍射两者结合的结果。但干涉起着主要作用。随着缝宽 a 逐渐增大，两缝间距 d 的逐渐减小，衍射将起主要作用。

3. 在单缝衍射实验中，利用单色光照射，如果缝的宽度与单色光的波长的关系是 $a \gg \lambda$ 或 $a \ll \lambda$，有没有衍射现象？能否看到衍射条纹？

【答】 这两种情况都有衍射现象，但都看不到衍射条纹。因为当 $a \gg \lambda$ 时，条纹间的距离极小，实际上看不出来。当 $a \ll \lambda$ 时，第 1 级暗纹跑到无穷远去了，光屏上全亮，所以

也不能看到衍射条纹。

4. 在单缝衍射中，为什么衍射角 θ 愈大（级数愈大）的那些明纹的亮度就愈小？

【答】 因为在单缝衍射中，明纹的出现，只是一个未被抵消的半波带所产生的。如果衍射角 θ 愈大，级数愈大，相应的半波带的数目就愈多；则未被抵消的那个半波带的宽度就愈小，因而它所产生的明纹的亮度就愈小。

5. 单缝衍射暗条纹条件与双缝干涉明条纹条件在形式上类似，两者是否矛盾？怎样说明？

【答】 不矛盾。单缝衍射暗纹条件为 $a\sin\varphi = k\lambda = 2k\dfrac{\lambda}{2}$，是用半波带法分析的结果(子波叠加问题)。相邻两半波带上对应点向 φ 方向发出的光波在屏上会聚点一一相消。当半波带的数目为偶数时，形成暗纹；而双缝干涉明纹条件为 $d\sin\theta = k\lambda$，描述的是两束相干波的叠加问题，当光程差为波长的整数倍时，相干加强为明纹。

6. 如果用单色光照射，杨氏双缝实验的干涉条纹与单缝衍射条纹有何不同？

【答】 （1）杨氏双缝实验的条纹等间距，单缝衍射的条纹不完全等距。（2）杨氏双缝实验的中央亮纹的宽度和亮度与其旁边的亮纹无多大差别，单缝衍射的中央亮纹的宽度却明显地大于旁边的亮纹。

7. 光栅上每单位长度的狭缝条纹愈多时，光栅常数 $d = a + b$ 是愈大还是愈小呢？各级明条纹的位置是分得愈开还是愈靠拢？各级明条纹的亮度是愈亮还是愈暗？对测定光波波长是愈有利还是愈不利？

【答】 光栅上每单位长度的狭缝条数愈多时，光栅常数愈小。由光栅方程可知，各级明条纹的位置分得愈开。由于狭缝条数众多，透射过的光愈多，明条纹愈亮。各级条纹分得愈开，明纹愈亮，对测定光波波长愈有利。

8. 光栅衍射和单缝衍射有何区别？为什么光栅衍射的明纹特别亮，而且暗区特别宽？用哪一种衍射测定的波长较准确？

【答】 单缝衍射只是一个缝里的波阵面上各点所有子波互相干涉的结果，而光栅衍射是光栅上每个缝各子波的干涉以及各缝的衍射光互相干涉的总效果，或者说光栅具有单缝衍射和多光束干涉的综合作用。单缝衍射起着勾画光栅衍射图样轮廓的作用。多光束干涉(指各缝的光）起着填补轮廓内多光干涉的各级主极大。由于每个缝上出来的光发生再次缝间干涉，所以明纹特别亮，而形成暗纹的机会比形成明纹的机会多得多，所以暗区特别宽。由此可见，用光栅衍射测定波长较为准确。

四、方法点拨

1. 单缝衍射中半波带的计算

半波带由单缝 A、B 边缘两点向 θ 方向发出的衍射线的光程差 $a\sin\theta$ 用$\dfrac{\lambda}{2}$来划分。对应于单缝衍射第 k 级明条纹，根据 $a\sin\theta =(2k+1)\dfrac{\lambda}{2}$，波面可分成 $2k+1$ 个半波带；对应于单缝衍射第 k 级暗条纹，根据，$a\sin\theta = k\lambda$，波面可分成 $2k$ 个半波带。

2. 夫琅禾费单缝衍射实验中衍射图样的变化情况

1）如果把单缝沿透镜光轴方向平移；

2）若把单缝沿垂直于光轴方向平移；

3）缝宽变窄；

4）入射光波长变长；

5）入射平行光由正入射变为斜入射。

1）与2）单缝衍射花样只取决于缝的宽度，而与缝的位置无关，这是因为平行于主轴的任何光线经过透镜折射后都将会聚于主焦点上。所以不论缝的位置如何，中央最大值的位置总是在透镜主焦点上，即条纹位置并不移动。

3）缝宽变窄，由 $a\sin\theta = k\lambda$ 知，衍射角 θ 变大，条纹变稀。

4）λ 变大，保持 a、k 不变，则衍射角 θ 亦变大，条纹变稀。

5）入射平行光由正入射变为斜入射时，因正入射时 $a\sin\theta = k\lambda$；斜入射时 $a(\sin\theta \pm \sin i) = k'\lambda$，保持 a、λ 不变，则应有 $k' > k$ 或 $k' < k$，即原来的 k 级条纹变为 k'级。

3. 视场上能看到的亮条纹数和最高级次

由 $|\sin\theta| \leqslant 1$，$\sin\theta_{max} = \sin\frac{\pi}{2} = 1$ 和光栅方程有 $d\sin\frac{\pi}{2} = (a+b)\sin\frac{\pi}{2} = k_{max}\lambda$，解得在给定光栅常数 $a+b$ 的情况下，视场上能看到的亮条纹的最高级别为

$$k_{max} = \frac{a+b}{\lambda}$$

如果 $k_{max} \neq$ 整数，则取整为 k_{max}，则视场上能看到的亮条纹数为（$2k_{max}+1$）条（如有缺级现象，要减去所缺的级次），干涉亮纹级别为 $k=0$，±1，±2，…，$\pm k_{max}$。

如果 k_{max}整数，则视场上能看到的亮条纹数为 $2k_{max}-1$ 条干涉亮纹（如有缺级现象，要减去所缺的级），级别为 $k=0$，±1，±2，…，$\pm(k_{max}-1)$。$\pm k_{max}$级看不到。

4. 光线斜入射时的光栅方程

$$d(\sin\theta \pm \sin i) = \pm k\lambda \qquad (k = 0,1,2,\cdots)$$

式中，i 为入射角，θ 为衍射角，由光栅法线逆时针转向光线，角度为正。光线斜入射时零级明纹不在中心，而在 $\theta_0 = \pm i$ 处。

注意：光线斜入射时，光栅缝上每一点子波源的相位不同，正入射时，缝上每一点波源是同相位的。

此外，当平行光线斜入射到光栅上时，在视场范围内可以看到更高级的主极大亮纹，由 $|\sin\theta| \leqslant 1$，$\sin\theta_{max} = \sin\frac{\pi}{2} = 1$ 和光栅方程 $d(\sin\theta \pm \sin i) = k_{max}\lambda$ 解得。在给定光栅常数 $a+b$ 的情况下，视场上在一侧能看到的亮条纹的最高级别

$$k_{max} = \frac{d(1+\sin i)}{\lambda} > \frac{d}{\lambda}$$

另一侧能看到的亮条纹的最高级别

$$k_{max} = \frac{d(1-\sin i)}{\lambda} < \frac{d}{\lambda}$$

视场中的总条纹数与正入射时一样。

5. 衍射中央明纹内干涉主极大亮纹数目

即在单缝衍射中央明纹角宽度 $2\theta_1$ 中包含的干涉主极大亮纹的条数，如图 17-8 所示。

由单缝衍射一级极小条件 $a\sin\theta_1=\lambda$，结合干涉主极大条件 $d\sin\theta=k\lambda$，设在 $2\theta_1$ 内的干涉主极大的最大级别为 k_m，则由 $\sin\theta_1=\dfrac{k_m\lambda}{d}=\dfrac{\lambda}{a}$，解得 $k_m=\dfrac{d}{a}$。

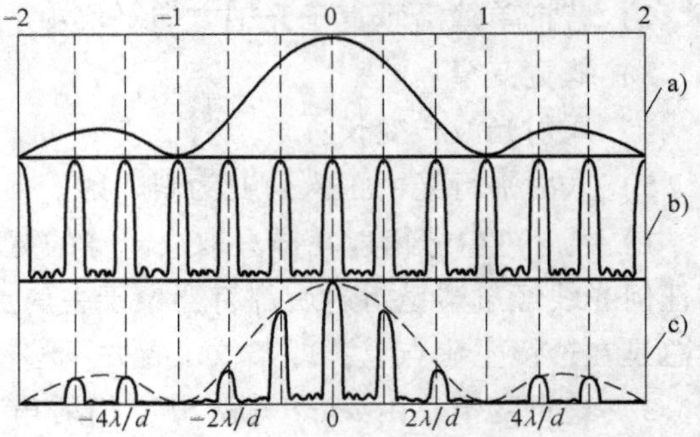

图 17-8

如果 $k_m\neq$整数，则取整为 m，中央零级衍射明纹内含 $2m+1$ 条干涉亮纹（没有缺级现象），级别为 $k=0$，±1，±2，…$\pm m$。

如果 $k_m=$整数 m，则中央零级衍射明纹内含 $2m-1$ 条干涉亮纹（有缺级现象），级别为 $k=0$，±1，±2，…，$\pm m-1$。$\pm m$ 级是屏上中心往外所看到的最先缺的级次。在图 17-8 中，中央衍射明纹内有 5 条亮纹，±6 级缺级，说明$\dfrac{d}{a}=3$。

五、例 题 精 解

例题 17-1 如图 17-9 所示，狭缝的宽度 $a=0.60\text{mm}$，透镜焦距 $f=0.40\text{m}$，有一与狭缝平行的屏放置在透镜焦平面处。若以单色平行光垂直照射狭缝，则在屏上离点 O 为 $x=1.4\text{mm}$ 处的点 P，看到的是衍射明条纹。试求：（1）该入射光的波长；（2）点 P 条纹的级数；（3）从点 P 看来对该光波而言，狭缝处的波阵面可作半波带的数目。

【分析】 单缝衍射中的明纹条件为 $a\sin\varphi=\pm(2k+1)\dfrac{\lambda}{2}$，在观察点 P 确定（即 φ 确定）后，由于 k 只能取整数值，故满足上式的 λ 只可取若干不连续的值，对照可见光的波长范围可确定入射光波长的取值。

此外，如点 P 处的明纹级次为 k，则狭缝处的波阵面可以划分的半波带数目为 $(2k+1)$，它们都与观察点 P 有关，φ 越大，可以划分的半波带数目也越大。

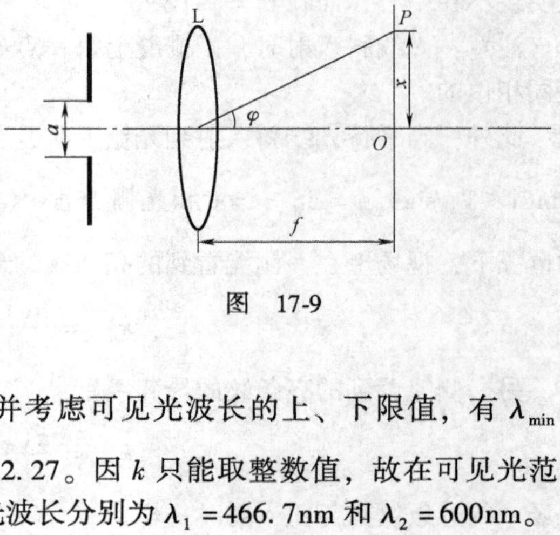

图 17-9

【解】 （1）透镜到屏的距离为 d，由于 $d\gg a$，对点 P 而言，有 $\sin\varphi\approx\dfrac{x}{d}$。根据单缝衍射明纹条件 $a\sin\varphi=(2k+1)\dfrac{\lambda}{2}$，有$\dfrac{ax}{d}=(2k+1)\dfrac{\lambda}{2}$。将 a、$d(d\approx f)$、x 的值代入，并考虑可见光波长的上、下限值，有 $\lambda_{min}=400\text{nm}$ 时，$k_{max}=4.75$；$\lambda_{max}=760\text{nm}$ 时，$k_{min}=2.27$。因 k 只能取整数值，故在可见光范围内只允许有 $k=4$ 和 $k=3$，它们所对应的入射光波长分别为 $\lambda_1=466.7\text{nm}$ 和 $\lambda_2=600\text{nm}$。

（2）点 P 的条纹级次随入射光波长而异，当 $\lambda_1=600\text{nm}$ 时，$k=3$；当 $\lambda_2=466.7\text{nm}$ 时，$k=4$。

（3）当 $\lambda_1=600\text{nm}$ 时，$k=3$，半波带数目为（$2k+1$）$=7$；当 $\lambda_2=466.7\text{nm}$ 时，$k=4$，半波带数目为9。

例题 17-2　单缝的宽度 $a=0.40\text{mm}$，以波长 $\lambda=589\text{nm}$ 的单色光垂直照射，设透镜的焦距 $f=1.0\text{m}$。求：（1）第1级暗纹距中心的距离；（2）第2级明纹距中心的距离；（3）如单色光以入射角 $i=30°$斜射到单缝上，则上述结果有何变动。

【分析】　对于问题（3）单色光倾斜入射单缝的情况，在入射光到达单缝时，其上下两列边界光线之间已存在光程差 $a\sin i$（若为光栅，则为 $d\sin i$），对应于等光程的中央主极大将移至点 O'（此时 $\varphi=i=30°$），屏上衍射条纹原有的对称性受到一定的破坏。

对于点 O'上方的条纹（此时入射光与衍射光位于法线两侧，且 $\varphi>i$），满足

$$a(\sin i-\sin\varphi)=\begin{cases}-(2k+1)\dfrac{\lambda}{2}(\text{明})\\ -k\lambda\qquad(\text{暗})\end{cases}$$

如令 $\sin\varphi=1$，可求得最大条纹级次 k_{m1}。对于点 O 下方的条纹（此时入射光与衍射光位于法线同侧），满足

$$a(\sin i+\sin\varphi)=\begin{cases}(2k+1)\dfrac{\lambda}{2}(\text{明})\\ k\lambda\qquad(\text{暗})\end{cases}$$

如今 $\sin\varphi=1$，可求得另一侧的最大条纹级次 k_{m2}。对于点 O'与 O 之间的条纹（此时入射光与衍射光位于法线两侧，但 $\varphi<i$），满足

$$a(\sin i-\sin\varphi)=\begin{cases}(2k+1)\dfrac{\lambda}{2}(\text{明})\\ k\lambda\qquad(\text{暗})\end{cases}$$

需要说明的是，点 O'与 O 之间的条纹与点 O 下方的条纹属于中央主极大同一侧的各级条纹，不同的是前者 k 值较小，后者 k 值较大，且 k 值在点 O 附近连续变化。

【解】　（1）由单缝衍射的暗纹条件 $a\sin\varphi_1=k\lambda$，得 $\varphi_1\approx\sin\varphi_1=\dfrac{k\lambda}{a}$，则第1级（$k=1$）暗纹距中心的距离为

$$x_1=f\tan\varphi_1\approx f\varphi_1=1.47\times10^{-3}\text{m}$$

（2）由明纹条件 $a\sin\varphi_2=(2k+1)\dfrac{\lambda}{2}$，得 $\varphi_2\approx\sin\varphi_2=(2k+1)\dfrac{\lambda}{2a}$则第2级（$k=2$）明纹距中心的距离为

$$x_2=f\tan\varphi_2\approx f\varphi_2=3.68\times10^{-3}\text{m}$$

在上述计算中，由于 k 取值较小，即 φ 较小，故 $\varphi\approx\sin\varphi\approx\tan\varphi$，如 k 取值较大，则应严格计算。

（3）斜入射时，中央主极大移至点 O'，先计算点 O'上方条纹的位置。对于第1级暗纹，有 $a(\sin30°-\sin\varphi_1')=-\lambda$，$\sin\varphi_1'=\dfrac{\lambda}{a}+0.5$，该暗纹距中心的距离

$$x_1'=f\tan\varphi_1'=f\tan\left[\arcsin\left(\frac{\lambda}{a}+0.5\right)\right]=0.580\text{m}$$

对于第 2 级明纹，有 $a(\sin30° - \sin\varphi'_2) = -\frac{5\lambda}{2}$，$\sin\varphi'_2 = \frac{5\lambda}{2a} + 0.5$，该明纹距中心的距离

$$x'_2 = f\tan\varphi'_2 = f\tan\left[\arcsin\left(\frac{5\lambda}{2a} + 0.5\right)\right] = 0.583\text{m}$$

再计算 O' 点下方条纹的位置（由于所求 k 值较小，其条纹应在 O' 与 O 之间）。对于第 1 级暗纹，有 $a(\sin30° - \sin\varphi''_1) = \lambda$，$\sin\varphi''_1 = 0.5 - \frac{\lambda}{a}$，该暗纹距中心的距离

$$x''_1 = f\tan\varphi''_1 = f\tan\left[\arcsin\left(0.5 - \frac{\lambda}{a}\right)\right] = 0.575\text{m}$$

对于第 2 级明纹，有 $a(\sin30° - \sin\varphi''_2) = \frac{5\lambda}{2}$，$\sin\varphi''_2 = 0.5 - \frac{5\lambda}{2a}$，该明纹到中心的距离

$$x''_2 = f\tan\varphi''_2 = f\tan\left[\arcsin\left(0.5 - \frac{5\lambda}{2a}\right)\right] = 0.572\text{m}$$

讨论：斜入射时，中央主极大移至点 O'（此时 $\varphi = i = 30°$），它到中心点 O 的距离为 $x_0 = f\tan30° = 0.577\text{m}$，由上述计算数据可知，此时衍射条纹不但相对于点 O 不对称，而且相对于中央主极大的点 O' 也不再严格对称了。

例题 17-3　一单色平行光垂直照射于一单缝，若其第 3 条明纹位置正好和波长为 600nm 的单色光垂直入射时的第 2 级明纹的位置一样，求前一种单色光的波长。

【分析】　采用比较法来确定波长。对应于同一观察点，两次衍射的光程差相同，由于衍射明纹条件 $a\sin\varphi = (2k+1)\frac{\lambda}{2}$，故有 $(2k_1+1)\lambda_1 = (2k_2+1)\lambda_2$，在两明纹级次和其中一种波长已知的情况下，即可求出另一种未知波长。

【解】　根据分析，将 $\lambda_2 = 600\text{nm}$、$k_2 = 2$、$k_1 = 3$ 代入 $(2k_1+1)\lambda_1 = (2k_2+1)\lambda_2$，得

$$\lambda_1 = \frac{(2k_2+1)\lambda_2}{2k_1+1} = 428.6\text{nm}$$

例题 17-4　已知单缝宽度 $a = 1.0\times10^{-4}\text{m}$，透镜焦距 $f = 0.50\text{m}$，用 $\lambda_1 = 400\text{nm}$ 和 $\lambda_2 = 760\text{nm}$ 的单色平行光分别垂直照射，求这两种光的第 1 级明纹离屏中心的距离，以及这两条明纹之间的距离。若用每厘米刻有 1000 条刻线的光栅代替这个单缝，则这两种单色光的第 1 级明纹分别距屏中心多远？这两条明纹之间的距离又是多少？

【分析】　用含有两种不同波长的混合光照射单缝或光栅，每种波长可在屏上独立地产生自己的一组衍射条纹，屏上最终显示出两组衍射条纹的混合图样。因而本题可根据单缝（或光栅）衍射公式分别计算两种波长的 k 级条纹的位置 x_1 和 x_2，并算出其条纹间距 $\Delta x = x_2 - x_1$。通过计算可以发现，使用光栅后，条纹将远离屏中心，条纹间距也变大，这是光栅的特点之一。

【解】　(1) 当光垂直照射单缝时，屏上第 k 级明纹的位置

$$x = (2k+1)\frac{\lambda}{2a}f$$

当 $\lambda_1 = 400\text{nm}$ 和 $k = 1$ 时，$x_1 = 3.0\times10^{-3}\text{m}$；当 $\lambda_2 = 760\text{nm}$ 和 $k = 1$ 时，$x_2 = 5.7\times10^{-3}\text{m}$。其条纹间距 $\Delta x = x_2 - x_1 = 2.7\times10^{-3}\text{m}$

(2) 当光垂直照射光栅时，屏上第 k 级明纹的位置为 $x' = \frac{k\lambda}{d}f$，而光栅常数 $d = \frac{10^{-2}}{10^3}\text{m} =$

10^{-3}m。当 $\lambda_1=400$nm 和 $k=1$ 时，$x_1'=2\times10^2$m；当 $\lambda_2=760$nm 和 $k=1$ 时，$x_2'=3.8\times10^2$m。其条纹间距 $\Delta x'=x_2'-x_1'=1.8\times10^{-2}$m。

例题 17-5　迎面而来的两辆汽车的前照灯相距为 1.0m，问在汽车离人多远时，它们刚能为人眼所分辨？设瞳孔直径为 3.0mm，光在空气中的波长 $\lambda=500$nm。

【分析】　两物体能否被分辨，取决于两物对光学仪器通光孔（包括人眼）的张角 θ 和光学仪器的最小分辨角 θ_0 的关系。当 $\theta\geqslant\theta_0$ 时能分辨，其中 $\theta=\theta_0$ 为恰能分辨。在本题中 $\theta_0=1.22\dfrac{\lambda}{D}$为一定值，而 $\theta\approx\dfrac{l}{d}$，式中 l 为两灯间距，d 为人与车之间的距离。d 越大或 l 越小，θ 就越小，当 $\theta<\theta_0$ 时两灯就不能被分辨，这与我们的生活经验相符合。

【解】　当 $\theta=\theta_0$ 时，$\dfrac{l}{d}=1.22\dfrac{\lambda}{D}$为一定值，此时，人与车之间的距离为

$$d=\frac{Dl}{1.22\lambda}=4918\text{m}$$

例题 17-6　为了测定一光栅的光栅常数，用 $\lambda=632.8$nm 的单色平行光垂直照射光栅，已知第 1 级明条纹出现在 38°的方向，试问此光栅的光栅常数为多少？第 2 级明条纹出现在什么角度？若使用此光栅对某单色光进行同样的衍射实验，测得第 1 级明条纹出现在 27°的方向上，问此单色光的波长为多少？对此单色光，最多可看到第几级明条纹？

【分析】　在光栅方程 $d\sin\varphi=\pm k\lambda$ 中，由于衍射角 φ 最大只能取 $\pm\dfrac{\pi}{2}$（注：此时接收屏必须无限大），因此在上式中 k 值只能取有限个的整数值，故屏上能出现的衍射条纹数目是有限的。

【解】　由题意知，在 $\lambda=632.8$nm、$k=1$ 时，衍射角 $\varphi=38°$，由光栅方程可得光栅常数

$$d=\frac{k\lambda}{\sin\varphi}=1.03\times10^{-6}\text{m}$$

$k=2$ 时，因$\dfrac{2\lambda}{d}>1$，第 2 级明纹（即 $k=2$）所对应的衍射角 φ_2 不存在，因此用此波长的光照射光栅不会出现第 2 级明纹。

若用另一种波长的光照射此光栅，因第 1 级明纹出现在 $\varphi'=27°$的方向上，得

$$\lambda'=\frac{d\sin\varphi'}{k}=468\text{nm}$$

令 $\sin\varphi'=1$，可得用此波长光照射时，屏上出现的最大条纹级次为

$$k_{\text{m}}=\frac{d}{\lambda'}=2.2$$

因 k 只能取整数，则 $k_{\text{m}}=2$，故最多只能看到第 2 级明纹。

例题 17-7　在如图 17-10 所示的 X 射线衍射实验中，入射 X 射线不是单色的，而是含有从 0.095nm 到 0.13nm 这一范围内的各种波长。设晶体的晶格常数 $d=0.275$nm，试问对图示的晶面能否产生强反射？

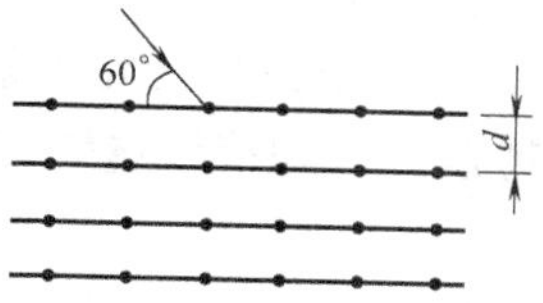

图　17-10

【分析】　X 射线入射到晶体上时，干涉加强条件为 $2d\sin\theta$

$=k\lambda$，其中 $k=0$，1，2，…。在晶格常数 d 和掠射角 θ（注意不是入射角）确定的情况下，并不是任意波长的 X 射线均能产生强反射。本题应结合入射 X 射线波长范围为 $\lambda_1=0.095\text{nm}$ 到 $\lambda_2=0.13\text{nm}$ 这一条件，先求满足干涉加强条件中 k 值的取值范围，然后确定 k 值及相对应的波长。

【解】　由公式 $2d\sin\theta=k\lambda$ 及入射 X 射线的波长范围，可得满足干涉加强条件的 k 的取值范围为

$$\frac{2d\sin\theta}{\lambda_2}<k<\frac{2d\sin\theta}{\lambda_1}$$

代入有关数据后，可得 $2.99<k<4.09$，由于 k 为整数，故只能取 3 和 4，它们对应的波长为：$k=3$，$\lambda=\frac{2d\sin\theta}{3}=0.13\text{nm}$；$k=4$，$\lambda=\frac{2d\sin\theta}{4}=0.097\text{nm}$，即只有波长为 0.097nm 和 0.13nm 的两种 X 射线能产生强反射。

六、基础训练

（一）选择题

1. 在单缝夫琅禾费衍射实验中，波长为 λ 的单色光垂直入射在宽度为 $a=4\lambda$ 的单缝上，对应于衍射角为 30°的方向，单缝处波阵面可分成的半波带数目为（　　）。

（A）2 个　　（B）4 个

（C）6 个　　（D）8 个

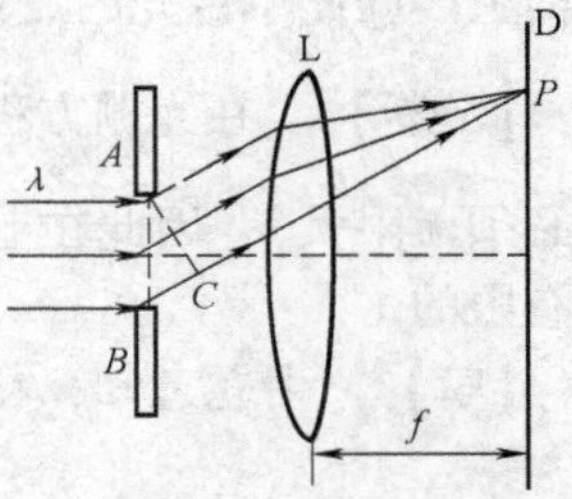

图　17-11

2. 一束波长为 λ 的平行单色光垂直入射到一单缝 AB 上，装置如图 17-11 所示，在屏幕 D 上形成衍射图样，如果 P 是中央亮纹一侧第一个暗纹所在的位置，则 $\overline{BC}$ 的长度为（　　）。

（A）$\lambda/2$　（B）λ　（C）$3\lambda/2$　（D）2λ

3. 在如图 17-12 所示的单缝夫琅禾费衍射实验中，若将单缝沿透镜光轴方向向透镜平移，则屏幕上的衍射条纹（　　）。

（A）间距变大　　（B）间距变小

（C）不发生变化　　（D）间距不变，但明暗条纹的位置交替变化

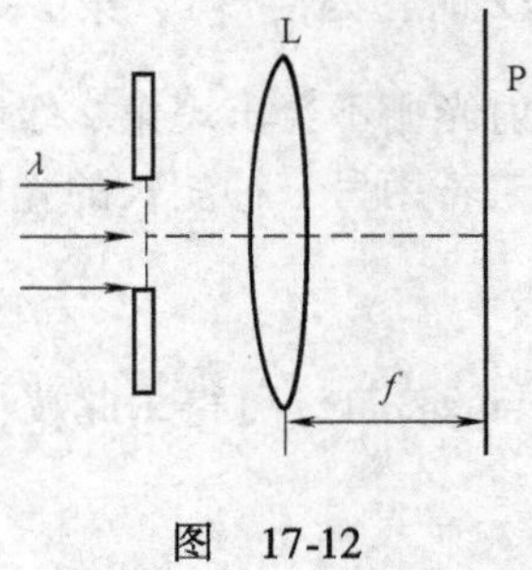

图　17-12

4. 测量单色光的波长时，下列方法中最为准确的方法是（　　）。

（A）双缝干涉　　（B）牛顿环

（C）单缝衍射　　（D）光栅衍射

5. 一单色平行光束垂直照射在宽度为 1.0mm 的单缝上，在缝后放一焦距为 2.0m 的会聚透镜。已知位于透镜焦平面处的屏幕上的中央明条纹宽度为 2.0mm，则入射光波长约为（　　）。

（A）100nm　（B）400nm　（C）500nm　（D）600nm

6. 一束平行单色光垂直入射在光栅上，当光栅常数 $(a+b)$ 为下列哪种情况时（a 代

表每条缝的宽度)，$k=3$、6、9 等级次的主极大均不出现？(　　)

(A) $a+b=2a$　(B) $a+b=3a$　(C) $a+b=4a$　(D) $a+b=6a$

7. 某元素的特征光谱中含有波长分别为 $\lambda_1=450\text{nm}$ 和 $\lambda_2=750\text{nm}$ 的光谱线。在光栅光谱中，这两种波长的谱线有重叠现象，重叠处 λ_2 的谱线的级数将是（　　）。

(A) 2，3，4，5…　(B) 2，5，8，11…

(C) 2，4，6，8…　(D) 3，6，9，12…

8. 在光栅光谱中，假如所有偶数级次的主极大都恰好在单缝衍射的暗纹方向上，因而实际上不出现，那么此光栅每个透光缝宽度 a 和相邻两缝间不透光部分宽度 b 的关系为（　　）。

(A) $a=\frac{1}{2}b$　(B) $a=b$　(C) $a=2b$　(D) $a=3b$

9. 设光栅平面、透镜均与屏幕平行。则当入射的平行单色光从垂直于光栅平面入射变为斜入射时，能观察到的光谱线的最高级次 k（　　）。

(A) 变小　(B) 变大　(C) 不变　(D) k 的改变无法确定

10. 孔径相同的微波望远镜和光学望远镜相比较，前者分辨本领较小的原因是（　　）。

(A) 星体发出的微波能量比可见光能量小　(B) 微波更易被大气所吸收

(C) 大气对微波的折射率较小　(D) 微波波长比可见光波长大

(二) 填空题

11. 平行单色光垂直入射于单缝上，观察夫琅禾费衍射。若屏上 P 点处为第 2 级暗纹，则单缝处波面相应地可划分为________个半波带。若将单缝宽度缩小一半，P 点处将是________级________纹。

12. 波长为 600 nm 的单色平行光垂直入射到缝宽 $a=0.60$ mm 的单缝上，缝后有一焦距 $f'=60$ cm 的透镜，在透镜焦平面上观察衍射图样，则中央明纹的宽度为__________，两个第 3 级暗纹之间的距离为__________。

13. 用波长为 λ 的单色平行红光垂直照射在光栅常数 $d=2\mu\text{m}$ 的光栅上，用焦距 $f=0.500$ m 的透镜将光聚在屏上，测得第 1 级谱线与透镜主焦点的距离 $l=0.1667\text{m}$，则可知该入射的红光波长 $\lambda=$________nm。

14. 用波长为 546.1nm 的平行单色光垂直照射在一透射光栅上，在分光计上测得第 1 级光谱线的衍射角为 $\theta=30°$，则该光栅每一毫米上有________条刻痕。

15. 用波长为 λ 的单色平行光垂直入射在一块多缝光栅上，其光栅常数 $d=3$ μm，缝宽 $a=1$ μm，则在单缝衍射的中央明条纹中共有________条谱线（主极大）。

16. 衍射光栅主极大公式 $(a+b)\sin\varphi=\pm k\lambda$，$k=0, 1, 2, \cdots$，在 $k=2$ 的方向上第 1 条缝与第 6 条缝对应点发出的两条衍射光的光程差 $\delta=$__________。

17. 汽车两盏前照灯相距 l，与观察者相距 $S=10\text{km}$。夜间人眼瞳孔直径 $d=5.0\text{mm}$。人眼敏感波长为 $\lambda=550\text{nm}$，若只考虑人眼的圆孔衍射，则人眼可分辨出汽车两前灯的最小间距 $l=$________m。

(三) 计算题

18. 在某个单缝衍射实验中，光源发出的光含有两秏波长 λ_1 和 λ_2，垂直入射于单缝上。假如 λ_1 的第一级衍射极小与 λ_2 的第二级衍射极小相重合，试问：(1) 这两种波长之间有何关系？（2）在这两种波长的光所形成的衍射图样中，是否还有其他极小相重合？

19. 以波长 400 ~ 760 nm 的白光垂直照射在光栅上，在它的衍射光谱中，第 2 级和第 3 级发生重叠，求第 2 级光谱被重叠的波长范围。

20. 在单缝的夫琅禾费衍射中，缝宽 $a = 0.100$mm，平行光垂直入射在单缝上，波长 $\lambda = 500$nm，会聚透镜的焦距 $f = 1.00$m，如图 17-13 所示，求中央亮纹旁的第一个亮纹的宽度 Δx。

21. 波长 $\lambda = 600$nm 的单色光垂直入射到一光栅上，测得第 2 级主极大的衍射角为 30°，且第 3 级是缺级。（1）光栅常数（$a + b$）等于多少？（2）透光缝可能的最小宽度 a 等于多少？（3）在选定了上述（$a + b$）和 a 之后，求在衍射角 $-\frac{1}{2}\pi < \varphi < \frac{1}{2}\pi$ 范围内可能观察到的全部主极大的级次。

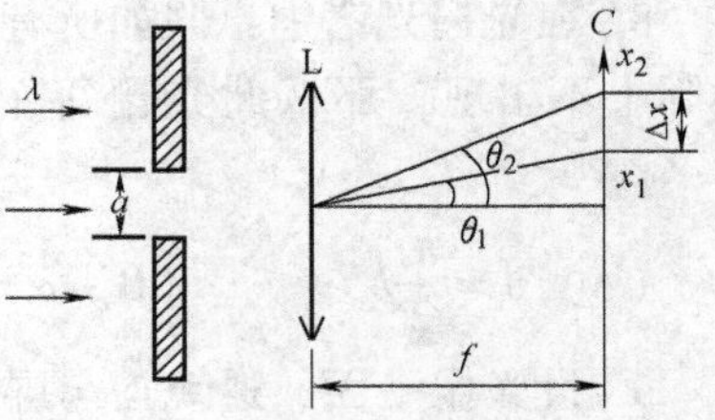

图 17-13

22. 一束具有两种波长 λ_1 和 λ_2 的平行光垂直照射到一衍射光栅上，测得波长 λ_1 的第 3 级主极大衍射角和 λ_2 的第 4 级主极大衍射角均为 30°。已知 $\lambda_1 = 560$nm，试求：（1）光栅常数 $a + b$；（2）波长 λ_2。

23. 一衍射光栅，每厘米 200 条透光缝，每条透光缝宽为 $a = 2 \times 10^{-3}$cm，在光栅后放一焦距 $f = 1$m 的凸透镜，现以 $\lambda = 600$nm 的单色平行光垂直照射光栅，求：（1）透光缝 a 的单缝衍射中央明条纹宽度为多少？（2）在该宽度内，有几个光栅衍射主极大？

24. 用钠光（$\lambda = 589.3$ nm）垂直照射到某光栅上，测得第 3 级光谱的衍射角为 60°。（1）若换用另一光源测得其第 2 级光谱的衍射角为 30°，求后一光源发光的波长；（2）若以白光（$\lambda = 400 \sim 760$nm）照射在该光栅上，求其第 2 级光谱的张角。

25. 在通常亮度下，人眼瞳孔直径约为 3mm，若视觉感受最灵敏的光波长为 550nm，试问：（1）人眼最小分辨角是多大？（2）在教室的黑板上，画的等号的两横线相距 2mm，坐在距黑板 10m 处的同学能否看清？

七、自 测 提 高

（一）选择题

1. 若用衍射光栅准确测定一单色可见光的波长，在下列各种光栅常数的光栅中最好选用(　　)。

(A) 5.0×10^{-1} mm　(B) 1.0×10^{-1} mm　(C) 1.0×10^{-2} mm　(D) 1.0×10^{-3} mm

2. 在如图 17-14 所示的单缝夫琅禾费衍射装置中，将单缝宽度 a 稍变宽，同时使单缝沿 y 轴正方向作微小平移(透镜屏幕位置不动)，则屏幕 C 上的中央衍射条纹将(　　)。

(A)变窄，同时向上移　(B)变窄，同时向下移

(C)变窄，不移动　(D)变宽，同时向上移

(E)变宽，不移动

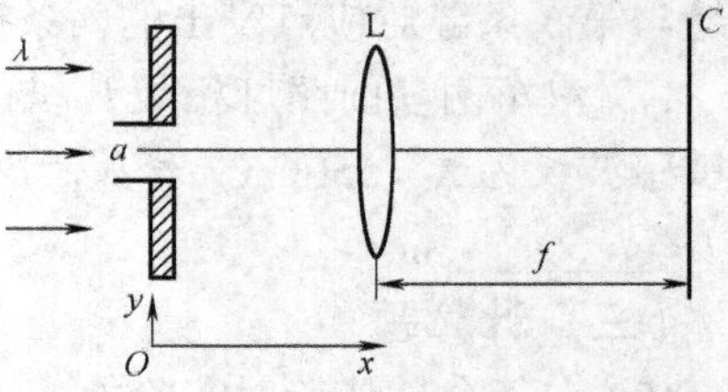

图 17-14

3. 波长 $\lambda=550$ nm($1\text{nm}=10^{-9}\text{m}$)的单色光垂直入射于光栅常数 $d=2\times10^{-4}$ cm 的平面衍射光栅上，可能观察到的光谱线的最大级次为(　　)。

(A) 2　　(B) 3　　(C) 4　　(D) 5

4. 对某一定波长的垂直入射光，衍射光栅的屏幕上只能出现零级和一级主极大，欲使屏幕上出现更高级次的主极大，应该(　　)。

(A) 换一个光栅常数较小的光栅　　(B) 换一个光栅常数较大的光栅

(C) 将光栅向靠近屏幕的方向移动　　(D) 将光栅向远离屏幕的方向移动

5. 若星光的波长按 550 nm ($1\ \text{nm}=10^{-9}\ \text{m}$)计算，孔径为 127 cm 的大型望远镜所能分辨的两颗星的最小角距离 θ(从地上一点看两星的视线间夹角)是(　　)。

(A) 3.2×10^{-3} rad　　(B) 1.8×10^{-4} rad　　(C) 5.3×10^{-5} rad　　(D) 5.3×10^{-7} rad

(二) 填空题

6. 在单缝夫琅禾费衍射实验中，设第 1 级暗纹的衍射角很小，若钠黄光($\lambda_1\approx589$ nm)中央明纹宽度为 4.0 mm，则 $\lambda_2=442$ nm 的蓝紫色光的中央明纹宽度为________。

7. 设天空中两颗星对于一望远镜的张角为 4.84×10^{-6}rad，它们都发出波长为 550nm 的光，为了分辨出这两颗星，望远镜物镜的口径至少要等于________ cm。

8. 一毫米内有 500 条刻痕的平面透射光栅，用平行钠光束($\lambda=589$nm)与光栅平面法线成 30°角入射，在屏幕上最多能看到第________级光谱。

9. 在单缝夫琅禾费衍射示意图 17-15 中，所画出的各条正入射光线间距相等，那么光线 1 与 2 在幕上 P 点上相遇时的相位差为________，P 点应为________点。

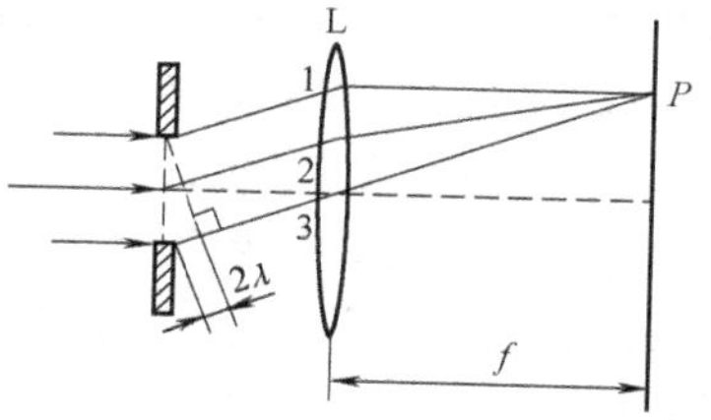

图 17-15

10. 可见光的波长范围是 400～760nm。用平行的白光垂直入射在平面透射光栅上时，它产生的不与另一级光谱重叠的完整的可见光光谱是第________级光谱。

11. 钠黄光双线的两个波长分别是 589.00nm 和 589.59nm，若平面衍射光栅能够在第 2 级光谱中分辨这两条谱线，光栅的缝数至少是________。

12. 一束单色光垂直入射在光栅上，衍射光谱中共出现 5 条明纹。若已知此光栅缝宽度与不透明部分宽度相等，那么在中央明纹一侧的两条明纹分别是第________级和第________级谱线。

(三) 计算题

13. 波长为 600nm 的单色光垂直入射到宽度为 $a=0.10$mm 的单缝上，观察夫琅禾费衍射图样，透镜焦距 $f=1.0$m，屏在透镜的焦平面处。求：(1) 中央衍射明条纹的宽度 Δx_0；(2)第 2 级暗纹离透镜焦点的距离 x_2。

14. 用每毫米 300 条刻痕的衍射光栅来检验仅含有属于红和蓝的两种单色成分的光谱。已知红谱线波长 λ_R 在 0.63～0.76μm 范围内，蓝谱线波长 λ_B 在 0.43～0.49μm 范围内。当光垂直入射到光栅时，发现在衍射角为 24.46°处，红蓝两谱线同时出现。问：(1) 在什么角度下红蓝两谱线还会同时出现？(2) 在什么角度下只有红谱线出现？

15. 波长 $\lambda=6000$Å 的单色光垂直入射在一光栅上，第 2 级、第 3 级光谱线分别出现在衍射角 φ_2、φ_3 满足下式的方向上，即 $\sin\varphi_2=0.20$、$\sin\varphi_3=0.30$，第 4 级缺级。试问：(1)

光栅常数等于多少？(2)光栅上狭缝宽度有多大？(3)在屏上可能出现的全部光谱线的级数。

16. 钠黄光中包含两个相近的波长 $\lambda_1 = 589.0\text{nm}$ 和 $\lambda_2 = 589.6\text{nm}$。用平行的钠黄光垂直入射在每毫米有600条缝的光栅上，会聚透镜的焦距 $f = 1.00\text{m}$。求在屏幕上形成的第2级光谱中上述两波长 λ_1 和 λ_2 的光谱之间的间隔 Δl。

17. 将一束波长 $\lambda = 589\text{nm}$ 的平行钠光垂直入射在1厘米内有5000条刻痕的平面衍射光栅上，光栅的透光缝宽度 a 与其间距 b 相等，求：(1)光线垂直入射时，能看到几条谱线？是哪几级？(2)若光线以与光栅平面法线的夹角 $\theta = 30°$ 的方向入射时，能看到几条谱线？是哪几级？

18. 钠(Na)蒸气灯中的黄光垂直入射于一光栅上，此黄光系由波长为589.00nm与589.59nm的两根靠得很近的谱线(钠双线)所组成。如在第3级光谱中刚能分辨得出这两条谱线，那么光栅需要有多少条刻线？

(四)问答题

19. 单色平行光垂直照射一狭缝，在缝后远处的屏上观察到夫琅禾费衍射图样，现在把缝宽加倍，则透过狭缝的光的能量变为多少倍？屏上图样的中央光强变为多少倍？

20. 欲使双缝夫琅禾费图样的包线的中央极大恰好含有11根干涉条纹，a、d 一定满足什么要求？

21. 在单缝衍射图样中，离中心明条纹越远的明条纹亮度越小，试用半波带法说明。

22. 图17-16为单缝衍射装置示意图，对于会聚到 P 点的衍射光线，单缝宽度 a 的波阵面恰好可以分成3个半波带，图中光线1和2、光线3和4在 P 点引起的光振动都是反相的，一对光线的作用恰好抵消。为什么在 P 点光强是极大而不是零呢？

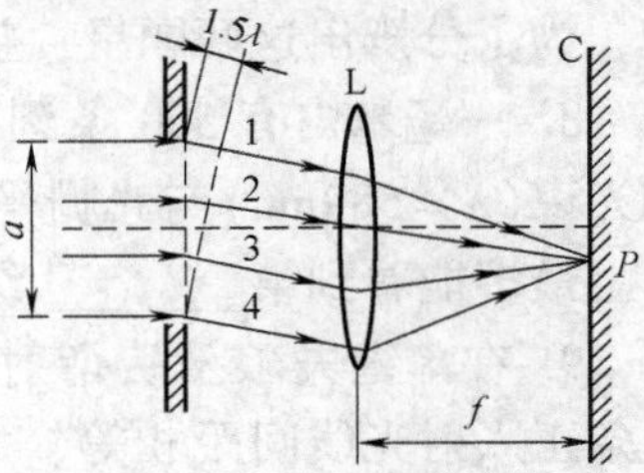

图　17-16

23. 某种单色光垂直入射到一个光栅上，由单色光波长和已知的光栅常数，按光栅公式算得 $k=4$ 的主极大对应的衍射方向为90°，并且知道无缺级现象。实际上可观察到的主极大明条纹共有几条？

(五)证明题

24. 两光谱线波长分别为 λ 和 $\lambda + \Delta\lambda$，其中 $\Delta\lambda \ll \lambda$。试证明：它们在同一级光栅光谱中的角距离 $\Delta\theta \approx \Delta\lambda / \sqrt{(d/k)^2 - \lambda^2}$，其中 d 是光栅常数，k 是光谱级次。

第十八章　光的偏振

光波电矢量振动的空间分布对于光的传播方向失去对称性的现象叫做光的偏振。只有横波才能产生偏振现象，故光的偏振进一步说明光波是横波。本章重点介绍获得偏振光和检查偏振光的方法、光的双折射、偏振光的干涉与应用。

一、知识框架

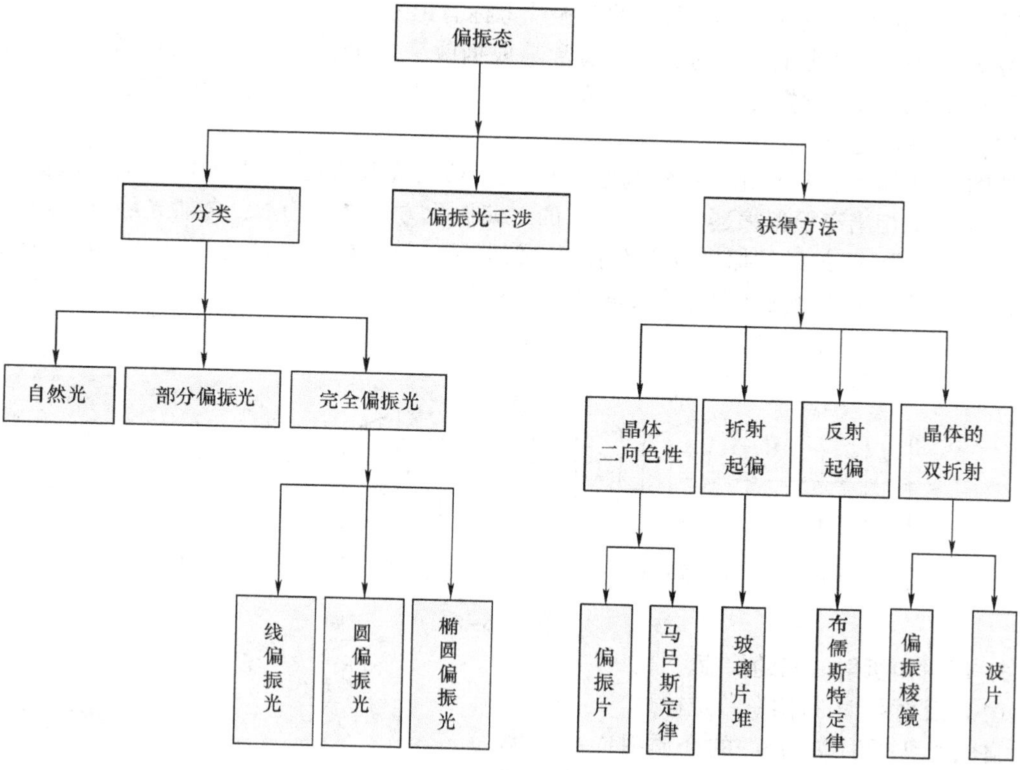

二、知识要点

1. 自然光与偏振光

（1）自然光

在垂直于光线的任一平面内同时存在有各种可能的光振动方向，且光振动所在的各个方向上的概率相同，振幅相等，彼此互不相关。

(2) 偏振光

某一方向的光振动占优势或只有某一方向的光振动的光。

1) 部分偏振光：在垂直于光线的任一平面内，虽然也同时存在有各种方向的光振动，但某一方向的光振动的强度较其他方向占优势。

2) 完全偏振光：在垂直于光线的任一平面内只存在有某一方向的光振动。

在光的传播过程中，若空间每点的光矢量只沿一个固定方向振动，这种光称为线偏振光；若空间每点的光振动矢量都以光线为轴做旋转运动，且矢量端点描出一个椭圆轨迹，这种光称为椭圆偏振光；若矢量端点描出一个圆轨迹，则称为圆偏振光。迎着光线看，凡光振动矢量顺时针旋转的称右旋椭圆（圆）偏振光，反之则称左旋椭圆（圆）偏振光。

2. 起偏和检偏　马吕斯定律

(1) 起偏和检偏

起偏：从自然光得到偏振光的过程。起偏器是能产生线偏振光的各种偏振元件的总称。起偏器具有一个特殊的方向，只允许振动方向与此特殊方向一致的光通过，此特殊方向称为起偏器的偏振化方向或透光轴。所用的偏振片上标有记号“ ↕”

检偏：检查入射光偏振性的过程。通常是根据改变两个偏振片的相对位置（即改变起偏器与检偏器的两个偏振化方向）时，光强发生变化的情况来检验是否为偏振光。

(2) 马吕斯定律

如图 18-1 所示，自然光入射到偏振片 P_1 上，透射光又入射到偏振片 P_2 上，这里 P_1 为起偏振器，P_2 相当于检偏振器。设 P_1、P_2的二偏振化方向夹角为 α，自然光经 P_1 后变成线偏振光，振幅为 A_1 的线偏振光垂直入射到检偏器后，只有在透光轴上的振动分量 $A_1\cos\alpha$ 才能通过检偏器，通过检偏器后的线偏振光强度 I_2 为

$$I_2 = I_1\cos^2\alpha$$

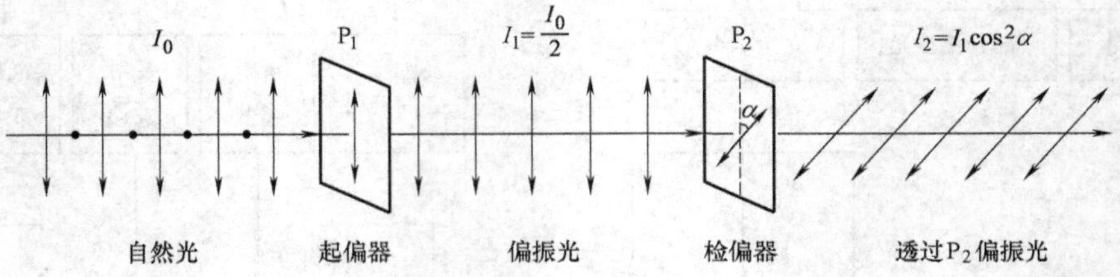

图　18-1

3. 反射和折射时光的偏振

(1) 反射起偏-布儒斯特定律

自然光从折射率为 n_1 的介质射向折射率为 n_2 的介质界面时，一般情况下反射光和折射光都是部分偏振光。只有当入射角为某特定角时反射光才是线偏振光，且光振动方向垂直于反射面，反射光线垂直于折射光线，$i_B + r = \pi/2$。如图18-2所示，该特定角是起偏角，也称布儒斯特角，用 i_B 表示布儒斯特角，有 $\tan i_B = \frac{n_2}{n_1}$。

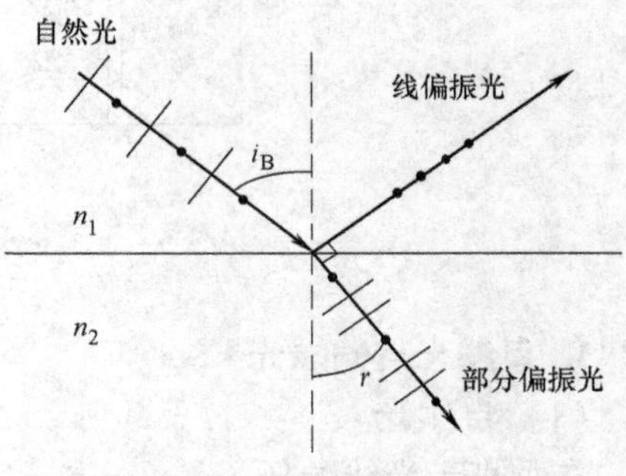

图　18-2

1）满足布儒斯特定律时的反射光和折射光的传播方向互相垂直。

2）折射光中平行于入射面的振动分量大于垂直分量。

3）利用玻璃片堆可以获得光振动方向相互垂直的两种线偏振光。

（2）光的双折射

1）双折射现象：一束光通过各向异性晶体（光学性质随方向而异的某些晶体，如方解石、石英、冰等），产生两束折射光的现象。

2）o 光和 e 光：如图 18-3 所示，两束折射光中，波速与传播方向无关，遵从折射定律的那束光线称为寻常光，简称 o 光，波速随传播方向而变，不遵从折射定律的那束光线称为非常光，简称 e 光。o 光和 e 光都是线偏振光。

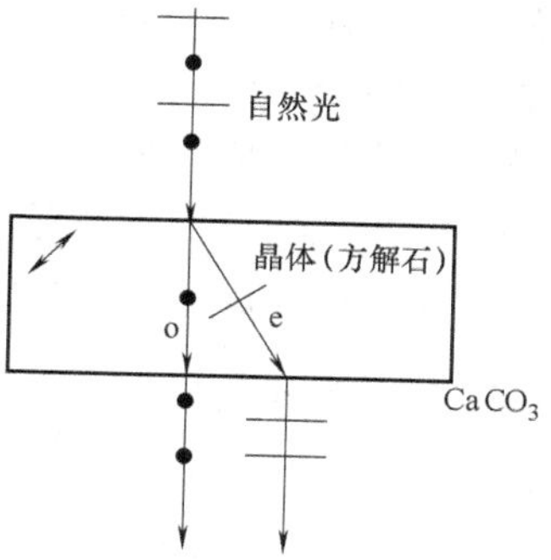

图 18-3

3）光轴：各向异性晶体中存在一特殊的方向，寻常光和非常光沿这方向传播时具有相同的传播速度，不发生双折射，这个方向称为晶体的光轴。光轴方向上各向异性晶体对 o 光和 e 光的折射率相同。具有一个光轴方向的晶体称单轴晶体。

4）主平面：晶体内由一条光线和晶体光轴确定的平面叫这条光线的主平面，o 光的振动垂直于 o 光的主平面，e 光的振动在 e 光的主平面内。当入射面含有光轴时，两个主平面重合，入射光、o 光、e 光都在入射面内，o 光振动与 e 光振动垂直；当光轴与入射面不平行时，两个主平面不重合，有很小的夹角，e 光一般不在入射面内，此时，光振动和 e 光振动也不垂直，但相差不大。

5）主折射率：o 光在晶体中的传播速率与方向无关，其折射率为一常数。e 光在晶体中沿各方向传播的速率不同。若沿光轴方向不发生双折射，o 光和 e 光的传播速率相等，对应的折射率也相等。它们的子波波面在光轴相切在垂直于光轴的方向上，o 光和 e 光的传播速率差别最大，e 光所对应的折射率称为主折射率。在垂直于光轴的方向上，若 $v_e > v_o$，则 e 光的主折射率 $n_e < n_o$，这种晶体称为负晶体；若 $v_e < v_o$，则 e 光的主折射率 $n_e > n_o$，这种晶体称为正晶体。

4. 晶体偏振器件

（1）偏振棱镜

1）渥拉斯顿棱镜：平行自然光垂直入射到棱镜端面，在棱镜 1 内，o 光、e 光以不同速度沿同一方向行进。光从棱镜 1 进入棱镜 2 时，光轴转了 90°，e 光偏离法线传播，e 光变为 o 光，靠近法线传播。可得到进一步分开的二束线偏振光，如图 18-4 所示。

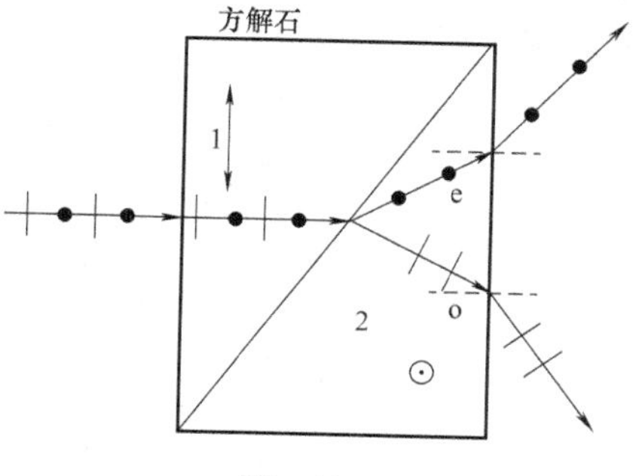

图 18-4

2）洛匈棱镜：如图 18-5 所示，平行自然光垂直入射棱镜，光在第一棱镜中沿着光轴方向传播，不产生双折射，o 光、e 光都以 o 光速度沿同一方向行进。进入第二棱镜后，光轴转过 90°，平行于图面振动的 e 光在第二棱镜中变为 o 光，这支光在两块棱镜中速度不变，无偏折的射出棱镜。垂直于图面振动的 o 光在第二棱镜中变为 e 光，石英的 $n_e > n_o$，在界面处折射光线偏向法线，得到两束分开的振动方向互相垂直的线偏振光。

（2）波片

波片又称相位延迟器，能使偏振光的两个互相垂直的线偏振光之间产生一个相位延迟，从而改变光的偏振态。对某个波长 λ 而言，当 o、e 光在晶片中的光程差为 λ 的某个特定倍数时，这样的晶片叫波晶片，简称波片。波片是透明晶体制成的平行平面薄片，其光轴与表面平行。当振幅为 A 的线偏振光，垂直通过厚度为 d、光轴平行于晶体表面的晶片时，分解为 o 光和 e 光。出射时两束线偏振光的相位差为 $\Delta\phi = \dfrac{2\pi}{\lambda}d(n_o - n_e)$（以负晶体为例）。

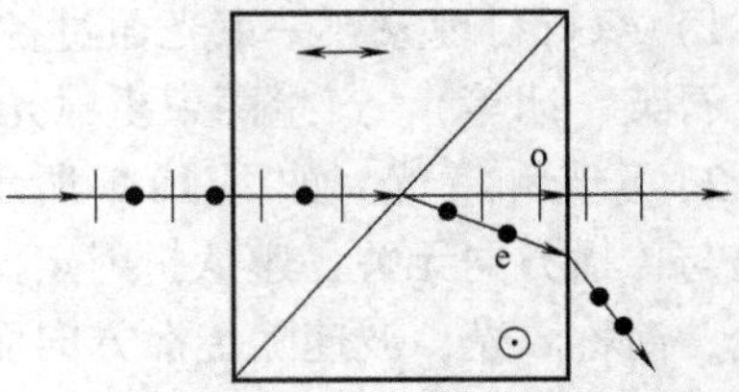

图　18-5

1）全波片：当 $\Delta\Phi = 2k\pi$ 时，晶片的厚度对应于两束线偏振光的光程差为波长的整数倍，这样的晶片称全波片。

2）半波片：当 $\Delta\Phi = (2k+1)\pi$ 时，晶片的厚度对应于两束线偏振光的光程差为半波长的奇数倍，这样的晶片称半波片。

3）1/4 波片：当 $\Delta\Phi = (2k+1)\pi/2$ 时，晶片的厚度对应于两束线偏振光的光程差为四分之一波长的奇数倍，这样的晶片称为 1/4 波片。

上述各波片的厚度都是对给定波长而言的。

当线偏振光入射于 1/4 波片，且入射光的振动方向与波片光轴的夹角为 45°时，$A_e = A_o$，出射光为圆偏振光。

当线偏振光入射于全波片时出射光仍为线偏振光，振动方向不变；当线偏振光入射于半波片时，出射光为线偏振光，但振动方向相对于入射的线偏振光转过 2α。

5. 偏振光的干涉

（1）干涉条件

实现偏振光的干涉的实验装置如图 18-6 所示，M、N 为两块偏振片，分别作起偏器和检偏器用，其偏振化方向互相垂直，C 为一液晶片，它的光轴和晶面平行。从偏振片 N 射出的两束光振动方向相同、频率相同，又有恒定的位相差，满足干涉条件，因而从偏振片 N 射出时发生干涉。

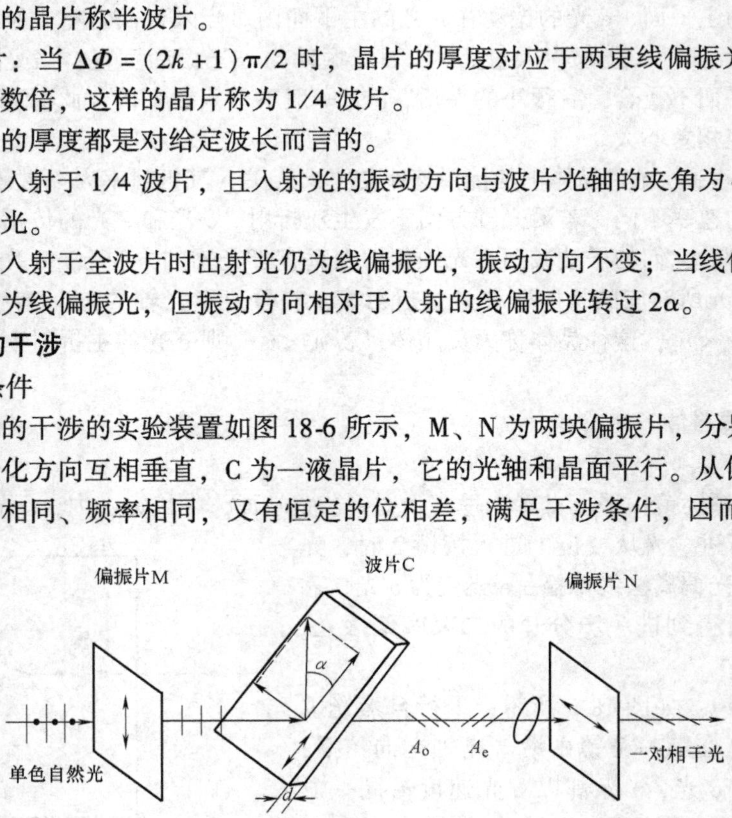

图　18-6

（2）干涉加强和减弱的条件

干涉相长，视场最亮：

$$\frac{2\pi}{\lambda}(n_o - n_e)d + \pi = 2k\pi$$

式中，π 为入射至偏振片 N 上的两束线偏振光由于在 N 偏振化方向上投影相反带来的附加相位差。

干涉相消，视场最暗：

$$\frac{2\pi}{\lambda}(n_o - n_e)d + \pi = (2k+1)\pi$$

6. 旋光

现象：实验发现，线偏光通过某些透明介质后，它的光矢量振动方向将绕着光的传播方向旋转过某一角度 θ。这种介质称为旋光物质，如石英、糖、酒石酸钾钠等。

如图 18-7 所示，C 是旋光物质，例如是晶面与光轴垂直的石英片；F 为滤色片；M 为起偏器。将旋光物质放在两个正交的偏振片 M 与 N 之间，将会看到视场由零变亮，把检偏器 N 旋转一个角度，又可得到零视场。在迎光矢量图上，使光矢量向逆时针方向旋转的物质，称为左旋物质；反之为右旋物质。

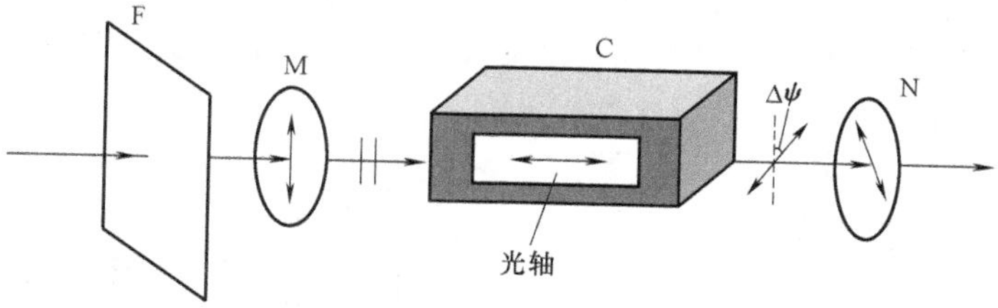

图　18-7

实验证明，振动面旋转的角度 $\Delta\psi$ 与材料的厚度 d、浓度 C 及入射光的波长 λ 有关。对于固体，$\Delta\psi = \alpha d$；对于液体，$\Delta\psi = C\alpha d$（α 为旋光系数，它是入射光波长的函数）。

三、概念辨析

1. 自然光是否一定不是单色光？线偏振光是否一定是单色光？

【答】　不能说自然光一定不是单色光。因为它存在大量的、各个方向的光矢量，并不意味着各方向光矢量的频率不一样。线偏振光也不一定是单色光。因为它只是光的振动方向同一，各光矢量的频率可能相同。

2. 一束光入射到两种透明介质的分界面上时，发现只有透射光而无反射光，试说明这束光是怎样入射的？其偏振状态如何？

【答】　这束光是以布儒斯特角入射的，其偏振态为平行入射面的线偏振光。

3. 是否只有自然光入射晶体时才能产生 o 光和 e 光？

【答】　否。线偏振光不沿光轴入射晶体时，也能产生 o 光和 e 光。

4. 声波能否有偏振现象？为什么？

【答】 声波没有偏振现象，因为偏振是横波的一种属性。纵波的振动方向与波传播方向始终相同，因而纵波不存在偏振问题。声波是纵波，故没有偏振现象。

5. 在下列两种情况中，平面偏振光垂直于光轴通过波片后的偏振状态怎样？（1）波片是1/2 波片，入射光振动方向与波片光轴的夹角为45°；（2）波片是1/4 波片，入射光振动方向与波片光轴的夹角为45°。

【答】（1）平面偏振光的振动方向旋转了 $\pi/2$。（2）平面偏振光成为圆偏振光。

四、方法点拨

1. 马吕斯定律和布儒斯特定律是光的偏振现象中的两个规律

布儒斯特定律是指反射起偏的入射角必须满足布儒斯待角（起偏振角）的规律。反射光的偏振方向垂直于入射面。

马吕斯定律是指线偏振光通过偏振片后光强变化的规律。由于自然光沿各个方向的振幅相同，所以通过偏振片对，光强变为原来的二分之一，且偏振片的偏振化方向改变时，通过偏振片的光强不变，仅改变光的偏振方向。线偏振光通过偏振片时，根据马吕斯定律，其强度随着原入射光的偏振方向与偏振片偏振化方向的夹角而变。

2. 如何判别一束已知光线是自然光、线偏振光、部分偏振光、圆偏振光和椭圆偏振光？

判别方法如图 18-8 所示。

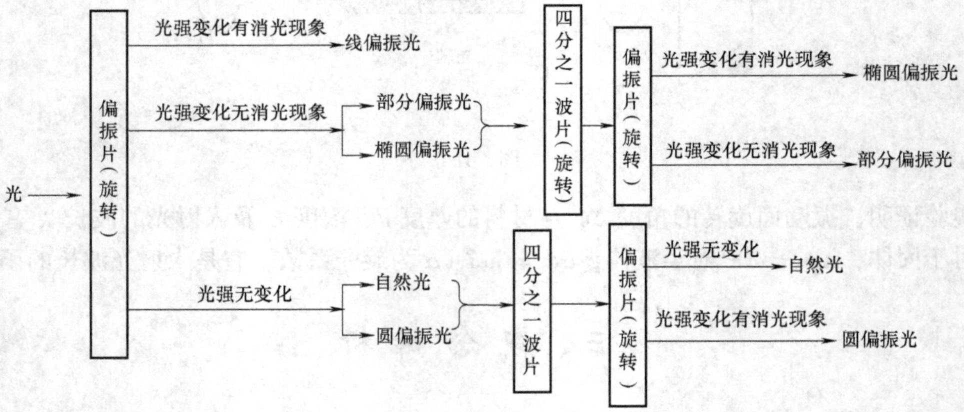

图 18-8

3. 从自然光获得偏振光的方法

利用各向异性晶体对光的双折射现象，可以制成各种偏振器件。利用它们可以从自然光获得品质很好的线偏振光，比如尼科耳棱镜、渥拉斯顿棱镜和洛匈棱镜等。

归纳起来，从自然光获得偏振光的方法主要有以下三种：

1）利用物质对光矢量选择性吸收的二向色性制成的偏振片。

2）利用光在介质界面处的反射和折射获得。

3）利用晶体的双折射现象，获得线偏振光。

五、例题精解

例题 18-1　自然光从空气中射向介质，测得布儒斯特角 $i_0=58°$。(1) 求介质的折射率和折射角；(2) 如果实验在水中进行，水的折射率为 1.33，问布儒斯特角变为多少？(3) 若介质是透明的，当光从介质中射向空气的分界面时，起偏角为多少？(4) 若从空气中射向介质的是振动方向在入射面内的偏振光，仍以 $i_0=58°$ 入射，问反射光是什么性质的光？

【分析】　当反射光起偏时，根据布儒斯特定律，有 $i=i_0=\arctan\dfrac{n_2}{n_1}$（其中 n_1 为空气的折射率，n_2 为介质的折射率）。利用布儒斯特定律，可以测量不透明介质的折射率。

【解】　(1) 设介质的折射率为 n，因空气的折射率为 1，根据布儒斯特定律 $\tan i_0=\dfrac{n_2}{n_1}$，$n=\tan i_0=\tan 58°=1.60$。由 $i_0+r_0=90°$，即得折射角

$$r_0=90°-58°=32°$$

(2) 实验在水中进行时，如图 18-9a 所示，设布儒斯特角为 i_0'，由

$$\tan i_0'=\frac{n}{n_{水}}=\frac{1.60}{1.33}=1.20$$

得

$$i_0'=\arctan 1.20=50.3°$$

(3) 光由介质射向空气时，如图 18-9b 所示，由

$$\tan i_0=\frac{1}{n}=\frac{1}{1.60}$$

得

$$i_0=32°$$

起偏角等于光由空气射向介质表面时的折射角，表明光路是可逆的。

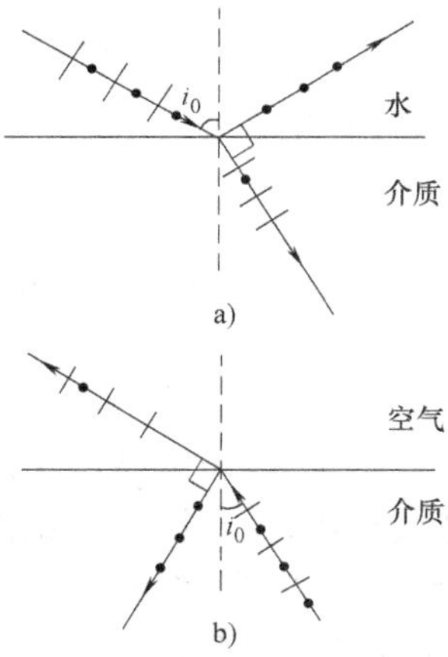

图　18-9

(4) 以布儒斯特角入射时，反射光应是振动方向垂直于入射面的偏振光。因为入射光振动平行于入射面，没有垂直于入射面的振动分量，所以反射光的光强为零，没有反射光。

例题 18-2　使自然光通过两个偏振化方向相交 60°的偏振片，透射光强为 I_1，今在这两个偏振片之间插入另一偏振片，它的方向与前两个偏振片均成 30°角，则透射光强为多少？

【分析】　设入射自然光强为 I_0，偏振片 I 对入射的自然光起检偏作用，透射的偏振光光强恒为$\dfrac{I_0}{2}$，而偏振片 II 对入射的偏振光起检偏作用，此时透射与入射的偏振光强满足马吕斯定律。若偏振片 III 插入两块偏振片之间，则偏振片 II、III 均起检偏作用，故透射光强必须两次应用马吕斯定律求出。

【解】　根据以上分析，入射光通过偏振片 I 和 II 后，透射光强为

$$I_1=\frac{1}{2}I_0\cos^2 60°$$

插入偏射片 III 后，其透射光强为

$$I_2 = \left[\frac{1}{2}I_0\cos^2 30°\right]\cos^2 30°$$

两式相比可得

$$I_2 = 2.25I_1$$

例题 18-3　一束光是自然光和线偏振光的混合，当它通过一偏振片时，发现透射光的强度取决于偏振片的取向，其强度可以变化 5 倍，求入射光中两种光的强度各占总入射光强度的几分之几。

【分析】　偏振片的旋转，仅对入射的混合光中的线偏振光部分有影响，在偏振片旋转一周的过程中，当偏振光的振动方向平行于偏振片的偏振化方向时，透射光强最大；当相互垂直时，透射光强最小。分别计算最大透射光强 I_{max} 和最小透射光强 I_{min}，按题意用相比的方法即能求解。

【解】　设入射混合光强为 I，其中线偏振光强为 xI，自然光强为 $(1-x)I$。按题意旋转偏振片，最大透射光强

$$I_{max} = \left[\frac{1}{2}(1-x)+x\right]I$$

最小透射光强

$$I_{min} = \left[\frac{1}{2}(1-x)\right]I$$

按题意，$I_{max}/I_{min}=5$，则有

$$\frac{1}{2}(1-x)+x = 5\times\frac{1}{2}(1-x)$$

解得 $x=2/3$，即线偏振光占总入射光强的 2/3，自然光占 1/3。

例题 18-4　渥拉斯顿镜由两个光轴互相垂直的直角方解石棱镜胶合而成，棱镜顶角 $\theta=30°$，第一个棱镜的光轴平行于纸面，第二个棱镜的光轴与纸面垂直。如图 18-10 所示，已知方解石晶体的折射率 $n_o=1.658$，$n_e=1.486$，试求一束自然光垂直入射时，从棱镜出射的 o 光和 e 光的夹角。

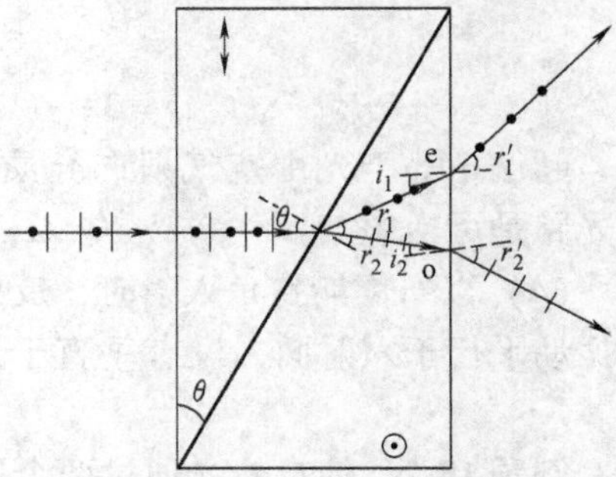

图　18-10

【分析】　光通过第一个棱镜发生双折射时，o 光和 e 光不分开，仍沿原方向传播，但传播速度不同。o 光和 e 光的主平面都是纸面，o 光的振动方向垂直纸面，e 光的振动方向在纸面内。但是，当它们进入第二个棱镜时，由于光轴与纸面垂直，o 光就变成 e 光，而 e 光又变成 o 光，折射率也相应发生变化。

【解】　设 o 光进入第二个棱镜变为 e 光时，折射角为 r_1，由折射定律

$$\frac{\sin\theta}{\sin r_1} = \frac{n_e}{n_o}$$

$$r = \sin^{-1}\left(\frac{n_o\sin\theta}{n_e}\right) = \arcsin\left(\frac{1.658\times\sin 30°}{1.486}\right) = 33°55'$$

它将以入射角 $i_1 = r_1 - \theta = 3°55'$ 射向棱镜的后表面。根据折射定律可得折射角

$$r_1' = \arcsin(n_o \sin i_1) = \arcsin(1.486 \times \sin 3°55') = 5°49'$$

同理，当 e 光进入第二个棱镜变为 o 光时，折射角为

$$r_2' = \arcsin\left(\frac{n_e \sin\theta}{n_o}\right) = 26°37'$$

它将以入射角 $i_2 = \theta - r_2 = 3°23'$ 射向棱镜后表面，折射角为

$$r_2' = \arcsin(n_o \sin i_2) = 5°37'$$

由于出射的两束光分立法线两侧，它们的夹角为

$$\varphi = r_1' + r_2' = 5°49' + 5°37' = 11°26'$$

六、基础训练

（一）选择题

1. 在双缝干涉实验中，用单色自然光，在屏上形成干涉条纹。若在两缝后放一个偏振片，则（　　）。

（A）干涉条纹的间距不变，但明纹的亮度加强

（B）干涉条纹的间距不变，但明纹的亮度减弱

（C）干涉条纹的间距变窄，且明纹的亮度减弱

（D）无干涉条纹

2. 一束光是自然光和线偏振光的混合光，让它垂直通过一偏振片。若以此入射光束为轴旋转偏振片，测得透射光强度最大值是最小值的 5 倍，那么入射光束中自然光与线偏振光的光强比值为（　　）。

（A）1/2　　（B）1/3　　（C）1/4　　（D）1/5

3. 两偏振片堆叠在一起，一束自然光垂直入射其上时没有光线通过。当其中一偏振片慢慢转动 180°时透射光强度发生的变化为（　　）。

（A）光强单调增加　　（B）光强先增加,后又减小至零

（C）光强先增加,后减小,再增加　　（D）光强先增加,然后减小,再增加,再减小至零

4. 如果两个偏振片堆叠在一起，且偏振化方向之间夹角为 60°，光强为 I_0 的自然光垂直入射在偏振片上，则出射光强为（　　）。

（A）$I_0/8$　　（B）$I_0/4$　　（C）$3I_0/8$　　（D）$3I_0/4$

5. 一束自然光自空气射向一块平板玻璃，如图 18-11 所示，设入射角等于布儒斯特角 i_0，则在界面 2 的反射光（　　）。

（A）是自然光

（B）是线偏振光且光矢量的振动方向垂直于入射面

（C）是线偏振光且光矢量的振动方向平行于入射面

（D）是部分偏振光

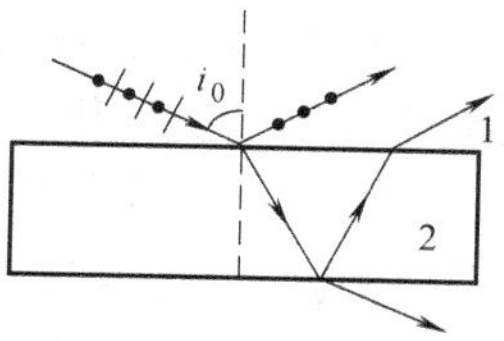

图　18-11

6. 自然光以 60°的入射角照射到某两介质交界面时，反射光为完全线偏振光，则知折射光为（　　）。

（A）完全线偏振光且折射角是 30°

（B）部分偏振光且只是在该光由真空入射到折射率为$\sqrt{3}$的介质时，折射角是 30°

（C）部分偏振光，但须知两种介质的折射率才能确定折射角

（D）部分偏振光且折射角是 30°

7. 一束单色线偏振光，其振动方向与 1/4 波片的光轴夹角 $\alpha=\pi/4$，此偏振光经过 1/4 波片后，（　　）。

（A）仍为线偏振光　　（B）振动面旋转了 $\pi/2$

（C）振动面旋转了 $\pi/4$　　（D）变为圆偏振光

（二）填空题

8. 要使一束线偏振光通过偏振片之后振动方向转过 90°，至少需要让这束光通过______块理想偏振片。在此情况下，透射光强最大是原来光强的______倍 。

9. 两个偏振片叠放在一起，强度为 I_0 的自然光垂直入射其上，若通过两个偏振片后的光强为 $I_0/8$，则此两偏振片的偏振化方向间的夹角（取锐角）是______。若在两片之间再插入一片偏振片，其偏振化方向与前后两片的偏振化方向的夹角（取锐角）相等，则通过三个偏振片后的透射光强度为______。

10. 一束自然光从空气投射到玻璃表面上（空气折射率为 1），当折射角为 30°时，反射光是完全偏振光，则此玻璃板的折射率等于______。

11. 某一块火石玻璃的折射率是 1.65，现将这块玻璃浸没在水中（$n=1.33$）。欲使从这块玻璃表面反射到水中的光是完全偏振的，则光由水射向玻璃的入射角应为__________。

12. 波长为 600nm（$1\text{nm}=10^{-9}\text{m}$）的单色光垂直入射到某种双折射材料制成的四分之一波片上。已知该材料对非寻常光的主折射率为 1.74，对寻常光的折射率为 1.71，则此波片的最小厚度为__________。

（三）计算题

13. 有三个偏振片叠在一起。已知第一个偏振片与第三个偏振片的偏振化方向相互垂直。一束光强为 I_0 的自然光垂直入射在偏振片上，已知通过三个偏振片后的光强为 $I_0/16$。求第二个偏振片与第一个偏振片的偏振化方向之间的夹角。

14. 将两个偏振片叠放在一起，此两偏振片的偏振化方向之间的夹角为 60°，一束光强为 I_0 的线偏振光垂直入射到偏振片上，该光束的光矢量振动方向与二偏振片的偏振化方向皆成 30°角。（1）求透过每个偏振片后的光束强度；（2）若将原入射光束换为强度相同的自然光，求透过每个偏振片后的光束强度。

15. 两个偏振片 P_1、P_2 叠在一起，由强度相同的自然光和线偏振光混合而成的光束垂直入射在偏振片上，进行了两次测量。第一次和第二次 P_1 和 P_2 偏振化方向的夹角分别为 30°和未知的 θ，且入射光中线偏振光的光矢量振动方向与 P_1 的偏振化方向夹角分别为 45°和 30°。不考虑偏振片对可透射分量的反射和吸收。已知第一次透射光强为第二次的 3/4，求：（1）θ 角的数值；（2）每次穿过 P_1 的透射光强与入射光强之比；（3）每次连续穿过 P_1、P_2 的透射光强与入射光强之比。

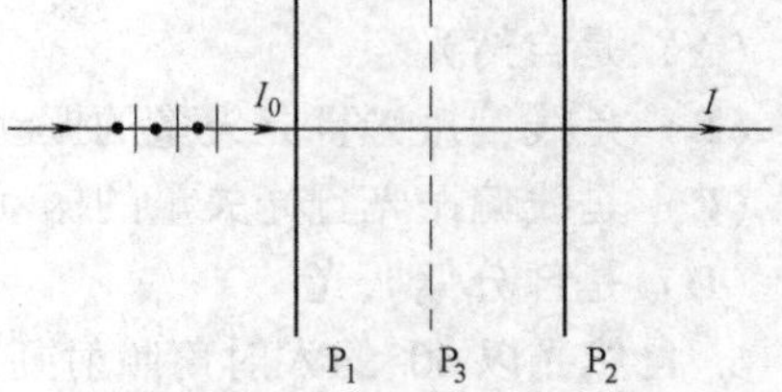

图　18-12

16. 如图 18-12 所示，P_1、P_2 为偏振化方向相

互平行的两个偏振片。光强为 I_0 的平行自然光垂直入射在 P_1 上。(1) 求通过 P_2 后的光强 I。(2) 如果在 P_1、P_2 之间插入第三个偏振片 P_3（如图中虚线所示），并测得最后光强 $I=I_0/32$，求：P_3 的偏振化方向与 P_1 的偏振化方向之间的夹角 α（设 α 为锐角）。

17. 一束自然光自空气入射到水（折射率为 1.33）表面上，若反射光是线偏振光，(1) 此入射光的入射角为多大？(2) 折射角为多大？

18. 如图 18-13 所示的三种透光媒质Ⅰ、Ⅱ、Ⅲ，其折射率分别为 $n_1=1.33$、$n_2=1.50$、$n_3=1$。两个交界面相互平行。一束自然光自媒质Ⅰ中入射到Ⅰ与Ⅱ的交界面上，若反射光为线偏振光。(1) 求入射角 i。(2) 媒质Ⅱ、Ⅲ界面上的反射光是不是线偏振光？为什么？

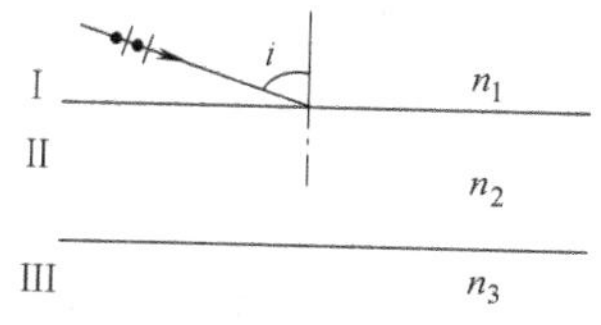

图　18-13

七、自测提高

(一) 选择题

1. 某种透明媒质对于空气的临界角（指全反射）等于 45°，光从空气射向此媒质时的布儒斯特角是（　　）。

(A) 35.3°;　(B) 40.9°;　(C) 45°;　(D) 54.7°;　(E) 57.3°。

2. $ABCD$ 为一块方解石的一个截面，AB 为垂直于纸面的晶体平面与纸面的交线，光轴方向在纸面内且与 AB 成一锐角 θ，如图 18-14 所示。一束平行的单色自然光垂直于 AB 端面入射。在方解石内折射光分解为 o 光和 e 光，o 光和 e 光的（　　）。

(A) 传播方向相同，电场强度的振动方向互相垂直；

(B) 传播方向相同，电场强度的振动方向不互相垂直；

(C) 传播方向不同，电场强度的振动方向互相垂直；

(D) 传播方向不同，电场强度的振动方向不互相垂直。

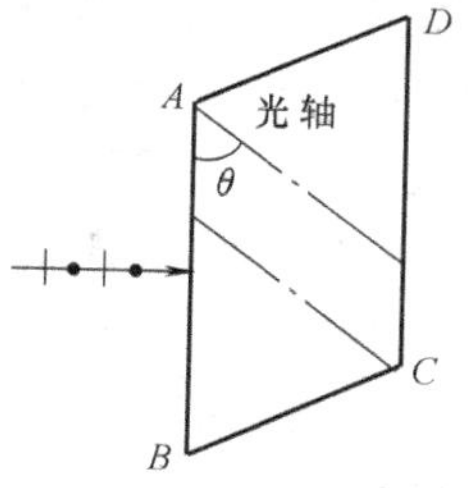

图　18-14

3. 一束光强为 I_0 的自然光，相继通过三个偏振片 P_1、P_2、P_3 后，出射光的光强为 $I=I_0/8$。已知 P_1 和 P_3 的偏振化方向相互垂直，若以入射光线为轴，旋转 P_2，要使出射光的光强为零，P_2 最少要转过的角度是（　　）。

(A) 30°;　(B) 45°;　(C) 60°;　(D) 90°。

4. 一束圆偏振光通过二分之一波片后透出的光是（　　）。

(A) 线偏振光　(B) 和原来旋转方向相同的圆偏振光

(C) 部分偏振光　(D) 和原来旋转方向相反的圆偏振光

(二) 填空题

5. 如图 18-15 所示的杨氏双缝干涉装置，若用单色自然光照射狭缝 S，在屏幕上能看到干涉条纹。若在双缝 S_1 和 S_2 的一侧分别加一同质同厚的偏振片 P_1、P_2，则当 P_1 与 P_2 的偏振化方向相互__________时，在屏幕上仍能看到很清晰的干涉条纹。

6. 在图 18-16 的五个图中，前四个图表示线偏振光入射于两种介质分界面上，最后一图表示入射光是自然光。n_1、n_2 为两种介质的折射率，图中入射角 $i_0=\arctan(n_2/n_1)$，$i\neq i_0$。

试在图上画出实际存在的折射光线和反射光线，并用点或短线把振动方向表示出来。

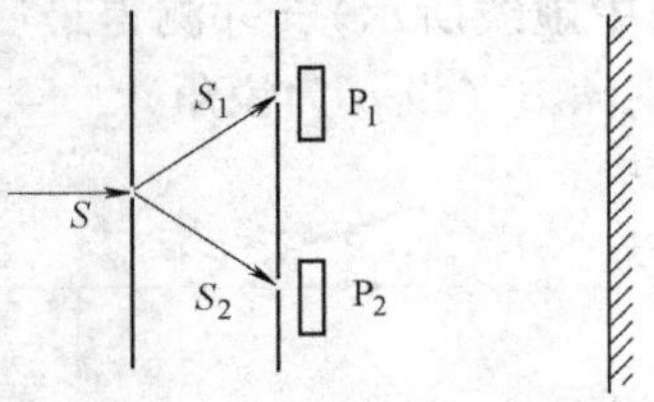

图　18-15

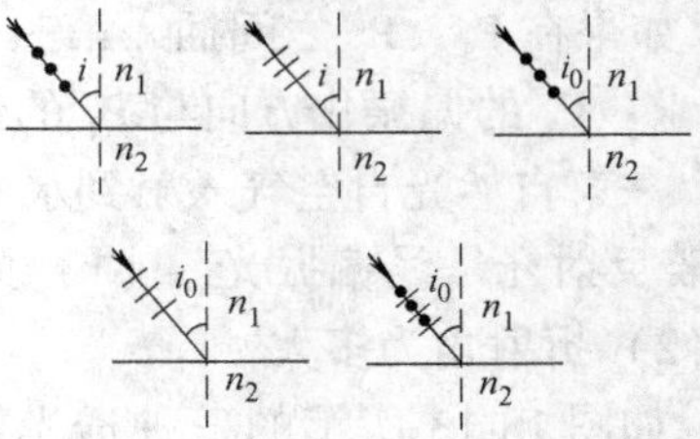

图　18-16

7. 一束汞灯的自然绿光自空气（$n=1.0$）以45°的入射角入射到水晶平板上。设光轴与板面平行，并垂直于入射面，对于该绿光水晶的主折射率 $n_o=1.5642$，$n_e=1.5554$，则晶体中 o 光线与 e 光线的夹角为________。

8. 如图 18-17 所示，一束单色右旋圆偏振光经平面镜反射（若入射角小于布儒斯特角）后为__________偏振光。让该反射光垂直入射到四分之一波片上，则透射光为________偏振光。

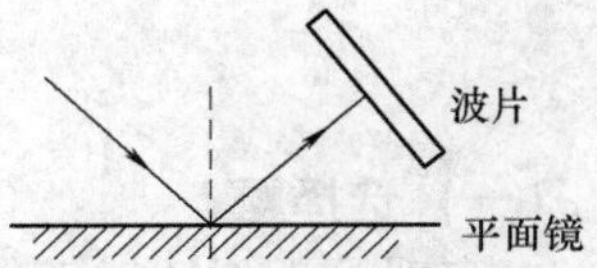

图　18-17

（三）计算题

9. 一光束由光强相同的自然光和线偏振光混合而成，此光束垂直入射到几个叠在一起的偏振片上。(1) 欲使最后出射光振动方向垂直于原来入射光中线偏振光的振动方向，并且入射光中两种成分的光的出射光强相等，至少需要几个偏振片？它们的偏振化方向应如何设置？(2) 这种情况下最后出射光强与入射光强的比值是多少？

10. 有一平面玻璃板放在水中，板面与水面夹角为 θ（图 18-18）。设水和玻璃的折射率分别为 1.333 和 1.517。已知图中水面的反射光是完全偏振光，欲使玻璃板面的反射光也是完全偏振光，θ 角应是多大？

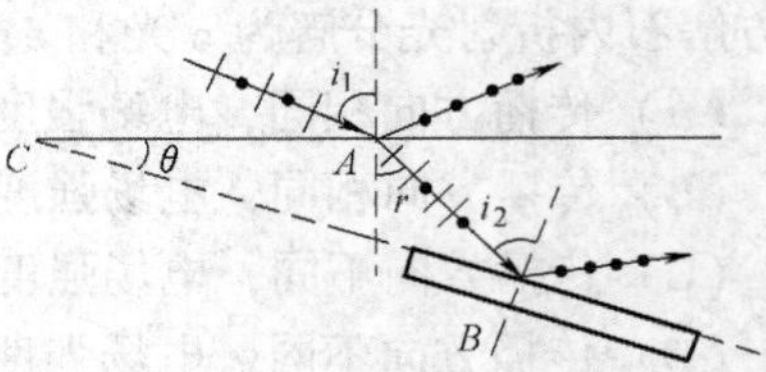

图　18-18

11. 一束自然光由空气入射到某种不透明介质的表面上。今测得不透明介质的起偏角为 56°，求这种介质的折射率。若把此种介质片放入水（折射率为 1.33）中，使自然光束自水中入射到该介质片表面上，求此时的起偏角。

12. 有两块偏振片（其偏振化方向分别为 P_1 和 P_2）叠在一起，P_1 与 P_2 的夹角为 α。一束线偏振光垂直入射在偏振片上。已知入射光的光矢量振动方向与 P_2 的夹角为 A（取锐角），A 角保持不变，如图 18-19 所示。现转动 P_1，但保持 P_1 与 $\boldsymbol{E}$、P_2 的夹角都不超过 A（即 P_1 夹在 $\boldsymbol{E}$ 和 P_2 之间）。求 α 等于何值时出射光强为极值？此极值是极大还是极小？

13. 有三个偏振片堆叠在一起，第一块与第三块的偏振化方向相互垂直，第二块和第一块的偏振化方向相互平行，然后第二块偏振片以恒定角速度 ω 绕光传播的方向旋转，如图 18-20 所示。设入射自然光的光强为 I_0。试证明：此自然光通过这一系统后，出射光的光强为 $I=I_0(1-\cos 4\omega t)/16$。

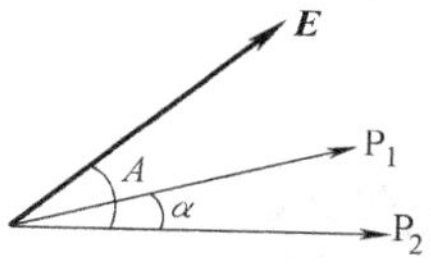

图 18-19

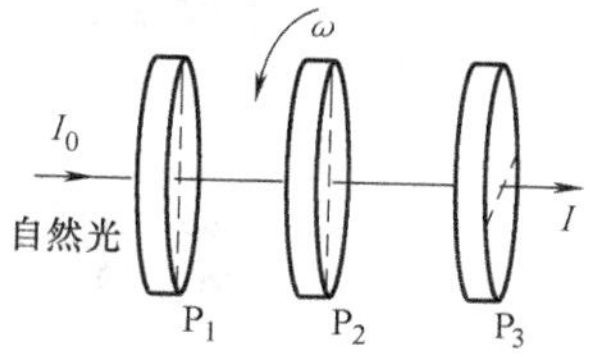

图 18-20

14. 如图 18-21 所示，在两个偏振化方向互相平行的起偏器 P_1 和检偏器 P_2 之间插入一块厚度为 d 的方解石晶片，用波长为 $\lambda = 500\text{nm}$ 的单色平行自然光垂直入射时，透过检偏器 P_2 的光强恰好为零。已知此方解石晶片的光轴 C 与起偏器 P_1 的偏振化方向间的夹角 $\alpha = 45°$，光轴与晶片表面平行，方解石的主折射率 $n_o = 1.66$，$n_e = 1.49$，求此方解石晶片可能的最小厚度 d。

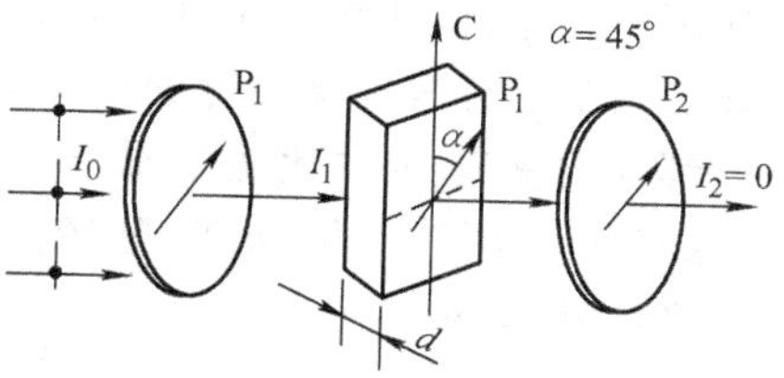

图 18-21

15. 在正交偏振片 P_1 和 P_2 之间插入一块石英劈尖 C、用波长为 λ 的单色平行自然光垂直入射在起偏器 P_1 上，观察透过 P_1、C 和 P_2 的透射光形成的干涉条纹。设石英的主折射率为 n_o 和 n_e（$n_o < n_e$），石英劈尖的劈尖角 θ 很小，石英劈尖的光轴平行于劈尖的前表面，该光轴与 P_1 的偏振化方向间的夹角 $\alpha = 45°$，求干涉条纹中相邻两明条纹的间距 Δx。

16. 对波长为 $\lambda = 589.3\text{nm}$ 的钠黄光，石英旋光率为 $21.7°/\text{mm}$，若将一石英晶片垂直其光轴切割，置于两平行偏振片之间，问使影片多厚时，无光透过偏振片 P_2？

（四）简答题

17. 如图 18-22 所示，A 是一块有小圆孔 S 的金属挡板，B 是一块方解石，其光轴方向在纸面内，P 是一块偏振片，C 是屏幕。一束平行自然光穿过小孔 S 后垂直入射到方解石的端面上，当以入射光线为轴，转动方解石时，在屏蔽 C 上能看到什么现象？并加以解释。

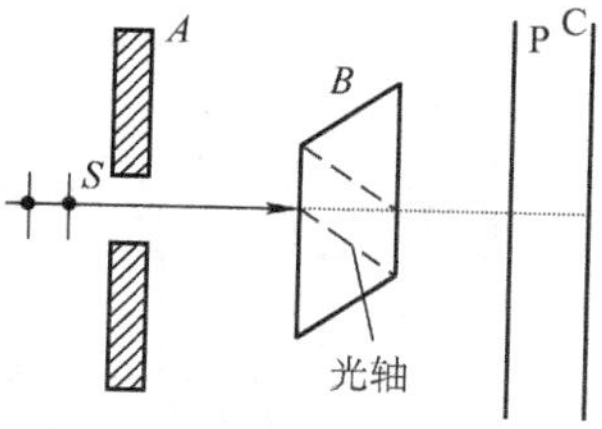

图 18-22

18. 在两个偏振化方向正交的偏振片 P_1，P_2 之间平行于偏振片插入一块晶片，晶片光轴平行于晶面，如图 18-23 所示。一单色自然光垂直入射于 P_1，如果晶片厚度是楔形的，则从 P_2 右侧可观察到明暗相间的干涉条纹。试分析说明这一现象。

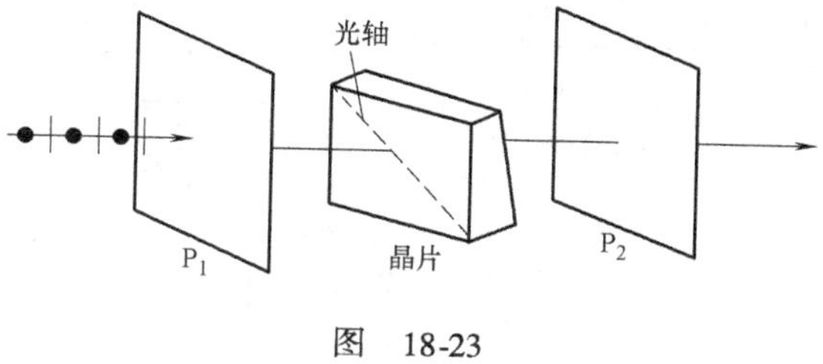

图 18-23

第六篇 近代物理基础

第十九章 量子力学简介

本章介绍了近代物理的另一重要支柱——量子力学的发展过程和主要结论。从黑体辐射开始,依次讲解了普朗克假设、光电效应、康普顿散射、玻尔的氢原子理论、物质波等在量子力学建立的过程中发挥重要作用的实验和理论,直至薛定谔方程和波恩统计解释的提出,标志着波动量子力学的建立。同时还讲解了量子力学的一些基本应用(原子核外电子分布,势阱,隧穿)和基本观点(不确定关系)。另外,本章还介绍了激光的产生及其特点。

第一部分 波和粒子

一、知识框架

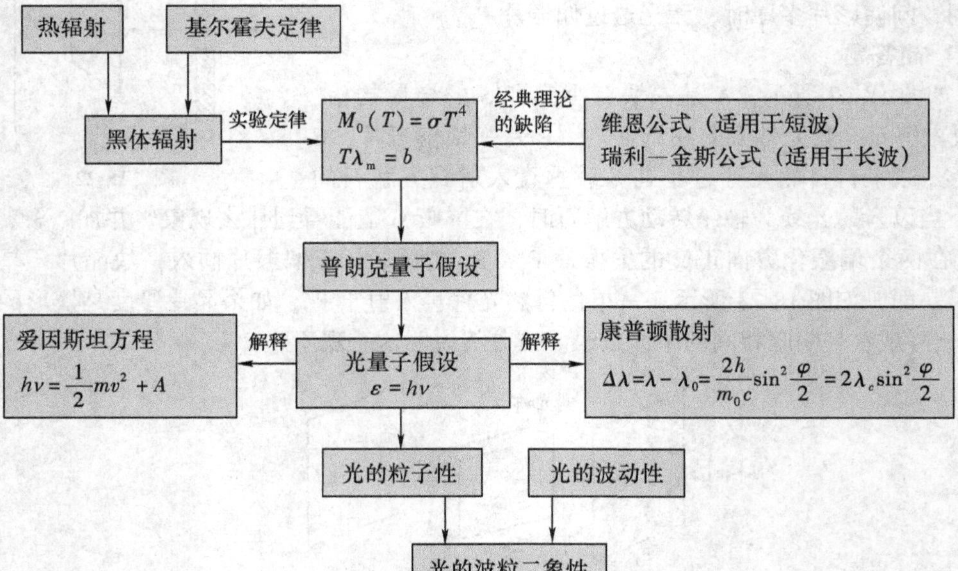

二、知识要点

1. 黑体辐射

（1）基本概念

1）任何固体或液体，在任何温度下都在发射各种波长的电磁波，这种由物体中的分子、原子受到热激发而发射电磁波的现象称为热辐射。

2）在单位时间内，从物体表面单位面积上所发射的波长在 λ 和 $\lambda+\mathrm{d}\lambda$ 范围内的辐射能 $\mathrm{d}E_\lambda$，与波长间隔成正比，那么 $\mathrm{d}E_\lambda$ 与 $\mathrm{d}\lambda$ 的比值称为单色辐射度 $M_\lambda(\lambda,\ T)=\dfrac{\mathrm{d}E_\lambda}{\mathrm{d}\lambda}$。

3）任一物体向周围发射辐射能的同时，也吸收周围物体发射的辐射能。当辐射从外界入射到物体上时，一部分被反射，一部分被吸收。被物体吸收的能量与入射能量之比称为此物体的吸收比；反射的能量与入射能量之比称为此物体的吸收比。

4）若物体在任何温度下，对任何波长的辐射能的吸收比都等于1，则此物体称为黑体。

（2）实验规律

1）基尔霍夫定律

在同样温度下，各种不同物体对相同波长的单色辐射度 $M_\lambda(\lambda,T)$ 与单色吸收比 $\alpha_\lambda(T)$ 之比值都相等，并等于该温度下黑体对同一波长的单色辐射度 $M_{\lambda0}(\lambda,T)$，即

$$\frac{M_{\lambda1}(T)}{\alpha_{\lambda1}(T)}=\frac{M_{\lambda2}(T)}{\alpha_{\lambda2}(T)}=\cdots=M_{\lambda0}(\lambda,T)$$

2）黑体辐射的实验定律

① 斯特藩-玻耳兹曼定律：黑体的总辐射度

$$M_0(T)=\int_0^\infty M_{\lambda0}(\lambda,T)\,\mathrm{d}\lambda=\sigma T^4$$

式中 σ 为斯特藩常量，$\sigma=5.67\times10^{-8}\mathrm{W/(m^2\cdot K^4)}$。

② 维恩位移定律：黑体的单色辐射度 $M_{\lambda0}(\lambda,T)$ 的峰值波长 λ_m 与温度 T 的关系为

$$T\lambda_\mathrm{m}=b$$

式中 b 为维恩常量，$b=2.897\times10^{-3}\mathrm{m\cdot K}$。

3）经典理论的困难

① 维恩公式

$$M_{\lambda0}(\lambda,T)=C_1\lambda^{-5}\mathrm{e}^{-\frac{C_2}{\lambda T}}$$

局限性：与实验曲线波长较短处符合较好，但在波长很长处相差较大。

② 瑞利-金斯公式

$$M_{\lambda0}(\lambda,T)=C_3\lambda^{-4}T$$

局限性：与实验曲线波长很长处符合较好，但在波长较短的紫外光处相差较大。

4）普朗克量子假设

辐射黑体分子、原子的振动可看作谐振子，这些谐振子可以发射和吸收辐射能，但是这些谐振子只能处于某种分立的状态，在这些状态中，谐振子的能量并不能够能像经典物理所允许的可具有任意值。相应的能量是某一最小能量 ε 的整数倍。对于频率为 ν 的谐振子来说，最小能量为 $\varepsilon = h\nu$，式中 $h = 6.626 \times 10^{-34}\,\mathrm{J \cdot s}$，称为普朗克常量。

2. 光电效应

（1）实验规律

1）单位时间内，受光照的金属板释放出来的电子数和入射光的强度成正比（经典理论可以解释）。

2）光电子从金属表面逸出时具有一定的动能，最大初动能等于电子的电荷量和遏止电势差的乘积，与入射光的强度无关（经典理论无法解释）。

3）光电子能否从金属表面逸出只与入射光的频率有关。光电子从金属表面逸出后，最大初动能与入射光的频率成线形关系（经典理论无法解释）。

4）从入射光开始照射直到金属释放出电子，无论光多微弱，几乎是瞬时的，弛豫时间不超过 $10^{-9}\,\mathrm{s}$（经典理论无法解释）。

（2）爱因斯坦的光子理论

光在空间传播时，具有粒子性，可以想象一束光是以光速 c 运动的粒子流，这些粒子称为光子，每一光子的能量为 $\varepsilon = h\nu$。且光子与金属中电子相互作用时，电子仅能吸收一个光子的能量。爱因斯坦光电效应方程为

$$h\nu = \frac{1}{2}mv_{\mathrm{m}}^2 + A_0$$

式中，$h\nu$ 为入射光光子能量；A_0 为金属逸出功；$\frac{1}{2}mv_{\mathrm{m}}^2$ 为逸出电子初动能。

遏止电压
$$eU_{\mathrm{a}} = \frac{1}{2}mv_{\mathrm{m}}^2$$

红限频率
$$\nu_0 = \frac{A_0}{h}$$

3. 康普顿效应

（1）实验

X 射线经石墨散射后，在散射光谱中除有与入射线波长 λ_0 相同的射线外，同时还有 $\lambda > \lambda_0$ 的射线，这一现象称为康普顿效应。

$$\Delta\lambda = \lambda - \lambda_0 = \frac{2h}{m_0 c}\sin^2\frac{\varphi}{2} = 2\lambda_c \sin^2\frac{\varphi}{2}$$

式中，φ 为散射角；m_0 为电子静止质量；c 为真空中的光速。

（2）意义

光子理论和实验上的符合，不仅进一步证明了光子理论的正确性，说明光子具有一定的质量、能量和动量，且反映了微观粒子的相互作用也遵守能量守恒和动量守恒定律。

4. 光的波粒二象性

光电效应和康普顿效应证明，光不仅具有波动性，也具有粒子性光子的运动质量 $m=\frac{h\nu}{c^2}$（注：光子的静止质量为零，否则根据质速关系，光子的运动质量为无穷大）。

光子的动量

$$p=\frac{h}{\lambda}$$

光子的能量

$$\varepsilon=h\nu$$

三、概念辨析

1. 绝对黑体是否在任意温度下都是黑色的？

【答】 绝对黑体虽然对照射在其上的射线全部吸收而不反射，但其本身还在向外辐射射线。当黑体本身温度升高到一定程度时，它将会向外辐射可见光。

2. 黑体的单色吸收率恒等于1，表示它能够全部吸收外来的各种波长的辐射能而没有反射. 那么，黑体的温度将会无限制地升高吗？

【答】 黑体的吸收率大，而其辐出度也大。由基尔霍夫定律可知，在平衡热辐射下，黑体的单色发射本领（即单色辐出度）就等于平衡热辐射场的单色辐射通量。因此，黑体的温度达到平衡温度时不再升高。

3. 若一束光照射某种金属时，未产生光电效应，再用透镜聚焦后，能否产生光电效应？

【答】 一束光照射金属，是否产生光电效应取决于入射光的光子能量是否大于或等于金属表面的逸出功，而光子的能量则取决于光的频率。光束经透镜会聚后增大的只是光强，光的频率不会改变，所以仍然不能产生光电效应。

4. 光电效应和康普顿散射都是光子和电子的相互作用，但康普顿散射可以简单地看作光子和自由电子的相互碰撞，而光电效应却不行，为什么？

【答】 实际上金属的电子并不是自由电子，在光电效应中入射光的频率相对较低，光子的能量和金属表面的逸出功数量级相当，此时逸出功不能忽略。在康普顿散射中，入射射线的频率较高，光子的能量比金属表面的逸出功大 2 到 3 个数量级，此时逸出功可忽略不计，电子可近似看作自由电子。

5. 处于静止状态的自由电子是否能吸收光子，并把全部能量用来增加自己的动能？为什么？

【答】 处于静止状态的自由电子不能吸收光子，并把全部能量用来增加自己的动能。因为假若原来静止的自由电子与光子碰撞后吸收光子，并以速度 v 运动，则根据能量守恒定律有

$$h\nu+m_0c^2=\frac{m_0}{\sqrt{1-(v/c)^2}}c^2 \quad ①$$

由式①解得电子吸收光子后的运动速度为

$$v=\frac{c\sqrt{h^2\nu^2+2h\nu m_0c^2}}{h\nu+m_0c^2}$$

又根据动量守恒定律有
$$\frac{h\nu}{c}=\frac{m_0 v}{\sqrt{1-v^2/c^2}} \qquad ②$$
由式②解得电子吸收光子后的运动速度为
$$v=\frac{h\nu c}{\sqrt{h^2\nu^2-m_0^2c^4}}$$
显然，由式①和式②决定的速度不相等，这说明自由电子吸收光子的过程不能同时遵守能量守恒和动量守恒定律。因而这一过程是不可能发生的。

四、例 题 精 解

例题 19-1 一黑体在某一温度时的辐射出射度为 $5.7\times10^4\ \mathrm{W/m^2}$，试求该温度下辐射波谱的峰值波长 λ_{m}。[$b=2.897\times10^{-3}\ \mathrm{m\cdot K}$，$\sigma=5.67\times10^{-8}\ \mathrm{W/(m^2\cdot K^4)}$]

【解】 由斯特藩-玻耳兹曼定律 $E_0(T)=\sigma T^4$，

解出
$$T=\sqrt[4]{E_0(T)/\sigma}$$
又由维恩位移定律
$$T\lambda_{\mathrm{m}}=b$$
解得
$$\lambda_{\mathrm{m}}=b/T=b/(\sqrt[4]{E_0(T)/\sigma})=2.89\times10^{-6}\mathrm{m}$$

例题 19-2 图 19-1 中所示为在一次光电效应实验中得出的曲线 。

（1）求证：对不同材料的金属，AB 线的斜率相同。

（2）由图中数据求出普朗克常量 h。

（基本电荷 $e=1.60\times10^{-19}\mathrm{C}$）

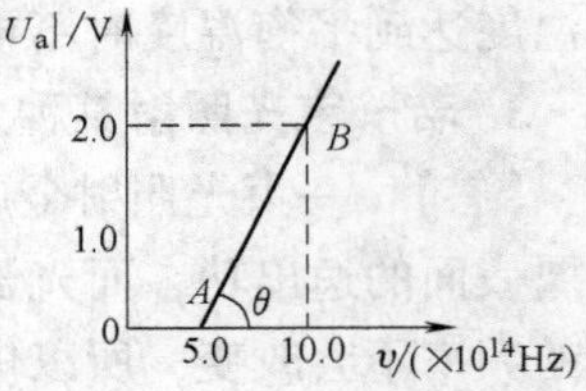

图 19-1

【解】 （1）由 $e|U_a|=h\nu-A$

得
$$|U_a|=h\nu/e-A/e$$
$$\mathrm{d}|U_a|/\mathrm{d}\nu=h/e\ (\text{恒量})$$
由此可知，对不同金属，曲线的斜率相同。

（2）
$$h=e\tan\theta=e\frac{2.0-0}{(10.0-5.0)\times10^{14}}\mathrm{J\cdot s}=6.4\times10^{-34}\ \mathrm{J\cdot s}$$

例题 19-3 用波长 $\lambda_0=1\text{Å}$ 的光子做康普顿实验。

（1）散射角 $\phi=90°$ 的康普顿散射波长是多少？

（2）反冲电子获得的动能有多大？

（普朗克常量 $h=6.63\times10^{-34}\mathrm{J\cdot s}$，电子静止质量 $m_{\mathrm{e}}=9.11\times10^{-31}\mathrm{kg}$）

【解】 （1）康普顿散射光子波长改变
$$\Delta\lambda=(hm_{\mathrm{e}}c)(1-\cos\phi)=0.024\times10^{-10}\mathrm{m}$$
$$\lambda=\lambda_0+\Delta\lambda=1.024\times10^{-10}\ \mathrm{m}$$
（2）设反冲电子获得动能 $E_{\mathrm{k}}=(m-m_{\mathrm{e}})c^2$，根据能量守恒有
$$h\nu_0=h\nu+(m-m_{\mathrm{e}})c^2=h\nu+E_{\mathrm{k}}$$
即
$$hc/\lambda_0=[hc/(\lambda_0+\Delta\lambda)]+E_{\mathrm{k}}$$
故
$$E_{\mathrm{k}}=hc\Delta\lambda/[\lambda_0(\lambda_0+\Delta\lambda)]=4.66\times10^{-17}\mathrm{J}=291\mathrm{eV}$$

第二部分　玻尔的氢原子理论

一、知识框架

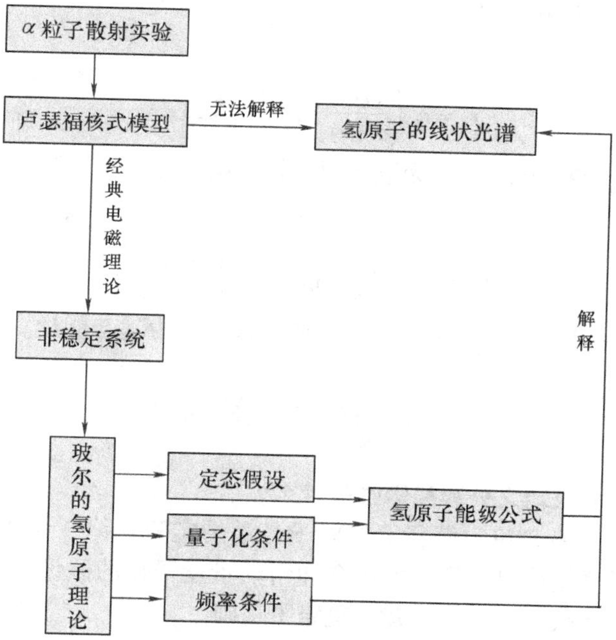

二、知识要点

1. 氢原子光谱的实验规律

$$\tilde{\nu}=\frac{1}{\lambda}=R\left(\frac{1}{k^2}-\frac{1}{n^2}\right)\quad k=1,2,3,\cdots;n=k+1,k+2,k+3,\cdots$$

式中，$R=1.096776\times10^7\ \text{m}^{-1}$，称为里德伯常数；$\tilde{\nu}$ 称波数。

$k=1$，$n=2$，3，…，莱曼系

$k=2$，$n=3$，4，…，巴耳末系

$k=3$，$n=4$，5，…，帕邢系

2. 玻尔的氢原子理论

（1）三个基本假设

1）定态假设：原子系统只能处于一系列不连续的能量状态，在这些状态中，电子即不辐射也不吸收电磁波，这些状态称为原子的稳定状态（简称定态）。

2）频率假设：当原子从一个能量为 E_n 的定态跃迁到另一个能量为 E_k 的定态时，就要发射或吸收一个频率为 ν_{kn} 的光子。

$$\nu_{kn} = \frac{|E_n - E_k|}{h}$$

3）量子化假设：电子的角动量 L 只能取 $\hbar$ 的整数倍，即

$$L = n\hbar,\ n = 1,\ 2,\ 3,\ \cdots$$

式中，n 取整数，称为量子数；$\hbar = \frac{h}{2\pi}$，称为约化普朗克常量。

（2）氢原子轨道半径和能量

1）轨道半径

$$r_n = n^2\left(\frac{\varepsilon_0 h^2}{\pi m e^2}\right), n = 1, 2, 3, \cdots$$

式中 $n=1$ 时，$r_1 = 0.529 \times 10^{-10}$m，为取氢原子核外电子的最小轨道半径，称为玻尔半径。

2）能量

$$E_n = -\frac{1}{n^2}\left(\frac{me^4}{8\varepsilon_0^2 h^2}\right), n = 1, 2, 3, \cdots$$

式中 $n=1$ 时，$E_1 = -13.6$eV，是氢原子的最低能级，称为基态能量。

三、概念辨析

玻尔氢原子理论的成功之处和局限性是什么？

【答】 成功之处：从理论上解释了氢原子光谱的实验规律，并从理论上算出里德伯常量；首先提出了原子系统能量量子化的概念和角动量量子化的假设；创造性地提出了定态、跃迁等重要概念，为近代量子物理的建立奠定了基础。

局限性：由于未能预见微观粒子的波粒二象性，虽然提出正确的量子假设，但未能完全脱离经典理论的影响，仍采用经典理论的思想和处理方法，因此不能正确说明氢原子内部的微观粒子运动。

四、例题精解

例题 19-4　实验发现基态氢原子可吸收能量为 12.75eV 的光子。

（1）试问氢原子吸收该光子后将被激发到哪个能级？

（2）受激发的氢原子向低能级跃迁时，可能发出哪几条谱线？请画出能级图（定性），并将这些跃迁画在能级图上。

【解】　（1）由 $\Delta E = Rhc\left(1 - \frac{1}{n^2}\right) = 13.6\left(1 - \frac{1}{n^2}\right) = 12.75/\text{eV}$

得到

$$n = 4$$

（2）可以发出 λ_{41}、λ_{31}、λ_{21}、λ_{43}、λ_{42}、λ_{32}六条谱。能级图如图 19-2 所示。

例题 19-5　若处于基态的氢原子吸收了一个能量为 $h\nu = 15$eV 的光子后其电子成为自由电子（电子的质量 $m_e = 9.11 \times 10^{-31}$kg），求该自由电子的速度 v。

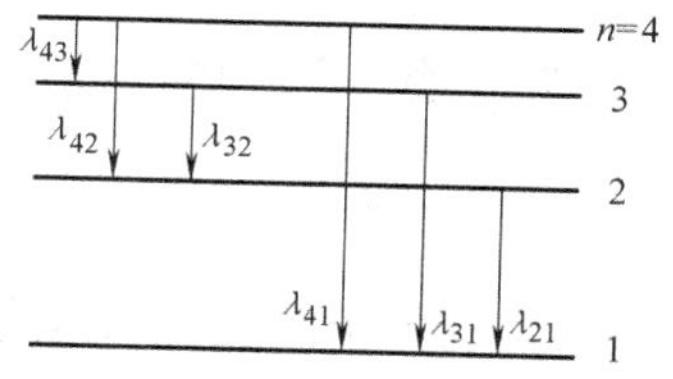

图　19-2

【解】　把一个基态氢原子电离所需的最小能量 $E_i=13.6\text{eV}$

则有

$$h\nu=E_i+\frac{1}{2}m_e v^2$$

$$v=\sqrt{2(h\nu-E_i)/m_e}=7.0\times10^5\text{m/s}$$

例题 19-6　测得氢原子光谱中的某一谱线系的极限波长为 $\lambda_k=364.7\ \text{nm}$ （$1\text{nm}=10^{-9}$ m），试推证此谱线系为巴耳末系。（里德伯常量 $R=1.097\times10^7\text{m}^{-1}$）

【证明】

$$1/\lambda=R[(1/k^2)-1/n^2]$$

当 $n\to\infty$ 时，得极限波长，即 $1/\lambda_k=R/k^2$。由 $k^2=\lambda_k R$ 得 $k=(\lambda_k R)^{1/2}\approx2$。

可见该谱线系为巴耳末系。

第三部分　薛定谔方程

一、知识框架

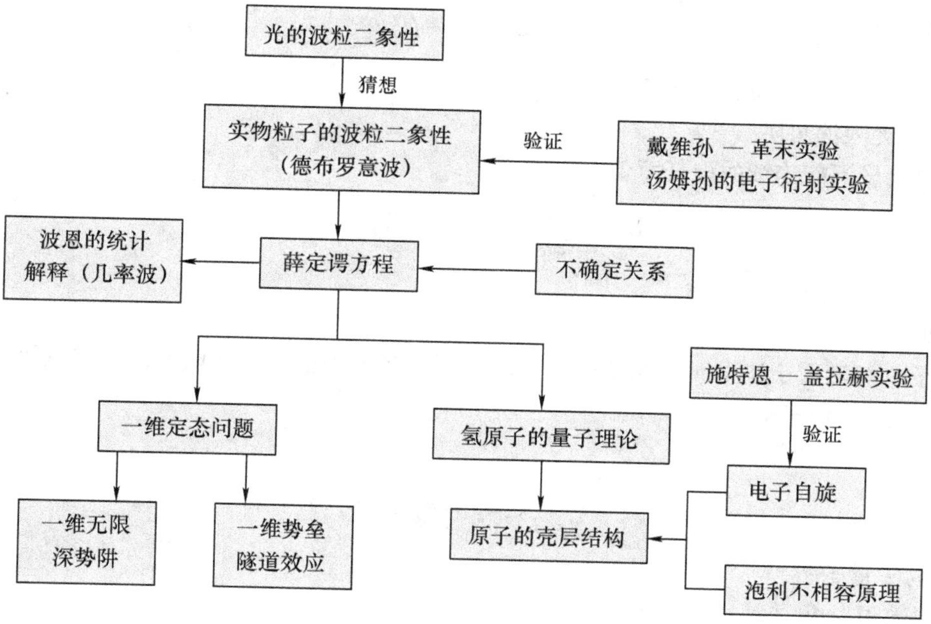

二、知识要点

1. 实物粒子的波粒二象性

实物粒子也具有波粒二象性，某实物粒子的动量和其所表现的平面单色波的波长关系为

$$\lambda = \frac{h}{p}$$

物质波又称为德布罗意波。

2. 不确定关系

（1）动量的不确定关系

$$\Delta x \cdot \Delta p_x \geqslant \frac{\hbar}{2}, \quad \Delta y \cdot \Delta p_y \geqslant \frac{\hbar}{2}, \quad \Delta z \cdot \Delta p_z \geqslant \frac{\hbar}{2}$$

（2）和时间的不确定关系

$$\Delta E \cdot \Delta t \geqslant \frac{\hbar}{2}$$

3. 薛定谔方程

（1）波恩的统计解释

在某一时刻，在空间某一地点，粒子出现的概率正比于该时刻、该地点的波函数的平方，即德布罗意波是一种体现微观粒子运动的概率波。

物质波的波函数必须是单值、连续、有限而且是归一化的。

（2）薛定谔方程及一维定态问题的应用

1）薛定谔方程

含时薛定谔方程 $$\left(-\frac{\hbar^2}{2m}\nabla^2 + U\right)\psi = i\hbar\frac{\partial\psi}{\partial t}$$

定态薛定谔方程 $$-\frac{\hbar^2}{2m}\nabla^2\psi = (E-U)\psi$$

式中，U 为粒子所在势场的势能函数。

2）一维无限深势阱

粒子的能量不能连续的取任意值，即

$$E = n^2\frac{\pi^2\hbar^2}{2ma^2}, n = 1,2,3,\cdots$$

式中，a 为势阱宽度。

3）隧道效应

在粒子总能量低于势垒时，粒子仍有一定的概率穿透势垒，这种现象称为隧道效应。

4. 氢原子的量子理论

（1）能量量子化条件

$$E_n = -\frac{me^4}{8\varepsilon_0^2h^2}\frac{1}{n^2}, n = 1,2,3,\cdots$$

式中 n 称为主量子数。

（2）“轨道”角动量量子化条件

$$L=\sqrt{l\ (l+1)}\hbar,\ l=0,\ 1,\ 2,\ \cdots\ (n-1)$$

式中 l 称为角量子数。

（3）“轨道”角动量空间量子化条件

$$L_Z=m_l\hbar,\quad m_l=0,\pm1,\pm2,\cdots,\pm l$$

式中 m_l 称为磁量子数。

5. 原子的壳层结构

（1）电子自旋

电子自旋磁量子数 m_s 只能取两个量值，即

$$m_s=\pm\frac{1}{2}$$

（2）原子的壳层结构

1）原子中电子的状态由四个量子数决定：主量子数 n、角量子数 l、磁量子数 m_l、电子自旋磁量子数 m_s。

2）泡利不相容原理：在一个原子系统内，不可能有两个或两个以上的电子具有相同的状态，即不可能具有相同的量子数。

3）能量最小原理：每个电子趋向占有最低的能级。

三、概念辨析

1. 在经典力学中考虑粒子的运动时，为什么都不需要考虑波动性?

【答】 由德布罗意可算出实物粒子的德布罗意波长非常小，远远小于粒子的运动范围，所以不显示波动性。参见例题 19-8。

2. 经典波和物质波有何区别?

【答】经典波一般表示某种物理量的周期性变化在空间的转播，而物质波是几率波；经典波的波函数乘以任意常数 n 后，强度增强 n^2 倍，物质波的波函数乘以任意常数 n 后，所表示的物理含义不变。

3. 根据薛定谔方程解出的氢原子角动量量子化条件与玻尔理论的量子化条件有何区别?

【答】 根据薛定谔方程解出的氢原子角动量量子化条件为

$$L=\sqrt{l(l+1)}h/(2\pi),(\ l=0,1,2,\cdots\ n-1)$$

角动量的最小值可以为零。而根据玻尔氢原子理论，角动量量子化条件为

$$L=nh/(2\pi)\ ,(\ n=1,2,\cdots\cdots)$$

角动量的最小值不为零，而是 $h/(2\pi)$。

四、例题精解

例题 19-7 假如电子运动速度与光速可以比拟，则当电子的动能等于它静止能量的 2 倍时，其德布罗意波长为多少?（普朗克常量 $h=6.63\times10^{-34}\mathrm{J\cdot s}$，电子静止质量 $m_e=9.11\times10^{-31}\mathrm{kg}$）

【解】 若电子的动能是它的静止能量的两倍，则

$$mc^2 - m_e c^2 = 2m_e c^2$$

故
$$m = 3m_e$$

由相对论公式
$$m = m_e/\sqrt{1 - v^2/c^2}$$

有
$$3m_e = m_e/\sqrt{1 - v^2/c^2}$$

解得
$$v = \sqrt{8}c/3$$

则德布罗意波长为　$\lambda = h/(mv) = h/(\sqrt{8}m_e c) \approx 8.58 \times 10^{-13}\text{m}$

例题 19-8　粒子在一维矩形无限深势阱中运动，其波函数为

$$\psi_n(x) = \sqrt{2/a}\sin(n\pi x/a) \qquad (0 < x < a)$$

若粒子处于 $n=1$ 的状态，它在 $0 - a/4$ 区间内的概率是多少？

[提示：$\int \sin^2 x\mathrm{d}x = \frac{1}{2}x - (1/4)\sin 2x + C$]

【解】
$$\mathrm{d}P = |\psi|^2\mathrm{d}x = \frac{2}{a}\sin^2\frac{\pi x}{a}\mathrm{d}x$$

粒子位于 $0 - a/4$ 内的概率为

$$P = \int_0^{a/4}\frac{2}{a}\sin^2\frac{\pi x}{a}\mathrm{d}x = \int_0^{a/4}\frac{2}{a}\ \frac{a}{\pi}\sin^2\frac{\pi x}{a}\mathrm{d}\left(\frac{\pi x}{a}\right)$$

$$= \frac{2}{\pi}\left[\frac{\frac{1}{2}\pi x}{a} - \frac{1}{4}\sin\frac{2\pi x}{a}\right]\Bigg|_0^{a/4} = \frac{2}{\pi}\left[\frac{\frac{1}{2}\pi}{a}\ \frac{a}{4} - \frac{1}{4}\sin\left(\frac{2\pi}{a}\ \frac{a}{4}\right)\right] = 0.091$$

例题 19-9　求速度的不确定量：（1）原子中的电子，原子的线度约为 10^{-10}m；（2）质量为 10^{-15}kg 的微尘，位置的线度约为 10^{-6}m。

【解】　（1）$\Delta v \geqslant \frac{\hbar}{2m\Delta r} = 5.8 \times 10^5\text{m/s}$

而氢原子中电子的运动速度约为 10^{-6}m/s，可见速度的大小和不确定量的数量级基本相同。因此原子中电子在任一时刻没有完全确定的速度和位置，也没有确定的轨道，不能看成经典粒子，波动性显著。

（2）$\Delta v \geqslant \frac{\hbar}{2m\Delta r} = 5 \times 10^{-14}\text{m/s}$

这比常温下微粒的布朗运动的平均速度（约 4×10^{-3}m/s）要小 100 亿倍，因此宏观质点运动是遵守经典力学的运动规律的。

第四部分　激　　光

一、知 识 要 点

1. 产生激光的基本条件

（1）有能实现粒子数反转的激活介质；

（2）有满足阈值条件的谐振腔。

2. 激光的特性

方向性好；单色性好；高强度和高亮度；相干性好。

二、概念辨析

自发辐射与受激辐射的区别何在？

【答】 自发辐射的过程与外界无关，处于激发态的原子、分子都是自发、独立地辐射，因而不同的原子、分子辐射的光子的频率、初相、偏振态、传播方向等都可不同。受激辐射是处于激发态的原子、分子受到外来光子的刺激而进行辐射，辐射出的光子的频率、初相、偏振态、传播方向等都与外来光子相同。

基础训练

（一）选择题

1. 在加热黑体过程中，其最大单色辐出度（单色辐射本领）对应的波长由 0.8μm 变到 0.4μm，则其辐射出射度（总辐射本领）增大为原来的（　　）。

（A）2 倍　（B）4 倍

（C）8 倍　（D）16 倍

2. 图 19-3 中，哪一个正确反映黑体单色辐出度 $M_{B\lambda}(T)$ 随 λ 和 T 的变化关系，已知 $T_2>T_1$（　　）。

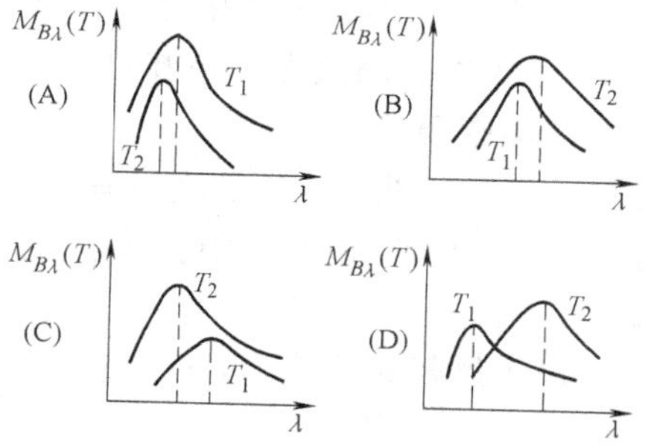

图　19-3

3. 已知某单色光照射到一金属表面产生了光电效应，若此金属的逸出电势是 U_0（使电子从金属逸出需做功 eU_0），则此单色光的波长 λ 必须满足（　　）。

（A）$\lambda \leqslant hc/(eU_0)$　（B）$\lambda \geqslant hc/(eU_0)$

（C）$\lambda \leqslant eU_0/(hc)$　（D）$\lambda \geqslant eU_0/(hc)$

4. 用频率为 ν 的单色光照射某种金属时，逸出光电子的最大动能为 E_K；若改用频率为 2ν 的单色光照射此种金属时，则逸出光电子的最大动能为（　　）。

（A）$2E_k$　（B）$2h\nu - E_k$　（C）$h\nu - E_k$　（D）$h\nu + E_k$

5. 要使处于基态的氢原子受激发后能发射莱曼系（由激发态跃迁到基态发射的各谱线组成的谱线系）的最长波长的谱线，至少应向基态氢原子提供的能量是（　　）。

（A）1.5eV　（B）3.4eV　（C）10.2eV　（D）13.6eV

6. 根据玻尔理论，氢原子在 $n=5$ 轨道上的动量矩与在第一激发态轨道上的动量矩之比为（　　）。

（A）5/4　（B）5/3　（C）5/2　（D）5

7. 假定氢原子原来是静止的，则氢原子从 $n=3$ 的激发状态直接通过辐射跃迁到基态时的反冲速度大约是（　　）。

(A) 4m/s　　(B) 10m/s　　(C) 100m/s　　(D) 400m/s

8. 设粒子运动的波函数图线分别如图 19-4（A）、（B）、（C）、（D）所示，那么其中确定粒子动量的精确度最高的波函数是哪个图？(　　)

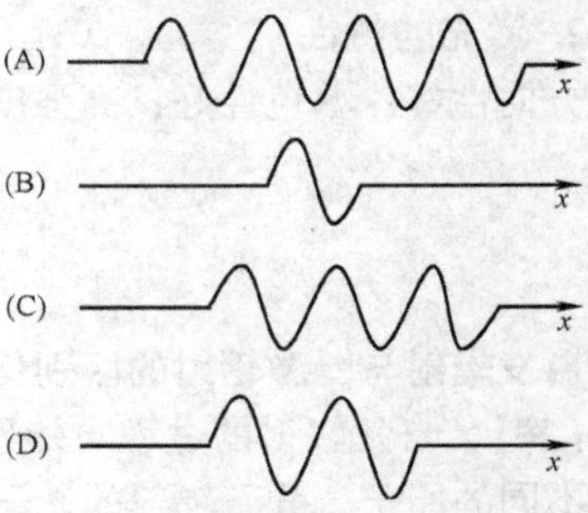

图　19-4

9. 将波函数在空间各点的振幅同时增大 D 倍，则粒子在空间的分布概率将（　　）。

(A) 增大 D^2 倍　　(B) 增大 $2D$ 倍

(C) 增大 D 倍　　(D) 不变

10. 氢原子中处于 2p 状态的电子，描述其量子态的四个量子数(n,l,m_l,m_s)可能取的值为（　　）。

(A) $\left(2,2,1,-\frac{1}{2}\right)$　(B) $\left(2,0,0,\frac{1}{2}\right)$　(C) $\left(2,1,-1,-\frac{1}{2}\right)$　(D) $\left(2,0,1,\frac{1}{2}\right)$

11. 在激光器中利用光学谐振腔（　　）。

(A) 可提高激光束的方向性，而不能提高激光束的单色性

(B) 可提高激光束的单色性，而不能提高激光束的方向性

(C) 可同时提高激光束的方向性和单色性

(D) 既不能提高激光束的方向性也不能提高其单色性

（二）填空题

12. 光子波长为 λ，则其能量 = ________，动量的大小 = ________，质量 = ________。

13. 在 X 射线散射实验中，散射角为 $\phi_1=45°$和 $\phi_2=60°$的散射光波长改变量之比 $\Delta\lambda_1$: $\Delta\lambda_2$ = ________。

14. 设大量氢原子处于 $n=4$ 的激发态，它们跃迁时发射出一簇光谱线，这簇光谱线最多可能有________条，其中最短的波长是________Å。

15. 欲使氢原子能发射巴耳末系中波长为 4861.3Å 的谱线，最少要给基态氢原子提供________eV 的能量。(里德伯常量 $R=1.097\times10^7\ \mathrm{m}^{-1}$)

16. 在光电效应实验中，测得某金属的遏止电压 $|U_a|$ 与入射光频率 ν 的关系曲线如图 19-5 所示，由此可知该金属的红限频率 ν_0 = ________ Hz；逸出功 A = ________ eV。

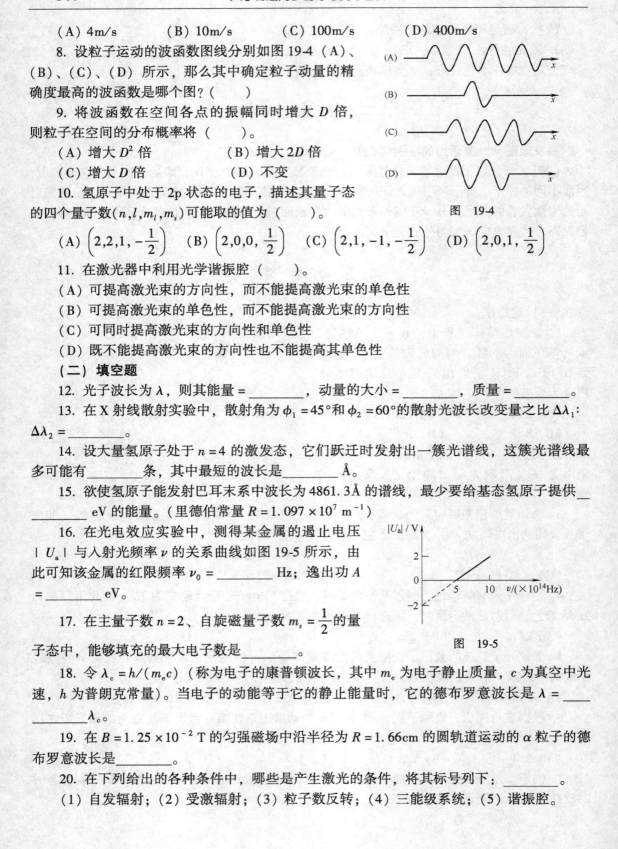

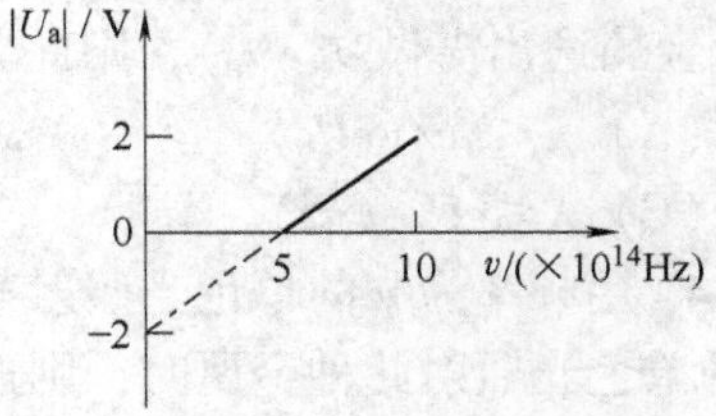

图　19-5

17. 在主量子数 $n=2$、自旋磁量子数 $m_s=\frac{1}{2}$的量子态中，能够填充的最大电子数是________。

18. 令 $\lambda_c=h/(m_ec)$（称为电子的康普顿波长，其中 m_e 为电子静止质量，c 为真空中光速，h 为普朗克常量）。当电子的动能等于它的静止能量时，它的德布罗意波长是 λ = ________λ_c。

19. 在 $B=1.25\times10^{-2}$ T 的匀强磁场中沿半径为 $R=1.66$cm 的圆轨道运动的 α 粒子的德布罗意波长是________。

20. 在下列给出的各种条件中，哪些是产生激光的条件，将其标号列下：________。

(1) 自发辐射；(2) 受激辐射；(3) 粒子数反转；(4) 三能级系统；(5) 谐振腔。

（三）计算题

21. 波长为 $\lambda_0 = 0.500\text{Å}$ 的 X 射线被静止的自由电子所散射，若散射线的波长变为 $\lambda = 0.522\text{Å}$，试求反冲电子的动能 E_k。

22. 处于基态的氢原子被外来单色光激发后发出的光仅有三条谱线，问此外来光的频率为多少？（里德伯常量 $R = 1.097 \times 10^7/\text{m}$）

23. 已知粒子在无限深势阱中运动，其波函数为

$$\psi(x) = \sqrt{2/a}\sin(\pi x/a) \quad (0 \leqslant x \leqslant a)$$

求发现粒子的概率为最大的位置。

自 测 提 高

（一）选择题

1. 把表面洁净的紫铜块、黑铁块和铝块放入同一恒温炉膛中达到热平衡，炉中这三块金属对红光的辐出度（单色辐射本领）和吸收比（单色吸收率）之比依次用 M_1/a_1、M_2/a_2 和 M_3/a_3 表示，则有（　　）。

（A）$\dfrac{M_1}{a_1} > \dfrac{M_2}{a_2} > \dfrac{M_3}{a_3}$　　（B）$\dfrac{M_2}{a_2} > \dfrac{M_1}{a_1} > \dfrac{M_3}{a_3}$

（C）$\dfrac{M_3}{a_3} > \dfrac{M_2}{a_2} > \dfrac{M_1}{a_1}$　　（D）$\dfrac{M_1}{a_1} = \dfrac{M_2}{a_2} = \dfrac{M_3}{a_3}$

2. 当照射光的波长从4000 Å 变到3000 Å 时，对同一金属，在光电效应实验中测得的遏止电压将（　　）。

（A）减小 0.56V　（B）减小 0.34V　（C）增大 0.165V　（D）增大 1.035V

3. 具有下列哪一能量的光子，能被处在 $n = 2$ 的能级的氢原子吸收？（　　）

（A）1.51eV　（B）1.89eV　（C）2.16eV　（D）2.40eV

4. 氢原子光谱的巴耳末线系中谱线最小波长与最大波长之比为（　　）。

（A）7/9　（B）5/9　（C）4/9　（D）2/9

5. 已知粒子在一维矩形无限深势阱中运动，其波函数为

$$\psi(x) = \frac{1}{\sqrt{a}} \cdot \cos\frac{3\pi x}{2a}, \ (-a \leqslant x \leqslant a)$$

那么粒子在 $x = 5a/6$ 处出现的概率密度为（　　）。

（A）$1/(2a)$　（B）$1/a$　（C）$1/\sqrt{2a}$　（D）$1/\sqrt{a}$。

6. 电子显微镜中的电子从静止开始通过电势差为 U 的静电场加速后，其德布罗意波长是 0.4 Å，则 U 约为（　　）。

（A）150V　（B）330V　（C）630V　（D）940V

7. 一维无限深方势阱中，已知势阱宽度为 a。应用测不准关系估计势阱中质量为 m 的粒子的零点能量为（　　）。

（A）$\hbar/(ma^2)$　（B）$\hbar^2/(2ma^2)$　（C）$\hbar^2/(2ma)$　（D）$\hbar/(2ma^2)$

8. 下列各组量子数中，哪一组可以描述原子中电子的状态？（　　）

(A) $n=2$, $l=2$, $m_l=0$, $m_s=\frac{1}{2}$　　(B) $n=3$, $l=1$, $m_l=-1$, $m_s=-\frac{1}{2}$

(C) $n=1$, $l=2$, $m_l=1$, $m_s=\frac{1}{2}$　　(D) $n=1$, $l=0$, $m_l=1$, $m_s=-\frac{1}{2}$

9. 粒子在外力场中沿 x 轴运动，如果它在力场中的势能分布如图 19-6 所示，对于能量为 $E < U_0$ 从左向右运动的粒子，若用 ρ_1、ρ_2、ρ_3 分别表示在 $x<0$、$0<x<a$、$x>a$ 三个区域发现粒子的概率，则有（　　）。

(A) $\rho_1 \neq 0$, $\rho_2=\rho_3=0$　　(B) $\rho_1 \neq 0$, $\rho_2 \neq 0$, $\rho_3=0$

(C) $\rho_1 \neq 0$, $\rho_2 \neq 0$, $\rho_3 \neq 0$　　(D) $\rho_1=0$, $\rho_2 \neq 0$, $\rho_3 \neq 0$

10. 激光全息照相技术主要是利用了激光的（　　）这种优良特性。

(A) 亮度高　　(B) 方向性好

(C) 相干性好　　(D) 抗电磁干扰能力强

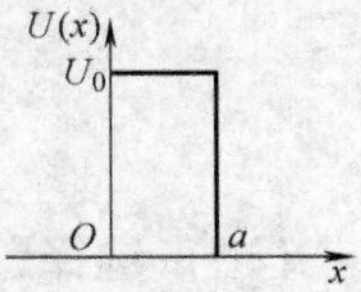

图 19-6

（二）填空题

11. 已知基态氢原子的能量为 −13.6eV，当基态氢原子被 12.09eV 的光子激发后，其电子的轨道半径将增加到玻尔半径的________倍。

12. 若太阳（看成黑体）的半径由 R 增为 $2R$，温度由 T 增为 $2T$，则其总辐射功率为原来的________倍。

13. 在氢原子发射光谱的巴耳末线系中有一频率为 6.15×10^{14} Hz 的谱线，它是氢原子从能级 $E_n=$________eV 跃迁到能级 $E_k=$________eV 而发出的。

14. 氢原子基态的电离能是________eV. 电离能为 +0.544 eV 的激发态氢原子，其电子处在 $n=$________的轨道上运动。

15. 根据量子力学原理，当氢原子中电子的动量矩 $L=\sqrt{6}\hbar$ 时，L 在外磁场方向上的投影 L_z 可取的值分别为________。

16. 有一种原子，在基态时 $n=1$ 和 $n=2$ 的主壳层都填满电子，3 s 次壳层也填满电子，而 3p 壳层只填充一半。这种原子的原子序数是________，它在基态的电子组态为________________。

17. 在下列各组量子数的空格上，填上适当的数值，以便使它们可以描述原子中电子的状态：

(1) $n=2$, $l=$________, $m_l=-1$, $m_s=-\frac{1}{2}$;

(2) $n=2$, $l=0$, $m_l=$________, $m_s=\frac{1}{2}$;

(3) $n=2$, $l=1$, $m_l=0$, $m_s=$________。

18. 如果电子被限制在边界 x 与 $x+\Delta x$ 之间，$\Delta x=0.5$ Å，则电子动量 x 分量的不确定量近似地为________ kg · m/s。（不确定关系式 $\Delta x \cdot \Delta p \geqslant h$）

19. 若中子的德布罗意波长为 2Å，则它的动能为________。（普朗克常量 $h=6.63\times10^{-34}$ J · s，中子质量 $m=1.67\times10^{-27}$ kg）

（三）计算题

20. 质量为 m_e 的电子被电势差 $U_{12}=100$kV 的电场加速，如果考虑相对论效应，试计算其德布罗意波的波长。若不用相对论计算，则相对误差是多少？

21. 氢原子发射一条波长为 $\lambda = 4340\text{Å}$ 的光谱线，试问该谱线属于哪一谱线系？氢原子是从哪个能级跃迁到哪个能级辐射出该光谱线的？（里德伯常量 $R = 1.097 \times 10^7/\text{m}$ ）

22. 已知粒子处于宽度为 a 的一维无限深方势阱中运动的波函数为

$$\psi_n(x) = \sqrt{\frac{2}{a}}\sin\frac{n\pi x}{a},\ n = 1,\ 2,\ 3,\ \cdots$$

试计算 $n = 1$ 时，在 $x_1 = a/4 \to x_2 = 3a/4$ 区间找到粒子的概率。

23. 在一维无限深势阱中运动的粒子，由于边界条件的限制，势阱宽度 d 必须等于德布罗意波半波长的整数倍，试利用这一条件导出能量量子化公式。

24. 已知氢原子的核外电子在 1s 态时其定态波函数为

$$\psi_{100} = \frac{1}{\sqrt{\pi a^3}}e^{-r/a}$$

式中，$a = \dfrac{\varepsilon_0 h^2}{\pi m_e e^2}$。试求沿径向找到电子的概率为最大时的位置坐标值。

25. 一电子处于原子某能态的时间为 10^{-8}s，计算该能态能量的最小不确定量。设电子从上述能态跃迁到基态所对应的光子能量为 3.39eV，试确定所辐射的光子的波长及此波长的最小不确定量（$h = 6.63 \times 10^{-34}\text{J} \cdot \text{s}$）。

26. 在氢原子中，电子从某能级跃迁到量子数为 n 的能级，这时轨道半径改变 q 倍，求发射的光子的频率。

27. 对于动能是 1keV 的电子，要确定其某一时刻的位置和动量，如果位置限制在 10^{-10}m 范围内，试估算其动量不确定量的百分比。

28. 氢原子激发态的平均寿命约为 10^{-8}s，假设氢原子处于激发态时电子作圆轨道运动，试求出处于量子数 $n = 5$ 状态的电子在它跃迁到基态之前绕核转的圈数。

第二十章　固体物理、核物理和天体物理简介

本章介绍了一些近、现代物理学的基本概念，主要包含固体物理、核物理和天体物理三个部分。在固体物理部分，介绍了如何利用固体能带理论来分析绝缘体、半导体和金属，其中重点讲解了半导体；在核物理部分，介绍了原子核的基本性质、粒子的分类和相互作用以及夸克模型；在天体物理部分，介绍了大爆炸模型、恒星的演变以及广义相对论的一些基本概念。

第一部分　分子与固体

一、知识框架

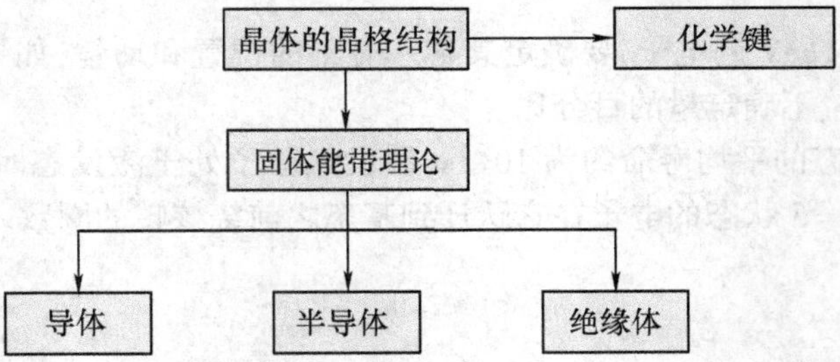

二、知识要点

1. 化学键

离子键：由带有正、负电荷的离子之间的静电力形成的化学键。

共价键：原子间通过共享电子形成的化学键。

2. 固体能带理论

（1）基本概念

满带：填满电子的能带。

空带：没有填充电子的能带。

导带：部分填充电子的能带，或最下面的一个空带。

价带：导带以下的第一个满带，或最上面的一个满带。

禁带：处于两个相邻能带之间，不存在电子稳定能态的能量区域。

（2）导体、半导体和绝缘体

导体的价带不满（金属）或空带底和价带顶重叠或相接（半金属）。

绝缘体的满带和空带之间具有较宽的禁带（约 3 ~ 6eV）

半导体的满带和空带之间禁带宽度较小（约 0.1 ~ 1.5eV）。

3. 半导体

（1）本征半导体

没有杂质和缺陷的纯净半导体。

（2）杂质半导体

1）n（电子）型半导体：参与导电的载流子主要为从施主能级跃迁到导带中去的电子。

2）p（空穴）型半导体：参与导电的载流子主要是满带中产生的空穴。

三、概 念 辨 析

1. 从绝缘体与半导体的能带结构，分析它们的导电性能的区别。

【答】　绝缘体的价带已被填满而它上面的禁带宽度又较宽，采用一般热激发、光照或外加不太强的电场时，满带中的电子很少被激发到导带中去，因此绝缘体的导电性能很差。半导体的价带也是满带但它上面的禁带宽度较窄，用不大的激发能量（热、光或电场）就可以把价带中的电子激发到导带中去，并在价带中留下空穴，在外电场作用下，电子和空穴都能参与导电，因此半导体的导电性能较好。

2. 什么是价电子的共有化？

【答】　在金属晶体中，原子失去了它的部分或全部价电子而成为离子（离子实）构成晶格粒子。离开原子的那些价电子可在离子间自由运动，不属于某一个离子所专有而为全体离子所共有，这称为价电子的共有化。

第二部分　核物理与粒子物理

知 识 要 点

1. 原子和的基本性质

1）原子核记作$^A_Z X$，由质子和中子构成，质子和中子统称核子。其中 Z 为质子数，A 为核子数，又称为质量数。

2）原子核带正电荷，电荷量 $q = Ze$，其中 Z 称为此种元素原子核的电荷数，也就是此元素的原子序数，即质子数。

3）取一个处于基态的中性$^{12}_6 C$ 原子的静止质量的 1/12 为“原子质量单位”，以 u 表示，则

$$1\text{u} = 1.6605402 \times 10^{-27}\text{kg}$$

4）原子核的电荷分布大多为旋转椭球体，一般可近似为球体。核的体积正比于质量数 A，其半径近似为

$$R = R_0 A^{\frac{1}{3}}$$

其中 $R_0 \approx 1.5 \times 10^{-15}$m，为比例系数。

5）实验测定的原子核质量 m_x 总是小于组成原子核的全部核子质量之和，质量差

$$\Delta m = Zm_p + (A - Z)m_n$$

称为原子核质量亏损，其中 m_p 和 m_n 分别表示质子和中子的质量。

由于原子核质量亏损的存在，质子和中子组成核的过程中必有大量能量放出，即

$$\Delta E = [Zm_p + (A - Z)m_n]c^2$$

称为原子核的结合能。

2. 裂变与聚变

裂变：原子核分裂成两个质量相近的核并放出很大能量的过程。

聚变：轻原子核相遇时聚合为较重的原子核并放出较大能量的过程。

3. 放射性衰变的基本规律

1）放射性衰变定律

$$N = N_0 e^{-\lambda t}$$

式中，N 为未衰变的原子核数，N_0 为原有的原子核数，λ 称为衰变常量。

2）半衰期：放射性同位素衰变到原有核数一半所需的时间。

$$T_{1/2} = \frac{\ln 2}{\lambda}$$

3）平均寿命：核在衰变前存在的时间的平均值，表征衰变的快慢。

$$\tau = \frac{1}{\lambda} = \frac{T_{1/2}}{\ln 2}$$

4）放射性强度（放射性活度）：放射性物质在单位时间内发射衰变的原子核数。

$$A = -\frac{dN}{dt} = \lambda N_0 e^{-\lambda t} = A_0 e^{-\lambda t}$$

5）放射性衰变的主要模式

① α 衰变：原子核自发射出 α 粒子，即氦核 ${}_2^4He$。

$${}_Z^AX \rightarrow {}_{Z-2}^{A-4}Y + \alpha$$

② β 衰变：核电荷改变而核子数不变。

$$\beta^- 衰变: {}_Z^AX \rightarrow {}_{Z+1}^{A}Y + {}_{-1}^{0}e + \bar{\nu}_e$$

$$\beta^+ 衰变: {}_Z^AX \rightarrow {}_{Z+1}^{A}Y + {}_{+1}^{0}e + \nu_e$$

式中，ν_e 和 $\bar{\nu}_e$ 分别是中微子和反中微子。

③ γ 衰变：当原子核发生 α、β 衰变时，往往衰变到原子核的激发态，处于激发态的原子核是不稳定的，它要向低激发态或基态跃迁，同时放出 γ 光子。

4. 粒子的分类

轻子：不参与强相互作用的粒子。

强子：参与强相互作用的粒子。

媒介子：传递相互作用的粒子。

5. 粒子相互作用　核守恒定律

三种相互作用：电磁相互作用；强相互作用；弱相互作用。

三种相互作用都遵守的四种守恒定律：能量守恒；动量守恒；角动量守恒；电荷量守恒。

6. 强子的夸克模型

所有强子是由夸克组成的，存在着六种夸克：上夸克、下夸克、奇夸克、粲夸克、顶夸克、底夸克。

第三部分　天体物理与宇宙学

知识要点

1. 宇宙膨胀说

宇宙处于膨胀中，且膨胀的速度正比于距离。

2. 大爆炸模型

宇宙过去有一个密度和温度均为无穷大的状态，相当于时空的一个奇点，而宇宙诞生于“奇点”的爆炸。

3. 白矮星、中子星和黑洞

恒星死亡后，根据恒星的质量大小分别生成白矮星、中子星和黑洞。

4. 广义相对论的基础

（1）基本假设

1）等效原理：引力和惯性力是完全等效的。

2）广义相对性原理：物理定律的形式在一切参考系都是不变的。

（2）弯曲时空

广义相对论认为，由于有物质的存在，空间和时间会发生弯曲，而引力场实际上是弯曲时空的一个属性。

（3）引力红移

广义相对论认为，在强引力场中光谱向红端移动。

（4）引力辐射

引力场产生的引力振荡，也就是向外发射引力波的现象。引力波是以光速传播的。

基础训练

（一）选择题

1. 与绝缘体相比较，半导体能带结构的特点是（　　）。

（A）导带也是空带　　（B）满带与导带重合

（C）满带中总是有空穴，导带中总是有电子　　（D）禁带宽度较窄

2. 下述说法中，正确的是（　　）。

（A）本征半导体是电子与空穴两种载流子同时参与导电，而杂质半导体（n 型或 p 型）只有一种载流子（电子或空穴）参与导电，所以本征半导体导电性能比杂质半导

体好

(B) n 型半导体的导电性能优于 p 型半导体，因为 n 型半导体是负电子导电，p 型半导体是正离子导电

(C) n 型半导体中杂质原子所形成的局部能级靠近空带（导带）的底部，使局部能级中多余的电子容易被激发跃迁到空带中去，大大提高了半导体导电性能

(D) p 型半导体的导电机构完全决定于满带中空穴的运动

3. n 型半导体中杂质原子所形成的局部能级（也称施主能级），在能带结构中应处于（　　）。

(A) 满带中　　(B) 导带中

(C) 禁带中，但接近满带顶　　(D) 禁带中，但接近导带底

4. p 型半导体中杂质原子所形成的局部能级（也称受主能级），在能带结构中应处于（　　）。

(A) 满带中　　(B) 导带中

(C) 禁带中，但接近满带顶　　(D) 禁带中，但接近导带底

5. 放射性元素的衰变常数为 λ，则其半衰期是（　　）。

(A) $1/\lambda$　　(B) λ　　(C) $\dfrac{\ln 2}{\lambda}$　　(D) $\lambda\ln 2$

6. 放射性元素的衰变常数为 λ，则一个原子的平均寿命为（　　）。

(A) $1/\lambda$　　(B) λ　　(C) $\dfrac{\ln 2}{\lambda}$　　(D) $\lambda\ln 2$

(二) 填空题

7. 图 20-1 中，图 a 是____型半导体的能带结构图，图 b 是____型半导体的能带结构图。

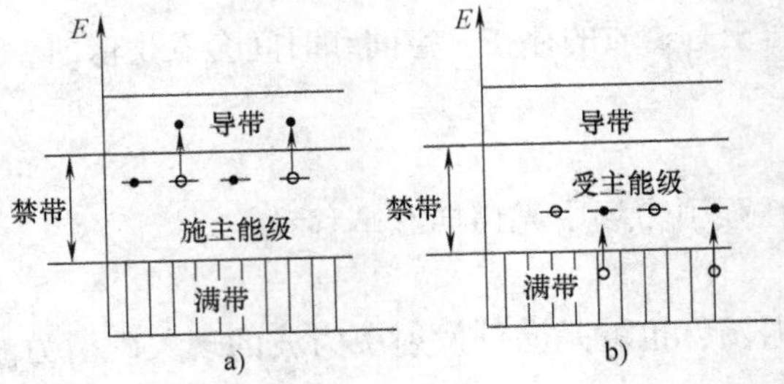

图　20-1

8. NaCl 晶体的结合形式属于____________结合类型，Si 晶体的结合形式属于____________结合类型。

9. 基本粒子之间主要存在着下列三种相互作用：____________、____________、____________。

10. 除重子与重子以外，所有实物粒子之间都存在弱相互作用，其强度极弱，相对其他作用是微不足道的，它只是在____________和____________过程中才起作用。

(三) 计算题

11. 原子核是由质子和中子组成的，但能发生 β 衰变，问放出来的电子是从哪里来的？

附　　录

附录 A　《大学物理 I》期中考试

模拟试卷

一、选择题（每题 3 分，共 21 分）

1. 质点作半径为 R 的变速圆周运动时的加速度大小为（　　）。（v 表示任一时刻质点的速率）

（A）$\dfrac{dv}{dt}$　　（B）$\dfrac{v^2}{R}$　　（C）$\dfrac{dv}{dt}+\dfrac{v^2}{R}$　　（D）$\left[\left(\dfrac{dv}{dt}\right)^2+\left(\dfrac{v^4}{R^2}\right)\right]^{1/2}$

2. 一飞机相对于空气的速度大小为 200km/h，风速为 56km/h，方向从西向东。地面雷达站测得飞机速度大小为 192km/h，方向是（　　）。

（A）南偏西 16.3°　　（B）北偏东 16.3°　　（C）向正南或向正北

（D）西偏北 16.3°　　（E）东偏南 16.3°

3. 一根细绳跨过一光滑的定滑轮，一端挂一质量为 m_1 的物体，另一端被人用双手拉着，人的质量 $m=\dfrac{1}{2}m_1$。若人相对于绳以加速度 a_0 向上爬，则人相对于地面的加速度（以竖直向上为正）是（　　）。

（A）$(2a_0+g)/3$　　（B）$-(3g-a_0)$　　（C）$-(2a_0+g)/3$　　（D）a_0

4. 如附图 A-1 所示，砂子从 $h=0.8\text{m}$ 高处下落到以 3m/s 的速率水平向右运动的传送带上。取重力加速度 $g=10\text{m/s}^2$，传送带给予刚落到传送带上的砂子的作用力的方向为（　　）。

（A）与水平夹角 53°向下　　（B）与水平夹角 53°向上

（C）与水平夹角 37°向上　　（D）与水平夹角 37°向下

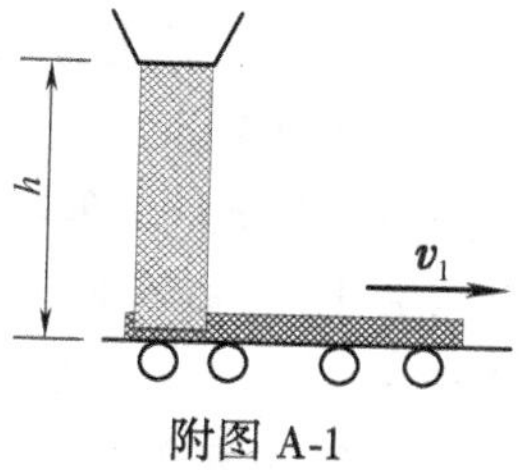

附图 A-1

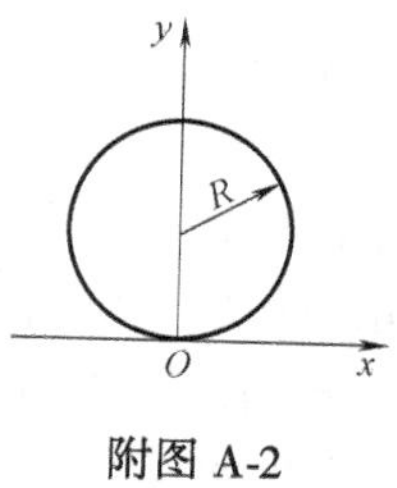

附图 A-2

5. 一质点在如附图 A-2 所示的坐标平面内作圆周运动，有一力 $\boldsymbol{F}=F_0(x\boldsymbol{i}+y\boldsymbol{j})$ 作用在质点上。在该质点从坐标原点运动到（0，2R）位置过程中，力 $\boldsymbol{F}$ 对它所做的功为（　　）。

（A）F_0R^2　　（B）$2F_0R^2$　　（C）$3F_0R^2$　　（D）$4F_0R^2$

6. 一人造地球卫星到地球中心 O 的最大距离和最小距离分别是 R_A 和 R_B（如附图 A-3 所示）。设卫星对应的角动量分别是 L_A、L_B，动能分别是 E_{kA}、E_{kB}，则应有（　　）。

(A) $L_B > L_A$，$E_{kA} > E_{kB}$　　(B) $L_B > L_A$，$E_{kA} = E_{kB}$

(C) $L_B = L_A$，$E_{kA} = E_{kB}$　　(D) $L_B < L_A$，$E_{kA} = E_{kB}$

(E) $L_B = L_A$，$E_{kA} < E_{kB}$

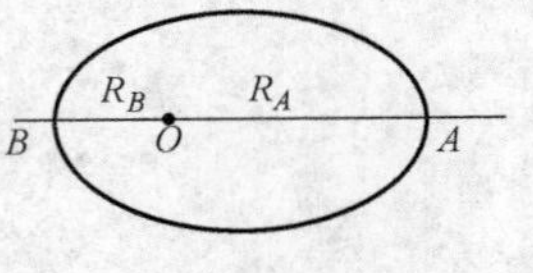

附图 A-3

7. 令电子的速率为 v，则电子的动能 E_k 对于比值 v/c 的图线可用附图 A-4 中哪一个图表示？（c 表示真空中光速）(　　)

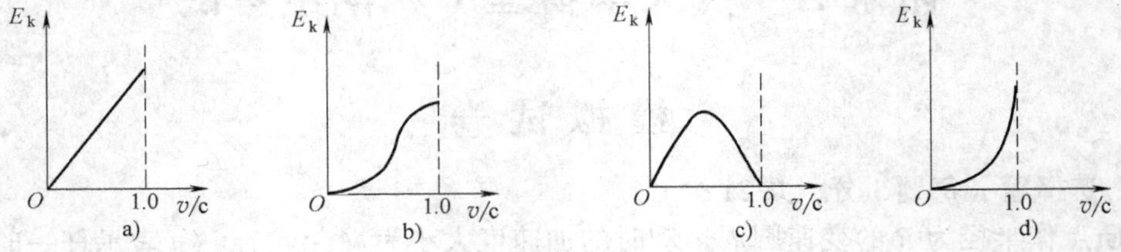

附图 A-4

二、填空题（共 24 分）

8. 在半径为 R 的圆周上运动的质点，其速率与时间关系为 $v = ct^2$（式中 c 为常量），则从 $t = 0$ 到 t 时刻质点走过的路程 $S(t)$ = ________；t 时刻质点的切向加速度 a_t = ________；t 时刻质点的法向加速度 a_n = ________。(5 分)

9. 质量为 m_1 的车沿光滑的水平轨道以速度 v_0 前进，车上的人质量为 m，开始时人相对于车静止，后来人以相对于车的速度 v 向前走，此时车速变成 v_1，则车与人系统沿轨道方向动量守恒的方程应写为________。(3 分)

10. 一质量为 m 的质点在指向圆心的平方反比力 $F = -k/r^2$ 的作用下，作半径为 r 的圆周运动，此质点的速度 v = ________，若取距圆心无穷远处为势能零点，它的机械能 E = ________。(4 分)

11. 质量为 m、长为 l 的棒，可绕通过棒中心且与棒垂直的竖直光滑固定轴 O 在水平面内自由转动（附图 A-5）。开始时棒静止，现有一子弹，质量也是 m，在水平面内以速度 v_0 垂直射入棒端并嵌在其中，则子弹嵌入后棒的角速度 ω = ________。(3 分)

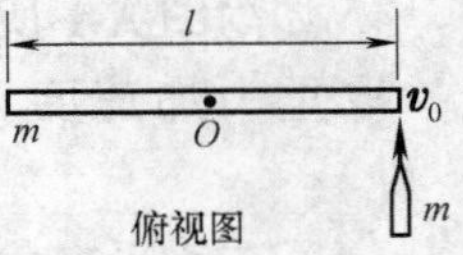

附图 A-5

12. 一转台绕竖直固定光滑轴转动，每 10s 转一周，转台对轴的转动惯量为 $1200\text{kg}\cdot\text{m}^2$。质量为 80kg 的人，开始时站在台的中心，随后沿半径向外跑去，问当人离转台中心 2m 时，转台的角速度为________。(3 分)

13. 一列高速火车以速度 v 驶过车站时，固定在站台上的两只机械手在车厢上同时划出两个痕迹，静止在站台上的观察者同时测出两痕迹之间的距离为 1m，则车厢上的观察者应测出这两个痕迹之间的距离为________。(3 分)

14. 已知一静止质量为 m_0 的粒子，其固有寿命为实验室测量到的寿命的 $1/n$，则此粒子的动能是________。(2 分)

三、计算题（共 45 分）

15. 一名宇航员将去月球，他带有一个弹簧秤和一个质量为 1.0kg 的物体 A。到达月球上某处时，他拾起一块石头 B，挂在弹簧秤上，其读数与地面上挂 A 时相同。然后，他把 A 和 B 分别挂在跨过轻滑轮的轻绳的两端，如附图 A-6 所示。若月球表面的重力加速度为

$1.67m/s^2$，问石块 B 将如何运动？（8 分）

16. 一炮弹发射后在其运行轨道上的最高点 $h = 19.6m$ 处炸裂成质量相等的两块，其中一块在爆炸后 1s 落到爆炸点正下方的地面上。设此处与发射点的距离 $S_1 = 1000m$，问另一块落地点与发射地点间的距离是多少？（空气阻力不计，$g = 9.8m/s^2$）（7 分）

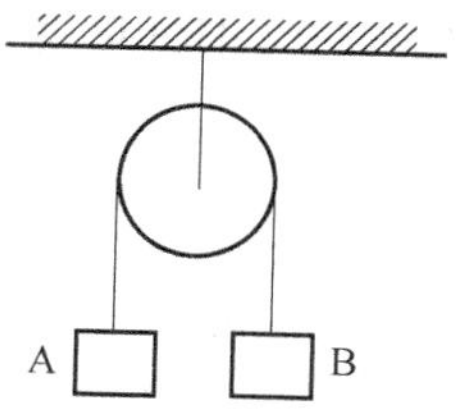

附图 A-6

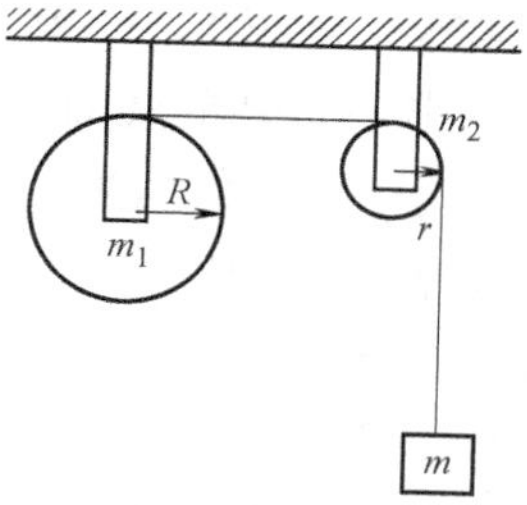

附图 A-7

17. 质量为 $m_1 = 24kg$ 的圆轮，可绕水平光滑固定轴转动，一轻绳缠绕于轮上，另一端通过质量为 $m_2 = 5kg$ 的圆盘形定滑轮悬有 $m = 10kg$ 的物体（附图 A-7）。求当重物由静止开始下降了 $h = 0.5m$ 时，（1）物体的速度；（2）绳中张力。

（设绳与定滑轮间无相对滑动）（10 分）

18. 一块宽 $L = 0.60m$、质量 $m = 1kg$ 的均匀薄木板，可绕水平固定轴 OO' 无摩擦地自由转动。当木板静止在平衡位置时，有一质量为 $m' = 10 \times 10^{-3}kg$ 的子弹垂直击中木板 A 点，A 离转轴 OO' 距离 $l = 0.36m$，子弹击中木板前的速度为 500m/s，穿出木板后的速度为 200m/s（附图 A-8）。求：（1）子弹给予木板的冲量；（2）木板获得的角速度。（已知木板绕 OO' 轴的转动惯量 $J = \frac{1}{3}mL^2$）（10 分）

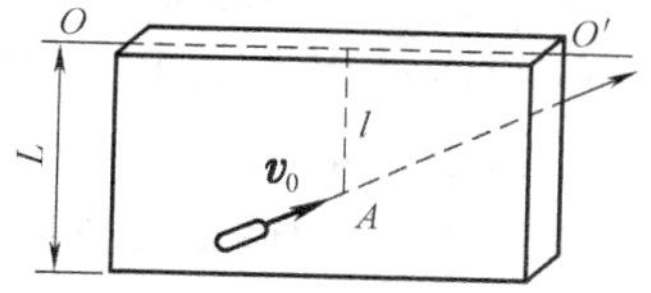

附图 A-8

19. 一电子以 $v = 0.99c$（c 为真空中光速）的速率运动。试求：（1）电子的总能量是多少？（2）电子的经典力学的动能与相对论动能之比是多少？（电子静止质量 $m_e = 9.11 \times 10^{-31}kg$）（5 分）

20. 两只飞船相向运动，它们相对于地面的速率都是 v。在 A 船中有一根米尺，米尺顺着飞船的运动方向放置，问 B 船中的观察者测得该米尺的长度是多少？（5 分）

四、证明题（5 分）

21. 两个等值、平行、反向且其作用线不在同一直线上的力称为力偶。一力偶作用在刚体上，两力所在的平面与刚体的转轴垂直。试证明力偶对于转轴的力矩等于力和两力间垂直距离的乘积，而与轴的位置无关。

五、简答题（5 分）

22. 两个惯性系 K 与 K′坐标轴相互平行，K′系相对于 K 系沿 x 轴作匀速运动，在 K′系的 x' 轴上，相距为 L' 的 A'、B' 两点处各放一只已经彼此对准了的钟，试问在 K 系中的观测者看这两只钟是否也是对准了？为什么？

附录B 《大学物理Ⅰ》期终考试

模拟试卷

一、选择题（每题3分，共21分）

1. 质点沿半径为 R 的圆周作匀速率运动，每 T 秒转一圈。在 $2T$ 时间间隔中，其平均速度大小与平均速率大小分别为（　　）。

(A) $2\pi R/T$，$2\pi R/T$　　(B) 0，$2\pi R/T$

(C) 0，0　　(D) $2\pi R/T$，0

2. 如附图 B-1 所示，A、B 为两个相同的绕着轻绳的定滑轮。A 滑轮挂一质量为 m 的物体，B 滑轮受拉力 F，而且 $F=mg$。设 A、B 两滑轮的角加速度分别为 β_A 和 β_B，不计滑轮轴的摩擦，则有（　　）。

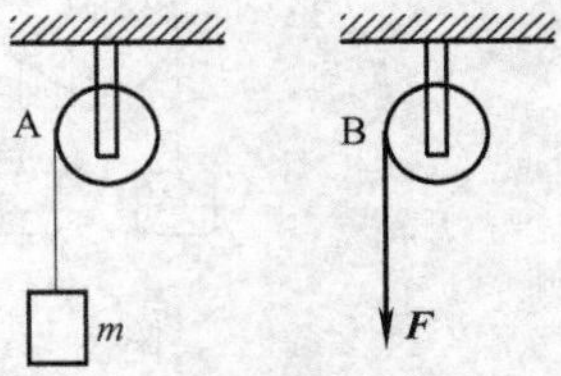

附图 B-1

(A) $\beta_A=\beta_B$　　(B) $\beta_A>\beta_B$

(C) $\beta_A<\beta_B$　　(D) 开始时 $\beta_A=\beta_B$，以后 $\beta_A<\beta_B$

3. K 系与 K′系是坐标轴相互平行的两个惯性系，K′系相对于 K 系沿 Ox 轴正方向匀速运动。一根刚性尺静止在 K′系中，与 $O'x'$轴成30°角。今在 K 系中观测得该尺与 Ox 轴成45°角，则 K′系相对于 K 系的速度是（　　）。

(A) $(2/3)c$　　(B) $(1/3)c$　　(C) $(2/3)^{1/2}c$　　(D) $(1/3)^{1/2}c$

4. 三个容器 A、B、C 中装有同种理想气体，其分子数密度 n 相同，而方均根速率之比为 $(\overline{v_A^2})^{1/2}:(\overline{v_B^2})^{1/2}:(\overline{v_C^2})^{1/2}=1:2:4$，则其压强之比 $p_A:p_B:p_C$ 为（　　）。

(A) 1:2:4　　(B) 1:4:8　　(C) 1:4:16　　(D) 4:2:1

5. 一定量的理想气体向真空作绝热自由膨胀，体积由 V_1 增至 V_2，在此过程中气体的（　　）。

(A) 热力学能不变，熵增加　　(B) 热力学能不变，熵减少

(C) 热力学能不变，熵不变　　(D) 热力学能增加，熵增加

6. 一个未带电的空腔导体球壳，内半径为 R。在腔内离球心的距离为 d 处（$d<R$），固定一点电荷 $+q$，如附图 B-2 所示。用导线把球壳接地后，再把地线撤去，选无穷远处为电势零点，则球心 O 处的电势为（　　）。

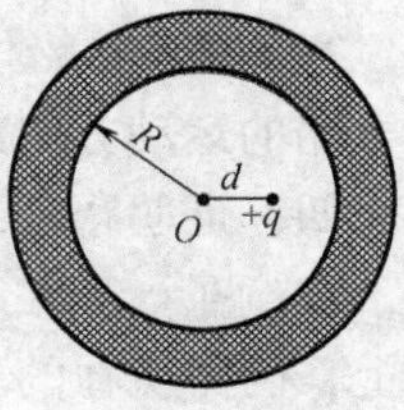

附图 B-2

(A) 0　　(B) $\dfrac{q}{4\pi\varepsilon_0 d}$

(C) $-\dfrac{q}{4\pi\varepsilon_0 R}$　　(D) $\dfrac{q}{4\pi\varepsilon_0}\left(\dfrac{1}{d}-\dfrac{1}{R}\right)$

7. C_1 和 C_2 两个电容器，其上分别标明 200pF（电容量）、500V（耐压值）和 300pF、900V。把它们串连起来在两端加上 1000V 电压，则（　　）。

(A) C_1 被击穿，C_2 不被击穿　　(B) C_2 被击穿，C_1 不被击穿

(C) 两者都被击穿　　(D) 两者都不被击穿

二、填空题（共 29 分）

8. 湖面上有一小船静止不动，船上有一打渔人质量为 60 kg，如果他在船上向船头走了 4.0m，但相对于湖底只移动了 3.0m，若水对船的阻力略去不计，则小船的质量为________。(3 分)

9. 劲度系数为 k 的弹簧，上端固定，下端悬挂重物（附图 B-3）。当弹簧伸长 x_0，重物在 O 处达到平衡，现取重物在 O 处时各种势能均为零，则当弹簧长度为原长时，系统的重力势能为________；系统的弹性势能为________；系统的总势能为________。（答案用 k 和 x_0 表示）(5 分)

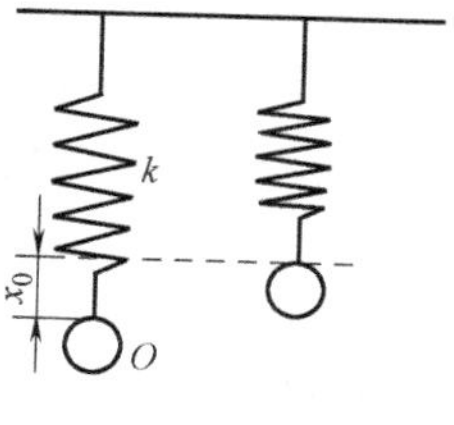

附图 B-3

10. 已知地球质量为 m_e、半径为 R，一质量为 m 的火箭从地面上升到距地面高度为 $2R$ 处，在此过程中，地球引力对火箭所做的功为________。(3 分)

11. 两个惯性系中的观察者 O 和 O' 以 $0.6c$（c 表示真空中光速）的相对速度互相接近，如果 O 测得两者的初始距离是 20m，则 O' 测得两者经过时间 $\Delta t'=$____ s 后相遇。(3 分)

12. 如附图 B-4 所示的两条 $f(v)\sim v$ 曲线分别表示氢气和氧气在同一温度下的麦克斯韦速率分布曲线。由此可得：氢气分子的最概然速率为________；氧气分子的最概然速率为________。(3 分)

13. 附图 B-5 为一理想气体几种状态变化过程的 p-V 图，其中 MT 为等温线，MQ 为绝热线，在 AM、BM、CM 三种准静态过程中：(1) 温度升高的是________过程；(2) 气体吸热的是________过程。(4 分)

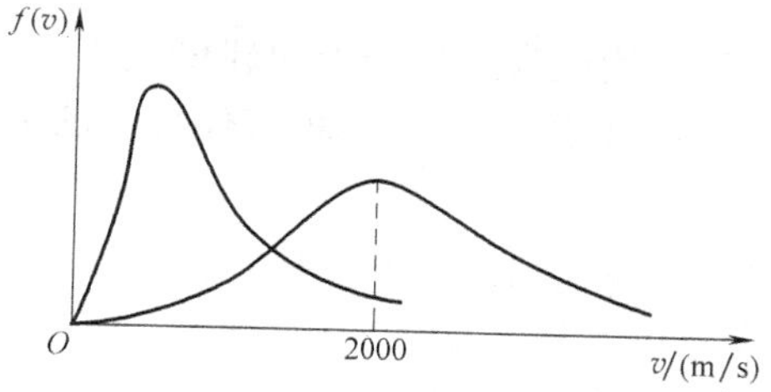

附图 B-4

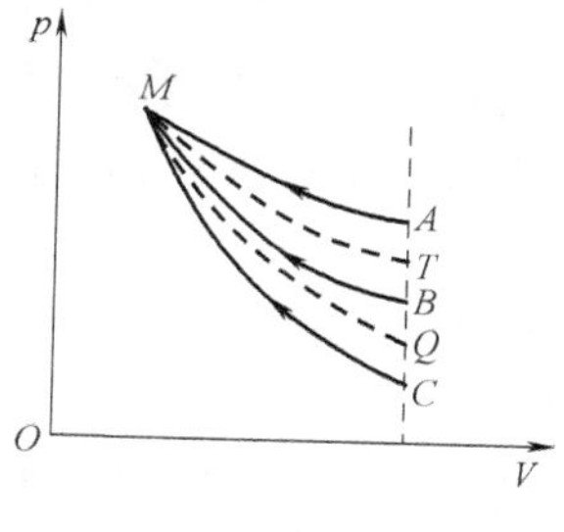

附图 B-5

14. 真空中有一半径为 R 的半圆细环，均匀带电 Q，如附图 B-6 所示。设无穷远处为电势零点，则圆心 O 点处的电势 $V=$________，若将一带电荷量为 q 的点电荷从无穷远处移到圆心 O 点，则电场力做功 $A=$________。(4 分)

15. 如附图 B-7 所示，两块很大的导体平板平行放置，面积都是 S，有一定厚度，带电荷分别为 Q_1 和 Q_2。如不计边缘效应，则 A、B、C、D 四个表面上的电荷面密度分别为________、________、________、________。(4 分)

三、计算题（共 45 分）

16. 一质点的运动轨迹如附图 B-8 所示。已知质点的质量为 20g，在 A、B 二位置处的速率都为 20m/s，$\boldsymbol{v}_A$ 与 x 轴成 45°角，$\boldsymbol{v}_B$ 垂直于 y 轴，求质点由 A 点到 B 点这段时间内作用在质点上外力的总冲量。(5 分)

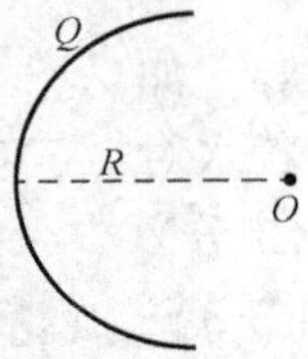

附图 B-6

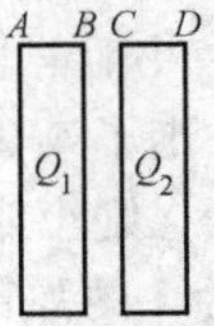

附图 B-7

17. 有一质量为 m_1、长为 l 的均匀细棒，静止平放在滑动摩擦因数为 μ 的水平桌面上，它可绕通过其端点 O 且与桌面垂直的固定光滑轴转动。另有一水平运动的质量为 m_2 的小滑块，从侧面垂直于棒与棒的另一端 A 相碰撞，设碰撞时间极短。已知小滑块在碰撞前后的速度分别为$\boldsymbol{v}_1$ 和$\boldsymbol{v}_2$，如附图 B-9 所示。求碰撞后从细棒开始转动到停止转动的过程所需的时间。(7 分)

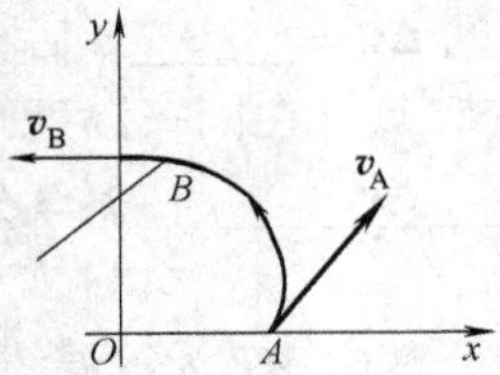

附图 B-8

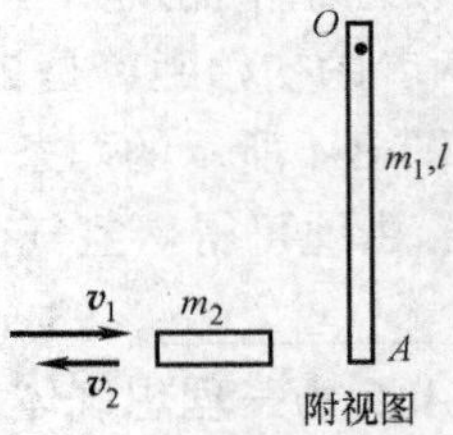

附图 B-9

18. 已知 μ 子的静止能量为 105.7MeV，平均寿命为 2.2×10^{-8}s。试求动能为 150MeV 的 μ 子的速度 v 是多少？平均寿命 τ 是多少？(5 分)

19. 容器内有 11kg 二氧化碳和 2kg 氢气（两种气体均视为刚性分子的理想气体），已知混合气体的热力学能是 8.1×10^6J。求：(1) 混合气体的温度；(2) 两种气体分子的平均动能。(5 分)

20. 气缸内有一定量的氧气（看成刚性分子理想气体），作附图 B-10 所示的循环过程，其中 ab 为等温过程，bc 为等体过程，ca 为绝热过程。已知 a 点的状态参量为 p_a、V_a、T_a，b 点的体积 $V_b=3V_a$，求该循环的效率。(8 分)

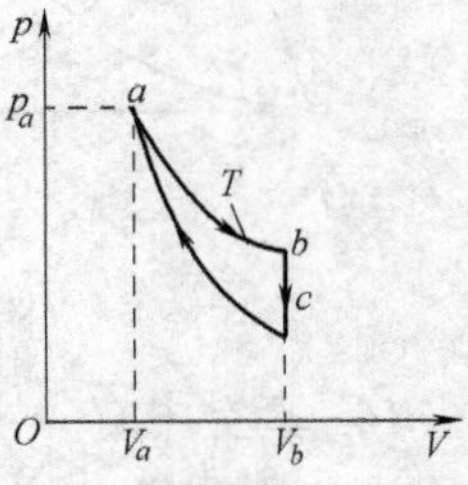

附图 B-10

21. 如附图 B-11 所示为一沿 x 轴放置的长度为 l 的不均匀带电细棒，其电荷线密度为 $\lambda=\lambda_0(x-a)$，λ_0 为一常量。取无穷远处为电势零点，求坐标原点 O 处的电势。(5 分)

22. 一圆柱形电容器，内圆柱的半径为 R_1，外圆柱的半径为 R_2，长为 $L[L>>(R_2-R_1)]$，两圆柱之间充满相对介电常数为 ε_r 的各向同性均匀电介质。设内外圆柱单位长度上带电荷（即电荷线密度）分别为 λ 和 $-\lambda$，求：(1) 电容器的电容；(2) 电容器储存的能量。(10 分)

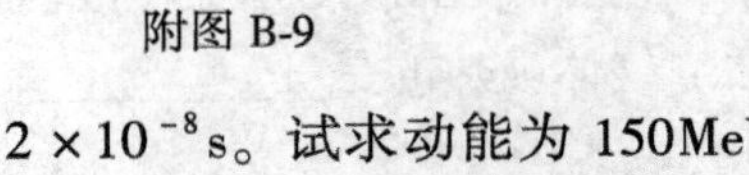

附图 B-11

四、错误改正题（5 分）

23. 将平行板电容器接上电源后，用相对介电常量为 ε_r 的各向同性均匀电介质充满其内。下列说法是否正确？如有错误请改正。(1) 极板上电荷增加为原来的 ε_r 倍；(2) 介质内

电场强度为原来的 $1/\varepsilon_r$ 倍；(3) 电场能量减少为原来的 $1/\varepsilon_r^2$ 倍。

附加题（共 10 分，每题 5 分）

1. 有人企图在如附图 B-12 所示的两块成一定夹角的带电金属平板间形成一种静电场，其电场线在垂直于两平板相交的线的平面上，为一系列疏密均匀的同心圆弧，这些圆弧的圆心在两板的交线上，这种静电场是否可能存在？理由如何？

2. 如附图 B-13 所示，一质量 $m=100\text{g}$ 的小球，固结于一刚性轻杆的一端，杆长 $l=20\text{cm}$，可绕通过 O 点的水平光滑固定轴转动。今将杆拉起，使小球与 O 点在同一高度并放手，使小球由静止开始运动。当小球落至 O 点正下方时，与一倾角 $\alpha=30°$ 的光滑并且固定着的斜面作历时 $\Delta t=0.01\text{s}$ 的完全弹性碰撞，求斜面作用于小球的平均冲力的大小 $\overline{F}$。

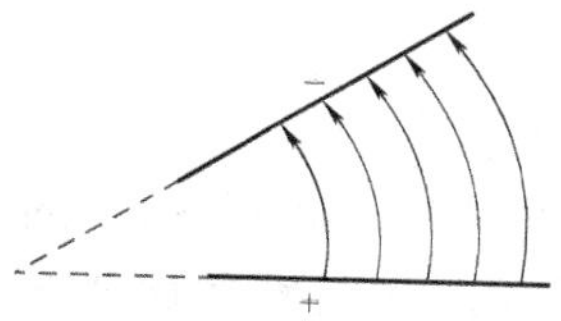

附图 B-12

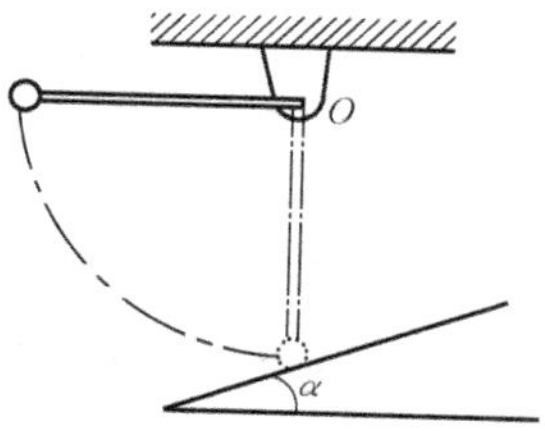

附图 B-13

附录 C 《大学物理Ⅱ》期中考试

模拟试卷

一、选择题（每题 3 分，共 21 分）

1. 有一无限长通电流的扁平铜片，宽度为 a，厚度不计，电流 I 在铜片上均匀分布，在铜片外与铜片共面，离铜片右边缘为 b 处的 P 点（附图 C-1）的磁感强度 $\boldsymbol{B}$ 的大小为（　　）。

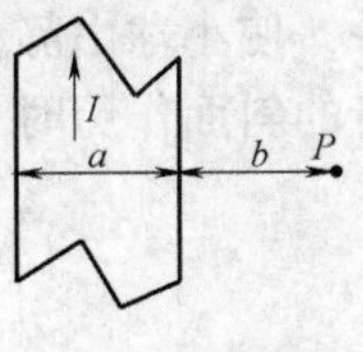

附图 C-1

（A）$\dfrac{\mu_0 I}{2\pi(a+b)}$　　（B）$\dfrac{\mu_0 I}{2\pi a}\ln\dfrac{a+b}{b}$

（C）$\dfrac{\mu_0 I}{2\pi b}\ln\dfrac{a+b}{b}$　　（D）$\dfrac{\mu_0 I}{\pi(a+2b)}$

2. 有一半径为 R 的单匝圆线圈，通以电流 I，若将该导线弯成匝数 $N=2$ 的平面圆线圈，导线长度不变，并通以同样的电流，则线圈中心的磁感强度和线圈的磁矩分别是原来的（　　）。

（A）4 倍和 1/8　（B）4 倍和 1/2　（C）2 倍和 1/4　（D）2 倍和 1/2

3. 在圆柱形空间内有一磁感强度为 $\boldsymbol{B}$ 的均匀磁场，如附图 C-2 所示，$\boldsymbol{B}$ 的大小以速率 $\mathrm{d}B/\mathrm{d}t$ 变化。有一长度为 l_0 的金属棒先后放在磁场的两个不同位置 1(ab) 和 2($a'b'$)，则金属棒在这两个位置时棒内的感应电动势的大小关系为（　　）。

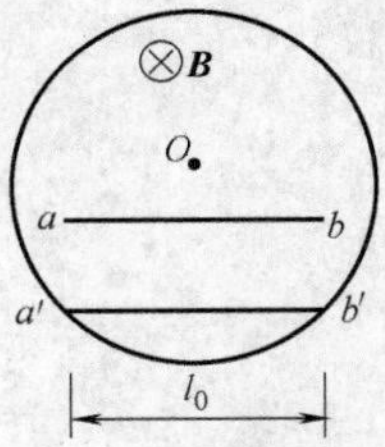

附图 C-2

（A）$\mathscr{E}_2=\mathscr{E}_1\neq 0$　（B）$\mathscr{E}_2>\mathscr{E}_1$　（C）$\mathscr{E}_2<\mathscr{E}_1$　（D）$\mathscr{E}_2=\mathscr{E}_1=0$

4. 两根很长的平行直导线，其间距离为 a，与电源组成闭合回路，如附图 C-3 所示。已知导线上的电流为 I，在保持 I 不变的情况下，若将导线间的距离增大，则空间的（　　）。

（A）总磁能将增大　　（B）总磁能将减少

（C）总磁能将保持不变　　（D）总磁能的变化不能确定

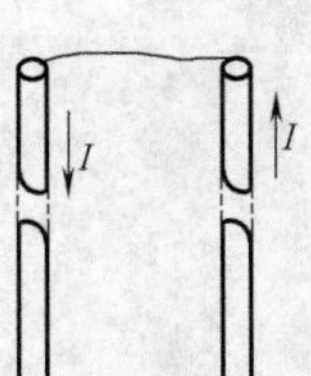

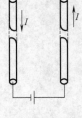

附图 C-3

5. 一质点作简谐振动，周期为 T。当它由平衡位置向 x 轴正方向运动时，从二分之一最大位移处到最大位移处这段路程所需要的时间为（　　）。

（A）$T/12$　（B）$T/8$　（C）$T/6$　（D）$T/4$

6. 在弦线上有一简谐波，其表达式是

$$y_1=2.0\times10^{-2}\cos\left[2\pi\left(\frac{t}{0.02}-\frac{x}{20}\right)+\frac{\pi}{3}\right]\text{(SI)}$$

为了在此弦线上形成驻波，并且在 $x=0$ 处为一波节，此弦线上还应有一简谐波，其表达式为（　　）。

（A）$y_2=2.0\times10^{-2}\cos\left[2\pi\left(\dfrac{t}{0.02}+\dfrac{x}{20}\right)+\dfrac{\pi}{3}\right]$(SI)

（B）$y_2=2.0\times10^{-2}\cos\left[2\pi\left(\dfrac{t}{0.02}+\dfrac{x}{20}\right)+\dfrac{2\pi}{3}\right]$(SI)

（C）$y_2 = 2.0\times10^{-2}\cos\left[2\pi\left(\frac{t}{0.02}+\frac{x}{20}\right)+\frac{4\pi}{3}\right]$（SI）

（D）$y_2 = 2.0\times10^{-2}\cos\left[2\pi\left(\frac{t}{0.02}+\frac{x}{20}\right)-\frac{\pi}{3}\right]$（SI）

7. 正在报警的警钟，每隔0.5s响一声，有一人在以72km/h的速度向警钟所在地驶去的火车里，这个人在1min内听到的响声是（设声音在空气中的传播速度是340m/s）。

（A）113次　（B）120次　（C）127次　（D）128次

二、填空题（共29分）

8. 半径为0.5cm的无限长直圆柱形导体上，沿轴线方向均匀地流着 $I=3\text{A}$ 的电流。作一个半径 $r=5\text{cm}$、长 $l=5\text{cm}$ 且与电流同轴的圆柱形闭合曲面 S（附图C-4），则该曲面上的磁感强度 $\boldsymbol{B}$ 沿曲面的积分 $\oint\!\!\oint \boldsymbol{B}\cdot\mathrm{d}\boldsymbol{S}=$ ________。（3分）

9. 一个顶角为30°的扇形区域内有垂直于纸面向内的均匀磁场 $\boldsymbol{B}$。有一质量为 m、电荷为 q（$q>0$）的粒子，从一个边界上的距顶点为 l 的地方以速率 $v=lqB/(2m)$ 垂直于边界射入磁场（附图C-5），则粒子从另一边界上的射出的点与顶点的距离为________，粒子出射方向与该边界的夹角为________。（4分）

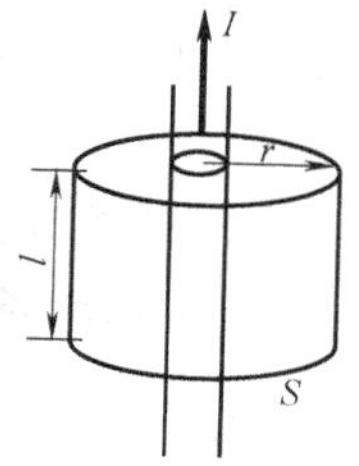

附图C-4

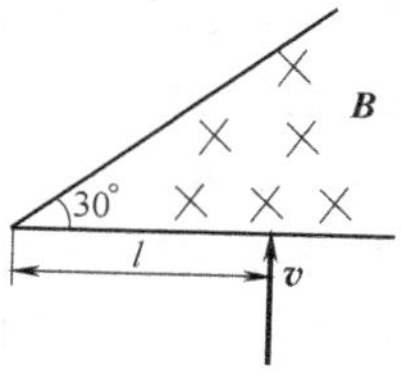

附图C-5

10. 一电子以速率 $v=2.20\times10^6\text{m/s}$ 垂直于磁力线射入磁感强度为 $B=2.36\text{T}$ 的均匀磁场，则该电子的轨道磁矩为________，其方向与磁场方向________。（电子质量为 $m=9.11\times10^{-31}\text{kg}$）（3分）

11. 两个在同一平面内的同心圆线圈，大圆半径为 R，通有电流 I_1，小圆半径为 r，通有电流 I_2，电流方向如附图C-6所示，且 $r\ll R$。那么小线圈从图示位置转到两线圈平面相互垂直位置的过程中，磁力矩所做的功为________。（3分）

12. 如附图C-7所示，一直角三角形 abc 回路放在一磁感强度为 B 的均匀磁场中，磁场的方向与直角边 ab 平行，回路绕 ab 边以匀角速度 ω 旋转，则 ac 边中的动生电动势为________，整个回路产生的动生电动势为________。（3分）

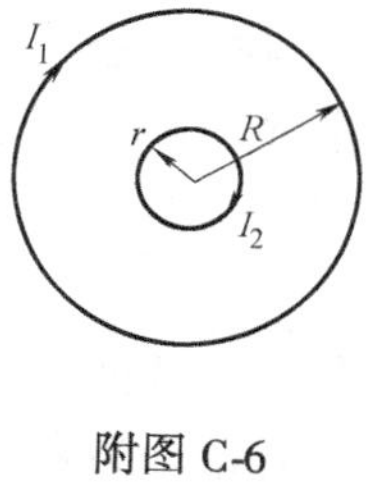

附图C-6

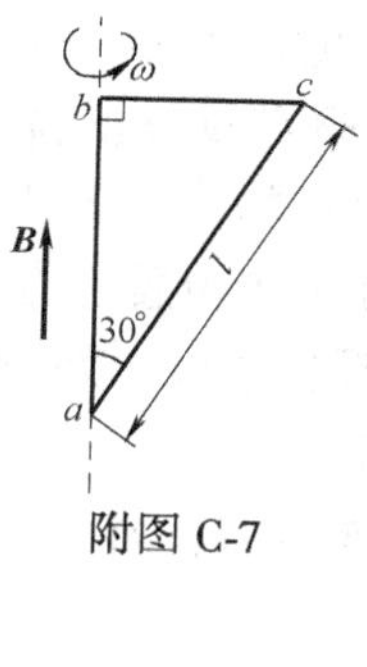

附图C-7

13. 半径为 r 的两块圆板组成的平行板电容器充了电，在放电时两板间的电场强度的大小为 $E=E_0\mathrm{e}^{-t/RC}$，式中 E_0、R、C 均为常数，则两板间的位移电流的大小为________，其方向与电场强度方向________。(3 分)

14. 一物块悬挂在弹簧下方作简谐振动，当这物块的位移等于振幅的一半时，其动能是总能量的________（设平衡位置处势能为零）。当这物块在平衡位置时，弹簧的长度比原长长 Δl，这一振动系统的周期为________。(4 分)

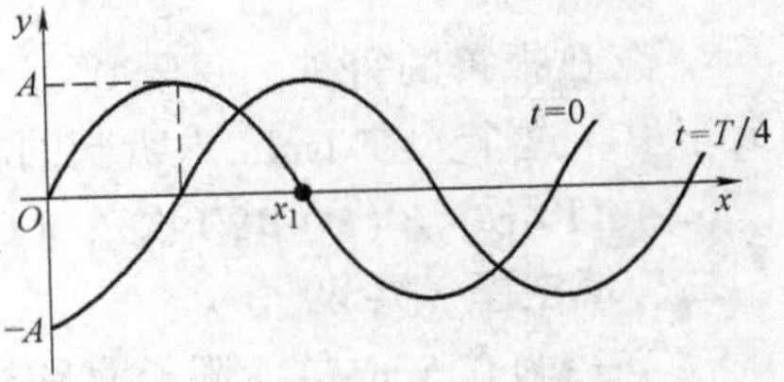

附图 C-8

15. 附图 C-8 为一简谐波在 $t=0$ 时刻与 $t=T/4$ 时刻（T 为周期）的波形图，则 x_1 处质点的振动方程为________。(3 分)

16. 两相干波源 S_1 和 S_2 的振动方程分别是 $y_1=A\cos\omega t$ 和 $y_2=A\cos\left(\omega t+\dfrac{1}{2}\pi\right)$，$S_1$ 距 P 点 3 个波长，S_2 距 P 点 21/4 个波长。两波在 P 点引起的两个振动的相位差是________。(3 分)

三、计算题

17. 有一长直导体圆管，内外半径分别为 R_1 和 R_2（附图 C-9），它所载的电流 I_1 均匀分布在其横截面上，导体旁边有一绝缘“无限长”直导线，载有电流 I_2，且在中部绕了一个半径为 R 的圆圈。设导体管的轴线与长直导线平行，相距为 d，而且它们与导体圆圈共面，求圆心 O 点处的磁感应强度 $\boldsymbol{B}$。(8 分)

18. 如附图 C-10 所示，载有电流 I_1 和 I_2 的长直导线 ab 和 cd 相互平行，相距为 $3r$，今有载有电流 I_3 的导线 $MN=r$，水平放置，且其两端 MN 分别与 I_1、I_2 的距离都是 r，ab、cd 和 MN 共面，求导线 MN 所受的磁力大小和方向。(7 分)

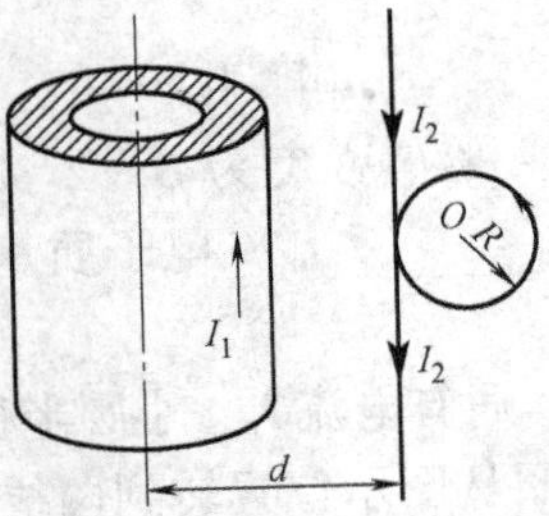

附图 C-9

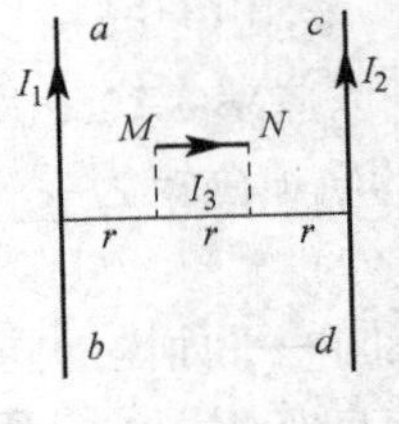

附图 C-10

19. 如附图 C-11 所示，在纸面所在的平面内有一载有电流 I 的无限长直导线，其旁另有一边长为 l 的等边三角形线圈 ACD，该线圈的 AC 边与长直导线距离最近且相互平行。今使线圈 ACD 在纸面内以匀速 $\boldsymbol{v}$ 远离长直导线运动，且 $\boldsymbol{v}$ 与长直导线相垂直。求当线圈 AC 边与长直导线相距 a 时，线圈 ACD 内的动生电动势 $\mathscr{E}$。(10 分)

20. 一轻弹簧在 60N 的拉力下伸长 30cm。现把质量为 4kg 的物体悬挂在该弹簧的下端并使之静止，再把物体向下拉 10cm，然后由静止释放并开始计时。求：(1) 物体的振动方程；(2) 物体在平衡位置上方 5cm 时弹簧对物体的拉力；(3) 物体从第一次越过平衡位置时刻起到它运动到上方 5cm 处所需要的最短时间。(10 分)

21. 如附图 C-12 所示，三个频率相同、振动方向相同（垂直于纸面）的简谐波，在传播过程中在 O 点相遇，若三个简谐波各自单独在 S_1、S_2 和 S_3 的振动方程分别为 $y_1=A\cos$

$\left(\omega t+\frac{1}{2}\pi\right)$、$y_2=A\cos\omega t$ 和 $y_3=2A\cos\left(\omega t-\frac{1}{2}\pi\right)$；且$\overline{S_2O}=4\lambda$，$\overline{S_1O}=\overline{S_3O}=5\lambda$（$\lambda$ 为波长），求 O 点的合振动方程。(设传播过程中各波振幅不变)（5 分）

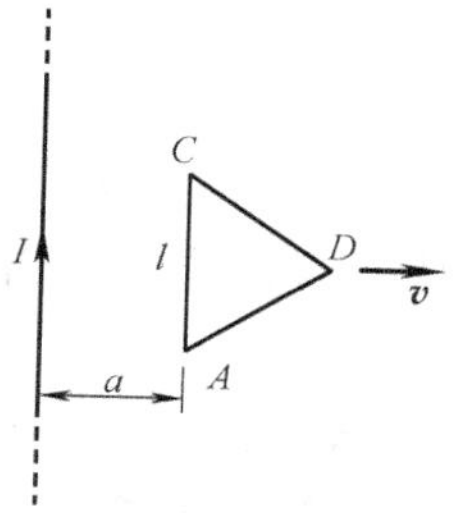

附图 C-11

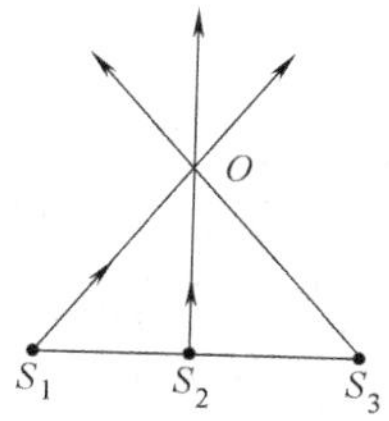

附图 C-12

四、证明题（5 分）

22. 一单匝线圈，用互相缠绕的两根导线接到一电表 G 上，设线圈内初始磁通量的稳定值为 Φ_1，今使磁通量发生变化，而最后达到新的稳定值 Φ_2（附图 C-13）。试证明通过线圈导线之感应电荷 Q 与磁通量变化率无关，而仅与 Φ_1、Φ_2 以及整个电路的总电阻 R 有关。

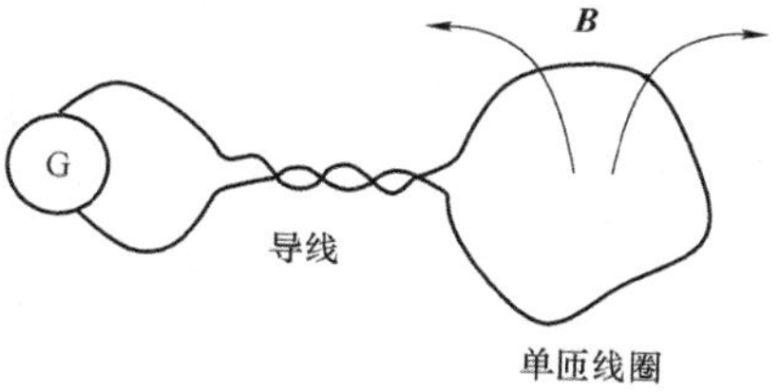

附图 C-13

五、简答题（5 分）

23. 用金属丝绕成的标准电阻要求无自感，怎样绕制才能达到这一要求？为什么？

附录 D 《大学物理Ⅱ》期终考试

模拟试卷

一、选择题（每题 3 分，共 24 分）

1. 如附图 D-1 所示，无限长直载流导线与正三角形载流线圈在同一平面内，若长直导线固定不动，则载流三角形线圈将（　　）。

（A）向着长直导线平移　（B）离开长直导线平移　（C）转动　（D）不动

2. 如附图 D-2 所示，一电荷为 q 的点电荷，以匀角速度 ω 作圆周运动，圆周的半径为 R。设 $t=0$ 时 q 所在点的坐标为 $x_0=R$，$y_0=0$，以 $\boldsymbol{i}$、$\boldsymbol{j}$ 分别表示 x 轴和 y 轴上的单位矢量，则圆心处 O 点的位移电流密度为（　　）。

（A）$\dfrac{q\omega}{4\pi R^2}\sin\omega t\boldsymbol{i}$　（B）$\dfrac{q\omega}{4\pi R^2}\cos\omega t\boldsymbol{j}$　（C）$\dfrac{q\omega}{4\pi R^2}\boldsymbol{k}$　（D）$\dfrac{q\omega}{4\pi R^2}(\sin\omega t\boldsymbol{i}-\cos\omega t\boldsymbol{j})$

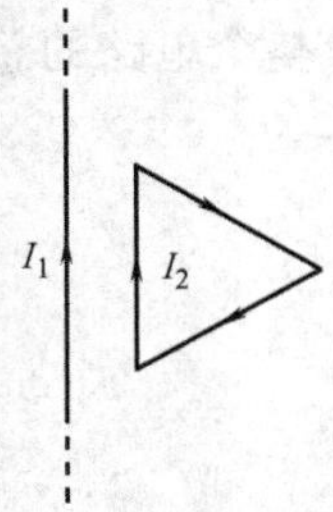

附图 D-1

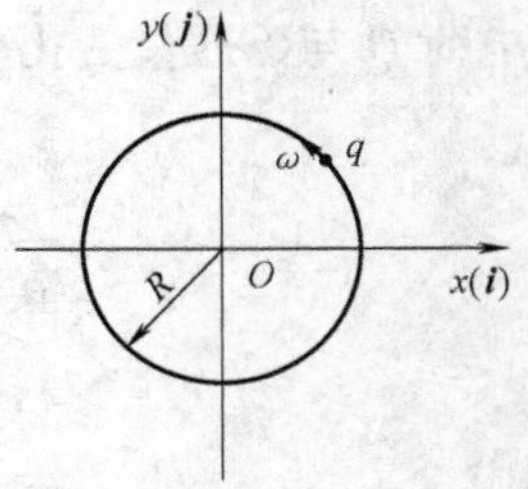

附图 D-2

3. 如附图 D-3 所示，有一平面简谐波沿 x 轴负方向传播，坐标原点 O 的振动规律为 $y=A\cos(\omega t+\phi_0)$，则 B 点的振动方程为（　　）。

（A）$y=A\cos[\omega t-(x/u)+\phi_0]$　（B）$y=A\cos\omega[t+(x/u)]$

（C）$y=A\cos\{\omega[t-(x/u)]+\phi_0\}$　（D）$y=A\cos\{\omega[t+(x/u)]+\phi_0\}$

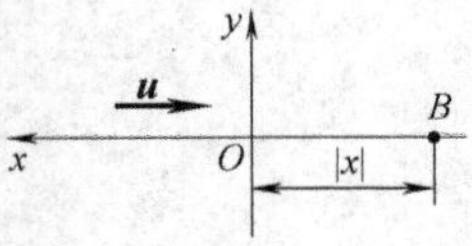

附图 D-3

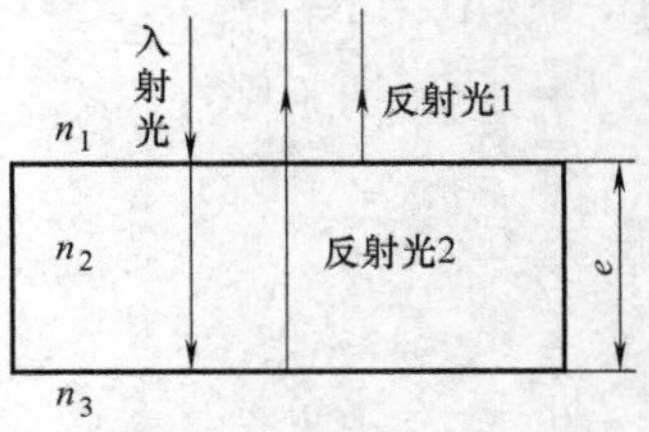

附图 D-4

4. 单色平行光垂直照射在薄膜上，经上下两表面反射的两束光发生干涉，如附图 D-4 所示，若薄膜的厚度为 e，且 $n_1<n_2>n_3$，λ_1 为入射光在 n_1 中的波长，则两束反射光的光程差为（　　）。

（A）$2n_2e$　（B）$2n_2e-\lambda_1/(2n_1)$　（C）$2n_2e-n_1\lambda_1/2$　（D）$2n_2e-n_2\lambda_1/2$

5. 一束光强为 I_0 的自然光，相继通过三个偏振片 P_1、P_2、P_3 后，出射光的光强为 $I=I_0/8$。已知 P_1 和 P_3 的偏振化方向相互垂直，若以入射光线为轴，旋转 P_2，要使出射光的光强为零，P_2 最少要转过的角度是（　　）。

（A）30°　　（B）45°　　（C）60°　　（D）90°

6. 在均匀磁场 B 内放置一极薄的金属片，其红限波长为 λ_0。今用单色光照射，发现有电子放出，有些放出的电子（质量为 m、电荷的绝对值为 e）在垂直于磁场的平面内作半径为 R 的圆周运动，那末此照射光光子的能量是（　　）。

（A）$\dfrac{hc}{\lambda_0}$　　（B）$\dfrac{hc}{\lambda_0}+\dfrac{(eRB)^2}{2m}$　　（C）$\dfrac{hc}{\lambda_0}+\dfrac{eRB}{m}$　　（D）$\dfrac{hc}{\lambda_0}+2eRB$

7. 已知粒子在一维矩形无限深势阱中运动，其波函数为

$$\psi(x)=\frac{1}{\sqrt{a}}\cdot\cos\frac{3\pi x}{2a}(-a\leqslant x\leqslant a)$$

那么粒子在 $x=5a/6$ 处出现的概率密度为（　　）。

（A）$1/(2a)$　　（B）$1/a$　　（C）$1/\sqrt{2}a$　　（D）$1/\sqrt{a}$

8. 光子能量为 0.5MeV 的 X 射线，入射到某种物质上而发生康普顿散射。若反冲电子的能量为 0.1MeV，则散射光波长的改变量 $\Delta\lambda$ 与入射光波长 λ_0 之比值为（　　）。

（A）0.20　　（B）0.25　　（C）0.30　　（D）0.35

二、填空题（共 30 分）

9. 如附图 D-5 所示，一半径为 R，通有电流为 I 的圆形回路，位于 Oxy 平面内，圆心为 O。一带正电荷为 q 的粒子，以速度 $\boldsymbol{v}$ 沿 z 轴向上运动，当带正电荷的粒子恰好通过 O 点时，作用于圆形回路上的力为________，作用在带电粒子上的力为________。（4 分）

10. 如附图 D-6 所示，一导线构成一正方形线圈然后对折，并使其平面垂直置于均匀磁场 $\boldsymbol{B}$。当线圈的一半不动，另一半以角速度 ω 张开时（线圈边长为 $2l$），线圈中感应电动势的大小 $\varepsilon=$________。（设此时的张角为 θ）（3 分）

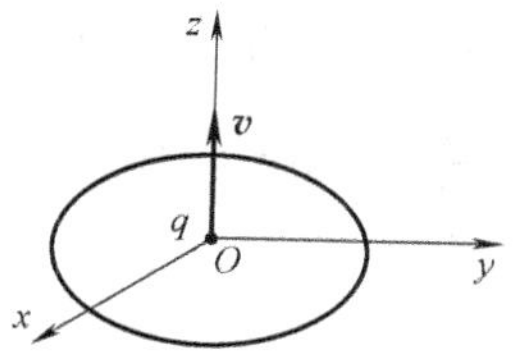

附图 D-5

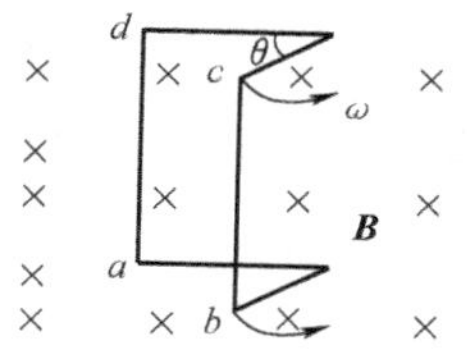

附图 D-6

11. 一质点作简谐振动，速度最大值 $v_m=5\text{cm/s}$，振幅 $A=2\text{cm}$。若令速度具有正最大值的那一时刻为 $t=0$，则振动表达式为____________。（3 分）

12. 附图 D-7 中所示为两个简谐振动的振动曲线，若以余弦函数表示这两个振动的合成结果，则合振动的方程为 $x=x_1+x_2=$____________（SI）。（3 分）

13. 设入射波的表达式为 $y_1=A\cos 2\pi\left(vt+\dfrac{x}{\lambda}\right)$，波在 $x=0$ 处发生反射，反射点为固定端，则形成的驻波表达式为____________。（3 分）

14. 附图 D-8a 为一块光学平板玻璃与一个加工过的平面一端接触，构成的空气劈尖，用波长为 λ 的单色光垂直照射。看到反射光干涉条纹（实线为暗条纹）如附图 D-8b 所示。则干涉条纹上 A 点处所对应的空气薄膜厚度为 $e=$____________。（3 分）

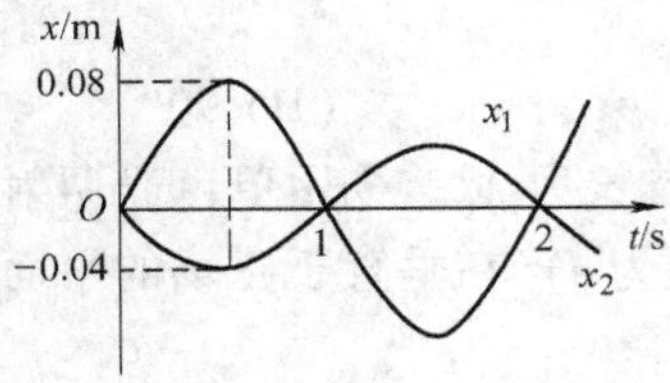

附图 D-7

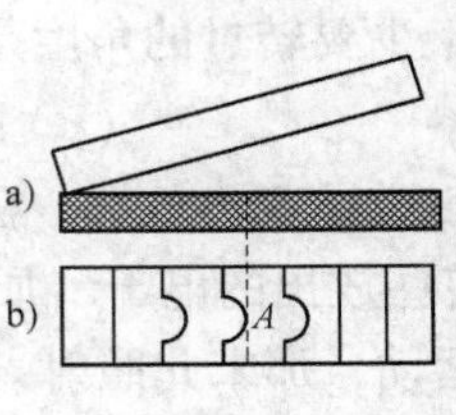

附图 D-8

15. 钠黄光双线的两个波长分别是 589.00nm 和 589.59nm（$1\text{nm}=10^{-9}\text{m}$），若平面衍射光栅能够在第二级光谱中分辨这两条谱线，光栅的缝数至少是____________。（3 分）

16. 假设某一介质对于空气的临界角是 45°，则光从空气射向此介质时的布儒斯特角是____________。（3 分）

17. 在电子单缝衍射实验中，若缝宽为 $a=0.1\text{nm}$，电子束垂直射在单缝面上，则衍射的电子横向动量的最小不确定量 $\Delta p_y=$____________N · s。（3 分）

18. 锂（$Z=3$）原子中含有 3 个电子，电子的量子态可用（n、l、m_l、m_s）四个量子数来描述，若已知基态锂原子中一个电子的量子态为$\left(1,\ 0,\ 0,\ \frac{1}{2}\right)$，则其余两个电子的量子态分别为__________和__________。（2 分）

三、计算题（共 38 分）

19. 一根无限长直导线载有电流 $I_1=20\text{A}$，一矩形回路载有电流 $I_2=10\text{A}$，二者共面，如附图 D-9 所示。已知 $a=0.01\text{m}$，$b=0.08\text{m}$，$l=0.12\text{m}$，求：（1）作用在矩形回路上的合力；（2）$I_2=0$ 时，通过矩形面积的磁通量；（3）外力使矩形回路绕虚线对称轴转 30°角，外力克服磁力所做功。（10 分）

20. 均匀磁场 $\boldsymbol{B}$ 被限制在半径 $R=10\text{cm}$ 的无限长圆柱空间内，方向垂直纸面向里。取一固定的等腰梯形回路 $abcd$，梯形所在平面的法向与圆柱空间的轴平行，位置如附图 D-10 所示。设磁感强度以 $\text{d}B/\text{d}t=1\text{T/s}$ 的匀速率增加，已知 $\theta=\frac{1}{3}\pi$，$\overline{Oa}=\overline{Ob}=6\text{cm}$，求等腰梯形回路中感生电动势的大小和方向。（7 分）

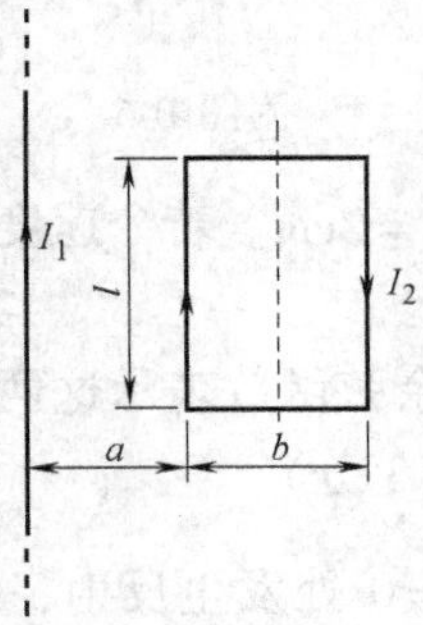

附图 D-9

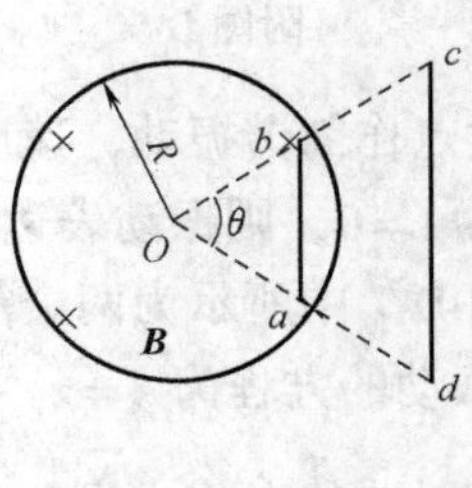

附图 D-10

21. 如附图 D-11 所示，一平面简谐波沿 x 轴正方向传播，BC 为波密媒质的反射面，波由 P 点反射，$\overline{OP}=3\lambda/4$，$\overline{DP}=\lambda/6$。在 $t=0$ 时，O 处质点的合振动是经过平衡位置向负方向运动。求 D 点处入射波与反射波的合振动方程。（设入射波和反射波的振幅皆为 A、频率

为 ν）（8 分）

22. 波长为 600nm 的单色光垂直入射到宽度为 $a=0.10\text{mm}$ 的单缝上，观察夫琅和费衍射图样，透镜焦距 $f=1.0\text{m}$，屏在透镜的焦平面处。求：（1）中央衍射明条纹的宽度 Δx_0；（2）第二级暗纹离透镜焦点的距离 x_2。（8 分）

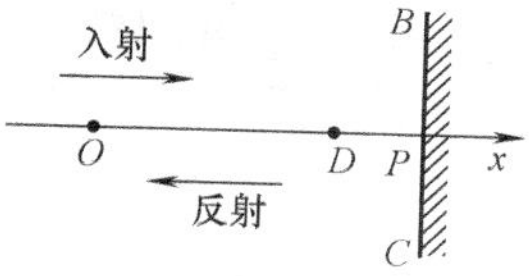

附图 D-11

23. 已知第一玻尔轨道半径 a，试计算当氢原子中电子沿第 n 玻尔轨道运动时，其相应的德布罗意波长是多少？（5 分）

四、证明题（8 分）

24. 利用牛顿环的条纹可以测定平凹透镜的凹球面的曲率半径，方法是将已知半径的平凸透镜的凸球面放置在待测的凹球面上，在两球面间形成空气薄层，如附图 D-12 所示，用波长为 λ 的平行单色光垂直照射，观察反射光形成的干涉条纹。试证明若中心 O 点处刚好接触，则第 k 个暗环的半径 r_k 与凹球面半径 R_2、凸面半径 R_1（$R_1<R_2$）及入射光波长 λ 的关系为

$$r_k^2=R_1R_2k\lambda/(R_2-R_1)\qquad (k=1,2,3\cdots)$$

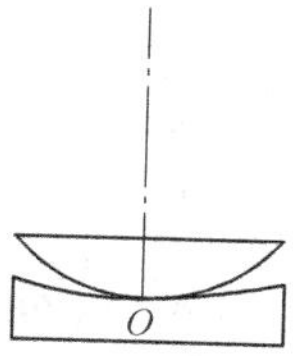

附图 D-12

五、附加题（每题 5 分，共 10 分）

1. 设电子为半径 R 的小球，电荷分布于其表面。当电子以速度 v（v 远小于真空中光速）运动时，在电子周围无限大空间建立磁场，试计算磁场总能量。

2. 一束具有动量 $\boldsymbol{p}$ 的电子，垂直地射入宽度为 a 的狭缝，若在狭缝后远处与狭缝相距为 R 的地方放置一块荧光屏，试证明屏幕上衍射图样中央最大强度的宽度 $d=2Rh/(ap)$，式中 h 为普朗克常量。

附录 E　硕士研究生入学考试《普通物理》

模拟试卷

（满分 150 分）

一、选择题（每题 3 分，共 36 分）

1. 质量为 m 的质点在外力作用下，其运动方程为

$$\boldsymbol{r} = A\cos\omega t\boldsymbol{i} + B\sin\omega t\boldsymbol{j}$$

式中 A、B、ω 都是正的常量，由此可知外力在 $t=0$ 到 $t=\pi/(2\omega)$ 这段时间内所做的功为（　　）。

（A）$\frac{1}{2}m\omega^2(A^2+B^2)$　　（B）$m\omega^2(A^2+B^2)$

（C）$\frac{1}{2}m\omega^2(A^2-B^2)$　　（D）$\frac{1}{2}m\omega^2(B^2-A^2)$

2. 体重、身高相同的甲乙两人，分别用双手握住跨过无摩擦轻滑轮的绳子各一端，他们从同一高度由初速为零向上爬，经过一定时间，甲相对绳子的速率是乙相对绳子速率的两倍，则到达顶点的情况是（　　）。

（A）甲先到达　　（B）乙先到达

（C）同时到达　　（D）谁先到达不能确定

3. 一匀质矩形薄板，在它静止时测得其长为 a、宽为 b、质量为 m_0，由此可算出其面积密度为 m_0/ab。假定该薄板沿长度方向以接近光速的速度 v 作匀速直线运动，此时再测算该矩形薄板的面积密度则为（　　）。

（A）$\dfrac{m_0\sqrt{1-(v/c)^2}}{ab}$　　（B）$\dfrac{m_0}{ab\sqrt{1-(v/c)^2}}$

（C）$\dfrac{m_0}{ab[1-(v/c)^2]}$　　（D）$\dfrac{m_0}{ab[1-(v/c)^2]^{3/2}}$

4. 理想气体卡诺循环过程的两条绝热线下的面积大小（附图 E-1 中阴影部分）分别为 S_1 和 S_2，则二者的大小关系是（　　）。

（A）$S_1 > S_2$　（B）$S_1 = S_2$　（C）$S_1 < S_2$　（D）无法确定

5. 如附图 E-2 所示，两个同心球壳，内球壳半径为 R_1，均匀带有电荷 Q；外球壳半径

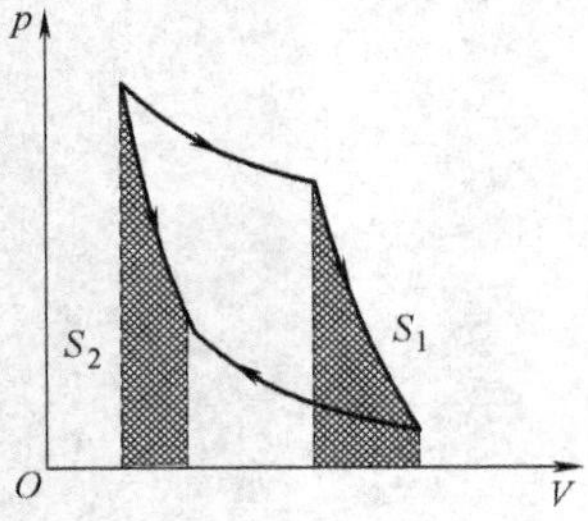

附图 E-1

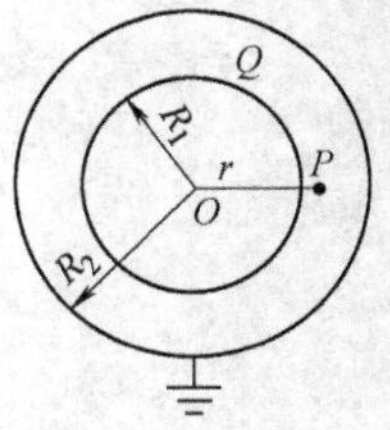

附图 E-2

为 R_2，壳的厚度忽略，原先不带电，但与地相连接。设地为电势零点，则在两球之间、距离球心为 r 的 P 点处电场强度的大小与电势分别为（　　）。

（A）$E=\dfrac{Q}{4\pi\varepsilon_0 r^2}$，$U=\dfrac{Q}{4\pi\varepsilon_0 r}$　（B）$E=\dfrac{Q}{4\pi\varepsilon_0 r^2}$，$U=\dfrac{Q}{4\pi\varepsilon_0}\left(\dfrac{1}{R_1}-\dfrac{1}{r}\right)$

（C）$E=\dfrac{Q}{4\pi\varepsilon_0 r^2}$，$U=\dfrac{Q}{4\pi\varepsilon_0}\left(\dfrac{1}{r}-\dfrac{1}{R_2}\right)$　（D）$E=0$，$U=\dfrac{Q}{4\pi\varepsilon_0 R_2}$

6. 两根很长的平行直导线，其间距离 d，与电源组成回路如附图 E-3。已知导线上的电流为 I，两根导线的横截面的半径均为 r_0。设用 L 表示两导线回路单位长度的自感系数，则沿导线单位长度的空间内的总磁能 W_m 为（　　）。

（A）$\dfrac{1}{2}LI^2$　（B）$\dfrac{1}{2}LI^2+I^2\int_{r_0}^{\infty}\left[\dfrac{\mu_0 I}{2\pi r}-\dfrac{\mu_0 I}{2\pi(d+r)}\right]^2 2\pi r\mathrm{d}r$

（C）∞　（D）$\dfrac{1}{2}LI^2+\dfrac{\mu_0 I^2}{2\pi}\ln\dfrac{d}{r_0}$

7. 劲度系数分别为 k_1 和 k_2 的两个轻弹簧串联在一起，下面挂着质量为 m 的物体，构成一个竖挂的弹簧振子（附图 E-4），则该系统的振动周期为（　　）。

（A）$T=2\pi\sqrt{\dfrac{m(k_1+k_2)}{2k_1k_2}}$　（B）$T=2\pi\sqrt{\dfrac{m}{(k_1+k_2)}}$

（C）$T=2\pi\sqrt{\dfrac{m(k_1+k_2)}{k_1k_2}}$　（D）$T=2\pi\sqrt{\dfrac{2m}{k_1+k_2}}$

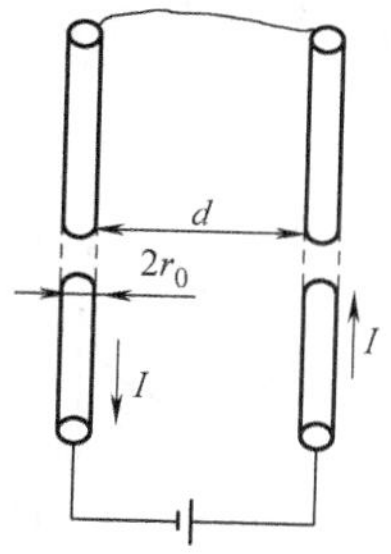

附图 E-3

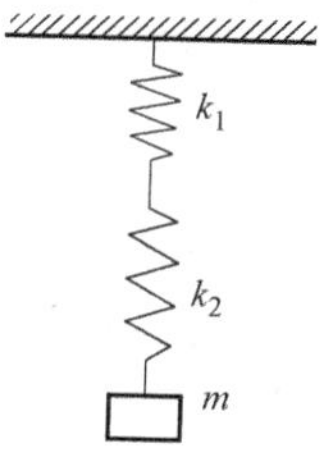

附图 E-4

8. 两相干波源 S_1 和 S_2 相距 $\lambda/4$，（λ 为波长），S_1 的相位比 S_2 的相位超前 $\dfrac{1}{2}\pi$，如附图 E-5 所示。在 S_1、S_2 的连线上，S_1 外侧各点（例如 P 点）两波引起的两谐振动的相位差是（　　）。

（A）0　（B）$\dfrac{1}{2}\pi$　（C）π　（D）$\dfrac{3}{2}\pi$

9. 一束波长为 λ 的单色光由空气垂直入射到折射率为 n 的透明薄膜上，透明薄膜放在空气中，要使反射光得到干涉加强，则薄膜最小的厚度为（　　）。

（A）$\lambda/4$　（B）$\lambda/(4n)$　（C）$\lambda/2$　（D）$\lambda/(2n)$

10. 一束光是自然光和线偏振光的混合光，让它垂直通过一偏振片。若以此入射光束为轴旋转偏振片，测得透射光强度最大值是最小值的 5 倍，那么入射光束中自然光与线偏振光的光强比值为（　　）。

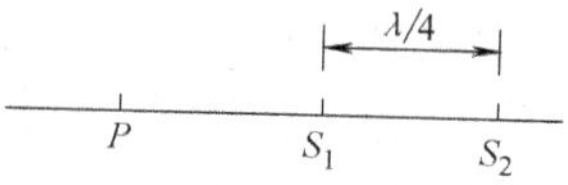

附图 E-5

(A) 1/2　　(B) 1/3　　(C) 1/4　　(D) 1/5

11. 假定氢原子原是静止的，则氢原子从 $n=3$ 的激发状态直接通过辐射跃迁到基态时的反冲速度大约是（　　）。

(A) 4m/s　　(B) 10m/s　　(C) 100m/s　　(D) 400m/s

(氢原子的质量 $m=1.67\times10^{-27}$ kg)

12. 波长 $\lambda=5000\text{Å}$ 的光沿 x 轴正向传播，若光的波长的不确定量 $\Delta\lambda=10^{-3}\text{Å}$，则利用不确定关系式 $\Delta p_x\Delta x\geqslant h$ 可得光子的 x 坐标的不确定量至少为（　　）。

(A) 25cm　　(B) 50cm　　(C) 250cm　　(D) 500cm

二、填空题（共 40 分）

13. 在一水平放置的质量为 m、长度为 l 的均匀细杆上，套着一质量也为 m 的套管 B（可看作质点），套管用细线拉住，它到竖直的光滑固定轴 OO' 的距离为 $\frac{1}{2}l$，杆和套管所组成的系统以角速度 ω_0 绕 OO' 轴转动，如附图 E-6 所示。若在转动过程中细线被拉断，套管将沿着杆滑动。在套管滑动过程中，该系统转动的角速度 ω 与套管离轴的距离 x 的函数关系为________。(3 分)

14. 一长为 l、质量均匀的链条，放在光滑的水平桌面上，若使其长度的 $\frac{1}{2}$ 悬于桌边下，然后由静止释放，任其滑动，则它全部离开桌面时的速率为________。(3 分)

15. 如附图 E-7 所示，一轻绳绕于半径为 r 的飞轮边缘，并以质量为 m 的物体挂在绳端，飞轮对过轮心且与轮面垂直的水平固定轴的转动惯量为 J，若不计摩擦，飞轮的角加速度 $\beta=$________。(3 分)

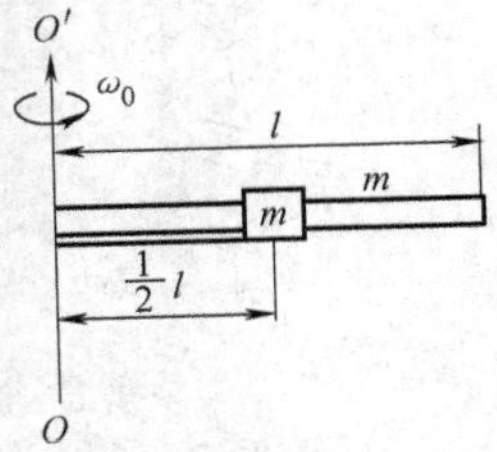

附图 E-6

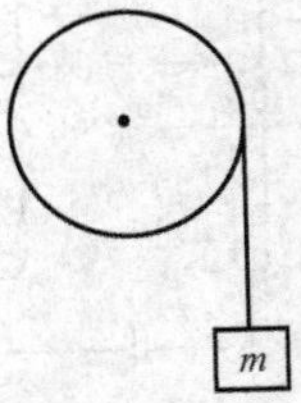

附图 E-7

16. 设电子静止质量为 m_e，将一个电子从静止加速到速率为 $0.6c$（c 为真空中光速），需做功________。(3 分)

17. 储有氢气的容器以某速度 v 作定向运动，假设该容器突然停止，气体的全部定向运动动能都变为气体分子热运动的动能，此时容器中气体的温度上升 0.7K，则容器作定向运动的速度 $v=$________m/s，容器中气体分子的平均动能增加了________J。(3 分)

18. 给定的理想气体（比热容比 γ 为已知），从标准状态（p_0，V_0，T_0）开始，作绝热膨胀，体积增大到三倍，膨胀后的温度 $T=$________，压强 $p=$________。(4 分)

19. 如附图 E-8 所示，理想气体从状态 A 出发经 $ABCDA$ 循环过程，回到初态 A 点，则循环过程中气体净吸的热量为 $Q=$________。(3 分)

20. 如附图 E-9 所示，BCD 是以 O 点为圆心，以 R 为半径的半圆弧，在 A 点有一电荷为 $+q$ 的点电荷，O 点有一电荷为 $-q$ 的点电荷，线段 $\overline{BA}=R$，现将一单位正电荷从 B 点沿半

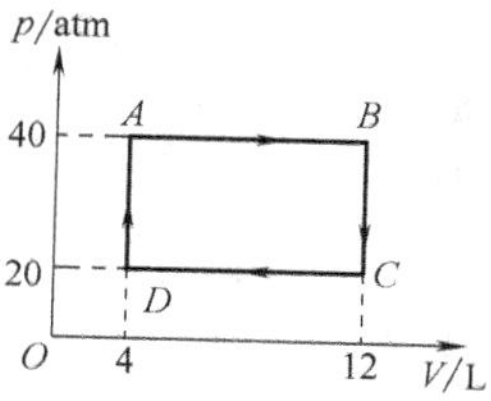

附图 E-8

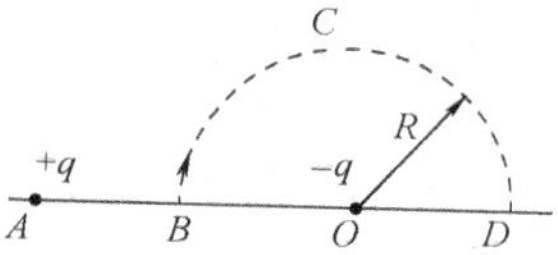

附图 E-9

圆弧轨道 BCD 移到 D 点，则电场力所做的功为________。(3 分)

21. 一平行板电容器，极板面积为 S，相距为 d。若 B 板接地，且保持 A 板的电势 $U_A=U_0$ 不变，如附图 E-10，把一块面积相同的带有电荷为 Q 的导体薄板 C 平行地插入两板中间，则导体薄板 C 的电势 $V_C=$________。(3 分)

22. 在电场强度为 $\boldsymbol{E}$ 的均匀电场中，有一半径为 R、长为 l 的圆柱面，其轴线与 $\boldsymbol{E}$ 的方向垂直。在通过轴线并垂直于 $\boldsymbol{E}$ 的方向将此柱面切去一半，如附图 E-11 所示，则穿过剩下的半圆柱面的电场强度通量等于__________。(3 分)

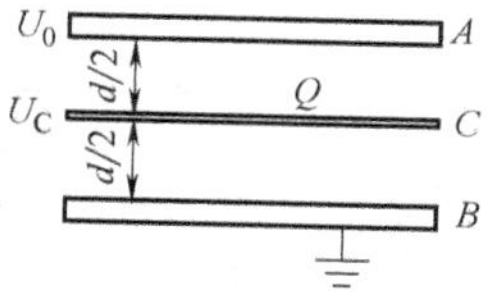

附图 E-10

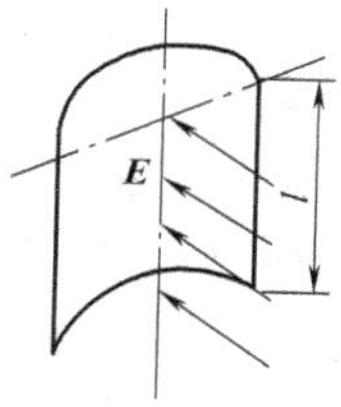

附图 E-11

23. 如附图 E-12 所示，一段长度为 l 的直导线 MN，水平放置在载电流为 I 的竖直长导线旁与竖直导线共面，并从静止由图示位置自由下落，则 t 秒末导线两端的电势差 V_M-V_N =__________。(3 分)

24. 设沿弦线传播的一入射波的表达式为

$$y_1=A\cos\left[\omega t-2\pi\frac{x}{\lambda}\right]$$

波在 $x=L$ 处（B 点）发生反射，反射点为自由端（附图 E-13）。设波在传播和反射过程中振幅不变，则反射波的表达式是 $y_2=$__________。(3 分)

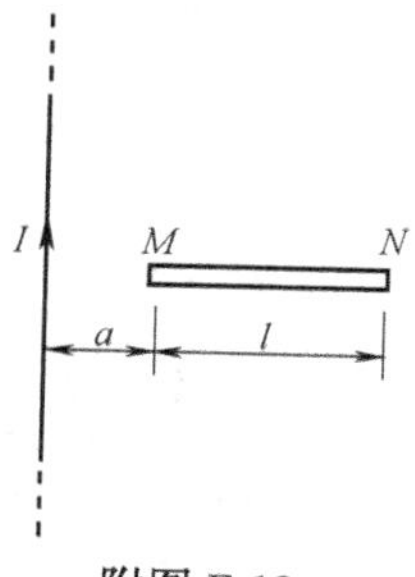

附图 E-12

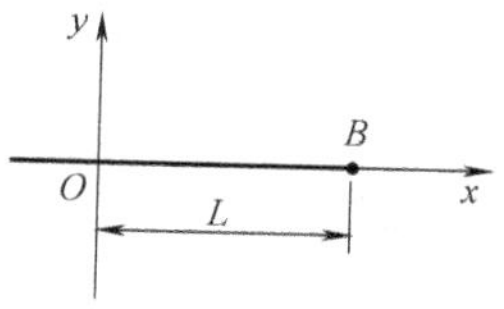

附图 E-13

25. 如附图 E-14 所示，两缝 S_1 和 S_2 之间的距离为 d，媒质的折射率为 $n=1$，平行单色光斜入射到双缝上，入射角为 θ，则屏幕上 P 处，两相干光的光程差为________。(3 分)

三、计算题（共69分）

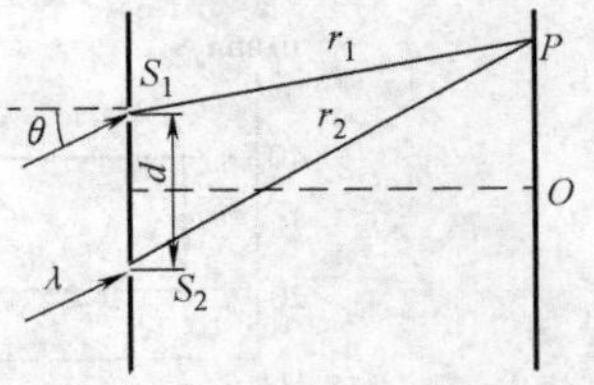

附图 E-14

26. 飞机降落时的着地速度大小 $v_0=90\text{km/h}$，方向与地面平行，飞机与地面间的摩擦因数 $\mu=0.10$，迎面空气阻力为 C_xv^2，升力为 C_yv^2（v 是飞机在跑道上的滑行速度，C_x 和 C_y 为某两常量）。已知飞机的升阻比 $K=C_y/C_x=5$，求飞机从着地到停止这段时间所滑行的距离。（设飞机刚着地时对地面无压力）（8分）

27. 一质量均匀分布的圆盘，质量为 m，半径为 R，放在一粗糙水平面上（圆盘与水平面之间的摩擦因数为 μ），圆盘可绕通过其中心 O 的竖直固定光滑轴转动（附图 E-15）。开始时，圆盘静止，一质量为 m_0 的子弹以水平速度 v_0 垂直于圆盘半径打入圆盘边缘并嵌在盘边上，求：(1) 子弹击中圆盘后，盘所获得的角速度；(2) 经过多少时间后，圆盘停止转动。忽略子弹重力造成的摩擦阻力矩）（10分）

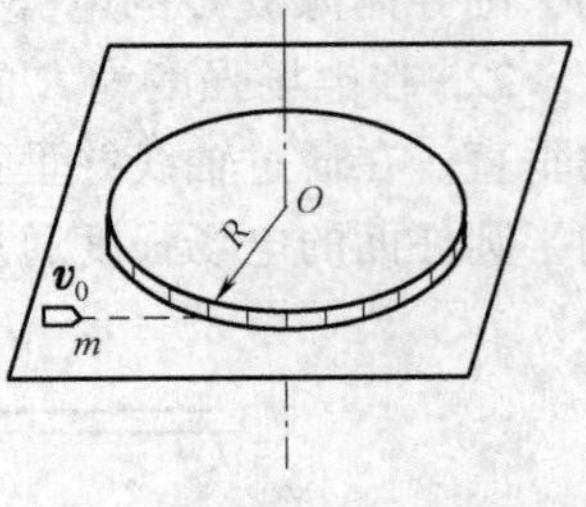

附图 E-15

28. 一艘宇宙飞船的船身固有长度为 $L_0=90\text{m}$，相对于地面以 $v=0.8c$（c 为真空中光速）的匀速度在地面观测站的上空飞过。(1) 观测站测得飞船的船身通过观测站的时间间隔是多少？(2) 宇航员测得船身通过观测站的时间间隔是多少？（5分）

29. 1mol 刚性多原子分子理想气体，经历如附图 E-16 所示的循环过程 $ABCA$，图中 AB 为一直线，气体在 A、B 状态的温度皆为 T_2，在 C 状态的温度为 T_1。试计算此循环的效率。（8分）

30. 真空中有一半径为 R 的圆平面，在通过圆心 O 与平面垂直的轴线上一点 P 处，有一电荷为 q 的点电荷，O、P 间距离为 h，如附图 E-17 所示，试求通过该圆平面的电场强度通量。（7分）

31. 两根平行放置相距为 $2a$ 的无限长载流直导线，其中一根通以稳恒电流 I_0，另一根通以交变电流 $i=I_0\cos\omega t$。两导线间有一与其共面的矩形线圈，线圈的边长分别为 l 和 $2b$，l 边与长直导线平行，且线圈以速度 $\boldsymbol{v}$ 垂直直导线向右运动（附图 E-18）。当线圈运动到两导线的中心位置（即线圈中心线与距两导线均为 a 的中心线重合）时，两导线中的电流方向恰好相反，且 $i=I_0$，求此时线圈中的感应电动势。（10分）

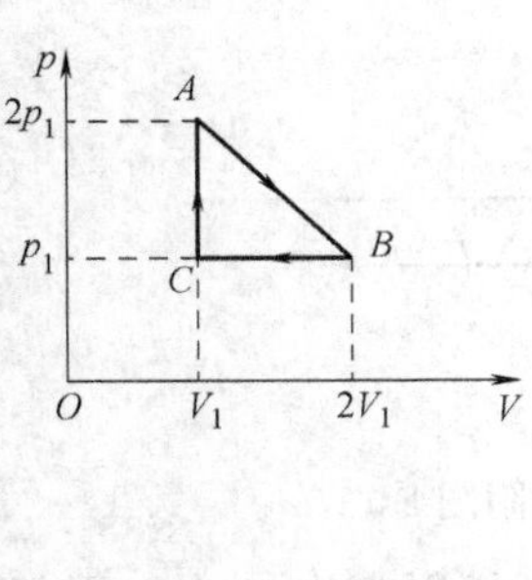

附图 E-16

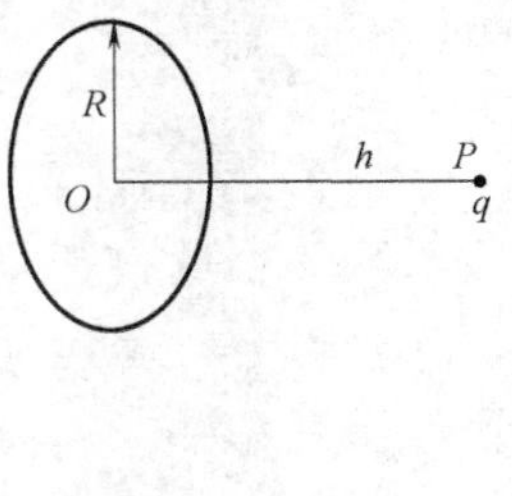

附图 E-17

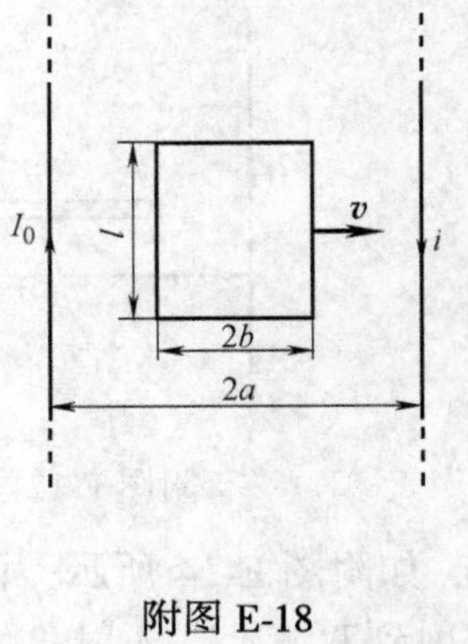

附图 E-18

32. 一球形电容器，内导体半径为 R_1，外导体半径为 R_2，两球间充有相对介电常数为 ε_r 的介质。在电容器上加电压，内球对外球的电压为 $U=U_0\sin\omega t$，假设 ω 不太大，以致电容器电场分布与静态场情形近似相同，求介质中各处的位移电流密度，再计算通过半径为 r（$R_1<r<R_2$）的球面的总位移电流。（5 分）

33. 一艘船在 25m 高的桅杆上装有一天线，不断发射某种波长的无线电波，已知波长在 2 ~ 4m 范围内，在高出海平面 150m 的悬崖顶上有一接收站能收到这无线电波。但当那艘船驶至离悬崖底部 2km 时，接收站就收不到无线电波。设海平面完全反射这无线电波，求所用无线电波的波长。（8 分）

34. 一平面透射多缝光栅，当用波长 $\lambda_1=600\text{nm}$（$1\text{nm}=10^{-9}\text{m}$）的单色平行光垂直入射时，在衍射角 $\theta=30°$ 的方向上可以看到第 2 级主极大，并且在该处恰能分辨波长差 $\Delta\lambda=5\times10^{-3}\text{nm}$ 的两条谱线。当用波长 $\lambda_2=400\text{nm}$ 的单色平行光垂直入射时，在衍射角 $\theta=30°$ 的方向上却看不到本应出现的第 3 级主极大。求光栅常数 d 和总缝数 N，再求可能的缝宽 a。（8 分）

四、证明题（5 分）

35. 有三个偏振片堆叠在一起，第一块与第三块的偏振化方向相互垂直，第二块和第一块的偏振化方向相互平行，然后第二块偏振片以恒定角速度 ω 绕光传播的方向旋转，如附图 E-19 所示。设入射自然光的光强为 I_0。试证明：此自然光通过这一系统后，出射光的光强为 $I=I_0(1-\cos4\omega t)/16$。

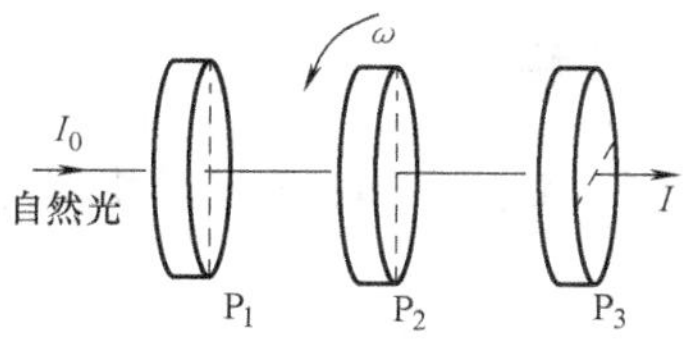

附图 E-19

附录F　基础训练与自测提高参考答案

第一章　质点运动学

基础训练

1. D；2. B；3. D；4. D；5. A；6. C；7. $\sqrt{17}$m/s^2；104°；8. 16Rt^2(SI)；4(rad/s^2)；9. $h_1v/(h_1-h_2)$；10. −0.5g；$\frac{2\sqrt{3}}{3}\times\frac{v^2}{g}$；11. 23m/s；12. 8m；10m；13. $50(-\sin5t\boldsymbol{i}+\cos5t\boldsymbol{j})$m/s，0，圆；14. 10m/s^2；−15m/s^2；15. $\sqrt{v_1^2+v_2^2-2v_1v_2\cos\alpha}$或$\sqrt{v_1^2+v_2^2+2v_1v_2\cos\alpha}$；16. (1) $-0.5\boldsymbol{i}$m/s；(2) $-6\boldsymbol{i}$m/s；(3) 2.25m；17. $v^2=v_0^2+k(y_0^2-y^2)$；18. $v_0^2/(g\cos\alpha)$，$v_0^2\cos^2\alpha/g$；19. $v=\frac{v_0R\tan\varphi}{R\tan\varphi-v_0t}$；20. 25.6m/s。

自测提高

1. C；2. B；3. B；4. D；5. C；6. C；7. B；8. 69.8m/s；9. 1s，1.5m；10. $\frac{1}{3}ct^3$；$2ct$；c^2t^4/R；11. 4.19m；4.13×10^{-3}m/s；与x轴成60°角；12. $g\sin\theta$；$g\cos\theta$；13. 6.32m/s；8.25m/s；14. $\frac{t_2S}{\sqrt{t_2^2-t_1^2}}$；$\arcsin\left[\frac{\sqrt{t_2^2-t_1^2}}{t_2}\right]$或$\arccos(t_1/t_2)$；15. 8m/s，35.8m/s^2；16. $\Delta T=\frac{2k^2-1+\sqrt{1-k^2}}{2(1-k^2)}T$；17. 55.9m；4.08s；18. $\frac{1}{2}n(n+2)a_0\tau$，$\frac{1}{6}n^2(n+3)a_0\tau^2$。

第二章　牛顿运动定律

基础训练

1. A；2. B；3. D；4. B；5. B；6. 2%；7. 5.2N；8. 0；2g；9. 1∶$\cos^2\theta$；10. (1) $g\sin\theta$；(2) $\pi>\theta>0$时，$\boldsymbol{a}_t$与$\boldsymbol{v}$同向；$2\pi>\theta>\pi$时，$\boldsymbol{a}_t$与$\boldsymbol{v}$反向；11. $(96+24x)$N；12. 37.2mm；12.4mm；13. $\frac{f\omega^2}{f_0\omega_0^2}=\frac{f-1}{f_0-1}$；14. 证明略；15. $\frac{Rv_0}{R+\mu v_0t}$；$\frac{R}{\mu}\ln\frac{R+\mu v_0t}{R}$。

自测提高

1. C；2. B；3. A；4. A；5. $F/(m'+m)$；$m'F/(m'+m)$；6. 0.28N；1.68N；7. $-(m_3/m_2)g\boldsymbol{i}$；0；8. $\sqrt{\frac{g}{R}}$；9. 旋转抛物面；$z-z_0=\frac{\omega^2}{2g}y^2$；10. $\frac{(m_1-m_2)g+m_2a_2}{m_1+m_2}$；$\frac{(m_1-m_2)g-m_1a_2}{m_1+m_2}$；$\frac{(2g-a_2)m_1m_2}{m_1+m_2}$；11. 2.92m；12. la/g；13. $m\omega^2(L^2-r^2)/(2L)$；14. $a_x=(g+a_0)\sin\alpha\cos\alpha$；$a_y=a_0\cos^2\alpha-g\sin^2\alpha$；15. $\omega=\frac{1}{\sin\alpha}\sqrt{\frac{g\cos\alpha}{l}}$；不稳定平衡。

第三章　动量和角动量

基础训练

1. C；2. A；3. C；4. C；5. A；6. $\sqrt{mkx_0^2}$；7. 18N·s；8. $-\frac{2m}{m+m_0}\boldsymbol{v}$；$(2m/m_0)\boldsymbol{v}$；9. 180kg；10. $m_e\sqrt{Gm_sR}$；11. mvd；12. $2275\text{kgm}^2\cdot\text{s}^{-1}$；$13\text{m}\cdot\text{s}^{-1}$；13. 0.739N·s，与 x 轴正向夹角为 202.5°；14. 5000m；15. 0.3m。

自测提高

1. C；2. B；3. C；4. D；5. D；6. $(1+\sqrt{2})m\sqrt{gy_0}$；$\frac{1}{2}mv_0$；7. 0.89m/s；8. 6.14cm/s；35.5°；9. $m\sqrt{6gh}$；垂直于斜面指向斜面下方；10. 5.45km/h；11. $m\omega ab\boldsymbol{k}$；0；12. (1) 1.8×10^3N；(2) $v_A=6\text{m/s}$；$v_B=22\text{m/s}$；13. 149N；指向左下方，与运动方向夹角为 122.6°；14. $\frac{m}{L}(3l+2h)g$；15. (1) $mu\cos\alpha/(m'+m)$；(2) $ml\cos\alpha/(m'+m)$；16. $-40\boldsymbol{k}$；$-16\boldsymbol{k}$。

第四章　功　和　能

基础训练

1. B；2. D；3. C；4. D；5. C；6. B；7. $Gm_em\left(\frac{1}{3R}-\frac{1}{R}\right)$；8. $-F_0R$；9. 290J；10. 7.5J；11. 1m/s；150J；12. kx_0^2；$-\frac{1}{2}kx_0^2$；$\frac{1}{2}kx_0^2$；13. 980J；14. $\sqrt{2Gm_{地}\frac{h}{R(R+h)}+v_0^2}$；15. 13m/s；16. $(3mr_0^2\omega_0^2/2)+\frac{1}{2}mv^2$；17. 2.43；18. $\sqrt{\frac{2Fl_0\tan\theta}{m}-\frac{kl_0^2}{m}\left(1-\frac{1}{\cos\theta}\right)^2}$；19. $-\frac{m^2gR}{m+m'}$。

自测提高

1. C；2. B；3. D；4. C；5. C；6. D；7. B；8. 18J；6m/s；9. 16N·s；176J；10. $\sqrt{k/(mr)}$；$-k/(2r)$；11. $\frac{1}{2}\sqrt{3gl}$；12. $2mgx_0\sin\alpha$；13. $\sqrt{2gl-\frac{k(l-l_0)^2}{m}}$；14. k/r^2；沿质点与原点的连线，指向远离原点方向；15. 375J；16. $\frac{v_0}{2}\sqrt{3km}$；17. $\frac{-27kc^{2/3}l^{7/3}}{7}$；18. 4m/s；30°；19. $-\omega^2m\boldsymbol{r}$；保守力；20 (1) $v_1=\sqrt{\frac{2gR}{1-\frac{m}{m+m'}}}$；$v_2=\frac{m}{m+m'}\sqrt{\frac{2gR}{1-\frac{m}{m+m'}}}$；(2) $\frac{mR}{m+m'}$；(3) $\frac{(3m'+2m)mg}{m'}$；21. 8.11×10^3m/s，6.31×10^3m/s；22. $\frac{2m'+m}{2(m'+m)}h$；23. $\sqrt{\frac{\rho_2}{\rho_1}lg}$；$\frac{\rho_1}{\rho_1-\rho_2}\cdot\frac{1}{2}$；24. $g/3$；$\sqrt{2(L-L^2/l-2l/9)g}\,(L>l/2)$；25. $\frac{kZe}{mv_0^2}+\sqrt{\frac{kZe^2}{mv_0^2}+b^2}$；26. 0.89m/s，方向沿斜面向

上；27. $\dfrac{m'v_0^2}{2g(m+m')}$；$(m-m')v_0/(m+m')$；28. $\dfrac{F}{k}<L\leqslant\dfrac{3F}{k}$。

第五章　刚体的定轴转动

基础训练

1. B；2. C；3. D；4. D；5. B；6. C；7. C；8. $-0.05\text{rad}\cdot\text{s}^{-2}$；250rad；9. g/l；$g/(2l)$；10. W；$kl\cos\theta$；$w=2kl\sin\theta$；11. $\dfrac{m_Bg}{m_A+m_B+\dfrac{1}{2}m_C}$；12. $\dfrac{3v_0}{2l}$；13. $\mu h^2/\sqrt{L^2-h^2}$；14. $\dfrac{mv_0(R+l)\cos\alpha}{J+m(R+l)^2}$；15. $\dfrac{J\ln2}{k}$；16. (1) $\omega_0+\dfrac{2v}{21R}$；(2) $\dfrac{21\omega_0R}{2}$；方向与盘的初始转动方向一致；17. $\dfrac{2g}{19r}$；18. $\dfrac{4m'}{m}\sqrt{2gl}$。

自测提高

1. C；2. D；3. A；4. C；5. D；6. C；7. A；8. $-mR^2\omega_0^2/4$；9. $\dfrac{6v_0}{(4+3m'/m)l}$；10. $-\dfrac{k\omega_0^2}{9J}$；$\dfrac{2J}{k\omega_0}$；11. 守恒；$\sqrt{\dfrac{2m'gx\sin\theta-kx^2}{J/r^2+M}}$；12. $\dfrac{1}{2}\mu mgl$；13. 25rad/s；14. (1) 81.7rad/s^2；方向垂直纸面向外；(2) 6.12×10^{-2}m；(3) 10.0rad/s；方向垂直纸面向外；15. $\dfrac{6v_0}{7L}$；16. (1) $\dfrac{3m+m'}{6m}\sqrt{\dfrac{3}{2}gl}$；(2) $\dfrac{1}{3}m'\sqrt{3gl/2}$，方向与 $\boldsymbol{v}_0$ 方向相反；17. (1) $\dfrac{mv_0}{\left(\dfrac{1}{2}m_0+m\right)R}$；(2) $\dfrac{3mv_0}{2\mu m_0g}$；18. $\dfrac{J_0\omega_0}{J_0+mR^2}$，$\sqrt{2gR+\dfrac{J_0R^2\omega_0^2}{J_0+mR^2}}$；$\omega_0$，$2\sqrt{gR}$。19. $2g/7$；20. $15.4\text{rad}\cdot\text{s}^{-1}$；15.4rad。

第六章　狭义相对论基础

基础训练

1. A；2. B；3. C；4. B；5. C；6. C；7. $\sqrt{1-\dfrac{a^2}{l_0^2}}\,c$；8. 5.8×10^{-13}；8.04×10^{-2}；9. 540cm^2；10. $\dfrac{4ac^2}{c^2+v^2}$；11. 12.3km/s；1296s；565s；12. (1) 64.7 s；(2) 1.91×10^{10}m；13. $m_0v/(m_0+m_0\sqrt{1-v^2/c^2})$；14. 4.75×10^{-14}J；15. (1) $0.91c$；(2) 5.32×10^{-6}s。

自测提高

1. A；2. D；3. C；4. C；5. $0.994c$；6. 8.89×10^{-8}；7. 1.37×10^{-25} kg；$0.999c$；8. $m_0c^2(n-1)$；9. (1) 2.25×10^{-7}s；(2) 3.75×10^{-7}s；10. (1) 隧道长 $L\sqrt{1-\dfrac{v^2}{c^2}}$，其他尺寸

不变；（2）$\frac{L\sqrt{1-\frac{v^2}{c^2}}+l_0}{v}$；11. 6.7×10^8m；12. 6.17s；13. 0.877c，与 x' 轴之间的夹角为 46.83°；14. 2.68×10^8 m/s；15. 4s；16. 37.5s；17. 1.798×10^4 m；18.（1）$\frac{Ec}{m_0c^2+E}$，$m_0\sqrt{1+\frac{2E}{m_0c^2}}$；（2）$m_0'\sqrt{1-\frac{2E}{m_0'c^2}}$；19.（1）8m/s；（2）$1.49\times10^{-18}$kg·m/s。

第七章　气体动理论

基础训练

1. C；2. A；3. C；4. C；5. B；6. D；7. B；8. C；9. B；10. C；11. 1∶1∶1；12. 2.33×10^3Pa；13. 1.04kg/m^3；14.（1）分布在 $v_p\sim\infty$ 速率区间的分子数在总分子数中占的百分率；（2）分子平动动能的平均值；15.（1）$\int_{v_0}^{\infty}Nf(v)\mathrm{d}v$；（2）$\int_{v_0}^{\infty}vf(v)\mathrm{d}v \Big/ \int_{v_0}^{\infty}f(v)\mathrm{d}v$；（3）$\int_{v_0}^{\infty}f(v)\mathrm{d}v$；16. $\frac{3}{2}p_0V_0$；$\frac{5}{2}p_0V_0$；$\frac{8p_0V_0}{13R}$；17.（1）氢；（2）1.58×10^3；18. $5.42\times10^7\mathrm{s}^{-1}$；$6\times10^{-5}$cm；19. 2；20.（1）0.062K；（2）$\Delta p=0.51$Pa；21.（3/4）RT；22. $\frac{\overline{v_1}}{\overline{v_2}}=\sqrt{\frac{p_1}{2p_2}}$；23. 4.06×10^9Hz；24.（1）$\frac{2N}{3v_0}$；（2）$\frac{1}{3}$N；（3）$\frac{11v_0}{9}$；25. 3.87×10^9/s。

自测提高

1. B；2. B；3. B；4. B；5. B；6. D；7. C；8. D；9. C；10. C；11. p_2∶p_1；12.（1）121；（2）2.4×10^{-23}；13. $\frac{4E}{3V}$；$\sqrt{\frac{M_2}{M_1}}$；14. $\frac{N_Af_A(v)+N_Bf_B(v)}{N_A+N_B}$；15. 62.5%；16.（1）$(3p/\rho)^{1/2}$；（2）$3p/2$；17. 0.186K；18. $2\sqrt{2}$；19. 2485；20. 4.81K；21. 推导略；22. 31.8m/s，33.7m/s；23. $D^2/(6\sqrt{2}d^2)$；24. 1.20×10^3m/s；25. 34.2atm，理想气体的压强为41atm。

第八章　热力学基础

基础训练

1. B；2. A；3. B；4. A；5. D；6. B；7. D；8. C；9. D；10. D；11.（1）124.65J；（2）−84.35J；12. $\frac{3}{2}p_1V_1$；0；13.（1）500；（2）700；14.（1）$\left(\frac{1}{3}\right)^{\gamma-1}T_0$；（2）$\left(\frac{1}{3}\right)^{\gamma}p_0$；15. W/R；$7W/2$；16. 33.3%；8.31×10^3J；17. 200J；18.（1）2.72×10^3J；（2）2.20×10^3J；19.（1）AB：200J；750J；950J；BC：0；−600J；−600J；CA：−100J；−150J；−250J；（2）100J；100J；20. 1.22；21.（1）7.58×10^4Pa；（2）60.5J；22. 25%；23.（1）800J；（2）100J；（3）证明略；24. 证明略；25. 18%。

自测提高

1. D；2. A；3. A；4. B；5. A；6. D；7. D；8. D；9.（1）W/R；（2）$\frac{7}{2}W$；10.（1）等压；（2）等压；11. <；12.（1）40J；（2）140J；13.（1）33.3%；（2）50%；（3）66.7%；14.（1）S_1+S_2；（2）$-S_1$；15.（1）AM；（2）AM、BM；16. 25%；17.（1）$T_a=400\text{K}$，$T_b=636\text{K}$，$T_c=800\text{K}$，$T_d=504\text{K}$；（2）5000J，7950J，10000J，6300J；（3）1650J；18.（1）$-5.065\times10^3\text{J}$；（2）$3.039\times10^4\text{J}$；（3）$5.47\times10^3\text{J}$；（4）13%；19.（1）$a^2\left(\frac{1}{V_1}-\frac{1}{V_2}\right)$；（2）$V_2/V_1$；20.（1）$12RT_0$，$45RT_0$，$-47.7RT_0$；（2）16.3%；21. $p_0V_0\ln\frac{9}{8}$；22. 证明略；23. 证明略；24. -5.76J/K。

第九章　真空中的静电场

基础训练

1. B；2. B；3. C；4. D；5. C；6. D；7. C；8. D；9. 1.5×10^6V；10. $\frac{q}{\varepsilon_0}$，0，$-\frac{q}{\varepsilon_0}$；11. λ/ε_0；12. Q/ε_0，$\boldsymbol{E}_a=0$，$\boldsymbol{E}_b=5Q\boldsymbol{r}_0/(18\pi\varepsilon_0R^2)$；13. $(\lambda_1\lambda_2)/(2\pi\varepsilon_0a)$；14. $-8.0\times10^{-15}\text{J}$；$-5\times10^4\text{V}$；15. $\frac{2\varepsilon_0A}{qd}$；16. $\left[2gR-\frac{Qq}{2\pi m\varepsilon_0R}\left(1-\frac{1}{\sqrt{2}}\right)\right]^{1/2}$；17. $\frac{\lambda}{4\pi\varepsilon_0}\ln\frac{3}{4}$，0；18. $\boldsymbol{E}=\frac{\lambda}{4\pi\varepsilon_0R}(\boldsymbol{i}+\boldsymbol{j})$；19.（1）$E_p=6.75\times10^2\text{N/C}$，方向沿导线延长线；（2）$E_Q=1.5\times10^3\text{N/C}$，方向垂直导线延长线；20. $1\text{N}\cdot\text{m}^2/\text{C}$；21. $\boldsymbol{E}=-\frac{\lambda_0}{8\varepsilon_0R}\boldsymbol{j}$；22.（1）$r<R_1$：$E=0$；$R_1<R<R_2$：$E=\frac{\lambda_1}{2\pi\varepsilon_0r}$；$r>R_2$：$E=\frac{\lambda_1+\lambda_2}{2\pi\varepsilon_0r}$；（2）$r<R_1$：$E=0$；$R_1<R<R_2$：$E=\frac{-\lambda_1}{2\pi\varepsilon_0r}$；$r>R_2$：$E=\frac{\lambda_2-\lambda_1}{2\pi\varepsilon_0r}$；23. $-\frac{qp}{2\pi\varepsilon_0R^2}$；24. $\frac{\rho}{2\varepsilon_0}(R_2^2-R_1^2)$；25. $\frac{\lambda_0}{4\pi\varepsilon_0}\left[l+a\ln\frac{a}{(a+l)}\right]$；26. $\boldsymbol{E}_{O'}=\frac{\rho d}{3\varepsilon_0}\boldsymbol{e}_r$；$\boldsymbol{E}_p=\frac{\rho}{3\varepsilon_0}\left(d-\frac{r^3}{4d^2}\right)\boldsymbol{e}$；27. $2.14\times10^{-9}\text{C}$；28. $E_x=\left[a(x^2-y^2)+bx\sqrt{x^2+y^2}\right]/(x^2+y^2)^2$，$E_y=y\left[2ax+b\sqrt{x^2+y^2}\right]/(x^2+y^2)^2$；29. $F=\frac{q\lambda l}{4\pi\varepsilon_0r_0(r_0+l)}$；方向沿细线；$W=\frac{q\lambda}{4\pi\varepsilon_0}\ln\frac{r_0+l}{r_0}$；30. $\sqrt{\frac{q\lambda}{2\pi\varepsilon_0m}}$。

自测提高

1. C；2. C；3. D；4. C；5. D；6. B；7. D；8. C；9. B；10. C；11. 0；$\lambda/(2\varepsilon_0)$；12. $\lambda d/\varepsilon_0$；$\frac{\lambda d}{\pi\varepsilon_0(4R^2-d^2)}$；沿矢径$\overrightarrow{OP}$；13. $\lambda=Q/a$，异号；14. $\frac{qd}{4\pi\varepsilon_0R^2(2\pi R-d)}\approx\frac{qd}{8\pi^2\varepsilon_0R^3}$，从 O 点指向缺口中心点；15. $\pm2RlE$；16. 10cm；17. $-2\times10^3\text{V}$；18. $Q/$

$(4\pi\varepsilon_0 R)$, $-qQ/(4\pi\varepsilon_0 R)$; 19. $-2Ax/(x^2+y^2)$; 0; 20. $\sigma R/(2\varepsilon_0)$; 21. $\frac{Qq}{4\pi\varepsilon_0}\left(\frac{1}{R}-\frac{1}{r_2}\right)$;

22. $\frac{q}{4\pi\varepsilon_0 d(L+d)}$，方向沿 x 轴，即杆的延长线方向；23. 0；$\pm 200b^2$ (V·m)；$\pm 300b^2$ (V·m)；

24. $E_1=\rho x/\varepsilon_0$, $\left(-\frac{1}{2}d\leqslant x\leqslant\frac{1}{2}d\right)$; $E_2=\rho\cdot d/(2\varepsilon_0)$, $\left(|x|>\frac{1}{2}d\right)$; 25. 4.37×10^{-14} N; 26. (1) 8.85×10^{-9} C/m^2; (2) 6.67×10^{-9} C; 27. $\frac{\lambda R}{2\varepsilon_0}\times\left[\frac{1}{\sqrt{(x-l/2)^2+R^2}}-\frac{1}{\sqrt{(x+l/2)^2+R^2}}\right]$; 28. $E_1=Ar^2/(4\varepsilon_0)$, $(r\leqslant R)$; $E_2=AR^4/(4\varepsilon_0 r^2)$, $(r>R)$，方向略；29. 9.6×10^4 N · m^2/C；

30. $\frac{\lambda_1\lambda_2 R}{2\varepsilon_0}\left[\frac{1}{R}-\frac{1}{(l^2+R^2)^{1/2}}\right]$; 31. $\frac{\lambda^2}{4\pi\varepsilon_0}\ln\frac{4}{3}$; 32. $\frac{Q(d-R)}{2\pi\varepsilon_0 Rd}$; 33. (1) $\sqrt{\frac{2m'R(mg-qE)}{m(m'+m)}}$; (2) $-\sqrt{\frac{2mR(mg-qE)}{m'(m'+m)}}$; (3) 可以到达 C 点。

第十章　静电场中的导体和电介质

基础训练

1. C; 2. B; 3. C; 4. C; 5. B; 6. C; 7. D; 8. C; 9. B; 10. D; 11. U_0; 12. $\frac{q}{4\pi\varepsilon_0 l}$; 13. $\frac{q}{4\pi\varepsilon R}$; 14. $\sqrt{\frac{2dF}{C}}$; $\sqrt{2CdF}$; 15. $\frac{Qd}{2\varepsilon_0 S}$, $\frac{Qd}{\varepsilon_0 S}$; 16. $-q$，球壳外的整个空间；17. 0; $pE\sin\alpha$; 18. $\varepsilon_r C_0$, U_{12}/ε_r; 19. (1) $\mathrm{d}A=\frac{q}{4\pi\varepsilon_0 R}\mathrm{d}q$; (2) $\frac{Q^2}{8\pi\varepsilon_0 R}$; 20. 998V/m，方向沿径向向外；12.5V；21. (1) 内表面：$-q$；外表面：$Q+q$；(2) $-\frac{q}{4\pi\varepsilon_0 a}$; (3) $\frac{q}{4\pi\varepsilon_0 r}-\frac{q}{4\pi\varepsilon_0 a}+\frac{Q+q}{4\pi\varepsilon_0 b}$; 22. $\frac{16}{25}$; 23. (1) 330V，270V；(2) 270V，270V；(3) 60V，0V；24. 2 倍；$\frac{2\varepsilon_r}{1+\varepsilon_r}$ 倍；25. (1) 3.16μF；(2) 10^{-3}C；100V；26. $\frac{\pi\varepsilon_0}{\ln(d/a)}$; 27. (1) $\frac{2\pi\varepsilon_0\varepsilon_r L}{\ln(R_2/R_1)}$; (2) $\frac{\lambda^2 L}{4\pi\varepsilon_0\varepsilon_r}\ln\left(\frac{R_2}{R_1}\right)$; 28. $-\lambda/(2\pi d)$; 29. (1) -1.0×10^{-7}C, -2.0×10^{-7}C, 2.26×10^3V; (2) -2.14×10^{-7}C, -8.6×10^{-8}C, 970V; 30. (1) $-qb/[2\pi(r^2+b^2)^{3/2}]$; (2) $-q$。

自测提高

1. D; 2. B; 3. B; 4. B; 5. D; 6. A; 7. B; 8. C; 9. B; 10. A; 11. $(U_0/2)+Qd/(4\varepsilon_0 S)$; 12. r_1^2/r_2^2; 13. $q\boldsymbol{r}/(4\pi\varepsilon_0 r^3)$; $q/(4\pi\varepsilon_0 r_C)$; 14. $\frac{1}{8\pi\varepsilon_0 R}(\sqrt{2}q_1q_2+q_1q_3+\sqrt{2}q_2q_3)$; 15. 1.25×10^{-5}J; 16. 3.36×10^{11}V/m; 17. $-2\varepsilon_0\varepsilon_r E_0/3$, $4\varepsilon_0\varepsilon_r E_0/3$; 18. C_2C_3/C_1; 19. $1/\varepsilon_r$; ε_r; 20. $-Q^2/(4C)$; 21. $\frac{\varepsilon_0 S}{2d}$, $\frac{Q^2 d}{6\varepsilon_0 S}$; 22. (1) B 球表面处，3×10^6V/m；(2) 3.77×10^{-4}C；24. $2\pi\varepsilon_0(1+\varepsilon_r)\frac{R_1R_2}{R_2-R_1}$; 25. $\frac{\lambda}{\pi\varepsilon_0}\ln\left(\frac{d-R}{R}\right)$; 26. $\frac{1}{2}(\varepsilon_r-1)\varepsilon_0\frac{S}{d}U^2$; 27. $U_0+\frac{U_0}{\ln(R_2/R_1)}\ln\left(\frac{R_2}{r}\right)$;

28. $\frac{\varepsilon_0(\varepsilon_r-1)U^2}{\rho g d^2}$；29. $\frac{\sigma}{2\varepsilon_0}(b-a)$；30.（1）$\frac{Q_1^2}{8\pi\varepsilon_0 R_1}+\frac{Q_2^2}{8\pi\varepsilon_0 R_2}$；（2）$\frac{Q_1^2}{8\pi\varepsilon_0 R_1}+\frac{Q_2^2}{8\pi\varepsilon_0 R_2}+\frac{Q_1Q_2}{4\pi\varepsilon_0 R_2}$。

第十一章　稳恒电流的磁场

基础训练

1. D；2. C；3. B；4. D；5. B；6. D；7. B；8. B；9. 等于；等于；小于；10. 0.226T；300A/m；11. $\pi R^2 c$；12. 2.82×10^{-8}T；13. 1∶1；14. $\frac{mg}{2NBl}$；15. 1∶2；3∶1；16. N 型；P 型；17. 6.67×10^{-7}T；7. 2×10^{-7}Am^2；18. $\pi R^3\lambda B\omega$；垂直纸面向上；19. $\frac{mv}{qB}$；$\pi\left(\frac{mv}{qB}\right)^2-S$；20. $\sqrt{2}BIR$；y 轴的正方向；21. $\frac{\mu_0 I}{8R}+\frac{\mu_0 I}{2\pi R}$；方向垂直纸面向里；22.（1）$\frac{\mu NIb}{2\pi}\ln\frac{R_2}{R_1}$（2）0，0；23. $\frac{\mu_0\omega\lambda R^3}{2(y^2+R^2)^{3/2}}$；24. $\frac{\mu_0 aI_1I_2}{2\pi}(2\ln2-\ln3)$；25.（1）$\frac{\mu_0 I}{2\pi a^2}r$；（2）$\frac{\mu_0 I}{2\pi r}$；（3）$\frac{\mu_0 I}{2\pi r}\frac{c^2-r^2}{c^2-b^2}$；（4）0；26.（1）$\frac{\mu_0\omega\lambda}{4\pi}\ln\left(\frac{a+b}{a}\right)$；$\frac{\omega\lambda}{6}[(a+b)^3-a^3]$；（2）$\frac{\mu_0\omega\lambda}{4\pi}\frac{b}{a}$；$\frac{\omega\lambda a^2 b}{2}$；27.（$\sqrt{2}+1$）$\frac{leB}{m}$；28. 证明略。

自测提高

1. C；2. B；3. A；4. B；5. B；6. B；7. C；8. B；9. $\sqrt{2Em}/qB$；10. 0；0；11. 1.70×10^{-3}J；0；12. $8\times10^{-14}\boldsymbol{k}$(N)；13. 0；14. $\frac{\mu_0 nIqR}{2m\sin\alpha}$；15. 铁磁质；顺磁质；抗磁质；16. $\frac{\mu_0\omega_0 q}{2\pi}$；17. $B=\mu_0 I/2d$；18. 9.35×10^{-3}T；19. $\frac{\sqrt{3g}}{\sqrt{l}}$；20. 1.3T；$6.7\times10^{-13}$T；21. $\frac{\mu_0 I^2}{2\pi\sin\theta}$，方向为垂直于纸面向里；22. $\mu_0\varepsilon_0 v^2$；23. $\frac{\mu_0 I_1 I_2}{2}$；方向；垂直 I_1 向右；24. $\frac{p_m}{L}=\frac{e}{2m}$；$\boldsymbol{p}_m$ 与 $\boldsymbol{L}$ 方向相反；25.（1）2.16×10^{-3}kg·m^2；（2）2.5×10^{-3}J；26. $\overline{\boldsymbol{B}}=-6.37\times10^{-5}\boldsymbol{i}$T；27. 略；28. 略；29. $\frac{1}{2}k\left[\frac{bL_0}{(b-1)L_0+eb}-L_0\right]^2$；30. IBR；31. $\pi k\omega B^5/5$，垂直纸面向上；32.（1）$\frac{\mu_0\omega\lambda}{8}$，方向向上；（2）$\omega\lambda\pi a^3/4$，方向向上；33. $\frac{\lambda}{\varepsilon_0\mu_0 I}$。

第十二章　电磁感应和电磁场

基础训练

1. A；2. C；3. D；4. A；5. D；6. B；7. D；8. C；9. 0.400H；10. 3.18T/s；11. 22.6J·m^{-3}；12. ②；③；①；13. 3A；14. $\frac{\mu_0 Iv}{2\pi}\ln\frac{a+b}{a-b}$；15. $-\frac{\mu_0 Ig}{2\pi}t\ln\left(\frac{a+l}{a}\right)$；16. $Blv\sin\theta$；a 点；17. $\frac{3\mu_0 I\pi r^2}{2N^4R^2}v$；18. $Nlv\frac{\mu_0 Ia}{2\pi d(d+a)}$；$-250N\mu_0 l\ln\left(\frac{d+a}{d}\right)\cos100\pi t$；19. 5×10^{-2}T；20. $\frac{\mu_0}{2\pi}b\ln\left(\frac{d+a}{d}\right)$；

21.（1）0.45A；（2）0.74W/s。

自测提高

1. C；2. B；3. C；4. C；5. B；6. B；7. 5×10^{-4}Wb；8.（1）$a\to0$；（2）$-\frac{1}{2}B\omega L^2$；0；$\frac{1}{2}B\omega(d^2-2dL)$；9. $\frac{\mu_0 I\pi r^2}{2a}\cos\omega t$；$\frac{\mu_0 I\omega\pi r^2}{2Ra}\sin\omega t$；10. 0；0.2H；0.05 H；11. 垂直纸面向内；竖直向下；12. $\frac{\varepsilon_0\pi r^2}{RC}E_0 e^{-\frac{t}{RC}}$；相反；13. 5.18×10^{-8}V；14. $\frac{R^2}{4}\frac{dB}{dt}\left(\sqrt{3}+\frac{\pi}{3}\right)$；15. $\frac{\mu_0 I_0\omega bN}{4\pi R}\ln\left(\frac{h^2+x_2^2}{h^2+x_1^2}\right)\sin\omega t$；16.（1）$Btg\theta v^2 t$，方向由 M 向 N；（2）$Kv^3\tan\theta\left(\frac{1}{3}\omega t^3\sin\omega t-t^2\cos\omega t\right)$，方向略；17. $v=[1-e^{-\frac{(Bl\cos\theta)2}{mR}t}]\frac{mgR\sin\theta}{(Bl\cos\theta)^2}$；18. $\frac{\mu_0 Ib}{2\pi a}\left[\ln\left(\frac{a+d}{d}\right)-\frac{a}{a+d}\right]v$；顺时针方向；19. $\frac{1}{2}\omega BL^2\sin^2\theta$，方向沿着杆指向上端；20. $\frac{\varepsilon_0 Uv}{x^2}$，方向从右到左；21. $\frac{\mu_0\mu_r I^2 l}{4\pi}\ln\frac{R_2}{R_1}$。

第十三章　振　　动

基础训练

1. C；2. D；3. C；4. C；5. E；6. B；7. B；8. B；9. 10cm；$\frac{\pi}{6}$/s；$\frac{\pi}{3}$；10. 1；11. 0.61s；12. $T/8$；13. $\frac{24}{7}$s；$\frac{4\pi}{3}$；14. $\frac{\pi}{4}$；$x=2\times10^{-2}\cos\left(\pi t+\frac{\pi}{4}\right)$（SI）；15. 2×10^2N/m；1.6Hz；16. $2\sqrt{10}$ cm；108.4°；17.（1）8π/s；0.25s；0.5cm；$\frac{\pi}{3}$；4πcm/s；$32\pi^2$cm/s^2；（2）2.36×10^{-5}J；8.0×10^{-6}J；3.16×10^{-5}J；18. $x=0.204\cos(2t+\pi)$（SI）；19. 6.4×10^{-2}；20.（1）$\pm\frac{\sqrt{2}}{2}A$；（2）3/4；21.（1）0.16J；（2）$x=0.4\cos\left(2\pi t+\frac{1}{3\pi}\right)$（SI）；22. $2\pi\sqrt{\frac{R}{g}}$；23.（1）0.078m；84.8°；（2）$\frac{3\pi}{4}$；$\frac{5\pi}{4}$；24.（1）0.444N；（2）1.07×10^{-2}J，4.44×10^{-4}J。

自测提高

1. B；2. B；3. B；4. D；5. B；6. D；7. B；8. $\sqrt{2}T_0$；9. π；10. 291Hz 或 309Hz；11. 0.837；12. 0；13. 上；2.99mm；14. 4/3；15. $\frac{1}{2}\pi$；16. $\frac{24}{7}$s；$\frac{\pi}{3}$；17.（1）0.08m；（2）±0.0566m；（3）±0.8m/s；18.（1）$-19.6-1.28\pi^2\cos4\pi t$；（2）$6.21\times10^{-2}$ m；

19. $2\pi\sqrt{\dfrac{m_1m_2}{k(m_1+m_2)}}$;20. $\sqrt{\dfrac{k}{\dfrac{J}{R^2}+m}}$; 21. $x=\sqrt{\left(\dfrac{mg}{k}\right)^2+\dfrac{2ghm^2}{(m+m_0)k}}\times\cos\left(t\sqrt{\dfrac{k}{m+m_0}}+\arctan\sqrt{\dfrac{2kh}{(m+m_0)g}}+\pi\right)$; 22. $2Hl_0/R$; 23. (1) $x=5\sqrt{2}\times10^{-2}\cos\left(\dfrac{\pi t}{4}-\dfrac{3\pi}{4}\right)$(SI); (2) 3.93×10^{-2} m/s; 24. 42.3min; 1.98×10^2m/s; 25. $\dfrac{2}{R}\sqrt{\dfrac{J\pi}{IB}}$。

第十四章　波　　动

基础训练

1. C; 2. D; 3. A; 4. C; 5. B; 6. D; 7. D; 8. C; 9. $y=0.10\cos\left[(165\pi\left(t-\dfrac{x}{330}\right)+\pi\right]$(SI); 10. 5J; 11. 相同; $-\dfrac{2\pi}{3}$; 12. $y_2=A\cos2\pi\left(\dfrac{t}{T}-\dfrac{x}{\lambda}\right)$; A; 13. $y=2A\cos(2\pi x/\lambda)\cos(2\pi\nu\cdot t)$; 14. $1.59\times10^{-5}\,\text{W/m}^2$; 15. π; 16. $H_y=0.8\cos\left(2\pi\nu t+\dfrac{4}{3}\pi\right)$(SI); 17. $IS\cos\theta$; 18. 637.5Hz; 566.7Hz; 19. −0.01m; 0; 2.5πm/s; 20. (1) $y_{x=25}=0.02\cos\left(\dfrac{\pi}{2}t-\pi\right)$; (2) $y_{t=3}=0.02\cos\left(\dfrac{\pi}{10}x-\pi\right)$; 21. (1) $y=A\cos\left[500\pi\left(t-\dfrac{x}{50000}\right)-\dfrac{\pi}{4}\right]$; (2) $y_{x=100}=A\cos\left(500\pi\cdot t+\dfrac{3\pi}{4}\right)$; $v_{x=100}=-500\pi A\sin\left(500\pi\cdot t+\dfrac{3\pi}{4}\right)$; 22. 0; $4I_1$; 23. (1) $y=3\times10^{-2}\cos4\pi\left(t+\dfrac{x}{20}\right)$(SI); (2) $y=3\times10^{-2}\cos\left[4\pi\left(t+\dfrac{x}{20}\right)-\pi\right]$(SI); 24. $y=3\times10^{-2}\cos\left[2\pi\left(25t-\dfrac{x}{0.24}\right)-\dfrac{\pi}{2}\right]$(SI); 25. 0.117m; π; 26. 0.464m; 27. $y=0.01\cos\left(4t+\pi x+\dfrac{1}{2}\pi\right)$(SI);28. 629。

自测提高

1. C; 2. A; 3. D; 4. A; 5. B; 6. D; 7. C; 8. $y=2\times10^{-3}\cos\left(200\pi t-\dfrac{1}{2}\pi x-\dfrac{1}{2}\pi\right)$(SI); 9. $y=A\cos\{\omega[t+(1+x)/u]+\phi\}$(SI); 10. 图略; 11. $\phi_1+\dfrac{3}{2}\pi$; 12. 0.5m; 13. $y=0.12\cos\left(\pi\dfrac{x}{2}\right)\cos(20\pi t)$(SI); $x=1, 3, 5, 7, 9$; $x=2, 4, 6, 8$; 14. 图略; 15. 4Hz; (2); 16. $y=0.1\cos\left[7\pi t-\dfrac{\pi x}{0.12}+\dfrac{1}{3}\pi\right]$(SI); 17. (1) $y_0=A\cos\left[\omega\left(t+\dfrac{L}{u}\right)+\phi\right]$; (2) $y=$

$A\cos\left[\omega\left(t+\dfrac{x+L}{u}\right)+\phi\right]$；(3) $x=-L\pm k\dfrac{2\pi u}{\omega}$ ($k=1, 2, 3, \cdots$)；18. $y=1\times10^{-2}\cos\left(\omega t-2\pi\dfrac{x}{\lambda}+\dfrac{1}{3}\pi\right)$ (SI)；19. (1) $y_P=A\cos\left(\dfrac{1}{2}\pi t+\pi\right)$ (SI)；(2) $y=A\cos\left[2\pi\left(\dfrac{t}{4}+\dfrac{x-d}{\lambda}\right)+\pi\right]$ (SI)；(3) $y_o=A\cos\left(\dfrac{1}{2}\pi t\right)$ (SI)；20. (1) 2.70×10^{-3} J/s；(2) 9.00×10^{-2} J/(s·m^2)；(3) 2.65×10^{-4} J/m^3；21. (1) 4Hz；1.5m；(2) $\dfrac{3}{8}(2k+1)$；(3) $\dfrac{3}{4}k$；22. 162N；23. (1) 0.279m；(2) 1421Hz；(3) 331m/s；(4) 0.187m；24. (1) $y_{入}=A\cos\left(\omega t-\dfrac{2\pi}{\lambda}x+\dfrac{\pi}{2}\right)$；$y_{反}=A\cos\left(\omega t+\dfrac{2\pi}{\lambda}x+\dfrac{\pi}{2}\right)$；(2) $y_p=2A\cos\left(\omega t-\dfrac{\pi}{2}\right)$。

第十五章　几何光学

基础训练

1. B；2. A；3. C；4. C；5. A；6. B；7. D；8. 26.7；9. (1) 最小；(2) 最大；(3) 相同；10. 等于无穷大；11. (1) 后15(或 −15)；(2) 正；12. (1) 后5.8(或 −5.8)；(2) 虚；13. (1) −12；(2) 2；14. −81；15. 30；16. 20；17. 800；18. 22.03cm；19. (1) 34°32′；(2) 17°55′；(3) 52°17′；20. (1) 4cm；(2) $0<s<r/2$；(3) 作图略；21. (1) −20cm，负号表示像在镜面后；(2) 作图略；22. 在透镜和反射层右方 0.375m 处；呈虚像；23. (1) 30cm；(2) −40cm；24. −40 度。

自测提高

1. A；2. D；3. D；4. B；5. $\sqrt{D(D-4f)}$；6. (1) 3；(2) 小角度近似(或傍轴近似)；7. (1) 后40cm；(2) 实；8. (1) 前30cm；(2) 虚；9. 2.5；10. D/4；11. 70；12. 证明略；13. $\sqrt{\dfrac{4h^2+d^2}{d^2}}$；14. 2cm；15. $\dfrac{g}{2\omega^2}$；16. (1) 85.4cm；(2) 6m。

第十六章　光的干涉

基础训练

1. A；2. C；3. C；4. B；5. B；6. B；7. C；8. B；9. A；10. D；11. (1) $2\pi(n-1)e/\lambda$；(2) 4×10^3；12. (1) 上；(2) $(n-1)e$；13. 0.75；14. $4I_0$；15. 1.40；16. $\dfrac{9\lambda}{4n_2}$；17. 225；18. 480nm；19. 0.644mm；20. 400nm、444.4nm、500nm、571.4nm、666.7nm；21. (1) 0.910mm；(2) 24mm；(3) 不变；22. 4m；23. 4.0×10^{-4}rad；24. 1.5×10^{-3}mm；25. (1) 500nm；(2) 50。

自测提高

1. D；2. B；3. A；4. B；5. D；6. C；7. B；8. B；9. B；10. D；11. $\lambda/(2L)$；12. 1.2；13. (1) 0.75(2) 1.4；14. $2d/\lambda$；15. $3\lambda/2$；16. r_1^2/r_2^2；17. $2\pi[d\sin\theta+(n_1-n_2)e]/\lambda$；18. $n_1\theta_1=n_2\theta_2$；19. (1) 0.11m；(2) 零级明纹移到原第 7 级明纹处；20. (1) $3D\lambda/d$；(2) $D\lambda/d$；21. 111nm；22. (1) 2.32×10^{-4}cm；(2) 0.373cm；23. 7.78×10^{-4}mm；24. $r=\sqrt{R(k\lambda-2e_0)}$($k$ 为整数，且 $k>2e_0/\lambda$)；25. 114.6nm。

第十七章 光的衍射

基础训练

1. B；2. B；3. C；4. D；5. C；6. B；7. D；8. B；9. B；10. D；11. (1) 4；(2) 第一；(3) 暗；12. 1.2mm；3.6mm；13. 632.6；14. 916；15. 5；16. 10λ；17. 1.34；18. (1) $\lambda_1=2\lambda_2$；(2) λ_1 的任一 k_1 级极小都有 λ_2 的 $2k_1$ 级极小与之重合；19. 600 ~ 760nm；20. 5mm；21. (1) 2.4×10^{-4}cm；(2) 0.8×10^{-4}cm；(3) $k=0$，±1，±2 级明纹。22. (1) 3.36×10^{-4}cm；(2) 420nm；23. (1) 0.06m；(2) 共有 $k'=0$，±1，±2 等 5 个主极大；24. (1) 510.3nm；(2) 25°；25. (1) 2.24×10^{-4}rad；(2) 看不清。

自测提高

1. D；2. B；3. D；4. B；5. D；6. 3.0mm；7. 13.9；8. 5；9. (1)2π；(2)暗；10. 1；11. 500；12. 一；三；13. (1) 1.2×10^{-2}m；(2) 1.2×10^{-2}m；14. (1) 55.9°；(2) 11.9°及 38.4°；15. (1) 6×10^{-6}m；(2) 1.5×10^{-6}m；(3) 实际出现 0，±1，±2，±3，±5，±6，±7，±9；16. 2×10^{-3}m；17. (1) 5 条，其级次 $k=0$，±1，±3；(2) 5 条，其级次 $k=-5$，-3，-1，0，1 或 -1，0，1，3，5；18. 333；19. 光的能量变为两倍，同时中央亮纹减小一半，所以中央光强为四倍；20. $5<\frac{d}{a}<6$；21. 除中央明纹(零级)外，其他明纹的衍射方向对应着奇数个半波带(一级对应三个，二级对应五个，......)，级数越大，则单缝处的波阵面可以分成的半波带数目越多。其中偶数个半波带的作用两两相消之后，剩下的光振动未相消的一个半波带的面积就越小，由它决定的该明条纹的亮度也就越小。22. 会聚在 P 点的光线不只是 1，2，3，4 四条光线，而是从 1 到 4 之间的无数条衍射的光线，它们的相干叠加结果才决定 P 点的光强。现用半波带法分析 P 点的光强。由于缝被分成三个半波带，其中相邻两个半波带上对应点发的光线的光程差为 $\lambda/2$，在 P 点均发生相消干涉，对总光强无贡献，但剩下的一个半波带上各点发出的衍射光线聚于 P 点，叠加后结果是光矢量合振幅(差不多)为极大值(与 P 点附近的点相比)，使 P 点光强为极大。23. 因 $k=\pm4$ 的主极大出现在 $\varphi=\pm90°$的方向上，实际观察不到。所以，可观察到的有 $k=0$，±1，±2，±3 共 7 条明条纹；24. 略。

第十八章 光的偏振

基础训练

1. B；2. A；3. B；4. A；5. B；6. D；7. D；8. (1)2(2) 1/4；9. (1)60°(或 $\pi/3$)；(2)$9I_0/32$；10. $\sqrt{3}$；11. 51.1°；12. 5μm；13. 22.5°；14. (1) $3I_0/16$；(2) $I_0/8$；15. (1)

26.6°；（2）第一次 1/2，第二次 5/8；（3）第一次 3/8，第二次 1/2；16.（1）$\frac{1}{2}I_0$；（2）60°；17.（1）53.1°；（2）36.9°；18.（1）48.44°；（2）不是线偏振光。

自测提高

1. D；2. C；3. B；4. D；5. 平行或接近平行；6. 见附图 F-1。7. 0.164°；8. 左旋圆线；9.（1）两个偏振片，最后一个偏振片偏振化方向与入射线偏振方向夹角为 90°；（2）1/4；10. 11.8°；11.（1）1.4825；（2）48.03°；12. A/2，极大值；13. 证明略。14. 1.47×10^{-6}m；15. $\Delta x=\dfrac{\lambda}{\theta(n_e-n_o)}$；16. 4.15mm；17. 一个光点围绕着另一个不动的光点旋转；方解石每转过 90°角时，两光点的明暗交变一次，一个最亮时，一个最暗；18. 略。

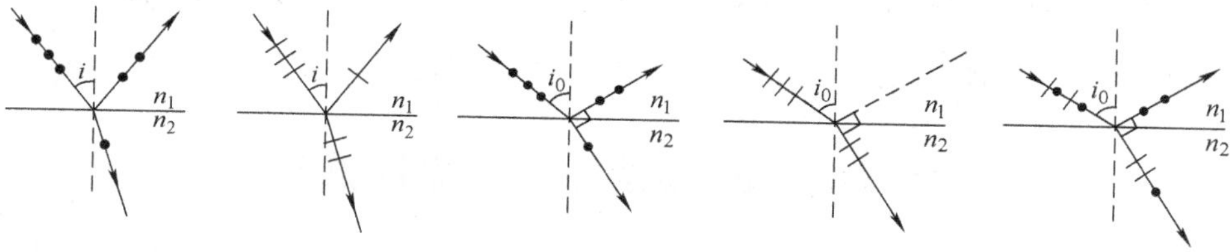

附图　F-1

第十九章　量子力学简介

基础训练

1. D；2. C；3. A；4. D；5. C；6. C；7. A；8. A；9. D；10. C；11. C；12. hc/λ；h/λ；$h/(c\lambda)$；13. 0.586；14. 6；973；15. 12.75；16. 5×10^{14}；2；17. 4；18. $1/\sqrt{3}$；19. $\frac{1}{2}$；$-\frac{1}{2}$；20.（2）、（3）、（4）、（5）；21. 1.68×10^{-16}J；22. 2.92×10^{15}Hz；23. $\frac{1}{2}a$。

自测提高

1. D；2. D；3. B；4. D；5. A；6. D；7. B；8. B；9. C；10. B；11. 9；12. 64；13. −0.85；−3.4；14. 13.6 5；15. 0、$\pm\hbar$、$\pm2\hbar$；16. 15；$1s^22s^22p^63s^23p^3$；17. 1；0；9.98×10^{-12}m；18. 1.33×10^{-23}；19. 3.29×10^{-21}J；20. 3.71×10^{-12}m；4.6%；21. 巴耳末系；从 $n=5$ 的能级跃迁到 $n=2$ 的能级；22. 0.818；23. $E_n=n^2h^2/(8md^2)$，$n=1$，2，3，……；24. 5.29×10^{-11}m；25. 3.67×10^{-7}m；3.57×10^{-15}m；26. $\dfrac{RC}{n^2}\left(1-\dfrac{1}{q}\right)$；27. ≥38.8%；28. 5.23×10^5。

第二十章　固体物理、核物理和天体物理简介

基础训练

1. D；2. C；3. D；4. C；5. C；6. A；7. n；p；8. 离子键；共价键；9. 强相互作用；电磁相互作用；弱相互作用；10. 衰变；俘获；11. 中子和质子之间是可以互相转化的，原子核发生 β 衰变时，核内就有一个中子转化为质子，电子就是转化时放出的。

附录 G　模拟试卷参考答案

《大学物理 Ⅰ》期中考试模拟试卷

1. D; 2. C; 3. A; 4. B; 5. B; 6. E; 7. D; 8. $\frac{1}{3}ct^3$; $2ct$; c^2t^4/R; 9. $(m+m_1)v_0 = m_1v_1 + m(v+v_1)$; 10. $\sqrt{k/(mr)}$; $-k/(2r)$; 11. $3v_0/(2l)$; 12. 0.496rad/s; 13. $1/\sqrt{1-(u/c)^2}$m; 14. $m_0c^2(n-1)$; 15. B 以 1.18 m/s^2 的加速度下降; 16. 5000m; 17. (1) 2m/s; (2) 58N; 48N; 18. (1) 3N·s;(2) 9rad/s; 19. (1) 5.8×10^{-13}J; (2) 8.04×10^{-2}; 20. $\frac{c^2-v^2}{c^2+v^2}l_0$; 21. 证明略; 22. 没对准。根据同时的相对性原理回答。

《大学物理 Ⅰ》期终考试模拟试卷

1. B; 2. C; 3. C; 4. C; 5. A; 6. D; 7. C; 8. 180kg; 9. kx_0^2; $-\frac{1}{2}kx_0^2$; $\frac{1}{2}kx_0^2$; 10. $Gm_em\left(\frac{1}{3R}-\frac{1}{R}\right)$或 $-\frac{2Gm_em}{3R}$; 11. 8.89×10^{-8}; 12. 2000m/s; 500m/s; 13. BM、CM; CM; 14. $Q/(4\pi\varepsilon_0R)$; $-qQ/(4\pi\varepsilon_0R)$; 15. $(Q_1+Q_2)/(2S)$; $(Q_1-Q_2)/(2S)$; $-(Q_1-Q_2)/(2S)$; $(Q_1+Q_2)/(2S)$; 16. 0.739N·s;与 x 轴正向夹角为 202.5°; 17. $t=2m_2\frac{v_1+v_2}{\mu m_1g}$; 18. (1) 0.91$c$; (2) 5.31×10^{-8}s; 19. (1). 300K; (2) 1.24×10^{-20}J; 1.04×10^{-20}J; 20. 19.0%; 21. $\frac{\lambda_0}{4\pi\varepsilon_0}\left[l-a\ln\frac{a+l}{a}\right]$; 22. (1) $\frac{2\pi\varepsilon_0\varepsilon_rL}{\ln(R_2/R_1)}$; (2) $\frac{\lambda^2L\ln(R_2/R_1)}{4\pi\varepsilon_0\varepsilon_r}$; 23. (1) 正确; (2)介质内场强与原来一样; (3)电场能量增大为原来的 ε_r 倍; 附加题 1. 不存在; 根据静电场的环路定理，采用反证法; 附加题 2. 79.2N。

《大学物理 Ⅱ》期中考试模拟试卷

1. B; 2. B; 3. B; 4. A; 5. C; 6. C; 7. C; 8. 0; 9. $\sqrt{3}l/2$; 60°或 120°; 10. 9.34×10^{-19}Am^2; 相反; 11. $A=-I_2\frac{\mu_0I_1}{2R}\pi r^2$; 12. $l^2\omega B/8$; 0; 13. $\frac{\pi r^2\varepsilon_0E_0}{RC}e^{-t/RC}$; 相反; 14. 3/4; $2\pi\sqrt{\Delta l/g}$; 15. $y_{x_1}=A\cos\left(\frac{2\pi}{T}t-\frac{\pi}{2}\right)$或$y_{x_1}=A\sin(2\pi t/T)$; 16. 0; 17. $\frac{\mu_0}{2\pi}\cdot\frac{I_2(R+d)(1+\pi)-RI_1}{R(R+d)}$; 方向⊙; 18. $\frac{\mu_0I_3}{2\pi}(I_1-I_2)\ln2$; 若 $I_2>I_1$，则 $\boldsymbol{F}$ 的方向向下，若 $I_2<I_1$，则 $\boldsymbol{F}$ 的方向向上; 19. $\frac{\mu_0Iv}{2\pi}\left[\frac{l}{a}-\frac{2\sqrt{3}}{3}\ln\frac{a+c}{a}\right]$; 20. (1) $x=0.1\cos(7.07t)$; (2) 29.2N; (3) 0.074s; 21. $y=\sqrt{2}A\cos\left(\omega t-\frac{1}{4}\pi\right)$; 22. 证明略; 23. 把金属丝对折成双线缠绕即可，理由略。

《大学物理Ⅱ》期终考试模拟试卷

1. A；2. D；3. D；4. C；5. B；6. B；7. A；8. B；9. 0；0；10. $2l^2B\omega\sin\theta$；11. $x = 2\times10^{-2}\cos\left(5t/2-\frac{1}{2}\pi\right)$(SI)；12. $0.04\cos\left(\pi t-\frac{1}{2}\pi\right)$；13. $y=2A\cos\left[2\pi\frac{x}{\lambda}-\frac{1}{2}\pi\right]\cos\left(2\pi\nu t+\frac{1}{2}\pi\right)$或$y=2A\cos\left[2\pi\frac{x}{\lambda}+\frac{1}{2}\pi\right]\cos\left(2\pi\nu t-\frac{1}{2}\pi\right)$或$y=2A\cos\left[2\pi\frac{x}{\lambda}+\frac{1}{2}\pi\right]\cos(2\pi\nu t)$；14. $\frac{3}{2}\lambda$；15. 500；16. 54.7°；17. 1.06×10^{-24}，或6.63×10^{-24}，或0.53×10^{-24}，或3.32×10^{-24}（根据$\Delta y\Delta p_y\geqslant\hbar$，或$\Delta y\Delta p_y\geqslant h$，或$\Delta y\Delta p_y\geqslant\frac{1}{2}\hbar$，或$\Delta y\Delta p_y\geqslant\frac{1}{2}h$可得以上答案）；18. 1，0，0，$-\frac{1}{2}$；2，0，0，$\frac{1}{2}$或2，0，0，$-\frac{1}{2}$；19.（1）$4.27\times10^{-4}$N、方向垂直指向长直导线；（2）$1.05\times10^{-6}$ Wb；（3）4.55×10^{-6}J；20. 3.68mV、方向：沿 $adcb$ 绕向；21. $\sqrt{3}A\sin2\pi\nu t$；22.（1）1.2cm；（2）1.2cm；23. $2\pi na$；24. 证明略；附加题1. $\frac{\mu_0}{12\pi}\frac{e^2}{R}v^2$；附加题2. 证明略。

硕士研究生入学考试《普通物理》模拟试卷

1. C；2. C；3. C；4. B；5. C；6. A；7. C；8. C；9. B；10. A；11. A；12. C；13. $\frac{7l^2\omega_0}{4(l^2+3x^2)}$；14. $\frac{1}{2}\sqrt{3gl}$；15. $\frac{mg}{\frac{J}{r}+mr}$；16. $0.25m_ec^2$；17. 121；2.4×10^{-23}；18. $\left(\frac{1}{3}\right)^{\gamma-1}T_0$；$\left(\frac{1}{3}\right)^{\gamma}p_0$；19. 1.62×10^4J（或 160atm·L）；20. $q/(6\pi\varepsilon_0R)$；21. $(U_0/2)+Qd/(4\varepsilon_0S)$；22. $2RlE$；23. $-\frac{\mu_0Ig}{2\pi}t\ln\frac{a+l}{a}$；24. $A\cos\left[\omega t+2\pi\frac{x}{\lambda}-4\pi\frac{L}{\lambda}\right]$；25. $d\sin\theta+(r_1-r_2)$；26. $S=\frac{5v_0^2}{2g(1-5\mu)}\ln\frac{1}{5\mu}=221$m；27.（1）$\frac{mv_0}{\left(\frac{1}{2}M+m\right)R}$；（2）$\frac{3mv_0}{2\mu Mg}$；28.（1）$2.25\times10^{-7}$s；（2）$3.75\times10^{-7}$s；29. 10.4%；30. $\frac{q}{2\varepsilon_0}\left(1-\frac{h}{\sqrt{R^2+h^2}}\right)$；31. 0；32. $\frac{4\pi\varepsilon_0\varepsilon_rR_1R_2}{R_2-R_1}U_0\omega\cos\omega$；33. 3.75m；34. 2.4μm；60000；0.8μm 或 1.6μm；35. 证明略。